中 国 国 家 标 准 汇 编

2008 年修订-41

中国标准出版社　编

中 国 标 准 出 版 社

北　京

图书在版编目（CIP）数据

中国国家标准汇编：2008年修订.41/中国标准出版社编.—北京：中国标准出版社，2009
ISBN 978-7-5066-5517-0

Ⅰ.中…　Ⅱ.中…　Ⅲ.国家标准-汇编-中国-2008
Ⅳ.T-652.1

中国版本图书馆CIP数据核字（2009）第186495号

中国标准出版社出版发行
北京复兴门外三里河北街16号
邮政编码：100045
网址 www.spc.net.cn
电话：68523946　68517548
中国标准出版社秦皇岛印刷厂印刷
各地新华书店经销
*
开本 880×1230　1/16　印张 39　字数 1 154 千字
2009年11月第一版　2009年11月第一次印刷
*
定价 200.00 元

ISBN 978-7-5066-5517-0
9 787506 655170 >

出 版 说 明

1.《中国国家标准汇编》是一部大型综合性国家标准全集。自1983年起，按国家标准顺序号以精装本、平装本两种装帧形式陆续分册汇编出版。它在一定程度上反映了我国建国以来标准化事业发展的基本情况和主要成就，是各级标准化管理机构，工矿企事业单位，农林牧副渔系统，科研、设计、教学等部门必不可少的工具书。

2.《中国国家标准汇编》收入我国每年正式发布的全部国家标准，分为“制定”卷和“修订”卷两种编辑版本。

“制定”卷收入上年度我国发布的、新制定的国家标准，顺延前年度标准编号分成若干分册，封面和书脊上注明“20××年制定”字样及分册号，分册号一直连续。各分册中的标准是按照标准编号顺序连续排列的，如有标准顺序号缺号的，除特殊情况注明外，暂为空号。

“修订”卷收入上年度我国发布的、被修订的国家标准，视篇幅分设若干分册，但与“制定”卷分册号无关联，仅在封面和书脊上注明“20××年修订-1，-2，-3，……”字样。“修订”卷各分册中的标准，仍按标准编号顺序排列（但不连续）；如有遗漏的，均在当年最后一分册中补齐。需提请读者注意的是，个别非顺延前年度标准编号的新制定的国家标准没有收入在“制定”卷中，而是收入在“修订”卷中。

读者配套购买《中国国家标准汇编》“制定”卷和“修订”卷则可收齐上一年度我国制定和修订的全部国家标准。

3. 由于读者需求的变化，自1996年起，《中国国家标准汇编》仅出版精装本。

4. 2008年制修订国家标准共5946项。本分册为“2008年修订-41”，收入新制修订的国家标准47项。

中国标准出版社

2009年10月

目　　录

GB/T 7463—2008　表面活性剂　钙皂分散力的测定　酸量滴定法(改进 Schöenfeldt 法) ………… 1
GB/T 7497.1—2008　微处理器系统总线　8位及16位数据(MULTIBUS I)　第1部分：电气与定时规范的功能描述 …………………………………………………………… 8
GB/T 7497.2—2008　微处理器系统总线　8位及16位数据(MULTIBUS I)　第2部分：对带有边缘连接器(直接配合)的系统总线配置的机械与引脚的描述 ……… 44
GB/T 7497.3—2008　微处理器系统总线　8位及16位数据(MULTIBUS I)　第3部分：对带有插针与插座连接器(间接配合)的欧洲板配置的机械与插针的描述 … 53
GB/T 7516—2008　缩微摄影技术　缩微拍摄用图形符号 ……………………………… 62
GB/T 7531—2008　有机化工产品灼烧残渣的测定 ……………………………………… 69
GB/T 7532—2008　有机化工产品中重金属的测定　目视比色法 ……………………… 73
GB/T 7549—2008　球笼式同步万向联轴器 ……………………………………………… 77
GB/T 7550—2008　球笼式同步万向联轴器　试验方法 ……………………………… 93
GB/T 7551—2008　称重传感器 …………………………………………………………… 98
GB/T 7568.2—2008　纺织品　色牢度试验　标准贴衬织物　第2部分：棉和粘胶纤维 ………… 157
GB/T 7568.3—2008　纺织品　色牢度试验　标准贴衬织物　第3部分：聚酰胺纤维 ………… 161
GB/T 7568.7—2008　纺织品　色牢度试验　标准贴衬织物　第7部分：多纤维 ………… 165
GB/T 7569—2008　羊毛　含碱量的测定 ………………………………………………… 175
GB/T 7570—2008　羊毛　含酸量的测定 ………………………………………………… 181
GB/T 7571—2008　羊毛　在碱中溶解度的测定 ………………………………………… 185
GB/T 7574—2008　信息处理　信息交换用磁带的文卷结构和标号 …………………… 189
GB/T 7586—2008　液压挖掘机　试验方法 ……………………………………………… 215
GB/T 7593—2008　机动工业车辆　驾驶员控制装置及其他显示装置用符号 ………… 257
GB/T 7595—2008　运行中变压器油质量 ………………………………………………… 315
GB/T 7596—2008　电厂运行中汽轮机油质量 …………………………………………… 325
GB/T 7598—2008　运行中变压器油水溶性酸测定法 …………………………………… 331
GB/T 7601—2008　运行中变压器油、汽轮机油水分测定法(气相色谱法) …………… 341
GB/T 7602.1—2008　变压器油、汽轮机油中T501抗氧化剂含量测定法　第1部分：分光光度法 ……………………………………………………………………… 347
GB/T 7602.2—2008　变压器油、汽轮机油中T501抗氧化剂含量测定法　第2部分：液相色谱法 ……………………………………………………………………… 353
GB/T 7602.3—2008　变压器油、汽轮机油中T501抗氧化剂含量测定法　第3部分：红外光谱法 ……………………………………………………………………… 359
GB/T 7605—2008　运行中汽轮机油破乳化度测定法 …………………………………… 365
GB/T 7628—2008　谷物中维生素 B_1 测定 …………………………………………… 369
GB/T 7629—2008　谷物中维生素 B_2 测定 …………………………………………… 377
GB/T 7631.1—2008　润滑剂、工业用油和有关产品(L类)的分类　第1部分：总分组 ……… 382
GB/T 7633—2008　门和卷帘的耐火试验方法 …………………………………………… 388
GB/T 7672.1—2008　玻璃丝包绕组线　第1部分：玻璃丝包铜扁绕组线　一般规定 ………… 440

GB/T 7672.2—2008 玻璃丝包绕组线 第2部分:130级浸漆玻璃丝包铜扁线和玻璃丝包漆包铜扁线…… 465
GB/T 7672.3—2008 玻璃丝包绕组线 第3部分:155级浸漆玻璃丝包铜扁线和玻璃丝包漆包铜扁线…… 470
GB/T 7672.4—2008 玻璃丝包绕组线 第4部分:180级浸漆玻璃丝包铜扁线和玻璃丝包漆包铜扁线…… 476
GB/T 7672.5—2008 玻璃丝包绕组线 第5部分:200级浸漆玻璃丝包铜扁线和玻璃丝包漆包铜扁线…… 483
GB/T 7672.6—2008 玻璃丝包绕组线 第6部分:玻璃丝包薄膜绕包铜扁线 …… 489
GB/T 7672.21—2008 玻璃丝包绕组线 第21部分:玻璃丝包铜圆绕组线 一般规定 …… 496
GB/T 7672.22—2008 玻璃丝包绕组线 第22部分:155级浸漆玻璃丝包铜圆线和玻璃丝包漆包铜圆线 …… 512
GB/T 7672.23—2008 玻璃丝包绕组线 第23部分:180级浸漆玻璃丝包铜圆线和玻璃丝包漆包铜圆线 …… 519
GB/T 7672.24—2008 玻璃丝包绕组线 第24部分:200级浸漆玻璃丝包铜圆线和玻璃丝包漆包铜圆线 …… 525
GB/T 7673.1—2008 纸包绕组线 第1部分:一般规定 …… 531
GB/T 7673.2—2008 纸包绕组线 第2部分:纸包圆线 …… 541
GB/T 7673.3—2008 纸包绕组线 第3部分:纸包铜扁线 …… 546
GB/T 7673.4—2008 纸包绕组线 第4部分:纸绝缘组合导线 …… 555
GB/T 7673.5—2008 纸包绕组线 第5部分:纸绝缘多股绞合导线 …… 561
GB 7674—2008 额定电压72.5 kV及以上气体绝缘金属封闭开关设备…… 573

ICS 71.100.40
G 72

中华人民共和国国家标准

GB/T 7463—2008
代替 GB/T 7463—1987

表面活性剂　钙皂分散力的测定
酸量滴定法(改进 Schöenfeldt 法)

Surface active agents—Determination of the power to dispersecalcium soap—Acidimetric method(modifled Schöenfeldt method)

(ISO 6387:1983,MOD)

2008-05-28 发布　　2008-12-01 实施

中华人民共和国国家质量监督检验检疫总局
中国国家标准化管理委员会　发布

前　言

本标准修改采用 ISO 6387:1983《表面活性剂　钙皂分散力的测定　酸量滴定法(改进的 Schöenfeldt 法)》(英文版),与 ISO 6387:1983 的主要差异见附录 A。

本标准根据 ISO 6387:1983 重新起草。由于我国的法律和工业的特殊需要,本标准在修订原版和采用国际标准时进行了如下技术处理:

——在规范性引用文件中,ISO 2174 对应的我国标准用 QB/T 2116—2006《洗衣膏》代替 1987 年版中的 GB/T 6367—1986《表面活性剂　已知钙硬度水的制备》;

——对试剂中的油酸规定了原料型号,需符合 QB/T 2153—1995《工业油酸》中的 Y-8 型;

——不等式(1)中表示体积的字母不应写成 V_1,以免与文中字母 V_1 解释意义相混淆;

——将不等式(1)中的大于号(>)改成大于等于号(≥)。

本标准修改采用 ISO 6387:1983 时,为便于使用还进行了如下编辑性修改:

a) 将“本国际标准”一词改为“本标准”;

b) 用小数点“.”代替作为小数点的逗号“,”;

c) 删除国际标准的前言。

本标准代替 GB/T 7463—1987《表面活性剂　钙皂分散力的测定　酸量滴定法(改进的 Schöenfeldt 法)》。

本标准与 GB/T 7463—1987 的主要变化见附录 A。

本标准的附录 A 为资料性附录。

本标准由中国轻工业联合会提出。

本标准由全国表面活性剂和洗涤用品标准化技术委员会归口。

本标准起草单位:国家洗涤用品质量监督检验中心(太原)、中国日用化学工业研究院。

本标准主要起草人:耿龑。

本标准首次发布于 1987 年,本次为第一次修订。

表面活性剂　钙皂分散力的测定 酸量滴定法(改进 Schöenfeldt 法)

1　范围

本标准规定了一种酸量滴定法，以测定使至少95%的钙皂完全分散保持1 h所需的分散剂(表面活性剂，下同)最低量。

注：本方法还可提供由于分散剂不足量时部分分散的钙皂量的数据。

本标准适用于所有类型的表面活性剂，只要这些表面活性剂不干扰钙皂的酸量滴定即可，但不应存在碱性无机盐，例如磷酸盐、碳酸盐和硅酸盐等。

2　规范性引用文件

下列文件中的条款通过本标准的引用而成为本标准的条款。凡是注日期的引用文件，其随后所有的修改单(不包括勘误的内容)或修订版均不适用于本标准，然而，鼓励根据本标准达成协议的各方研究是否可使用这些文件的最新版本。凡是不注日期的引用文件，其最新版本适用于本标准。

QB/T 2116—2006　洗衣膏

QB/T 2153—1995　工业油酸

3　术语和定义

下列术语和定义适用于本标准。

3.1

钙皂分散力　power to disperse calcium soap

1 g分散剂可以完全分散的肥皂的量，以克表示。

4　原理

配制0.5%(质量分数)肥皂水溶液，在试验温度下放置24 h后，取一份此溶液的整分份。将此整分份和一份分散剂的稀溶液混合。然后再与一规定体积的已知钙硬度的水混合。保持该混合物于试验温度下放置1 h(使得钙皂絮凝层到表面)，以溴甲酚绿作指示剂，用盐酸标准滴定溶液滴定一整分份下层溶液中存在的钙皂。

5　试剂

除非另有说明，在分析中仅使用确认为分析纯的试剂和蒸馏水或去离子水或纯度相当的水。

5.1　已知钙硬度的水，1 000 mg/L。

按QB/T 2116—2006中附录A的规定配制并标定。

5.2　油酸钠，100 g/L水溶液。

5.2.1　油酸，QB/T 2153—1995中Y-8型。

5.2.2　氢氧化钠(GB/T 629)，$c(NaOH)=1$ mol/L溶液。

称取92.7 g油酸(准确至0.001 g)，用1 mol/L氢氧化钠溶液328.5 mL溶解。冷却至室温，定量地转移至1 000 mL单刻度容量瓶中，用水定容。

5.3　盐酸(GB/T 622)，$c(HCl)=0.01$ mol/L 标准滴定溶液。

5.4　溴甲酚绿(GB/T 15349)指示液，1 g/L。

溶解 0.25 g 溴甲酚绿于 57.2 mL 浓度为 $c(NaOH)=0.01$ mol/L 的氢氧化钠溶液中，定量转移该溶液至 250 mL 单刻度容量瓶中，用水定容。

6　仪器

普通实验室仪器和

6.1　具塞量筒，100 mL。

6.2　移液管，10 mL、20 mL 和 50 mL。

6.3　恒温水浴，可控温(40±0.5)℃。

7　程序

7.1　样品的制备

7.1.1　稀皂液

移取 50.0 mL 油酸钠溶液(5.2)，相当于 5.00 g 无水皂，置于 1 000 mL 单刻度容量瓶中，用水定容。试验前保持溶液于(40±0.5)℃下最短 24 h，最长不超过 48 h。

7.1.2　分散剂溶液

溶解 1.00 g 分散剂(如果分散力低，则需用 5.00 g)于 1 L 水中，并加热至试验温度。

7.2　皂液的滴定

用移液管移取 20.0 mL 稀皂液(7.1.1)至 100 mL 单刻度容量瓶中，用水定容。

移取 10.0 mL 上述溶液于一三角瓶内，加三滴溴甲酚绿指示液(5.4)，记录用盐酸标准滴定溶液(5.3)滴定至溶液由蓝色突变为绿色所需的体积数(V_0)。

7.3　测定

用移液管移取 20.0 mL 稀皂液(7.1.1)至具塞量筒(6.1)中，加入 V_1 mL 的分散剂溶液(7.1.2)和($80-V_1-V_2$)mL 预加热至试验温度的蒸馏水。用磨口玻璃塞盖上量筒，以缓慢倒转量筒并复位的方式使其混合，这个操作需 1 s，重复操作 3 次。

加入 V_2 mL 的已知钙硬度水(5.1)(此处系加 30 mL)，盖上磨口玻璃塞后如前进行混合，重复该操作 5 次，然后将量筒放在恒温水浴(6.3)中，在温度(40±0.5)℃下保持 5 min，如前再次混合，重复操作 5 次，然后将一支上端用气密塞密闭的 10 mL 移液管(6.2)，放置量筒中，使尖嘴离量筒底部约 1 cm(见图 1)。

把量筒放回到恒温水浴中 1 h，然后去掉移液管上的气密塞，移取 10.0 mL 溶液于一三角瓶内，加三滴溴甲酚绿指示液(5.4)，记录用盐酸标准滴定溶液(5.3)滴定至溶液由蓝色突变为绿色所需的体积数(V_3)。

用已知钙硬度水(5.1)与不同量的分散剂进行一系列试验，以便能测出分散剂溶液的最小体积 $V_{1最小}$，则应满足式(1)：

$$V_3 \geqslant 0.95V_0 \quad \cdots\cdots(1)$$

式中：

V_0——滴定原始皂液(7.2)所用盐酸标准滴定溶液的体积，单位为毫升(mL)；

V_3——测定无絮凝皂的钙皂液所用的盐酸标准滴定溶液的体积，单位为毫升(mL)。

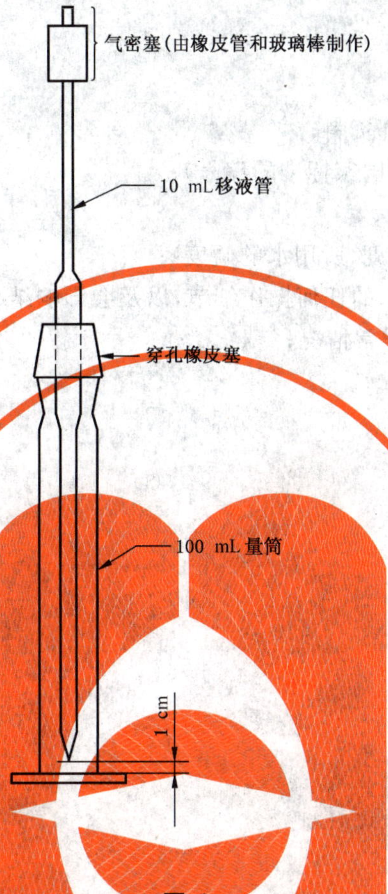

图 1

8 结果的表示

8.1 计算方法

钙皂分散力,以分散的肥皂量除以分散剂的最小量表示,由式(2)或式(3)计算:

对于0.1%(质量分数)分散剂溶液:

$$钙皂分散力 = \frac{100}{V_{1最小}} \quad \cdots\cdots(2)$$

对于0.5%(质量分数)分散剂溶液:

$$钙皂分散力 = \frac{20}{V_{1最小}} \quad \cdots\cdots(3)$$

8.2 精密度

在9个实验室对3种表面活性剂,在温度40℃,用14.28 mmol/L肥皂硬水溶液进行比较试验,得到的统计数据示于表1。

表 1 3种表面活性剂的比较试验数据

表面活性剂	A	B	C
平均值	14.0	21.6	24.3
再现性标准偏差	2.5	2.2	2.2

9 试验报告

试验报告应包括下列内容：

a) 完全鉴别样品所需的全部资料；

b) 所用的测定方法(引用本国家标准的编号)；

c) 所得结果和表示方法；

d) 试验条件(恒温水浴的温度、所用水的硬度)；

e) 本标准中未规定的或自选的任何操作细节，以及会影响结果的任何情况；

f) 测定过程中出现的任何异常情况；

g) 试验日期及环境条件。

附　录　A
（资料性附录）
本标准与 ISO 6387：1983 和 GB/T 7463—1987 的对比

A.1　表 A.1 给出了本标准与 ISO 6387：1983 和 GB/T 7463—1987 的技术性差异及修订原因的一览表。

表 A.1　本标准与 ISO 6387：1983 和 GB/T 7463—1987 的技术性差异及修订原因

1987 年版本章条号	1987 年版本内容	本标准章条号	本标准内容	ISO 章条号	ISO 6387：1983 内容	修订原因
6.1	已知钙硬度的水：1 000 mg/L ……	5.1	已知钙硬度的水，1 000 mg/L ……	6.1	未规定具体硬度	继续遵照 1987 年版本规定的硬水试验条件
7.3	恒温水浴锅（40±0.5）℃	6.3	恒温水浴锅，可控温（40±0.5）℃	7.3	恒温水浴锅温度范围（27±0.5）℃至（40±0.5）℃	根据我国居民用皂洗涤习惯，只规定（40±0.5）℃试验条件
8.1.1	……，试验温度（40±0.5）℃	7.1.1	试验前保持溶液于（40±0.5）℃下……	8.1.1	……，试验温度 27℃～40℃	根据我国居民用皂洗涤的习惯
8.3	……加入 30 mL 的已知钙硬度水……	7.3	加入 V_2 mL 的已知钙硬度水（此处系加 30 mL），……	8.3	加入 V_2 mL 已知钙硬度水……	根据我国国情水硬度平均约 300 mg/L，故规定用 1 000 mg/L 硬水 30 mL
8.3	则应满足式(1) $V_1 > 0.95V_0$ 式中： V_1——测定无絮凝皂的钙皂液所用的盐酸溶液的体积，mL	7.3	则应满足式(1) $V_3 \geqslant 0.95V_0$ 式中： V_3——测定无絮凝皂的钙皂液所用的盐酸标准滴定溶液的体积，单位为毫升（mL）	8.3	则应满足式(1) $V_3 \geqslant 0.95V_0$ 式中： V_3——测定无絮凝皂的钙皂液所用的盐酸溶液的体积，mL	GB/T 7463—1987 用 V_1 表示，易与加入分散剂的 V_1 的意义相混淆，故应修订

ICS 35.200
L 65

中华人民共和国国家标准

GB/T 7497.1—2008/IEC 60796-1:1990
代替 GB/T 7497.1—1987

微处理器系统总线　8位及16位数据（MULTIBUSⅠ）　第1部分：电气与定时规范的功能描述

Microprocessor system bus—8-bit and 16-bit data(MULTIBUS Ⅰ)—Part 1: Functional description with electrical and timing specifications

（IEC 60796-1:1990,IDT）

2008-08-06 发布　　2009-01-01 实施

中华人民共和国国家质量监督检验检疫总局
中国国家标准化管理委员会　发布

前　言

GB/T 7497《微处理器系统总线　8位及16位数据(MULTIBUS Ⅰ)》分为以下三个部分:

——第1部分:电气与定时规范的功能描述;

——第2部分:对带有边缘连接器(直接配合)的系统总线配置的机械与引脚的描述;

——第3部分:对带有插针与插座连接器(间接配合)的欧洲板配置的机械与插针的描述。

本部分是GB/T 7497的第1部分,等同采用IEC 60796-1:1990《微处理器系统总线　8位及16位数据(MULTIBUS Ⅰ)　第1部分:电气与定时规范的功能描述》。

本部分对IEC 60796-1:1990做了下列编辑性修改:

——删除了IEC 60791-1的前言;

——增加了国家标准前言。

本部分代替GB/T 7497.1—1987《微处理机系统总线Ⅰ　8位及16位数据　第一部分:电气与定时规范的功能说明》。

本部分对GB/T 7497.1—1987做了下列主要修改:

——名称由《微处理机系统总线Ⅰ　8位及16位数据　第一部分:电气与定时规范的功能说明》改为《微处理器系统总线　8位及16位数据(MULTIBUS Ⅰ)　第1部分:电气与定时规范的功能描述》;

——文本的文字改动。

本部分由全国信息技术标准化技术委员会提出并归口。

本部分起草单位:中国电子工业部标准化研究所。

本部分主要起草人:匡常山、张贻南、高健、魏述艳。

本部分首次发布于1987年。

引　言

GB/T 7497 包括三个部分:一份功能描述及两个可供选用的机械标准,本标准涉及让各种微处理器系统部件彼此交互作用的电气与机械接口。接口总线用作紧耦合系统部件之间的并行传送和适用信号的互连。

微处理器系统总线　8位及16位数据(MULTIBUSⅠ)　第1部分:电气与定时规范的功能描述

1　概述

1.1　范围

本标准适用于互连的数据处理、数据存储和外围控制设备等紧耦合配置的接口系统部件。本接口系统具有允许各种系统部件交互作用所必须的信号,它允许存储器和I/O的数据传送、直接存储器存取、中断产生等。本标准对构成该系统总线的所有要素及特性均提供详细描述。

该总线支持两个独立的地址空间:存储器和I/O。在存储器周期期间,总线采用24位编址,允许直接寻址达16 M字节。在I/O总线周期期间,采用16位编址,允许寻址达64 K个I/O端口。存储器周期和I/O周期都能支持8位数据传送。

该总线结构建立在主—从概念之上:在系统中,主设备控制总线,从设备则对其地址译码后即按照主设备提供的命令而动作。主设备和从设备之间的这种握手过程(主从关系)允许不同速度的模块经过总线接口,而且,本总线允许数据传送速率达每秒500万字节或字。

该总线的另一个重要特征是具备连接多个主设备模块的能力,以构成多处理配置。总线为以串行优先级方式或并行优先级方式为把多个主设备模块连接起来提供控制信号。这两种安排方式都允许多个主设备共享总线资源。

本标准是为那些想要评价或设计与本系统总线结构兼容产品的用户制定的。为此,本部分详细地说明了必要的信号定义、定时以及电气规范。

本标准仅涉及微型计算机设备的接口特性,而不涉及模块的设计规范、性能要求和安全要求。

在整个标准中,术语“系统”是指字节或字的接口系统,一般包括使各设备之间的数据传送无歧义地达到所有电路、连接器以及控制协议。术语“设备”或“模块”是指连接到该接口系统、经过总线传递信息并且符合接口系统定义的任何产品。

1.2　目的

本标准旨在:

a)　定义一种通用的微型计算机系统总线。

b)　规定模块应满足与设备无关的电气和功能的接口要求,以便互连并经总线系统无歧义地通信。

c)　规定与这个系统有关的术语和定义。

d)　具有将各独立制造的设备互连成单一功能的系统能力。

e)　允许将具有各种不同能力的产品同时互连到系统。

f)　定义一个系统,这个系统对连接到它的设备的性能特性的限制降至最低限度。

1.3　定义

下列术语和定义适用于GB/T 7497的各部分。

1.3.1　通用系统术语

1.3.1.1

兼容性　compatibility

当设备按照GB/T 7497的所有规定(例如机械、电气、功能)设计时,无需改动就可互连和使用的程度。

1.3.1.2

总线周期　bus cycle

借助于互锁的控制信号序列，达到跨接口传送数据字节或字的过程。“互锁的”指在一个固定的事件序列中，一个事件应在下一个事件出现之前出现。

1.3.1.3

接口　interface

在所考察的系统与另一系统之间或一个系统的各部分之间的一种公共边界，信息经这个边界传送。

1.3.1.4

接口系统　interface system

实现一组设备之间的通信所必要的，并独立于设备的机械的、电气的和功能的接口要素的集合。典型的系统要素是：电缆、连接器、驱动器和接收器电路、信号线描述、定时和控制约定，以及功能逻辑电路。

1.3.1.5

独占　override

当有必要保证自身的总线周期紧接时，总线主设备独占总线控制逻辑。

这种称为对总线的“独占”或“锁定”，暂时防止其他主设备使用总线。

1.3.1.6

系统　system

通过完成某一规定的功能达到给定目的的互连要素的集合。

1.3.2　信号与通路

1.3.2.1

总线　bus

由接口系统使用，与若干设备连接，并在上面承载消息的一条或一组信号线。

1.3.2.2

字节　byte

作为一个单位对其操作的由八位并发的二进制数字组成的位组。

1.3.2.3

字　word

作为一个单位对其操作的两个字节或十六位。

1.3.2.4

信号　signal

对信息的物理表示。

注：对于GB/T 7497来说，这一术语是对普遍意义上、通常称为“信号”这一概念的带限制的定义，以下仅指数字的电信号。

1.3.2.5

信号参数　signal parameter

一种电气量的参数，该量的值或值的序列传送信息。

1.3.2.6

信号电平　signal level

与任何一个参考量值（本标准中为电压）相比的信号的量值。

1.3.2.7

高状态　high state

用以表示两个逻辑二元状态之一的较大的正电平。

1.3.2.8

低状态　low state

用以表示两个逻辑二元状态中之一的较大的负电平。

1.3.2.9

信号线　signal line

在接口系统中，用于在互连的设备间传送消息的一组信号导线之一。

1.3.2.10

主设备　master

一种具有初启数据总线传送能力的功能模块。

1.3.2.11

从设备　slave

一种具有响应由主设备产生的数据传送操作能力的功能模块。

2　功能规范

本章提供对总线如何完成各种功能的全面了解，描述与总线连接的各种要素，提供总线接口的信号，以及在总线上完成的不同类型的操作。

本章以及整个标准通篇采用了明晰的、一致的表示信号的记法。以存储器写命令(MWTC)为例来说明这种记法。“1:0”和“真:假”这两个术语都能造成歧义，因此应避免使用。而代之以使用电气术语高(H)或低(L)。紧跟着信号名(MWTC *)的尾星号(非上标星号“ * ”)，指明此信号是低有效的：

MWTC * =认定在 0 V 有效。

由三态驱动器驱动的信号(MWTC *)，当不作认定时即上拉到 VCC 。下表进一步阐明本标准采用的记法：

功能	电平	逻辑定义	状态
MWTC	H	1 真	认定有效
	L	0 假	
MWTC *	L	1 真	认定有效
	H	0 假	

2.1　总线要素

本条描述总线接口的要素(主设备和从设备)和构成这个接口的总线信号线。

2.1.1　主设备

主设备是具有控制总线能力的任何模块。主设备通过总线交换逻辑获得总线，然后产生命令信号、地址信号以及存储器或 I/O 地址，以此行使这种控制。为了完成这些任务，主设备或者配有中央处理单元，或者配有专用于在总线上向(或从)其他目的地传送数据的逻辑。图 1 所示是包括一个主设备和两个从设备的系统。

在同一个系统中，系统总线体系结构能支持一个以上的主设备，为此，每个主设备应具有获得对总线控制的手段。这是通过总线交换逻辑来完成的(见 2.4)。

主设备可按两种操作模式之一进行操作。这两种模式的定义如下：

模式 1：主设备对每次总线连接被限制为单次总线传送。如果所有的主设备都工作在模式 1，则系统定时根据符合最大总线忙周期予以确定。该周期受参数 t_{RYS0} 的最大值的限制(见 3.2.5)。

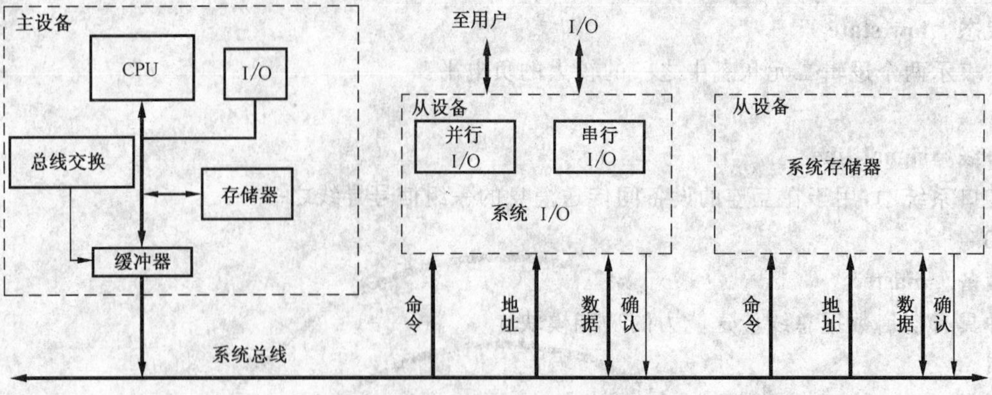

图1 总线主设备与从设备举例

模式2:主设备的总线控制不受限制。这些主设备可启用总线独占。允许总线超时。不要求符合最大总线忙周期。

将模式2纳入进来让操作类别十分广泛,给用户最大限度的灵活性以满足其应用的需要。定义第一种操作模式,是让系统设计人员能预测其系统的整体操作性能而不必关心像总线超时之类的不受控制的定时参数。而对于只能工作在模式2的主设备,其规范应申明"仅对模式2的主设备"。

2.1.2 从设备

另一种能与总线接口的模块是从设备。从设备对地址线译码,并按照主设备发出的命令信号动作。从设备不能控制总线。总线从设备的一些例子如图1所示。

2.1.3 总线信号

在总线上传送的信号,根据所完成的功能,可归纳为如下几类:

a) 控制线;

b) 地址线和禁止线;

c) 数据线;

d) 中断线;

e) 总线交换线。

下面分别阐明不同类别的总线信号。

2.1.3.1 控制线

下列信号属于控制线:

种类	功能	信号
时钟	恒定时钟	CCLK *
	总线时钟	BCLK *
命令	存储器写	MWTC *
	存储器读	MRDC *
	I/O写	IOWC *
	I/O读	IORC *
确认	传送确认	XACK *
初始化		INIT *
锁定		LOCK *

2.1.3.1.1 时钟线

a) 总线时钟(BCLK *)

总线时钟是一种用来同步总线竞争逻辑的周期信号；它可放慢、停止或单步。总线时钟应由系统内的一个而且仅有的一个源来产生。这就是说，每个独立的总线主设备都应具有产生一个可接受的时钟的能力，该时钟能可选地接到总线上或与总线断开。在多个主设备的系统中，只应让其中的一个主设备将其时钟连接到总线上。

b) 恒定时钟(CCLK *)

恒定时钟是一种恒定频率的周期信号，它可由主设备或从设备用做主时钟。恒定时钟在系统内应由仅有的一个源来产生。这就是说，每个总线主设备都应具有产生一个可接受的时钟的能力，该时钟能可选地连接到总线上或与总线断开。在多个主设备的系统中，只应让其中的一个主设备将其时钟连至总线。

2.1.3.1.2 命令线(MWTC *、MRDC *、IOWC *、IORC *)

命令线是主设备与从设备之间的通信链路的要素。存储器和I/O各有两条命令线。一条有效的命令线向从设备指出：地址线上正承载着有效地址，从设备去执行规定的操作。在数据写周期中，有效命令线(MWTC *或IOWC *)还附带指出总线上的数据是有效的。在数据读周期中，命令(MRDC *或IORC *)从有效向无效的跳变指出主设备已经接收到来自从设备的数据。

2.1.3.1.3 传送确认线(XACK *)

这条线由从设备用于确认来自主设备的命令。XACK *向主设备指出，请求的动作完成，数据已经送到数据线上或者已经从数据线上收到。

2.1.3.1.4 初始化(INIT *)

INIT *信号用来将整个系统复位到已知的内部状态。该信号通常在系统开始操作之前产生。INIT *可由任何或者所有的总线主设备产生，或者由外部源(例如经过缓冲并去除抖动的前面板开关)产生。

2.1.3.1.5 锁定(LOCK *)

锁定信号由控制着总线的主设备产生，用以指出总线被锁定。LOCK *信号用于将互斥扩展到多端口随机存储器设计。

2.1.3.2 地址线和禁止线

地址线和禁止线使用下列信号：

功能	信号
地址线	A0 *～A23 *
高字节允许线	BHEN *
禁止线	INH1 *和INH2 *

2.1.3.2.1 地址线(24条)

地址线规定所访问的存储器单元或I/O设备的地址，允许对最多16 M字节(16 777 216字节)的存储器进行存取，当寻址I/O设备时，最多使用16条地址线(A0 *～A15 *)，这样就允许对最大为64 K的设备寻址。也可把I/O设备配置成只对8条地址线(即A0 *～A7 *)译码，并忽略高位的8条地址线(见2.2.2.3)。

2.1.3.2.2 高字节允许线(BHEN *)

该字节控制线用来允许一个16位字的高位字节(8～F位)能驱动总线。这个信号只用在那些带有16位数据传送的系统中。

2.1.3.2.3 禁止线(INH1 *和INH2 *)

任何存储器读或存储器写操作(MRDC *或MWTC *)都能启用禁止线。在存储器读写操作期间，由一个从设备认定的禁止线用于禁止其他从设备的总线活动。发禁止信号的从设备产生的禁止信号从存储地址线的译码得出。发禁止信号的从设备对单地址、地址块或者单地址与地址块的任何一种组合都能译码。

在实际命令(MRDC＊或MWTC＊)执行期间检测出特定地址时,发禁止信号的从设备就产生一个禁止信号,该信号由被禁止的从设备读出。当被如此禁止时,该被禁止的从设备就使其驱动器对所有的数据的、地址的和确认的总线线路都予禁止,虽然它仍可实际完成内部操作。(可被禁止的所有模块,从命令线起动算起,都应在1.5 μs之内完成内部操作。这一时间间隔(1.5 μs)也是对发出禁止信号的模块的最小确认定时。这就保证被禁止的模块在当前总线命令执行完毕之前,有足够的时间返回到其正常状态。)

2.1.3.3 数据线(D0＊～D15＊)

这16条双向数据线向存储器单元或I/O端口发送信息或者从中接收信息。(D15＊是最高有效位,D0＊是最低有效位。)在8位系统中,只有D0＊～D7＊有效。

2.1.3.4 中断线

中断线由下列信号线组成:

功能	信号
中断请求	INT0＊～INT7＊
中断确认	INTA＊

2.1.3.4.1 中断请求线(INT0＊～INT7＊)

通过激活8条中断请求线之一来请求中断。INT0＊的优先级最高,INT7＊的优先级最低。

2.1.3.4.2 中断确认(INTA＊)

为了对中断请求信号作出响应,中断确认信号可由具有总线向量中断能力的主设备产生。这种中断确认信号用于冻结中断状态,并请求把中断向量地址放在总线数据线上。

2.1.3.5 总线交换线

总线交换线使用下列信号:

功能	信号
总线时钟	BCLK＊
总线请求	BREQ＊
总线优先级	BPRN＊,BPRO＊
总线忙	BUSY＊
公共总线请求	CBRQ＊

主设备通过操纵这些信号取得对总线的控制权。

2.1.3.5.1 总线请求(BREQ＊)

在优先级分辨电路中,总线主设备使用该信号来指出对总线控制的请求。

2.1.3.5.2 总线优先级(BPRN＊与BPRO＊)

优先级的功能是当多于一个主设备同时对总线提出请求时,允许这些主设备打开所出现的死锁。“总线优先级输入(BPRN＊)”信号对特定的主设备指出:没有更高优先级的主设备在请求使用总线。“总线优先级输出(BPRO＊)”信号用在串行(菊花链)总线优先级分辨方案上。在这种方案中,BPRO＊由一个主设备送到下一较低总线优先级的主设备的BPRN＊输入;当BPRO＊有效时,这个信号指明更高优先级的主设备并不请求控制总线。

2.1.3.5.3 总线忙(BUSY＊)

这个信号由控制总线的主设备激活,用以指出总线正在使用。以此防止其他主设备获得对总线的控制。

2.1.3.5.4 公共总线请求(CBRQ＊)

当检测出没有其他总线请求时,该信号使主设备对总线的数据传送速率最大化。CBRQ＊信号通过提供两种功能做到这一点;对于正在控制总线的主设备,CBRQ * 向它指出是否有其他主设备需要获得对总线的控制权;对于其他主设备,CBRQ * 是向控制着总线的主设备发出通知的手段,告之以如果不使用总线就放弃对总线的控制。

2.2 数据传送操作

系统总线体系结构的主要功能就是为总线上的各模块之间传送数据提供一个通路。下面描述不同类型的数据传送以及利用前述信号实现数据传送的手段。在下述讨论中可参考图 2。

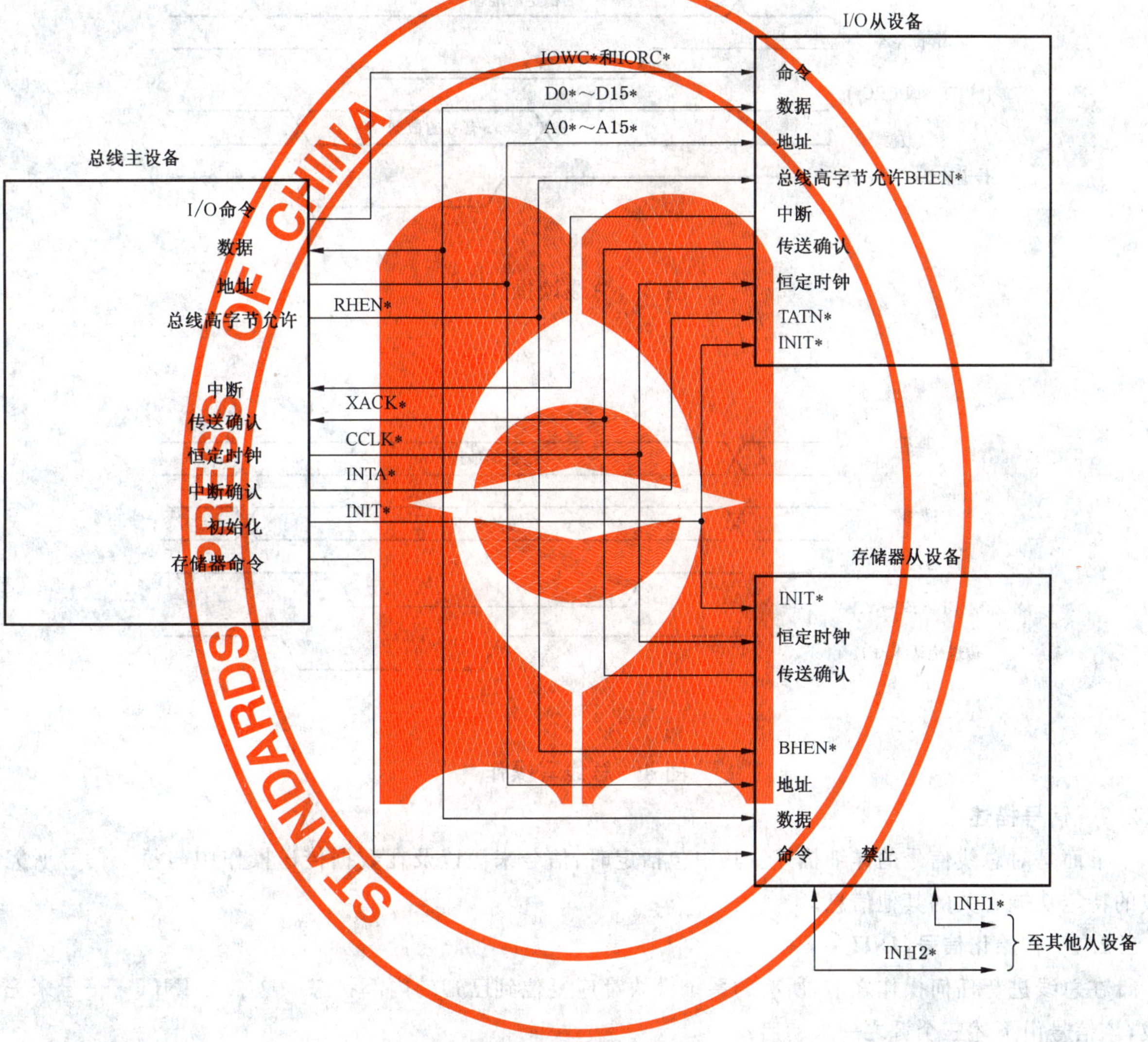

图 2 总线接口线

对总线数据传送操作的讨论分为三部分:

a) 操作概述。

b) 传送中使用的信号的详细描述。

c) 有关各种传送细节的讨论。

在这一论述中假定总线上只有一个主设备,因而不存在总线争用问题。(总线交换逻辑在 2.4 中讨论。)

2.2.1 数据传送概述

数据传送按如下过程完成:首先,总线主设备将存储地址或 I/O 端口地址放在地址线上。(如果是写操作，此时还应将数据放在数据线上。)然后，总线主设备产生一个命令(I/O 读或写，或者存储器读或写)，以此激活相应的总线从设备。如果是写操作，则该从设备接收数据，如果是读操作，则把数据放在数据线上。然后由该总线从设备向总线主设备发一个传送确认信号，允许总线主设备将这一命令从命令线上撤销，再清除地址和数据线。图 3 和图 4 所示的是读和写数据传送操作的基本定时。

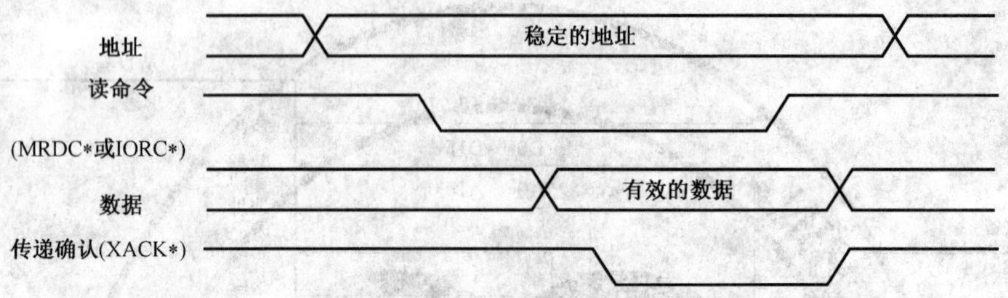

图 3　总线读操作

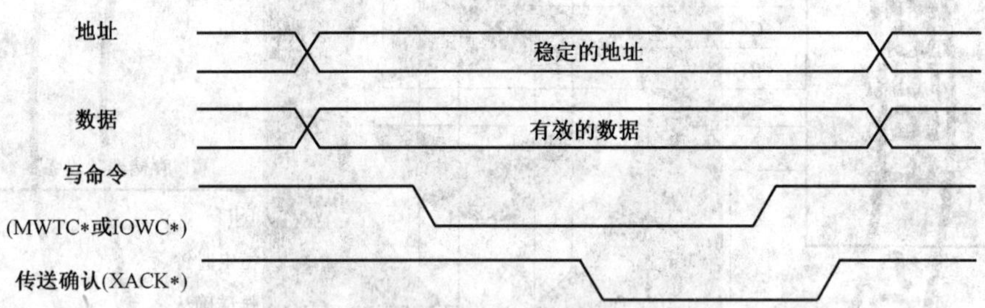

图 4　总线写操作

2.2.2　信号描述

下面是对总线信号的详细描述。其中包括定时、信号来源以及在数据传送操作中与每个信号所完成的特定功能有关的其他信息。

2.2.2.1　初始化信号(INIT*)

在总线进行任何操作之前，所有的系统模块都应复位到已知的内部状态。这能由 INIT* 信号来完成，该信号由下述三个源之一来初启：

a)　加电清除电路(RC 网络)，在电源达到特定的电压输出之前，该电路一直保持 INIT* 低电平。

b)　复位按钮，它有时装在系统的前面板上供操作员使用。注意，这个按钮应是去除抖动的。

c)　能实现将 INIT* 线电平下拉的软件命令。

INIT* 线由集电极开路门驱动，并要求信号调节以满足总线的电气规范。

2.2.2.2　恒定时钟(CCLK*)

由仅有的一个源驱动的恒定时钟信号，为总线上任何或所有模块提供一个定时源。CCLK* 是具有规定频率的周期信号，由时钟驱动器电路驱动。

2.2.2.3　地址线(A0*～A23*)

地址线用来规定正由命令访问的存储器单元或 I/O 设备的地址。地址线有 24 条，按二进制编码，允许访问多达 16 777 216 个字节的存储器。这些线路由三态驱动器驱动，始终由使用总线的主设备控制。

对于 I/O 总线周期，主设备具有选项：是产生 8 位地址或是 16 位地址。正因为如此，所有的 I/O 从设备都应配置成能对 8 位地址（A0 * ～A7 *）译码而忽略高地址位；或者，对所有 16 位地址（A0 * ～A15 *）译码。注意，在采用 8 位 I/O 地址的系统中，高 16 位地址的值未知。只产生 8 位地址的主设备可将高 16 位地址位设置为任何值。

图 5 给出地址线用法的一个例子。

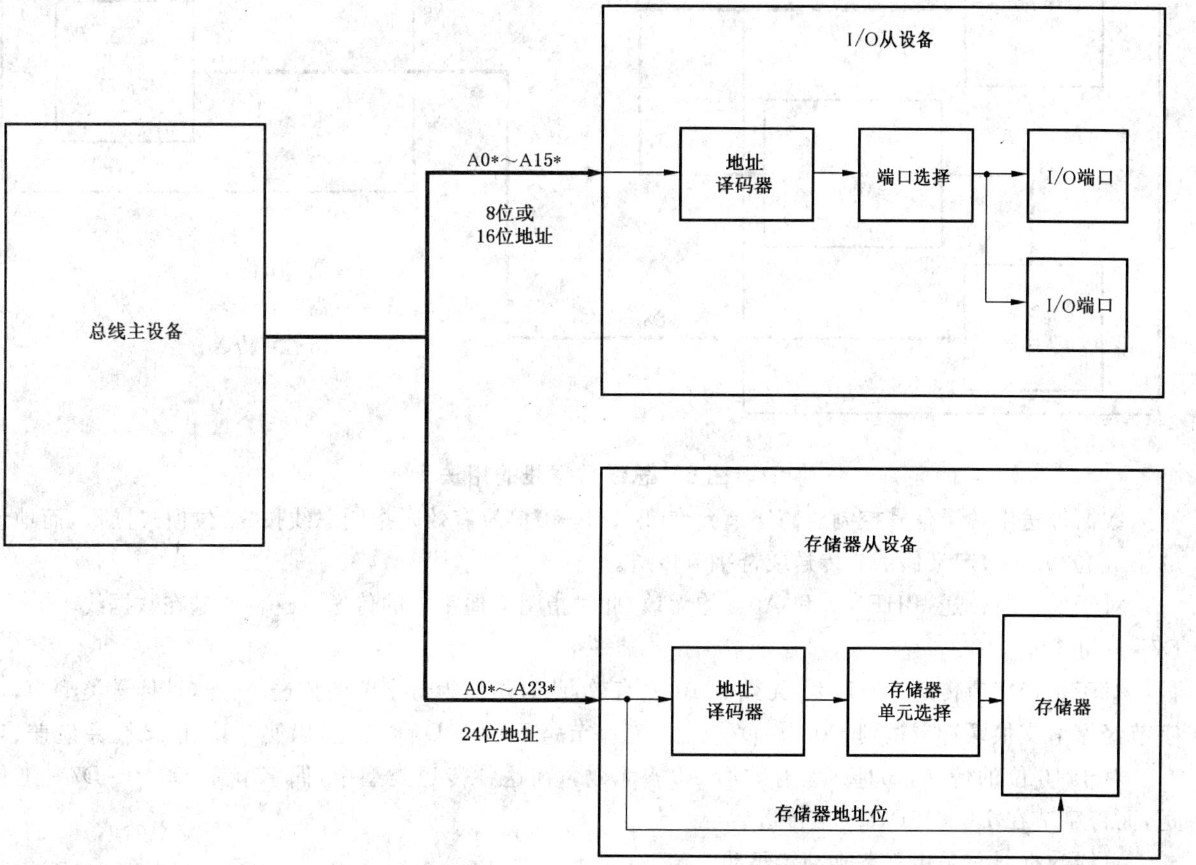

图 5　总线地址线的用法

2.2.2.4　**数据线（D0 * ～D15 *）**

这 16 条双向数据线用来发送和接收往来于存储器单元或 I/O 端口的信息。这些线在写操作时由主设备驱动，在读操作时由被寻址的从设备（存储器或 I/O）驱动。只使用 D0 * ～D7 *（D0 * 是最低有效位）就能完成 8 位和 16 位两种传送。

跨总线发生的传送有三种类型：

a)　在 D0 * ～D7 * 上传送偶字节。

b)　在 D0 * ～D7 * 上传送奇字节（利用字节对换功能）。

c)　传送 16 位字。

数据线及其上述三种传送类型的内容如图 6 所示。

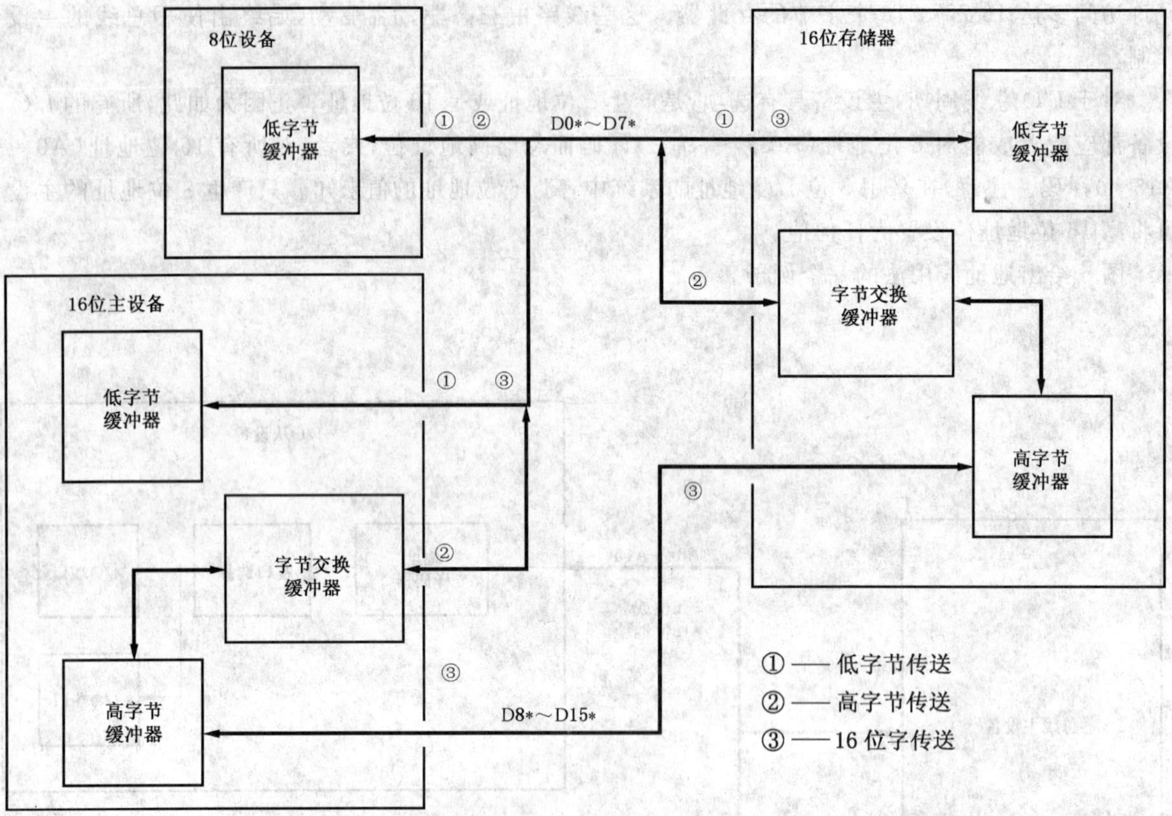

图6 总线数据线的用法

数据传送由两个信号控制。高字节允许(BHEN＊)信号有效时指明总线按16位模式操作，而地址的第0位(A0＊)定义偶字节传送或奇字节传送。

对于偶字节传送，BHEN＊和A0＊均无效，此时指明为偶字节的传送。这种传送在数据线D0＊～D7＊上进行。

对于是奇字节传送，BHEN＊无效而A0＊有效，此时指明为奇字节的传送。在这种传送类型中，奇字节经字节交换缓冲器送到D0＊～D7＊上。奇字节跨D0＊～D7＊传送，以使8位和16位系统兼容。

对于16位的传送，BHEN＊有效而A0＊无效。在这种传送类型中，偶字节在D0＊～D7＊上传送，而奇字节在D8＊～D15＊上传送。

总线数据线总是由三态驱动器驱动。

2.2.2.5 总线命令

这里讨论命令线及其如何与其他信号线一起完成读写操作。命令线有四条：

功能	信号线
存储器读命令	MRDC＊
I/O读命令	IORC＊
存储器写命令	MWTC＊
I/O写命令	IOWC＊

命令线由总线主设备上的三态驱动器驱动，它向从设备指出正在请求的动作。

2.2.2.5.1 读操作

两种读命令(MRDC＊和IORC＊)初启同一类型的基本操作。其间的差别仅在于：MRDC＊指出存储器地址在地址线上有效，而IORC＊指出I/O端口地址在地址线上有效。该地址(存储器的或I/O端口的)必须在读命令产生之前50 ns就在总线上有效。读命令产生后，从设备(存储器或I/O端口)就把数据放在数据线上并回送一个传送确认信号(XACK＊),以指出数据在总线上。当总线主设备接收到这个确认时,它就选通这个数据,并将命令(MRDC＊或 IORC＊)从总线上撤销。从设备地址(存储器的或I/O端口的)在读命令撤销后保持有效至少50 ns 。XACK＊则必须在命令撤销后的65 ns以内从总线上撤销,以便供下一个周期使用。图7所示是存储器读命令或I/O读命令的定时。

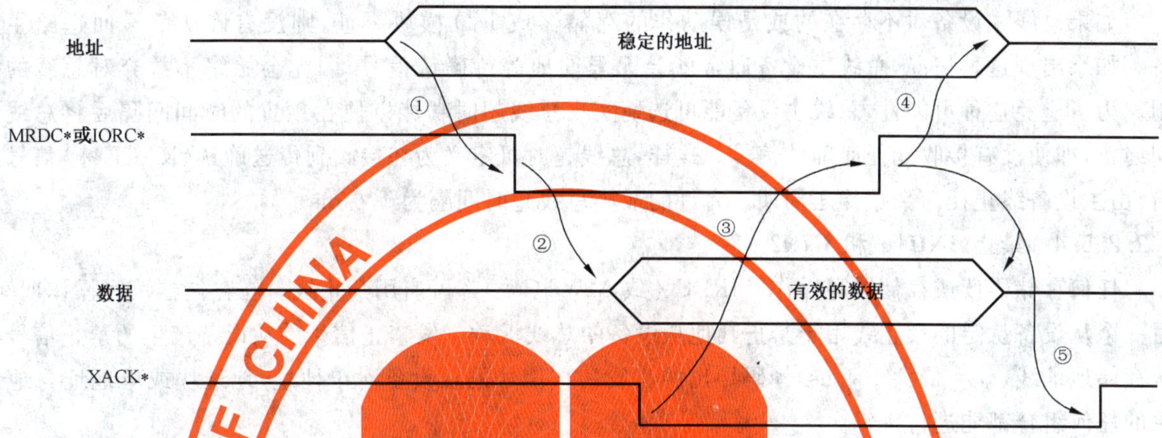

①——地址建立时间:至少50 ns;

②——从设备将数据放到总线上所需时间应符合建立时间要求,数据一放上总线,XACK＊就能认定;

③——主设备撤销命令所需时间;

④——地址和数据保持时间:至少50 ns;

⑤——命令撤销之后最多65 ns,XACK＊和数据就应从总线上撤销。

图7　存储器读或I/O读的定时

2.2.2.5.2　写操作

写命令(MWTC＊和 IOWC＊)初启同一类型的基本操作。MWTC＊指出存储地址在地址线上有效,而IOWC＊指出I/O端口地址在地址线上有效。地址(存储器的或I/O端口的)和数据均应在写命令产生之前50 ns有效。这个要求允许把数据锁存在命令的前沿或后沿。当认定写命令(MWTC＊或IOWC＊)时,数据线上的数据是稳定的,并能由从设备接收。该从设备通过回送一个传送确认(XACK＊)指明已经收到,并让总线主设备将命令、地址和数据从总线上撤销。XACK＊应在65 ns以内从总线上撤销,以便供下一个周期使用。图8所示是存储器写命令或I/O写命令的定时。

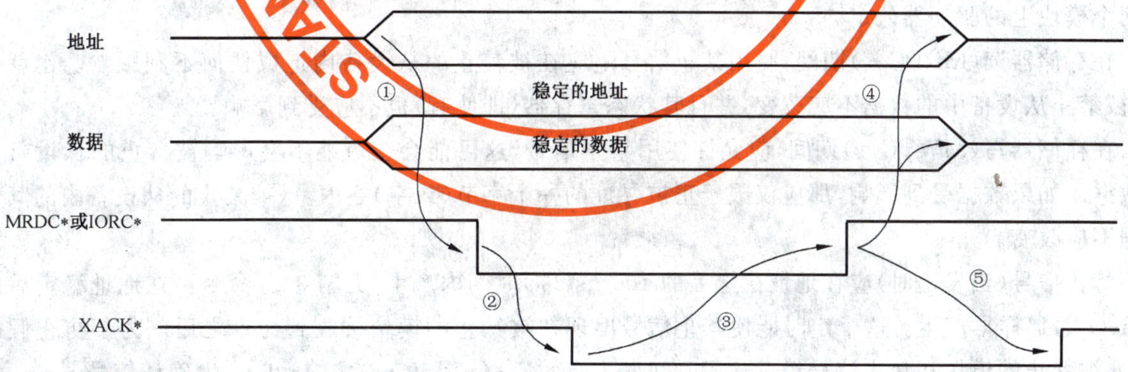

①——地址和数据建点时间:至少50 ns;

②——从设备收到数据所需时间;

③——主设备从总线上撤销命令所需时间;

④——地址和数据保持时间:至少50 ns;

⑤——XACK＊应在命令撤销之后的65 ns内从总线上撤销。

图8　存储器写或I/O写的定时

2.2.2.5.3　传送确认(XACK＊)

传送确认(XACK＊)信号是来自总线从设备(存储器或I/O)的响应,指出读写操作命令已执行完毕而且已将数据放在数据线上,或者已从数据线上接收到。事实上,该信号(XACK＊)允许总线主设备完成当前的总线周期。

如果总线主设备对不存在的或是误动作的存储器或I/O模块寻址,则没有确认信号回送给主设备。如果出现这种情况,总线主设备通常就会无限期地等待确认信号,因此会始终不放弃对总线的控制。为了避免这种可能性,总线主设备能可选地实现总线超时功能以便在预置的时间间隔后将总线周期终止,即使没有接收到任何确认信号。这样,总线超时可定义为在接收到传送确认(XACK＊)信号之前,由主设备终止任何数据传送周期。允许的最小总线超时间隔为1.0 ms。

2.2.2.5.4　禁止(INH1＊和INH2＊)

任何存储器读或存储器写操作(MRDC＊或MWTC＊)都可启用禁止线。在存储器读写操作期间,由一个从设备认定的禁止线用于禁止其他从设备的总线活动。发禁止信号的从设备产生的禁止信号是从存储地址线(t_{ID}=最大100 ns)译码导出的。发禁止信号的从设备对单地址、地址块或单地址与地址块的任何组合都能进行译码。

在命令(MRDC＊或MWTC＊)实际执行期间,当禁止从设备检测到特定地址时,就产生一个禁止信号,该信号由被禁止的从设备读出。当如此禁止时,这一被禁止的从设备使其所有驱动器禁止数据总线、地址总线和确认总线的线路,虽然该模块实际上可以完成内部操作。(所有可被禁止的模块从命令线启动后的1.5 μs内均应完成内部操作。)这个时间间隔(1.5 μs)也是对发出禁止信号的模块的最小确认(t_{ACC})定时。这就保证被禁止的模块在当前的总线命令完成以前有足够的时间返回到其正常状态。

禁止操作涉及的从设备分为三种禁止类别:最高(禁止)优先级、中间优先级和最低优先级。关于上述几段,较高优先级的从设备理应是禁止从设备,较低优先级的从设备理应是被禁止的从设备。INH1＊信号由中间优先级从设备(例如只读存储器模块或存储映像式I/O模块)认定(在地址选中期间),以禁止最低优先级从设备(例如读写随机存储器模块)的总线活动。INH2＊信号由最高优先级从设备(例如辅助的或引导的只读存储器模块)认定(在地址选中期间),以禁止中间优先级从设备的总线活动。最高优先级从设备也应认定INH1＊信号,以使最低优先级从设备也被禁止。禁止线应由开路集电极(或等效的)驱动器的低电平认定。当中间优先级和最高优先级的禁止从设备都被激活时,INH1＊信号由两个模块上的驱动器认定。

在存储器读(MRDC＊)期间,使用禁止信号不应在被禁止的从设备内造成任何不利影响。也就是说,被禁止从设备中的数据不应改变,并且其状态寄存器(即使有)也不应受到影响。

在存储器写(MWTC＊)期间,应允许使用禁止信号,这可能会也可能不会影响被禁止的从设备内的数据。如果数据受到影响,那应仅限于正被寻址的一个字节(或字)之内。(被禁止的从设备内的其他数据不应改变。)

禁止信号(当发出时)应在地址稳定后的100 ns(t_{ID})时间内产生(见图9)。命令可在地址稳定后的50 ns(t_{AS})那样早产生。这个定时能使禁止信号出现在被禁止的模块接收到命令之后。为了防止假确认,能被禁止的模块在禁止信号经过这段时间变为有效(命令后50 ns)之前不应产生确认信号。

图9所示是禁止操作的定时。在这个例子中,可编程只读存储器和随机存储器具有相同的存储地址;因此可编程只读存储器禁止随机存储器。

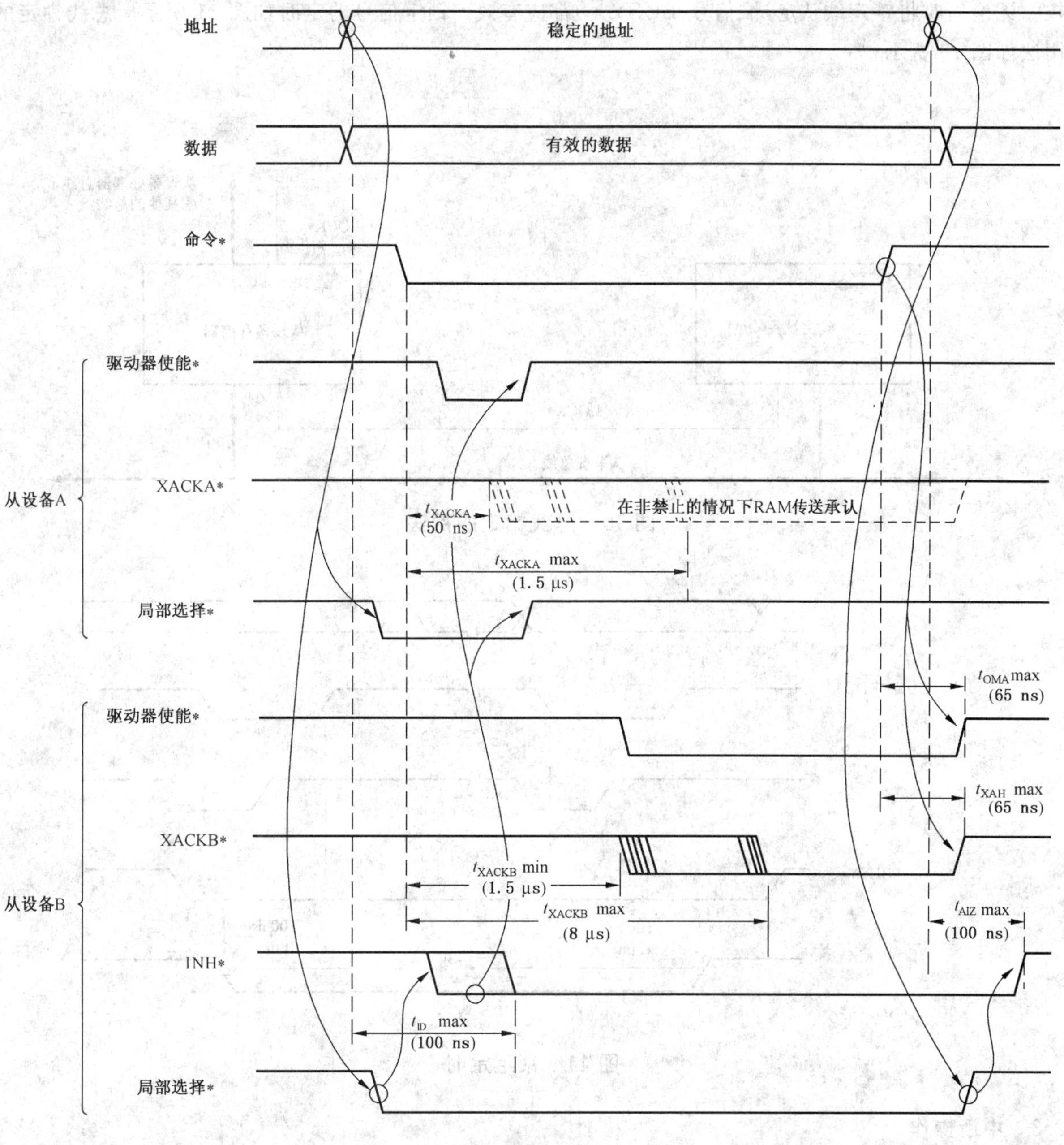

图 9　写操作的禁止定时

在 IORC*、IOWC*或 INTA*操作期间，尽管可产生禁止信号，但其他从设备(包括对 INTA*、IORC*或 IOWC*应作出响应的从设备)对这些信号均予忽略。

2.2.2.6　锁定(LOCK*)

当要求对锁定的总线存取时，由控制总线的主设备驱动锁定线。在读—修改—写信号标志操作中，典型的要求是锁定的存取，以防其他处理器在读写之间访问存储器。总线忙线供系统总线上的这种互斥情形使用。锁定线允许这种互斥扩展到总线之外。锁定信号(LOCK*)在读或写命令消失之前的 100 ns 应是有效的。在命令信号的下降沿之后至少维持有效 100 ns，以便完成最后锁定的存储器周期。当对从设备寻址并且认定锁定线时，该模块对系统总线锁定其多端口式存储器。锁定信号认定不应持续 12 μs 以上。这确保了位于多端口式存储器的另一侧的处理器在合理的时段内获得对存储器的访问权。无论何时将锁定线认定，忙信号(BUSY＊)都应有效。锁定信号的定时如图 11 所示。总线锁定的用法如图 10 所示。

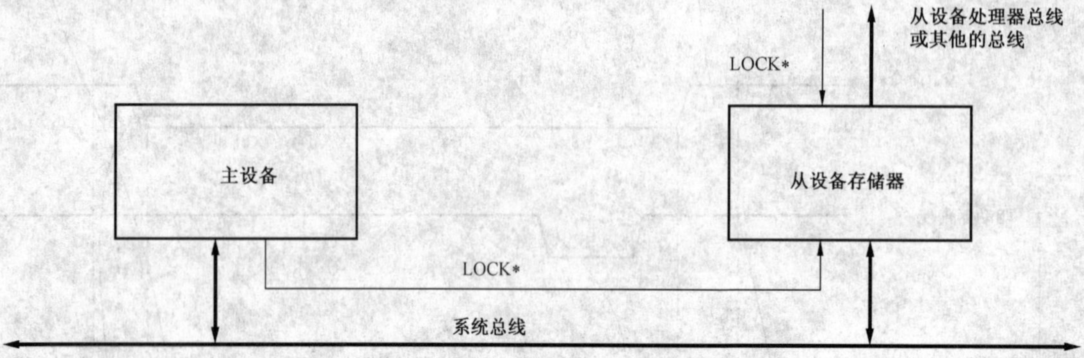

图 10　总线锁定的用法

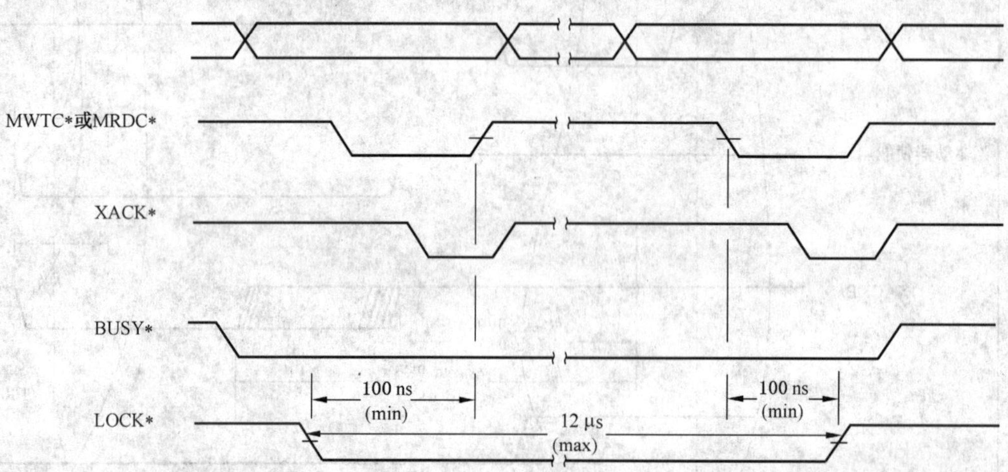

图 11　锁定定时

2.3　中断操作

以下阐明用于中断操作的总线信号线和两种不同类型的中断的实现。有关中断属性适用性级别的信息请参阅 4.3.4。

2.3.1　中断信号线

2.3.1.1　中断请求线(INT0＊～INT7＊)

总线上提供了一组中断请求线(INT0＊～INT7＊)。中断由配有集电极开路驱动器的 8 条中断请求线之一产生。所有中断都由电平触发，而不是由沿触发。要求任何沿都不触发中断，这使每条线都允许附接上若干源。这些中断请求线是优先级化的，INT0＊具有最高优先级，INT7＊具有最低优先级。

2.3.1.2　中断确认(INTA＊)

中断确认线(INTA＊)由总线主设备驱动，它请求在总线上传送中断信息。在总线上定时的这种特定信息取决于中断方案的实现。一般来说，INTA＊的前沿指出地址总线有效，后沿指出数据出现在数据线上。

2.3.2 中断实现的类别

中断实现方案有两类:非总线向量(NBV)与总线向量(BV)。以下阐明这两类方案。

2.3.2.1 非总线向量中断

非总线向量中断是在总线主设备上处理,不要求系统总线来传送中断向量地址的中断。中断向量地址由主设备上的中断控制器产生,并在局部总线上传送到处理器。产生中断的从设备能驻留在主设备上或其他总线模块上。在这种情况下,这些从设备利用系统总线中断请求线(INT0 * ~INT7 *)产生对总线主设备的中断请求。当中断请求线被激活时,总线主设备进行自身的中断操作并处理这个中断。图 12 所示是 NBV 实现的一个例子。

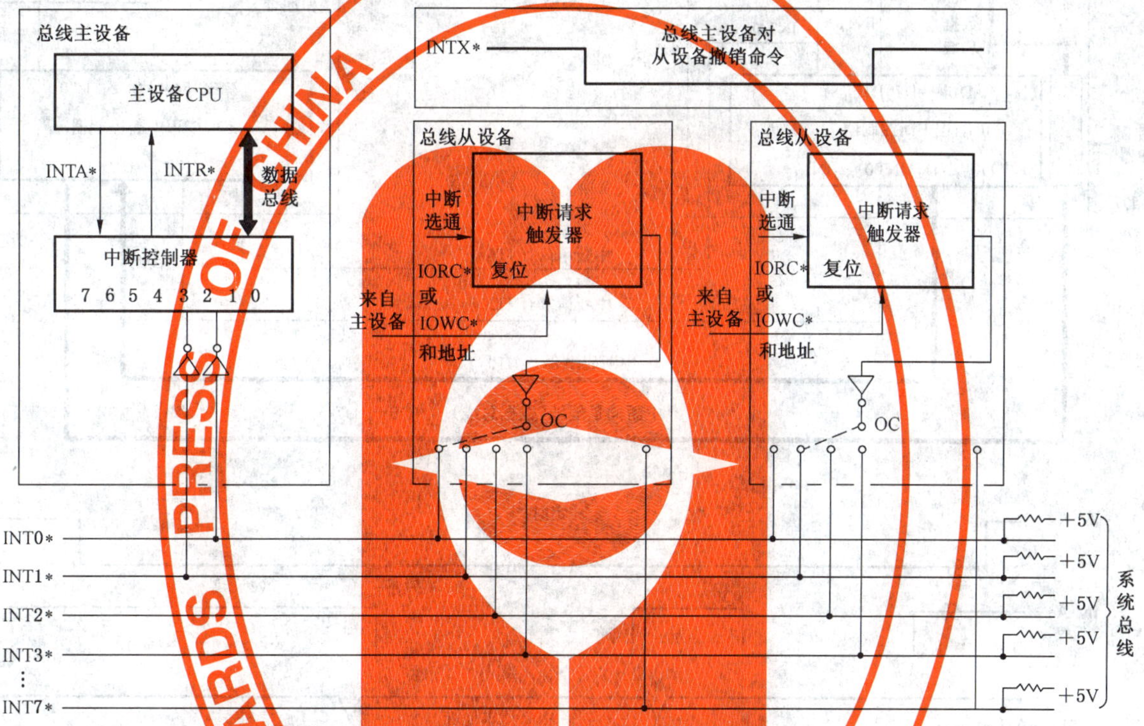

图 12 非总线向量(NBV)中断逻辑

2.3.2.2 总线向量中断

总线向量中断是在系统总线上利用 INTA * 命令信号将中断向量地址由从设备传送到总线主设备的中断。

当出现一个中断请求时,总线主设备上的中断控制逻辑就中断其处理器。总线主设备上的处理器产生 INTA * 命令,冻结用于优先级分辨的中断逻辑的状态。总线主设备还独占(在总线周期之间保持总线)系统总线,以保证自身的紧接的总线周期。在第一个 INTA * 命令之后,总线主设备的中断控制逻辑将一个中断码放在系统总线的地址线上。这个中断码是有效的最高优先级请求线的地址。此刻,在总线向量中断过程中可出现两种不同的时序,因为本系统总线能支持产生两个或三个 INTA * 命令的主设备。

如果总线主设备产生两个 INTA * 命令,则将再产生一个 INTA * 命令。第二个 INTA * 使总线从设备的中断控制逻辑在系统总线数据线上发送其中断向量地址。总线主设备利用这个地址为该中断服务。

如果总线主设备产生三个 INTA * 命令,则将再产生两个 INTA * 命令。这两个 INTA * 命令允许总线从设备将其两字节的中断向量地址放在系统总线的数据线上。该地址由总线主设备用来为该中断服务。图 13 所示是总线向量中断的实现的一个例子。

注：在给定的系统中，系统总线只能支持一种类型的总线向量中断。但是在同一个系统中，系统总线既能支持总线向量中断又能支持非总线式向量中断。两种中断在此处以及 3.2 中论述。

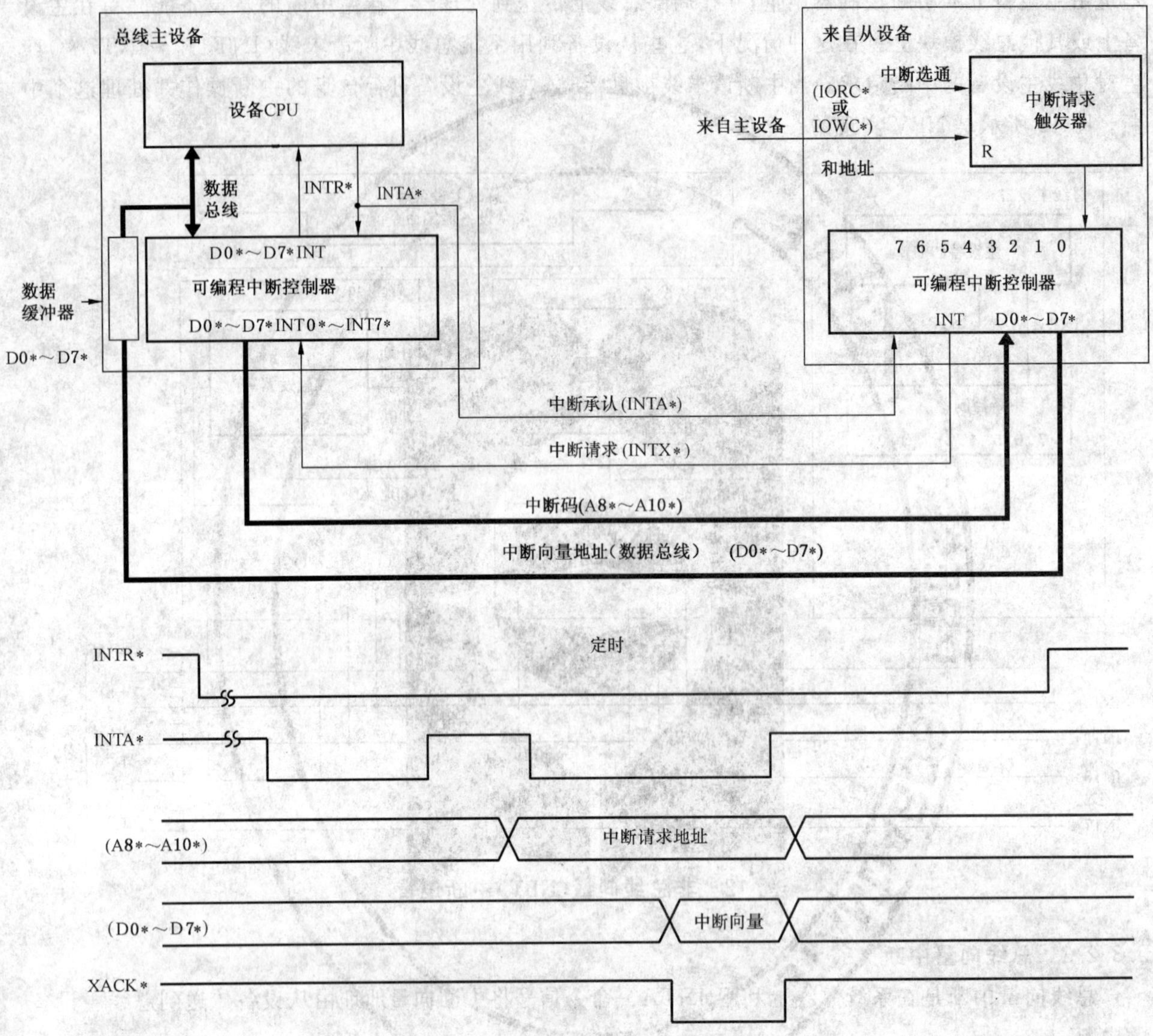

图 13　总线向量(BV)中断逻辑

2.4　总线交换

在同一系统中，总线能容纳几个总线主设备，每个主设备在需要传送数据时都能获得总线控制。总线主设备通过总线交换序列请求对总线的控制。

对总线交换的论述分为两部分。第一部分解释所涉及的信号，第二部分论述总线交换优先级技术(串行的和并行的)。

2.4.1　总线交换信号

实现总线交换操作用到一组信号(6 种)。所有的总线交换信号都由 BCIK * 信号进行同步。

2.4.1.1　总线时钟(BCLK *)

这种周期时钟信号用来对交换逻辑进行同步，同步发生在脉冲的后(由高到低)沿。BCIK * 的占空比约为50%,最高频率为10 MHz,而且根据系统设计按需要降低、步进或停止。BCLK*与CCLK之间不要求同步,虽然两者可从同一信号源导出。BCLK*线由TTL时钟驱动器驱动。

2.4.1.2 **总线忙(BUSY*)**

这个信号由控制总线的主设备驱动。所有其他的主设备都监视着BUSY*,用以确定总线的状态。这种双向信号由集电极开路门驱动,用BCLK*进行同步。

2.4.1.3 **总线优先级输入(BPRN*)**

这是一个向主设备指出没有更高优先级的主设备在请求控制总线的非汇总的信号。BPRN*以BCLK*同步并由TTL门驱动。在串行分辨方案中,这个信号是来自优先级链的主设备的输入。在并行分辨方案中,这个信号是来自并行优先级电路的主设备的输入。

2.4.1.4 **总线优先级输出(BPRO*)**

这个非汇总的信号,当由总线主设备驱动时,向下一个较低优先级的总线主设备指出它可获得对总线的控制(即没有更高优先级请求在等待控制总线)。这种信号只用于菊花链串行优先级分辨方案,并且应将其连接到下一个较低优先级总线主设备的总线优先级输入(BPRN*)的输入。BPRO*由TTL门驱动,并由BCLK*同步。

每个总线主设备都应允许其BPRO*信号与系统总线上的BPRO*线断开,以便在需要时能使用并行优先级分辨方案。这种能力使某些总线主设备能用一个集中并行分辨电路(而不是下一较高优先级主设备的BPRO*)来驱动它们的BPRN*输入。

2.4.1.5 **总线请求(BREQ*)**

总线请求(BREQ*)线用在并行优先级分辨方案,并且是主设备对控制总线的请求。来自每个主设备的BREQ*的优先级都在并行优先级分辨电路加以分辨。最高优先级请求允许主设备的BPRN*输入,使其获得对总线的控制。BREQ*由BCLK*同步,并且是TTL输出。

2.4.1.6 **公共总线请求(CBRQ*)(可选的)**

任何想控制而未控制总线的主设备都能以集电极开路门来驱动CBRQ*。如果CBRQ*在高电平,则向总线主设备指出没有其他主设备在请求总线,因而当前的总线主设备能保有总线。有很多时候这个公共总线请求能节省当前主设备用于总线交换的时间开销。这是因为,当一个主设备正在控制总线时,别的主设备往往不去请求总线。不用CBRQ*只用BPRN*就指明是否有另一主设备在请求总线,而且仅当另一主设备有更高优先级时才有BPRN*信号。在主设备的总线传送周期之间,为了让较低优先级的主设备在需要时获得总线,该主设备就应放弃总线。在这个主设备的下一个传送周期开始时,应重新获得总线。如果没有其他主设备占有总线,那么这段时间大约要3个BLCK*周期。当没有其他主设备需要总线时,为了避免放弃总线再重新获得总线这种不必要的开销,可使用CBRQ*信号。任何想占用而未占用总线的主设备都应把这条线驱动为低电平("真")。占有总线的主设备能在一个传送周期的末尾读出CBRQ*。如果它不在低电平,那就不必释放总线,从而消除在下一周期开始时重新获得总线引起的时间延迟。(在主设备的下一周期之前的任何时刻,希望获得总线的其他主设备都将驱动CBRQ*,并促使该主设备在此刻放弃总线。)

使用CBRQ*的主设备应具有放弃该功能的能力,以便能与不产生CBRQ*信号的主设备一起使用。

2.4.2 **总线交换优先级技术**

论述两种总线交换优先级技术:串行技术和并行技术。这两种技术如图14和图15所示。注意:并行方案与串行方案是兼容的,因而能组合起来并在同一总线上一起使用。

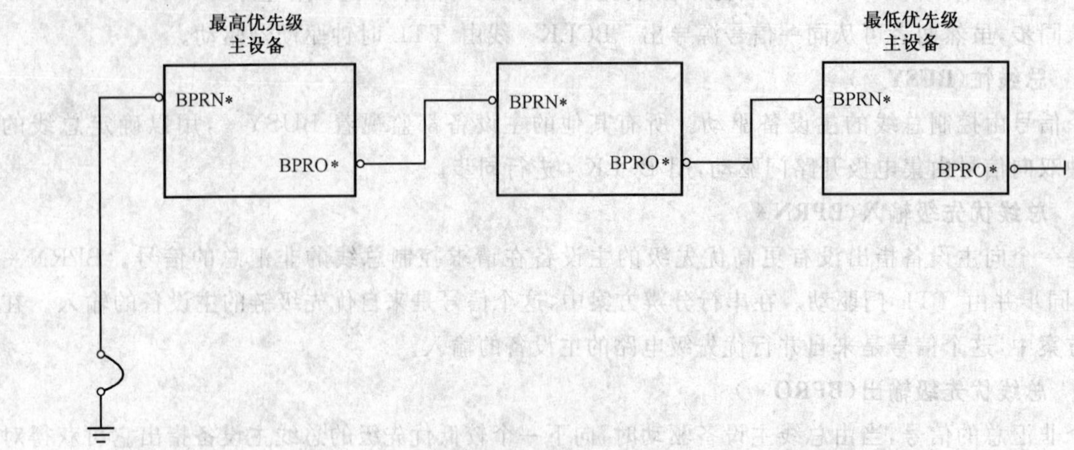

图 14 串行优先级技术

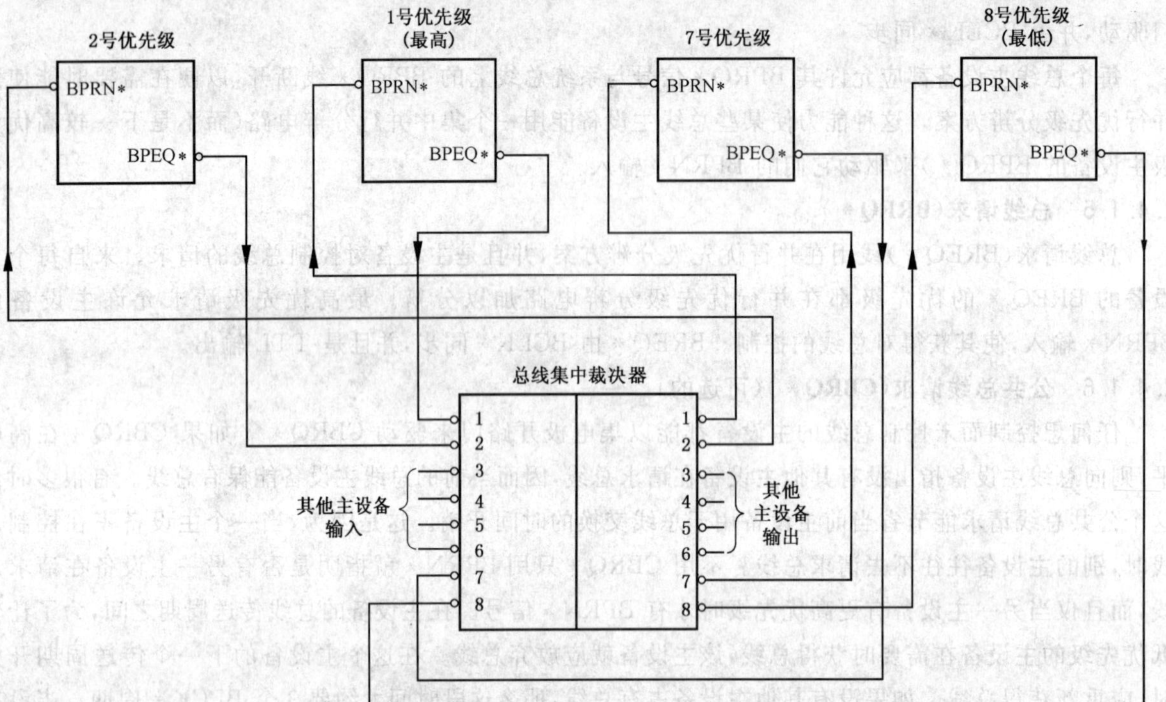

图 15 并行优先级技术

2.4.2.1 串行优先级技术

串行优先级分辨是以菊花链(daisy-chain)技术实施的(见图 14)。用这种方案,每个主设备的总线优先级输出(BPRO＊)都连接到下一最低优先级主设备的总线优先级输入(BPRN＊)上。串行链中的最高优先级主设备的 BPRN＊应始终有效,或者应将其连接到如 2.4.2.2 中所述的中央总线仲裁器上。当使用并—串优先级结构时,使用后者这种连接方法。

串行优先级分辨按如下方式完成:对特定的主设备的 BPRO＊输出,当且仅当其 BPRN＊输入有效而这个主设备不是正在请求控制总线时才进行认定。这样一来,如果主设备请求控制总线,就应将其 BPRO＊增高,这个高状态接着就禁止了所有较低优先级主设备的 BPRN＊。能在串行链上链接的主设备的数目,受限于 BPRN＊信号应在一个 BCLK＊周期之内传过整个链。如果 BCLK＊的最高频率采用 10 MHz,那么在串行链中主设备的数目将限制为三个。

2.4.2.2 并行仲裁技术

在并行技术中,总线分配由一个总线仲裁器确定(见图 15)。这可以是一种优先级方案,由一个固定的优先级结构或者由某一其他分配机制(例如序列式)来确定下一主设备。仲裁器用 BREQ * 线向位于相应 BPRN * 线上的下一个主设备发出信号。BPRO * 线在并行分配的 BPRN * 方案中不使用。

3 电气规范

本章对系统总线提出的电气规范如下:

a) 总线的状态关系、信号线特性及电源三者的设计总则;

b) 总线信号的定时规范;

c) 信号线驱动器、接收器以及电气端接要求的规范。

当电气规范指出总线的最小值或最大值时,在总线上任何一点都应是可测量的。

注意:具体实现的总线,只要所有的总线参数(例如建立时间、保持时间及其他时间)在总线各点都得到满足,就会有任何长短的总线传播延迟和瞬间扰动(在建立时间之前)。不过,为了便于设计一套使用总线的兼容模块(主设备和从设备)。将标准的最大总线传播延迟规定为 t_{PD}(最大值)。

3.1 总线设计总则

3.1.1 逻辑与电气状态的关系

信号名称指出在总线上的信号是高状态有效或者是低状态有效。如果信号名称末尾带有一个星号(非上标"*"号),则该信号为低有效,其逻辑—电气状态关系是:

逻辑状态	信号电平	在接收器处	在驱动器处
0 1	H=TTL 高状态 L=FTL 低状态	5.25 V≥H≥2.0 V 0.8 V≥L≥−0.5 V	5.25 V≥H≥2.4 V 0.5 V≥L≥0 V

如果信号名无尾星号(无"*"),则该信号为高有效,其逻辑—电气状态关系是:

逻辑状态	信号电平	在接收器处	在驱动器处
0 1	L=FTL 低状态 H=TTL 高状态	0.8 V≥L≥−0.5 V 5.25 V≥H ≥2.0 V	0.5 V≥L≥0 V 5.25 V≥H≥2.4 V

这些规范都基于 TTL,其中的电源为 5(1±5%) V,以逻辑地(GND)为参考点。

3.1.2 信号线特性

下面描述两种类型的要求。第一种包括对在用时能被测量的信号线的要求。第二种包括对在规定测试条件下能被测量的信号线的要求。

3.1.2.1 对在用信号线的要求

在正常使用期间,信号的上升和下降时间取决于所用驱动器的型号(见 3.3)。典型的上升和下降时间是:

	开路集电极	图腾柱电路	三态
上升时间 下降时间	— 10 ns	10 ns 10 ns	10 ns 10 ns

总线上典型信号传播延迟是 t_{PD}(typ)。该值从插入(796)总线的任何一块电路板的边缘到插入本总线的任何另一块电路板测得:

$$t_{PD}(typ)=3\ ns$$

注：对于插入本总线的所有电路板，其建立时间、保持时间和任何其他时间都在插进总线的电路板的边缘处测量。这就意味着，所有的板内延迟都应考虑进来，同时仍规定建立时间、保持时间和其他时间。

加电之后，适用以下规范：

a) 每条信号线所要求的总线端接(见 3.3)。

b) 在跳变为零之后，所有命令线信号(见 2.2.2.5)的建立时间。

在这些线路上，瞬间扰动不能超过抗噪水平(即高电平的最小值或低电平的最大值)。这也适用于传送确认线和禁止线。

对所有的地址线(见 2.2.2.3)，信号应在任何命令线变为有效(建立时间)之前至少 50 ns 达到稳定。这个稳定时间要求意味着瞬间扰动不应超出抗噪水平(高电平的最小值，低电平的最大值)。这个要求也适用于任何写操作期间的数据线(见 2.2.2.4)。

对于读操作期间的所有数据线，在传送确认(XACK＊)信号变为有效之前建立时间为零；而保持时间在读类型的命令变为无效之后为零。

建立、保持和命令瞬间扰动以图示方式(图 16)归纳并提出。

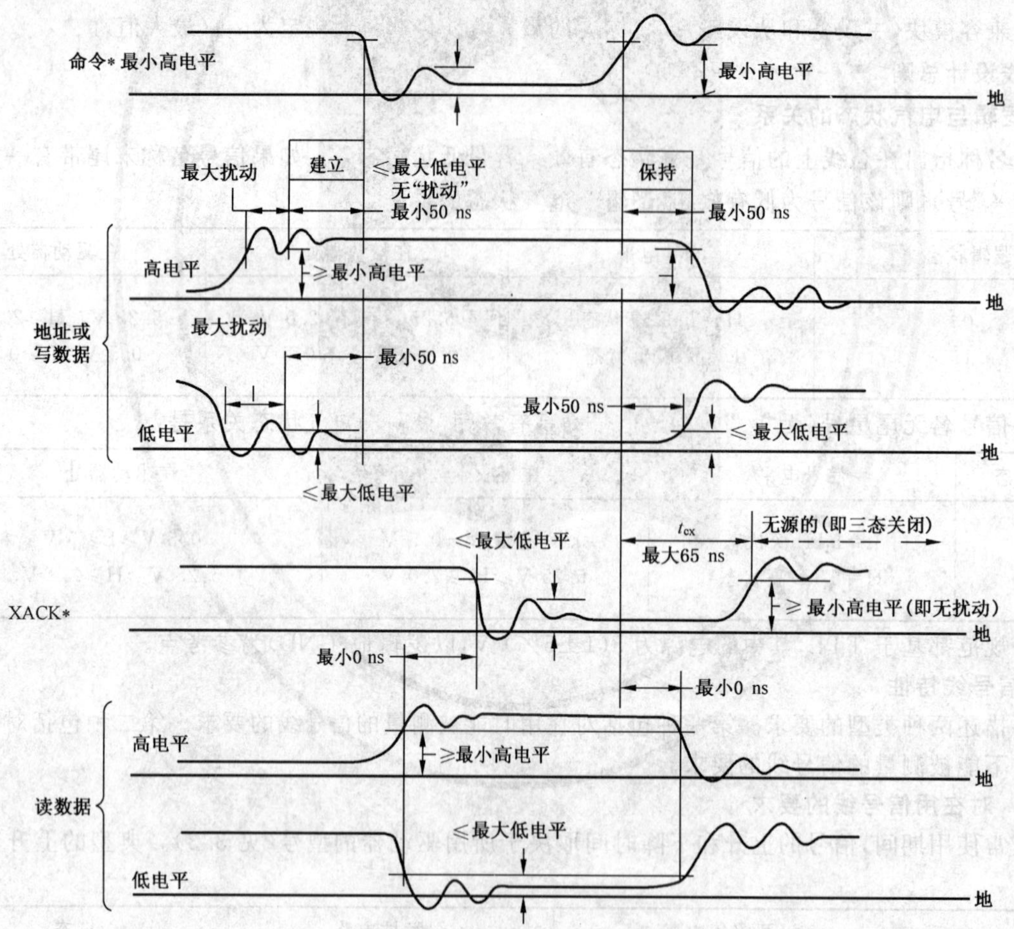

图 16 建立、保持和命令瞬间扰动的归纳

3.1.2.2 底板信号迹线特性

对于线到线耦合特性的要求如图 17 所示。其中还图示出满足规范的特定测试条件。

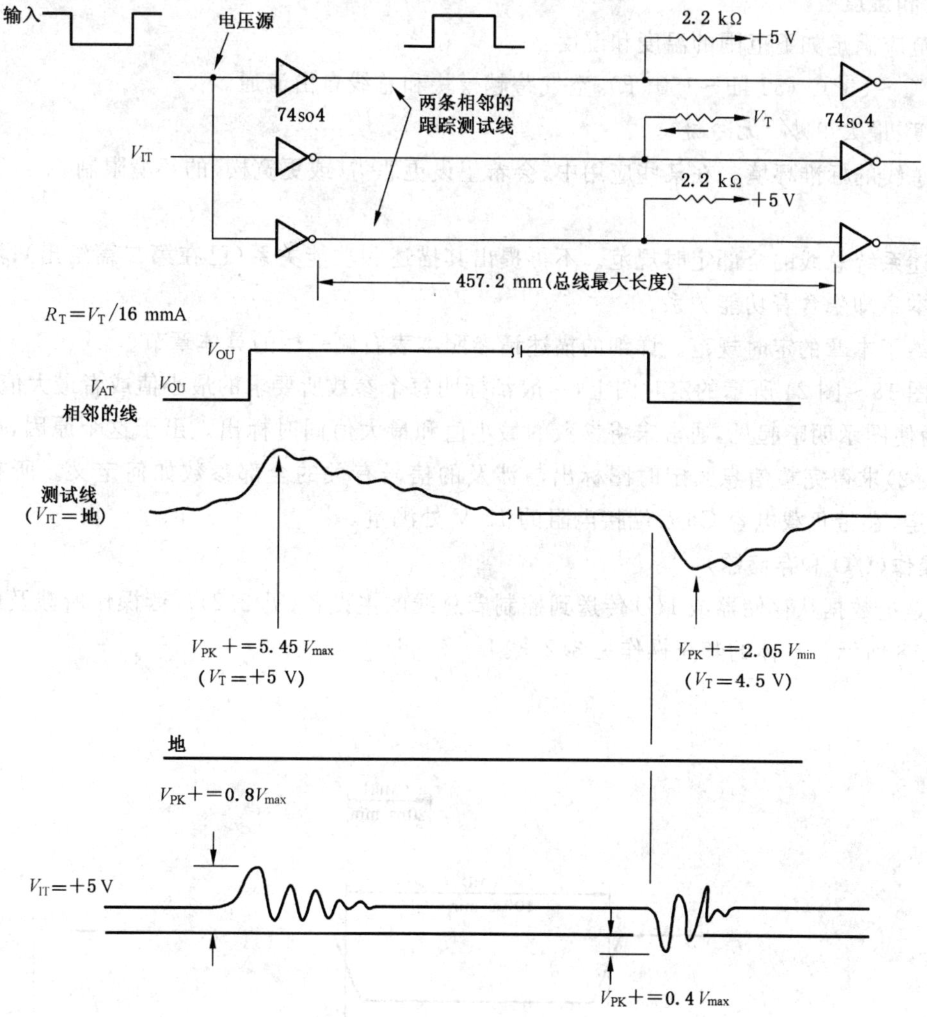

图 17 线到线耦合特性

3.1.3 电源规范

表 1 提供了全部电源规范。表 1 中未给出的其他电压可以是插入本总线的电路板所要求的，应从标准电压(+5 V,+12 V,−12V)之一得到。

表 1 电源规范

参 数	标准[a]			
	地	+5	+12	−12
助忆符	GND	+5 V	+12 V	−12 V
总线插针	P1-1, 2, 11, 12, 75, 76, 85, 86	P1-3, 4, 5, 6, 81, 82, 83, 84	P1-7,8	P1-79, 80
容差[b]	参考点	4.9～5.2	11.8～12.5	−12.5～(−11.8)
组合线及负载调节	参考点	1 %	1 %	1 %
纹波(峰—峰)[c]	参考点	50 mV	50 mV	50 mV
瞬态响应(50%的负载变化)		500 μs	500 μs	500 μs

[a] 测量点位于底板与电源之间的连接点处。

[b] 包括线路、负载、温度及残留的波纹效应。

[c] 在 5 MHz 带宽。

3.1.4　温度和湿度

总线规范应满足如下范围的温度和湿度：

温度：0 ℃～55 ℃（32 °F～150 °F）；空气跨越模块和总线自由流通。

相对湿度：最大 90%（无冷凝）。

这表示总线的标准环境。在某些应用中，会希望设更恶劣（或更宽松）的环境限制。

3.2　定时

本章描述系统总线的全部定时规范。不再提出其描述和功能关系（已在第二篇给出）；然而在两个信号有关时本章却隐含着功能关系。

表 2 归纳了本章的定时规范。详细的描述请参照本表右侧一栏的具体章节。

在本章图 18～图 24 所示的定时图上，一般都标明每个参数所要求的最小值或者最大值。

然而，为使图示明晰起见，通常未将参数的最小值和最大值同时标出。出于这个原因，应参照总线定时规范（表 2）求得完整信息。定时图标出与涉及的信号有关的全部参数如何定义。所有定时都按表 3 中的规定，在带负载电容 Co 及端接电阻的 15 V 处测量。

3.2.1　读操作（I/O 和存储器）

读操作是把数据从存储器或 I/O 传送到控制着总线的主设备（见 2.2）。读操作所涉及的线路和定时规范如图 18 所示。具体的禁止操作见 3.2.3。

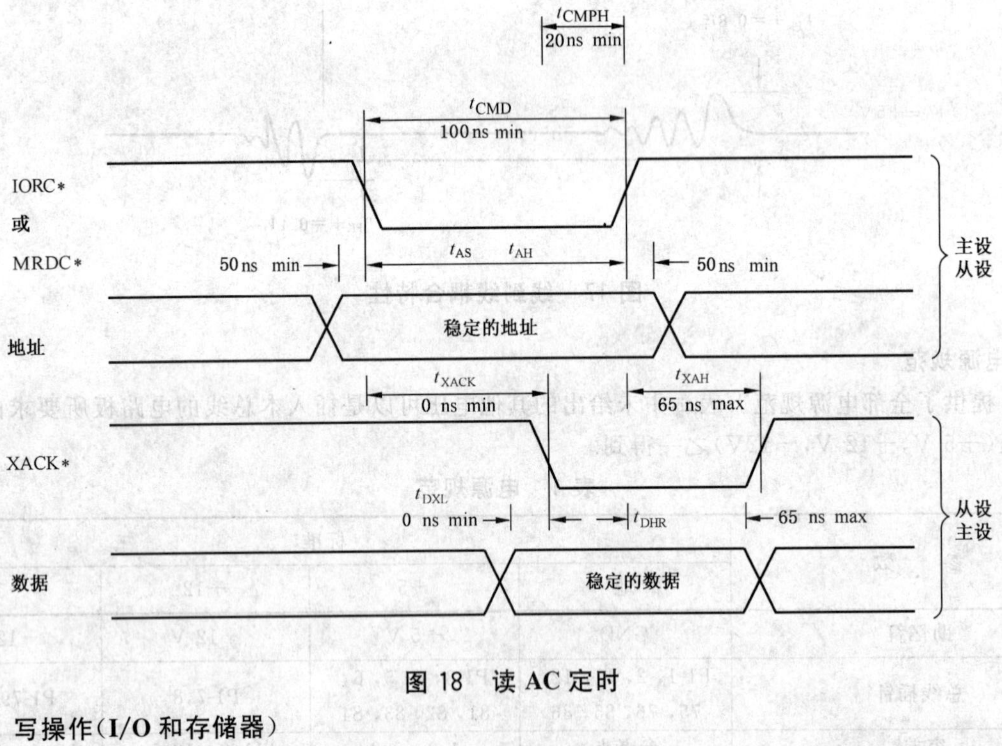

图 18　读 AC 定时

3.2.2　写操作（I/O 和存储器）

写操作把数据从控制着总线的主设备传送到存储器或 I/O（见 2.2）。写操作的定时如图 19 所示。与其有关的禁止操作见 3.2.3。

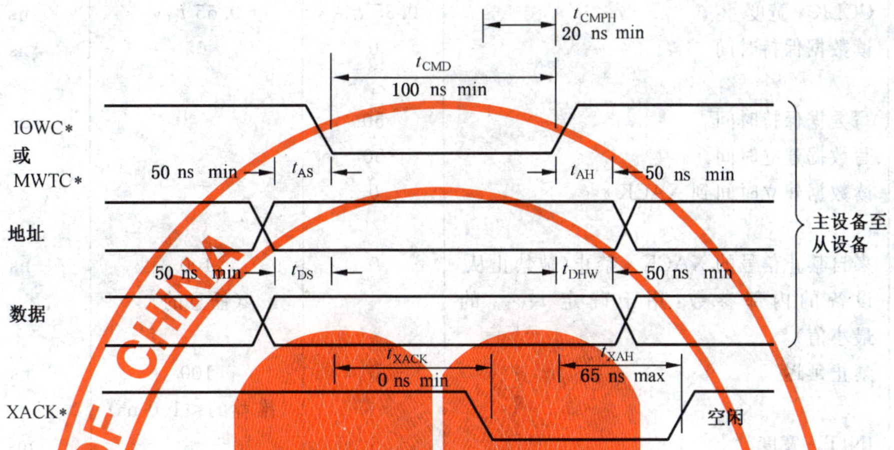

图 19　写 AC 定时

表 2　系统总线定时规范归纳表

参数	说　明	最小值	最大值	单位	章条号
t_{AH}	地址保持时间	50		ns	3.2.1 3.2.2 3.2.4
t_{AIZ}	地址到禁止为高的延迟	0	100	ns	3.2.3
t_{AS}	地址建立时间(在从设备板上)	50		ns	3.2.1 3.2.2 3.2.4
t_{BCY}	BCLK * 周期	100	∞	ns	3.2.5
t_{BPRNO}	BPRN * 到 BPRO *	0	30	ns	3.2.5
t_{BPRNS}	BPRN * 到 ↓ BCLK * 建立时间	22		ns	3.2.5
t_{BPRO}	↓ BCLK * 到 BPRO *	0	40	ns	3.2.5
t_{BREQH}	↓ BCLK * 到 BREQ * 为高的延迟	0	35	ns	3.2.5
t_{BREQL}	↓ BCLK * 到 BREQ * 为低的延迟	0	35	ns	3.2.5
t_{BSYO}	CBRQ * 和 BUSY * 到 ↑ BUSY *	—	12	μs	3.2.5
t_{BUSY}	由 ↓ BCLK * 开始的 BUSY * 延迟	0	70	ns	3.2.5
t_{BUSYS}	BUSY * 到 ↓ BCLK 建立时间	25		ns	3.2.5
t_{BW}	BCLK * 宽度	$0.35t_{BCY}$	$0.65t_{BCY}$	ns	3.2.5
t_{CBRO}	↓ BCLK * 到 CBRQ *	0	60	ns	3.2.5
t_{CBRQS}	CBRQ * 到 ↓ BCLK * 建立时间	35		ns	3.2.5
t_{CCY}	CCLK * 周期	100	110	ns	3.2.6
t_{CMD}	命令脉冲宽度	100	t_{TOUT}	ns	3.2.1 3.2.2
t_{CMPH}	命令保持时间	20		ns	3.2.1 3.2.2
t_{CPM}	中央优先级模块分辨延迟(并行优先级)	0	$t_{BCY}-t_{BREQ}-2t_{PD}-$ $t_{BPRNS}-t_{SKEW}$		3.2.5

表 2（续）

参数	说　明	最小值	最大值	单位	章条号
t_{CSEP}	命令间隔时间	100		ns	3.2.4 3.2.6
t_{CW}	CCLK＊宽度	0.35 t_{CCY}	0.65 t_{CCY}	ns	3.2.6
t_{DHR}	读数据保持时间	0	65	ns	3.2.1 3.2.4
t_{DHW}	写数据保持时间	50		ns	3.2.2
t_{DS}	写数据建立时间	50		ns	3.2.2
t_{DXL}	读数据建立时间到 XACK＊	0		ns	3.2.1 3.2.4
t_{IAD} t_{ID}	来自禁止信号的 XACK＊禁止（被禁止从设备的内部参数：用于确定 t_{XACKA} 的最小值）	0	100 （任意的）	ns	3.2.3
t_{ID}	禁止延迟	0	100 （推荐的＜100 ns）	ns	3.2.3
t_{INIT}	INIT＊宽度	5		ms	3.2.6
t_{INTA}	INTA＊宽度	250		ns	3.2.4
t_{LCKH}	从命令有效开始的 LOCK＊保持时间	100		ns	3.2.6
t_{LCKS}	LOCK＊到命令建立时间	100		ns	3.2.6
t_{LOCK}	LOCK＊宽度		12	μs	3.2.6
t_{OUT}	超时延迟	1	dc(∞)	ms	
t_{PD}(typ)	标准总线传播延迟		3	ns	3.1.2
t_{SKEW}	BCLK＊偏差		t_{PD}		3.2.5
t_{XACK}	XACK＊时间（对无禁止功能的从设备）	0	8	μs	3.2.1 3.2.2 3.2.4
t_{XACKA}		t_{IAD}＋50 ns	1 500	ns	3.2.3
t_{XACKB}	被禁止从设备的 XAVK＊时间	1 500	8 000	ns	3.2.3
t_{XAH}	禁止从设备的 XAVK＊时间 XACK＊保持时间	0	65	ns	3.2.1 3.2.2 3.2.4
串行优先级	见 3.2.5.1				

3.2.3 禁止操作

禁止操作可伴随存储器读写操作发生。其主要作用是一个从设备禁止另一个从设备驱动数据线和回送（驱动）确认（XACK＊）信号。I/O 地址不能被禁止。虽然禁止信号可在 IORC＊、IOWC＊或 INTA＊操作期间产生，但其他从设备（包括对 INTA＊、IORC＊以及 IOWC＊应予响应的从设备）对这些信号都予忽略。禁止定时如图 20 所示。

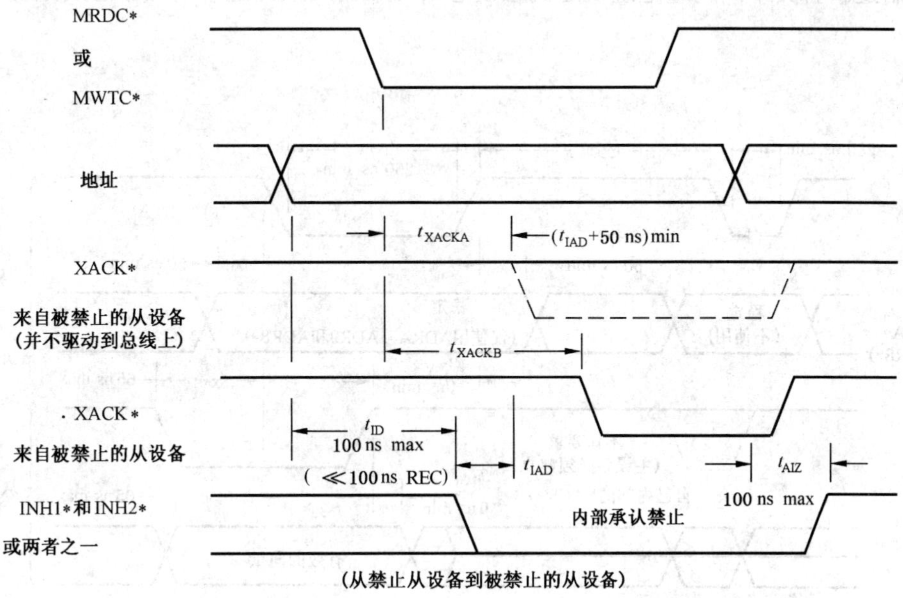

图 20 禁止的 AC 定时

有关的章条号是：

	章条号
功能描述	2.1.3.2.3
定时规范归纳	3.2
读操作	3.2.1
写操作	3.2.2
中断的实现	3.2.4

3.2.4 中断实现

中断实现方案有两种类型，非总线向量中断(NBV)和总线向量中断(BV)。

3.2.4.1 非总线向量中断

总线主设备处理非总线向量中断，不要求系统总线传送中断向量地址。由从设备产生的中断可驻留在主设备上或其他总线模块上，在这种情况下，从设备使用系统总线中断请求线(INT0＊～INT7＊)对总线主设备产生中断请求。当一条中断请求线激活时，总线主设备完成本身的内部中断操作，然后处理该中断。

3.2.4.2 总线向量中断

总线向量中断是沿系统总线将中断向量地址由从设备传送至总线主设备，以响应 INTA＊命令信号的中断。BV 中断的定时如图 21 所示。

当一个中断请求发生时，总线主设备上的中断控制逻辑就中断其处理器。总线主设备的处理器产生一个 INTA＊命令，将系统总线上的中断逻辑状态冻结，以便进行优先级分辨。总线主设备还锁定系统总线(在两个总线周期之间保持总线)，以保证其紧接的总线周期。在第一个 INTA＊命令之后，总线主设备的中断控制逻辑把一个中断码放置在系统总线的地址线上。这个中断码就是有效的最高优先级中断请求线的地址。BV 中断过程在此刻可有两种不同的序列。出现这种差别是因为在中断过程中系统总线能支持产生两个或三个 INTA＊命令的主设备。

如果总线主设备产生两个 INTA＊命令，就多产生一个 INTA＊命令。第二个 INTA＊促使总线从设备中断控制逻辑将其中断向量地址发送到系统总线的数据线上。这个地址由总线主设备用来为该中断服务。

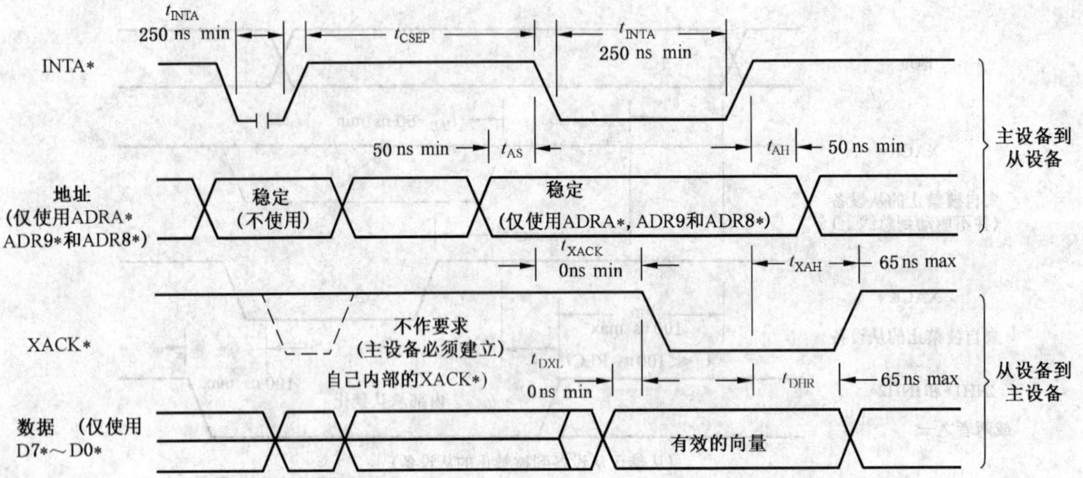

图 21　总线向量(BV)中断 AC 定时

如果总线主设备产生三个 INTA * 命令,就多产生两个 TNTA * 命令。这两个 INTA * 命令让总线从设备把自身的两字节中断向量地址放在数据线上(一个 INTA * 对应一个字节)。该中断向量地址由总线主设备用来为该中断服务。

注:在给定系统中,系统总线只能支持一种类型的 BV 中断。但是,在同一个系统中,系统总线能支持 BV 和 NBV 两种中断。BV 和 NBV 中断已在 2.3.2.2 和 3.2.4 中叙述。

3.2.5　总线控制交换

总线控制交换是将对总线的控制权(即做读、写和中断确认操作的能力)从一个主设备取得又给予另一主设备。对这一过程的功能描述见 2.4。

对于不使用总线信号 CBRQ *(公共总线请求)的主设备,图 22 中所示的定时规范适用。

对于使用 CBRQ *(公共总线请求)的系统,每个主设备还要满足图 23 所示的定时要求。注意:在"释放总线"(即释放 BUSY *)之前,任何处在结束过程中的周期的保持时间等参数仍应满足上述规定。同样,在"获得总线"(即驱动 BUSY * 为低电平)之后,周期刚一开始时满足适用的所有建立时间和其他定时参数是必要的。

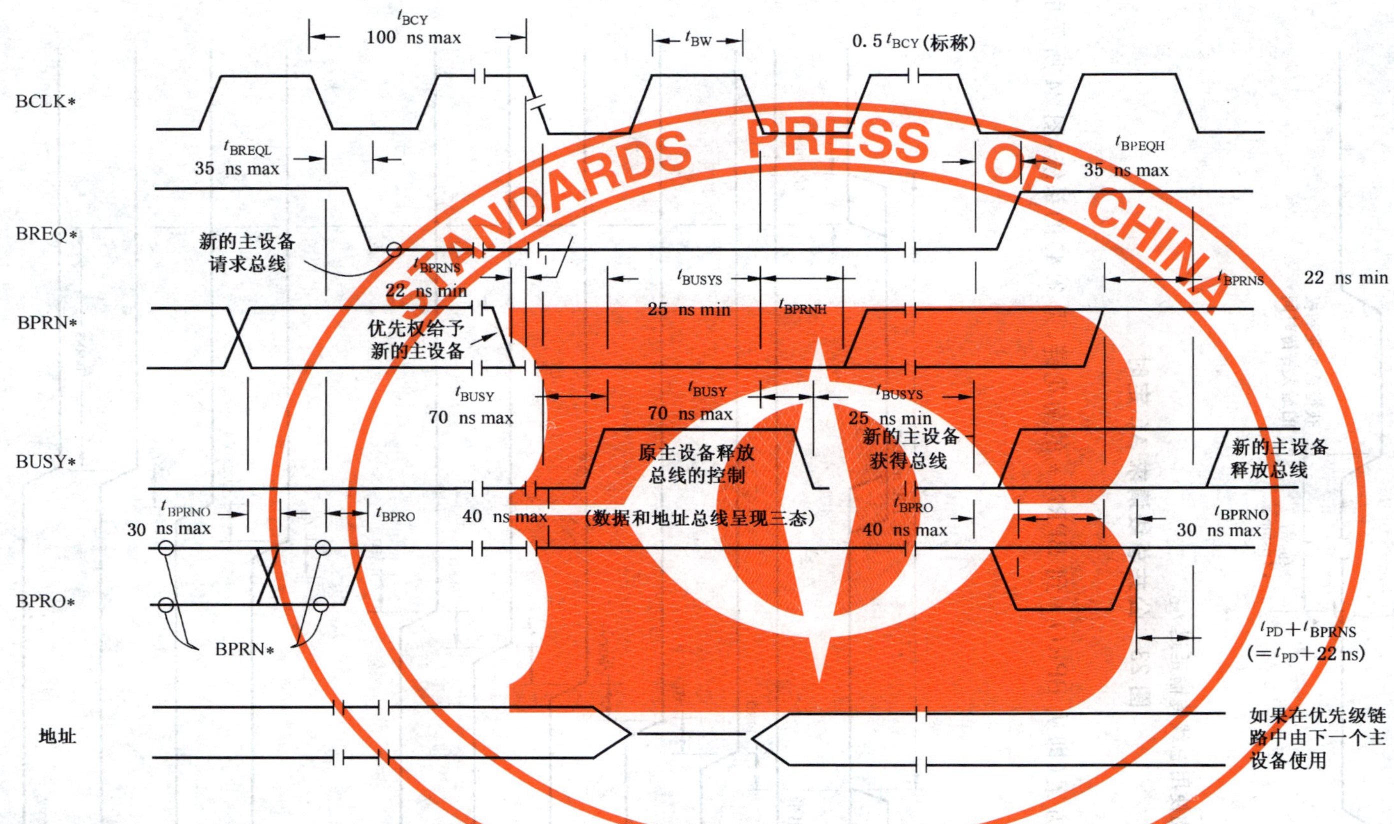

注：在整个的系统计算中均使用总线传输延迟 t_{PD}。

图 22 总线交换 AC 定时

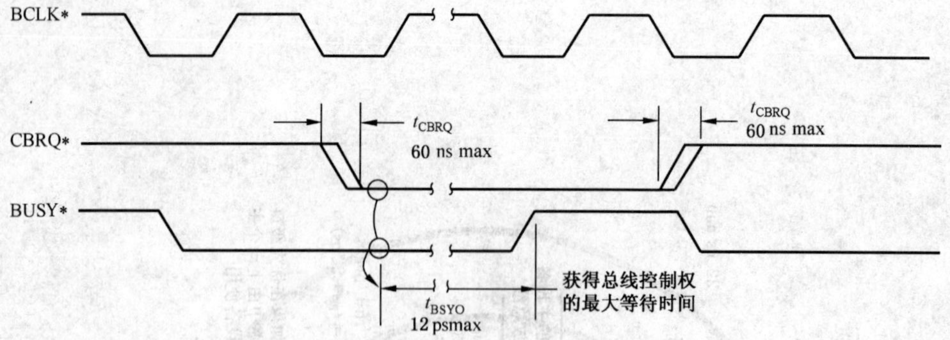

注:在所有的系统计算中均使用总线传输延迟 t_{PD}。

图 23　公共总线请求 AC 定时

3.2.5.1　串行优先级

对于采用串行优先级方案(即从 BPRO * 到 BPRN * 的菊花链,见 2.4)的系统,图 24 所示的定时规范适用。

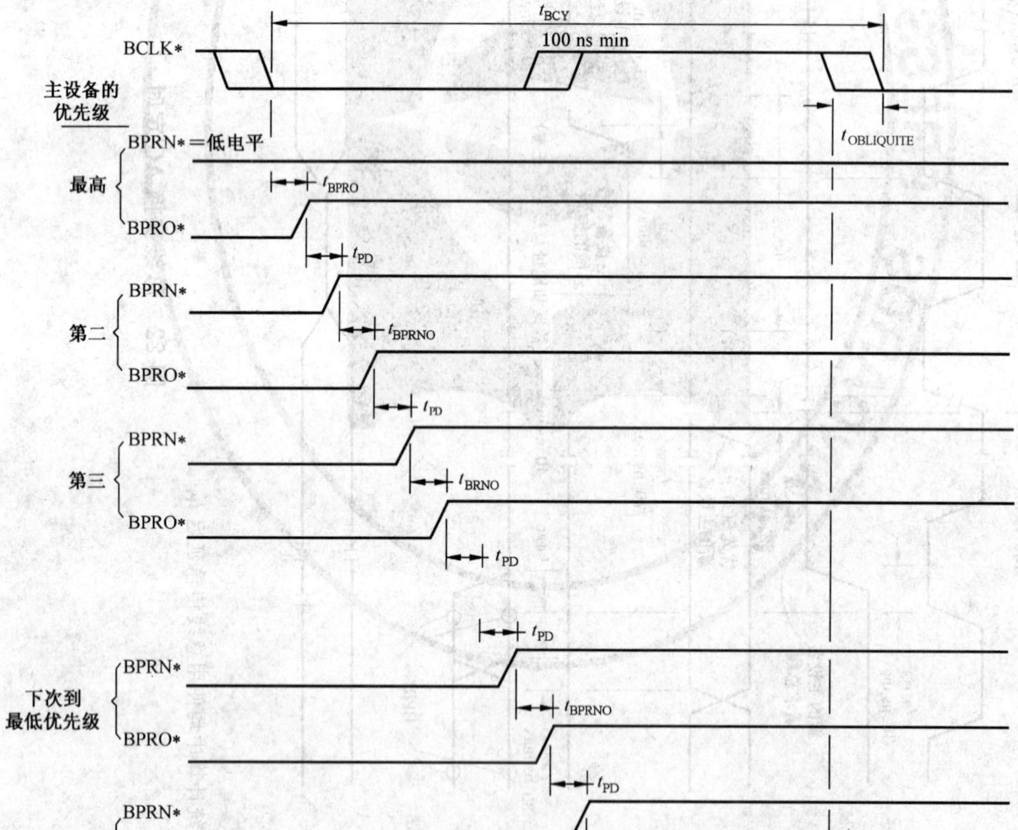

图 24　串行优先级 AC 定时

3.2.5.2 并行优先级

对采用并行优先级方案(即集中优先级分辨器,见 2.4)的系统,图 25 所示的系统和 CPM(集中优先级模块)的定时规范适用。

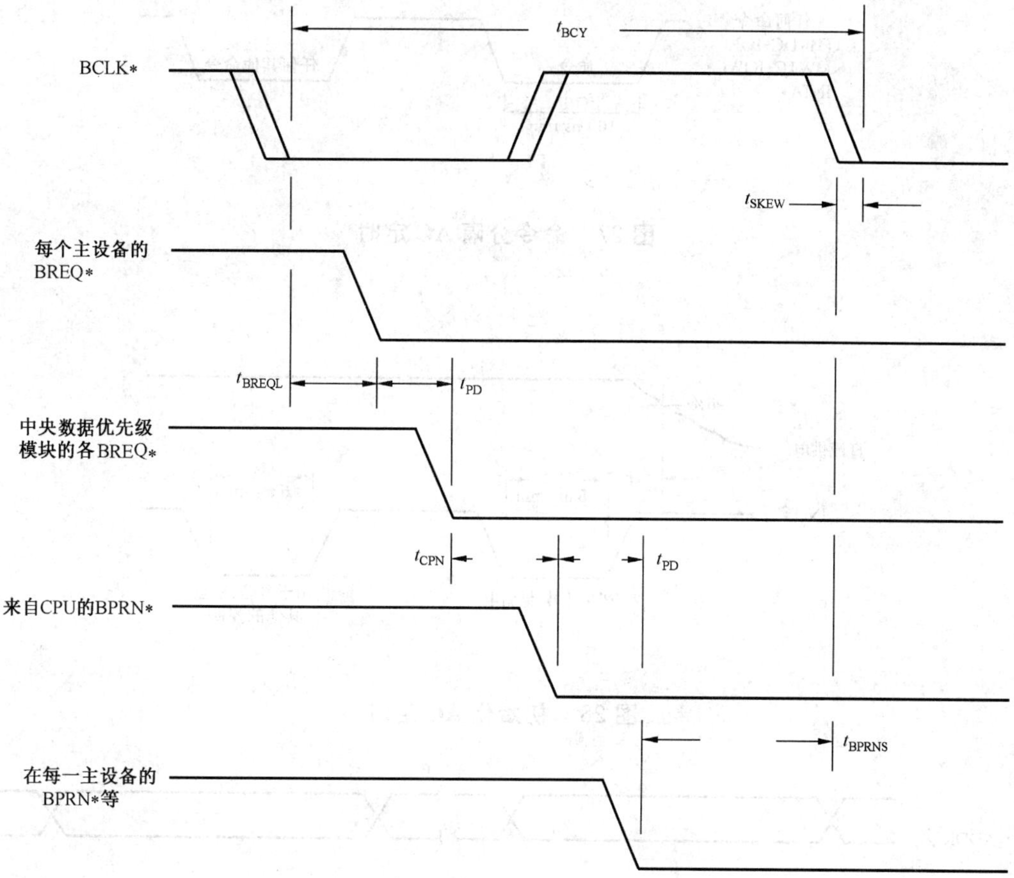

规范: $t_{CPMmax} \leqslant t_{BCYmin} - t_{BREQmax} - 2t_{PDmax} - t_{BPRNSmax} - t_{SKEWmax}$

CPM 是中央级模块

图 25 并行优先级 AC 定时

3.2.6 其他定时

图 26、图 27、图 28 与图 29 中的定时图,分别图示出恒定时钟(CCLK *)、命令分隔(t_{CSEP})、初始化(t_{INIT})与锁定(LOCK *)的定时。

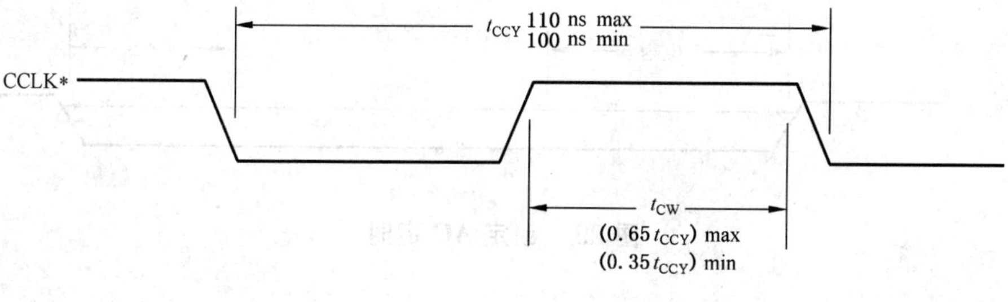

图 26 恒定时钟 AC 定时

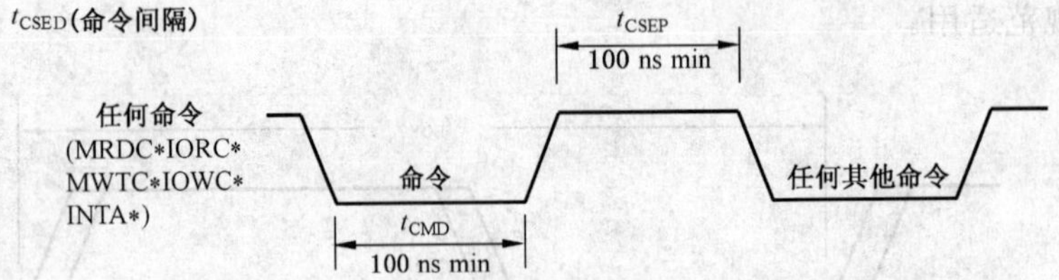

图 27　命令分隔 AC 定时

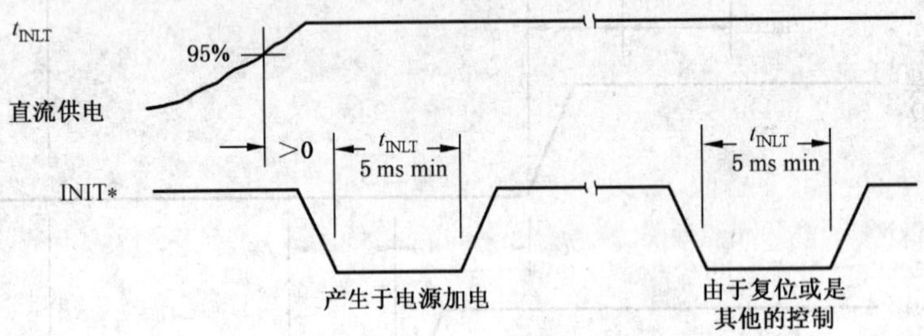

图 28　初始化 AC 定时

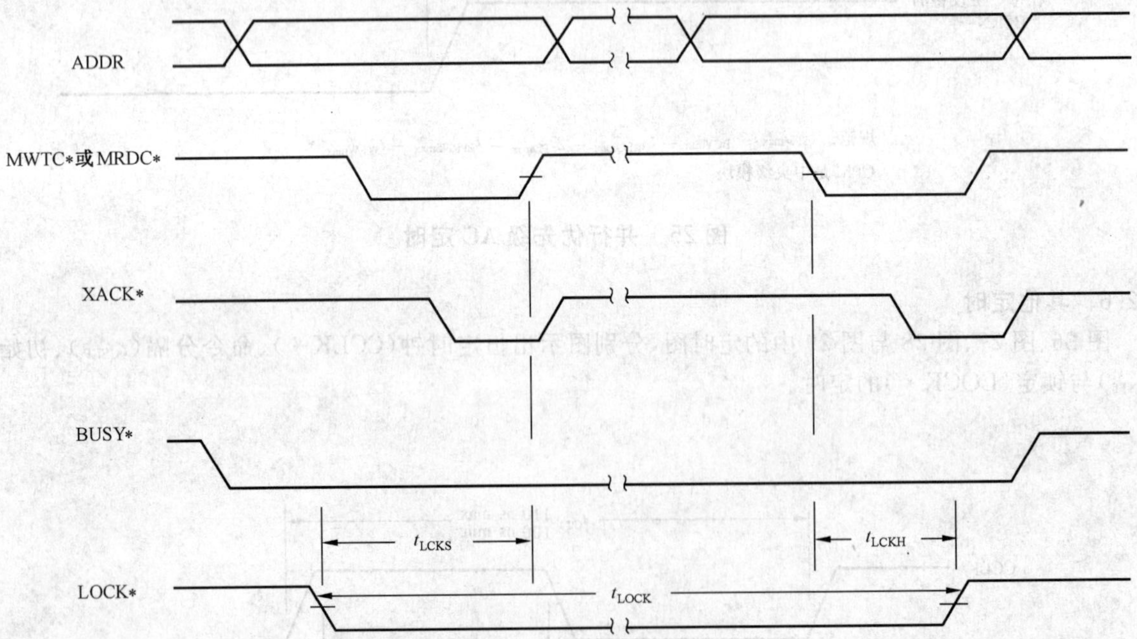

图 29　锁定 AC 定时

3.3　接收器、驱动器及端接

对于每条信号线或信号线组独有的非定时规范列于表 3。表中给出对信号线的接收器、驱动器和总线端接的要求，以及对每一信号的接收器、驱动器和端接的部位。

表 3 接线器、驱动器及端接

总线信号	驱动器[a,c] 部位	类型	I_{OL} Min. mA	I_{Oh} Min. μA	I_{OH} Max. μA	C_O Min. pF
D0 * ～D15 *（16 条线）	主设备和从设备	TRI	16	−2 000	—	300
A0 * ～A23 *，BHEN *（25 条线）	主设备	TRI	16	−2 000	—	300
MRDC *，MWTC *	主设备	TRI	32	−2 000	—	300
IORC *，IOWC *	主设备	TRI	32	−2 000	—	300
XACK *	从设备	TRI	32	−400	—	300
INH1 *，INH2 *	禁止从设备	OC	16	—	250	300
BCLK *	一处（通常为主设备）	TP	48	−3 000	—	300
BREQ *	每个主设备	TP	10	−200	—	60
BPRO *	每个主设备	TP	3.2	−200	—	60
BPRN *	并行：中央优先级模块；串行：以前的主设备 BPRO *	TP	16	−400	—	300
LOCK *	主设备	TR1	32	−3 000	—	300
BUSY *，CBRQ *	全部主设备	OC	20	—	250	300
INIT *	主设备	OC	32	—	250	300
CCLK *	一处	TP	48	−3 000	—	300
INTA *	主设备	TRL	32	−2 000	—	300
INT0 * ～INT7 *（8 条线）	从设备	OC	16	—	250	300

接收器[b,c] 部位	I_{IL} Max. mA	I_{IH} Max. μA	C_I Max. pF	端接[d] 部位[e]	类型	R	单位
主设备和从设备	−0.8	125	18	一处	上拉	2.2	kΩ
从设备	−0.8	125	18	一处	上拉	2.2	kΩ
从设备（存储器；存储器映像的 I/O）	−2	125	18	一处	上拉	1	kΩ
从设备（I/O）	−2	125	18	一处	上拉	1	kΩ
主设备	−2	125	18	一处	上拉	510	
被禁止的从设备（RAM、PROM、ROM、存储器映像的 I/O）	−2	50	18	一处	上拉	1	kΩ
主设备	−2	125	18	底板	接＋5V 接 GND	220 330	Ω Ω
中央优先级模块	−2	50	18	中央优先级模块（不要求）	上拉	1	kΩ
串行优先级链在其 BPRN * 处的下一主设备	−1.6	50	18	（不要求）			
主设备	−4	100	18	（不要求）			
全部	−2	125	18	一处	上拉	1	kΩ
全部主设备	−2	50	18	一处	上拉	1	kΩ
全部	−2	50	18	一处	上拉	2.2	kΩ
任一	−2	125	18	母板	接＋5 V 接 GND	220 330	Ω Ω
从设备（中断 I/O）	−2	125	18	一处	上拉	1	kΩ
主设备	−1.6	40	18	一处	上拉	1	kΩ

[a] 驱动器要求
I_{OH}＝高电平输出电流驱动器；I_{OL}＝低电平输出电流驱动器；
C_O＝电容驱动能力；　　TRI＝三态驱动器；
OC＝开路集电极驱动器；　　TP＝图腾柱驱动器。

[b] 接收器要求
I_{IH}＝高电平输入电流负载；　I_{IL}＝低电平输入电流负载；
C_I＝电容性负载。

[c] 关于低电平电压和高电平电压的规范，见 3.1.1。

[d] ±5 %、0.25 W 电阻器。

[e] 表中以"一处"规定的所有端接电阻器，正常情况下位于底板上。

4 适用性级别

本章提出与本标准的适用性级别的概念及表示法如下：

a) 构成标准实质性能力的可变要素；

b) 对主设备和对从设备适用性关系的概述；

c) 描述与本标准的适用性级别的表示法。

引入适用性级别的观念是为了便于使用由各不相同的供应方制造的多种多样能力的产品。这就界定了在本标准所允许的范围之内的变异程度，并为这些变化提供一种简明便利的标记法。

4.1 能力的可变要素

本系统总线的用途非常之多，允许利用各种能力的电路板来构造系统。本系统总线为如下几方面的变化提供了条件：数据通路宽度，I/O 地址通路宽度，以及多种中断属性。另外，某些供应方的产品采用不同的存储地址通路宽度也予以认可。

4.1.1 数据通路

本系统总线允许 8 位和 16 位两种数据通路的产品。16 位数据通路的产品采用 2.2.2.4 中描述的字节对换技术，因此允许 8 位的和 16 位的产品一起工作。

4.1.2 存储地址通路

本标准指定地址通路为 24 位。在许多系统中，16 位或 20 位的地址通路可能已足够，虽然不是完全兼容的系统总线。

4.1.3 I/O 地址通路

本系统总线允许 8 位和 16 位两种 I/O 地址通路。16 位通路的产品也应配置成当作 8 位通路的产品使用。

4.1.4 中断属性

本系统总线(见 2.3)允许中断属性有相当大的变化。一个产品可支持非总线向量(NBV)中断，双周期的总线向量中断，以及三周期的总线向量中断；也可完全不支持中断。中断读出有两种方法：首选的电平触发方法；仅为历史性兼容而提出的沿—电平触发方法。

电平触发方法：请求线上的有效电平指出有效的请求。不要求以脉冲沿触发中断，这能让几个源接到单一的请求线上。对电平触发读出输入的源，应提供一种程序手段来清除中断请求。

沿—电平触发方法：当且仅当有效电平至少维持到已经由主设备识别时，由无效电平到有效电平的跳变才指出一个有效的请求。要求这种跳变就排除了多源共用一条请求线。但是沿—电平触发方法消除了源具有程序手段来消除中断请求的要求。

注：沿—电平触发方法只是为历史性兼容而描述的。新的设计应采用电平触发方法。

一个主设备可支持上述中断读出方法中的一种或两种都支持。将系统配置的使中断请求源与主设备的中断读出方法相适应是必要的。注意，与电平触发方法兼容的源也同沿—电平触发方法兼容。

4.2 主设备与从设备

当构造系统时，不必要求所有模块都具有同样的能力。例如，一个系统可有一条 8 位到 16 位的数据通路的主设备和一条 8 位数据通路的从设备。这样的系统功能是完备的，虽然在应用中应限制在对从设备以 8 位存取。

构造一个系统时，关键概念是所要求的能力与所提供的能力相适应。每种产品应该提供某一组能力。在这样的两种产品之间，事务数据应限制在只使用属于两产品能力组合之交叉的那些能力。在某些情况下，这种交叉可能是空的，这隐含着两者基本不兼容。确保这种交叉的切实存在正是系统设计者的责任。

4.3 适用性级别的标记法

这里引入的标记法让供货方能简练准确地规定产品与本标准的适用性级别。对于不是用作主设备就是用作从设备的电路板，规定适用性级别时应针对这两种情况。提高适用性级别把降低数据通路、存储地址通路和I/O地址通路三者的宽度的级别包括在内。因中断属性相互独立所以分别列出。缺少某一要素(例如缺I/O地址通路)的规范通常隐含着没有这一要素的能力。

4.3.1 数据通路

D8 表示一个8位的数据通路；

D16 表示一个8位～16位的数据通路。

4.3.2 存储地址通路

M16 表示一个16位的存储地址通路；

M20 表示一个20位的存储地址通路；

M24 表示一个24位的存储地址通路。

4.3.3 I/O地址通路

I8 表示一个8位的I/O地址通路；

I16 表示一个8位的或16位的I/O地址通路。

4.3.4 中断属性

V0 表示非总线向量中断请求；

V2 表示双周期的总线向量中断请求；

V3 表示三周期的总线向量中断请求；

E 表示只有沿—电平触发；

L 表示电平触发；

EL 表示电平触发或沿—电平触发。

能将中断属性的记法拼接起来，以表示具有多重能力。

4.3.5 实例

对于支持以下多种能力的I/O与存储器的从设备组合板：

一条8位～16位数据通路，20位的存储地址，8位的或16位的I/O地址，非总线向量（NBV)中断请求，双周期的和三周期的总线向量中断，可规定如下：

系统总线适用性：slave D16 M20 I16 V023 L。

4.3.6 适用性标记

一块插件的适用性级别应清晰地标记在印制电路板上以及印刷的产品规范中。

ICS 35.200
L 65

中华人民共和国国家标准

GB/T 7497.2—2008/IEC 60796-2:1990
代替 GB/T 7497.2—1987

微处理器系统总线 8位及16位数据(MULTIBUS Ⅰ) 第2部分:对带有边缘连接器(直接配合)的系统总线配置的机械与引脚的描述

Microprocessor system bus—8-bit and 16-bit data (MULTIBUS Ⅰ)— Part 2: Mechanical and pin descriptions for the system bus configuration with edge connectors (direct)

(IEC 60796-2:1990,IDT)

2008-08-06 发布　　2009-01-01 实施

中华人民共和国国家质量监督检验检疫总局
中国国家标准化管理委员会　发布

前　言

GB/T 7497《微处理器系统总线　8 位及 16 位数据(MULTIBUS Ⅰ)》分为以下三个部分:

——第 1 部分:电气与定时规范的功能描述;

——第 2 部分:对带有边缘连接器(直接配合)的系统总线配置的机械与引脚的描述;

——第 3 部分:对带有插针与插座连接器(间接配合)的欧洲板配置的机械与插针的描述。

本部分是 GB/T 7497 的第 2 部分,等同采用 IEC 60796-2:1990《微处理器系统总线　8 位及 16 位数据(MULTIBUS Ⅰ)　第 2 部分:对带有边缘连接器(直接配合)的系统总线配置的机械与引脚的描述》。

本部分还对 IEC 60796-2:1990 做了下列编辑性修改:

——删去了 IEC 60791-2 的"前言";

——增加了国家标准前言。

本部分代替 GB/T 7497.2—1987《微处理机系统总线Ⅰ　8 位及 16 位数据　第二部分:采用边缘连接器(直接配合)作为系统总线配置的机械及插针的说明》。

本部分对 GB/T 7497.2—1987 做了下列主要修改:

——名称由《微处理机系统总线Ⅰ　8 位及 16 位数据　第二部分:采用边缘连接器(直接配合)作为系统总线配置的机械及插针的说明》改为《微处理器系统总线　8 位及 16 位数据(MULTIBUS Ⅰ)　第 2 部分:对带有边缘连接器(直接配合)的系统总线配置的机械与引脚的描述》;

——文本的文字改动。

本部分由全国信息技术标准化技术委员会提出并归口。

本部分起草单位:中国电子工业部标准化研究所。

本部分主要起草人:高健、匡常山、魏述艳、张贻南。

本部分首次发布于 1987 年,本次为第一次修订。

引　　言

GB/T 7497 包括三个部分：一份功能描述及两个可供选用的机械标准。本标准涉及让各种微处理器系统部件彼此交互作用的电气与机械接口。接口总线用作紧耦合系统部件之间的并行传送和适用信号的互连。

# 微处理器系统总线
8位及16位数据(MULTIBUS Ⅰ)
第2部分:对带有边缘连接器(直接配合)的系统总线配置的机械与引脚的描述

1 范围

GB/T 7497的本部分适用于借助边缘连接器(直接配合)类型的底板来连接微处理器系统各部件的接口。

2 目的

GB/T 7497的本部分旨在描述设计者在设计底板或准备插入本系统总线接口的印制电路板时应予关心的物理上的与机械上的全部规范。所有尺寸均以毫米标注,括号内附注的英寸数字仅供参考(以毫米数字为准)。

3 底板的设计依据

连接各模块的底板,最大长度为457.2 mm(18 in)。在系统内使用底板扩展板总线不予支持,除非将扩展板包括在内的总线总长小于最大长度457.2 mm。

3.1 板间关系

当设计板间距为15.3 mm(0.6 in)的兼容电路板时,应遵循以下印制电路板规范:

a) 板的间距(L_C)

当插入底板时,电路板的中心距应至少为15.24 mm±0.51 mm(0.6 in±0.02 in)。

b) 板的厚度(L_T)

电路板的典型厚度是1.575 mm±0.127 mm(0.062 in±0.005 in)。

c) 元器件引线长度(L_L)

印制电路板之下的元器件引线不能超过2.362 mm(0.093 in)。

d) 元器件高度(L_H):在印制电路板之上的元器件的最大高度,利用以下公式确定。

$L_H < L_C - L_T - L_L$

$L_H < 14.732\ \text{mm} - 1.702\ \text{mm} - 2.362\ \text{mm}$(0.58 in−0.067 in−0.093 in)

$L_H < 10.67\ \text{mm}$(0.420 in)(包括板的翘曲量)。

对导电的元器件,要求将其 L_H 减少到10.16 mm(0.40 in)。

底板插件之间的分隔如图1所示。

典型底板和实现此种底板所必要的元器件的例子如图2所示。

本部分只包括设计系统总线接口的机械性能规范,设计者还应考虑GB/T 7497.1—2008第3章中的电气性能规范。

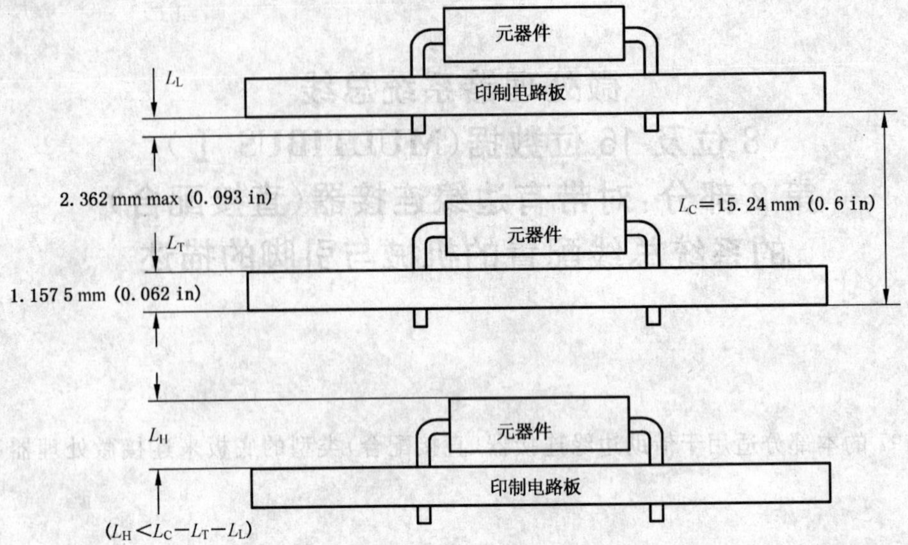

图 1 底板插件之间的分隔

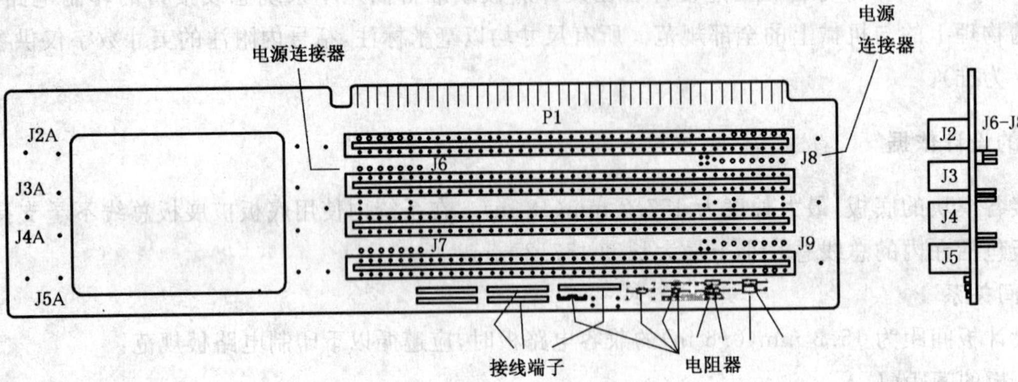

零件清单：

1 块专线制(PWS)端接底板；27 个接线柱圆盘连接器(中心距 3.962 mm)(J6 ～ J8)；4 个边缘连接器(43/86 引脚，中心距 3.962 mm)(J2 ～ J5)；12 个绕接柱；4 个由 10 引脚、2.2 kΩ 的 9 个电阻器组成的 1.5 W 的组合电阻(RP1 ～ RP4)；1 个由 10 引脚、1 kΩ 的 9 个电阻器组成的 1.5 W 的组合电阻(RP5)；1 个由 10 引脚、1.1 kΩ 的 9 个电阻器组成的 1.5 W 的组合电阻(RP6)；1 个 1 kΩ、1/8 (1±5%)W 的电阻器(R1)；1 个 2.2 kΩ、1/8(1±5%)W 的电阻器(R5)；2 个 220 Ω、1/4(1±5%)W 的电阻器(R9，R11)；2 个 230 Ω、1/4(1±5%)W 的电阻器(R10，R12)；2 个 510 Ω、1/8(1±5%)W 的电阻器(R7，R8)。

图 2 典型底板

3.2 系统总线引脚分配

所设计的与总线接口的印制电路板，有两个插入底板的连接器：P1(主连接器)和 P2(辅连接器)。表 1 列出印制电路板上连接器 P1 的引脚信号分配；P1 连接器上保留的信号应作为底板上正常的信号线汇入总线。表 2 所列是印制板上 P2 连接器的引脚信号分配。如果使用了底板，则“保留和汇入总线”信号应作为正常信号线汇入总线。

3.3 总线连接器

底板上备有与 P1(43/86 引脚)板边缘连接器相配合的连接器。底板上使用的 43/86 引脚连接器的引脚中心距为 3.96 mm(0.156 in)。

P2 连接器是一种 30/60 引脚的边缘连接器，引脚中心距 2.54 mm(0.1 in)。

4 形状因子

当设计与总线接口的印制电路板时，应考虑总线的某些特性。如果遵从下述的规范，设计者将确保他自己的系统总线的兼容性。

4.1 连接器命名与引脚编号标准

在印制电路板上，设计与系统总线接口的P1和P2连接器，应符合下述要求(见图2)：

a) 位于电路板上总线一侧的两个边缘连接器应分别称为P1与P2 。P1是86引脚针的主连接器，P2是60引脚的辅连接器。

b) 位于电路板上元器件面的引脚为奇数且沿电路板逆时针绕行时按升序编号(见图3)。

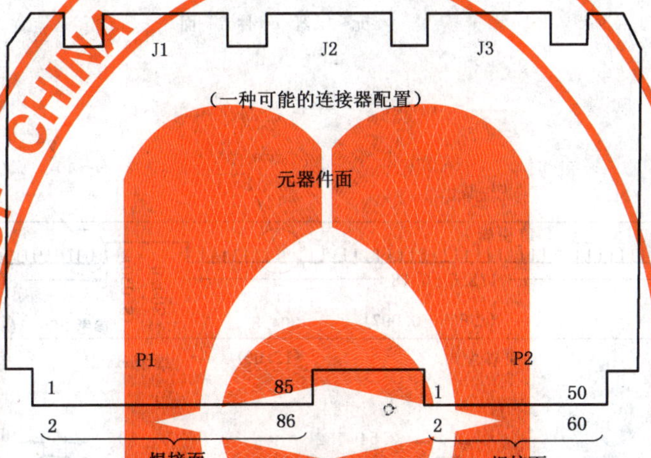

图3 连接器与引脚编号

4.2 印制布线板的标准外形

图4所示为兼容板(印制布线板和印制电路板)的标准外形。电路板的非总线边缘不受限制。电路板的其余部分(包括连接器P1和P2)应遵守图4所示的尺寸。现只对基本电路板的标准垂直高度做出规定。

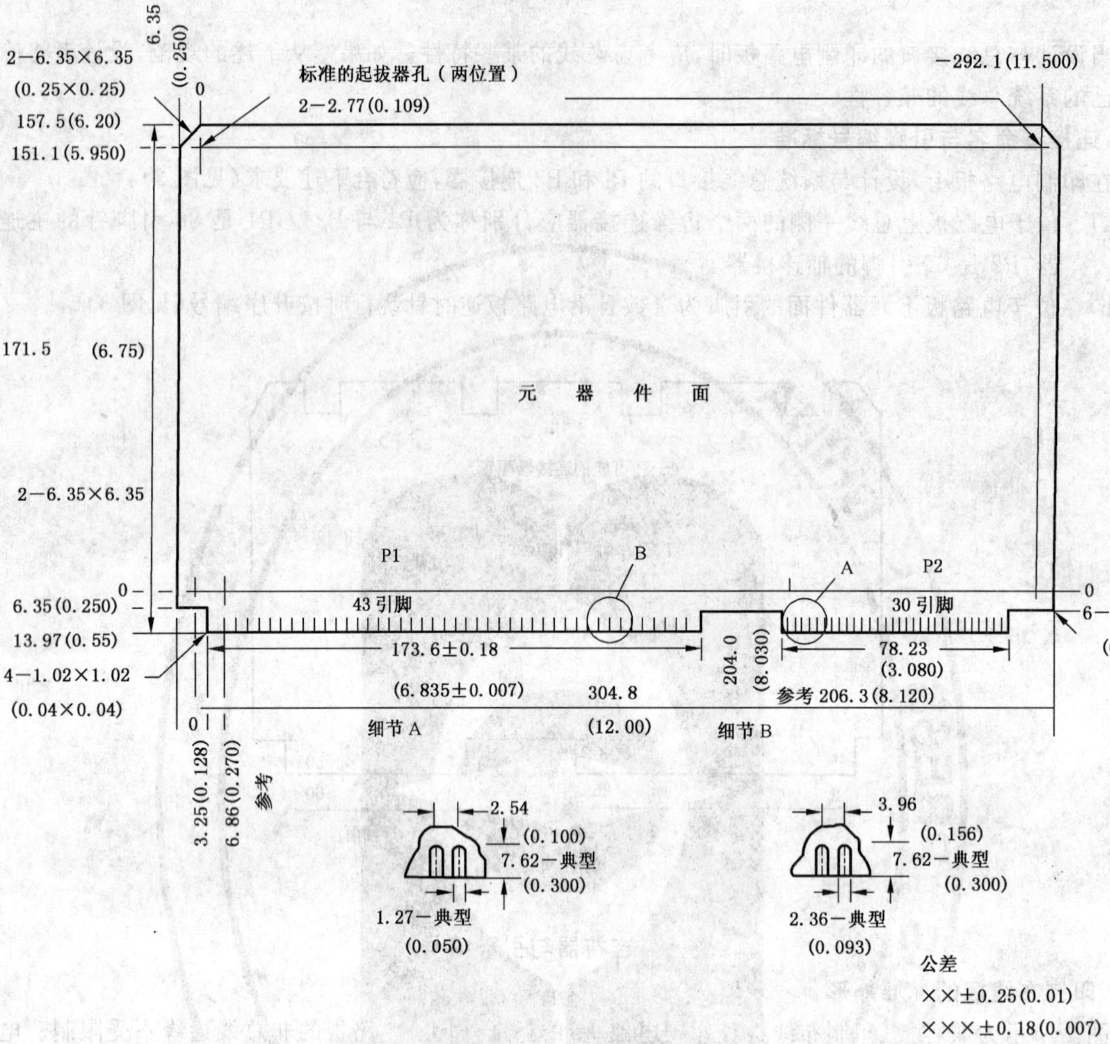

注：所有的尺寸均以毫米标注，括号内附注的英寸数字仅供参考。

图 4　标准印制电路板外形

表 1　连接器 P1 上总线信号的引脚分配

	引脚	元器件面		引脚	电路面	
		助记符	说明		助记符	说明
电源	1	GND	信号地	2	GND	信号地
	3	+5 V	+5 V 直流	4	+5 V	+5 V 直流
	5	+5 V	+5 V 直流	6	+5 V	+5 V 直流
	7	+12 V	+12 V 直流	8	+12 V	+12 V 直流
	9		保留，汇入总线	10		保留，汇入总线
	11	GND	信号地	12	GND	信号地
总线控制	13	BCLK *	总线时钟	14	INIT *	初始化
	15	BPRN *	总线优先级输入	16	BPRO *	总线优先级输出
	17	BUSY *	总线忙	18	BREQ *	总线请求
	19	MRDC *	存储器读命令	20	MWTC *	存储器写命令
	21	IORC *	IO 读命令	22	IOWC *	I/O 写命令

表 1（续）

	引脚	元器件面		引脚	电路面	
		助记符	说明		助记符	说明
总线控制	23	XACK＊	XFER 确认	24	INHI＊	
	25	LOCK＊	锁定	26	INH2＊	禁止 1(禁止 RAM)
	27	BHEN＊	高字节允许	28	A16＊	禁止 2(禁止 PROM
	29	CBRQ＊	公共总线请求	30	A17＊	或 ROM)
	31	CCLK＊	恒定时钟	32	A18＊	地址总线
	33	INTA＊	中断确认	34	A19＊	
中断	35	INT6＊		36	INT7＊	并行中断请求
	37	INT4＊	并行中断请求	38	INT5＊	
	39	INT2＊		40	INT3＊	
	41	INT0＊		42	INT1＊	
地址	43	A14＊	地址总线	44	A15＊	地址总线
	45	A12＊		46	A13＊	
	47	A10＊		48	A11＊	
	49	A8＊		50	A9＊	
	51	A6＊		52	A7＊	
	53	A4＊		54	A5＊	
	55	A2＊		56	A3＊	
	57	AD0		58	AD1＊	
数据	59	D14＊	数据总线	60	D15＊	数据总线
	61	D12＊		62	D13＊	
	63	D10＊		64	D11＊	
	65	D8＊		66	D9＊	
	67	D6＊		68	D7＊	
	69	D4＊		70	D5＊	
	71	D2		72	D3＊	
	73	D0		74	D1＊	
电源	75	GND	信号地	76	GND	信号地
	77		保留，汇入总线	78		保留，汇入总线
	79	−12 V	−12 V 直流	80	−12 V	+12 V 电流
	81	+5 V	+5 V 直流	82	+5 V	+5 V 直流
	83	+5 V	+5 V 直流	84	+5 V	+5 V 直流
	85	GND	信号地	86	GND	信号地
注：所有保留的引脚均留作将来使用，当希望向上兼容时不应使用。						

表 2　连接器 P2 上总线信号的引脚分配

引脚	元器件面		引脚	电路面	
	助忆符	说明		助忆符	说明
1		保留,不汇入总线	2		保留,不汇入总线
3		保留,不汇入总线	4		保留,不汇入总线
5		保留,不汇入总线	6		保留,不汇入总线
7		保留,不汇入总线	8		保留,不汇入总线
9		保留,不汇入总线	10		保留,不汇入总线
11		保留.不汇入总线	12		保留.不汇入总线
13		保留,不汇入总线	14		保留,不汇入总线
15		保留,不汇入总线	16		保留,不汇入总线
17		保留,不汇入总线	18		保留,不汇入总线
19		保留,不汇入总线	20		保留,不汇入总线
21		保留,不汇入总线	22		保留,不汇入总线
23		保留,不汇入总线	24		保留,不汇入总线
25		保留,不汇入总线	26		保留,不汇入总线
27		保留,不汇入总线	28		保留,不汇入总线
29		保留.不汇入总线	30		保留.不汇入总线
31		保留,不汇入总线	32		保留,不汇入总线
33		保留,不汇入总线	34		保留,不汇入总线
35		保留,不汇入总线	36		保留,不汇入总线
37		保留,不汇入总线	38		保留,不汇入总线
39		保留,不汇入总线	40		保留,不汇入总线
41		保留,汇入总线	42		保留,汇入总线
43		保留,汇入总线	44		保留,汇入总线
45		保留,汇入总线	46		保留,汇入总线
47		保留,汇入总线	48		保留,汇入总线
49		保留,汇入总线	50		保留,汇入总线
51		保留.汇入总线	52		保留.汇入总线
53		保留,汇入总线	54		保留,汇入总线
55	A22 *	地址总线	56	A21 *	地址总线
57	A20 *		58	A23 *	
59		保留,汇入总线	60		保留,汇入总线

注：所有保留的引脚均留作将来使用,当希望向上兼容时不应使用。

插件 1～40 供“专用”,专用按范畴进行定义。

只有范畴 No.1 目前予以描述,该范畴的使用不加约束。其他范畴可望包括更高性能的总线、I/O 接口等。

引脚 41～60 准备用于将来的地址、数据与(或)其他与 P1 有关的信号。

ICS 35.200
L 65

中华人民共和国国家标准

GB/T 7497.3—2008/IEC 60796-3:1990
代替 GB/T 7497.3—1987

微处理器系统总线 8位及16位数据(MULTIBUS Ⅰ) 第3部分:对带有插针与插座连接器(间接配合)的欧洲板配置的机械与插针的描述

Microprocessor system bus—8-bit and 16-bit data (MULTIBUS Ⅰ)—Part 3:Mechanical and pin descriptions for the Eurocard configuration with pin and socket (indirect) connectors

(IEC 60796-3:1990,IDT)

2008-08-06 发布　　2009-01-01 实施

中华人民共和国国家质量监督检验检疫总局
中国国家标准化管理委员会 发布

前　言

GB/T 7497《微处理器系统总线　8位及16位数据(MULTIBUS Ⅰ)》分为以下三个部分：

——第1部分:电气与定时规范的功能描述；

——第2部分:对带有边缘连接器(直接配合)的系统总线配置的机械与引脚的描述；

——第3部分:对带有插针与插座连接器(间接配合)的欧洲板配置的机械与插针的描述。

本部分是GB/T 7497的第3部分，等同采用IEC 60796-3:1990《微处理器系统总线　8位及16位数据(MULTIBUS Ⅰ)　第3部分:对带有插针与插座连接器(间接配合)的欧洲板配置的机械与插针的描述》。

本部分还对IEC 60796-3:1990做了下列编辑性修改：

——删除IEC 60791-3的"前言"；

——增加了国家标准前言。

本部分代替GB/T 7497.3—1987《微处理机系统总线Ⅰ　8位及16位数据　第三部分:采用插针与插座连接器(间接配合)作为系统总线配置的机械及插针的说明》。

本部分对GB/T 7497.3—1987做了下列主要修改：

——名称由《微处理机系统总线Ⅰ　8位及16位数据　第三部分:采用插针与插座连接器(间接配合)作为系统总线配置的机械及插针的说明》改为《微处理器系统总线　8位及16位数据(MULTIBUS Ⅰ)　第3部分:对带有插针与插座连接器(间接配合)的欧洲板配置的机械与插针的描述》；

——文本的文字改动。

本部分由全国信息技术标准化技术委员会提出并归口。

本部分起草单位:中国电子工业部标准化研究所。

本部分主要起草人:张怡南、高健、匡常山、魏述艳。

本部分首次发布于1987年，本次为第一次修订。

引　言

GB/T 7497 包括三个部分:一份功能描述及两个可供选用的机械标准。本标准涉及让各种微处理器系统部件彼此交互作用的电气与机械接口。接口总线用作紧耦合系统部件之间的并行传送和适用信号的互连。

微处理器系统总线 8位及16位数据(MULTIBUS Ⅰ) 第3部分:对带有插针与插座连接器 (间接配合)的欧洲板配置的 机械与插针的描述

1 范围

GB/T 7497的本部分适用于借助插针插座(间接配合)连接器类型的底板来连接微处理器系统的部件的接口。

2 目的

GB/T 7497的本部分旨在为保证总线底板、插件架和印制电路板三方面在机械上均兼容提供信息。

3 定义

下列术语和定义适用于GB/T 7497的本部分。

3.1

底板 backplane

一种供装入96插针连接器的电路板。这种电路板与各连接器上的某些插针互连以提供一条总线。

3.1.1

底板的正面 front of backplane

在底板上将欧洲板插入连接器的一面。

3.2

欧洲板 Eurocard

一块插入底板并与安装在同一底板上的同类的其他电路板通信的印制电路板。

3.2.1

欧洲板正面 front of Eurocard

在欧洲板上装有元器件的一面。

3.2.2

欧洲板的后边缘 rear edge of Eurocard

在欧洲板上备有与底板上的连接器配合的电路板上连接器的边缘。

4 欧洲板的连接器

欧洲板要求有一个96插针的IEC 603-2连接器(按照IEC Publication 130-14),装在欧洲板顶部的后边缘并命名为P1;如果连接器装在欧洲板底部的后边缘,则命名为P2,并且应是一个IEC标准连接器。

欧洲板正面元器件的高度不应超过15.3 mm(0.6 in)。

阴连接器装在底板上,阳连接器装在模块上。

5 欧洲板

本章提供有关欧洲板的以下信息：

a） 构造技术；

b） 参考设计及插针编号标准；

c） 总体尺寸；

d） 连接器信息。

5.1 欧洲板构造技术

很多构造技术对设计者都是可用的。为了获得最优的电源与地线分配，推荐使用多层印制电路板设计；不过这并不是总线兼容性方面的一项要求。若不使用多层布线设计（即不提供接地层），则应注意确保板上有充足的接地网。

5.2 参考设计与插针编号标准

见图 1。为便于辨识，推荐采用下述标准（双宽欧洲板，见图 2）：

欧洲板后部板边缘上的连接器命名为 P1 与 P2。P1 为 96 插针的主连接器，P2 为可选的辅助连接器。见图 3。

图 1 欧洲板参考设计

单位为毫米
括号内单位为英寸

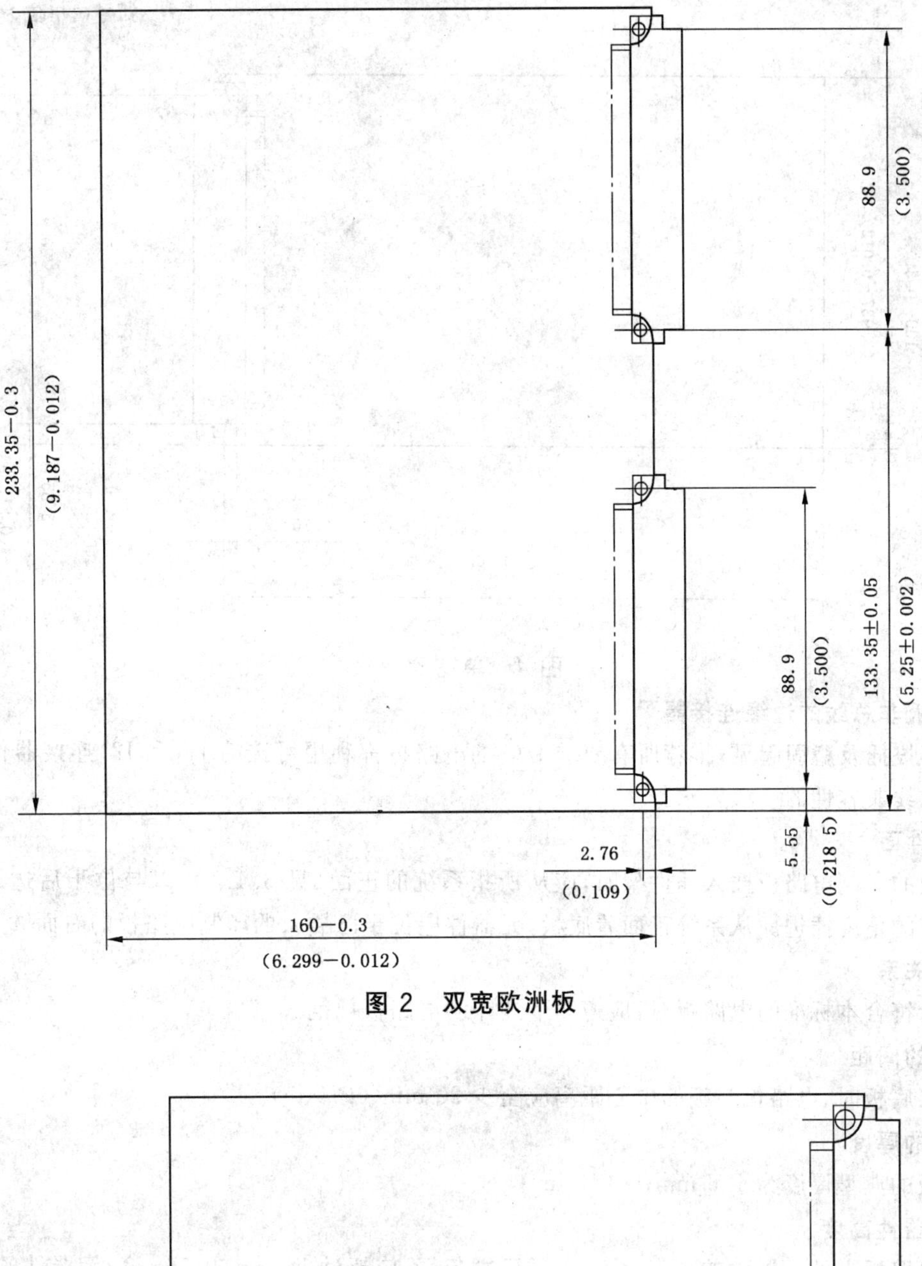

图 2 双宽欧洲板

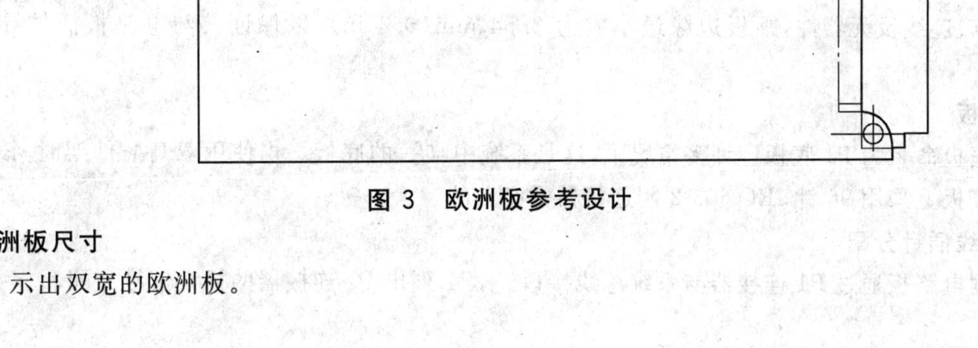

图 3 欧洲板参考设计

5.3 欧洲板尺寸

图 2 示出双宽的欧洲板。

图 4 示出单宽欧洲板的尺寸。这些尺寸使设计者能制造仅与 96 插针总线底板插座相配合的板。除支持“自由”边缘之外，不推荐将这种尺寸的电路板用在具有双宽板的插件箱中。

单位为毫米

括号内单位为英寸

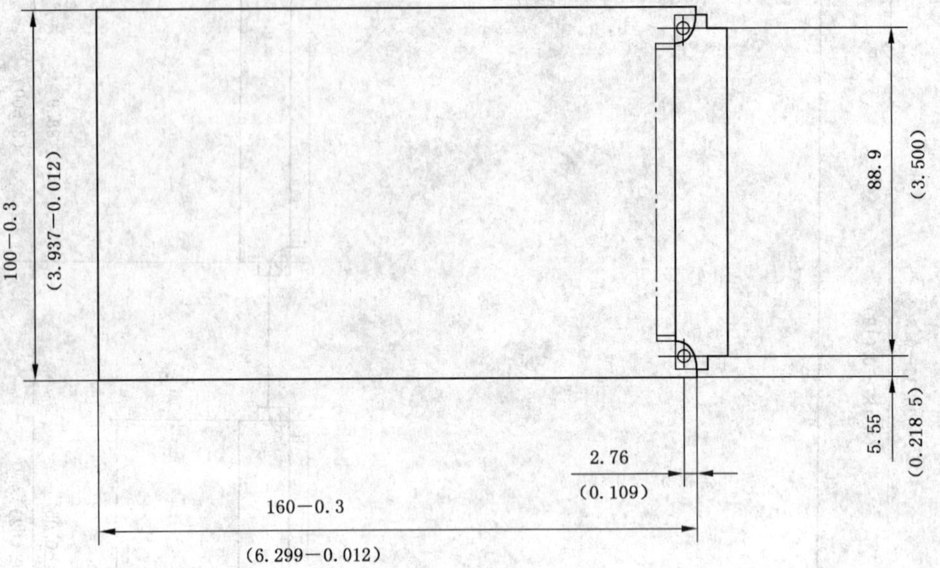

图 4 单宽欧洲板

5.4 欧洲板非总线的边缘连接器

为易于拔插及稳固起见，推荐所有要求 I/O 的电路板都利用可选的 J1(和 J2)连接器作 I/O 之用。但这并非总线兼容性的一项要求。

5.5 元器件面

欧洲板的印制电路板插入插件架时，应从所指系统的正面(见 3.1.1)，以与位于后边缘顶部的 P1 连接器垂直的角度插进。从系统正面看底板，元器件应位于已插入的印制电路板的右面。

5.6 板间关系

在设计符合本标准的电路板时，应遵循下述印制电路板规范。

5.6.1 板的间距

当插入底板时，电路板与板的中心距离应至少 20 mm(0.79 in)。

5.6.2 板的厚度

电路板的典型厚度为 1.6 mm(0.063 in)。

5.6.3 元器件高度

印制电路板上的元器件的高度，从元器件面算起，不应超过 14 mm(0.55 in)；元器件的引出线从焊接面算起不应长于 2.54 mm(0.1 in)。

5.6.4 插件导轨边缘的余隙

焊点、迹线及元器件，距板边缘最小应为 2.54 mm(0.1 in)，以保证其与电路板插件导轨之间的余隙。

5.7 底板

主底板命名为 P1 底板。许多情况下，这是系统中唯一的底板。当使用双高插件架时，该底板装在上位。底板上采用 96 针 IEC 603-2 阴连接器是必备的。

5.8 总线插针分配

印制电路板通过 P1 连接器与系统总线接口。表 1 列出 P1 连接器的插针信号分配。

表 1 欧洲板总线 P1 连接器(96 插针 IEC 603-2 连接器)

连接器插针	a	b	c
1	MRDC *	BCLK *	ICRC *
2	MWTC *	GND	IOWC *
3	BPRN *	BUSY *	INTA *
4	BPRO *	CBRQ *	BREQ *
5	不汇入总线	不汇入总线	不汇入总线
6	保留(汇入总线)	GND	保留(汇入总线)
7	INT0 *	INT1 *	INT2 *
8	INT3 *	INT4 *	INT5 *
9	INT6 *	GND	INT7 *
10	不汇入总线	XACK *	INIT *
11	+5 V	不汇入总线	不汇入总线
12	+5 V	+12 V	+12 V
13	保留给串行链使用(汇入总线)	GND	保留给串行链使用(汇入总线)
14	+5 V	−12 V	−12 V
15	+5 V	INH1 *	INH2 *
16	A0 *	A1 *	A2 *
17	A3 *	GND	A4 *
18	A5 *	A6 *	A7 *
19	A8 *	A9 *	A10 *
20	A11 *	GND	A12 *
21	A13 *	A14 *	A15 *
22	A16 *	A17 *	A18 *
23	A19 *	GND	A20 *
24	A21 *	A22 *	+5 V
25	A23 *	BHEN *	+5 V
26	LOCK *	GND	CCLK *
27	D0 *	D1 *	D2 *
28	D3 *	D4 *	D5 *
29	D6 *	GND	D7 *
30	D8 *	D9 *	D10 *
31	D11 *	D12 *	D13 *
32	D14 *	GND	D15 *

ICS 37.080
A 14

中华人民共和国国家标准

GB/T 7516—2008
代替 GB/T 7516—1996

缩微摄影技术 缩微拍摄用图形符号

Micrographics—Graphical symbols for use in microfilming

(ISO 9878:1990,MOD)

2008-12-30 发布 2009-07-01 实施

中华人民共和国国家质量监督检验检疫总局
中国国家标准化管理委员会 发布

前　言

本标准修改采用 ISO 9878:1990《缩微摄影技术　缩微拍摄用图形符号》(英文版)。

本标准与 ISO 9878:1990 相比存在以下主要技术差异：

——规范性引用文件中删去了 ISO 3461-1:1988 和 ISO 3461-2:1987；

——规范性引用文件中以 ISO 7000:2004 取代了 ISO 7000:1984；

——规范性引用文件中增加了 GB/T 6159.1—2003；

——增加了第 3 章“术语和定义”；

——第 4 章删去了涉及 ISO 3461 的表述。

本标准与 ISO 9878:1990 相比，做了以下编辑性修改：

——重新编写了前言和引言；

——增加了有关标准适用范围的表述；

——将第 3 章改为第 4 章；

——将标准中的表编为表 1，并给了表题；

——将按关键词编制索引改为按符号含义编制索引。

本标准代替 GB/T 7516—1996《缩微摄影技术　图形符号》。

本标准与 GB/T 7516—1996 相比存在以下主要差异：

——规范性引用文件中以 GB/T 6519.1—2003 代替 GB/T 6519.1—1985；

——规范性引用文件中删去了 GB/T 6159.2—1985；

——规范性引用文件中增加了 ISO 7000:2004；

——删去了附录 A、附录 B 和附录 C；

——增加了索引。

本标准由全国文献影像技术标准化技术委员会(SAC/TC 86)提出并归口。

本标准由全国文献影像技术标准化技术委员会第一分委员会起草。

本标准主要起草人：王浩、刘巧平、李铭。

本标准所代替标准的历次版本发布情况为：

——GB/T 7516—1987；

——GB/T 7516—1996。

引　言

图形符号是借助书写、绘画、印刷、打印或其他手段制作的可用光学方法识别的图形，用于无需借助语言既可清晰明了地传递信息和表达目的或概念。

由于国内外对图形符号的设计和使用越来越关注，本标准给出了适用于缩微摄影技术的图形符号。

本标准中的符号参考号与国际上负责图形符号领域标准化的 ISO/TC 145 标准化技术委员会在 ISO 7000:2004 中规定的符号参考号是一致的。

缩微摄影技术
缩微拍摄用图形符号

1 范围

本标准给出了缩微摄影技术中用以传达有关缩微品原件状态、制作和使用信息的图形符号。

本标准适用于缩微品的摄制。

2 规范性引用文件

下列文件中的条款通过本标准的引用而成为本标准的条款。凡是注日期的引用文件，其随后所有的修改单(不包括勘误的内容)或修订版均不适用于本标准，然而，鼓励根据本标准而达成协议的各方研究是否可使用这些文件的最新版本。凡是不注日期的引用文件，其最新版本适用于本标准。

GB/T 6159.1—2003 缩微摄影技术 词汇 第1部分:一般术语(ISO 6196-1:1993,MOD)

ISO 7000:2004 设备用图形符号 索引和大纲

3 术语和定义

GB/T 6159.1—2003 确立的术语和定义适用于本标准。

4 图形符号

表1给出了适用于缩微摄影技术的图形符号。

表1 缩微摄影技术用图形符号

ISO 7000 中的参考号	符号图形	符号含义	符号用途	符号使用位置
0075		卷片结束	表示该盘缩微卷片画幅的结束	在该盘卷片画幅结束处的最后一个画幅
0076	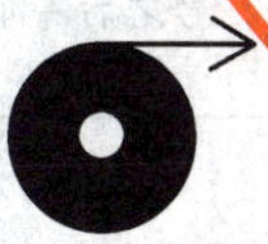	卷片开始	表示该盘缩微卷片画幅的开始	在该盘卷片画幅开始处的第一个画幅
0077	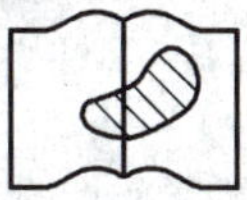	原件难阅读	表示原件阅读困难	优选在有缺陷文件影像之前一个画幅
0078	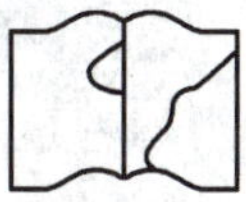	原件损坏 装订错误	表示原件损坏或装订错误	优选在有缺陷文件影像之前一个画幅
0079		编号错误 日期错误	表示文件的编号和(或)日期是错误的	优选在该文件的影像之前面的画幅

表 1（续）

ISO 7000 中的参考号	符号图形	符号含义	符号用途	符号使用位置
0080		影像重复	表示有意重拍的影像	优选在需要重拍影像的后面
0081		原件缺页和(或)缺期号	表示原件有一部分缺失	优选在缺失部分之前一个画幅
0486		原件需拍摄	表示该部分文件需要拍摄	可在原件夹上放置符号表明
0487		原件不拍摄	表示该部分文件不需要拍摄	可在原件夹上放置符号表明
0488	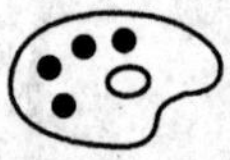	原件为彩色	表示原件是彩色的	优选在该彩色原件的影像之前面的画幅
0489		第一代缩微品为彩色	表示第一代缩微品是彩色的	应记录在第一代彩色缩微品上,优选在卷片开始处
0490		转下盘	表示卷宗继续在另一盘卷片中拍摄	在卷片结束处“卷片结束”符号之前一个画幅
0491		接上盘	表示卷宗的开头在另一盘卷片中	在卷片开始处“卷片开始”符号之后一个画幅

索　引

符号含义　　　　符号参考号

B

编号错误　0079

D

第一代缩微品为彩色　0489

J

接上盘　0491
卷片结束　0075
卷片开始　0076

R

日期错误　0079

Y

影像重复　0080
原件不拍摄　0487
原件难阅读　0077
原件缺页和(或)缺期号　0081
原件损坏　0078
原件为彩色　0488
原件需拍摄　0486

Z

转下盘　0490
装订错误　0078

ICS 71.040.40
G 15

中华人民共和国国家标准

GB/T 7531—2008
代替 GB/T 7531—1987

有机化工产品灼烧残渣的测定

Determination of ignition residue for organic chemical products

(ISO 6353-1:1982, Reagents for chemical analysis—
Part 1:General test methods, NEQ)

2008-06-04 发布　　　　2008-12-01 实施

中华人民共和国国家质量监督检验检疫总局
中国国家标准化管理委员会　发布

前　言

本标准与 ISO 6353-1：1982《化学分析用试剂　第1部分：通用试验方法》的5.15(GM15)的一致性程度为非等效。

本标准代替 GB/T 7531—1987《有机化工产品灰分的测定》。

本标准与 GB/T 7531—1987 相比较主要变化如下：

——标准名称由《有机化工产品灰分的测定》改为《有机化工产品灼烧残渣的测定》(1987年版的封面，本版的封面)；

——增加了规范性引用文件(见本标准第2章)；

——将坩埚的容积由(50～100)mL 改为(30～100)mL(1987年版的3.3，本版的6.3)；

——称样量由“应以能获得5 mg～30 mg残渣为依据”修改为“应以获得的残渣量不小于3 mg为依据”(1987年版的5.3，本版的7.3)；

——修改了两次平行测定结果的允许差(1987年版的第6章，本版的第7章)。

本标准由中国石油和化学工业协会提出。

本标准由全国化学标准化技术委员会有机分会(SAC/TC 63/SC 2)归口。

本标准起草单位：济南艾孚特科技有限责任公司、山东省化工研究院。

本标准参加起草单位：湖北宜化化工股份有限公司。

本标准主要起草人：韩书霞、张贵芹、李世慧、邹本莲。

本标准于1987年3月首次发布。

有机化工产品灼烧残渣的测定

警告：本标准未提及标准使用有关的所有安全问题，使用者有责任采取适当的安全和防护措施，并保证符合国家有关法规规定的条件。

1 范围

本标准规定了有机化工产品直接测定灼烧残渣的通用方法。

本标准适用于有机化工产品灼烧残渣含量的测定。

2 规范性引用文件

下列文件中的条款通过本部分的引用而成为本部分的条款。凡是注日期的引用文件，其随后所有的修改单(不包括勘误的内容)或修订版均不适用于本部分，然而，鼓励根据本部分达成协议的各方研究是否可使用这些文件的最新版本。凡是不注日期的引用文件，其最新版本适用于本部分。

GB/T 603—2002 化学试剂 试验方法中所用制剂及制品的制备(ISO 6353-1:1982,NEQ)

3 一般规定

除非另有说明，在分析中仅使用确认为分析纯的试剂。

分析中所用制剂及制品，在没有注明其他要求时，均按 GB/T 603—2002 之规定制备。

4 方法提要

样品经炭化、高温灼烧后所残留的物质，用天平称量得到灼烧残渣的质量。

5 试剂

5.1 硝酸。

5.2 盐酸溶液(20%)。

6 仪器

6.1 分析天平：分度值为 0.000 1 g。

6.2 高温炉：可控制温度(500～1 000)℃，温控精度(±25)℃。

6.3 坩埚：容积(30～100)mL 的瓷坩埚、石英坩埚、铂坩埚等。

6.4 干燥器：内装适当的干燥剂(如变色硅胶、无水氯化钙等)。

7 分析步骤

7.1 用盐酸溶液处理坩埚。瓷坩埚浸泡 24 h 或煮沸 0.5 h；石英坩埚、铂坩埚浸泡 2 h。洗净，烘干。

7.2 将已经处理过的坩埚放入高温炉中，在选定的试验温度下灼烧适当时间，取出坩埚，在空气中冷却(1～3)min，然后移入干燥器中冷却至室温(约 45 min)，称量，精确至 0.000 2 g。重复操作至恒量，即两次称量结果之差不大于 0.3 mg。

7.3 用已经恒量的坩埚称取规定量的实验室样品，每个测定的实验室样品的称样质量应以获得的残渣量不小于 3 mg 为依据。称样量大时，可采取一次称样分次加样的方法，直到全部实验室样品炭化或挥发完全为止。

7.4 将盛有试样的坩埚放在电炉上缓慢加热，直到试样全部炭化。将坩埚移入高温炉中，按 6.2 操作。

7.5　较难灼烧的试样，可在炭化后的坩埚中加入(0.5～1.0)mL 硝酸，使炭化物湿润，在电炉上加热，直到棕色烟雾消失，然后移入高温炉中，按 6.2 操作。

7.6　在同一试验中，应使用同一干燥器，每次恒量放入相同数量的坩埚。空坩埚和带残渣的坩埚的冷却时间相同。

7.7　灼烧温度应根据不同产品从下列温度中选择：650℃、750℃、850℃。

8　结果计算

灼烧残渣的质量分数 w，数值以%表示，按下式计算：

$$w = \frac{m_1 - m_2}{m} \times 100$$

式中：

m_1——坩埚加残渣的质量的数值，单位为克(g)；

m_2——坩埚的质量的数值，单位为克(g)；

m——试料的质量的数值，单位为克(g)。

取两次平行测定结果的算术平均值为测定结果。

9　允许差

当灼烧残渣的质量分数 $w \geqslant 0.01\%$ 时，两次平行测定结果的绝对差值不大于这两个测定值的算术平均值的 10%；

当灼烧残渣的质量分数 $w < 0.01\%$ 时，两次平行测定结果的允许差在产品标准中根据灼烧残渣的指标规定。

ICS 71.040
G 15

GB

中华人民共和国国家标准

GB/T 7532—2008
代替 GB/T 7532—1987

有机化工产品中重金属的测定 目视比色法

Determination of heavy metals in organic chemical products—Visual colorimetry

2008-04-10 发布　　2008-10-01 实施

中华人民共和国国家质量监督检验检疫总局
中国国家标准化管理委员会　发布

前　言

本标准代替 GB/T 7532—1987《有机化工产品中重金属含量测定的通用方法　目视限量法》。

本标准与 GB/T 7532—1987 相比主要差异如下：

——标准名称修改为《有机化工产品中重金属的测定　目视比色法》；

——范围修改为“本标准规定了用目视比色法测定有机化工产品中重金属的试验方法。本标准适用于重金属含量(以 Pb 计)为 0.1 μg/mL～4.0 μg/mL 的样品”(1987 年版的第 1 章，本版的第 1 章)。

本标准由中国石油和化学工业协会提出。

本标准由全国化学标准化技术委员会有机分会(SAC/TC 63/SC 2)归口。

本标准起草单位：中国石油吉林石化分公司电石厂。

本标准主要起草人：杨永梅、李茹春、韩淑杰、刘丽萍、孔伟莉。

本标准于 1987 年首次发布。

有机化工产品中重金属的测定 目视比色法

1 范围

本标准规定了用目视比色法测定有机化工产品中重金属的试验方法。

本标准适用于重金属含量(以 Pb 计)为 0.1 μg/mL～4.0 μg/mL 的样品。

2 规范性引用文件

下列文件中的条款通过本标准的引用而成为本标准的条款。凡是注日期的引用文件,其随后所有的修改单(不包括勘误的内容)或修订版均不适用于本标准,然而,鼓励根据本标准达成协议的各方研究是否可使用这些文件的最新版本。凡是不注日期的引用文件,其最新版本适用于本标准。

GB/T 602—2002　化学试剂　杂质测定用标准溶液的制备

GB/T 603—2002　化学试剂　试验方法中所用制剂及制品的制备

GB/T 6682—1992　分析实验室用水规格和试验方法(neq ISO 3696:1987)

3 原理

在弱酸性溶液中,以硫化氢饱和水溶液将重金属铜、铅、汞等离子沉淀为相应的硫化物,所产生的颜色与标准色用目视法比较。

4 警示

试验方法规定的一些试验过程可能导致危险情况,操作者应采取适当的安全和防护措施。

5 试剂

除非另有说明,在分析中仅使用确认为分析纯的试剂和 GB/T 6682—1992 规定的三级水。

分析中所用杂质测定用标准溶液、制剂及制品,在没有注明其他要求时,均按 GB/T 602—2002 和 GB/T 603—2002 的规定制备。

5.1　乙酸溶液:3+7;

5.2　氨水溶液;

5.3　盐酸溶液;

5.4　饱和硫化氢水;

5.5　铅标准溶液:0.01 mg/mL;准确吸取铅杂质测定用标准溶液(0.1 mg/mL)10 mL 于 100 mL 容量瓶中,稀释至刻度,摇匀。使用前新鲜配制。

6 仪器

一般实验室仪器和两支匹配的 50 mL 比色管。

7 分析步骤

7.1　按产品标准中规定的方法取样并进行处理,若处理后的试样为溶液时,可移入一定量溶液于 50 mL 比色管中,加入 0.2 mL 乙酸溶液;若处理后的试样为残渣时,可先用 0.2 mL 乙酸溶液溶解,定量移入比色管中(应保证溶液 pH 值约为 4,必要时,可用氨水溶液或盐酸溶液调节)。加入 10 mL 饱和硫化氢水,用水稀释至刻度,摇匀,为试样溶液。

7.2 标准比色溶液是根据产品标准的规格值取规定量的铅标准比色溶液与试样溶液同时同样处理。

7.3 在无阳光直射的情况下,于 10 min 内轴向或侧向观察,与标准比色溶液进行比较。

8 结果表示

试样溶液所呈现的颜色不深于标准比色溶液,则该样品中重金属含量(以 Pb 计)即为合格。

ICS 21.120.20
J 19

中华人民共和国国家标准

GB/T 7549—2008
代替 GB/T 7549—1987

球笼式同步万向联轴器

Synchronizing universal coupling with ball and socket

2008-09-27 发布　　　　2009-05-01 实施

中华人民共和国国家质量监督检验检疫总局
中国国家标准化管理委员会　发布

前　言

本标准是对 GB/T 7549—1987《球笼式同步万向联轴器型式、基本参数和主要尺寸》的修订。

本标准与 GB/T 7549—1987 相比在内容上有如下变化：

——按照 GB/T 1.1—2000 编写本标准；

——修改了标准名称，将原标准名称“球笼式同步万向联轴器型式、基本参数和主要尺寸”改为“球笼式同步万向联轴器”；

——增加了标准的前言、范围和规范性引用文件；

——将联轴器型号“QWL”改为“WQL”；

——增加了 WQF 型和 WQM 型联轴器，扩大了公称转矩范围，由原来的“180 N·m～10 000 N·m”扩大到“180 N·m～560 000 N·m”；

——增加了 WQF 型和 WQM 型的标记示例；

——增加了技术要求，检验规则，标志、包装与贮存等内容。

本标准的附录 A 为资料性附录。

本标准由全国机器轴与附件标准化技术委员会提出并归口。

本标准起草单位：机械科学研究总院中机生产力促进中心、德阳立达基础件有限公司、西安重型机械研究所、襄阳汽车轴承实业总公司。

本标准主要起草人：明翠新、刘学光、王建农、潘权、张雷。

本标准所代替标准的历次版本发布情况为：

——GB/T 7549—1987。

球笼式同步万向联轴器

1 范围

本标准规定了球笼式同步万向联轴器(以下简称联轴器)的结构型式、尺寸和基本参数,标记,技术要求,检验规则,标志、包装与贮存。

本标准适用于具有同步性要求的传动轴系。传递公称转矩为 180 N·m～560 000 N·m,许用最大轴倾角为 14°～18°。

2 规范性引用文件

下列文件中的条款通过本标准的引用而成为本标准的条款。凡是注日期的引用文件,其随后所有的修改单(不包括勘误的内容)或修订版均不适用于本标准,然而,鼓励根据本标准达成协议的各方研究是否可使用这些文件的最新版本。凡是不注日期的引用文件,其最新版本适用于本标准。

GB/T 308 滚动轴承 钢球(GB/T 308—2002,ISO 3290:1998,NEQ)

GB/T 3852 联轴器轴孔和联结型式与尺寸

GB/T 4879 防锈包装

GB/T 5782 六角头螺栓(GB/T 5782—2000,eqv ISO 4014:1999)

3 结构型式、尺寸和基本参数

3.1 WQL(基本型)的结构型式见图 1,基本参数符合表 1 的规定,基本尺寸符合表 2 的规定。

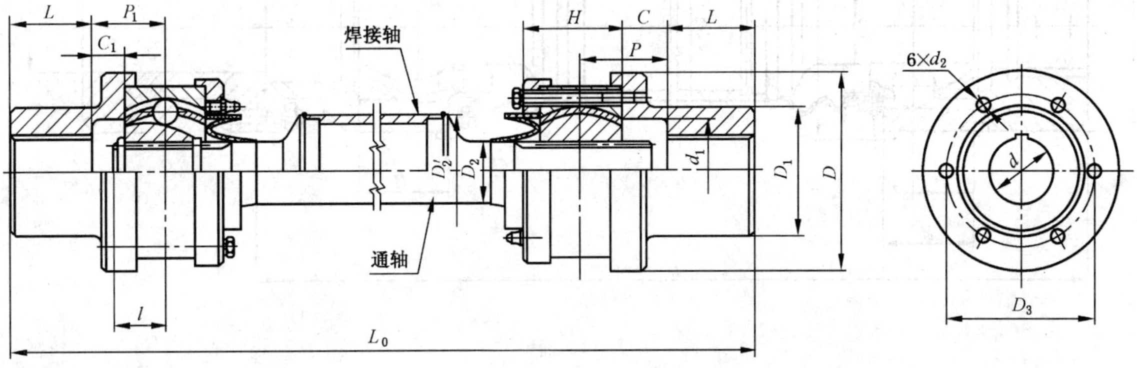

图 1 WQL 结构型式图

3.2 WQF(法兰型)的结构型式见图 2,尺寸和基本参数符合表 3 的规定。

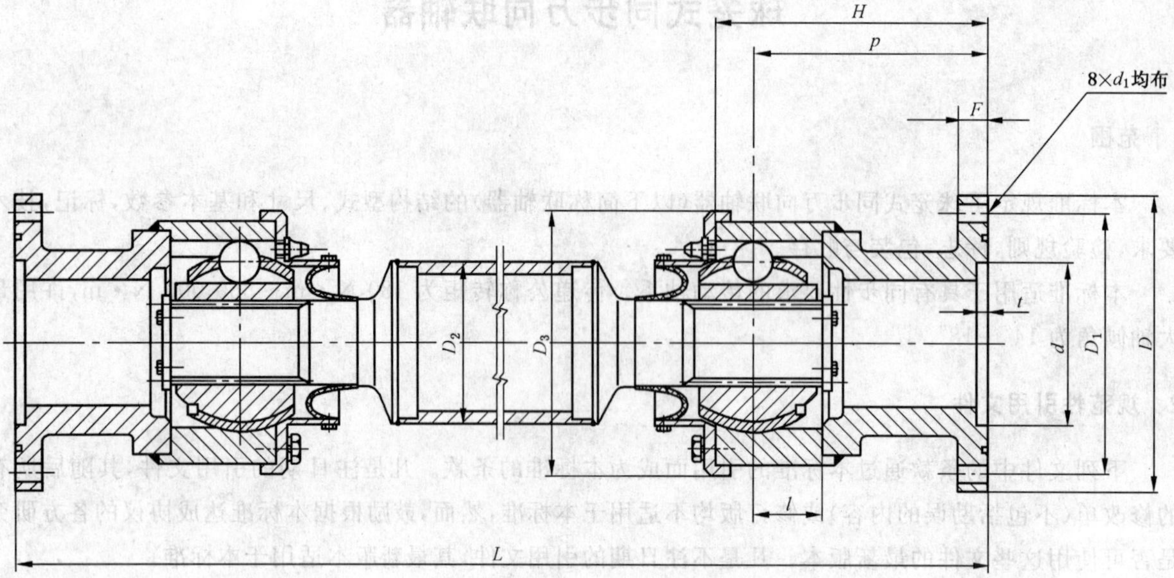

图 2 WQF 结构型式图

3.3 WQM(套筒型)的结构型式见图 3,尺寸和基本参数符合表 4 的规定。

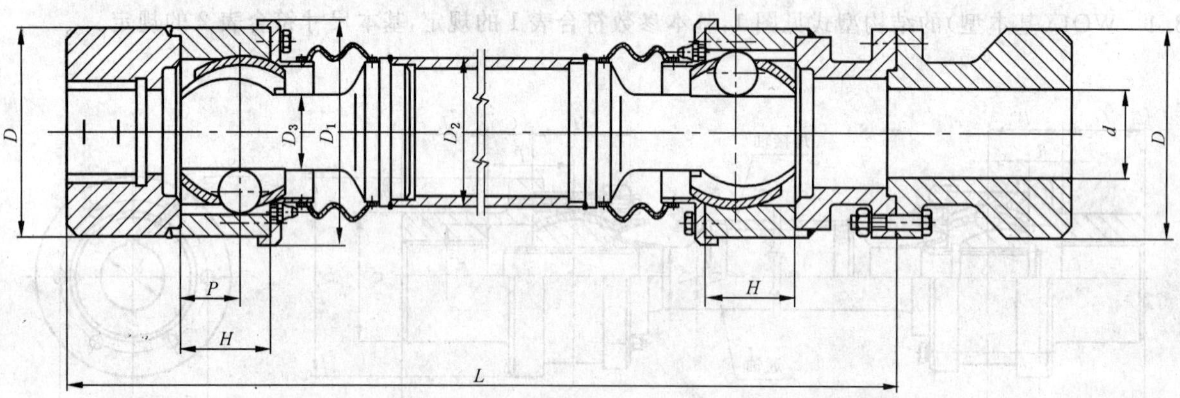

图 3 WQM 结构型式图

表 1　WQL 型的基本参数

单位为毫米

型号	公称转矩 T_n/(N·m)	许用最大倾角 θ_{max}/(°)		最大伸缩量 ΔL_0/mm	转动惯量/(kg·m²)				质量/kg			
					L_{0min}		L_0 每加长 100 mm		L_{0min}		L_0 每加长 100 mm	
		静止时	工作时		通轴	焊接轴	通轴	焊接轴	通轴	焊接轴	通轴	焊接轴
WQL1	180	16	14	24	1.90×10⁻³	2.16×10⁻³	0.01×10⁻³	0.29×10⁻³	3.94	4.68	0.25	0.55
WQL2	355	16	14	32	5.11×10⁻³	5.35×10⁻³	0.06×10⁻³	0.29×10⁻³	7.21	7.92	0.56	0.55
WQL3	800	18	16	40	18.99×10⁻³	19.64×10⁻³	0.08×10⁻³	0.52×10⁻³	14.69	16.02	0.61	0.68
WQL4	1 400	18	16	48	44.38×10⁻³	46.38×10⁻³	0.29×10⁻³	1.11×10⁻³	25.08	27.42	1.19	0.88
WQL5	2 240	18	16	54	112.38×10⁻³	116.63×10⁻³	0.48×10⁻³	1.83×10⁻³	36.32	40.17	1.54	1.04
WQL6	3 150	18	16	54	216.35×10⁻³	223.6×10⁻³	0.84×10⁻³	3.28×10⁻³	55.11	59.95	2.04	1.42
WQL7	4 500	18	16	54	348×10⁻³	355.5×10⁻³	1.22×10⁻³	3.28×10⁻³	72.34	77.54	2.45	1.42
WQL8	6 300	20	18	60	584×10⁻³	618×10⁻³	2.75×10⁻³	11.38×10⁻³	96.92	109.97	3.56	2.60
WQL9	10 000	20	18	70	1 262×10⁻³	1 298×10⁻³	3.31×10⁻³	11.38×10⁻³	148.36	162.84	4.04	2.60

注 1：公称转矩为转速 $n=100$ r/min、0°轴倾角时的计算值。不同转速、轴倾角下的转矩按附录 A 选用。

注 2：在起动、制动时产生的短时过载转矩的允许值为 $T_{max}=3T_n$，时间≤15 s。

表 2 WQL 型的基本尺寸

单位为毫米

型号	轴孔直径 d(H7)	轴孔长度		L_{0min}		D	D_1	D_2	D_2'	D_3	d_1	d_2	P	P_1	H	C	C_1	l
		Y 型	J 型	通轴	焊接轴			通轴	焊接轴									
WQL1	25	62	44	284	392	85	55	20.0	50	66	45	M8	36.7	24.7	34.4	24	12	16
	28																	
	30	82	60															
	32																	
	35																	
WQL2	32	82	60	394	478	100	65	30.0	50	80	55	M8	48.4	32.4	38.8	32	16	21
	35																	
	38	112	84															
	40																	
	45																	
WQL3	45	112	84	443	561	130	90	31.5	60	106	75	M10	60.8	40.8	51.6	40	20	29
	48																	
	50																	
	55																	
	56																	
	60	142	107															
	63																	
	65																	
	70																	
WQL4	55	112	84	537	643	150	105	44.5	76	124	85	M12	72.9	48.9	59.8	48	24	28
	56																	

表 2（续）

单位为毫米

型号	轴孔直径 d(H7)	轴孔长度		L_{0min}		D	D_1	D_2	D_2'	D_3	d_1	d_2	P	P_1	H	C	C_1	l
		Y 型	J 型	通轴	焊接轴			通轴	焊接轴									
WQL4	60	142	107	537	643	150	105	44.5	76	124	85	M12	72.9	48.9	59.8	48	24	28
	63																	
	65																	
	70																	
	71																	
	75																	
WQL5	63	142	107	574	714	175	120	50.0	89	140	95	M14	80.2	60.2	62.4	54	34	38
	65																	
	70																	
	71																	
	75																	
	80	172	132															
	85																	
	90																	
WQL6	71	142	107	675	805	200	140	57.5	102	159	110	M12	85.8	65.8	72.6	55	35	40
	75																	
	80	172	132															
	85																	
	90																	
	95																	
	100	212	167															
	110																	

表 2（续）

单位为毫米

型号	轴孔直径 d(H7)	轴孔长度		$L_{0\min}$		D	D_1	D_2	D_2'	D_3	d_1	d_2	P	P_1	H	C	C_1	l
		Y 型	J 型	通轴	焊接轴			通轴	焊接轴									
WQL7	80	172	132	701	840	220	160	63.0	102	180	130	M12	88.3	68.3	77.6	55	35	48
	85																	
	90																	
	95																	
	100	212	167															
	110																	
	120																	
WQL8	90	172	132	710	910	245	180	76.0	140	197	138	M16	96.3	76.3	87.6	58	38	53
	95																	
	100	212	167															
	110																	
	120																	
	125																	
	130	252	202															
	140																	
WQL9	100	212	167	842	1 065	275	205	81.0	140	226	155	M16	112.8	82.8	99.6	70	45	65
	110																	
	120																	
	125																	
	130	252	202															
	140																	
	150																	
	160	302	242															

表 3　WQF 型的基本尺寸和基本参数

型号	公称转矩 T_n	许用最大倾角 θ	许用伸缩量	D	L_{min}	$D_1 \pm 0.1$	D_2	D_3	d(H8)	$8 \times d_1$	H	P	l	F	t	转动惯量/(kg·m²)		质量/kg	
	N·m	(°)	mm													L= 2 000 mm	加长 100 mm	L= 2 000 mm	加长 100 mm
WQF1	4 700	10	±37	180	620	156	102	180	100	14	161	136	36	13	3.5	0.864	16.3×10^{-3}	76.8	1.85
WQF2	6 500		±37	205	690	176	140	205	120	16	173	148.5	41	15	4.5	1.59	27.5×10^{-3}	100	2.50
WQF3	11 200		±41	230	780	194	140	226	120	18	197	170	45	18	4.5	2.34	49.9×10^{-3}	142	2.90
WQF4	18 000		±41	260	880	226	165.2	260	150	20	217	189.5	54.5	20	6	4.76	84.8×10^{-3}	208	3.47
WQF5	26 700		±43	300	970	258	190	296	180	22	236	205	57.5	22	6	9.00	0.169	299	5.29
WQF6	38 000		±45	335	1 070	295	216.3	335	210	25	256	222.5	67.5	25	8	15.6	0.287	406	6.98
WQF7	52 200		±47	370	1 200	326	267.4	370	240	28	277	243.5	76	28	8	26.5	0.494	550	7.56
WQF8	69 500		±51	410	1 320	355	267.4	407	260	34	308	273.5	81	34	10	38.5	0.629	688	9.92
WQF9	125 000		±51	445	1 440	386	318.5	443	290	36	327	289.5	84.5	36	10	57.8	0.976	912	10.5

表 4　WQM 型的基本尺寸和基本参数

型号	公称转矩 T_n	许用最大倾角 θ_{max}	D	d_{max}	L_{min}	D_1	D_2	D_3	H	P	转动惯量/($kg \cdot m^2$)		质量/kg	
	N·m	(°)	mm								$L=$ 2 000 mm	加长 100 mm	$L=$ 2 000 mm	加长 100 mm
WQM1	14 000	10	205	110	810	220	152.4	81.5	115	76	1.35	0.021	144	4.17
WQM2	16 000		220	115	820	235	152.4	87.5	123	82	1.94	0.021	176	4.17
WQM3	22 400		240	120	820	255	190.7	96	125	83	2.15	0.042	210	5.29
WQM4	31 500		260	140	840	275	190.7	105	128	85	2.9	0.042	263	5.29
WQM5	50 000		300	170	870	315	216.3	125	135	90	5.4	0.072	364	6.98
WQM6	90 000		360	225	910	375	280	150	145	96	10.6	0.182	515	10.46
WQM7	200 000		410	245	910	425	320	198	148	98	18.9	0.279	782	12.04
WQM8	250 000		450	265	930	465	355.6	216	153	102	31.2	0.430	1 070	15.04
WQM9	400 000		520	300	930	535	400	253	158	105	47.2	0.681	1 160	18.81
WQM10	560 000		600	330	950	612	444.5	285	163	108	74.5	0.949	1 230	21.02

4 标记

4.1 联轴器的标记方法应符合 GB/T 3852 的有关规定。

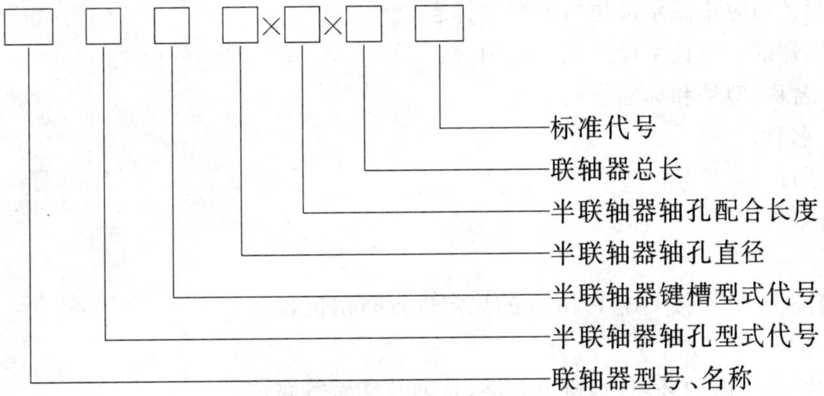

4.2 标记示例

示例 1：WQL4 联轴器

Y 型轴孔，A 型键槽，d=75 mm，L=142 mm，L_0=643 mm

WQL4 联轴器 75×142×643　GB/T 7549—2008

示例 2：WQL7 联轴器

J 型轴孔，B 型键槽，d=120 mm，L=172 mm，L_0=840 mm

WQL7 联轴器 JB 120×172×840　GB/T 7549—2008

示例 3：WQF5 联轴器

D=300 mm，L=970 mm

WQF5 联轴器 300×970　GB/T 7549—2008

示例 4：WQM10 联轴器

D=600 mm，L=950 mm

WQM10 联轴器 600×950　GB/T 7549—2008

5 技术要求

5.1 联轴器应符合本标准规定，并按规定程序批准的产品图样和技术文件制造。

5.2 钢球应满足 GB/T 308 的要求。

5.3 螺栓应满足 GB/T 5782 的要求，螺栓强度不低于 10.9 级。

5.4 内外套的表面热处理硬度应达到 58HRC～64HRC。

5.5 材料的力学性能。

6 检验规则

6.1 出厂检验

每套联轴器均应经制造厂产品质量检验部门检验合格，并附有产品质量合格证，方可出厂。

6.2 型式检验

系列产品首制或当产品结构、材料、工艺有较大改变、合同规定时，应进行型式检验。

6.3 检验项目

检验项目为第 5 章的全部内容。

6.4 抽样与组批

联轴器首批产量小于 10 台时抽检 1 台，10～50 台时抽检 2 台，50 台以上时抽检 3 台。

首次抽检不合格时则加倍抽检，如再不合格时全数检验。

7 标志、包装与贮存

7.1 标志

7.1.1 两个半联轴器应按图示部位打上型号标志。

7.1.2 每台联轴器的合格证上应注明下列内容：

a) 联轴器名称、型号和标准号；

b) 制造厂名称；

c) 出厂日期；

d) 检验合格标记。

7.2 包装

半联轴器清洗干净后，按 GB/T 4879 的规定进行防锈包装。

7.3 贮存

联轴器应贮存在干燥的环境中，避免雨淋、日晒及酸碱等腐蚀。

附 录 A
（资料性附录）
球笼式同步万向联轴器的选用

A.1 本标准规定的联轴器是由两个单万向联轴器和一根中间轴所组成的双万向联轴器。单万向联轴器和双万向联轴器均可保证同步。双万向联轴器在平面系统和空间系统都可使用。

A.2 联轴器的选用

A.2.1 联轴器两端的轴孔型式为Y型或J型，轴孔键槽的型式为A型或B型。

A.2.2 联轴器应根据负荷情况、计算转矩、工作转速和轴倾角来选择。

A.2.3 转矩计算：

$$T_c = 171\ 900 \frac{K_1 K_2}{K_3 K_4} \cdot \frac{P_w}{n} \leqslant T_n$$

式中：

T_c——联轴器的计算转矩，单位为牛[顿]米(N·m)；

T_n——联轴器的公称转矩，单位为牛[顿]米(N·m)；

P_w——驱动功率，单位为千瓦(kW)；

n——工作转速，单位为转每分钟(r/min)；

K_1——原动机系数，由表A.1查得；

K_2——连续工作时间系数，由图A.1查得；

K_3——轴倾角系数，由图A.2查得；

K_4——转速系数，由图A.3查得。

A.2.4 联轴器经静平衡试验后用于低速；经动平衡试验后用于高速。许用转速见图A.4。

A.2.5 连续工作时：考虑到联轴器内部发热及橡胶密封套的耐用性，轴倾角和许用转速不得超过图A.5的极限值。

A.2.6 不同长度联轴器的许用转速不得超过图A.6的极限值。

表 A.1

原动机种类		K_1
原动机、汽轮发电机		1
汽油机	4缸及以上	1.25
	3缸及以上	1.5
柴油机	4缸及以上	2
	3缸及以上	3

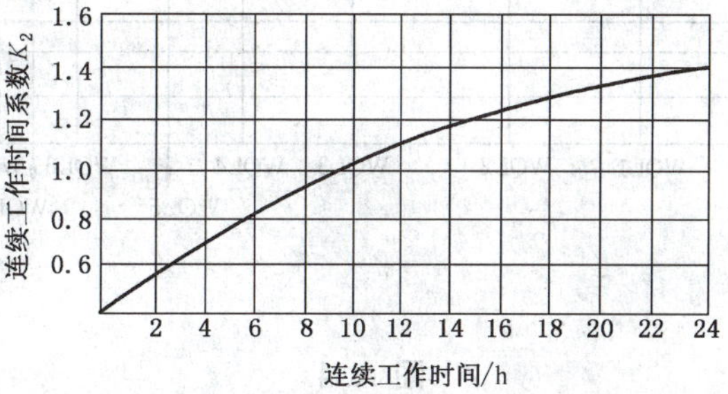

图 A.1

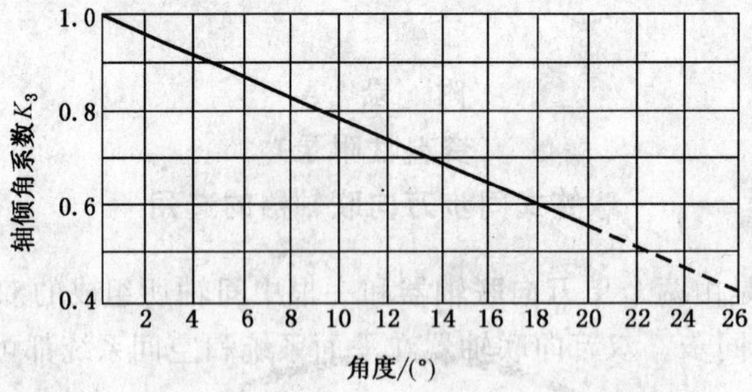
1.0
0.8
0.6
0.4
轴倾角系数K_3
2 4 6 8 10 12 14 16 18 20 22 24 26
角度/(°)

图 A.2

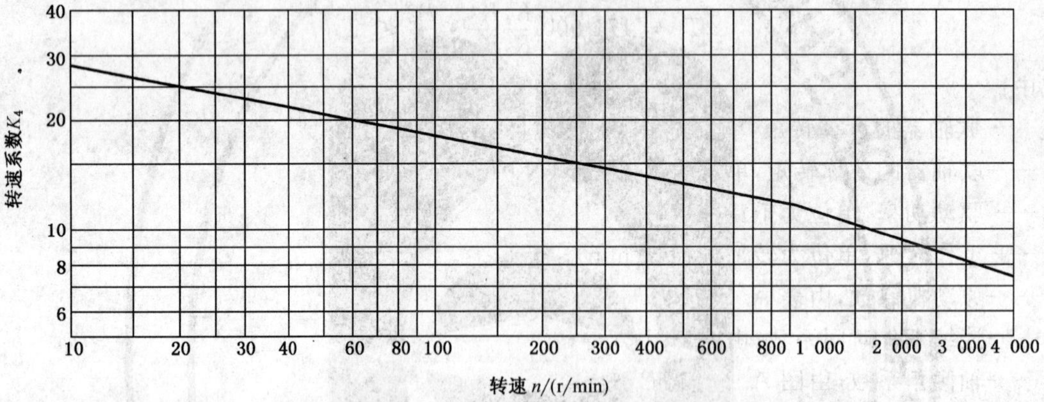
40
30
20
10
8
6
转速系数K_4
10 20 30 40 60 80 100 200 300 400 600 800 1 000 2 000 3 000 4 000
转速 n/(r/min)

图 A.3

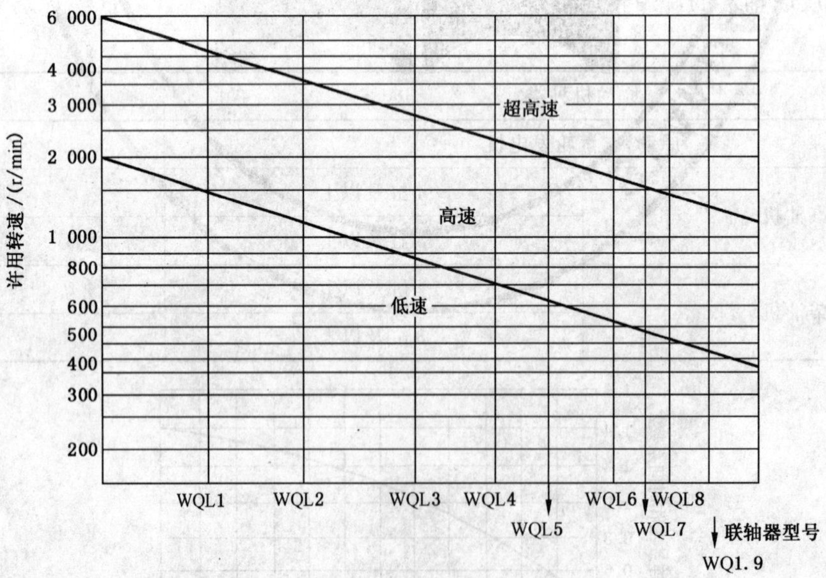
6 000
4 000
3 000
2 000
1 000
800
600
500
400
300
200
许用转速 /(r/min)
超高速
高速
低速
WQL1 WQL2 WQL3 WQL4 WQL6 WQL8
WQL5 WQL7
联轴器型号
WQ1.9

图 A.4

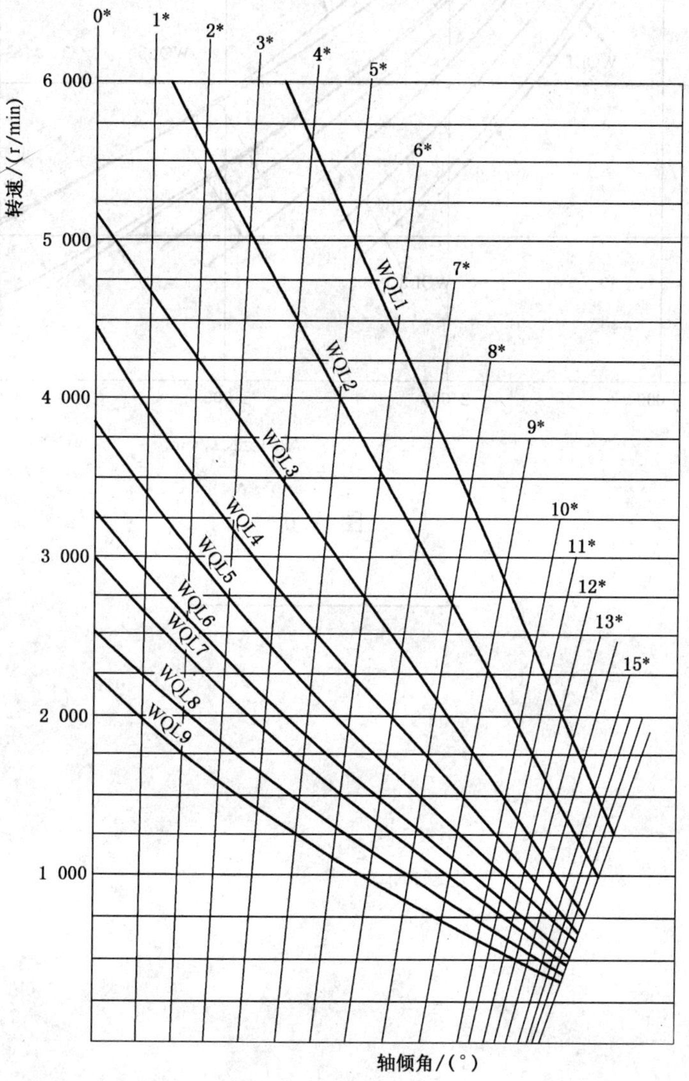
0*
1*
2*
3*
4*
5*
6*
7*
8*
9*
10*
11*
12*
13*
15*
6 000
5 000
4 000
3 000
2 000
1 000
转速/(r/min)
WQL1
WQL2
WQL3
WQL4
WQL5
WQL6
WQL7
WQL8
WQL9
轴倾角/(°)

图 A.5

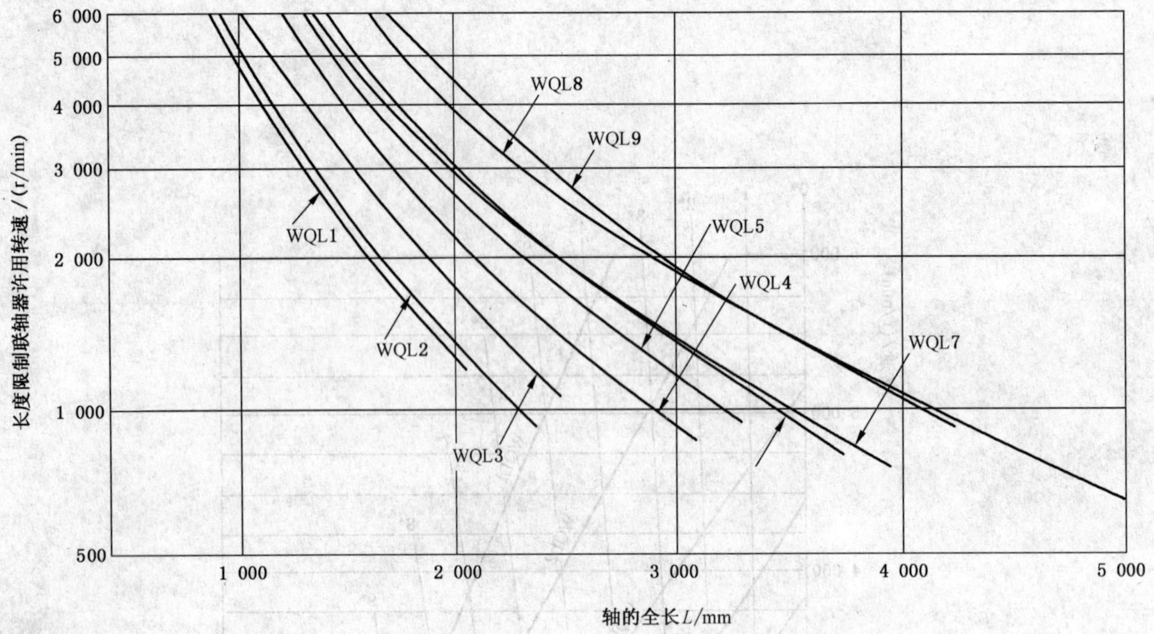
6 000
5 000
4 000
3 000
2 000
1 000
500
长度限制联轴器许用转速 /(r/min)
1 000
2 000
3 000
4 000
5 000
轴的全长L/mm
WQL1
WQL2
WQL3
WQL4
WQL5
WQL7
WQL8
WQL9

图 A.6

ICS 21.120.20
J 19

GB

中华人民共和国国家标准

GB/T 7550—2008
代替 GB/T 7550—1987

球笼式同步万向联轴器　试验方法

Synchronizing universal coupling with ball and socket—Test method

2008-09-27 发布　　　　2009-05-01 实施

中华人民共和国国家质量监督检验检疫总局
中国国家标准化管理委员会　发布

前　言

本标准是对 GB/T 7550—1987《球笼式同步万向联轴器　试验方法》的修订。

本标准与 GB/T 7550—1987 相比在内容上有如下变化：

——按照 GB/T 1.1—2000 编写本标准；

——增加了前言；

——增加了规范性引用文件；

——取消了“1　性能试验项目”的内容；

——将原“2　试验仪器设备”改为“4　试验仪器设备”；

——将联轴器型号“QWL”改为“WQL”。

本标准由全国机器轴与附件标准化技术委员会提出并归口。

本标准起草单位：机械科学研究院、德阳立达基础件有限公司、西安重型机械研究所。

本标准主要起草人：明翠新、王建农、刘学光、潘权。

本标准所代替标准的历次版本发布情况为：

——GB/T 7550—1987。

球笼式同步万向联轴器　试验方法

1　范围

本标准规定了球笼式同步万向联轴器(以下简称联轴器)的性能试验、试验仪器设备、试验报告。

本标准适用于按 GB/T 7549 制造的联轴器，其他类型的联轴器可参考使用。

2　规范性引用文件

下列文件中的条款通过本标准的引用而成为本标准的条款。凡是注日期的引用文件，其随后所有的修改单(不包括勘误的内容)或修订版均不适用于本标准，然而，鼓励根据本标准达成协议的各方研究是否可使用这些文件的最新版本。凡是不注日期的引用文件，其最新版本适用于本标准。

GB/T 7549—2008　球笼式同步万向联轴器

3　性能试验

3.1　空载试验

3.1.1　联轴器在试验前应取得制造合格证，并添加 MoS_2 润滑脂。在联轴器的许用转速下，按表 1 所列五种轴倾角和试验时间进行正、反两个方向空载试验。

表 1

轴倾角/许用最大轴倾角/%		0	25	50	75	100
时间/min	正转	30	10	10	10	30
	反转	30	10	10	10	30

3.1.2　空载试验中联轴器不应有异常响声，温升不应高于 5 ℃。

3.2　同步性试验

3.2.1　联轴器的同步性是指瞬时单位输入角速度与输出角速度的相对误差，即：输入角速度为 ω_1，输出角速度为 ω_2，同步性误差为 $\Delta\omega$，则有：

$$\Delta\omega = \left| \frac{\omega_2 - \omega_1}{\omega_1} \right|$$

3.2.2　测量过程中，在圆周上测点不少于 180 个，$\Delta\omega$ 小于 1/500。

3.3　负荷试验

3.3.1　负荷试验是在许用转速下，轴倾角由 0°到许用最大轴倾角，分五个角度进行。按公称转矩 T_n 的折算转矩 $T=\dfrac{K_3K_4}{18K_1K_2}\cdot T_n$ 的 25%、50%、75%、100%四个阶段加载。系数 K_1、K_2、K_3、K_4 按 GB/T 7549—2008 的附录 A 确定。试验时间按表 2 确定。待温度平衡后开始记录。

表 2　试验时间

单位为分钟

序号	轴倾角/许用最大轴倾角/%	转矩/折算转矩/%			
		25	50	75	100
1	0	20	30	60	90
2	25	20	30	60	90

表 2（续）

单位为分钟

序号	轴倾角/许用最大轴倾角/%	转矩/折算转矩/%			
		25	50	75	100
3	50	30	30	60	90
4	75	30	60	90	120
5	100	30	60	90	120

3.3.2　试验过程中记录间隔时间不得超过 15 min。

3.3.3　负荷试验应记录转速、扭矩、效率、温升、噪声的变化，绘出效率与负荷关系曲线，温升与负荷关系曲线。

3.3.4　超载试验在轴倾角为 8°、12°条件下，按折算转矩值的 120%、130%、150%三个阶段加载，每阶段时间不超过 2 min。短时转矩超载试验在 0°轴倾角条件下，按折算转矩值的 300%进行，时间小于 15 s。

3.4　疲劳试验

疲劳试验应在负荷试验之后进行。试验时，加载应按折算转矩与相应的许用转速及 5°轴倾角进行。每小时做一次温升、效率记录。累计上述时间，按 10^7 循环次数进行疲劳试验。

3.5　静转矩试验

3.5.1　静转矩试验是在静止状态和均匀施加静转矩的条件下进行，其最大静转矩值应符合表 3 的规定。

表 3

联轴器型号	WQL1	WQL2	WQL3	WQL4	WQL5	WQL6	WQL7	WQL8	WQL9
最大静转矩/(N·m)	780	1 600	3 600	6 200	8 750	14 800	21 000	28 000	44 000

3.5.2　静转矩试验完后，应拆机检验钢球与滚道接触情况不应有塑性变形。如果在加载过程中发生塑性变形或其他形式的破坏，则应记录相应的扭矩值。

4　试验仪器设备

4.1　联轴器试验可在开式试验台或封闭式试验台上进行，应配备的仪器和设备如下：

a)　转矩传感器及其二次仪表或相当于扭矩(T)信号取样、数字处理的仪器、设备；

b)　转角传感器及其二次仪表或相当于角速度(ω)信号取样、数字处理的仪器、设备；

c)　声功率测试仪；

d)　温度测量仪；

e)　静转矩试验装置；

f)　轴倾角的调整装置。

4.2　测试仪器和设备的精度应符合表 4 的规定。

表 4　测试仪器和设备的精度

转矩传感器	转角传感器	轴倾角调整装置	温度测量仪	静转矩装置
转矩测量误差 ＜0.5%	测点间距＜2° 角速度测量误差＜1%	调角误差 ＜1%	温度测量误差 ＜0.5 ℃	转矩测量误差 ＜1%

5 试验报告

5.1 试验目的和要求。

5.2 试验台简介。

5.3 试验大纲及负荷谱。

5.4 试验结论：

a) 测试记录处理表；

b) 效率；

c) 同步性；

d) 接触情况；

e) 在最大轴倾角范围内转动灵活性；

f) 温升及噪声；

g) 密封情况；

h) 其他。

ICS 17.060
N 13

中华人民共和国国家标准

GB/T 7551—2008
代替 GB/T 7551—1997

称 重 传 感 器

Load cells

(OIML R60:2000,MOD)

2008-06-30 发布 2009-01-01 实施

中华人民共和国国家质量监督检验检疫总局
中国国家标准化管理委员会 发布

前 言

本标准是根据国际法制计量组织出版的 OIML R60:2000《称重传感器计量规程》国际建议对 GB/T 7551—1997《称重传感器》的修订。

本标准修改采用 OIML R60:2000《称重传感器计量规程》(英文版)。

本标准根据 OIML R60:2000 重新起草。

OIML R60:2000 是一个计量规程,其编写方式及部分内容并不适合本标准采用。为此,本标准在编制时,按 GB/T 1.1—2000《标准化工作导则 第 1 部分:标准的结构和编写规则》和 GB/T 20000.2—2001《标准化工作指南 第 2 部分:采用国际标准的规则》的有关规定做了如下修改:

——改写了第 1 章"范围";

——将 OIML R60:2000 的第 3 章"测量单位"列入了本标准第 4 章的技术参数中;

——将 OIML R60:2000 的 5.6"测量标准"列入本标准的 8.1.1"试验装置"中;

——将 OIML R60:2000 的附录 A"试验程序"改编成本标准的第 8 章"试验方法";

——删除了 OIML R60:2000 的 4.8"OIML 证书";

——删除了 OIML R60:2000 的第 7 章"计量管理";

——删除了 OIML R60:2000 的 A.3.2.12"时间和日期数据";

——删除了 OIML R60:2000 的附录 B"称重传感器试验样品的选择";

——改编了 OIML R60:2000 的附录 C"试验报告的格式—总则"和附录 D"试验报告的格式—表格",将两个附录的内容合并为本标准的附录 B,并将标题改为"试验结果计算方法";

——删除了 OIML R60:2000 的附录 E"OIML 称重传感器合格证";

——删除了 OIML R60:2000 的术语索引;

——增加了规范性引用文件一章;

——更改了原 OIML R60:2000 的引用文件 IEC 60068-2-3:1969 和 IEC 60068-2-56:1988,这两个文件已被 IEC 60068-2-78:2001 所替代,故本标准改为引用等同采用 IEC 60068-2-78:2001 的国家标准 GB/T 2423.3—2006。原引用文件 IEC 60068-2-28:1990 已被 IEC 60068-3-4:2001 所替代,本标准改为引用等同采用 IEC 60068-3-4:2001 的国家标准 GB/T 2424.2—2005;

——增加了 4.2、4.3、4.4、4.5、4.6 有关称重传感器基本参数的内容;

——在 4.6.6.6.1"强制性附加信息"中增加了"h) 计量器具制造许可证标志(CMC)及编号"一项;

——在 4.6.7.1"称重传感器上的标志"中增加了"准确度等级"和"计量器具生产许可证标志、编号"两项;

——6.4.1 中增加了浪涌和射频传导抗扰度试验项目;

——增加了第 7 章"其他技术要求";

——增加了 8.1.2.13"试验的参比大气条件";

——增加了 8.1.2.14"试验的一般大气条件";

——增加了 8.1.2.15"其他环境条件";

——原 OIML R60:2000 的 A.4.7.3(本标准的 8.2.7.3)仅规定了电源电压变化,与 6.3.3 的要求不符,本标准将 8.2.7.3 的标题改为"电源变化",并增加了频率变化要求;

——8.2.7.7"电磁场辐射"中,根据 GB/T 17626.3—2006 的规定将试验的频率范围由 26 MHz～1 000 MHz改为 80 MHz～1 000 MHz,试验严酷度等级由 2 级改为 3 级,场强由 3 V/m 改为 10 V/m,以便与其他衡器标准保持一致;

——增加了 8.2.7.8“浪涌(冲击)”;

——增加了 8.2.7.9“射频传导”;

——增加了 8.2.8“其他性能试验”;

——增加了第 9 章“检验规则”;

——增加了第 10 章“标志、包装、运输及贮存”。

增加和修改的内容,在标准正文中所涉及条款的页边空白处用垂直单线标识。

本标准代替 GB/T 7551—1997,与 GB/T 7551—1997 相比,主要差异如下:

——更新并增加了规范性引用文件;

——在第 3 章术语和定义中新增了数十条术语和定义;

——增加了 4.2“额定载荷”、4.3“灵敏度”、4.4“桥路电阻”、4.5“正常工作条件”;

——在 4.6.6.6.1“强制性附加信息”中增加了“h) 计量器具制造许可证标志(CMC)及编号”一项;

——在 4.6.7.1“称重传感器上的标志”中增加了“e) 准确度等级”和“f) 计量器具生产许可证标志、编号”两项;

——增加了第 6 章“对带电子组件的称重传感器的要求”;

——增加了第 7 章“其他技术要求”,包括 7.1“绝缘电阻”、7.2“绝缘强度”、7.3“输入电阻和输出电阻的允差”、7.4“零点输出”、7.5“外观”;

——增加了 8.1.2.13“试验的参比大气条件”;

——增加了 8.1.2.14“试验的一般大气条件”;

——增加了 8.1.2.15“其他环境条件”;

——增加了 8.2.7“带电子组件的称重传感器的附加试验方法”;

——增加了 8.2.8“其他性能试验”;

——增加了第 9 章“检验规则”;

——增加了第 10 章“标志、包装、运输及贮存”。

本标准在附录 A 中列出了本标准章条编号与 OIML R60:2000 章条编号的对照一览表。

本标准在附录 B 中给出了试验结果的计算方法。此附录由 OIML R60:2000 的附录 C 和附录 D 的内容汇总改编而成。

本标准的附录 A 和附录 B 为资料性附录。

本标准由中国机械工业联合会提出。

本标准由全国工业过程测量和控制标准化技术委员会第一分技术委员会 SAC/TC 124/SC 1 归口。

本标准负责起草单位:上海工业自动化仪表研究所。

本标准参加起草单位:上海仪器仪表自控系统检验测试所、梅特勒—托利多(常州)精密仪器有限公司、济南金钟电子衡器股份有限公司、宁波柯力电气制造有限公司、余姚太平洋称重工程有限公司、宁波博达电气有限公司、宁波市北仑夏冰电子有限公司、浙江省计量科学研究院。

本标准主要起草人:李明华、薛子瑜、金荣然、范韶辰、倪守忠、陈日兴、林德法、郑钜源、张文柳、张建海、钱雪平、郑文波、王辉。

本标准所替代标准的历次版本发布情况:

GB 7551—1987,GB/T 7551—1997。

称 重 传 感 器

1 范围

本标准规定了测量质量用称重传感器的术语和定义、产品型式、基本参数和分类、技术要求、试验方法、检验规则以及标志、包装、运输、储存。

本标准适用于测量静态质量的称重传感器。

与称重传感器配套使用,并显示质量的仪表,其技术要求由其他相关标准作出规定。

2 规范性引用文件

下列文件中的条款通过本标准的引用而成为本标准的条款。凡是注日期的引用文件,其随后所有的修改单(不包括勘误的内容)或修订版均不适用于本标准,然而,鼓励根据本标准达成协议的各方研究是否可使用这些文件的最新版本。凡是不注日期的引用文件,其最新版本适用于本标准。

GB/T 191 包装储运图示标志(GB/T 191—2008,ISO 780:1997,MOD)

GB/T 2423.3 电工电子产品环境试验 第2部分:试验方法 试验Ca:恒定湿热试验,(GB/T 2423.3—2006,IEC 60068-2-78:2001,IDT)

GB/T 2423.4—1993 电工电子产品基本环境试验规程 试验Db:交变湿热试验方法(eqv IEC 60068-2-30:1980)

GB/T 2424.2 电工电子产品环境试验 湿热试验导则(GB/T 2424.2—2005,IEC 60068-3-4:2001,IDT)

GB/T 15464 仪器仪表包装通用技术条件

GB/T 17626.2—2006 电磁兼容 试验和测量技术 静电放电抗扰度试验(IEC 61000-4-2:2001,IDT)

GB/T 17626.3—2006 电磁兼容 试验和测量技术 射频电磁场辐射抗扰度试验(IEC 61000-4-3:2002,IDT)

GB/T 17626.4—1998 电磁兼容 试验和测量技术 电快速瞬变脉冲群抗扰度试验(idt IEC 61000-4-4:1995)

GB/T 17626.5—1999 电磁兼容 试验和测量技术 浪涌(冲击)抗扰度试验(idt IEC 61000-4-5:1995)

GB/T 17626.6—1998 电磁兼容 试验和测量技术 射频场感应的传导骚扰抗扰度(idt IEC 61000-4-6:1996)

GB/T 17626.11—1999 电磁兼容 试验和测量技术 电压暂降、短时中断和电压变化抗扰度试验(idt IEC 61000-4-11:1994)

JJF 1059—1999 测量不确定度评定与表示

3 术语和定义

下列术语和定义适用于本标准。

3.1 通用术语

3.1.1 施加载荷

3.1.1.1

压向加载 compression loading

对称重传感器施加压向力。

3.1.1.2

拉向加载　tension loading

对称重传感器施加拉向力。

3.1.2

称重传感器　load cell

考虑了使用地的重力加速度与空气浮力影响之后,通过把被测量(质量)转换成另一种被测量(输出)来测量质量的力传感器。

3.1.3

带电子组件的称重传感器　load cell equipped with electronics

采用了本身具备可识别功能的电子元件组件的称重传感器。

电子组件举例:P-N结,放大器,编码器,A/D转换器,CPU,I/O接口等(不包括应变计桥路)。

3.1.3.1

电子元件　electronic component

利用半导体、气体或真空中的电子传导或空穴传导原理工作的最小物理实体。

3.1.4

性能试验　performance test

验证称重传感器能否实现其预期功能的试验。

3.2　称重传感器计量学特性

3.2.1

准确度等级　accuracy class

按相同准确度条件确定的称重传感器的等级。

3.2.2

湿度符号　humidity symbol

表明称重传感器试验湿度条件的符号。

3.2.3

称重传感器族　load cell family

对于定型鉴定或型式评价,由具有下列条件的称重传感器组成的族:

——相同的材料或材料组合(例如:低碳钢,不锈钢或铝);

——相同的测量技术方案(例如:应变计粘贴在金属上);

——相同的构造方法(例如:形状,应变计密封,安装方式,制造方法);

——相同的技术条件(例如:额定输出,输入阻抗,电源电压,电缆参数);

——一个或多个称重传感器组。

注:不限于所提供的例子。

3.2.3.1

称重传感器组　load cell group

一个族中具有相同计量特性(例如:等级、称重传感器最大检定分度数,额定温度等)的所有称重传感器。

注:不限于所提供的例子。

3.3　量程、秤量和输出术语

3.3.1

称重传感器分度　load cell interval

称重传感器测量范围划分而成的等分。

3.3.2

称重传感器测量范围　load cell measuring range

测量结果的误差不超过最大允许误差(*mpe*)(见 3.4.9)的被测量值(质量)的范围。

3.3.3

称重传感器输出　load cell output

被测量(质量)通过称重传感器的转换而得到的可测量。

3.3.4

称重传感器检定分度值　load cell verification interval

v

为确定称重传感器的准确度等级,在试验中采用的、以质量单位表示的称重传感器分度的值。

3.3.5

最大秤量　maximum capacity

E_{max}

可施加在称重传感器上,而其测量结果的误差不会超出其最大允许误差的最大量值(质量)。

3.3.6

测量范围的最大载荷　maximum load of the measuring range

D_{max}

试验或使用时,施加于称重传感器的最大量(质量)值,该值应不大于 E_{max}(见 3.3.5)。试验时 D_{max}的极限值见 8.1.2.4。

3.3.7

称重传感器最大检定分度数　maximum number of load cell verification intervals

n_{max}

称重传感器的测量范围可以被等分成检定分度,且测量结果的误差不会因此而超过最大允许误差(*mpe*)(见 3.4.9)的最大数量。

3.3.8

最小静负荷　minimum dead load

E_{min}

可施加在称重传感器上,而其测量结果的误差不会超出其最大允许误差的最小量值(质量)。

3.3.9

最小静负荷输出恢复　minimum dead load output return

DR

施加载荷前、后测得的最小静负荷下称重传感器输出之差。

3.3.10

称重传感器最小检定分度值　minimum load cell verification interval

v_{min}

称重传感器的测量范围划分而成的最小检定等分值(质量)。

3.3.11

测量范围的最小载荷　minimum load of the measuring range

D_{min}

试验或使用时施加到称重传感器上的最小量值(质量)。该值应不小于 E_{min}(见 3.3.8)。试验时 D_{min}的极限值见 8.1.2.4。

3.3.12

称重传感器检定分度数　number of load cell verification intervals

n

称重传感器的测量范围等分成检定分度的数量。

3.3.13

相对 *DR*　relative *DR*

Z

最大秤量 E_{max} 与两倍最小静负荷输出恢复 DR 之比，该比值用于描述多分度衡器。

3.3.14

相对 v_{min}　relative v_{min}

Y

最大秤量 E_{max} 与称重传感器最小检定分度值 v_{min} 之比。该比值描述与称重传感器秤量无关的分辨力。

3.3.15

安全极限载荷　safe load limit

E_{lim}

可以施加于称重传感器，而不会使其性能特性产生超过规定值的永久性改变的最大载荷。

3.3.16

预热时间　warm-up time

从称重传感器接通电源起，到称重传感器能够达到规定要求为止的时间间隔。

3.4　测量和误差术语

3.4.1

蠕变　creep

在载荷不变，所有环境条件和其他变量也保持不变的条件下，称重传感器输出随时间发生的变化。

3.4.2

分配系数　apportionment factor

P_{LC}

用于确定最大允许误差(见 3.4.9)的无量纲十进制小数值(如 0.7)。它表示称量仪器的总误差分摊到称重传感器上的比例。

3.4.3

扩展不确定度　expanded uncertainty

确定测量结果区间的量，合理赋于被测量的值可望大部分分布于该区间。

3.4.4

增差　fault

称重传感器误差与称重传感器固有误差(见 3.4.8)之差。

3.4.5

增差检测输出　fault detection output

称重传感器发出的表明存在增差状态的电显示。

3.4.6

滞后误差　hysteresis error

施加同一载荷时，称重传感器两次输出读数之间的差值，其中一次是从最小载荷 D_{min} 开始递增载荷取得的读数，而另一次是从最大载荷 D_{max} 开始递减载荷取得的读数。

3.4.7

称重传感器误差　load cell error

称重传感器测量结果与被测量(以质量为单位的载荷)的真值之差。

3.4.8

称重传感器基本(固有)误差　load cell intrinsic error

在参比条件(见 3.5.3)下确定的称重传感器的误差。

3.4.9

最大允许误差　maximum permissible error

mpe

本标准允许的称重传感器的误差极限值(参见第 5 章)。

3.4.10

非线性　non-linearity

称重传感器的进程信号输出曲线与规定直线的偏差。

3.4.11

重复性　repeatability

在相同的试验条件下,以相同的方式在称重传感器上连续多次施加相同载荷时,称重传感器提供一致的测量结果的能力。

3.4.12

重复性误差　repeatability error

在相同的加载和测量环境条件下连续试验时,称重传感器的输出读数之差。

3.4.13

灵敏度　sensitivity

称重传感器响应(输出)的变化与相应激励(施加的载荷)的变化之比。

3.4.14

显著增差　significant fault

大于称重传感器检定分度值 v 的增差。

下列增差即使超过了称重传感器检定分度值 v,也不认为是显著增差:

a)　由几个同时发生的、又相互无关的因素引起的增差;

b)　不可能测量的增差;

c)　因其严重程度而必定会被关注测量结果的各方所察觉的增差;

d)　称重传感器输出中不能作为测量结果来解释、存储和传输的瞬间变化的增差。

3.4.15

量程稳定性　span stability

使用周期内,称重传感器将最大载荷 D_{max} 的输出与最小载荷 D_{min} 的输出之差保持在规定极限内的能力。

3.4.16

温度对最小静负荷输出的影响　temperature effect on minimum dead load output

由环境温度变化引起的最小静负荷输出的变化。

3.4.17

温度对灵敏度的影响　temperature effect on sensitivity

由环境温度变化引起的灵敏度变化。

3.5 影响量和参比条件

3.5.1

影响量 influence quantity

影响测量结果的非被测量。[VIM 2.7](例如，观察和记录称重传感器测量结果时的温度或湿度。)

3.5.1.1

骚扰 disturbance

其值在本标准规定的极限范围内，但超出称重传感器额定工作条件的影响量。

3.5.1.2

影响因子 influence factor

其值在称重传感器额定工作条件之内的影响量。(例如，对称重传感器进行试验时的特定温度或特定电源电压)。

3.5.2

额定工作条件 rated operation conditions

使称重传感器的计量特性处在规定的最大允许误差(见3.4.9)范围内的使用条件。

注：额定工作条件通常会规定被测量和影响量的范围或额定值。

3.5.3

参比条件 reference conditions

为测试称重传感器的性能或为测量结果的相互比较而规定的使用条件。

注：参比条件通常包括影响称重传感器的影响量的参比值或参比范围。[根据 VIM 5.7 改写]

3.6 某些定义的图解

图1中，水平中心线上面的术语是设计称重传感器时确定的参数，水平中心线下面的术语是与称重传感器的使用条件或试验条件相关的可变参数(特别是称量仪器中使用的称重传感器)。

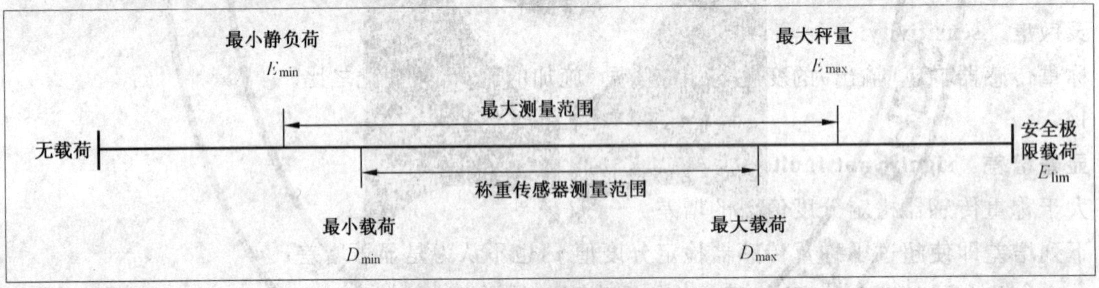

图1 某些定义的图解

4 基本参数和分类

4.1 测量单位

质量的测量单位是克(g)，千克(kg)，或吨(t)。

4.2 额定载荷

称重传感器的额定载荷即为称重传感器的最大秤量，应优先从下列数系中选取：

1，2，5，$\times10^k$

注：k 为正整数。

4.3 灵敏度(仅适用于不带电子组件的电阻应变式称重传感器)

称重传感器的灵敏度优先选用下列5挡：

1，1.5，2，2.5，3 mV/V

4.4 桥路电阻(仅适用于不带电子组件的电阻应变式称重传感器)

称重传感器的桥路电阻分为输入电阻和输出电阻，制造厂应提供其数值及离散性。

4.5 正常工作条件

称重传感器的正常工作条件如下所示，特殊工作条件由制造厂自行规定：

温　　度：　　　　　－10 ℃～＋40 ℃

相对湿度：　　　　　≤90％

大气压力：　　　　　86 kPa ～106 kPa

电源电压(适用时)：　　标称电压(U_{nom})，允差 －15％～＋10％

电源频率(适用时)：　　标称频率(f_{nom})，允差±2％

4.6 计量要求

4.6.1 称重传感器的分类

称重传感器按规定的准确度等级分类，是为了便于其在各种质量测量系统中的应用。在使用本标准时应认识到，称重传感器的性能可以在配合使用的测量系统中通过补偿得到改善。因此本标准既不要求称重传感器的准确度等级与使用它的测量系统相同，也不要求显示质量的测量仪表使用单独获得批准的称重传感器。

4.6.2 准确度等级

称重传感器按综合性能分成以下四个准确度等级：

A 级；

B 级；

C 级；

D 级。

4.6.3 称重传感器最大检定分度数

在一个测量系统中，称重传感器测量范围可以等分成的最大检定分度数 n_{max} 应处于表 1 规定的限值范围内。

表 1　各准确度等级称重传感器的最大检定分度数(n_{max})

准确度等级	A 级	B 级	C 级	D 级
下限值	50 000	5 000	500	100
上限值	无限制	100 000	10 000	1 000

4.6.4 称重传感器最小检定分度值

制造厂应规定称重传感器的最小检定分度值 v_{min}。

4.6.5 补充分类

还应按加载类型，即压向加载或拉向加载，对称重传感器进行分类。不同加载类型的称重传感器可以有不同的分类，应对各种分类的加载类型作出规定。对于多秤量范围的称重传感器，应分别对每个秤量进行分级。

4.6.6 称重传感器的完整分类

称重传感器应按 6 个方面分类：

a) 准确度等级标记(见 4.6.2 和 4.6.6.1)；

b) 称重传感器最大检定分度数(见 4.6.3 和 4.6.6.2)；

c) 加载类型(见 4.6.5 和 4.6.6.3)(必要时)；

d) 特殊工作温度范围(见 4.6.6.4)(必要时)；

e) 湿度符号(见 4.6.6.5)(必要时)；

f) 下列附加特征信息。

图 2 是称重传感器分类 6 个部分的示例。

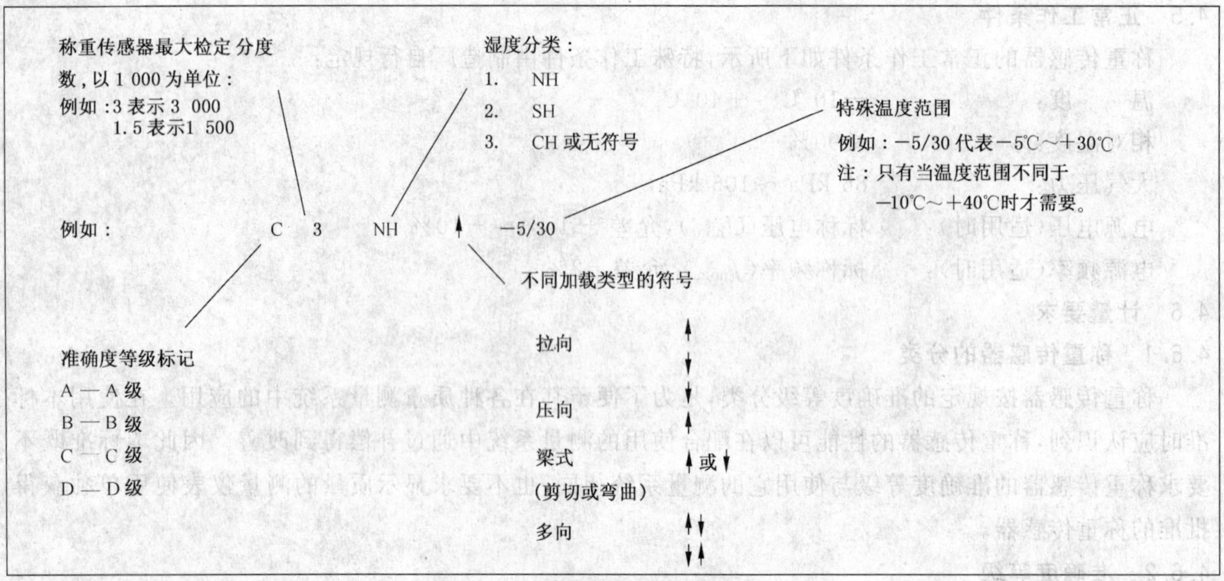

图 2 标准分类符号图示

4.6.6.1 准确度等级的标记

A 级称重传感器用字母“A”标记，B 级用“B”标记，C 级用“C”标记，D 级用“D”标记。

4.6.6.2 称重传感器最大检定分度数的标记

称重传感器各准确度等级所适用的最大检定分度数应以实际单位标记(例如 3 000)。当其与准确度等级标记(见 4.6.6.1)组合成一个分类符号(见 4.6.6.7)时，应以 1 000 为单位标记。

4.6.6.3 称重传感器加载类型的标记

当从称重传感器结构上看不出加载类型时，应指明加载类型，使用的符号见表 2。

表 2 不同加载类型符号

拉向	↑ ↓
压向	↓ ↑
梁式(剪切或弯曲)	↑ 或 ↓
多向	↑↓ ↓↑

4.6.6.4 工作温度标记

当称重传感器在 5.5.1.1 规定的温度范围内不能达到 5.1～5.5 的误差限要求时，应参照 5.5.1.2 规定其特殊工作温度限值。在这种情况下，应以摄氏度(℃)为单位标出温度限值。

4.6.6.5 湿度符号

4.6.6.5.1 当称重传感器既不进行 8.2.5 规定的湿度试验，也不进行 8.2.6 规定的湿度试验时，应标记 NH 符号。

4.6.6.5.2 当称重传感器需进行 8.2.5 规定的湿度试验时，可以标记 CH 符号或不标湿度分类符号。

4.6.6.5.3 当称重传感器需进行 8.2.6 规定的湿度试验时，应标记 SH 符号。

4.6.6.6 附加信息

4.6.6.6.1 强制性附加信息

除 4.6.6.1～4.6.6.5 规定的信息外，还应提供下列信息：

a) 制造厂名称或商标；

b) 制造厂标识或称重传感器的型号；

c) 编号和生产年份；

d) 最小静负荷 E_{min}，最大秤量 E_{max}，安全极限载荷 E_{lim}（都以 g,kg 或 t 为单位）；

e) 称重传感器最小检定分度值 v_{min}；

f) 为达到规定的性能而必须符合的其他相关条件（例如：称重传感器的电特性，如额定输出、输入阻抗、电源电压、电缆规格等）；

g) 分配系数 P_{LC} 值（若不等于 0.7）；

h) 计量器具制造许可证标志（CMC）及编号。

4.6.6.6.2 非强制性附加信息

除 4.6.6.1～4.6.6.6.1 规定的信息外，还可以提供下列信息：

a) 对于多称量范围称量仪器（例如符合 OIML R76 的多称量范围称量仪器），可提供相对 v_{min}，即 Y。这里 $Y = E_{max}/v_{min}$；

b) 对于多分度称量仪器（例如符合 OIML R76 的多分度称量仪器），可提供相对 DR，即 Z。这里 $Z = E_{max}/(2 \times DR)$。依据 5.3.2，$DR$ 值设定为最小静负荷输出恢复的最大允许值。

4.6.6.7 标准分类

应使用如表 3 所示的标准分类方法：

表 3 称重传感器分类示例

分类符号	说明
C2	C 级，2 000 分度
C3 ↓↑ 5/35	C 级，3 000 分度，压向，+5 ℃～+35 ℃
C2 NH	C 级，2 000 分度，不进行湿度试验

4.6.6.8 复合分类

具备不同加载类型的称重传感器，其完整分类应如表 4 所示，分别标明每个分类的信息。

标准分类符号的实例见图 2。

表 4 复合分类示例

分类符号			说明
C2 C1.5	↑ ↓		C 级，2 000 分度，剪切梁 C 级，1 500 分度，弯曲梁
C1	↓↑	−5/30	C 级，1 000 分度，压向，−5 ℃～+30 ℃
C3	↑↓	−5/30	C 级，3 000 分度，拉向，−5 ℃～+30 ℃

4.6.7 信息表示方法

4.6.7.1 称重传感器上的标志

每个称重传感器上至少应标记下列信息：

a) 制造厂名称或商标；

b) 制造厂的标识或称重传感器型号；

c) 编号；

d) 最大秤量 E_{max}；

e) 准确度等级；

f) 计量器具制造许可证标志(CMC)及编号。

4.6.7.2 未标记在称重传感器上的必要信息

如果4.6.6规定的信息没有标记在称重传感器上，制造厂应在其提供的随机文件中提供这些信息。与此同时，4.6.7.1规定的信息也应在随机文件中给出。

5 称重传感器的最大允许误差

5.1 各准确度等级的最大允许误差

在称重传感器最小静负荷 E_{min} 的指示输出已经调整到零的条件下，各准确度等级的最大允许误差与称重传感器的规定最大检定分度数和实际检定分度值 v 有关。

型式检验的最大允许误差：

型式检验的最大允许误差由表5左列中的表达式给出。分配系数 P_{LC} 如果不是0.7，应由制造厂选择和指明，且应在0.3～0.8范围内($0.3 \leqslant P_{LC} \leqslant 0.8$)。

如果分配系数 P_{LC} 不等于0.7，应在相关文件中标明 P_{LC} 值。如果文件中没有标明 P_{LC} 值，则认为 P_{LC} 值为0.7。

表5 型式检验的最大允许误差 *mpe*

最大允许误差 *mpe*	载荷 m			
	A级	B级	C级	D级
$P_{LC} \times 0.5v$	$0 \leqslant m \leqslant 50\ 000v$	$0 \leqslant m \leqslant 5\ 000v$	$0 \leqslant m \leqslant 500v$	$0 \leqslant m \leqslant 50v$
$P_{LC} \times 1.0v$	$50\ 000v < m \leqslant 200\ 000v$	$5000v < m \leqslant 20\ 000v$	$500v < m \leqslant 2\ 000v$	$50v < m \leqslant 200v$
$P_{LC} \times 1.5v$	$200\ 000v < m$	$20\ 000v < m \leqslant 100\ 000v$	$2\ 000v < m \leqslant 10\ 000v$	$200v < m \leqslant 1\ 000v$

称重传感器的最大允许误差可以是正误差，也可以是负误差，既适用于递增载荷，也适用于递减载荷。

上述误差限包括由于非线性、滞后误差以及5.5.1.1和5.5.1.2规定的一定温度范围内温度对灵敏度的影响引起的误差。未包括在上述误差限内的其他误差将另行处理。

5.2 确定误差的原则

5.2.1 条件

上述误差限应适用于符合下列条件的称重传感器全部测量范围：

$$n \leqslant n_{max}$$

$$v \geqslant v_{min}$$

5.2.2 误差限

上述误差限与误差包络线有关。误差包络线以一条直线为基准，此直线是以20 ℃时载荷试验中的两个输出确定的，一个是最小载荷输出，另一个是递增加载时取得的量程的75%载荷时称重传感器的输出。

5.2.3 初始读数

试验时，应在开始加载或卸载之后，按表6规定的时间间隔读取初始读数。

表 6　读数前加/卸载和稳定时间

载荷变化/kg		时间/s
大于	小于和等于	
0	10	10
10	100	20
100	1 000	30
1 000	10 000	40
10 000	100 000	50
100 000		60

5.2.3.1　**加载/卸载时间**

加载或卸载时间应约为规定时间的一半，余下的时间用于稳定。试验应在恒定的条件下进行。试验报告中应记录绝对时间。

5.2.3.2　**无法达到加载/卸载时间的规定**

无法达到规定的加载、卸载时间时，应采用下列方法：

a)　在做最小静负荷输出恢复试验时，如果测量结果的允许变化，从卸载后最小载荷输出的初次读数与加载前的读数之间允许差值的 100%，按比例减少到 50%，则表 6 中规定的时间可以从 100%增加到 150%；

b)　在其他情况下，应将实际时间记录在试验报告中。

5.3　测量结果的允许变化

5.3.1　**蠕变**

在称重传感器上施加一个 90% E_{max}～100% E_{max} 的恒定最大载荷 D_{max}，初次读数与其后 30 min 内记录的任一读数之差，应不大于所加载荷最大允许误差绝对值的 0.7 倍，20 min 时的读数与 30 min 时的读数之差，应不大于最大允许误差绝对值的 0.15 倍。

5.3.1.1　**蠕变的最大允许误差**

无论制造厂公布的分配系数 P_{LC} 的值是多少，均应采用分配系数 P_{LC}＝0.7，根据表 5 确定蠕变的最大允许误差。

5.3.2　**最小静负荷输出恢复**

最小静负荷输出的初次读数，与施加 90%E_{max}～100%E_{max} 的最大载荷 D_{max} 30 min 之后恢复到最小载荷 D_{min} 时的读数，两者之差应不超过检定分度值的一半(0.5v)。

5.4　重复性误差

A 级和 B 级称重传感器施加 5 次同一载荷，C 级和 D 级称重传感器施加 3 次同一载荷所得测量结果之间的最大差值均应不大于该载荷的最大允许误差的绝对值。

5.5　影响量

5.5.1　**温度**

5.5.1.1　**温度限值**

除 5.5.1.2 另有规定外，排除了温度对最小静负荷输出的影响后，称重传感器在－10 ℃～＋40 ℃温度范围内使用时，误差应不超过 5.1 规定的限值。

5.5.1.2　**特殊温度限值**

对于规定了特殊工作温度限值的称重传感器，在规定温度限值内应满足 5.1 确定的条件。

这些温度限值至少是：

A 级称重传感器：　　　　5 ℃；

B 级称重传感器：　　　　15 ℃；

C 级和 D 级称重传感器：30 ℃。

5.5.1.3　温度对最小静负荷输出的影响

在 5.5.1.1 或 5.5.1.2 规定的温度范围内，环境温度有如下的变化时，称重传感器的最小静负荷输出变化应不大于称重传感器最小检定分度 v_{min} 与分配系数 P_{LC} 的乘积：

A 级称重传感器：　　　　2 ℃；

B、C、D 级称重传感器：5 ℃。

最小静负荷输出应在称重传感器在环境温度下达到热稳定之后读取。

5.5.2　大气压力

在 86 kPa～106 kPa 的大气压力范围内，大气压力变化 1 kPa 所引起的称重传感器输出的变化量应不大于最小检定分度值 v_{min}。

5.5.3　湿度

标有 NH 符号的称重传感器，应不进行 8.2.5 或 8.2.6 规定的湿度试验。

标有 CH 符号或不标湿度符号的称重传感器，应进行 8.2.5 规定的湿度试验。

标有 SH 符号的称重传感器，应进行 8.2.6 规定的湿度试验。

5.5.3.1　湿度误差（适用于标有 CH 或无湿度标记的称重传感器，不适用于标有 NH 或 SH 的称重传感器）

湿度试验之前的最小载荷输出读数的平均值，与进行 8.2.5 湿度试验之后在相同载荷下得到的读数的平均值，两者之差不应大于最大秤量 E_{max} 的输出与最小静负荷 E_{min} 的输出之差的 4%。

称重传感器按 8.2.5 进行湿度试验前与试验后，在相同最大载荷 D_{max} 下的输出平均值（已进行最小载荷输出修正）之差不得超过该称重传感器一个检定分度值 v。A、B 两个准确度等级的称重传感器取 5 次输出值的平均值；C、D 两个准确度等级的称重传感器取 3 次输出值的平均值。

5.5.3.2　湿度误差（适用于标有 SH 的称重传感器，不适用于标有 CH 或 NH 或无湿度符号的称重传感器）

按 8.2.6 进行湿度试验时，称重传感器应满足相应的最大允许误差要求。

6　对带电子组件的称重传感器的要求

6.1　一般要求

带电子组件的称重传感器除满足上述有关要求外还应符合下列要求。确定最大允许误差时，应使用分配系数 $P_{LC}=1.0$，取代制造厂给出的适用于其他要求的分配系数。

如果称重传感器实际上具有电子称量仪器的全部电子功能，可根据相关标准中针对称量仪表的要求进行附加评定。这些评定不在本标准范围内。

6.1.1　增差

应通过设计和制造，保证带电子组件的称重传感器在受到电骚扰时：

a)　不产生显著增差；

b)　能够检出并反应显著增差。

显著增差的信息不应与其他已有信息相混淆。

注：不管输出中的误差值是多少，允许有等于或小于称重传感器检定分度值 v 的增差。

6.1.2　耐用性

称重传感器应具有适当的耐用性，以便其在预定使用中能满足本标准的要求。

6.1.3　评判依据

带电子组件的称重传感器，只要通过了 6.3 和 6.4 规定的检查，就可认为其符合 6.1.1 和 6.1.2 的要求。

6.1.4 6.1.1 的实施

6.1.1 的要求适用于不同的成因或显著增差。制造厂可以自行选择实施 6.1.1 a)或 6.1.1 b)的要求。

6.2 显著增差的处理

当检出显著增差时，称重传感器应自动停止工作或自动发出增差检测输出。该增差检测输出应持续发出，直至使用者处理增差或增差消失。

6.3 功能要求

6.3.1 带指示器的称重传感器的专用程序

带电子组件的称重传感器如果装有指示器，在接通电源时应立即执行一个专用程序，在足够长的时间内显示指示器的所有相关符号标志是否处在工作状态，以便使用者检查。

6.3.2 预热时间

带电子组件的称重传感器，在规定的预热时间内不应传输测量结果。

6.3.3 交流电源(AC)

由交流电源供电的带电子组件的称重传感器，当电源发生下述变化时，应符合计量要求：

a) 制造厂规定电源电压的－15%～＋10%的变化；

b) 制造厂规定电源频率的－2%～＋2%的变化。

6.3.4 电池电源(DC)

由电池供电的带电子组件的称重传感器，当电源电压低于制造厂规定值时，应继续正常工作，或者应不提供测量结果。

6.3.5 骚扰

带电子组件的称重传感器在受到 6.4.1 所述骚扰的影响时，有骚扰时的输出与无骚扰时的输出，两者之差不应超过称重传感器一个最小检定分度值 v_{min}，或者称重传感器应能检测出显著增差并作出反应。

6.3.6 量程稳定性要求(不适用于 A 级称重传感器)

带电子组件的称重传感器应按 6.4.1 和 8.2.7.10 的规定进行量程稳定性试验。称重传感器量程的变化不应超过称重传感器检定分度值的一半(0.5v)或不超过所加载荷最大允许误差绝对值的一半(0.5mpe)，取其大者。本试验的目的并非测量在载荷发生系统上装、卸称重传感器对其计量性能的影响，因而在载荷发生系统上安装称重传感器时应格外小心。

6.4 附加试验

6.4.1 性能和稳定性试验

带电子组件的称重传感器应根据 8.2.7 的要求进行表 7 给出的性能和稳定性试验。

试验通常在额定状态下或尽可能类似的状态下进行。如果称重传感器装有与外部设备相连接的接口，通过接口执行或启动的所有功能应正常运行。

表 7 带电子组件的称重传感器性能和稳定性试验

试　　验	试验程序	P_{LC}	影响量的性质
预热时间	8.2.7.2	1.0	影响因子
电源电压变化	8.2.7.3	1.0	影响因子
电压暂降和短时中断	8.2.7.4	1.0	骚扰
脉冲群(电快速瞬变)	8.2.7.5	1.0	骚扰
静电放电	8.2.7.6	1.0	骚扰
电磁场辐射	8.2.7.7	1.0	骚扰
浪涌(冲击)	8.2.7.8	1.0	骚扰
射频传导	8.2.7.9	1.0	骚扰
量程稳定性	8.2.7.10	1.0	影响因子

7 其他技术要求

7.1 绝缘电阻

在一般试验大气条件下，称重传感器的电源端子—外壳、电源端子—输出端子、输出端子—外壳之间的绝缘电阻应不低于 2 000 MΩ。

7.2 绝缘强度

在一般试验大气条件下，由交流电源供电的称重传感器，其电源端子—外壳、电源端子—输出端子、输出端子—外壳之间应能承受表 8 规定的交流正弦波试验电压 1 min，无击穿或飞弧现象。

表 8 绝缘强度试验电压

额定电压/V	试验电压(有效值)/V	频率/Hz
$U \leqslant 60$	500	60
$60 < U \leqslant 250$	2 000	60 或 50
$250 < U \leqslant 650$	2 500	50

7.3 输入电阻和输出电阻的允差

称重传感器的输入电阻和输出电阻应符合 4.4 的规定，输入电阻和输出电阻的允差应符合表 9 的规定。

表 9 称重传感器输入电阻和输出电阻的允差

输入电阻允差/Ω	输出电阻允差/Ω
±5%	±1.0%

7.4 零点输出

称重传感器的零点输出为测量条件下的无载荷输出，应符合表 10 的规定。

表 10 零点输出

称重传感器等级	零 点 输 出
A 级、B 级、C 级	±1%(额定输出)
D 级	±2%(额定输出)

7.5 外观

称重传感器的外壳、零部件表面或镀层以及铭牌等均应完好，不得有剥落，标志的内容应符合 4.6.7.1的规定，文字和符号应清晰。

8 试验方法

8.1 试验条件

8.1.1 试验装置

基本试验装置由一个载荷发生系统和一台测量称重传感器输出的线性仪表组成。

载荷发生系统和测量称重传感器输出的指示仪表共同形成的系统扩展不确定度 U(包含因子 $k=2$)应不超过受试称重传感器最大允许误差的三分之一。[JJF 1059—1999]

8.1.2 环境条件和试验条件

在对称重传感器进行试验之前，应关注环境条件和试验条件，不充分考虑这些细节往往会导致重大偏差的产生。因此在试验之前，应充分考虑下列各项条件。

8.1.2.1 重力加速度

必要时应修正试验使用的质量标准。试验地点和试验地点的重力加速度 g 值应同试验结果一并记录。用于产生力的质量标准应溯源到国家(力)质量(基准)标准。

8.1.2.2 **环境条件**

试验应在稳定的环境条件下进行。当试验期间记录的极端温度之差不超过受试称重传感器温度范围的1/5,并不大于2 ℃时,即可认为环境温度是稳定的。

8.1.2.3 **加载条件**

为防止称重传感器产生非固有误差,应特别重视加载条件。应考虑到表面粗糙度、平面度、腐蚀、划伤、偏心等因素。加载条件应符合称重传感器制造厂的要求。应沿着称重传感器的敏感轴加载、卸载,不能对称重传感器造成冲击。

8.1.2.4 **测量范围限值**

若载荷发生系统允许,最小载荷 D_{min}(以下称"最小试验载荷")应尽可能接近最小静负荷 E_{min},但不小于最小静负荷。最大载荷 D_{max}(以下称"最大试验载荷")应不小于 E_{max} 的90%,但不大于 E_{max}(参见图1)。

8.1.2.5 **参比标准器**

应(根据使用情况)定期检定标准器。

8.1.2.6 **稳定时间**

受试称重传感器和指示仪表的稳定时间应由制造厂推荐。

8.1.2.7 **温度条件**

应使称重传感器,尤其是大型的称重传感器有足够时间达到温度稳定。加载系统的设计应保证称重传感器内不产生明显的温度梯度。称重传感器及其连接件(电缆、接管等)应处于相同的试验温度下,指示仪表应保持在室温下。在确定试验结果时,应考虑温度对附加连接件的影响。

8.1.2.8 **大气压力影响**

当大气压力变化可能明显影响称重传感器的输出时,应考虑这种变化。

8.1.2.9 **加载装置的稳定性**

指示仪表和加载装置应具有足够的稳定性,使读数在8.1.1规定的限值范围内。

8.1.2.10 **指示仪表的检查**

某些指示仪表具有方便的自检装置。若有此功能,应经常利用该功能进行检查,以保证指示仪表的准确度符合试验要求。应定期对指示仪表进行校准检定。

8.1.2.11 **其他条件**

试验时应考虑制造厂规定的其他条件,例如,输入/输出电压、电气敏感性等。

8.1.2.12 **量程稳定性**

将称重传感器装入载荷发生系统时应十分小心,不应对其计量性能产生影响。

8.1.2.13 **试验的参比大气条件**

性能和稳定性试验应在下列参比大气条件下进行。试验时,除了被测试的影响量以外,其他影响量都应保持下列值:

环境温度: 20 ℃±2 ℃

环境相对湿度: 60%～70%

大气压力: 86 kPa～106 kPa

8.1.2.14 **试验的一般大气条件**

当试验无法或无需在参比大气条件下进行时,推荐采用下述一般试验的大气条件:

环境温度: 15 ℃～35 ℃

环境相对湿度: 45%～75%

大气压力: 86 kPa～106 kPa

试验期间温度的允许最大变化速率为1 ℃/10 min。

8.1.2.15 其他环境条件

磁场:除地磁场外,其他外界磁场应小到对称重传感器的影响可以忽略不计。

机械振动:机械振动应小到对称重传感器的影响可以忽略不计。

8.2 试验程序

下列试验每一项均可作为"独立"的单项试验。为提高效率,可以采取在一个规定温度下,对称重传感器进行递增载荷、递减载荷、蠕变和最小静负荷输出恢复试验,然后再过渡到下一个温度的试验方法(见8.3和图3、图4)。完成上述试验后,接着单独进行大气压力试验和湿度试验。

8.2.1 确定称重传感器误差、重复性误差和温度对最小静负荷输出的影响

8.2.1.1 检查试验条件

试验前,应检查试验条件是否符合8.1的规定。

8.2.1.2 装入称重传感器

将称重传感器放入载荷发生系统,施加最小试验载荷 D_{min},并稳定在20 ℃下。

8.2.1.3 预加载荷

对称重传感器预加最大试验载荷 D_{max} 三次,每次加载后恢复到最小试验载荷 D_{min},等待5 min。

8.2.1.4 检查指示仪表

按8.1.2.10检查指示仪表。

8.2.1.5 监视称重传感器输出

监视最小试验载荷输出,直至其稳定。

8.2.1.6 记录示值

记录最小试验载荷 D_{min} 下指示仪表的示值。

8.2.1.7 试验载荷点

在加载和卸载过程中,所有试验载荷点分布的时间间隔应大致相等。应尽可能按5.2.3表6规定的时间间隔读数。两种时间间隔都应作记录。

8.2.1.8 施加载荷

施加递增载荷到最大试验载荷 D_{max},至少应有5个递增载荷点,其中应包括接近5.1表5所列称重传感器最大允许误差相应档次中最高值的载荷。

8.2.1.9 记录示值

尽可能以接近5.2.3表6规定的时间间隔,记录指示仪表的示值。两种时间间隔都应作记录。

8.2.1.10 递减试验载荷

以8.2.1.8所述的相同载荷点,将试验载荷递减到最小试验载荷 D_{min}。

8.2.1.11 记录示值

尽可能以接近5.2.3表6规定的时间间隔,记录指示仪表的示值。两种时间间隔都应作记录。

8.2.1.12 不同准确度等级的重复试验

A级和B级再重复8.2.1.7~8.2.1.11的操作4次,C级和D级再重复操作2次。

8.2.1.13 以不同温度重复试验

首先在预定准确度等级的温度范围的上限值(或接近上限值)的温度下重复8.2.1.3~8.2.1.12的操作,然后在温度范围的下限值(或接近下限值)的温度下重复8.2.1.3~8.2.1.12的操作。接着在20 ℃下重复8.2.1.3~8.2.1.12的操作。

8.2.1.14 确定称重传感器误差的大小

根据每个温度下的试验结果的平均值,确定称重传感器的误差,并与5.1规定的称重传感器最大允许误差相比较。

8.2.1.15 确定重复性误差

根据试验取得的数据确定重复性误差,并与5.4规定的限值相比较。

8.2.1.16 确定温度对最小静负荷输出的影响

根据试验取得的数据确定温度对最小静负荷输出的影响，并与5.5.1.3规定的限值相比较。

8.2.2 确定蠕变误差

8.2.2.1 检查试验条件

试验前，应检查试验条件是否符合8.1的规定。

8.2.2.2 装入称重传感器

将称重传感器放入载荷发生系统，加载到最小试验载荷 D_{min}，并稳定在20 ℃下。

8.2.2.3 预加载荷

对称重传感器预加最大试验载荷 D_{max} 三次，每次加载后恢复到最小试验载荷 D_{min}，等待1 h。

8.2.2.4 检查指示仪表

按8.1.2.10检查指示仪表。

8.2.2.5 监视称重传感器输出

监视最小试验载荷输出，直到稳定。

8.2.2.6 记录示值

记录最小试验载荷下指示仪表的示值。

8.2.2.7 施加载荷

施加恒定的最大试验载荷 D_{max}。

8.2.2.8 记录示值

按5.2.3表6规定的时间间隔记录指示仪表的初始示值。然后，在30 min时间内，继续以预先规定的时间间隔，定期记录示值，并确保记录20 min时的读数。

8.2.2.9 以不同温度重复试验

首先在预定准确度等级的温度范围的上限值(或接近上限值)的温度下重复8.2.2.3～8.2.2.8的操作，然后在温度范围下限值(或接近下限值)温度下重复8.2.2.3～8.2.2.8的操作。

8.2.2.10 确定蠕变误差

根据试验取得的数据，并考虑8.1.2.8所述大气压力变化的影响，就可以确定蠕变误差的大小，并与5.3.1规定的允许变化相比较。

8.2.3 确定最小静负荷输出恢复(*DR*)

8.2.3.1 检查试验条件

试验前，应检查试验条件是否符合8.1的规定。

8.2.3.2 装入称重传感器

将称重传感器装入载荷发生系统，施加最小试验载荷 D_{min}，并稳定在20 ℃下。

8.2.3.3 预加载荷

对称重传感器预加最大试验载荷 D_{max} 三次，每次加载后，恢复到最小试验载荷 D_{min}，等待1 h。

8.2.3.4 检查指示仪表

按8.1.2.10检查指示仪表。

8.2.3.5 监视称重传感器输出

监视最小试验载荷输出，直至稳定。

8.2.3.6 记录示值

记录最小试验载荷 D_{min} 下指示仪表的示值。

8.2.3.7 施加载荷

施加恒定的最大试验载荷 D_{max}。

8.2.3.8 记录示值

尽可能按5.2.3中表6规定的时间间隔记录指示仪表的初始示值。应记录两个时间间隔。记录载荷完全加上的时间并保持此载荷 30 min。

8.2.3.9 **记录数据**

记录卸载的初始时间并恢复到最小试验载荷 D_{min}。

8.2.3.10 **记录示值**

尽可能按 5.2.3 中表 6 规定的时间间隔记录指示仪表的示值。

8.2.3.11 **以不同温度重复试验**

首先在预定准确度等级的温度范围的上限值(或接近上限值)的温度下重复 8.2.3.3～8.2.3.10 的操作,然后在温度范围下限值(或接近下限值)温度下重复 8.2.3.3～8.2.3.10 的操作。

8.2.3.12 **确定最小静负荷输出恢复(DR)**

根据试验取得的数据确定最小静负荷输出恢复(DR),并与 5.3.2 规定的允许变化相比较。

8.2.4 **确定大气压力影响**

除非设计上有充分理由可证明称重传感器的性能不受大气压力变化的影响,否则应进行本试验。

8.2.4.1 **检查试验条件**

试验前,应检查试验条件是否符合 8.1 的规定。

8.2.4.2 **装入称重传感器**

在室温下,将未受载荷作用的称重传感器放入大气压力下的压力容器中。

8.2.4.3 **检查指示仪表**

按 8.1.2.10 检查指示仪表。

8.2.4.4 **监视称重传感器输出**

监视输出,直至稳定。

8.2.4.5 **记录示值**

记录指示仪表的示值。

8.2.4.6 **改变大气压力**

改变大气压至高于或低于大气压力约 1 kPa,并记录指示仪表示值。

8.2.4.7 **确定大气压力影响引起的误差**

依据试验取得的数据确定大气压力影响的大小,并与 5.5.2 规定的极限值相比较。

8.2.5 **确定湿度对标有 CH 或无湿度标记称重传感器的影响**

8.2.5.1 **检查试验条件**

试验前,应检查试验条件是否符合 8.1 的规定。

8.2.5.2 **安装称重传感器**

将称重传感器放入载荷发生系统,加载到最小试验载荷 D_{min},在 20 ℃下保持力值稳定。

8.2.5.3 **预加载荷**

对称重传感器预加最大试验载荷 D_{max} 三次,每次加载后,恢复到最小试验载荷 D_{min}。

8.2.5.4 **检查指示仪表**

按 8.1.2.10 检查指示仪表。

8.2.5.5 **监视称重传感器输出**

监视最小试验载荷输出,直至稳定。

8.2.5.6 **记录示值**

记录最小试验载荷 D_{min} 下的指示仪表示值。

8.2.5.7 **施加载荷**

施加最大试验载荷 D_{max}。

8.2.5.8 **记录示值**

尽可能按 5.2.3 中表 6 规定的时间间隔记录指示仪表的初始示值。应记录两个时间间隔。

8.2.5.9 卸载

卸除试验载荷至最小试验载荷 D_{min}。

8.2.5.10 记录示值

尽可能按 5.2.3 中表 6 规定的时间间隔记录指示仪表的示值。应记录两个时间间隔。

8.2.5.11 不同准确度等级的重复试验

A 级和 B 级再重复 8.2.5.7～8.2.5.10 的操作 4 次，C 级和 D 级再重复操作 2 次。

8.2.5.12 交变湿热试验

根据 GB/T 2423.4—1993 和 GB/T 2424.2 进行交变湿热试验。

试验程序简述：

该试验由 12 个温度循环组成，每一循环持续 24 h，根据规定的循环，相对湿度在 80% 和 96% 之间变化，温度在 25 ℃ 到 40 ℃ 之间变化。

试验严酷度：40 ℃，12 个循环。

初始测量：根据 8.2.5.1～8.2.5.11 进行初始测量。

调整时称重传感器的状态：将称重传感器放在试验箱内，输出连接线留在箱外，切断称重传感器的电源。当降低温度时，采用 GB/T 2423.4—1993 的变化 2。

恢复条件和最后测量：按 8.2.5.13 的规定进行。

8.2.5.13 从试验箱中取出称重传感器

从试验箱中取出称重传感器，仔细擦掉表面湿气，在标准大气条件下放置一段时间（通常为 1 h～2 h），使温度稳定。

重复 8.2.5.1～8.2.5.11，确保所加的最小试验载荷 D_{min} 和最大试验载荷 D_{max} 与先前试验时相同。

8.2.5.14 确定湿度引起的变化

根据试验取得的数据确定湿度引起的变化量，并与 5.5.3.1 规定的极限值相比较。

8.2.6 确定湿度对标有 SH 的称重传感器的影响

8.2.6.1 检查仪表

试验前，应检查试验条件是否符合 8.1 的规定。

8.2.6.2 安装称重传感器

将称重传感器放入载荷发生系统，加载到最小试验载荷 D_{min}，并稳定在 20 ℃下。

8.2.6.3 预加载荷

对称重传感器预加最大试验载荷 D_{max} 三次，每次加载后，恢复到最小试验载荷 D_{min}。

8.2.6.4 检查指示仪表

按 8.1.2.10 检查指示仪表。

8.2.6.5 监视称重传感器输出

监视最小试验载荷输出，直到稳定。

8.2.6.6 记录示值

记录最小试验载荷 D_{min} 下指示仪表的示值。

8.2.6.7 试验载荷点

在加载和卸载过程中，所有试验载荷点分布的时间间隔应大致相等。应尽可能按 5.2.3 表 6 规定的时间间隔读数。

8.2.6.8 施加载荷

施加递增载荷到最大试验载荷 D_{max}。递增载荷点至少应有 5 个，其中应包括接近 5.1.1 表 5 所列称重传感器最大允许误差相应档次中最高值的载荷。

8.2.6.9 **记录示值**

尽可能按 5.2.3 表 6 规定的时间间隔记录指示仪表的示值。应记录两个时间间隔。

8.2.6.10 **递减载荷**

用 8.2.6.8 所述的相同载荷点，将载荷递减到最小试验载荷 D_{min}。

8.2.6.11 **恒定湿热试验**

根据 GB/T 2423.3 和 GB/T 2424.2 进行恒定湿热试验。

试验程序简述：

本试验是将称重传感器置于恒温、恒相对湿度条件下，按 8.2.6.1～8.2.6.10 的规定进行试验：

a) 调整后在参比温度(20 ℃或，当规定温度范围不包含 20 ℃时，取温度范围的中间值)和 50%相对湿度下进行试验；

b) 然后在 5.5.1 规定的称重传感器温度范围的上限温度和 85%相对湿度条件下，保持温度、湿度稳定两天后进行试验；

c) 最后在参比温度和 50%相对湿度条件下进行试验。

调整期间称重传感器的状态：

将称重传感器放入试验箱，输出连接线留在箱外，接通称重传感器的电源。降温时按 GB/T 2423.3 的规定进行。

8.2.6.12 **记录示值**

尽可能按 5.2.3 表 6 规定的时间间隔记录指示仪表的示值。应记录两个时间间隔。

8.2.6.13 **确定湿度引起的变化量**

根据试验取得的数据确定湿度引起的变化量，并与 5.5.3.2 规定的限值相比较。

8.2.7 **带电子组件的称重传感器的附加试验**

8.2.7.1 **具有数字输出分度值的称重传感器的误差评定方法**

对于数字输出分度值大于 $0.2v$ 的称重传感器，采用闪变点法进行化整前的误差评定，方法如下。

在一个已知载荷 L 下，记录数字输出值 I。逐次施加附加载荷，例如 $0.1v$，直到称重传感器输出确实增加一个数字输出增量($I+v$)。施加在称重传感器上的附加载荷量 ΔL 给出化整前的数字输出值 P：

$$P = I + 1/2\ v - \Delta L \qquad \cdots\cdots(1)$$

式中：

I——示值或数字输出值；

v——称重传感器检定分度值；

ΔL——加在称重传感器上的附加载荷。

化整前的误差 E 为：

$$E = P - L = I + 1/2\ v - \Delta L - L \qquad \cdots\cdots(2)$$

化整前的修正误差 E_c 为：

$$E_c = E - E_o \leqslant mpe \qquad \cdots\cdots(3)$$

式中：

E_o——最小试验载荷 D_{min} 下计算的误差。

8.2.7.2 **预热时间**(见 6.3.2)

试验程序简述：

使称重传感器在 20 ℃下稳定，在试验前至少 8 h 不与任何电源连接。

将称重传感器放入载荷发生系统后，施加最大试验载荷 D_{max} 三次，每次加载后，恢复到最小试验载荷 D_{min}。

让称重传感器停止工作 5 min。将称重传感器与电源相连，并通电。

记录数据：

一旦可以取得测量结果，立即记录最小试验载荷输出及施加的最大试验载荷 D_{max}。

加载及卸载：

应尽可能按 5.2.3 中表 6 规定的时间间隔确定最大试验载荷输出并作记录，载荷应恢复到最小试验载荷 D_{min}。应在 5 min、15 min 和 30 min 之后重复这些测量。

最大允许变化：

最大试验载荷 D_{max} 的示值和在施加最大载荷 D_{max} 之前读取的最小试验载荷的示值，两者之差的绝对值，在任何一次测量中都不应超过所施加最大试验载荷 D_{max} 的最大允许误差的绝对值。

对于 A 级称重传感器，应遵守操作手册中关于连接电源时间的规定。

8.2.7.3　**电源变化**（见 6.3.3 和 6.3.4）

试验程序简述：

本试验是让称重传感器承受电源变化的影响。

依据 8.2.1.1～8.2.1.12，在 20 ℃下以参比电压和频率对称重传感器进行一次加载试验，然后以上、下限电压和频率的组合重复进行加载试验。

试验前：使称重传感器在恒定环境条件下稳定。

试验严酷度：

电源电压变化：

a）　电压上限（1＋10％）U_{nom}；

b）　电压下限（1－15％）U_{nom}。

电源频率变化：额定频率的±2％。

电池电源电压变化：

a）　电压上限（不适用）；

b）　电压下限（由制造厂规定，低于 U_{nom}）。

电压值 V 由制造厂规定。如果制造厂规定了一个参比电源电压范围（U_{min}，U_{max}），那么应在上限电压 U_{max} 和下限电压 U_{min} 进行试验。

最大允许变化：

所有的功能应按设计操作。

所有的测量结果应在最大允许误差之内。

注：称重传感器用三相电源供电时，应依次在每一相和同时在三相上施加变化。

引用文件：GB/T 17626.11—1999　电磁兼容　试验和测量技术　电压暂降、短时中断和电压变化抗扰度试验，5.2（试验等级——电压变化），8.2.2（试验程序——电压变化）。

8.2.7.4　**电压暂降和短时中断**（见 6.3.5）

试验程序简述：

本试验是让称重传感器承受规定的电压暂降和短时中断。

应使用一个能降低交流电源电压一个或多个半周期（过零）幅值的试验发生器。试验发生器在与称重传感器联接前应做调整。电源电压降低应重复进行 10 次，每次间隔至少 10 s。

试验载荷：

试验时，应关闭或抑制任何自动调零或零跟踪功能（例如，通过施加一小载荷）。试验载荷不必大于实现抑制所需的载荷。

试验前：称重传感器在恒定的环境条件下稳定。

试验严酷度：

降低：	100％	50％
半周期数：	1	2

最大允许变化：

有骚扰时的测量结果与无骚扰时的测量结果两者之差不应超过称重传感器一个最小检定分度值 v_{min}，或称重传感器应检测出显著增差并对其做出反应。

引用文件：GB/T 17626.11—1999 电磁兼容 试验和测量技术 电压暂降、短时中断和电压变化抗扰度试验，5.1(试验等级——电压暂降和短时中断)，8.2.1(试验程序——电压暂降和短时中断)。

8.2.7.5 脉冲群(电快速瞬变)(见 6.3.5)

试验程序简述：

本试验是让称重传感器承受规定的电压尖峰脉冲群的影响。

试验设备：按照 GB/T 17626.4—1998 的第 6 章。

试验配置：按照 GB/T 17626.4—1998 的第 7 章。

试验程序：按照 GB/T 17626.4—1998 的第 8 章。

试验前：使称重传感器在恒定环境条件下稳定。

脉冲群应分别施加于：

a) 电源线；

b) I/O 线路和通信线(如果有的话)。

试验载荷：

试验时，应关闭或抑制任何自动调零或零跟踪功能(例如通过施加一小载荷)。试验载荷不必大于实现抑制所需的载荷。

试验严酷度：

2 级(根据 GB/T 17626.4—1998，第 5 章)

开路输出试验电压为：

a) 电源线：1 kV；

b) I/O 信号、数据和控制线：0.5 kV。

最大允许变化：

有骚扰时的测量结果和无骚扰时的测量结果两者之差不应超过称重传感器一个最小检定分度值 v_{min}，或者称重传感器应检出显著增差并对其做出反应。

引用文件：GB/T 17626.4—1998 电磁兼容 试验和测量技术 电快速瞬变脉冲群抗扰度试验。

8.2.7.6 静电放电(见 6.3.5)

试验程序简述：

本试验是让称重传感器承受规定的直接和间接静电放电的影响。

试验发生器：按照 GB/T 17626.2—2006 的第 6 章。

试验配置：按照 GB/T 17626.2—2006 的第 7 章。

试验程序：按照 GB/T 17626.2—2006 的第 8 章。

放电方法：

a) 如果适合，本试验包括漆渗透法；

b) 对于直接放电，若不能用接触放电法，应采用空气放电法。

试验前：使称重传感器在恒定环境条件下稳定。

放电种类：至少应施加 10 次直接放电和 10 次间接放电。

时间间隔：连续放电的时间间隔至少 10 s。

试验载荷：

试验时，应关闭或抑制任何自动调零或零跟踪功能(例如通过施加一小载荷)。试验载荷不必大于实现抑制所需的载荷。

试验严酷度：

3级(根据 GB/T 17626.2—2006 的第5章)。接触放电直流电压最高为 6 kV;空气放电最高为 8 kV。

最大允许变化:

有骚扰时的测量结果和无骚扰时的测量结果两者之差不应超过称重传感器一个最小检定分度值 v_{min},或者称重传感器应检出显著增差并对其做出反应。

引用文件:GB/T 17626.2—2006 电磁兼容 试验和测量技术 静电放电抗扰度试验。

8.2.7.7 电磁场辐射(见 6.3.5)

试验程序简述:

本试验是让称重传感器承受规定的电磁场的影响。

试验发生器:按照 GB/T 17626.3—2006 的第6章。

试验配置:按照 GB/T 17626.3—2006 的第7章。

试验程序:按照 GB/T 17626.3—2006 的第8章。

试验前:使称重传感器在恒定环境条件下稳定。

电磁场强度:

称重传感器所处电磁场的强度和特性应按严酷度等级的规定。

试验载荷:

试验时,应关闭或抑制任何自动调零和零点跟踪功能(例如通过施加一小载荷)。试验载荷不必大于实现抑制所需的载荷。

试验严酷度:3级(根据 GB/T 17626.3—2006 的第5章)

频率范围: 80 MHz~1 000 MHz;

场强: 10 V/m;

调制: 80%调幅,1 kHz 正弦波。

最大允许变化:

有骚扰时的测量结果和无骚扰时的测量结果两者之差不应超过称重传感器一个最小检定分度值 v_{min},或者称重传感器应检出显著增差并对其做出反应。

引用文件:GB/T 17626.3—2006 电磁兼容 试验和测量技术 射频电磁场辐射抗扰度试验。

8.2.7.8 浪涌(冲击)

试验程序简述:

本试验是让称重传感器承受单极性浪涌(冲击)的影响。

试验发生器:按照 GB/T 17626.5—1999 的第6章。

试验配置:按照 GB/T 17626.5—1999 的第7章。

试验程序:按照 GB/T 17626.5—1999 的第8章。

试验前:使称重传感器在恒定环境条件下稳定。

试验载荷:

试验时,应关闭或抑制任何自动调零和零点跟踪功能(例如通过施加一小载荷)。试验载荷不必大于实现抑制所需的载荷。

试验严酷度:

3级(根据 GB/T 17626.5—1999 的第5章)。浪涌电压不超过 2 kV。

最大允许变化:

有骚扰时的测量结果和无骚扰时的测量结果两者之差不应超过称重传感器一个最小检定分度值 v_{min},或者称重传感器应检出显著增差并对其做出反应。

引用文件:GB/T 17626.5—1999 电磁兼容 试验和测量技术 浪涌(冲击)抗扰度试验。

8.2.7.9 **射频传导**

试验程序简述：

本试验是让称重传感器承受由射频场感应的传导骚扰的影响。

试验发生器：按照 GB/T 17626.6—1998 的第 6 章。

试验配置：按照 GB/T 17626.6—1998 的第 7 章。

试验程序：按照 GB/T 17626.6—1998 的第 8 章。

试验前：使称重传感器在恒定环境条件下稳定。

试验载荷：

试验时，应关闭或抑制任何自动调零和零点跟踪功能(例如通过施加一小载荷)。试验载荷不必大于实现抑制所需的载荷。

试验严酷度：

3 级(根据 GB/T 17626.6—1998 的第 5 章)。

最大允许变化：

有骚扰时的测量结果和无骚扰时的测量结果，两者之差不应超过称重传感器一个最小检定分度值 v_{min}，或者称重传感器应检出显著增差并对其做出反应。

引用文件：GB/T 17626.6—1998 电磁兼容 试验和测量技术 射频场感应的传导骚扰抗扰度。

8.2.7.10 **量程稳定性(见 6.3.6)(不适用 A 级称重传感器)**

试验程序简述：

本试验是在足够稳定的环境条件下(即±2 ℃)，观测称重传感器进行本章所述试验前、中、后的变化。

试验期间，称重传感器应与交流电源或电池电源断开两次，每次至少 8 h。如果制造厂有规定，断开次数也可以增加，若无这方面的考虑，可由检验机构自行确定。

进行本试验时应考虑制造厂的使用说明。

接通电源后，称重传感器应在恒定环境条件下充分稳定至少 5 h，但进行温度试验或湿度试验后至少应稳定 16 h。

试验持续时间：完成本章全部试验所需时间或不超过 28 天，取其短者。

测量间隔时间：0.5 天(12 h)～10 天(240 h)之间，全部测量在总的试验持续时间内均匀分布。

试验载荷：

最小试验载荷 D_{min}：整个试验期间应使用相同的试验载荷。

最大试验载荷 D_{max}：整个试验期间应使用相同的试验载荷。

测量次数：至少 8 次。

试验顺序：

整个试验期间应使用相同的试验设备和试验载荷。

在充分恒定的环境条件下，使所有的可变因素稳定。

每组测量应包括：

a) 对称重传感器施加最大试验载荷 D_{max} 三次，每次加载后恢复到最小试验载荷 D_{min}。

b) 使称重传感器在最小试验载荷 D_{min} 下稳定。

c) 读取最小试验载荷输出，并施加最大试验载荷 D_{max}。尽可能按 5.2.3 表 6 规定的时间间隔读取最大试验载荷输出，并恢复到最小试验载荷 D_{min}。准确度等级为 B 级的称重传感器再重复此过程 4 次，C 级和 D 级的再重复 2 次。

d) 确定量程测量结果，即最大试验载荷输出的平均值与最小试验载荷输出的平均值之差。将取得的结果与初始量程测量结果相比较，确定最大变化。

记录如下数据：

a) 日期和时间(绝对时间，而非相对时间)；

b) 温度；

c) 大气压力；

d) 相对湿度；

e) 试验载荷值；

f) 称重传感器输出；

g) 误差。

在各次测量中，对温度、压力等变化进行必要的修正。

在进行其他试验之前允许称重传感器充分恢复。

最大允许变化：

称重传感器量程测量结果的变化不应大于称重传感器检定分度值的一半或所施加试验载荷最大允许误差绝对值的一半，两者中取其较大者。

如果测量结果的差值有大于上述规定允许变化的一半的倾向，应继续试验直到该倾向中止或逆转，或者直到误差超过最大允许变化。

8.2.8 其他性能试验

8.2.8.1 绝缘电阻

绝缘电阻按额定电压用相应的绝缘电阻测试仪测量。试验在一般试验大气条件下进行。

试验时断开电源，但应使电源开关位于接通位置。将输出端子和电源端子分别短接，然后测量下述端子之间的绝缘电阻：

输出端子——外壳

电源端子——外壳

输出端子——电源端子

注：电源端子指交流电源端子。

8.2.8.2 绝缘强度

绝缘强度试验采用 45 Hz～65 Hz 的正弦波电压。试验在一般试验大气条件下进行。

试验应在 8.2.8.1 规定的接线端子之间进行。

8.2.8.3 输入电阻和输出电阻

输入电阻和输出电阻在试验的一般大气条件下进行测试。输入电阻在输出端开路测试，输出电阻在输入端短路时测试。

8.2.8.4 零点输出

在无载荷条件下测量被试称重传感器的输出信号。称重传感器的零点输出 $Z(\%)$ 按式(4)计算：

$$Z = \frac{\theta_o}{\theta_n} \times 100 \qquad \cdots\cdots(4)$$

式中：

θ_o——无载荷时的输出值，mV；

θ_n——额定输出，mV。

8.2.8.5 外观

根据 7.5 的要求，用目检法检查。

8.3 推荐试验顺序

8.3.1 试验顺序

当所有试验在同一载荷发生系统中进行时，每一试验温度下的推荐试验顺序如图 3 所示。

8.3.2 最小静负荷输出恢复的试验顺序

当最小静负荷输出恢复(DR)试验和蠕变试验不是采用载荷试验使用的载荷发生系统时，每一试验温度下的推荐试验顺序如图 4 所示。

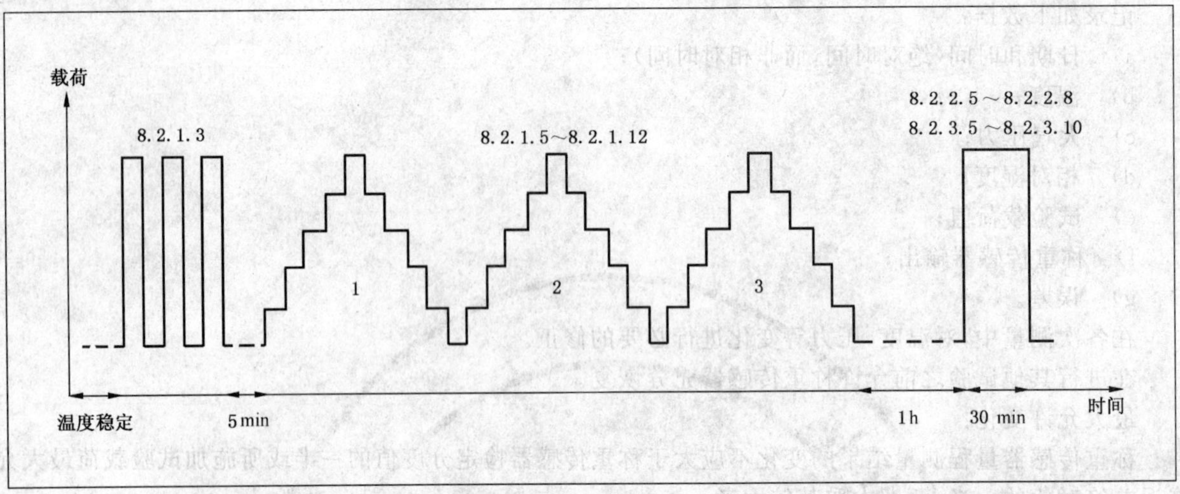

图 3　当使用同一系统进行所有试验时，每一试验温度下的推荐试验顺序

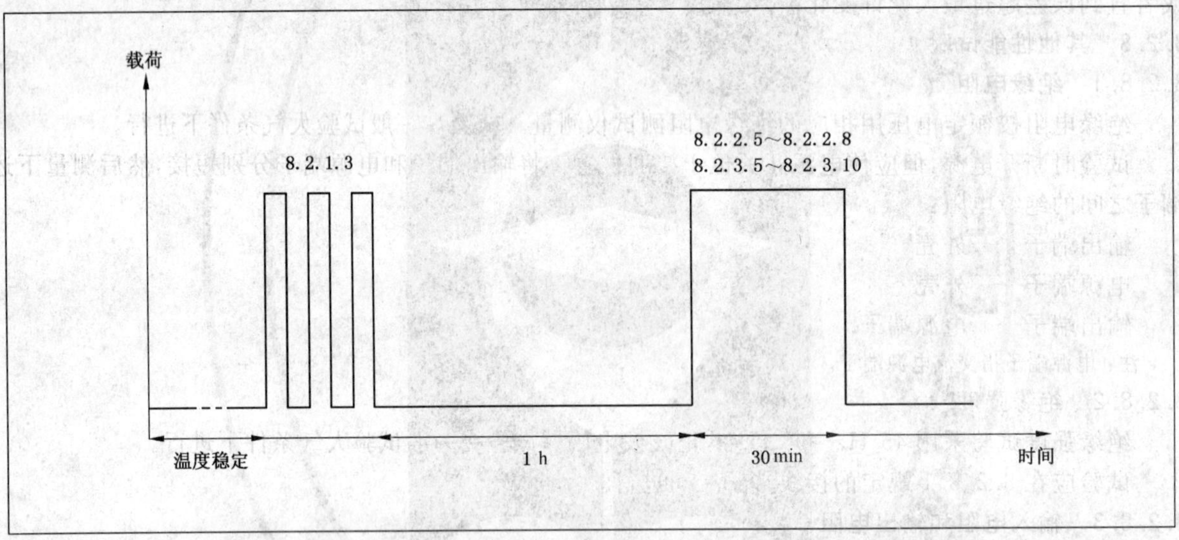

图 4　当最小静负荷输出恢复(*DR*)试验和蠕变试验不是使用载荷试验使用的载荷发生系统时，每一试验温度下的推荐试验顺序

9　检验规则

9.1　出厂检验

称重传感器须经制造厂技术检验部门检验合格，并附有产品合格证方能出厂。

出厂检验项目按表 11 的规定。

9.2　型式检验

除非另有规定，称重传感器的型式检验应按本标准规定的全部试验项目进行(见表 11)。

有下列情况之一时，一般应进行型式检验：

a)　新产品或老产品转厂生产的试制定型鉴定；

b)　正式生产后，元器件、工艺、结构有较大改变而影响到产品的性能时；

c)　长期(一般大于半年)不生产的产品恢复生产时；

d)　出厂检验的结果与上次型式检验有较大差异时；

e)　国家质量监督机构提出进行型式检验的要求时；

f)　正常生产时，至少每三年进行一次。

表 11　检验项目

试验项目	出厂检验项目	型式检验项目	技术要求条款号	试验方法条款号
称重传感器误差(E_L)[a]	●	●	5.1	8.2.1
重复性误差(E_R)[a]	●	●	5.4	8.2.1
温度对最小静负荷输出的影响(C_M)		●	5.5.1.3	8.2.1
蠕变(C_C)	●[b]	●	5.3.1	8.2.2
最小静负荷输出恢复 DR(C_{DR})		●	5.3.2	8.2.3
大气压力影响(C_P)		●	5.5.2	8.2.4
湿度影响(CH 或无湿度标志)(C_{Hmin})		●	5.5.3.1	8.2.5
湿度影响(CH 或无湿度标志)(C_{Hmax})		●	5.5.3.1	8.2.5
湿度影响(SH)		●	5.5.3.2	8.2.6
带电子组件的称重传感器				
预热时间		●	6.3.2	8.2.7.2
电源电压变化		●	6.3.3;6.3.4	8.2.7.3
电压暂降和短时中断		●	6.3.5	8.2.7.4
脉冲群(电快速瞬变)		●	6.3.5	8.2.7.5
静电放电		●	6.3.5	8.2.7.6
电磁场辐射		●	6.3.5	8.2.7.7
浪涌		●	6.3.5	8.2.7.8
射频场感应传导骚扰		●	6.3.5	8.2.7.9
量程稳定性		●	6.3.6	8.2.7.10
其他要求				
绝缘电阻	●	●	7.1	8.2.8.1
绝缘强度	●	●	7.2	8.2.8.2
输入电阻和输出电阻	●[c]	●	7.3	8.2.8.3
零点输出	●[c]	●	7.4	8.2.8.4
外观	●	●	7.5	8.2.8.5
注:标“●”记号的项目为必需检验项目。				
a 出厂检验时可仅在 8.1.2.13 规定的参比温度条件下进行,不同温度下的重复试验可在型式检验时进行。 b 必要时进行出厂检验。 c 适用时进行本项检验。				

10　标志、包装、运输及贮存

10.1　标志

10.1.1　称重传感器上的标志

称重传感器上的标志应符合 4.6.7.1 的规定。

10.1.2　包装箱上的标志

包装箱上的标志应符合 GB/T 191 的规定。

10.2 包装

称重传感器应连同使用说明书和产品合格证等一起装入防尘、防振和防潮的坚固包装盒中，包装材料和包装方式应符合 GB/T 15464 的规定。

10.3 运输

称重传感器在运输、装卸过程中应小心轻放，禁止抛、扔，避免碰撞，防止剧烈振动和雨淋。

10.4 贮存

称重传感器应贮存在环境温度为－10 ℃～＋40 ℃，相对湿度不大于 85％，不含腐蚀气体，通风良好的室内。对于有特殊要求的称重传感器，如防爆称重传感器，其贮存条件应符合相关标准的规定。

附 录 A
（资料性附录）
本标准章条编号与 OIML R60:2000 章条编号对照一览表

表 A.1 给出了本标准章条编号与 OIML R60:2000 章条编号对照一览表。

表 A.1 本标准章条编号与 OIML R60:2000 章条编号对照

本标准章条编号	OIML R60:2000 章条编号
1	1.1,1.2,1.3
2	—
3	2
4	—
4.1	3
4.2	—
4.3	—
4.4	—
4.5	—
4.6	4
4.6.1	4.1
4.6.2	4.2
4.6.3	4.3
4.6.4	4.4
4.6.5	4.5
4.6.6	4.6
4.6.7	4.7
5	5
5.1	5.1
5.2	5.2
5.3	5.3
5.4	5.4
5.5	5.5
6	6
6.1	6.1
6.2	6.2
6.3	6.3
6.4	6.4
6.4.1	6.4.1
—	7

表 A.1（续）

本标准章条编号	OIML R60:2000 章条编号
7	—
8	附录 A
—	A.1
—	A.2
8.1	A.3
8.2	A.4
8.3	A.5
9	—
10	—
附录 A	—
—	附录 B
附录 B	附录 C、附录 D
—	C.1
B.1	C.2.1
B.2	C.2
B.2.1	C.2.2
B.2.2	C.2.3
B.2.3	C.2.4
B.2.4	C.2.5
B.2.5	C.2.6
B.2.6	C.2.7
B.2.7	C.2.8
B.2.8	C.3.1
B.2.9	C.3.2
B.2.10	C.3.3
B.2.11	C.3.4
B.2.12	C.3.5
B.2.13	C.3.6
B.2.14	—
B.2.15	—
B.2.16	C.3.7
B.3	C.4
表 B.3～表 B.19.2	附录 D
—	附录 E

附 录 B
（资料性附录）
试验结果计算方法

B.1 总则

对称重传感器进行型式检验时，不同实验室所采用的试验设备和试验方法有所不同。本标准考虑到这些不同之处，为此提供了通用的试验方法及试验结果的记录和计算方法，使试验结果能被相关各方所理解。

试验人员应使用相同的方法来记录数据和计算试验结果。

在完成试验报告时，应遵从下面的计算方法。

B.2 试验结果计算方法

B.2.1 称重传感器误差（E_L＝Error Load test）

B.2.1.1 每一试验温度填一张表 B.3（3 次），计算平均值并记录在右侧一栏。需要试验 5 次时，使用表 B.3（5 次）。

B.2.1.2 确定转换系数 f，f 是与称重传感器一个检定分度值（v）对应的示值单位数，该系数用来将所有的"示值单位"转换成"v"。它是在初始的标称试验温度 20 ℃时，由递增加载试验的试验数据平均值确定。

B.2.1.3 如果表 B.3 所用的试验载荷中不包含相当于称重传感器测量范围 75%的试验载荷（即 3 000 分度的称重传感器为 2 250 分度，它是 D_{min} 加上 D_{max} 与 D_{min} 之差的 75%），可在三次（A 级和 B 级为五次）试验平均值的相邻上、下限值之间内插求得，并记录在表 B.4 中（见 5.2.2）。

B.2.1.4 计算递增加载试验时 D_{max} 与 D_{min} 之差的 75%载荷点的平均示值与 D_{min} 的示值之差。计算结果（五位有效数字）除以该载荷下的检定分度数（75%n），获得转换系数 f，并记录在表中。

$$f=[75\%(D_{max}-D_{min})\text{的示值}-D_{min}\text{的示值}]/(0.75\times n)$$

B.2.1.5 将公称 20 ℃下初始试验后各温度下的试验平均示值列入表 B.4。在记录数据时，将"无试验载荷"示值标记为"0"。这就要求从"试验载荷示值"中减去"无载荷示值"，以便在表中首先填入"0"。这些"0"已经预先打印在格式纸上，表明静负荷状态为"0"。

B.2.1.6 对每个试验载荷，把以质量为单位的净试验载荷转换成以"v"为单位，再乘以转换系数 f，并记录在表 B.4 的第 2 栏，以此计算每一试验载荷的参比示值 R_i。

$$R_i=[(\text{试验载荷}-D_{min})/(D_{max}-D_{min})]\times n\times f$$

B.2.1.7 表 B.4 中，计算每一试验温度下每一试验载荷的平均示值与参比示值的差值，并除以 f，得到用 v 表示的每一试验载荷的误差 E_L：

$$E_L=(\text{平均试验示值}-\text{参比示值})/f$$

B.2.1.8 将 E_L 与每个试验载荷的相应最大允许误差（mpe）相比较。

B.2.2 重复性误差（E_R＝Error Repeatability）

B.2.2.1 将数据填入表 B.5。

B.2.2.2 计算表 B.5 中每一载荷试验示值间的最大差值，除以 f，得到以 v 表示的重复性误差 E_R：

$$E_R=(\text{最大示值}-\text{最小示值})/f$$

B.2.2.3 将 E_R 与每一试验载荷的相应最大允许误差（mpe）的绝对值相比较。

B.2.3 温度对最小静负荷输出（MDLO）的影响（C_M＝Change MDLO）

B.2.3.1 将表 B.3 中每一试验温度下的初始最小试验载荷 D_{min} 的平均示值填入表 B.6。

B.2.3.2 依次计算每一试验温度下的最小试验载荷的平均试验示值之间的差值，并除以 f，得到以 v

表示的变化。

$$C_M=(T_2\text{ 的示值}-T_1\text{ 的示值})/f$$

B.2.3.3 将 C_M 除以(T_2-T_1)，再乘以 5，确定每 5 ℃的变化(单位为 v)。(A 级应确定每 2 ℃的变化。)

B.2.3.4 将得到的结果乘以用质量(按制造厂的规定)表示的每个 v 的 v_{min} 数。此结果应不大于 P_{LC}。

$$P_{LC}\leqslant[(D_{max}-D_{min})/n]/v_{min}$$

B.2.4 蠕变(C_C)和最小静负荷输出恢复(DR)

(C_C＝蠕变，以称重传感器检定分度值 v 为单位表示)

(C_{DR}＝DR，以称重传感器检定分度值 v 为单位表示)

B.2.4.1 用表 B.7 记录的试验示值计算试验载荷稳定之后得到的初始示值与 30 min 试验期间获得的任一示值之间的最大差值，并除以 f(如果此次试验的 D_{max} 或 D_{min} 不同于 B.2.1 的载荷试验中的 D_{max} 或 D_{min}，必须重新计算 f)，得到以 v 表示的蠕变 C_C。

$$C_C=(\text{示值}-\text{初始示值})/f$$

B.2.4.2 C_C 应不大于试验载荷的最大允许误差 mpe 绝对值的 0.7 倍。

B.2.4.3 计算施加初始载荷后，在 20 min 和 30 min 时得到的试验示值的差值，并除以 f，得到以 v 表示的蠕变 $C_C(30-20)$。

$$C_C(30-20)=(30\text{ min 时的试验示值}-20\text{ min 时的试验示值})/f$$

B.2.4.4 $C_C(30-20)$应不大于试验载荷最大允许误差 mpe 绝对值的 0.15 倍。

B.2.4.5 计算蠕变试验前、后最小试验载荷 D_{min} 试验示值之间的差值，并除以 f，得到以 v 表示的最小静负荷输出恢复 C_{DR}。

$$C_{DR}=(\text{最小试验载荷示值}_2-\text{最小试验载荷示值}_1)/f$$

B.2.4.6 如果时间间隔符合表 6 的规定，则 C_{DR} 应不大于 $0.5v$。如果实际时间处于规定时间的 100%～150%之间，则 C_{DR} 应不大于：

$$0.5[1-(x-1)]\text{，单位为 }v\text{，式中 }x=\text{实际时间/规定时间}$$

B.2.4.7 OIML R76 还要求计算最小静负荷输出恢复 DR 的值。C_{DR} 以 v 为单位表示最小静负荷输出恢复，而 DR 的值以质量单位(g、kg 或 t)表示。

B.2.4.8 按下式计算最小静负荷输出恢复 DR：

$$DR=(E_{max}\times C_{DR})/n_{max}$$

B.2.4.9 DR 的值应不大于 $0.5v$。

B.2.4.10 无论制造厂公布的分配系数 P_{LC} 值是多少，根据表 5 确定蠕变的最大允许误差时，应使用分配系数 $P_{LC}=0.7$(见 5.3.1.1)。

B.2.5 大气压力影响(C_p＝Chang Barometric Pressure)

B.2.5.1 根据表 B.8 中记录的试验示值计算每个压力示值之差，除以 f 得到以 v 为单位的变化 C_p。

$$C_p=(P_2\text{ 的示值}-P_1\text{ 的示值})/f$$

B.2.5.2 用 C_p 除以(P_2-P_1)，确定每千帕(kPa)以 v 为单位的变化。

B.2.5.3 将计算结果乘以以质量为单位的$[(D_{max}-D_{min})/n]/v_{min}$(由制造者说明)，得到以 v_{min}/kPa 为单位的结果。

B.2.5.4 该结果不得超过 1。

B.2.6 湿度影响(CH 或无标记)(C_{Hmin}＝Change Humidity effect min；C_{Hmax}＝Change Humidity effect max)

B.2.6.1 根据表 B.9 记录的试验示值计算湿热试验前、后最小试验载荷 D_{min} 初始示值之间的差值，除以 f(如果本次试验的 D_{max} 或 D_{min} 不同于 B.2.1 中的 D_{max} 或 D_{min}，必须重新计算 f)，得到以 v 为单位的变化 C_{Hmin}。

$$C_{Hmin}=[(D_{min}\text{的示值})_{之后}-(D_{min}\text{的示值})_{之前}]/f$$

B.2.6.2 C_{Hmin}应不大于 0.04 n_{max}。

B.2.6.3 计算湿热试验前后 D_{max} 和 D_{min} 下各自的规定数量试验示值的平均值(见 5.5.3.1 和 8.2.5)。从每次试验的平均 D_{max} 示值中减去平均 D_{min} 示值，然后计算湿热试验前、后结果的差值。将该差值除以 f，得到以 v 为单位的变化 C_{Hmax}。

$$C_{Hmax}=[(D_{max}\text{的示值}-D_{min}\text{的示值})_{之后}-(D_{max}\text{的示值}-D_{min}\text{的示值})_{之前}]/f$$

B.2.6.4 C_{Hmax}应不大于 $1v$。

B.2.7 湿度影响(SH)

用表 B.3 的格式列出不同温度和湿度条件下的载荷试验误差，然后按 B.2.1 中所述的方法在表 B.10 中列出试验结果，其方法类似于使用表 B.4。

B.2.8 预热时间

B.2.8.1 将数据填入表 B.11。

B.2.8.2 从最大试验载荷 D_{max} 的示值中减去最小试验载荷 D_{min} 的示值，其结果即为量程。

B.2.8.3 量程与初次试验量程之差即为变化。

B.2.9 电源电压变化

B.2.9.1 将数据填入表 B.12。

B.2.9.2 进行载荷试验，用表 B.12 记录结果。

B.2.9.3 按 B.2.1 所述的方法计算参比示值。

B.2.9.4 在表 B.12 中列出结果。

B.2.10 电源暂降和短时中断

B.2.10.1 将数据填入表 B.13。

B.2.10.2 计算差值：

(有骚扰时的示值－无骚扰时的示值)/转换系数 f

B.2.10.3 在表 B.13 中列出结果。

B.2.11 脉冲群(电快速瞬变)

B.2.11.1 将数据填入表 B.14.1 和表 B.14.2。

B.2.11.2 计算差值：

(有骚扰时的示值－无骚扰时的示值)/转换系数 f

B.2.11.3 在表 B.14.1 和表 B.14.2 中列出结果。

B.2.12 静电放电

B.2.12.1 将数据填入表 B.15.1 和表 B.15.2。

B.2.12.2 计算差值：

(有骚扰时的示值－无骚扰时的示值)/转换系数 f

B.2.12.3 在表 B.15.1 和表 B.15.2 中列出结果。

B.2.12.4 在表 B.15.3 中提供试验点信息。

B.2.13 **电磁场辐射**

B.2.13.1 将数据填入表 B.16.1。

B.2.13.2 计算差值：

(有骚扰时的示值－无骚扰时的示值)/转换系数 f

B.2.13.3 在表 B.16.1 中列出结果。

B.2.13.4 在表 B.16.2 中提供试验配置信息。

B.2.14 浪涌(冲击)

B.2.14.1 将数据填入表 B.17.1、表 B.17.2 或表 B.17.3。

B.2.14.2　计算差值：

(有骚扰时的示值－无骚扰时的示值)/转换系数 f

B.2.14.3　在表 B.17.1、表 B.17.2 或表 B.17.3 中列出结果。

B.2.15　射频场感应传导骚扰

B.2.15.1　将数据填入表 B.18.1。

B.2.15.2　计算差值：

(有骚扰时的示值－无骚扰时的示值)/转换系数 f

B.2.15.3　在表 B.18.1 中列出结果。

B.2.16　量程稳定性

B.2.16.1　将数据填入表 B.19.1.1(3 次)或表 B.19.1.2(5 次)。

B.2.16.2　计算平均值并记录在表 B.19.1.1(3 次)或表 B.19.1.2(5 次)中。

B.2.16.3　在表 B.19.2 中列出结果。

B.3　一般说明

B.3.1　应记录绝对时间(而非相对时间)。

B.3.2　以上所做的计算均未涉及 5.2.1 的要求，为了满足其要求，应该用比规定 n_{max} 低的 n 值进行计算。

B.3.3　采用下式进行计算，可充分满足要求：

$$n=n_{max}-500 \text{ 和 } n=n_{max}-1\ 000 (\text{假设 } n\geqslant 500)$$

B.3.4　检查并确定：$v_{min}<v$

$$v_{min}<(D_{max}-D_{min})/n_{max}$$

B.3.5　不仅在 n_{max} 条件下进行计算检查，还要在下述条件下进行计算检查(按 5.2.1 的规定)：

$$n_{max}-500$$

$$n_{max}-1\ 000$$

B.3.6　在"试验汇总"中列出试验结果。

B.3.7　试验室可以在试验报告中提供描述试验结果的图表和曲线图。

注：例如图 B.1 给出了施加载荷/综合误差的典型曲线。

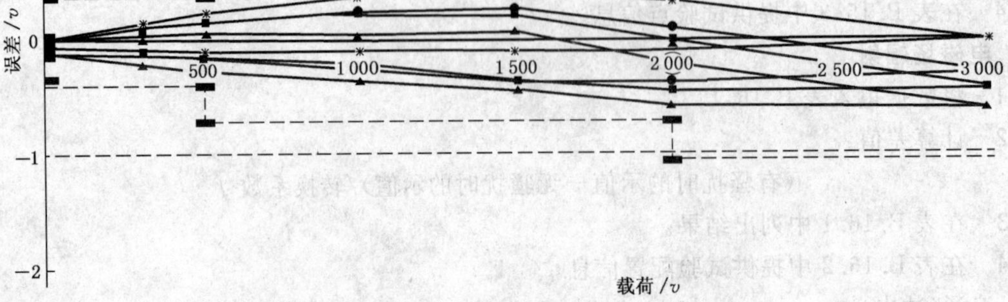

图 B.1　误差包络线示例

B.3.8 报告各试验数据值时，数据宜舍位至小数点右边两位有效数字，并以检定分度值 v 为单位表示。

表 B.1 符号

符　号	说　明	参见条款
0	无试验载荷示值	B.2.1.5
C_C	蠕变大小，以 v 为单位表示	B.2.4
$C_C(30-20)$	蠕变试验时，30 min 时的输出与 20 min 时的输出之差	B.2.4
C_{DR}	最小静负荷输出恢复，以 v 为单位表示	B.2.4
C_{Hmax}	湿度对最大试验载荷输出的影响，以 v 为单位表示	B.2.6
C_{Hmin}	湿度最小试验载荷输出的影响，以 v 为单位表示	B.2.6
C_M	温度对最小静负荷输出的影响，以 v 为单位表示	B.2.3
C_P	大气压力影响，以 v 为单位表示	B.2.5
D_{max}	测量范围的最大载荷（最大试验载荷）	3.3.6
D_{min}	测量范围的最小载荷（最小试验载荷）	3.3.11
DR	最小静负荷输出恢复，以质量单位表示	3.3.9
E_L	称重传感器误差，以 v 为单位表示	B.2.1
E_{max}	最大秤量	3.3.5
E_{min}	最小静负荷	3.3.8
E_R	重复性误差，以 v 为单位表示	B.2.2
f	转换系数，每一检定分度值的示值单位数	B.2.1.2
mpe	最大允许误差	3.4.9
n	称重传感器检定分度数	3.3.12
n_{max}	称重传感器最大检定分度数	3.3.7
P_{LC}	分配系数	3.4.2
R_i	参比示值（净试验载荷），以示值单位表示	B.2.1.6
T_1，T_2	温度$_1$，温度$_2$	B.2.3.2
v	称重传感器检定分度值	3.3.4
v_{min}	称重传感器最小检定分度值	3.3.10
Y	相对 v_{min}，$Y=E_{max}/v_{min}$	3.3.14，4.6.6.6.2
Z	相对 DR，$Z=E_{max}/(2\times DR)$	3.3.13，4.6.6.6.2

表 B.2 计算公式汇总

符　　号	公　　式
C_C	C_C＝(示值－初始示值)/f
C_C(30－20)	C_C(30－20)＝(30 min 时的试验示值－20 min 时的试验示值)/f
C_{DR}	C_{DR}＝(最小试验载荷示值$_2$－最小试验载荷示值$_1$)/f
C_{Hmin}	C_{Hmin}＝[(D_{min}的示值)$_{之后}$－(D_{min}的示值)$_{之前}$]/f
C_{Hmax}	C_{Hmax}＝[(D_{max}的示值－D_{min}的示值)$_{之后}$－(D_{max}的示值－D_{min}的示值)$_{之前}$]/f
C_M	C_M＝(T_2 的示值－T_1 的示值)/f
C_P	C_P＝(P_2 的示值－P_1 的示值)/f
DR	$DR=E_{max}\times C_{DR}/n_{max}$
E_L	E_L＝(平均试验示值－参比示值)/f
E_R	E_R＝(最大示值－最小示值)/f
f	f＝[75%($D_{max}-D_{min}$)的示值－D_{min}的示值]/(0.75×n)[见注 2]
R_i	R_i＝[(试验载荷－D_{min})/($D_{max}-D_{min}$)]×n×f

注 1:仔细参阅计算方法,以正确应用这些公式。
注 2:仅用于初始 20 ℃递增加载试验。参见 5.2.2。

表 B.3 载荷试验数据

3 次								
试验载荷/(g,kg,t)	第 1 次		第 2 次		第 3 次		平均示值( )	重复性误差( )
	示值( )	时间	示值( )	时间	示值( )	时间		
0								
0								
0								
0								
0							a)	

注：应记录绝对时间(而不是相对时间)。

a) 初始最小试验载荷平均示值。

表 B.3（续）

5 次												
试验载荷/(g,kg,t)	第 1 次		第 2 次		第 3 次		第 4 次		第 5 次		平均示值( )	重复性误差( )
	示值( )	时间	示值( )	时间	示值( )	时间	示值( )	时间	示值( )	时间		
0												
0												
0												
0												
0											a)	

注：应记录绝对时间（而不是相对时间）。

a) 初始最小试验载荷平均示值。

表 B.4 称重传感器误差(E_L)计算

试验载荷/(g,kg,t)	参比示值( )	____℃(20 ℃)		____℃(40 ℃)		____℃(−10 ℃)		____℃(20 ℃)		mpe/v
		示值( )	误差 E_L/v	示值( )	误差 E_L/v	示值( )	误差 E_L/v	示值( )	误差 E_L/v	
0	0	0		0		0		0		

最小试验载荷，D_{min}：＿＿＿＿＿＿　　合格：☐　　不合格：☐

注 1：载荷/参比示值：如果未测得 75%载荷点，在邻近的较高和较低载荷点示值之间内插直线（见 5.2.2 和 B.1.2 计算方法）。

注 2：误差，E_L：试验示值与参比示值之差除以转换系数 f。

注 3：试验载荷值是指大于最小试验载荷 D_{min} 的值。

表 B.5　重复性误差(E_R)计算

试验载荷/(g,kg,t)	____℃(20 ℃)		____℃(40 ℃)		____℃(−10 ℃)		____℃(20 ℃)		mpe/v
	重复性误差( )	重复性误差/v	重复性误差( )	重复性误差/v	重复性误差( )	重复性误差/v	重复性误差( )	重复性误差/v	

合格：☐　　不合格：☐

注：误差 E_R：三次试验示值之间的最大差值除以转换系数 f(C 级、D 级)，或五次试验示值之间的最大差值除以转换系数 f(A 级、B 级)。

表 B.6　温度对最小静负荷输出影响(C_M)计算

温度/℃	示值(　)	变化/v	变化/(v_{min}/____℃)	mpc/(v_{min}/____℃)
				P_{LC}
				P_{LC}
				P_{LC}

合格：☐　　不合格：☐

表 B.7 蠕变(C_C)和最小静负荷输出恢复(C_{DR})

	试验载荷/(g,kg,t)	示值( )	大气压力	时间	变化/v	mpe/v	
称重传感器预加载荷	0						
加载顺序如图4所示时，这几行可省略	0						
	0						
	0						
(*) →	0						← 初始“无载荷”示值
填入时间 →	记录初始加载时间 →						
(**)→							← 初始“载荷”示值
恒定最大试验载荷,D_{max}							
填入时间 →	记录初始卸载时间 →						
(***) →	0						←初始示值
	0						
这几行仅供参考	0						
	0						
	0						
	0						
	30－20 min 蠕变差：						

$DR(v)$：		30 min 蠕变：	合格：		不合格：	
实际时间(s)：		30 min－20 min 蠕变差：	合格：		不合格：	
规定时间(s)：		$DR<0.5\ v$：	合格：		不合格：	
DR 的最大变化(v)：		最小静负荷输出恢复：	合格：		不合格：	

注1：蠕变变化(v)：观测示值减去初始“载荷”示值(**)除以转换系数 f。

注2：确定20 min时的读数与30 min时的读数之差。

注3：DR 的变化(v)：初始示值(***)减去初始“无载荷”示值(*)除以转换系数 f。

注4：应记录绝对时间(而不是相对时间)。

表 B.8　大气压力影响(C_P)

压力/kPa	示值 (　　)	时间	变化/v	变化/(v_{min}/kPa)	mpc/(v_{min}/kPa)
					0
					1
					1
					1
					1

合格：☐　　　不合格：☐

注 1：变化(v_{min}/kPa)：观测示值与初始示值之差除以转换系数 f。

注 2：尽管 8.2.4 规定本试验仅变化 1 kPa，但可增加测量。

注 3：应记录绝对时间(而不是相对时间)。

表 B.9　湿度影响(CH 或无标记)

试验载荷/ (g,kg,t)	湿度试验前		湿度试验后		变化/ v	mpc/ v
	示值(　)	时间	示值(　)	时间		
0						
0						
0						
0						
¤ 0						
‡						
¤ 0						
‡						
¤ 0						
‡						
¤ 0						
‡						
¤ 0						
‡						
¤ 0						
平均(¤)						
平均(‡)						
平均差值(*)						1.0v

⇦≤4% n_{max}

(¤)最小试验载荷示值　　　变化(¤)，C_{Hmin}：　　　合格：☐　　　不合格：☐

(‡)最大试验载荷示值(见注 3)　　　变化(*)，C_{Hmax}：　　　合格：☐　　　不合格：☐

(*)平均，见 5.5.3.1 和 B.1.7。

注 1：如果称重传感器有 NH 或 SH 标记，不必进行本试验。

注 2：变化(v)：湿度试验后与湿度试验前的示值之差除以转换系数 f。

注 3：A 级和 B 级试验 5 次，C 级和 D 级试验 3 次。

注 4：应记录绝对时间(而不是相对时间)。

表 B.10　湿度影响(SH)

试验载荷/(g,kg,t)	参比示值( )	℃(20 ℃) %RH(50%RH)		℃(高) %RH(85%RH)		℃(20 ℃) %RH(50%RH)		mpe/v
		示值( )	误差(E_L)/v	示值( )	误差(E_L)/v	示值( )	误差(E_L)/v	
0	0	0		0		0		

合格：☐　　不合格：☐

注 1：载荷参比示值：如果没有取得 75%的载荷点，可在相邻的较高、较低载荷点示值之间以直线内插求得(见 5.2.2 和 B.1.2)。

注 2：误差 E_L：试验示值与参比示值之差除以转换系数 f。

注 3：试验载荷值是大于最小试验载荷值 D_{min} 的数值。

注 4：调整时间：称重传感器预加载的时间间隔。

表 B.11　预热时间

	初始试验		5 min 后		15 min 后		30 min 后		mpc/v
	示值( )	时间	示值( )	时间	示值( )	时间	示值( )	时间	
最小试验载荷									
最大试验载荷									
量程( )									
量程/v									
变化/v	0								

合格：☐　　不合格：☐

注 1：应记录绝对时间(而不是相对时间)。

注 2：量程：最大试验载荷示值减去最小试验载荷示值的结果，在 30 min 试验期间，所有量程误差(最大试验载荷下的误差减去最小试验载荷下的误差)应在最大允许误差范围内。

注 3：变化：量程与初始试验量程之差。

注 4：最大允许变化，mpc：施加的最大试验载荷的最大允许误差的绝对值。

表 B.12 电源电压变化

试验载荷/(g,kg,t)	参比示值( )	上限		下限		mpe/v
		示值( )	误差/v	示值( )	误差/v	

合格：☐ 不合格：☐

注 1：上限不适用于采用电池供电的称重传感器。

注 2：在下限时，采用电池供电的称重传感器应工作并在最大允许误差范围内，或者停止工作。

注 3：参比示值：如果没有取得 75% 的载荷点，可在相邻的较高、较低载荷点示值之间以直线内插求得（见 5.2.2 和 B.1.2 的计算方法）。

注 4：误差：试验示值与参比示值之差除以转换系数 f。

注 5：标有电压范围时，用平均电压作为参比值，并按 8.2.7.3 确定施加电压的上限和下限。

表 B.13 电源暂降和短时中断

试验载荷/(g,kg,t)	骚扰				试验结果				
	幅值/%	持续时间(周期)	骚扰次数	重复间隔/s	示值( )	v_{min}	差值/v	显著增差 > v_{min}	
								否	是(见备注)
	无骚扰								
	0	0.5	10						
	50	1	10						

所用设备(如有必要，提供示意图)： 合格：☐ 不合格：☐

备注：

注：给出电压范围时，用平均电压作为参比值。

表 B.14.1 脉冲群(电快速瞬变)——电源线

电源线:试验电压=1 kV;试验持续时间=每一极性 1 min

试验载荷/(g,kg,t)	连接			极性	试验结果				
	L 对地	N 对地	PE 对地		示值( )	v_{min}	差值/v	显著增差>v_{min} 否	显著增差>v_{min} 是(见备注)
	无骚扰								
				正					
				负					
	无骚扰								
				正					
				负					
	无骚扰								
				正					
				负					

合格:☐ 不合格:☐

L=相线,N=中线,PE=保护接地

所用设备(如有必要,提供示意图):

备注:

表 B.14.2 脉冲群(电快速瞬变)——I/O 线路和通信线

I/O 信号、数据和控制线路:试验电压=0.5 kV;试验持续时间=每一极性 1 min

试验载荷/(g,kg,t)	电缆接口	极性	试验结果				
			示值( )	v_{min}	差值/v	显著增差>v_{min} 否	显著增差>v_{min} 是(见备注)
	无骚扰						
		正					
		负					
	无骚扰						
		正					
		负					
	无骚扰						
		正					
		负					
	无骚扰						
		正					
		负					
	无骚扰						
		正					
		负					
	无骚扰						
		正					
		负					

合格:☐ 不合格:☐

所用设备(如有必要,提供示意图):

备注:

注:说明或图示耦合夹在电缆上的位置,如有必要另附页。

表 B.15.1 静电放电——直接放电

试验载荷/(g,kg,t)	放电				试验结果			
	试验电压/kV	放电次数≥10	重复间隔/s	示值( )	v_{min}	差值/v	显著增差>v_{min}	
							否	是(见备注)
	无骚扰							
	2							
	4							
	6							
	8（空气放电）							

合格：☐　　不合格：☐

备注：

注 1：如果称重传感器不合格，应记录不合格的试验点。

注 2：GB/T 17626.2—2006 规定以最敏感的极性进行试验。

表 B.15.2.1 静电放电——间接放电——水平耦合板

试验载荷/(g,kg,t)	放电				试验结果			
	试验电压/kV	放电次数≥10	重复间隔/s	示值( )	v_{min}	差值/v	显著增差>v_{min}	
							否	是(见备注)
	无骚扰							
	2							
	4							
	6							

表 B.15.2.2 静电放电——间接放电——垂直耦合板

试验载荷/(g,kg,t)	放电				试验结果			
	试验电压/kV	放电次数≥10	重复间隔/s	示值( )	v_{min}	差值/v	显著增差>v_{min}	
							否	是(见备注)
	无骚扰							
	2							
	4							
	6							

合格：☐　　不合格：☐

备注：

注 1：如果称重传感器不合格，应记录不合格的试验点。

注 2：GB/T 17626.2—2006 规定以最敏感的极性进行试验。

表 B.15.3 静电放电——试验点详细说明

参见:表 B.15.1 和表 B.15.2。

用照片或示意图说明称重传感器上的试验点和使用的试验装置。

a) 直接放电

接触放电:

空气放电:

b) 间接放电

表 B.16.1 电磁场辐射

骚扰				试验结果				
天线	频率范围/MHz	极化	面对传感器	示值( )	v_{min}	差值/v	显著增差＞v_{min}	
							否	是(见备注)
无骚扰								
		垂直	前					
			右					
			左					
			后					
		水平	前					
			后					
			左					
			后					

合格：☐　　不合格：☐

频率范围：80 MHz～1 000 MHz

场强：3 V/m

调制：80%调幅，1 kHz 正弦波

备注：

注：如果称重传感器不合格，应记录不合格的试验点。

表 B.16.2 电磁场辐射——试验配置描述

参见：表 B.16.1。

用照片或示意图描述试验配置和试验装置：

表 B.17.1 浪涌(冲击)——电源线

交流电源线:试验电压=1 kV、2 kV;试验次数:每一极性 5 次

试验载荷/(g,kg,t)	连接			极性	试验结果				
	L 对 N	L 对地	N 对地		示值( )	v_{min}	差值/v	显著增差>v_{min}	
								否	是(见备注)
	无骚扰								
	0°			正					
				负					
	90°			正					
				负					
	180°			正					
				负					
	270°			正					
				负					
	无骚扰								
		0°		正					
				负					
		90°		正					
				负					
		180°		正					
				负					
		270°		正					
				负					
	无骚扰								
			0°	正					
				负					
			90°	正					
				负					
			180°	正					
				负					
			270°	正					
				负					

合格:☐　　不合格:☐

表 B.17.2　浪涌(冲击)——电源线

直流电源线:试验电压=1 kV、2 kV;试验次数:每一极性 5 次

试验载荷/(g,kg,t)	连接			极性	试验结果				
	正对负	正对地	负对地		示值( )	v_{min}	差值/v	显著增差>v_{min} 否	显著增差>v_{min} 是(见备注)
	无骚扰								
	×			正					
	×			负					
	无骚扰								
		×		正					
		×		负					
	无骚扰								
			×	正					
			×	负					

合格:☐　　　　不合格:☐

表 B.17.3 浪涌(冲击)——I/O 线和通信线

I/O 信号、数据和控制线：试验电压=0.5 kV、1 kV；试验次数：每一极性 5 次

试验载荷/(g,kg,t)	连接				极性	试验结果				
		线$_1$ 对线$_2$	线$_1$ 对地	线$_2$ 对地		示值( )	v_{min}	差值/v	显著增差>v_{min}	
									否	是(见备注)
	非屏蔽不对称	无骚扰								
		×			正					
					负					
		无骚扰								
			×		正					
					负					
		无骚扰								
				×	正					
					负					
	非屏蔽对称	无骚扰								
		×			正					
					负					
		无骚扰								
			×		正					
					负					
		无骚扰								
				×	正					
					负					
	屏蔽	无骚扰								
		两端接地			正					
					负					
		一端接地			正					
					负					

合格：☐ 不合格：☐

表 B.18.1　射频场感应传导骚扰

骚　扰			试　验　结　果				
电缆类型	耦合方式	频率范围/MHz	示值（　）	v_{min}	差值/v	显著增差 > v_{min}	
						否	是(见备注)
无骚扰							

合格：☐　　不合格：☐

表 B.19.1.1 （3次）量程稳定性——C级和D级的测量数据

第1次测量：

试验载荷/(g,kg,t)	第1次试验		第2次试验		第3次试验		平均示值( )
	示值( )	时间	示值( )	时间	示值( )	时间	
						量程	

日期：		
时间：		
温度：		℃
相对湿度：		%
大气压力：		kPa

试验员：____________备注：

第2次测量：

试验载荷/(g,kg,t)	第1次试验		第2次试验		第3次试验		平均示值( )
	示值( )	时间	示值( )	时间	示值( )	时间	
						量程	

日期：		
时间：		
温度：		℃
相对湿度：		%
大气压力：		kPa

试验员：____________备注：

第3次测量：

试验载荷/(g,kg,t)	第1次试验		第2次试验		第3次试验		平均示值( )
	示值( )	时间	示值( )	时间	示值( )	时间	
						量程	

日期：		
时间：		
温度：		℃
相对湿度：		%
大气压力：		kPa

试验员：____________备注：

第4次测量：

试验载荷/(g,kg,t)	第1次试验		第2次试验		第3次试验		平均示值( )
	示值( )	时间	示值( )	时间	示值( )	时间	
						量程	

日期：		
时间：		
温度：		℃
相对湿度：		%
大气压力：		kPa

试验员：____________备注：

第 5 次测量：

试验载荷/(g,kg,t)	第 1 次试验		第 2 次试验		第 3 次试验		平均示值( )
	示值( )	时间	示值( )	时间	示值( )	时间	
						量程	

日期：		
时间：		
温度：		℃
相对湿度：		%
大气压力：		kPa

试验员：__________ 备注：

第 6 次测量：

试验载荷/(g,kg,t)	第 1 次试验		第 2 次试验		第 3 次试验		平均示值( )
	示值( )	时间	示值( )	时间	示值( )	时间	
						量程	

日期：		
时间：		
温度：		℃
相对湿度：		%
大气压力：		kPa

试验员：__________ 备注：

第 7 次测量：

试验载荷/(g,kg,t)	第 1 次试验		第 2 次试验		第 3 次试验		平均示值( )
	示值( )	时间	示值( )	时间	示值( )	时间	
						量程	

日期：		
时间：		
温度：		℃
相对湿度：		%
大气压力：		kPa

试验员：__________ 备注：

第 8 次测量：

试验载荷/(g,kg,t)	第 1 次试验		第 2 次试验		第 3 次试验		平均示值( )
	示值( )	时间	示值( )	时间	示值( )	时间	
						量程	

日期：		
时间：		
温度：		℃
相对湿度：		%
大气压力：		kPa

试验员：__________ 备注：

表 B.19.1.2 (5 次)量程稳定性——B 级的测量数据

第 1 次测量：

载荷/(g,kg,t)	第 1 次试验		第 2 次试验		第 3 次试验		第 4 次试验		第 5 次试验		平均示值( )
	示值( )	时间	示值( )	时间	示值( )	时间	示值( )	时间	示值( )	时间	
										量程	

日期：		
时间：		
温度：		℃
相对湿度：		%
大气压力：		kPa

试验员：__________ 备注：

第 2 次测量：

载荷/(g,kg,t)	第 1 次试验		第 2 次试验		第 3 次试验		第 4 次试验		第 5 次试验		平均示值( )
	示值( )	时间	示值( )	时间	示值( )	时间	示值( )	时间	示值( )	时间	
										量程	

日期：		
时间：		
温度：		℃
相对湿度：		%
大气压力：		kPa

试验员：__________ 备注：

第 3 次测量：

载荷/(g,kg,t)	第 1 次试验		第 2 次试验		第 3 次试验		第 4 次试验		第 5 次试验		平均示值( )
	示值( )	时间	示值( )	时间	示值( )	时间	示值( )	时间	示值( )	时间	
										量程	

日期：		
时间：		
温度：		℃
相对湿度：		%
大气压力：		kPa

试验员：__________ 备注：

第 4 次测量：

载荷/(g,kg,t)	第 1 次试验		第 2 次试验		第 3 次试验		第 4 次试验		第 5 次试验		平均示值( )
	示值( )	时间	示值( )	时间	示值( )	时间	示值( )	时间	示值( )	时间	
										量程	

日期：		
时间：		
温度：		℃
相对湿度：		%
大气压力：		kPa

试验员：__________ 备注：

第 5 次测量：

载荷/(g,kg,t)	第 1 次试验		第 2 次试验		第 3 次试验		第 4 次试验		第 5 次试验		平均示值( )
	示值( )	时间	示值( )	时间	示值( )	时间	示值( )	时间	示值( )	时间	
										量程	

日期：		
时间：		
温度：		℃
相对湿度：		%
大气压力：		kPa

试验员：____________备注：

第 6 次测量：

载荷/(g,kg,t)	第 1 次试验		第 2 次试验		第 3 次试验		第 4 次试验		第 5 次试验		平均示值( )
	示值( )	时间	示值( )	时间	示值( )	时间	示值( )	时间	示值( )	时间	
										量程	

日期：		
时间：		
温度：		℃
相对湿度：		%
大气压力：		kPa

试验员：____________备注：

第 7 次测量：

载荷/(g,kg,t)	第 1 次试验		第 2 次试验		第 3 次试验		第 4 次试验		第 5 次试验		平均示值( )
	示值( )	时间	示值( )	时间	示值( )	时间	示值( )	时间	示值( )	时间	
										量程	

日期：		
时间：		
温度：		℃
相对湿度：		%
大气压力：		kPa

试验员：____________备注：

第 8 次测量：

载荷/(g,kg,t)	第 1 次试验		第 2 次试验		第 3 次试验		第 4 次试验		第 5 次试验		平均示值( )
	示值( )	时间	示值( )	时间	示值( )	时间	示值( )	时间	示值( )	时间	
										量程	

日期：		
时间：		
温度：		℃
相对湿度：		%
大气压力：		kPa

试验员：____________备注：

表 B.19.2　量程稳定性——试验结果汇总

测量编号 （见注 3）	量程		变化/ v	最大允许变化/ v
	（　　）	v		
1				
2				
3				
4				
5				
6				
7				
8				

合格：☐　　不合格：☐

备注：

注 1：变化：量程值与第 1 次试验量程值之差。

注 2：最大允许变化：称重传感器检定分度值的二分之一或所加最大试验载荷的最大允许误差绝对值的二分之一。

注 3：采用表 B.15.1.1(3 次)或表 B.15.1.1(5 次)中第 1 次测量至第 8 次测量的测量结果。

ICS 59.080.01
W 04

GB

中华人民共和国国家标准

GB/T 7568.2—2008
代替 GB 7565—1987

纺织品 色牢度试验 标准贴衬织物 第2部分:棉和粘胶纤维

Textiles—Tests for colour fastness—Standard adjacent fabrics—Part 2:Cotton and viscose

2008-08-06 发布 2009-06-01 实施

中华人民共和国国家质量监督检验检疫总局
中国国家标准化管理委员会 发布

前　言

GB/T 7568《纺织品　色牢度试验　标准贴衬织物》分为七个部分：

——第 1 部分：羊毛；

——第 2 部分：棉和粘胶纤维；

——第 3 部分：聚酰胺纤维；

——第 4 部分：聚酯纤维；

——第 5 部分：聚丙烯腈纤维；

——第 6 部分：丝纤维；

——第 7 部分：多纤维。

本部分为 GB/T 7568 的第 2 部分。

本部分参考 ISO/DIS 105-F02：2008《纺织品　色牢度试验　F02 部分：棉和粘胶纤维贴衬织物规格》(英文版)，对 GB 7565—1987《纺织品　色牢度试验　棉和粘纤标准贴衬织物规格》进行修订。

本部分代替 GB 7565—1987《纺织品　色牢度试验　棉和粘纤标准贴衬织物规格》。本部分与 GB 7565—1987 相比主要变化如下：

——标准名称改为"纺织品　色牢度试验　标准贴衬织物　第 2 部分：棉和粘胶纤维"；

——由强制性标准调整为推荐性标准；

——规范性引用文件中增加了 GB/T 250、GB/T 4669、GB/T 7573、GB/T 8424.1、GB/T 8424.2、FZ/T 01023 和 FZ/T 01024，删除了 GB/T 6151；

——删除了原理；

——制作棉染色基准织物时，上染的染料由"直接蓝 1"改为"直接蓝 71"；

——棉贴衬织物的单位面积质量由"(105±5)g/m^2"改为"(115±10)g/m^2"；

——测定白度由使用反射式白度计改为使用分光光度测色仪。棉织物和粘胶纤维织物的白度值由"70±5"分别改为"$Y_{10}=89\pm2$；$W_{10}=80\pm3$；$T_{w,10}=-1\pm1$"和"$Y_{10}=85\pm5.0$；$W_{10}=75\pm6.0$；$T_{w,10}=-1\pm1.2$"，且增加了测定时织物折叠层数的要求；

——贴衬织物的沾色性能指标由"基准贴衬织物和待试贴衬织物的沾色，其级数的差异应不大于半级"改为"其色差应不低于 4-5 级"，并增加了使用仪器评级方法对沾色后的待试贴衬织物和基准贴衬织物进行评定；

——删除了棉、粘胶纤维贴衬织物和染色基准织物的制作内容。

本部分由中国纺织工业协会提出。

本部分由全国纺织品标准化技术委员会基础分会(SAC/TC 209/SC 1)归口。

本部分起草单位：上海市纺织工业技术监督所。

本部分主要起草人：陈小诚、张志峰。

本部分所代替标准的历次版本发布情况为：

——GB 7565—1987。

纺织品　色牢度试验　标准贴衬织物
第2部分:棉和粘胶纤维

1　范围

GB/T 7568 的本部分规定了纺织品色牢度试验中评定沾色的未染色棉和粘胶纤维标准贴衬织物的规格及要求。

棉和粘胶纤维待试贴衬织物的沾色性能分别通过与棉和粘胶纤维基准贴衬织物一起用棉染色基准织物进行对比确定。所有基准织物都可以从规定的供应处获得。

2　规范性引用文件

下列文件中的条款通过 GB/T 7568 的本部分的引用而成为本部分的条款。凡是注日期的引用文件,其随后所有的修改单(不包括勘误的内容)或修订版均不适用于本部分,然而,鼓励根据本部分达成协议的各方研究是否可使用这些文件的最新版本。凡是不注日期的引用文件,其最新版本适用于本部分。

GB/T 250　纺织品　色牢度试验　评定变色用灰色样卡(GB/T 250—2008,ISO 105-A02:1993,IDT)

GB/T 251　纺织品　色牢度试验　评定沾色用灰色样卡(GB/T 251—2008,ISO 105-A03:1993, IDT)

GB/T 3921—2008　纺织品　色牢度试验　耐皂洗色牢度(ISO 105-C10:2006, MOD)

GB/T 4669　纺织品　机织物单位长度质量和单位面积质量的测定(GB/T 4669—2008, ISO 3801:1977, MOD)

GB/T 7573　纺织品　水萃取液 pH 值的测定(GB/T 7573—2002,ISO 3071:1980, MOD)

GB/T 8424.1　纺织品　色牢度试验　表面颜色的测定通则(GB/T 8424.1—2001, eqv ISO 105-J01:1997)

GB/T 8424.2　纺织品　色牢度试验　相对白度的仪器评定方法(GB/T 8424.2—2001, eqv ISO 105-J02:1997)

FZ/T 01023　贴衬织物沾色程度的仪器评级方法(FZ/T 01023—1993,neq ISO 105-A04:1989)

FZ/T 01024　试样变色程度的仪器评级方法(FZ/T 01024—1993,neq ISO 105-A05:1992)

3　材料

3.1　棉待试贴衬织物,符合 4.1 的要求。

3.2　棉基准贴衬织物,符合 4.1 的要求。

3.3　棉染色基准织物,符合 4.1 要求并且用 C.I. 直接蓝 71 染色。

按照 5.2 的试验程序进行试验后,使用 GB/T 251 规定的评定沾色用灰色样卡或 FZ/T 01023 规定的贴衬织物沾色程度的仪器评级方法对贴衬织物的沾色进行评定,棉基准贴衬织物的沾色控制在 3 级,粘胶纤维基准贴衬织物的沾色控制在 3-4 级。

3.4　粘胶纤维待试贴衬织物,符合 4.2 的要求。

3.5　粘胶纤维基准贴衬织物,符合 4.2 的要求。

4　贴衬织物规格

4.1　棉贴衬织物规格

4.1.1　单位面积质量:(115±10)g/m²,按照 GB/T 4669 测定。

4.1.2 白度值：$Y_{10}=89\pm2$

$W_{10}=80\pm3$

$T_{w,10}=-1\pm1$

进行测定时应按照 GB/T 8424.1 使用含有镜面反射光的测色条件，0/45(45/0)几何结构的分光光度测色仪则除外。明度值(Y_{10})、白度值(W_{10})和淡色调指数($T_{w,10}$)应按照 GB/T 8424.2，使用 CIE D_{65} 标准照明体和 CIE 1964 补充标准色度系统(10°观察者)进行计算。

为获得均匀的白度值，要将贴衬织物至少折叠四层后进行测量。

4.1.3 水萃取液 pH 值：7.0±0.5，按照 GB/T 7573 测定。

4.2 粘胶纤维贴衬织物规格

4.2.1 单位面积质量：(140±5)g/m²，按照 GB/T 4669 测定。

4.2.2 白度值：$Y_{10}=85\pm5.0$

$W_{10}=75\pm6.0$

$T_{w,10}=-1\pm1.2$

进行测定时应按照 GB/T 8424.1 使用含有镜面反射光的测色条件，0/45(45/0)几何结构的分光光度测色仪则除外。明度值(Y_{10})、白度值(W_{10})和淡色调指数($T_{w,10}$)应按照 GB/T 8424.2，使用 CIE D_{65} 标准照明体和 CIE 1964 补充标准色度系统(10°观察者)进行计算。

为获得均匀的白度值，要将贴衬织物至少折叠四层后进行测量。

4.2.3 水萃取液 pH 值：7.0±0.5，按照 GB/T 7573 测定。

5 棉和粘胶纤维待试贴衬织物沾色性能的评定

5.1 总则

贴衬织物在色牢度试验中的结果要具有重现性，最重要的性能是符合标准的沾色性能。

当使用棉染色基准织物进行试验时，棉待试贴衬织物应具有与棉基准贴衬织物一致的沾色性能。

当使用棉染色基准织物进行试验时，粘胶纤维待试贴衬织物应具有与粘胶纤维基准贴衬织物一致的沾色性能。

5.2 试验程序

5.2.1 棉待试贴衬织物的试验程序

把一块棉染色基准织物(3.3)置于一块棉待试贴衬织物(3.1)和一块棉基准贴衬织物(3.2)之间。为了消除试验条件上可能产生的差异，棉待试贴衬织物和棉基准贴衬织物应处于同一组合试样中。组合试样按照 GB/T 3921—2008 中 A(1)进行试验。

5.2.2 粘胶纤维待试贴衬织物的试验程序

把一块棉染色基准织物(3.3)置于一块粘胶纤维待试贴衬织物(3.4)和一块粘胶纤维基准贴衬织物(3.5)之间，为了消除试验条件上可能产生的差异，粘胶纤维待试贴衬织物和粘胶纤维基准贴衬织物应处于同一组合试样中。组合试样按照 GB/T 3921—2008 中 A(1)进行试验。

5.3 沾色性能要求

使用 GB/T 250 规定的评定变色用灰色样卡或 FZ/T 01024 规定的试样变色程度的仪器评级方法对沾色后的棉待试贴衬织物和棉基准贴衬织物进行评定，其色差应不低于 4-5 级。

使用 GB/T 250 规定的评定变色用灰色样卡或 FZ/T 01024 规定的试样变色程度的仪器评级方法对沾色后的粘胶纤维待试贴衬织物和粘胶纤维基准贴衬织物进行评定，其色差应不低于 4-5 级。

ICS 59.080.01
W 04

中华人民共和国国家标准

GB/T 7568.3—2008
代替 GB 11403—1989

纺织品 色牢度试验 标准贴衬织物 第3部分:聚酰胺纤维

Textiles—Tests for colour fastness—Standard adjacent fabrics—Part 3:Polyamide

(ISO 105-F03:2001,Textiles—Tests for colour fastness—Part F03:Specification for polyamide adjacent fabric,MOD)

2008-08-06 发布　　2009-06-01 实施

中华人民共和国国家质量监督检验检疫总局
中国国家标准化管理委员会　发布

前　言

GB/T 7568《纺织品　色牢度试验　标准贴衬织物》分为七个部分：

——第1部分：羊毛；

——第2部分：棉和粘胶纤维；

——第3部分：聚酰胺纤维；

——第4部分：聚酯纤维；

——第5部分：聚丙烯腈纤维；

——第6部分：丝纤维；

——第7部分：多纤维。

本部分为GB/T 7568的第3部分。

本部分使用重新起草法修改采用ISO 105-F03:2001《纺织品　色牢度试验　F03部分：聚酰胺纤维贴衬织物规格》(英文版)。

本部分与ISO 105-F03:2001的主要差异如下：

——规范性引用文件中的国际标准替换为国家标准，增加了GB/T 251、FZ/T 01023和FZ/T 01024；

——增加了对聚酰胺纤维染色基准织物的性能要求；

——增加了测定白度时织物折叠层数的要求；

——增加了使用仪器评级方法对沾色后的待试贴衬织物和基准贴衬织物进行评定；

——删除了ISO 105-F03:2001的前言、注和参考文献。

本部分代替GB 11403—1989《纺织品　色牢度试验　聚酰胺标准贴衬织物规格》。本部分与GB 11403—1989相比主要变化如下：

——标准名称改为“纺织品　色牢度试验　标准贴衬织物　第3部分：聚酰胺纤维”；

——由强制性标准调整为推荐性标准；

——规范性引用文件中增加了GB/T 250、GB/T 4669、GB/T 7573、GB/T 8424.1、GB/T 8424.2、FZ/T 01023和FZ/T 01024，删除了GB/T 6151；

——删除了原理；

——聚酰胺纤维贴衬织物的单位面积质量由“(160±5)g/m^2”改为“(130±5)g/m^2”；

——测定白度由使用反射式白度计改为使用分光光度测色仪。聚酰胺纤维织物的白度值由“75±5”改为“$Y_{10}=86\pm2$；$W_{10}=65\pm2$；$T_{w,10}=-1\pm1$”，且增加了测定时织物折叠层数的要求；

——贴衬织物的沾色性能指标由“基准贴衬织物和待试贴衬织物的沾色，其级数的差异应不大于半级”改为“其色差应不低于4-5级”，并增加了使用仪器评级方法对沾色后的待试贴衬织物和基准贴衬织物进行评定；

——删除了聚酰胺纤维贴衬织物和染色基准织物的制作内容。

本部分由中国纺织工业协会提出。

本部分由全国纺织品标准化技术委员会基础分会(SAC/TC 209/SC 1)归口。

本部分起草单位：上海市纺织工业技术监督所。

本部分主要起草人：陈小诚、张志峰。

本部分所代替标准的历次版本发布情况为：

——GB 11403—1989。

纺织品　色牢度试验　标准贴衬织物
第3部分：聚酰胺纤维

1　范围

GB/T 7568的本部分规定了纺织品色牢度试验中评定沾色的未染色聚酰胺纤维标准贴衬织物的规格及要求。

聚酰胺纤维待试贴衬织物的沾色性能通过与聚酰胺纤维基准贴衬织物一起用聚酰胺纤维染色基准织物进行对比确定。两种基准织物都可以从规定的供应处获得。

2　规范性引用文件

下列文件中的条款通过GB/T 7568的本部分的引用而成为本部分的条款。凡是注日期的引用文件，其随后所有的修改单(不包括勘误的内容)或修订版均不适用于本部分，然而，鼓励根据本部分达成协议的各方研究是否可使用这些文件的最新版本。凡是不注日期的引用文件，其最新版本适用于本部分。

GB/T 250　纺织品　色牢度试验　评定变色用灰色样卡(GB/T 250—2008,ISO 105-A02:1993,IDT)

GB/T 251　纺织品　色牢度试验　评定沾色用灰色样卡(GB/T 251—2008,ISO 105-A03:1993,IDT)

GB/T 3921—2008　纺织品　色牢度试验　耐皂洗色牢度(ISO 105-C10:2006, MOD)

GB/T 4669　纺织品　机织物　单位长度质量和单位面积质量的测定(GB/T 4669—2008,ISO 3801:1977,MOD)

GB/T 7573　纺织品　水萃取液pH值的测定(GB/T 7573—2002,ISO 3071:1980, MOD)

GB/T 8424.1　纺织品　色牢度试验　表面颜色的测定通则(GB/T 8424.1—2001,eqv ISO 105-J01:1997)

GB/T 8424.2　纺织品　色牢度试验　相对白度的仪器评定方法(GB/T 8424.2—2001,eqv ISO 105-J02:1997)

FZ/T 01023　贴衬织物沾色程度的仪器评级方法(FZ/T 01023—1993,neq ISO 105-A04:1989)

FZ/T 01024　试样变色程度的仪器评级方法(FZ/T 01024—1993,neq ISO 105-A05:1992)

3　材料

3.1　聚酰胺纤维待试贴衬织物，符合第4章的要求。

3.2　聚酰胺纤维基准贴衬织物，符合第4章的要求。

3.3　聚酰胺纤维染色基准织物，符合第4章要求并且用C.I.酸性红151染色。

按照5.2的试验程序进行试验后，使用GB/T 251规定的评定沾色用灰色样卡或FZ/T 01023规定的贴衬织物沾色程度的仪器评级方法对贴衬织物的沾色进行评定，聚酰胺纤维基准贴衬织物的沾色应控制在3级。

4　聚酰胺纤维贴衬织物规格

聚酰胺纤维织物应具有以下性能：

单位面积质量：(130±5)g/m²，按照 GB/T 4669 测定。

白度值：$Y_{10}=86\pm2$

$W_{10}=65\pm2$

$T_{10}=-1\pm1$（即−2 到 0）

进行测量时应按照 GB/T 8424.1 使用含有镜面反射光的测色条件，0/45(45/0)几何结构的分光光度测色仪则除外。明度值(Y_{10})、白度值(W_{10})和淡色调指数($T_{w,10}$)应按照 GB/T 8424.2，使用 CIE D_{65} 标准照明体和 CIE 1964 补充标准色度系统（10°观察者）进行计算。

为获得均匀的白度值，要将贴衬织物至少折叠四层后进行测量。

水萃取液 pH 值：7.0±0.5，按照 GB/T 7573 测定。

5 聚酰胺纤维待试贴衬织物沾色性能的评定

5.1 总则

贴衬织物在色牢度试验中的结果要具有重现性，最重要的性能是符合标准的沾色性能。

当使用聚酰胺纤维染色基准织物进行试验时，聚酰胺纤维待试贴衬织物应具有与聚酰胺纤维基准贴衬织物一致的沾色性能。

5.2 试验程序

把一块聚酰胺纤维染色基准织物(3.3)置于一块聚酰胺纤维待试贴衬织物(3.1)和一块聚酰胺纤维基准贴衬织物(3.2)之间。为了消除试验条件上可能产生的差异，聚酰胺纤维待试贴衬织物和聚酰胺纤维基准贴衬织物应处于同一组合试样中。组合试样按照 GB/T 3921—2008 中 B(2)进行试验。

5.3 沾色性能要求

使用 GB/T 250 规定的评定变色用灰色样卡或 FZ/T 01024 规定的试样变色程度的仪器评级方法对沾色后的聚酰胺纤维待试贴衬织物和聚酰胺纤维基准贴衬织物进行评定，其色差应不低于 4-5 级。

ICS 59.080.01
W 04

中华人民共和国国家标准

GB/T 7568.7—2008
代替 GB 11404—1989

纺织品 色牢度试验 标准贴衬织物 第7部分:多纤维

Textiles—Tests for colour fastness—Standard adjacent fabrics—Part 7: Multifibre

(ISO 105-F10:1989, Textiles—Tests for colour fastness—Part F10: Specification for adjacent fabric: Multifibre, MOD)

2008-08-06 发布 2009-06-01 实施

中华人民共和国国家质量监督检验检疫总局
中国国家标准化管理委员会 发布

前　言

GB/T 7568《纺织品　色牢度试验　标准贴衬织物》分为七个部分：

——第1部分：羊毛；

——第2部分：棉和粘胶纤维；

——第3部分：聚酰胺纤维；

——第4部分：聚酯纤维；

——第5部分：聚丙烯腈纤维；

——第6部分：丝纤维；

——第7部分：多纤维。

本部分为GB/T 7568的第7部分。

本部分使用重新起草法修改采用ISO 105-F10:1989《纺织品　色牢度试验　F10部分：多纤维贴衬织物规格》(英文版)，并参考了2008年最新修正草案的内容。

本部分与ISO 105-F10:1989的主要差异如下：

——规范性引用文件中的国际标准替换为国家标准，增加了FZ/T 01023和FZ/T 01024，删除了ISO 105-A01；

——有光聚酯纤维长丝纱线由国际标准规格改为相应国家标准规格；

——在4.1和4.2中分别增加了说明织条方向的注；

——删除了棉纤维的光泽等级要求；

——根据ISO 105-F10:1989的修正草案，修改了进行贴衬织物沾色性能试验所用的染料种类及参考浓度；

——增加了使用仪器评级方法对沾色后的待试贴衬织物和基准贴衬织物进行评定；

——删除了ISO 105-F10:1989的前言和注。

本部分代替GB 11404—1989《纺织品　色牢度试验　多纤维标准贴衬织物规格》。本部分与GB 11404—1989相比主要变化如下：

——标准名称改为“纺织品　色牢度试验　标准贴衬织物　第7部分：多纤维”；

——由强制性标准调整为推荐性标准；

——规范性引用文件中增加了GB/T250、GB/T 251、GB/T 8424.2、FZ/T 01023和FZ/T 01024，删除GB/T6151；

——将“原理”改为“通用要求”；

——将多纤维贴衬织物的类型由“SW、SV”改为“DW、TV”；

——增加了醋酯纤维和三醋酯纤维作为多纤维贴衬织物的织条；

——删除了丝纤维作为多纤维贴衬织物的织条；

——增加了对各种纤维的光泽等级要求，并修改了棉、聚丙烯腈纤维和羊毛的线密度要求以及棉、聚酰胺纤维、羊毛和粘胶纤维的长度要求；

——修改了各种纱线的线密度和捻度要求；

——增加了各织条的白度要求；

——修改了多纤维贴衬织物的幅宽和织物密度，并增加了组织形式；

——附录A中贴衬织物的沾色性能指标由“基准贴衬织物和待试贴衬织物的沾色，其级数的差异以不超过半级为合格(含半级)”改为“当色差不低于4-5级时，则待试贴衬织物的沾色性能可

以接受”,并增加了使用仪器评级方法对沾色后的待试贴衬织物和基准贴衬织物进行评定;

——修改了附录 A 中的染料种类及参考浓度。

本部分附录 A 为规范性附录。

本部分由中国纺织工业协会提出。

本部分由全国纺织品标准化技术委员会基础分会(SAC/TC 209/SC 1)归口。

本部分起草单位:上海市纺织工业技术监督所。

本部分主要起草人:陈小诚、张志峰。

本部分所代替标准的历次版本发布情况为:

——GB 11404—1989。

纺织品　色牢度试验　标准贴衬织物
第7部分:多纤维

1　范围

GB/T 7568 的本部分规定了纺织品色牢度试验中评定沾色的未染色多纤维贴衬织物的通用要求。多纤维贴衬织物具有标准化的沾色性能。

2　规范性引用文件

下列文件中的条款通过 GB/T 7568 的本部分的引用而成为本部分的条款。凡是注日期的引用文件,其随后所有的修改单(不包括勘误的内容)或修订版均不适用于本部分,然而,鼓励根据本部分达成协议的各方研究是否可使用这些文件的最新版本。凡是不注日期的引用文件,其最新版本适用于本部分。

GB/T 250　纺织品　色牢度试验　评定变色用灰色样卡(GB/T 250—2008,ISO 105-A02:1993,IDT)

GB/T 251　纺织品　色牢度试验　评定沾色用灰色样卡(GB/T 251—2008,ISO 105-A03:1993,IDT)

GB/T 3921—2008　纺织品　色牢度试验　耐皂洗色牢度(GB/T 3921—2008, ISO 105-C10:2006, MOD)

GB/T 7568.1　纺织品　色牢度试验　毛标准贴衬织物规格(GB/T 7568.1—2002, ISO 105-F01:2001,MOD)

GB/T 7568.2—2008　纺织品　色牢度试验　标准贴衬织物　第2部分:棉和粘胶纤维

GB/T 7568.3　纺织品　色牢度试验　标准贴衬织物　第3部分:聚酰胺纤维(GB/T 7568.3—2008,ISO 105-F03:2001,MOD)

GB/T 7568.4　纺织品　色牢度试验　聚酯标准贴衬织物规格(GB/T 7568.4—2002,ISO 105-F04:2001,MOD)

GB/T 7568.5　纺织品　色牢度试验　聚丙烯腈标准贴衬织物规格(GB/T 7568.5—2002,ISO 105-F05:2001, MOD)

GB/T 7568.6　纺织品　色牢度试验　丝标准贴衬织物规格(GB/T 7568.6—2002,ISO 105-F06:2000,MOD)

GB/T 8424.2　纺织品　色牢度试验　相对白度的仪器评定方法(GB/T 8424.2—2001,eqv ISO 105-J02:1997)

FZ/T 01023　贴衬织物沾色程度的仪器评级方法(FZ/T 01023—1993,neq ISO 105-A04:1989)

FZ/T 01024　试样变色程度的仪器评级方法(FZ/T 01024—1993,neq ISO 105-A05:1992)

3　通用要求

3.1　组成多纤维贴衬织物每一种组分的纤维应与 GB/T 7568 相应部分所规定的单纤维贴衬织物的纤维具有相似的沾色性能。多纤维贴衬织物的沾色性能应使用附录 A 的方法测定。

3.2　表1对两种型号的多纤维贴衬织物进行了描述。

某些色牢度试验不能使用羊毛和醋酯纤维。在这种情况下,应使用 TV 型多纤维贴衬织物代替 DW 型。

表 1 多纤维贴衬织物

多纤维 DW	多纤维 TV
醋酯纤维	三醋酯纤维
漂白棉	漂白棉
聚酰胺纤维	聚酰胺纤维
聚酯纤维	聚酯纤维
聚丙烯腈纤维	聚丙烯腈纤维
羊毛	粘胶纤维

3.3 也可以使用具有与本部分描述的多纤维贴衬织物相同条宽和相同沾色性能的其他结构的织物，但应在试验报告中予以说明。

3.4 多纤维贴衬织物代替单纤维贴衬织物使用时，试验结果可能会有所不同，在试验报告中应说明所使用贴衬的类型。

4 织物性能

4.1 经纱材料

纤维：有光聚酯纤维长丝（不含荧光增白剂）。

纱线：15.5 tex f27Z400

注 1：对于经织条的多纤维贴衬织物，这是纬纱。

4.2 纬纱材料

见表 2。

注 2：对于经织条的多纤维贴衬织物，这是经纱。

表 2 纬纱材料

性能		醋酯纤维	漂白棉	聚酰胺纤维	聚酯纤维	聚丙烯腈纤维	羊毛	三醋酯纤维	粘胶纤维
短纤维	光泽或等级	有光	—	半消光	半消光	半消光	澳大利亚羊毛 64's 品质	有光	消光
	单纤维线密度/tex	0.333	—[a]	0.333	0.17	0.28	—[b]	0.333	0.17
	长度/mm	50.8	27～25.7	38.0	38.0	38.0	82.5±27	50.8	40.0
纱线	线密度/tex	30×2	30×2	30×2	30×2	30×2	30×2	30×2	30×2
	纱捻/(捻/m)	640 Z	570 Z	670 Z	640 Z	640 Z	450 Z	640 Z	510 Z
	线捻/(捻/m)	400 S	590 S	400 S	400 S	480 S	130 S	400 S	400 S
白度[c]	x	0.320±0.003	0.318±0.003	0.320±0.003	0.318±0.003	0.318±0.003	0.338±0.003	0.320±0.003	0.328±0.003
	y	0.338±0.003	0.335±0.003	0.335±0.003	0.336±0.003	0.335±0.003	0.335±0.003	0.338±0.003	0.345±0.003
	Y	80.0±2.0	86.0±2.0	83.0±2.0	80.0±2.0	82.0±2.0	65.0±2.0	80.0±2.0	82.0±2.0
	W_{10}	63±5	76±5	71±5	68±5	72±5	—[d]	63±5	47±5

a 马克隆值：平均 4.4。

b 直径：22.22 μm。

c D_{65} 照明体，10°观察者，按照 GB/T 8424.2 进行计算。

d 羊毛的白度值将会包含在本部分以后的版本中。

4.3 **织物结构**

在织机钢筘上的宽度:127 cm

组织:纬织条 $\frac{6}{6}$ 纬重平

割条 $\frac{1}{1}$

经向密度:35.4 根/cm

纬向密度:29.5 根/cm(平均)

每根纬织条在经向的宽度应为1.5 cm,割条应为0.5 cm宽度的聚酯纤维环锭纺纱。

组织形式:

DW型	TV型
62根醋酯纤维环锭纺纱	62根三醋酯纤维环锭纺纱
48根漂白棉纱	48根漂白棉纱
56根聚酰胺纤维环锭纺纱	56根聚酰胺纤维环锭纺纱
48根聚酯纤维环锭纺纱	48根聚酯纤维环锭纺纱
44根聚丙烯腈纤维环锭纺纱	44根聚丙烯腈纤维环锭纺纱
60根精梳羊毛纱	60根粘胶纤维环锭纺纱
16根聚酯纤维纱(割条)	16根聚酯纤维环锭纺纱(割条)

4.4 **前处理**

建议织物放在卷染机中洗涤,程序如下:

在含有非离子型洗涤剂(环氧乙烷缩合物)和四磷酸六钠盐的70 ℃洗槽中洗两道,排液。

50 ℃清水洗两道。

流动冷水洗两道。

93 ℃烘干并拉幅至114 cm～116 cm。

附 录 A
（规范性附录）
不同生产批次贴衬织物沾色一致性的质量控制方法

A.1 范围

本附录规定了不同生产批次贴衬织物沾色一致性的质量控制方法。

A.2 原理

对基准贴衬织物和待试贴衬织物进行对比沾色试验，然后用 GB/T 250 规定的评定变色用灰色样卡或 FZ/T 01024 规定的试样变色程度的仪器评级方法比较每种贴衬织物的沾色。

A.3 仪器和试剂

A.3.1 仪器和试剂，按照 GB/T 3921—2008 中 B(2)规定。

A.3.2 未染色基准贴衬织物和未染色待试贴衬织物试样，每块 40 mm×100 mm。

A.3.3 用于聚酰胺纤维、羊毛和丝纤维沾色：Irgalan Orange RL-KWL 250%（C.I.酸性橙 86）。

用于棉和粘胶纤维沾色：Solophenyl Blue GL 250%（C.I.直接蓝 71）。

用于醋酯纤维、三醋酯纤维、聚酰胺纤维和聚酯纤维沾色：Terasil Yellow 2GE 200%（C.I.分散黄 54）。

用于聚酯纤维、醋酯纤维、三醋酯纤维和聚酰胺纤维沾色：Terasil Navy Blue BGLN 200%（C.I.分散蓝 130）。

A.4 程序

A.4.1 将未染色的基准贴衬织物和未染色的待试贴衬织物试样（A.3.2）分别放入不同容器，每个容器中加入一定量的皂液（A.3.1）和适当的染液（第 A.7 章）。

A.4.2 每块试样在 50 ℃±2 ℃条件下处理 45 min。

A.4.3 分别取出试样，放入容量为 4 L 且装有一半体积三级水（A.3.1）的烧杯里，轻轻地搅动清洗 1 min，再将烧杯放在流动的冷水中冲洗 1 min。展开试样，分别悬挂在不超过 60 ℃的空气中干燥。

A.4.4 用 GB/T 251 规定的评定沾色用灰色样卡或 FZ/T 01023 规定的贴衬织物沾色程度的仪器评级方法评定基准贴衬织物的沾色（A.3.1），其沾色控制在 3-4 级。

A.4.5 用 GB/T 250 规定的评定变色用灰色样卡或 FZ/T 01024 规定的试样变色程度的仪器评级方法比较基准贴衬织物和待试贴衬织物的沾色（A.3.1）。

A.5 评定结果

用 GB/T 250 规定的评定变色用灰色样卡或 FZ/T 01024 规定的试样变色程度的仪器评级方法对沾色后的待试贴衬织物和基准贴衬织物进行评定，当色差不低于 4-5 级时，则待试贴衬织物的沾色性能可以接受。

A.6 试验报告

报告评定的待试贴衬织物与基准贴衬织物的变色级数（第 A.5 章）。

A.7 注

染料的使用量应使基准贴衬织物的沾色达到 3-4 级，同时保证试验结束后试液中留有染料。染料参考浓度如下：

Irgalan Orange RL-KWL(250%)(C.I.酸性橙 86)：0.011 g/L

Solophenyl Blue GL(250%)(C.I.直接蓝 71)：0.000 155 g/L

Terasil Yellow 2GE(200%)(C.I.分散黄 54)：0.000 49 g/L

Terasil Navy Blue BGLN(200%)(C.I.分散蓝 130)：0.024 g/L

每种染料的试验应分开进行。

ICS 59.080.01
W 04

中华人民共和国国家标准

GB/T 7569—2008
代替 GB/T 7569—1987

羊毛　含碱量的测定

Wool—Determination of alkali content

(ISO 2916:1975,MOD)

2008-04-29 发布　　2008-12-01 实施

中华人民共和国国家质量监督检验检疫总局
中国国家标准化管理委员会　发布

前言

本标准修改采用ISO 2916:1975《羊毛　含碱量的测定》。

本标准与ISO 2916:1975相比,主要差异如下:

1.增加了规范性引用文件一章;

2.增加了对试验用蒸馏水的规定要求;

3.增加了计算结果的小数点保留位数;

4.修改了含碱量的公式,浓度由符号 c 代替 T,增加摩尔质量 M,并对 K 值重新定义;

5.增加了对试验结果误差范围的规定要求;

6.增加了附录A(资料性附录)。

本标准代替GB/T 7569—1987《羊毛　含碱量的测定》。

本标准与GB/T 7569—1987相比,主要变化如下:

1.增加了对试验用蒸馏水的规定要求;

2.增加了计算结果的小数点保留位数;

3.干燥质量称样由2 g改为1 g;

4.修改了含碱量的计算公式,增加摩尔质量 M,并对 K 值重新定义;

5.增加了附录A。

本标准的附录A为资料性附录。

本标准由中国纺织工业协会提出。

本标准由全国纺织品标准化技术委员会基础标准分委会(SAC/TC 209/SC 1)归口。

本标准由上海市毛麻纺织科学技术研究所负责起草。

本标准主要起草人:朱庆芳、俞觉、陈杰、沈美华、颜燕屏。

羊毛　含碱量的测定

1　范围

本标准规定了羊毛含碱量的测定方法。

本标准适用于未染色的羊毛及其制品，也适用于在测试过程中染料量不影响滴定终点的染色产品。

2　规范性引用文件

下列文件中的条款通过本标准的引用而成为本标准的条款。凡是注日期的引用文件，其随后所有的修改单(不包括勘误的内容)或修订版均不适用于本标准，然而，鼓励根据本标准达成协议的各方研究是否可使用这些文件的最新版本。凡是不注日期的引用文件，其最新版本适用于本标准。

GB/T 601　化学试剂　标准滴定溶液的制备

GB/T 6682　分析实验室用水规格和试验方法(GB/T 6682—1992，neq ISO 3696:1987)

GB/T 8170　数值修约规则

3　原理

用硼酸溶液提取一定质量羊毛中的碱，用盐酸标准滴定溶液滴定被提取的碱量，从而计算出含碱量。

4　试剂

在分析中所用的试剂均为分析纯，蒸馏水为 GB/T 6682 规定的三级水。

4.1　10 g/L 硼酸(H_3BO_3)溶液。

取 10.00 g 硼酸溶于蒸馏水中并稀释至 1 000 mL。

4.2　盐酸标准滴定溶液[c(HCl)=0.05 mol/L]。

按照 GB/T 601 配制与标定。

4.3　甲基红-亚甲基蓝指示剂。

配制步骤如下：

a)　取 1 g 甲基红溶于无水乙醇并稀释到 1 000 mL；

b)　在加热条件下将 4 mL 10 g/L 的亚甲基蓝水溶液和 96 mL 无水乙醇混合；

c)　将以上两溶液以 1∶1 体积相混合。

5　仪器

5.1　具塞三角烧瓶：容量 250 mL。

5.2　三角烧瓶：容量 250 mL。

5.3　移液管：容量 50 mL、100 mL。

5.4　微量滴定管：容量 2 mL。

5.5　称量瓶、干燥器。

5.6　分析天平：精度 0.000 2 g。

5.7　恒温烘箱：能保持烘干温度为 105℃±2℃。

5.8　机械振荡器。

5.9　玻璃滤锅：容量 30 mL～50 mL，微孔直径为 40 μm～80 μm。

6 试样准备

6.1 试样制备

取不少于 10 g 有代表性的样品。如样品的二氯甲烷萃取物大于 1%，则应在索氏萃取器中用二氯甲烷萃取 1 h(每小时至少循环六次)。待二氯甲烷挥发后，从试样中除去所有的植物性杂质和其他杂质。如样品为织物则拆成纱线，样品为毛毡类则剪成小块。

6.2 称样

将样品在实验室室温条件下放置一段时间后，称取(2±0.001)g 试样两份，测定含碱量。另称取(1±0.001)g 试样两份，测定试样干燥质量。

7 测定方法

7.1 试样干燥质量测定

把试样分别放入已知恒重的称量瓶中，连同瓶盖放入(105±2)℃烘箱内烘干，一般烘 2 h～4 h。烘干后盖上瓶盖，迅速移入干燥器内冷却、称重，重复上述操作，直至达到恒重。计算两份试样干燥质量的平均值。

7.2 含碱量的测定

把试样分别放入具塞三角烧瓶中，用移液管吸取 100 mL 硼酸溶液(4.1)注入瓶中。盖紧瓶塞，用手轻轻摇动使试样润湿后，放在振荡器上振荡 2 h 或静置时间不少于 8 h。从瓶中倾出溶液，用玻璃滤埚过滤到干燥的容器内。

用移液管吸取 50 mL 滤液注入三角烧瓶中，加入 3 滴甲基红-亚甲基蓝指示剂(4.3)，用[c(HCl)=0.05 mol/L]盐酸标准滴定溶液(4.2)滴定至溶液由绿色变为红紫色为止。

8 结果计算和表示

含碱量以碱占试样干燥质量的百分率(%)表示，按式(1)计算。

$$含碱量(\%)=\frac{c\times V\times M}{1\,000K\times m}\times 100 \qquad \cdots\cdots(1)$$

式中：

c——所用盐酸溶液的浓度，单位为摩尔每升(mol/L)；

V——所用盐酸溶液的体积，单位为毫升(mL)；

M——所表示用碱的摩尔质量，单位为克每摩尔(g/mol)；

K——常数，含碱量如以氢氧化钠表示，K 为 1；含碱量如以碳酸钠或氧化钠表示，K 为 2；

m——试样的干燥质量，单位为克(g)。

试验结果以两次试验的平均值表示，若两次试验测得的结果绝对差值大于 1%时，应进行第三份试样试验，试验结果以三次试验平均值表示。

试验结果表示到小数点后三位，修约至小数点后两位，数值修约按 GB/T 8170 规定执行。

9 试验报告

试验报告应包括下列内容：

a) 试验是按本标准进行的，如有偏离要说明细节；

b) 计算时所采用碱的种类；

c) 测定中可能影响结果的因素；

d) 试验日期及试验人员。

附　录　A
（资料性附录）
方法的准确度

A.1　工作小组对三种不同碱含量的羊毛样品在9个实验室之间作对比试验。对3×9×2个试验数值（每个实验室对每种羊毛样品作两个平行实验）进行统计总结，如表A.1所示。

表 A.1

数据名称	羊毛A	羊毛B	羊毛C
羊毛试样的含碱量平均值/%	0.23	0.35	0.60
实验室间标准差的估计值（含碱量）s_L/%	0.019	0.018	0.023
实验室内标准差的估计值（含碱量）s_R/%	0.003 0	0.004 1	0.006 8

这些数据可以给出含碱量测定的指定方法的置信区间。

A.2　实验室内的置信区间

如果不考虑实验室间差异（仅在一个实验室内作比较），羊毛含碱量真实值的实验室内置信区间 T_i 用式（A.1）计算（置信度为95%时）：

$$T_i = \pm 2\frac{s_R}{\sqrt{k}}\% \qquad \cdots\cdots(A.1)$$

式中：

k——计算平均值用到的试验数值的个数。

s_R 的近似值与含碱量的平均值有关，可以由表A.1获得。

A.3　实验室间的置信区间

如果考虑实验室间的差异（不同实验室间作比较），羊毛含碱量真实值的实验室间置信区间 T_L 用式（A.2）计算（置信度为95%时）：

$$T_L = \pm 2\sqrt{\frac{s_L^2}{i} + \frac{s_R^2}{i \times k}}\% \qquad \cdots\cdots(A.2)$$

式中：

i——参与试验的实验室数，并且每个实验室通过 k 次试验测定。当 $i=1$ 时，得到的单个实验室的置信区间将包含实验室间的差异。

s_L 和 s_R 的近似值都可以由表A.1获得。

ICS 59.080.01
W 04

中华人民共和国国家标准

GB/T 7570—2008
代替 GB/T 7570—1987

羊毛　含酸量的测定

Wool—Determination of acid content

(ISO 3073:1975,MOD)

2008-04-29 发布　　2008-12-01 实施

中华人民共和国国家质量监督检验检疫总局
中国国家标准化管理委员会　发布

前　言

本标准修改采用 ISO 3073:1975《羊毛　含酸量的测定》。

本标准与 ISO 3073:1975 相比，主要差异如下：

1. 增加了对试验用蒸馏水的规定要求；
2. 增加了计算结果的小数点保留位数的要求；
3. 修改了含酸量的公式，浓度由符号 c 代替 T，增加摩尔质量 M 并对 K 值重新定义；
4. 增加了对实验结果误差范围的规定要求。

本标准代替 GB/T 7570—1987《羊毛　含酸量的测定》。

本标准与 GB/T 7570—1987 相比，主要变化如下：

1. 增加了对试验用蒸馏水的规定要求；
2. 增加了计算结果的小数点保留位数的要求；
3. 干燥质量称样由 2 g 改为 1 g；
4. 修改了含酸量的计算公式，增加摩尔质量 M 并对 K 值重新定义。

本标准由中国纺织工业协会提出。

本标准由全国纺织品标准化技术委员会基础标准分委会(SAC/TC 209/SC 1)归口。

本标准由上海市毛麻纺织科学技术研究所负责起草。

本标准主要起草人：陈杰、颜燕屏、朱庆芳、龚萍、李智华。

羊毛　含酸量的测定

1　范围

本标准规定了羊毛含酸量的测定方法。

本标准适用于未染色的羊毛及其制品，也适用于在测试过程中染料量不影响滴定终点的染色产品。

2　规范性引用文件

下列文件中的条款通过本标准的引用而成为本标准的条款。凡是注日期的引用文件，其随后所有的修改单(不包括勘误的内容)或修订版均不适用于本标准，然而，鼓励根据本标准达成协议的各方研究是否可使用这些文件的最新版本。凡是不注日期的引用文件，其最新版本适用于本标准。

GB/T 601　化学试剂　标准滴定溶液的制备

GB/T 6682　分析实验室用水规格和试验方法(GB/T 6682—1992，neq ISO 3696:1987)

GB/T 8170　数值修约规则

3　原理

用稀吡啶溶液提取一定质量羊毛中的酸，用氢氧化钠标准溶液滴定被提取的酸量，从而计算出含酸量。

4　试剂

在分析中所用的试剂均为分析纯，蒸馏水为 GB/T 6682 规定的三级水。

4.1　5 g/L 吡啶溶液。

取 5 g 吡啶溶于蒸馏水中并稀释至 1 000 mL。

4.2　氢氧化钠标准滴定溶液[$c(NaOH)=0.1$ mol/L]。

按照 GB/T 601 配制与标定。

4.3　5 g/L 酚酞指示剂。

取 0.5 g 酚酞溶于 95%乙醇中，并稀释至 100 mL。

5　仪器

5.1　具塞三角烧瓶：容量 250 mL。

5.2　三角烧瓶：容量 250 mL。

5.3　移液管：容量 50 mL、100 mL。

5.4　滴定管：容量 25 mL。

5.5　称量瓶、干燥器。

5.6　分析天平：精度 0.000 2 g。

5.7　恒温烘箱：能保持烘干温度为 105℃±3℃。

5.8　机械振荡器。

5.9　玻璃滤埚：容量 30 mL～50 mL，微孔直径为 40 μm～80 μm。

6　试样准备

6.1　试样制备

取不少于 10 g 有代表性的样品。如样品的二氯甲烷萃取物大于 1%，则应在索氏萃取器中用二氯甲烷萃取 1 h(每小时至少循环六次)。待二氯甲烷挥发后,从试样中除去所有的植物性杂质和其他杂质。如样品为织物则拆成纱线,样品为毛毡类则剪成小块。

6.2 称样

将样品在实验室室温条件下放置一段时间后,称取(2±0.001) g 试样两份,测定含酸量,另称取(1±0.001) g 试样两份测定试样干燥质量。

7 测定方法

7.1 试样干燥质量测定

把试样分别放入已知恒重的称量瓶中,连同瓶盖放入(105±3)℃烘箱内干燥,一般烘 2 h～4 h。烘干后盖上瓶盖,迅速移入干燥器内冷却、称重,重复上述操作,直至达到恒重。计算两份试样干燥质量的平均值。

7.2 含酸量的测定

把试样分别放入具塞三角烧瓶中,用移液管吸取 100 mL 0.5%吡啶溶液(4.1)注入瓶中,盖紧瓶塞,用手轻轻摇动使试样润湿后,在振荡器上振荡 1 h 或静置时间不少于 8 h。从瓶中倾出溶液,用玻璃滤埚过滤到干燥的容器内。

用移液管吸取 50 mL 滤液注入三角烧瓶中,加入 3 滴酚酞指示剂(4.3),用 0.1 mol/L 氢氧化钠标准滴定溶液(4.2)滴定至溶液呈微红色为止。

8 结果计算和表示

含酸量以酸占试样干燥质量的百分率表示,按式(1)计算。

$$\text{含酸量}(\%) = \frac{c \times V \times M}{1\,000K \times m} \times 100 \quad \cdots\cdots(1)$$

式中:

c——所用氢氧化钠溶液的浓度,单位为摩尔每升(mol/L);

V——所用氢氧化钠溶液的体积,单位为毫升(mL);

M——所表示用酸的摩尔质量,单位为克每摩尔(g/mol);

K——常数,含酸量如以盐酸、甲酸或乙酸表示,K 为 1;含酸量如以硫酸表示,K 为 2;

m——试样的干燥质量,单位为克(g)。

试验结果以两次试验的平均值表示,若两次试验测得的结果绝对差值大于 1%时,应进行第三份试样试验,试验结果以三次试验平均值表示。

试验结果表示到小数点后三位,修约至小数点后两位,数值修约按 GB/T 8170 规定执行。

9 试验报告

试验报告应包括下列内容:

a) 试验是按本标准进行的,如有偏离要说明细节;

b) 计算时所采用酸的种类;

c) 测定中可能影响结果的因素;

d) 试验日期及试验人员。

ICS 59.080.01
W 04

中华人民共和国国家标准

GB/T 7571—2008
代替 GB/T 7571—1987

羊毛　在碱中溶解度的测定

Wool—Determination of solubility in alkali

(ISO 3072:1975,MOD)

2008-04-29 发布　　2008-12-01 实施

中华人民共和国国家质量监督检验检疫总局
中国国家标准化管理委员会　发布

前　言

本标准修改采用 ISO 3072:1975《羊毛　在碱中溶解度的测定》。

本标准与 ISO 3072:1975 相比，主要差异如下：

——规范性引用文件中的 ISO 标准替换为相应的国家标准；

——增加了对试验用蒸馏水的规定要求；

——增加了计算结果的小数点保留位数的要求；

——修改了碱溶解度计算公式的表示形式。

本标准代替 GB/T 7571—1987《羊毛　在碱中溶解度的测定》。

本标准与 GB/T 7571—1987 相比，主要变化如下：

——增加了对试验用蒸馏水的规定要求；

——增加了计算结果的小数点保留位数的要求。

本标准由中国纺织工业协会提出。

本标准由全国纺织品标准化技术委员会基础标准分委会(SAC/TC 209/SC 1)归口。

本标准由上海市毛麻纺织科学技术研究所负责起草。

本标准主要起草人：沈美华、龚萍、朱庆芳、陈杰、李智华。

羊毛　在碱中溶解度的测定

1　范围

本标准规定了羊毛在碱中溶解度的测定方法。

本标准适用于羊毛及其制品。此试验应使用未经处理的原样作空白对照试验，如试样经过两种彼此对溶解度有相反效果的作用，则试验结果不一定能说明问题，应有其他试验补充。

2　规范性引用文件

下列文件中的条款通过本标准的引用而成为本标准的条款。凡是注日期的引用文件，其随后所有的修改单（不包括勘误的内容）或修订版均不适用于本标准，然而，鼓励根据本标准达成协议的各方研究是否可使用这些文件的最新版本。凡是不注日期的引用文件，其最新版本适用于本标准。

GB/T 601　化学试剂　标准滴定溶液的制备

GB/T 6682　分析实验室用水规格和试验方法（neq GB/T 6682—1992，ISO 3696:1987）

GB/T 7570　羊毛　含酸量的测定（GB/T 7570—2008，ISO 3073:1975，MOD）

GB/T 8170　数值修约规则

3　原理

在特定的温度、时间条件下，羊毛试样在氢氧化钠溶液中质量损失占处理前干燥试样质量的百分率，即为羊毛的碱溶解度。

4　试剂

在分析中所用的试剂均为分析纯，蒸馏水为GB/T 6682规定的三级水。

4.1　0.1 mol/L 氢氧化钠（NaOH）溶液。

按照GB/T 601配制。

4.2　1%（体积分数）乙酸（CH_3COOH）溶液。

4.3　二氯甲烷（CH_2Cl_2）。

5　仪器

5.1　索氏萃取器：抽提器的容量不少于150 mL，烧瓶容量不少于250 mL。

5.2　恒温水浴锅：温度控制在（65±0.5）℃（可用温度控制器控制，水应搅动，以保证温度的均匀一致）。

5.3　具塞三角烧瓶：容量为250 mL（瓶壁厚薄相同）。

5.4　称量瓶、干燥器。

5.5　抽滤瓶。

5.6　分析天平：精度0.000 2 g。

5.7　恒温烘箱：能保持烘干温度为（105±3）℃。

5.8　玻璃坩埚：容量30 mL～50 mL，微孔直径为40 μm～80 μm。

6　试样准备

6.1　试样制备

取不少于10 g有代表性的样品，在索氏萃取器中，用二氯甲烷（4.3）萃取1 h（每小时至少循环六次）。待二氯甲烷蒸发后，从试样中除去所有的植物性杂质及其他杂质。如试样为织物，应拆成纱并剪成 1 cm 长。

6.2 称样

将样品在实验室室温条件下放置一段时间后，称取(1±0.000 2)g 试样两份测定碱溶解度，(1±0.000 2)g 试样两份测定干燥质量，(2±0.000 1)g 试样两份测定含酸量。

7 测定方法

7.1 试样干燥质量测定

把试样分别放入已知恒重的称量瓶中，连同瓶盖放入(105±3)℃烘箱内干燥，一般烘 2 h～4 h。烘干后盖上瓶盖，迅速移入干燥器内冷却、称重，重复上述操作，直至达到恒重。计算两份试样干燥质量的平均值。

7.2 碱溶解度的测定

用移液管吸取 100 mL 0.1 mol/L 氢氧化钠溶液(4.1)注入 250 mL 具塞三角烧瓶中，轻盖瓶盖。把烧瓶稳放在恒温水浴锅上，使瓶外的水位至少高出瓶内液面 5 cm。当瓶内温度达到(65±0.5)℃时，把试样放入瓶内，盖紧瓶盖，轻轻摇动使试样完全润湿，在水浴锅上保温并不时轻轻摇动烧瓶，1 h 后用已知恒重的玻璃坩埚抽吸过滤。用同温同浓度的氢氧化钠溶液洗涤残留物三次，用蒸馏水洗涤六次，然后用 1% 乙酸溶液(4.2)中和两次，再用蒸馏水洗涤六次，每次洗后应用真空泵抽吸排液。最后把坩埚及剩余物放入(105±3)℃烘箱内烘至恒重。

7.3 含酸量的测定

如试样的水萃取液 pH 值小于 4，则测定含酸量，方法按照 GB/T 7570 进行测定。

8 结果计算和表示

8.1 不含酸试样(水萃取液 pH>4)，碱溶解度(S)以试样在氢氧化钠溶液中的失重占干燥脱脂后试样质量的百分率计。按式(1)计算。

$$S(\%) = \frac{m_1 - m_2}{m_1} \times 100 \qquad \cdots\cdots(1)$$

8.2 含酸试样(水萃取液 pH<4)，碱溶解度(S')以无酸试样在氢氧化钠溶液中的失重占干燥脱脂后试样质量的百分率计。按式(2)计算。

$$S'(\%) = \frac{100(m_1 - m_2)/m_1 - s}{100 - s} \times 100 \qquad \cdots\cdots(2)$$

式中：

m_1——试样干燥质量，单位为克(g)；

m_2——残留物干燥质量，单位为克(g)；

s——含酸量，%。

试验结果表示到小数点后三位，修约至小数点后两位，数值修约按 GB/T 8170 规定执行。

9 试验报告

试验报告应包括下列内容：

a) 试验是按本标准进行的，如有偏离要说明细节；

b) 测定中可能影响结果的因素；

c) 试验日期及试验人员。

ICS 35.220.22
L 75

中华人民共和国国家标准

GB/T 7574—2008/ISO 1001:1986
代替 GB/T 7574—1987

信息处理 信息交换用磁带的文卷结构和标号

Information processing—File structure and labeling of magnetic tapes for information interchange

(ISO 1001:1986,IDT)

2008-06-18 发布

2008-11-01 实施

中华人民共和国国家质量监督检验检疫总局
中国国家标准化管理委员会
发布

前　言

本标准等同采用国际标准 ISO 1001:1986《信息处理　信息交换用磁带的文卷结构和标号》(英文版)。

本标准代替 GB/T 7574—1987《信息处理交换用磁带标号和文卷结构》。

本标准与 GB/T 7574—1987 的主要差别参见附录 C。

本标准的附录 A、附录 B 和附录 C 为资料性附录。

本标准由全国信息技术标准化技术委员会提出并归口。

本标准起草单位:中国电子技术标准化研究所,华东计算技术研究所。

本标准主要起草人:陈静、吴源俊、陆伟。

信息处理　信息交换用磁带的文卷结构和标号

1　范围

本标准规定了在信息处理系统的用户间信息交换用磁带的文卷结构和标号。

本标准还规定了：

——卷和文件结构；

——块基本特性(这些块包含构成文件的记录)；

——标识磁带的文件、文件段和卷的记录标号；

——四个嵌套交换级别。

此外，本标准规定了信息处理系统中提供的具有以下用途的过程的要求：使信息能够在利用记录磁带作为交换媒体的不同系统间交换。为此，对于那些打算始建或接收符合本标准的磁带卷的系统，本标准规定了这些系统所要提供的功能。

2　一致性

2.1　磁带卷集的一致性

当磁带卷集上记录的所有信息符合本标准的规定时，磁带卷集符合本标准。一致性声明应标识磁带内容符合的最低交换级别。

此类一致性的先决条件是，卷集的每个卷都符合同一个关于磁带信息交换的标准。

2.2　信息处理系统的一致性

信息处理系统，无论是始建系统、接收系统，还是二者兼具的系统，如果满足本标准规定的所有要求，则该信息处理系统符合本标准。一致性声明应标识该系统能够满足的这些要求集合。

3　与本标准有关的其他标准

GB/T 1988　信息技术　信息交换用七位编码字符集(GB/T 1988—1998，eqv ISO/IEC 646:1991)

GB/T 1989　信息处理交换用七位编码字符集在 9 磁道 12.7 毫米磁带上的表示方法(GB/T 1989—1980，neq ISO 962:1974)

GB/T 2020　信息处理交换用 9 磁道 12.7 毫米宽 32 行/毫米记录磁带(GB/T 2020—1980，neq ISO 1863:1976)

GB/T 2311　信息技术　字符代码结构与扩充技术(GB/T 2311—2000，idt ISO/IEC 2022:1994)

GB/T 6550　信息处理交换用 9 磁道 12.7 毫米宽 63 行/毫米调相制记录磁带(GB/T 6550—1986，eqv ISO 3788:1976)

GB/T 9363　信息处理　信息交换用 9 磁道 12.7 mm(0.5 in)磁带成组编码方式 246 cpmm(6 250 cpi)的格式及记录(GB/T 9363—1988，idt ISO 5652:1984)

GB/T 9716　信息处理　信息交换用 9 磁道，12.7 mm(0.5 in)未记录磁带　32 ftpmm(800 ftpi) NRZ1 制，126 ftpmm(3 200 ftpi)调相制和 356 ftpmm(9 042 ftpi)NRZ1 制(GB/T 9716—1988，idt ISO 1864:1985)

GB/T 11383　信息处理　信息交换用八位代码结构和编码规则(GB/T 11383—1989，

idt ISO 4873:1986)

ISO 1862　信息处理　以 8 rpmm(200 rpi)记录的信息交换用 9 磁道 12.7 mm(0.5 in)宽磁带

4　术语和定义

下列术语和定义适用于本标准。

4.1

应用程序　application program

一个程序,它处理属于一个文件的各个记录的内容,也可以处理所选择的与该文件相关的或者与在其上做记录的那个(那些)卷相关的属性数据。

注:应用程序是本标准定义的一个特殊用户类别。

4.2

块　block

一组按照相关的信息交换用标准连续记录的字节。

注:在相关的信息交换用标准中规定块的最小和最大长度。

4.3

组块　blocked

记录和记录段的属性,它表明这些记录和记录段可以在不是块的第一个字节的某字节处开始。

4.4

字节　byte

作为一个单位操作的八位二进制数字串。

4.5

文件　file

由 0 个或多个记录组成的已命名的信息集合。

4.6

文件段　file section

一个文件的记录在任何一个卷上的那部分。

4.7

文件集　file set

连续地记录在一个卷集上的一个或多个文件的集合。

4.8

定长记录　fixed-length

所有记录必须有相同长度的文件中的记录。

4.9

实现　implementation

信息处理系统中的一组过程,通过这些过程,可以使该系统充当始建系统、或接收系统、或二者兼具的系统。

4.10

安装者　installation

人或其他实体;他(或它)控制处理和交换磁带的一个或多个实现的使用。

注:安装者是本标准中定义的一个特殊用户类别。

4.11

标号 lable

一个记录,它标识一个卷或卷上的文件段,并描述其特性。

4.12

始建系统　originating system

一种信息处理系统，它可以在卷集上记录文件集，用于和其他系统交换数据。

4.13

始建者　originator

负责向始建系统发出指令的人。

4.14

接收系统　receiving system

可以读出其他数据交换系统在卷集记录的文件集的信息处理系统。

4.15

接受者　recipient

负责向接收系统发出指令的人。

4.16

记录　record

由相关数据组成的一个信息单位。

4.17

分段记录　segmented record

文件中的一个记录；该文件被指定包含若干记录，这些记录可以有不同的长度并且可以完整地记录在一个或多个块中。

4.18

信息交换用标准　standard for information interchange

规定磁带的记录方法和磁道格式的标准(例如：GB/T 2020)。

4.19

带标　tape mark

作为定界符使用的控制块。

注：带标结构由相关的信息交换用国家标准规定。

4.20

用户　user

人或其他实体；他(它)引发某个实现提供服务的行为。

4.21

变长记录　variable-length record

可以有不同长度记录的文件中的记录。

4.22

卷　volume

可拆卸的磁带盘。

4.23

卷集　volume set

记录一个文件集的一个或多个卷的集合。

5　符号

下列符号适用于本标准：

BP：　　标号中的字节位置。

L：　　字节位置号中字段的长度。

a-字符:所有允许的字符(见8.1)。

数字:0到9的任一数字。

除SPACE(间隔)外,在规定标号内容的表的内容列中,用一组大写字母指出,这些字符应以指定的顺序,在规定字段的相应字节位置上出现,例如,在卷标题标号的BP 1到3中的VOL。在这些表和本标准中,SPACE象征GB/T 1988中位置2/0上的编码字符。

6 标号和文件的构成

6.1 卷上数据的构成

应以连续的块和带标来记录卷。

该序列应从某个块开始,并且应在可用的记录区内结束。

6.2 标号组的构成

6.2.1 标号

标号应是一个长度为80字节的记录。每个标号应记录在块的第一个或唯一的80字节位置内。如果块含有任何补充的字节,应以期望的位组合形式予以记录。

每个标号都应是下列类型的一个:

卷头

安装者卷

文件头

用户文件头

文件尾

卷尾

用户文件尾

6.2.2 标号集

在连续的块中接连记录的一个或多个同类型标号应是该类型的标号集。除了那些在用户文件头和用户文件尾标号集中的标号外,在一个标号集中的所有标号都应从1开始连续编号。

用户文件头和用户文件尾标号集中的标号可以以任何顺序标识并且这些标号可以在一个集里有重复的标识符。

6.2.3 标号组

标号组应由一个必选的标号集和它后面的一个可选的不同类型的第二标号集组成。每个标号组都应是表1中列出的类型中的一种,并应只包括该表的相应条目中列出的那些标号集。表的每个条目中列出的第一个集都是必选集,第二个集是可选集。

表1

标号组	标号集
卷开始	卷头 安装者卷
文件段开始	文件头 用户文件头
文件段结束	卷尾 用户文件尾
文件结束	文件尾 用户文件尾

6.3 文件段的构成

6.3.1 文件段

应以连续的一个或多个块(或无块)的形式来记录文件段。如果记录无块,则该文件段看作空节。

6.3.2 标号序列

6.3.2.1 标号序列应由连续记录的下面列出的块和带标的序列组成:

a) 文件段标号组的开始;

b) 带标;

c) 文件段;

d) 带标;

e) 文件标号组结束或文件段标号组结束(按 6.3.2.2 要求);

f) 带标。

6.3.2.2 如果文件段是一个文件的最后或唯一文件段,则紧随其后的标号组应是一个文件结束标号组。否则,标号组应是一个文件段结束标号组。

注:按 6.5.1 的要求,文件段标号组结束只可以是卷上最后的标号组。

6.3.2.3 在一个标号序列中,文件头标号集和文件尾或卷尾标号集中包含的信息应适用于在该序列内记录的文件段。

6.3.2.4 在一个标号序列中,卷尾或文件尾标号集中标号的编号应与文件头标号集中标号的编号一致。在其中记录了一个文件的多个文件段的所有标号序列中,各个文件头标号的编号应相同。

6.4 文件段与卷的关系

卷上的信息应由连续记录的下面列出的块和带标的序列组成:

——卷标号组开始;

——一个或多个标号序列;

——带标。

跟在序列的最后一个带标之后的任何记录在交换中应予忽略。

在卷标号组开始内,标识和描述卷的信息应包含在卷头标号集中。

6.5 文件和文件集的构成

6.5.1 文件

如果一个文件完整地记录在一个卷里,则它应仅由一个文件段组成。

如果一个文件记录在多个卷里,则在任何一个卷上都应只记录该文件的一个文件段,并且:

——第一文件段应记录为卷上的最后或唯一文件段;

——任何中间的文件段都应记录为卷上的唯一文件段;

——最后文件段应记录为卷上的第一个或唯一文件段。

一个文件的所有段都应从 1 开始连续编号。

6.5.2 文件集

一个文件集应由一个或多个拥有共同文件集标识符的文件组成。一个文件集中的所有文件都应从 1 开始连续编号。

一个文件集中的文件应连续记录在一个单卷或多卷集合上。

6.6 卷集的结构

一个卷集应是记录文件集的卷的集合。该卷集应只包含一个文件集。

7 数据交换用文件结构

本章从数据块和数据记录方面规定数据交换用文件结构,并标识为此而定义的标号字段。

7.1 块

7.1.1 特征

在其中记录部分文件段的块应包含一个或多个测量数据单位(MDU)。每个 MDU 应是一个定长记录,或应包含一个变长记录或一个记录段。

在其中记录部分文件段的块可以包含以下字段:

——在第一或唯一 MDU 之前的初始字段;

——在最后或唯一 MDU 之后的填充字段。

块中第一或唯一 MDU 应在初始字段(如果有)的后面、这个块的第一字节处开始。随后的 MDU 应在紧跟该块中前面的 MDU 的最后字节的那个字节处开始。每个 MDU 都应在它开始的块中结束。

7.1.2 块长度

一个块的长度应是该块中字节的数量。在一个文件内,各个块可以有不同的长度。一个块的长度应是下面三项的总和:

——块中的 MDU 的长度;

——初始字段的长度;

——填充字段的长度。

应确定一个文件的最大块长度。块长度不应超过相应信息交换用国家标准规定的最大值。

7.1.3 初始字段

该字段应不多于 99 个字节。这个字段应保留供实现用。其内容不在本标准中规定并且在交换中可予忽略。

7.1.4 填充字段

该字段应包含足够的字节,以便将块长度扩展到:

a) 信息交换相关的国家标准要求的最小长度,或:

b) 实现所要求的更大长度。

该字段的每个字节都应包含 b_8(第 8 位)到 b_1(第 1 位)为 01011110 的位组合。在交换中应忽略该字段。

7.2 记录

7.2.1 特征

一个记录应有下列特征:

a) 记录可以是一个定长记录、或是一个变长记录、或是一个组段记录。

b) 定长记录或变长记录应完整地记录在一个块内;分段记录可以记录在一个块的一部分中或多个块中。

c) 一个记录的长度应是该记录中字节的数量。

7.2.2 定长记录

定长记录应是下述文件中的记录:这个文件被指定只包含相同长度记录。定长记录的最小指定长度应是一个字节,最大指定长度不应超出指定块长度减去初始字段长度的长度。定长记录至少有一个字节不应包含 b_8 到 b_1 为 01011110 的位组合。

7.2.3 变长记录

变长记录应是下述文件中的记录:这个文件被指定包含可能有不同长度的记录。

在一个 MDU 中应包含一个变长记录。MUD 应由一个记录控制字(RCW)其后紧接着变长记录组成。RCW 应由四个按照 GB/T 1988 编码的字符组成,并且应将记录长度和 RCW 长度之和表示为一个四数字十进制数。

应为文件指定最大记录长度。文件中的任何记录的长度都不应超过此值。指定的最大记录长度不应是 0,并且不应超过指定块长度减去初始字段长度的长度,并且小于 RCW 的长度。

变长记录的最小长度应为 0。

7.2.4 分段记录

分段记录应是下述文件中的记录:这个文件被指定包含可能有不同长度的记录,并且它可以完整记录在一个或多个块中。

记录在一个块中的那部分分段记录是一个记录段。一个块中只应该有相同记录的一个段。

相同文件段的相同记录的相继各段应记录在相继各块里。

对于相同记录中不同的段，如果其中一个段记录在某文件段的最后块，并且该记录的下一个段记录在该文件下一个非空文件段的第一个块，这些不同的段就只应记录在不同的文件段。

应为文件指定最大记录长度。文件中任何记录的长度都不应超过该指定值。指定的最大记录长度不应为0。

注：由于本标准规定一个记录中记录段的数量是无限制的，因此，指定的最大记录长度是无限的。

在MDU中应包含记录段。MDU应由段控制字(SCW)和紧跟其后的记录段组成。SCW应由按照GB/T 1988编码的5个字符组成。

SCW的第一个字符叫做段指示符，该字符的值应是0、1、2或3中的一个，其含义如下：

0：表示该记录段是记录开始处和结束处；

1：表示该记录段是记录开始处但不是结束处；

2：表示该记录段既不是记录开始处也不是结束处；

3：表示该记录段是记录结束处但不是开始处。

SCW的后四个字符应作为一个十进制数，表示记录段长度和SCW长度之和。

一个记录段的长度应不超过指定块长度减去初始字段长度与SCW长度之和所得的长度。

一个记录段的最小长度应为0。

7.2.5 数据的编码表示

每个记录的内容都应按照相关的信息编码表示国家标准进行解释。

7.3 文件

7.3.1 特征

一个文件应只包含定长记录，或只包含变长记录，或只包含分段记录。

7.3.2 文件段间文件属性的一致性

下列用于相同文件的每个文件段的文件头标号集中的标号字段应包含相同的字符：

——文件标识符(HDR1 BP 5到21)；

——文件集标识符(HDR 1 BP 22到27)；

——文件顺序号(HDR1 BP 32到35)；

——世代号(HDR1 BP 36到39)；

——世代版本号(HDR1 BP 40和41)；

——文件存取性(HDR1 BP 54)；

——记录格式(HDR2 BP 5)；

——块长度(HDR2 BP 6到10)；

——记录长度(HDR2 BP 11到15)；

——初始长度(HDR2 BP 51到52)。

7.3.3 文件组织

文件组织应是顺序的。

8 标号和标号集的格式和内容

8.1 字符集和编码

除非另有说明，标号中的字符应按GB/T 1988的要求进行编码。

标号中使用的57个字符应是国际参考版本(IRV)的下列位置中的那些字符：

2/0到2/2；

2/5 到 2/15;

3/0 到 3/15;

4/1 到 4/15;

5/0 到 5/10;

5/15。

这 57 个字符叫做“a-字符“(参见附录 A)。

8.2 字符的排列

在标号字段中,字符应排列如下:

——在每个字段中,如果本标准规定的字段内容是数字,这些数字应靠右排列,靠左侧的所有剩余位置用 0 填充。

——在每个字段中,如果本标准规定的字段内容是 a-字符,这些 a-字符应靠左排列,靠右侧的所有剩余位置用 SPACE 填充。

8.3 卷头标号集(VOL1 到 VOL9)

卷头标号集应是一个由至少一个最多九个卷头标号组成的标号集。

8.3.1 第一卷头标号(VOL1)

第一卷头标号应标识该卷、拥有者、存取性条件、记录卷头标号集的实现、以及所应用的本标准的版本(见表 2)。

表 2

BP	字段名	*L*	内容
1 到 3	标号标识符	3	VOL
4	标号编号	1	1
5 到 10	卷标识符	6	a-字符
11	卷存取性	1	a-字符
12 到 24	(留给以后标准化)	13	SPACEs
25 到 37	实现标识符	13	a-字符
38 到 51	拥有者标识符	14	a-字符
52 到 79	(留给以后标准化)	28	SPACEs
80	标号标准版本	1	4

8.3.1.1 留给以后的标准化的字段(BP 12 到 24 和 BP 52 到 79)

这些字段应留给以后的标准化。

这些字段的字符应是 SPACEs。

8.3.1.2 标号标识符(BP 1 到 3)

该字段应规定标号标识符。

该字段中的字符应是 VOL。

8.3.1.3 标号编号(BP 4)

该字段应规定标号的编号。

该字段中的字符应是数字 1。

8.3.1.4 卷标识符(BP 5 到 10)

该字段应规定卷的标识。

该字段中的字符应是 a-字符。

8.3.1.5 卷存取性(BP 11)

该字段应规定对该卷的可能存取是否有规定的安装者限制。

该字段中的字符应是 a-字符。

SPACE 应表示始建者和接收者之间已经约定对于该卷没有这样的存取限制。

任何其他的 a-字符都应表示对于可以在卷的始建者和接收者之间达成协议的卷有特定的存取限制。

8.3.1.6 **实现标识符**(BP 25 到 37)

该字段应规定记录卷头标号集的实现的标识。

该字段中的字符应是 a-字符。

8.3.1.7 **拥有者标识符**(BP 38 到 51)

该字段应规定卷的拥有者的标识。

该字段中的字符应是 a-字符。

8.3.1.8 **标号标准版本**(BP 80)

该字段应规定该卷所要符合的本标准的版本。

这个字段的字符应是一个数字。

数字 4 应表示本标准现在的版本。

8.3.2 **其他卷头标号**(VOL2 到 VOL9)

其他卷头标号应是可选的。如果有,它们应包含规定的实现信息,并应有表 3 示出的形式。

表 3

BP	字段名	L	内容
1 到 3	标号标识符	3	VOL
4	标号编号	1	数字 2 到 9
5 到 80	(保留供实现使用)	76	未规定

8.3.2.1 **标号标识符**(BP 1 到 3)

该字段应规定标号标识符。

该字段中的字符应是 VOL。

8.3.2.2 **标号编号**(BP 4)

该字段应规定标号的编号。

该字段中的字符应是数字 2 到 9 中的一个。

8.3.2.3 **保留供实现使用的字段**(BP 5 到 80)

该字段应保留供实现使用。

本标准既不规定也不限制可能在该字段中记录的位组合,也不规定这些位组合的任何含义。

8.4 **安装者卷标号集**(UVL1 到 UVL9)

安装者卷标号集是可选的。如果有,它应由至少一个、最多九个安装者卷标号组成。它们应有表 4 示出的形式。

表 4

BP	字段名	L	内容
1 到 3	标号标识符	3	UVL
4	标号编号	1	数字 1 到 9
5 到 80	(保留供安装者使用)	76	未规定

8.4.1 **标号标识符**(BP 1 到 3)

该字段应规定标号标识符。

该字段中的字符应是 UVL。

8.4.2　**标号编号**(BP 4)

该字段应规定标号的编号。

该字段中的字符应是数字 1 到 9 中的一个。

8.4.3　**保留供安装者使用的字段**(BP 5 到 80)

该字段保留供安装者使用。

本标准既不规定也不限制可能在该字段中记录的位组合,也不规定这些位组合的任何含义。

8.5　**文件头标号集**(HDR1 到 HDR9)

文件头标号集应是一个由至少两个、最多九个文件头标号组成的标号集。

8.5.1　**第一文件头标号**(HDR1)

第一文件头标号应标识文件段,规定文件集内文件段的位置,以及规定文件段的某些属性(见表 5)。

表 5

BP	字段名	*L*	内容
1 到 3	标号标识符	3	HDR
4	标号编号	1	1
5 到 21	文件标识符	17	a-字符
22 到 27	文件集标识符	6	a-字符
28 到 31	文件段号	4	数字
32 到 35	文件顺序号	4	数字
36 到 39	世代号	4	数字
40 和 41	世代版本号	2	数字
42 到 47	创建日期	6	SPACE,数字
48 到 53	期满日期	6	SPACE,数字
54	文件存取性	1	a-字符
55 到 60	块计数	6	0
61 到 73	实现标识符	13	a-字符
74 到 80	(留给以后标准化)	7	SPACEs

8.5.1.1　**留给以后标准化的字段**(BP 74 到 80)

该字段应留给以后标准化。

该字段中的字符应是 SPACEs。

8.5.1.2　**标号标识符**(BP 1 到 3)

该字段就规定标号标识符。

该字段中的字符应是 HDR。

8.5.1.3　**标号编号**(BP 4)

该字段应规定标号的编号。

该字段中的字符应是数字 1。

8.5.1.4　**文件标识符**(BP 5 到 21)

该字段应规定文件的标识。

该字段中的字符应是 a-字符。

注:在一个文件集中的不同的文件允许有相同的文件标识符。

8.5.1.5　**文件集标识符**(BP 22 到 27)

该字段规定文件集的标识。

该字段中的字符应是 a-字符。

8.5.1.6 **文件段编号**(BP 28 到 31)

该字段应作为一个四位数字的十进制数,规定文件段的顺序号。

该字段中的字符应是数字。

8.5.1.7 **文件顺序号**(BP 32 到 35)

该字段应作为一个四位数字的十进制数,规定文件集中的文件的顺序号。

该字段中的字符应是数字。

8.5.1.8 **世代号**(BP 36 到 39)

该字段应作为一个从 0001 到 9999 的四位数字的十进制数,规定文件的世代标识。

该字段中的字符应是数字。

注:允许文件集中的文件的世代号字段与该文件集中具有相同文件标识符字段的其他文件的世代号字段相同。

8.5.1.9 **世代版本号**(BP 40 到 41)

该字段应作为一个二位数字的十进制数,规定文件的世代版本标识。

该字段中的字符应是数字。

注:允许文件集中的文件的世代版本号字段与该文件集中具有相同文件标识符和世代号字段的其他文件的世代版本号字段相同。

8.5.1.10 **创建日期**(BP 42 到 47)

该字段应规定文件段的创建日期。

该字段中的字符应是 SPACE 和数字。

第一个字符应规定年的两个最高数字,如果是 SPACE,则表示 19,如果是数字 0,则表示 20。

其后两个字符应是数字,从 00 到 99,它们规定年的两个最低数字。

接下来的三个字符应是数字,作为一个从 001 到 366 的三位数字的十进制数,规定天的顺序号。

如果这后五位数字都是 0,则应表示未规定创建日期。

8.5.1.11 **期满日期**(BP 48 到 53)

该字段应规定可以认为该文件段的数据已作废的最早日期。

该字段中的字符应是 SPACE 和数字。

第一个字符应规定年的两个最高的数字,如果是 SPACE,则表示 19,如果是数字 0,则表示 20。

其后两个字符应是数字,从 00 到 99,它们规定年的两个最低数字。

接下来的三个字符应是数字,作为一个从 001 到 366 的三位数字的十进制数,规定天的顺序号。

如果这后五位数字都是 0,则应表示未规定期满日期并且可以认为数据已作废。

8.5.1.12 **文件存取性**(BP 54)

该字段应规定在可能被存取的文件内是否有规定安装者的限制。

该字段中的字符应是 a-字符。

SPACE 应表示,在卷的始建者和接收者之间已经约定,对该文件没有这样的存取限制。

任何其他 a-字符都应表示,对该文件的存取要服从该卷的始建者和接收者之间约定的特定存取限制。

8.5.1.13 **块计数**(BP 55 到 60)

该字段应规定一个常数值。

该字段中的字符应是 0。

8.5.1.14 **实现标识符**(BP 61 到 73)

该字段规定记录标号集的实现标识。

该字段中的字符应是 a-字符。

8.5.2 **第二文件头标号**(HDR2)

第二文件头标号应规定文件的某些属性和规定的实现信息(见表 6)。

表 6

BP	字段名	*L*	内容
1 到 3	标号标识符	3	HDR
4	标号编号	1	2
5	记录格式	1	F,D 或 S
6 到 10	块长度	5	数字
11 到 15	记录长度	5	数字
16 到 50	(保留供实现使用)	35	未规定
51 和 52	初始长度	2	数字
53 到 80	(留给以后标准化)	28	SPACEs

8.5.2.1 **留给以后标准化的字段**(BP 53 到 80)

该字段应留给以后标准化用。

该字段中的字符应是 SPACEs。

8.5.2.2 **标号标识符**(BP 1 到 3)

该字段应规定标号标识符。

该字段中的字符应是 HDR。

8.5.2.3 **标号编号**(BP 4)

该字段应规定标号的编号。

该字段中的字符应是数字 2。

8.5.2.4 **记录格式**(BP 5)

该字段应规定文件的记录格式。

该字段中的字符应是 F、D 或 S。

F 应表示所有的记录都是定长记录。

D 应表示所有的记录都是变长记录。

S 应表示所有的记录都是分段记录。

8.5.2.5 **块长度**(BP 6 到 10)

该字段应作为一个五位数字的十进制数,规定文件的数据块的最大允许长度。

该字段中的字符应是数字。

8.5.2.6 **记录长度**(BP 11 到 15)

该字段应按以下说明规定一个五位数字的十进制数。

该字段中的字符应是数字。

如果记录格式字段(HDR2 BP 5)包含 F,则记录长度字段应规定每个数据记录的长度。

如果记录格式字段(HDR2 BP 5)包含 D,则记录长度字段应规定文件中 MDU 的最大长度。

如果记录格式字段(HDR2 BP 5)包含 S,则记录长度字段应规定文件中记录的最大长度。这个数量不应包括段控制字中的字节。如果所有的字符都是 0,则表示最大记录长度可能大于 99 999 字节。

8.5.2.7 **保留供实现使用的字段**(BP 16 到 50)

该字段应保留供实现使用。

本标准既不规定也不限制可能在该字段中记录的位组合,也不规定这些位组合的任何含义。

8.5.2.8 **初始长度**(BP 51 和 52)

该字段应作为一个二位数字的十进制数,规定初始字段的长度。

该字段中的字符应是数字。

8.5.3 **其他文件头标号**(HDR3 到 HDR9)

其他文件头标号应是可选的。如果有,他们应包含规定的实现信息,并应有表 7 所示的形式。

表 7

BP	字段名	*L*	内容
1 到 3	标号标识符	3	HDR
4	标号编号	1	数字 3 到 9
5 到 80	(保留供实现使用)	75	未规定

8.5.3.1 **标号标识符**(BP 1 到 3)

该字段应规定标号标识符。

该字段中的字符应是 HDR。

8.5.3.2 **标号编号**(BP 4)

该字段应规定标号编号。

该字段中的字符应是数字 3 到 9 中的一个。

8.5.3.3 **保留供实现使用的字段**(BP 5 到 80)

该字段应保留供实现使用。

本标准既不规定也不限制可能在该字段中记录的位组合,也不规定这些位组合的任何含义。

8.6 **用户文件头标号集**(UHL)

用户文件头标号集应是可选的。如果有,其标号应有表 8 所示的形式。

表 8

BP	字段名	*L*	内容
1 到 3	标号标识符	3	UHL
4	标号编号	1	a-字符
5 到 80	保留供应用使用	76	未规定

8.6.1 **标号标识符**(BP 1 到 3)

该字段应规定标号标识符。

该字段中的字符应是 UHL。

8.6.2 **标号编号**(BP 4)

该字段应规定标号的编号。

该字段中的字符应是一个 a-字符。

8.6.3 **保留供应用使用的字段**(BP 5 到 80)

该字段应保留供应用使用。

本标准既不规定也不限制可能在该字段中记录的位组合,也不规定这些位组合的任何含义。

8.7 **卷尾标号集**(EOV1 到 EOV9)

一个卷尾标号集应是一个由至少两个、最多九个卷尾标号组成的标号集。

8.7.1 **第 1 卷尾标号**(EOV)(见表 9)

表 9

BP	字段名	*L*	内容
1 到 3	标号标识符	3	EOV
4	标号编号	1	1
5 到 21	文件标识符	17	a-字符

表 9（续）

BP	字段名	L	内容
22 到 27	文件集标识符	6	a-字符
28 到 31	文件段号	4	数字
32 到 35	文件顺序号	4	数字
36 到 39	世代号	4	数字
40 到 41	世代版本号	2	数字
42 到 47	创建日期	6	SPACE,数字
48 到 53	期满日期	6	SPACE,数字
54	文件存取性	1	a-字符
55 到 60	块计数	6	数字
61 到 73	实现标识符	13	a-字符
74 到 80	(留给以后标准化)	7	SPACEs

在一个标号序列中，除下列字段外，该标号字段的内容应与第一文件头标号的相应字段的内容一样。

8.7.1.1 **标号标识符**(BP 1 到 3)

该字段应规定标号标识符。

该字段中的字符应是 EOV。

8.7.1.2 **块计数**(BP 55 到 60)

该字段应规定为一个六位数字的十进制数；指出在其中记录文件段的块的数量。

该字段中的字符应是数字。

8.7.1.3 **实现标识符**(BP 61 到 73)

该字段应规定记录标号集的实现的标识。

该字段中的字符应是 a-字符。

8.7.2 **第二卷尾标号**(EOV2)(见表 10)

表 10

BP	字段名	L	内容
1 到 3	标号标识符	3	EOV
4	标号编号	1	2
5	记录格式	1	F、D 或 S
6 到 10	块长度	5	数字
11 到 15	记录长度	5	数字
16 到 50	(保留供实现使用)	35	未规定
51 和 52	初始长度	2	数字
53 到 80	(留给以后标准化)	28	SPACEs

在一个标号序列中，除下列字段外，该标号字段的内容应与第二文件头标号的相应字段的内容一样。

8.7.2.1 **标号标识符**(BP 1 到 3)

该字段应规定标号标识符。

该字段中的字符应是 EOV。

8.7.2.2 **保留供实现使用的字段**(BP 16 到 50)

该字段应保留供实现使用。

本标准既不规定也不限制可能在该字段中记录的位组合,也不规定这些位组合的任何含义。

8.7.3 **其他卷尾标号**(EOV3 到 EOV9)

其他卷尾标号应是可选的。如果有,它们应包含规定的实现信息,并应有表 11 所示的形式。

表 11

BP	字段名	L	内容
1 到 3	标号标识符	3	EOV
4	标号编号	1	数字 3 到 9
5 到 80	(保留供实现使用)	76	未规定

8.7.3.1 **标号标识符**(BP 1 到 3)

该字段应规定标号标识符。

该字段中的字符应是 EOV。

8.7.3.2 **标号编号**(BP 4)

该字段应规定标号的编号。

该字段中的字符应是 3 到 9 中的一个。

8.7.3.3 **保留供实现使用的字段**(BP 5 到 80)

该字段应保留供实现使用。

本标准既不规定也不限制可能在该字段中记录的位组合,也不规定这些位组合的任何含义。

8.8 **文件尾标号集**(EOF1 到 EOF9)

文件尾标号集应是一个由至少二个、最多九个文件尾标号组成的标号集。

8.8.1 **第一文件尾标号**(EOF1)(见表 12)

表 12

BP	字段名	L	内容
1 到 3	标号标识符	3	EOF
4	标号编号	1	1
5 到 21	文件标识符	17	a-字符
22 到 27	文件集标识符	6	a-字符
28 到 31	文件段号	4	数字
32 到 35	文件顺序号	4	数字
36 到 39	世代号	4	数字
40 到 41	世代版本号	2	数字
42 到 47	创建日期	6	SPACE,数字
48 到 53	期满日期	6	SPACE,数字
54	文件存取性	1	a-字符
55 到 60	块计数	6	数字
61 到 73	实现标识符	13	a-字符
74 到 80	(留给以后标准化)	7	SPACEs

在一个标号序列中，除下列字段外，该标号字段的内容应与第一文件头标号的相应字段的内容一样。

8.8.1.1　**标号标识符**(BP 1到3)

该字段应规定标号标识符。

该字段中的字符应是EOF。

8.8.1.2　**块计数**(BP 55到60)

该字段应规定为一个六位数字的十进制数，指出在其中记录文件段的块的数量。

该字段中的字符应是数字。

8.8.1.3　**实现标识符**(BP 61到73)

该字段应规定记录标号集的实现的标识。

该字段中的字符应是a-字符。

8.8.2　**第二文件尾标号**(EOF2)(见表13)

表13

BP	字段名	L	内容
1到3	标号标识符	3	EOF
4	标号编号	1	2
5	记录格式	1	F、D或S
6到10	块长度	5	数字
11到15	记录长度	5	数字
16到50	(保留供实现使用)	35	未规定
51和52	初始长度	2	数字
53到80	(留给以后标准化)	28	SPACEs

在一个标号序列中，除下列字段外，该标号字段的内容应与第二文件头标号的相应字段的内容一样。

8.8.2.1　**标号标识符**(BP 1到3)

该字段应规定标号标识符。

该字段中的字符应是EOF。

8.8.2.2　**保留供实现使用的字段**(BP 16到50)

该字段应保留供实现使用。

本标准既不规定也不限制可能在该字段中记录的位组合，也不规定这些位组合的任何含义。

8.8.3　**其他文件尾标号**(EOF3到EOF9)

其他文件尾标号应是可选的。如果有，它们应包含规定的实现信息，并应有表14所示的形式。

表14

BP	字段名	L	内容
1到3	标号标识符	3	EOF
4	标号编号	1	数字3到9
5到80	(保留供实现使用)	76	未规定

8.8.3.1　**标号标识符**(BP 1到3)

该字段应规定标号标识符。

该字段中的字符应是 EOF。

8.8.3.2 **标号编号**(BP 4)

该字段应规定标号的编号。

该字段中的字符应是 3 到 9 中的一个。

8.8.3.3 **保留供实现使用的字段**(BP 5 到 80)

该字段应保留供实现使用。

本标准既不规定也不限制可能在该字段中记录的位组合,也不规定这些位组合的任何含义。

8.9 用户文件尾标号集(UTL)

用户文件尾标号集应是可选的。如果有,其标号应有表 15 所示的形式。

表 15

BP	字段名	*L*	内容
1 到 3	标号标识符	3	UTL
4	标号编号	1	a-字符
5 到 80	(保留供应用使用)	76	未规定

8.9.1 **标号标识符**(BP 1 到 3)

该字段应规定标号标识符。

该字段中的字符应是 UTL。

8.9.2 **标号编号**(BP 4)

该字段应规定标号的编号。

该字段中的字符应是一个 a-字符。

8.9.3 **保留供应用使用的字段**(BP 5 到 80)

该字段应保留供应用使用。

本标准既不规定也不限制可能在该字段中记录的位组合,也不规定这些位组合的任何含义。

9 交换级别

本标准规定了四个嵌套的交换级别。

在所有级别上都可以记录本标准规定为可选的标号。在交换中可以忽略这些标号。

9.1 级别 1

在级别 1 应使用下列限制:

——一个卷集仅包含一个文件,并且

——在任何文件中的所有记录都是定长记录。

9.2 级别 2

在级别 2 应使用下列限制:

——在任何文件中的所有记录都是定长记录。

9.3 级别 3

在级别 3 应使用下列限制:

——在任何文件中的所有记录都是定长记录或变长记录。

9.4 级别 4

在级别 4 无限制。

10 系统描述要求

应在应用程序和实现之间、或在安装者和实现之间沟通信息(见第 11 章和第 12 章)。

围绕符合本标准的信息处理系统所做的描述应确定若干方法,用户可以用这些方法支持此类信息,或者,当有符合本标准规定的此类信息可供使用时,用户可以用这些方法来获得此类信息。

11 对始建系统的要求

11.1 总则

始建系统中的实现应能记录文件集、所有本标准中未规定为可选的所有标号、以及遵循本标准第9章规定的某个交换级别的卷集。

不应要求实现记录本标准中规定为可选的任何标号。

11.2 文件

实现应从应用程序获取以下用途的记录:这些记录构成文件集中将要进行记录的各个文件。

实现应从应用程序获取文件中每个记录的长度。

注:RCW 或 SCW 不是记录的组成部分。

11.3 标号

11.3.1 实现应允许安装者提供将在下列每个标号字段中记录的信息,如果安装者没有提供,则实现应为字段提供信息。

用于卷集中的每个卷:

——卷标识符　VOL1 BP 5 到 10

——卷存取性　VOL1 BP 11

用于文件集中的每个文件:

——文件存取性　HDR1 BP 54

11.3.2 如果实现允许安装者提供将在下列任何标号字段中记录的信息,则实现应记录安装者提供的此类信息,并且,如果安装者没有提供它,则实现应提供。

用于卷集中的每一卷:

——拥有者标识符　VOL 1 BP 38 到 51

用于文件集中的每个文件:

——文件集标识符　HDR1 BP 22 到 27

11.3.3 实现应允许应用程序提供将在每个下列标号字段中记录的信息,并且,如果应用程序没有提供它,则实现应为字段提供信息。

用于文件集中的每个文件:

——文件标识符　HDR1 BP 5 到 21

——记录格式　HDR2 BP 5

——块长度　HDR2 BP 6 到 10

——记录长度　HDR2 BP 11 到 15

11.3.4 如果实现允许应用程序提供将在每个下列标号字段中记录的信息,则实现应记录应用程序提供的次此类信息,并且如果应用程序没有提供它,则实现应为字段提供信息。

用于文件集中的每个文件:

——世代号　HDR1 BP 36 到 39

——世代版本号　HDR1 BP 40 和 41

用于文件集中的每个文件段:

——创建日期　HDR1 BP 42 到 47

——期满日期　HDR1 BP 48 到 53

11.3.5 如果实现能记录安装者卷标号集,则实现应允许安装者提供将记录在该标号集下列标号字段的信息,并且,如果安装者没有提供该信息,就不应要求实现记录相应的标号。

用于记录在该卷集任何卷上的安装者卷标号集中的每个标号：

——保留供安装者使用　　BP 5 到 80

注：如果未记录安装者卷标号集中的任何标号，则本标准 6.2.2 要求，该集中任何更高编号的标号都不应予以记录。

11.3.6 如果实现能记录用户头或用户尾标号集，则实现应允许应用程序提供将记录在该标号集下列标号字段的信息，并且，如果应用程序没有提供该信息，就不应要求实现记录相应的标号。

用于在卷上组成任何标号序列的部分的用户头和用户尾标号集中的每个标号：

——标号编号　　BP 4

——保留供应用使用　　BP 5 到 80

11.4 限制

实现可以对用户提供的记录长度字段（HDR2 BP 11 到 15）信息施加如下限制。

如果文件中的记录是分段记录，则实现可以对最大记录长度加以限制。该限制值不应小于可指定的最大块长度减去初始字段长度和 SCW 长度后得到的长度。

如果文件中的记录是变长记录，则实现可以指定的最大长度等于所指定的最大块长度减去初始字段长度和 RCW 长度后得到的长度。

12 对接收系统的要求

12.1 总则

接收系统中的实现应能从已经按本标准规定的某种交换级别做了记录的卷集读取文件集和所有记录的标号。

该实现可以忽略来自本标准中作为选项规定的任何标号的信息。

12.2 文件

实现应使以下用途的记录可供应用程序使用：这些记录构成已记录的文件集中的各个文件。

该实现应使文件中每个记录的长度可供应用程序使用。

注：RCW 或 SCW 不是记录的组成部分。

12.3 标号

12.3.1 实现应允许用户提供足够的信息，使实现能定位用户要求的文件和记录这些文件的卷。

12.3.2 实现应使下列每个标号字段中记录的信息可供安装者使用。

用于卷集中的每个卷：

——卷标识符　　VOL1 BP 5 到 10

——卷存取性　　VOL1 BP 11

用于文件集中的每个文件：

——文件存取性　　HDR1 BP 54

12.3.3 实现应使下列每个标号字段中记录的信息可供应用程序使用。

用于文件集中的每个文件：

——文件标识符　　HDR1 BP 5 到 21

——记录格式　　HDR2 BP 5

——块长度　　HDR2 BP 6 到 10

——记录长度　　HDR2 BP 11 到 15

12.3.4 不应要求实现为用户提供下列每个标号字段中记录的信息。

用于卷集中的每个卷：

——拥有者标识符　　VOL1 BP 38 到 51

用于文件集中的每个文件：

——文件集标识符　　　　　HDR1 BP 22 到 27

——世代号　　　　　　　　HDR1 BP 36 到 39

——世代版本号　　　　　　HDR1 BP 40 到 41

用于文件集中的每个文件段：

——创建日期　　　　　　　HDR1 BP 42 到 47

——期满日期　　　　　　　HDR1 B这 48 到 53

12.3.5　如果实现能使安装者卷标号集中记录的信息可供用户使用，则它应使下列每个标号字段中记录的信息可供安装者使用。

用于卷集中任何卷的安装者卷标号集中的每个记录标号：

——为安装者使用保留　　　BP 5 到 80

12.3.6　如果实现使用用户头或用户尾标号集中记录的信息可供用户使用，则它应使下列每个标号字段中记录的信息可供应用程序使用。

用于用户头和用户尾标号集中作为卷上任何标记序列组成部分的每个记录标号：

——标号编号　　　　　　　BP 4

——保留供应用使用　　　　BP 5 到 80

12.4　限制

如果文件中的记录是分段记录，则实现可以对文件中的记录长度加以限制。该限制值不应小于可指定的最大块长度减去初始字段长度和 SCW 长度后得到的长度。当 n 是强制限制值时，不要求实现使超出记录的第一个 n 字节的任何字节可供应用程序使用。

附　录　A
（资料性附录）
GB/T 1988 IRV 的 G0 版本

表 A.16

				b7	0	0	0	0	1	1	1	1
				b6	0	0	1	1	0	0	1	1
				b5	0	1	0	1	0	1	0	1
b4	b3	b2	b1		0	1	2	3	4	5	6	7
0	0	0	0	0	NUL	DLE	SP	0	@	P	`	p
0	0	0	1	1	SOH	DC1	!	1	A	Q	a	q
0	0	1	0	2	STX	DC2	“	2	B	R	b	r
0	0	1	1	3	ETX	DC3	#	3	C	S	c	s
0	1	0	0	4	EQT	DC4	$	4	D	T	d	t
0	1	0	1	5	ENQ	NAK	%	5	E	U	e	u
0	1	1	0	6	ACK	SYN	&	6	F	V	f	v
0	1	1	1	7	BEL	ET0	‘	7	G	W	g	w
1	0	0	0	8	BS	CAN	(	8	H	X	h	x
1	0	0	1	9	HT	EM	)	9	I	Y	i	y
1	0	1	0	10	LF	SUB	*	:	J	Z	j	z
1	0	1	1	11	VT	ESC	+	;	K	[	k	{
1	1	0	0	12	FF	IS4	,	<	L	\	l	|
1	1	0	1	13	CR	IS3	−	=	M	]	m	}
1	1	1	0	14	SO	IS2	.	>	N	^	n	_
1	1	1	1	15	SI	IS1	/	?	O	_	o	DEL

a-字符是表 A.16 中没有阴影的那些字符。

附　录　B
（资料性附录）
已初始化的卷

B.1　目的

为信息交换而始建记录磁带的安装者需要有可用的磁带卷；这些磁带卷已准备就绪，供记录交换文件集。这类卷一般是未记录的，或只包含不需要保留的数据。这样，当需要交换数据时，可以在某些此类卷上记录文件集。

在某个安装者处，如果每个卷的第一标号组已经记录了适当的卷标识细节，即使这些卷上没有记录有效的文件段，也可以简化这些磁带卷的管理。用这种方法记录的卷称为已初始化卷。如果按共同的管理构成处理已初始化卷和数据交换卷，如果已初始化卷的规范可以与交换卷的规范紧密相关，就可能很方便。为此，下面推荐一个已初始化卷规范。该规范只使用本标准正文中规定的要素。

B.2　规范

初始化卷上的数据由连续记录的下列块和带标序列组成：

——卷开始标号组；

——两个带标。

序列的第二带标后记录的任何信息都可以忽略。

附　录　C
（资料性附录）
本标准当前版（第二版）和第一版（1987）的主要差别

C.1　为了更清晰和与 GB/T 15134—1994(ISO 7665:1983)的风格一致，对标准的结构和文本做了全面修改。

C.2　信息处理系统要求和交换用磁带卷集要求分别放在不同的条款组，每个都有相应的一致性定义。

C.3　在磁带卷上可以任选记录最多 8 个补充卷头标号，用 VOL2 到 VOL9 标识。

C.4　现在在第一级和第二级也要求 HDR2、EOV2 和 EOF2。

C.5　文件的内容可以由现行国家标准用的任何信息类型的编码表示组成，而不再限制为符合 GB/T 1988 的编码字符集。

C.6　现在把选择和解释存取性字段内容的责任明确指定给安装者。

C.7　增加了附录 B，用于还未记录交换数据的已初始化卷格式。

ICS 53.100
P 97

中华人民共和国国家标准

GB/T 7586—2008
代替 GB/T 7586—1996, GB/T 10675—1989

液压挖掘机　试验方法

Hydraulic excavators—Test methods

2008-08-26 发布　　2009-02-01 实施

中华人民共和国国家质量监督检验检疫总局
中国国家标准化管理委员会　发布

前言

本标准参考日本 JIS A8403-3:1998《土方机械 液压挖掘机 第3部分:性能试验方法》。

本标准代替 GB/T 7586—1996《液压挖掘机试验方法》和 GB/T 10675—1989《液压挖掘机 可靠性试验方法》。

本标准与 GB/T 7586—1996 和 GB/T 10675—1989 相比,主要变化如下:

——将 GB/T 7586—1996《液压挖掘机试验方法》和 GB/T 10675—1989《液压挖掘机 可靠性试验方法》两项标准合并为 GB/T 7586—2008《液压挖掘机 试验方法》;

——振动试验的结果分析方法直接引用 GB/T 4970—1996 的附录 A;

——测量准确度的要求、质量和重心的测定、司机的操纵装置的测定、司机视野的测定、行驶速度的测定、轮胎式挖掘机转向尺寸的测定、制动性能试验等项目的试验方法直接引用相关标准的规定;

——将土壤等级与 GB/T 9139—2008《液压挖掘机 技术条件》统一,按土壤密度表示;

——将 GB/T 7586—1996 中的引用标准 JB 3774.2 改为 GB/T 16710.2～16710.5;

——增加了起重量试验,电气设备及系统的试验,排气污染物的测定,照明、信号和标志灯以及反射器的试验,前进和倒退音响报警声响的试验,监视镜和后视镜的试验,司机防护装置和小型挖掘机倾翻保护结构(TOPS)的试验,司机室环境的试验,液压系统油液固体颗粒污染度检查等项目的试验方法直接引用相关标准的规定;

——增加了空运转试验;

——删除了实际挖掘试验;

——将工业性试验时间改为:小型液压挖掘机不少于 400 h,大于 6 t 的液压挖掘机不少于800 h;

——删除了工业性试验中的解体检查。

本标准的附录 A 和附录 B 为规范性附录。

本标准由中国机械工业联合会提出。

本标准由全国土方机械标准化技术委员会(SAC/TC 334)归口。

本标准负责起草单位:天津工程机械研究院、中国工程机械协会挖掘机械分会、徐州徐挖机械制造有限公司、中国龙工控股有限公司、厦门厦工机械股份有限公司、三一重机有限公司、贵州詹阳动力重工有限公司、山东卡特重工有限公司、湖南山河智能机械股份有限公司、江西南特工程机械(集团)有限公司、广西玉林玉柴工程机械有限责任公司、广西柳工机械股份有限公司、西安黄河挖掘机厂。

本标准参加起草单位:小松山推工程机械有限公司、日立建机(中国)有限公司、成都神钢建筑机械有限公司、斗山工程机械(中国)有限公司、沃尔沃建筑设备有限公司、阿特拉斯工程机械有限公司、现代(江苏)工程机械有限公司、卡特彼勒(中国)投资有限公司。

本标准主要起草人:李宏宝、陈正利、茅永林、张泓、李蔚苹、戴晴华、吕韶文、钟玉柱、梁晓东、林明智、吴红丽。

本标准所代替标准的历次版本发布情况为:

——GB/T 7586—1987、GB/T 7586—1996;

——GB/T 10675—1989。

液压挖掘机 试验方法

1 范围

本标准规定了液压挖掘机的性能试验方法、工业性试验方法和可靠性特征量的计算方法。

本标准适用于整机工作质量不大于 200 t 的液压挖掘机(以下简称挖掘机),其他规格的挖掘机可参照使用。

2 规范性引用文件

下列文件中的条款通过本标准的引用而成为本标准的条款。凡是注日期的引用文件,其随后所有的修改单(不包括勘误的内容)或修订版均不适用于本标准,然而,鼓励根据本标准达成协议的各方研究是否可使用这些文件的最新版本。凡是不注日期的引用文件,其最新版本适用于本标准。

GB/T 4970—1996 汽车平顺性随机输入行驶试验方法(neq ISO 2631:1991)

GB 5226.1 机械安全 机械电气设备 第1部分:通用技术条件(GB 5226.1—2002,IEC 60204-1:2000,IDT)

GB/T 6572.1 液压挖掘机 术语(GB/T 6572.1—1997,eqv ISO 7135:1993)

GB/T 8499 土方机械 测定重心位置的方法(GB/T 8499—1987,idt ISO 5005:1977)

GB/T 8592 土方机械 轮胎式机器转向尺寸的测定(GB/T 8592—2001,eqv ISO 7457:1997)

GB/T 8595 土方机械 司机的操纵装置(GB/T 8595—2008,ISO 10968:2004,IDT)

GB/T 9139 液压挖掘机 技术条件

GB/T 10913 土方机械 行驶速度测定(GB/T 10913—2005,ISO 6014:1986,MOD)

GB/T 13331 土方机械 液压挖掘机 起重量(GB/T 13331—2005,ISO 10567:1992,IDT)

GB/T 13332 土方机械 液压挖掘机和挖掘装载机 挖掘力的测定方法(GB/T 13332—2008,ISO 6015:2006,IDT)

GB/T 16710.2 工程机械 定置试验条件下机外辐射噪声的测定

GB/T 16710.3 工程机械 定置试验条件下司机位置处噪声的测定

GB/T 16710.4 工程机械 动态试验条件下机外辐射噪声的测定(GB/T 16710.4—1996,eqv ISO 6395:1988)

GB/T 16710.5 工程机械 动态试验条件下司机位置处噪声的测定(GB/T 16710.5—1996,eqv ISO 6396:1996)

GB 19517 国家电气设备安全技术规范

GB/T 19929 土方机械 履带式机器 制动系统的性能要求和试验方法(GB/T 19929—2005,ISO 10265:1998,MOD)

GB/T 19930 土方机械 小型挖掘机 倾翻保护结构的试验室试验和性能要求(GB/T 19930—2005,ISO 12117:1997,MOD)

GB/T 19932 土方机械 液压挖掘机 司机防护装置的试验室试验和性能要求(GB/T 19932—2005,ISO 10262:1998,MOD)

GB/T 19933.1 土方机械 司机室环境 第1部分:总则和定义(GB/T 19933.1—2005,ISO 10263-1:1994,IDT)

GB/T 19933.2　土方机械　司机室环境　第 2 部分:空气滤清器的试验(GB/T 19933.2—2005,ISO 10263-2:1994,IDT)

GB/T 19933.3　土方机械　司机室环境　第 3 部分:司机室增压试验方法(GB/T 19933.3—2005,ISO 10263-3:1994,IDT)

GB/T 19933.4　土方机械　司机室环境　第 4 部分:司机室的空调、采暖和(或)换气试验方法(GB/T 19933.4—2005,ISO 10263-4:1994,MOD)

GB/T 19933.5　土方机械　司机室环境　第 5 部分:风窗玻璃除霜系统的试验方法(GB/T 19933.5—2005,ISO 10263-5:1994,MOD)

GB/T 19933.6　土方机械　司机室环境　第 6 部分:司机室太阳光热效应的测定(GB/T 19933.6—2005,ISO 10263-6:1994,IDT)

GB/T 20082　液压传动　液体污染　采用光学显微镜测定颗粒污染度的方法(GB/T 20082—2006,ISO 4407:2002,IDT)

GB/T 20418　土方机械　照明、信号和标志灯以及反射器 (GB/T 20418—2006,ISO 12509:1995,MOD)

GB 20891　非道路移动机械用柴油机排气污染物排放限值及测量方法(中国Ⅰ、Ⅱ阶段)

GB/T 21152　土方机械　轮胎式机器　制动系统的性能要求和试验方法(GB/T 21152—2007,ISO 3450:1996,IDT)

GB/T 21153　土方机械　尺寸、性能和参数的单位与测量准确度 (GB/T 21153—2007,ISO 9248:1992,MOD)

GB/T 21154　土方机械　整机及其工作装置和部件的质量测量方法(GB/T 21154—2007,ISO 6016:1998,IDT)

GB/T 21155　土方机械　前进和倒退音响报警　声响试验方法 (GB/T 21155—2007,ISO 9533:1989,IDT)

GB/T 21941　土方机械　液压挖掘机和挖掘装载机的反铲斗和抓铲斗　容量标定(GB/T 21941—2008,ISO 7451:2007,IDT)

GB/T 21942　土方机械　装载机和正铲挖掘机的铲斗　容量标定(GB/T 21942—2008,ISO 7546:1983,MOD)

ISO 5006:2006　土方机械　司机视野　试验方法和性能准则

ISO 14401-1:2004　土方机械　监视镜和后视镜的视野　第 1 部分:试验方法

3　术语和定义

GB/T 6572.1 中确立的术语和定义适用于本标准。

4　试验前的准备

4.1　仪器精度要求

试验用仪器在试验前应进行检查和校准,测量准确度应符合 GB/T 21153 的规定。

4.2　技术资料的准备

4.2.1　挖掘机使用说明书,必要的计算书及试验大纲等。

4.2.2　挖掘机技术参数记入表 A.1。

4.2.3　挖掘机试验前应将制造、装配、试车、跑合运转和检修情况记入表 A.2。

4.2.4　主要部件(发动机、液压泵、阀、马达、主离合器、变速箱、减速箱)的台架性能试验报告。

4.2.5　装配前应将主要零件易磨损部位的测量尺寸记入表 A.3。

4.3　挖掘机的准备

4.3.1　主机装上完备的正铲或反铲工作装置。按规定加足润滑油、冷却水、燃油，备好随车工具。

4.3.2　各液压元件、气动元件的参数均按使用说明书中规定的数值进行调整，液压油温度应达到 50 ℃±3 ℃。

4.3.3　挖掘机在试验前应进行充分跑合。

5　定置试验

5.1　主机外形尺寸的测定

5.1.1　试验条件

5.1.1.1　挖掘机状态按 4.3 的规定。

5.1.1.2　试验场地

应有足够面积的混凝土地面或铺砌平面，在测量机器的范围内该平面的高度差应小于 10 mm。

5.1.2　仪器设备

钢直尺(刻度单位为 1 mm)、钢卷尺(刻度单位为 1 mm)、水平仪、铅锤、直钢棒、粉笔、经纬仪等。

5.1.3　测量结果

将测量结果记入表 B.1 或表 B.2，挖掘机主机尺寸的符号、术语和定义见 GB/T 6572.1。

5.2　作业参数的测定

5.2.1　试验条件

5.2.1.1　挖掘机状态按 4.3 的规定。

5.2.1.2　试验场地按 5.1.1.2 的规定，在此平面下部有一个能容纳工作装置活动并能测量有关尺寸的地坑。

5.2.2　仪器设备

钢直尺(刻度单位为 1 mm)、钢卷尺(刻度单位为 1 mm)、水平仪、铅锤、测角仪(刻度单位为 1°)、直钢棒、粉笔、经纬仪等。

5.2.3　铲斗容量测量

铲斗容量按 GB/T 21941 和 GB/T 21942 的有关规定进行测量。

5.2.4　测量结果

将测量结果记入表 B.3 或表 B.4，挖掘机工作装置作业尺寸的符号、术语和定义见 GB/T 6572.1。

5.3　液压缸移动速度的测定

5.3.1　测定条件

挖掘机空载，发动机在额定转速的条件下测定。

5.3.2　仪器设备

卷尺、秒表或位移传感器、转速仪、油温表等。

5.3.3　测定方法

5.3.3.1　测定各液压缸伸出和收回的全程长度和动作时间。

5.3.3.2　测量液压油温度。

5.3.3.3　测定发动机转速。

5.3.4　测量结果

将测量结果记入表 B.5。

5.4　质量的测定

质量的测定按 GB/T 21154 的规定。

测定各值，并按公式(1)进行桥荷分配比率的计算，分别记入表 B.6 和表 B.7：

$$i = \frac{G_{测}}{g_n \cdot M} \times 100\% \quad \cdots\cdots(1)$$

式中：

i——桥荷分配比率；

$G_{测}$——测定的桥荷，单位为牛顿(N)；

M——工作质量，单位为千克(kg)；

g_n——标准重力加速度，9.81 m/s^2。

5.5 质心位置的测定

质心位置的测定按 GB/T 8499 的规定。

5.6 接地比压的测定

5.6.1 履带式挖掘机

5.6.1.1 测定条件

测定条件应符合：

a) 挖掘机状态按 4.3 的规定；

b) 试验场地按 5.1.1.2 的规定。

5.6.1.2 仪器设备

卡尺、卷尺等。

5.6.1.3 测定方法

测量履带的轴距 L_2、宽度 W_4、高度 H_7，见图 1。

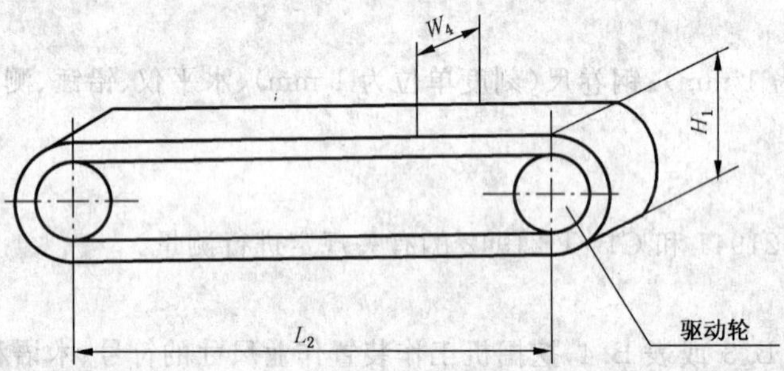

图 1

5.6.1.4 测定结果

将测量结果记入表 B.8 中，并按公式(2)计算接地比压，记入表 B.8 中：

$$E_a = \frac{g_n M}{2\,000 W_4 l} \quad \cdots\cdots(2)$$

式中：

E_a——接地比压，单位为千帕(kPa)；

W_4——履带板宽，单位为米(m)；

l——履带接地长度，单位为米(m)：

$$l = L_2 + 0.35 H_7 \quad \cdots\cdots(3)$$

5.6.2 轮胎式挖掘机

5.6.2.1 测定条件

测定条件应符合：

a) 挖掘机处于行驶状态，轮胎充气压力符合技术规定，轮胎表面应无明显磨损；

b) 试验场地按 5.1.1.2 的规定。

5.6.2.2 **仪器设备**

地中衡、起重机或千斤顶、直尺、墨汁、坐标纸等。

5.6.2.3 **测定方法**

测定应按如下方法：

a) 用地中衡测出各轮胎承受的载荷；

b) 支起轮胎，在原接触地面的轮胎面上涂以墨汁，轮胎正下方铺上坐标纸，放下轮胎压印；

c) 取出坐标纸，计算压痕面积和接地面积，见图 2。

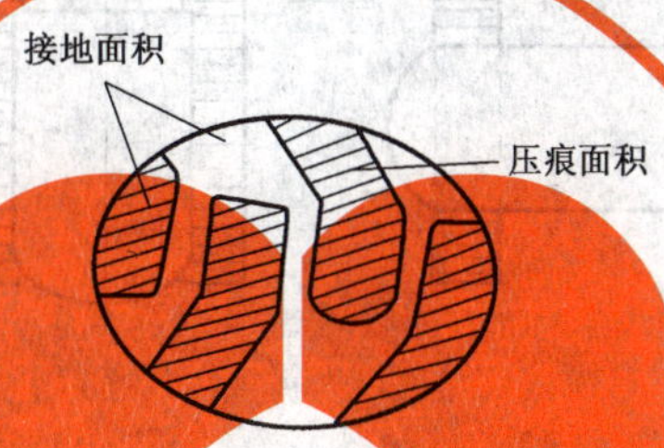

图 2

5.6.2.4 **测定结果**

将测定数据记入表 B.9 中，并按公式(4)、公式(5)计算，记入表 B.9 中：

$$E_1 = \frac{10G}{F_1} \qquad \cdots\cdots(4)$$

$$E_2 = \frac{10G}{F_2} \qquad \cdots\cdots(5)$$

式中：

E_1——接地比压，单位为千帕(kPa)；

E_2——压痕比压，单位为千帕(kPa)；

G——轮胎上承受的载荷，单位为牛顿(N)；

F_1——轮胎花纹凸起接地部分与相应的凹陷部分组成的接地面积，单位为平方厘米(cm^2)；

F_2——轮胎压痕面积，单位为平方厘米(cm^2)。

5.7 **司机的操纵装置测定**

司机的操纵装置的测定按 GB/T 8595 的规定。

5.8 **司机视野的测定**

按 ISO 5006:2006 的规定测定。

5.9 **轮胎挖掘机支腿试验**

5.9.1 **试验条件**

轮胎式挖掘机按行驶状态，无载荷，在 5.1.1.2 规定的场地上进行试验。

5.9.2 **仪器设备**

秒表等。

5.9.3 **试验方法**

操纵液压阀，从支腿开始放下至支腿行程终了，测定所用时间。

5.9.4 **试验结果**

将试验结果记入表 B.10。

6 倾翻力矩的测定

6.1 测定条件

6.1.1 挖掘机状态

挖掘机应装备完整。分履带式和轮胎式，按图 3 和图 4，两履带轨距可变化的挖掘机，分别按最小轨距和最大轨距进行测量。有支腿的挖掘机，分别使用支腿和不使用支腿进行测定。

履带按规定调整并张紧，轮胎按规定充气。

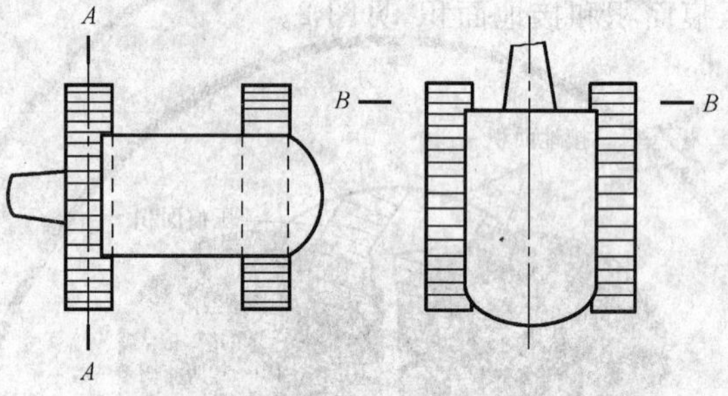

图 3

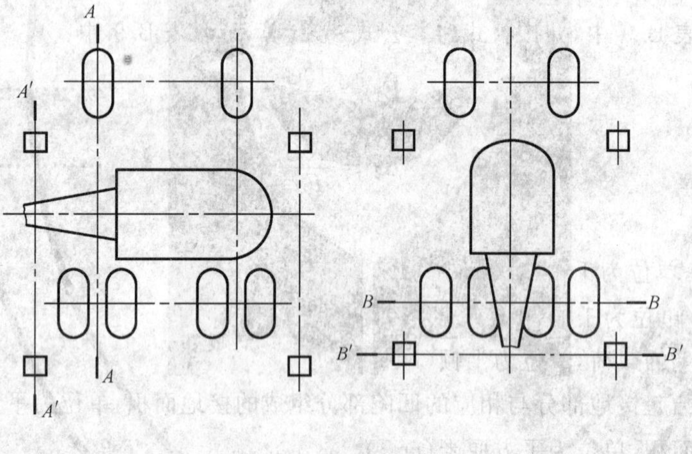

图 4

6.1.2 试验场地

按 5.1.1.2 的规定。

6.1.3 仪器设备

拉力计或起重机、荷重、测力计、卷尺等。

6.2 测定方法

按图 5 中的各种状态，在挖掘半径最大时的斗齿上施加向上或向下的力，当挖掘机成倾翻状态时测定力及从倾翻线到力作用点的水平距离，根据公式(6)计算倾翻力矩：

$$M_t = F_t \cdot S \qquad \cdots\cdots(6)$$

式中：

M_t——倾翻力矩，单位为千牛米(kN·m)；

F_t——倾翻力，单位为千牛(kN)；

S——从倾翻线到力作用点的水平距离，单位为米(m)。

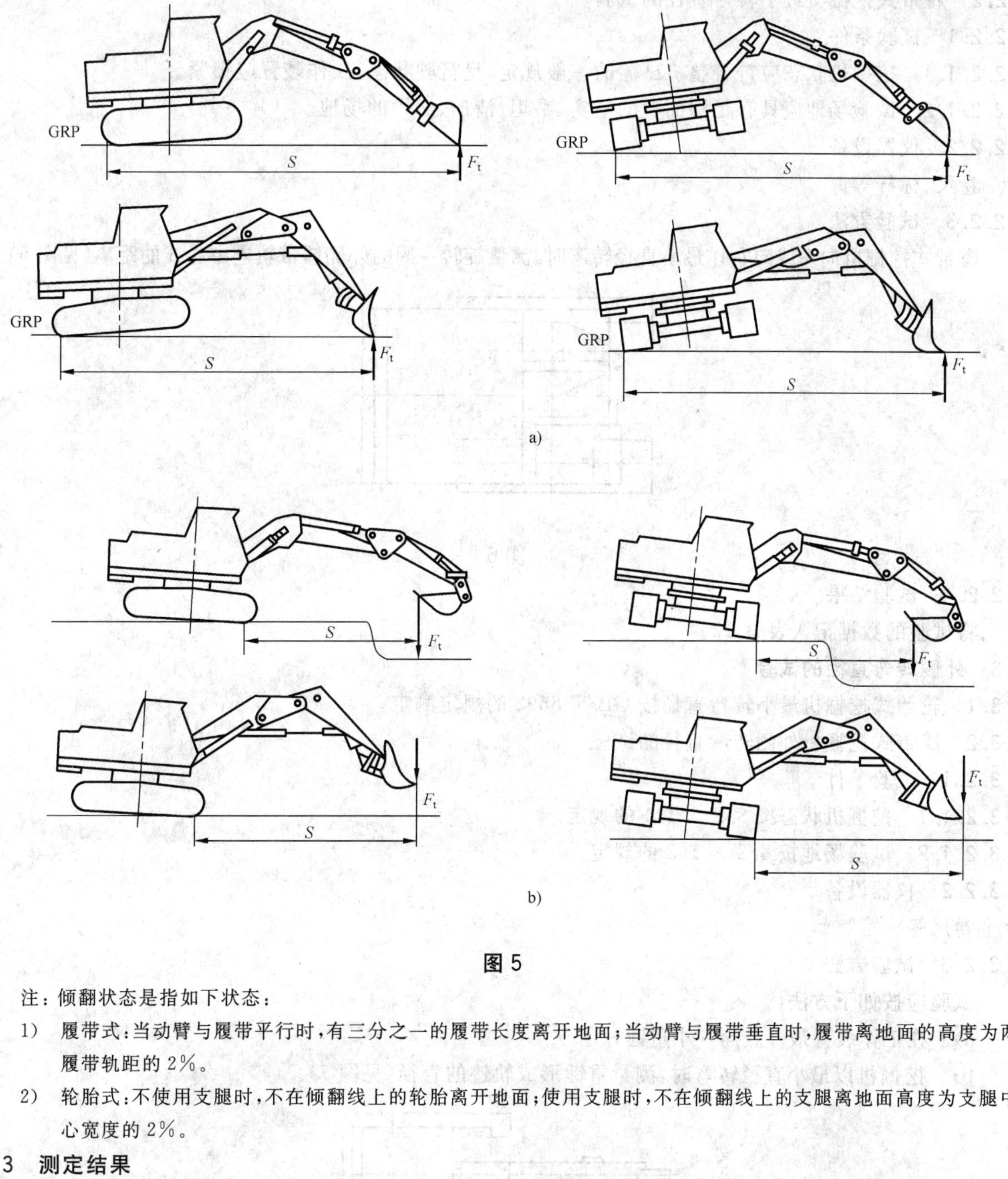

图 5

注：倾翻状态是指如下状态：

1) 履带式：当动臂与履带平行时，有三分之一的履带长度离开地面；当动臂与履带垂直时，履带离地面的高度为两履带轨距的 2%。

2) 轮胎式：不使用支腿时，不在倾翻线上的轮胎离开地面；使用支腿时，不在倾翻线上的支腿离地面高度为支腿中心宽度的 2%。

6.3 测定结果

将测定数据记入表 B.11。

7 挖掘力的测定

挖掘力按 GB/T 13332 的规定测定。

8 行驶性能试验

8.1 行驶速度试验

行驶速度按 GB/T 10913 的规定试验。

8.2 最小转弯直径的试验

8.2.1 轮胎式挖掘机最小转弯直径按 GB/T 8592 的规定测定。

8.2.2 履带式挖掘机最小转弯直径的试验。

8.2.2.1 试验条件

8.2.2.1.1 挖掘机状态应符合整机试验的一般规定，呈行驶状态，工作装置应锁紧。

8.2.2.1.2 试验场地应具有足够面积的坚实、平坦、清洁、干燥的场地。

8.2.2.2 仪器设备

卷尺、标杆等。

8.2.2.3 试验方法

履带式挖掘机向左或向右作最小直径转弯时，测量旋转一周的外侧履带轨迹中心线的距离(见图 6)。

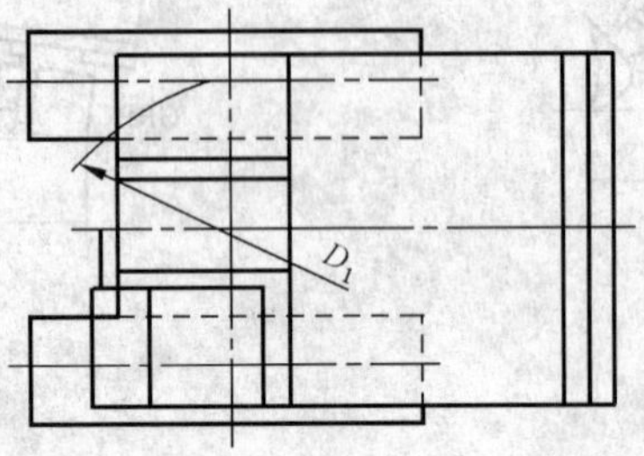

图 6

8.2.2.4 试验结果

将试验的数据记入表 B.12。

8.3 外侧转弯直径的试验

8.3.1 轮胎式挖掘机最小转弯直径按 GB/T 8592 的规定测定。

8.3.2 履带式挖掘机外侧转弯直径的试验。

8.3.2.1 试验条件

8.3.2.1.1 挖掘机状态按 8.2.2.1.1 的规定。

8.3.2.1.2 试验场地按 8.2.2.1.2 的规定。

8.3.2.2 仪器设备

卷尺等。

8.3.2.3 试验方法

试验应按如下方法：

a) 在工作装置最外点拴一小重锤；

b) 挖掘机以最小直径转弯时，测量重锤形成轨迹的直径(见图 7)。

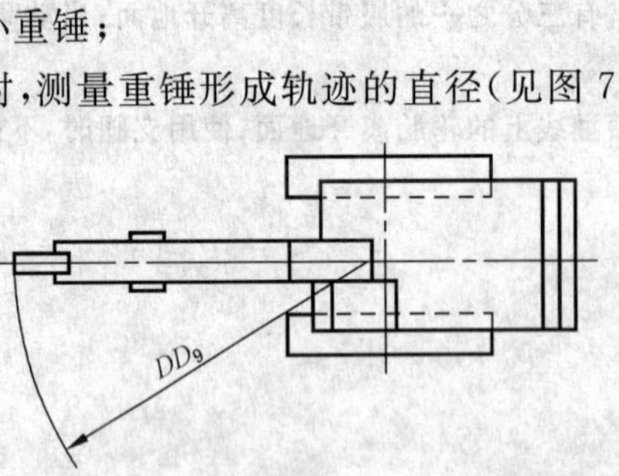

图 7

8.3.2.4 试验结果

将试验的结果记入表 B.12。

8.4 爬坡能力试验

8.4.1 试验条件

8.4.1.1 挖掘机状态按 8.2.2.1.1 的规定。

8.4.1.2 试验坡道应分三条，其中15°坡道应为碎石黏土路面；20°、25°坡道应为平整、坚实、均匀的土路面。坡道宽度6 m以上，坡道预测距离6 m，测定距离10 m，坡下助跑距离应大于10 m(见图8)。

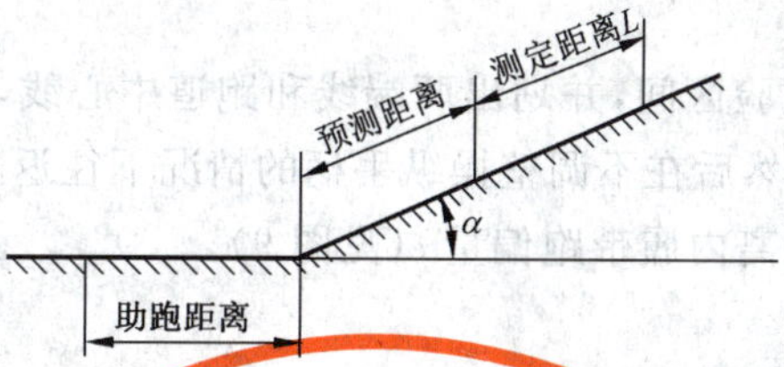

图8

8.4.1.3 试验时最大风速不得超过6 m/s。

8.4.2 **仪器设备**

卷尺、标杆、水平仪、秒表、温度计、风速仪、气压表等。

8.4.3 **试验方法**

8.4.3.1 轮胎式单桥驱动的挖掘机应爬15°坡道，双桥驱动的挖掘机应爬20°坡道。以最低速度接近爬坡起点，然后迅速将发动机调到最大供油位置进行连续爬坡，直到试验终了。测定均速通过距离所需时间，将试验结果记入表B.13。

8.4.3.2 履带挖掘机的履带板带筋时应爬25°坡道，不带筋时应爬20°坡道，以最大油门进行爬坡，测定均速通过距离所需时间。

8.4.3.3 对于爬坡能力大于试验坡度的挖掘机，功率和附着力还有潜力，可利用提高车速的方法，在该坡道上重复试验，直至发动机功率输出最大或轮胎、履带滑移为止，最后折算出最大的爬坡角度。

8.4.4 **试验结果**

用公式(7)、公式(8)计算爬坡功率(不包括行驶阻力消耗的功率)和爬坡速度，结果记入表B.13：

$$P=\frac{g_n \cdot M \cdot L \cdot \sin\alpha}{t} \quad \cdots\cdots(7)$$

$$v=\frac{L}{t}\times 3.6 \quad \cdots\cdots(8)$$

式中：

P——爬坡功率，单位为千瓦(kW)；

L——测定距离，单位为米(m)；

α——坡道角度，单位为度(°)；

t——通过测定距离所需时间，单位为秒(s)；

v——行驶速度，单位为千米每小时(km/h)。

8.5 制动性能试验

轮胎式挖掘机的制动性能按GB/T 21152的规定进行试验；履带式挖掘机制动性能按GB/T 19929的规定进行试验。

8.6 履带挖掘机行驶直线性能的试验

8.6.1 **试验条件**

试验条件应符合如下条件：

a) 挖掘机状态按8.2.2.1.1的规定；

b) 试验道路应是平整、清洁、干燥的坚实直线跑道。轮胎式挖掘机应选用水泥或沥青路面，跑道长度不得小于200 m；履带式挖掘机应选用碎石土路面，跑道长度不得小于50 m。跑道宽度不得小于6 m，纵向坡度不得大于1%，横向坡度不得大于1.5%；

c) 试验时最大风速不得大于6 m/s。

8.6.2 仪器设备

卷尺、标杆、经纬仪等。

8.6.3 试验方法

在试验跑道上，量取 50 m 试验区间，并划出两端线和跑道中心线，使挖掘机在端线外停好，挖掘机中心线与跑道中心线基本重合。然后在不调整操纵手柄的情况下往返通过试验区间。以初始履带轨迹切线延长线为基准，测量 50 m 距离内履带跑偏量 e(见图 9)。

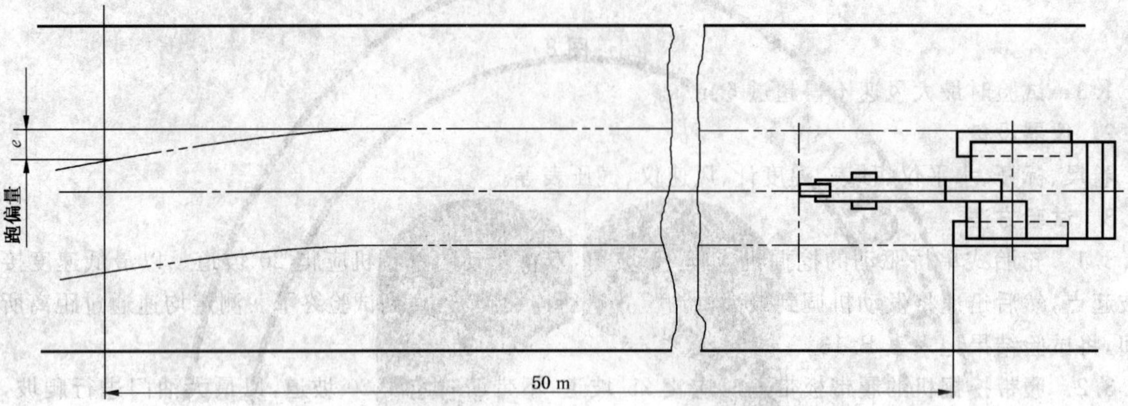

图 9

8.6.4 试验结果

将试验结果记入表 B.14。

9 回转试验

9.1 回转速度试验

9.1.1 试验条件

9.1.1.1 挖掘机状态按 4.3 的规定。

反铲挖掘机工作装置按以下两种位置准备。第Ⅰ位置：斗杆液压缸全缩，铲斗液压缸全伸，调整动臂液压缸，使斗底处于动臂液压缸铰轴高度，见图 10 a)；第Ⅱ位置：动臂液压缸、斗杆液压缸、铲斗液压缸全伸，见图 10 b)。

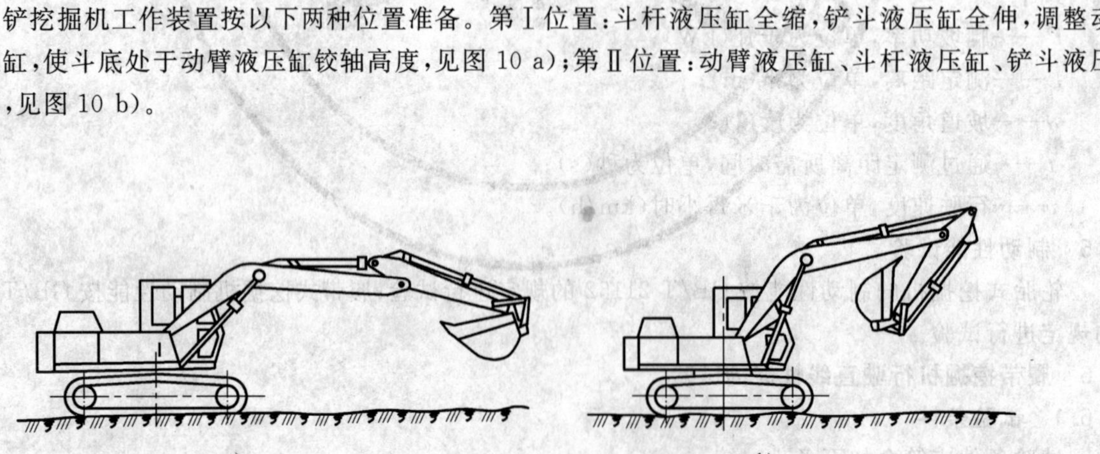

a)　　　　b)

图 10

正铲挖掘机工作装置按以下两种位置准备。第Ⅰ位置：动臂液压缸、斗杆液压缸半伸(液压缸活塞杆伸出全行程的二分之一)，铲斗液压缸全伸，见图 11 a)；第Ⅱ位置：动臂液压缸半伸、斗杆液压缸、铲斗液压缸全伸，见图 11 b)。

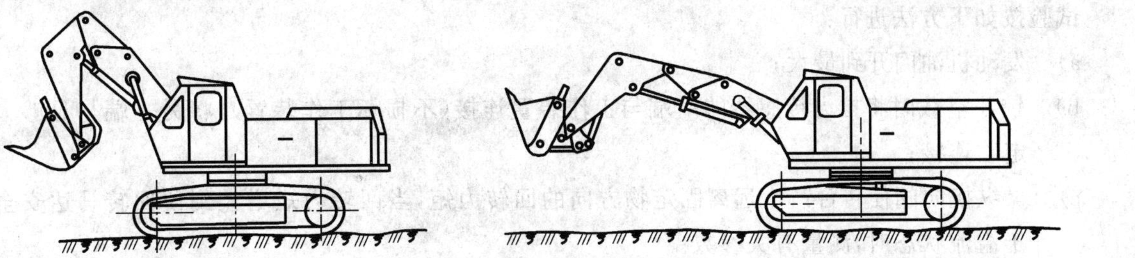

a)　　　　b)

图 11

9.1.2　**仪器设备**

温度计、角位移传感器、位移传感器、示波器、测速仪。

9.1.3　**试验方法**

试验按如下方法进行：

a)　发动机油门开到最大；

b)　铲斗空载及铲斗满载进行左回转及右回转试验，当转台回转速度出现匀速时测定有关参数。

9.1.4　**试验结果**

将有关参数按公式(9)计算出的回转速度记入表 B.15：

$$n=\frac{\alpha_{转}}{6\cdot t_{转}} \qquad \cdots\cdots(9)$$

式中：

n——转台回转速度，单位为转每分钟(r/min)；

$\alpha_{转}$——转台转过的角度，单位为度(°)；

$t_{转}$——转台转过 α 角所用的时间，单位为秒(s)。

9.2　**回转制动试验**

9.2.1　**试验条件**

9.2.1.1　挖掘机状态按 9.1.1.1 的规定。

9.2.1.2　试验场地按 8.2.2.1.2 的规定。

9.2.2　**仪器设备**

温度计、角位移传感器、动态应变仪、示波器、测速仪等。

9.2.3　**试验方法**

试验按如下方法进行：

a)　发动机油门开到最大；

b)　铲斗空载及铲斗满载进行左回转及右回转试验；

c)　当转台出现匀速转动后再进行制动，记录从制动开始到转台停止所用的时间及转过的角度。

9.2.4　**试验结果**

将测得的有关参数记入表 B.16。

9.3　**回转力矩试验**

9.3.1　**试验条件**

9.3.1.1　挖掘机状态按 9.1.1.1 的规定。

9.3.1.2　试验场地按 8.2.2.1.2 的规定。

9.3.2　**仪器设备**

温度计、拉力传感器、静态应变仪、测速仪、钢丝绳、卷尺等。

9.3.3 试验方法

试验按如下方法进行：

a) 发动机油门开到最大；

b) 铲斗空载时将拉力传感器的一端与工作装置连接(不损坏工作装置)，将另一端与足够大的固定物连接；

c) 操纵换向阀使转台产生远离固定物方向的回转力矩，当回转力矩增大到使回转马达安全阀处于溢流状态时，测量有关参数。

9.3.4 试验结果

将测得的有关参数按公式(10)计算，并记入表B.17：

$$M_r = F_r \cdot L_r \qquad \cdots\cdots(10)$$

式中：

M_r——回转力矩，单位为牛米(N·m)；

F_r——拉力，单位为牛(N)；

L_r——力臂，单位为米(m)。

9.4 回转摩擦阻力矩试验

9.4.1 试验条件

9.4.1.1 挖掘机状态按9.1.1.1的规定。

9.4.1.2 试验场地按8.2.2.1.2的规定。

9.4.2 仪器设备

温度计、拉力计、卷尺等。

9.4.3 试验方法

铲斗空载时将工作装置与拉力计连接，用人力或加力装置，沿切线方向逐渐加载，当转台开始转动时测量有关参数。

9.4.4 试验结果

将测得的参数记入表B.18。

10 噪声测定

挖掘机噪声的测定按GB/T 16710.2～16710.5的规定。

11 振动试验

11.1 试验条件

挖掘机的状态按4.3的规定，司机的质量为75 kg，发动机处于最大油门状态。

11.2 仪器设备

测速仪、加速度传感器、放大器(或数据处理器)、记录仪、人体振动响应计等。

11.3 试验方法

在发动机以高速空载运转、挖掘机以最高速度挡和最低速度挡行驶、挖掘作业等四种状态下，分别测定司机室地板中部和司机坐垫上的加速度，测定的时间应大于5 min。

11.4 试验结果

将测定的振动加速度记入表B.19。对记入记录仪的振动信号进行采样分析，分析方法按GB/T 4970—1996的附录A进行。

12 起重量试验

装有起重装置的挖掘机，起重量的试验按 GB/T 13331 的规定。

13 电气设备及系统的试验

电气设备及系统的试验按 GB 5226.1 和 GB 19517 的规定。

14 排气污染物的测定

排气污染物的测定按 GB 20891 的规定。

15 照明、信号和标志灯以及反射器的试验

挖掘机照明、信号和标志灯以及反射器的试验按 GB/T 20418 的规定。

16 前进和倒退音响报警声响的试验

挖掘机前进和倒退音响报警声响的试验按 GB/T 21155 的规定。

17 监视镜和后视镜的试验

挖掘机配备的监视镜和后视镜的试验按 ISO 14401-1:2004 的规定。

18 司机防护装置和小型挖掘机倾翻保护结构(TOPS)的试验

18.1 挖掘机司机防护装置的试验按 GB/T 19932 的规定。

18.2 工作质量为 1 000 kg～6 000 kg，带回转动臂的小型挖掘机倾翻保护结构(TOPS)的试验按 GB/T 19930 的规定。

19 司机室环境的试验

配备空调的全密闭司机室环境的试验按 GB/T 19933 各部分的规定。

20 挖掘机作业试验

20.1 正铲挖掘机作业试验

20.1.1 试验条件

试验应符合如下条件：

a) 作业前使水温、油温达到规定值；

b) 挖掘机由技术熟练的司机驾驶；

c) 正铲作业进行挖掘装载，土壤密度不低于 1 800 kg/m^3，作业面高度为最大挖掘高度的 1/2；

d) 运输车辆的容积为铲斗容量的 4 倍左右。

20.1.2 仪器设备

运输车、秒表、磅秤、卷尺等。

20.1.3 试验方法

如图 12 所示，在回转 90°和 180°时进行挖掘装载作业，配备相应的运输车辆，进行 30 min～60 min 的挖掘装载试验。测定挖掘机作业时间、挖掘循环次数、燃油消耗量、装载的土方量等。另外，在若干次的循环中分别测定挖掘、回转、装车等的时间。

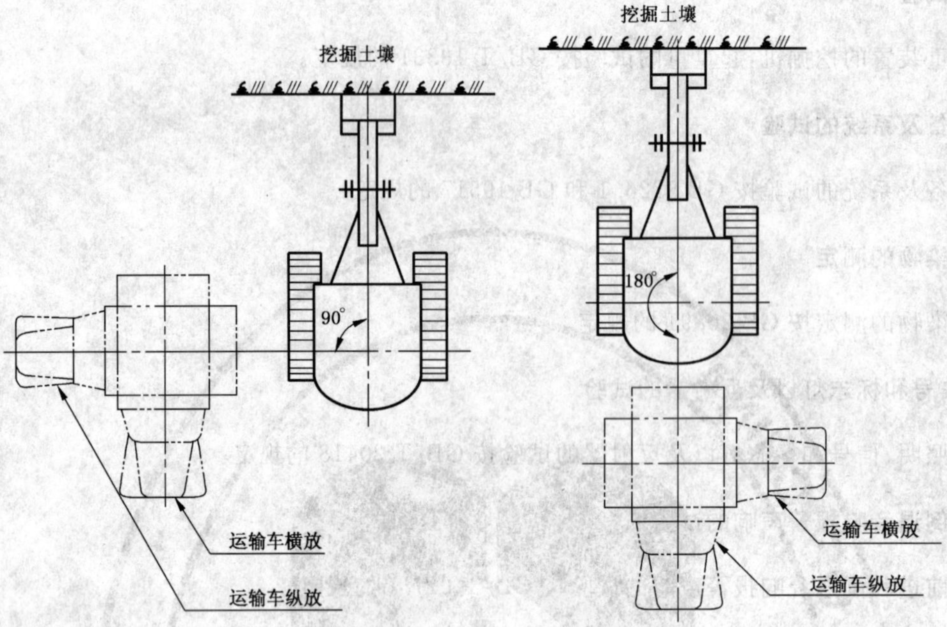

图 12

20.1.4 试验结果

将试验中测得的数值以及按公式(11)～公式(14)计算的数值记入表 B.20：

$$Q=\frac{3\ 600\cdot V_u}{T} \qquad (11)$$

$$Q_u=\frac{V_u}{N} \qquad (12)$$

$$f=\frac{3\ 600\cdot G_{总}}{T} \qquad (13)$$

$$Q_i=\frac{V_u}{G_{总}} \qquad (14)$$

式中：

Q——作业生产率，单位为立方米每小时(m^3/h)；

f——单位时间耗油量，单位为升每小时(L/h)；

Q_u——每个循环的挖土量，单位为立方米每次(m^3/次)；

Q_i——单位燃油挖土量，单位为立方米每升(m^3/L)；

T——总作业时间，单位为秒(s)；

V_u——总挖土量，单位为立方米(m^3)；

N——总循环次数，单位为次；

$G_{总}$——总耗油量，单位为升(L)。

20.2 反铲挖掘机作业试验

20.2.1 试验条件

试验应符合如下条件：

a) 作业前使水温、油温达到规定值；

b) 挖掘机由技术熟练的司机驾驶；

c) 试验场地应平坦、具有一定的宽度和长度，土壤密度 1 500 kg/m^3～1 800 kg/m^3。

20.2.2 仪器设备

按 20.1.2 的规定。

20.2.3 试验方法

如图 12 所示，在回转 90°和 180°时进行挖掘装载作业，配备相应的运输车辆，进行 30 min～60 min 的挖掘装载试验，挖掘深度为该机规定的最大挖掘深度的 1/2。测定挖掘时间、循环次数、燃油消耗量、挖掘的土方量等。另外在不同的挖掘深度中分别测定挖掘、回转、卸土的时间。

20.2.4 试验结果

将测定的数据记入表 B.20 中，按公式(11)～公式(14)进行计算，将结果记入表 B.20 中。

21 强度试验

21.1 静态强度试验

21.1.1 试验条件

21.1.1.1 挖掘机状态按 4.3 的规定。

21.1.1.2 试验场地按 GB/T 13332 的规定。

21.1.2 仪器设备

应变片、静态应变仪、拉力传感器、加载装置等。

21.1.3 试验方法

试验按如下方法进行：

a) 根据计算书中提供的工作装置、转台、底架等件的应力分布，选择应力较大的点粘贴应变片。

b) 根据计算书中提供的工作装置、转台、底架出现最大应力的位置，对相应位置的工作装置进行加载。

c) 测量各点的应力。

21.1.4 试验结果

将测量结果记入表 B.21，并绘制简图说明各点的位置。

21.2 动态强度试验

21.2.1 试验条件

21.2.1.1 挖掘机状态按 4.3 的规定。

21.2.1.2 试验场地土壤密度不低于 1 800 kg/m^3。

21.2.2 仪器设备

应变片、动态应变仪、示波器、压力传感器、测速仪、位移传感器等。

21.2.3 试验方法

试验按如下方法进行：

a) 发动机油门开到最大；

b) 根据计算书或静态强度测试中提供的工作装置、转台、底架等件的应力分布，选择应力较大的点粘贴应变片；

c) 在实际挖掘过程中测量工作装置、转台、底架等件的应力。

21.2.4 试验结果

在记入曲线上，找出各测试点瞬时出现的最大应力并取值。在每个取值点，应同时将仪器中瞬时所列参数测量出来，记入表 B.22，同时附构件简图及记入曲线，说明测试点的位置及构件应力。

22 空运转试验

22.1 启动发动机，观察发动机的运行及各仪表指示值，并调整液压系统和气压系统的压力至正常值。

22.2 模拟作业工况，使工作装置的各液压缸和回转机构反复运行。观察液压系统和发动机的运行应正常，各控制阀的工作应可靠。回转齿圈和回转驱动齿轮之间的啮合应正常。

22.3 分别支起挖掘机两边的行走机构，使悬空的行走机构运行，观察行走马达，行走减速机和制动装置以及四轮一带的运行应正常，各控制阀的工作应可靠。

23 液压系统试验

23.1 液压系统油液固体颗粒污染度检查

液压系统油液固体颗粒污染度检查按 GB/T 20082 的规定。

23.2 液压系统空流阻力试验

23.2.1 试验条件

23.2.1.1 挖掘机状态按 4.3 的规定。

23.2.1.2 试验场地按 5.1.1.2 的规定。

23.2.2 仪器设备

压力表、流量计与二次仪表、测速仪、电加热器等。

23.2.3 试验方法

试验按如下方法进行：

a) 发动机的转速调至额定转速；

b) 液压油温度应达到(50±3)℃；

c) 操纵换向阀处于中位，测量有关参数。

23.2.4 试验结果

将测量的数据记入表 B.23，并按公式(15)计算液压系统空流阻力，记入表 B.23：

$$\Delta P = \overline{P}_1 - \overline{P}_4 \qquad \cdots\cdots\cdots\cdots (15)$$

式中：

ΔP——液压系统空流阻力，单位为帕(Pa)；

$\overline{P}_1$——泵出口平均压力，单位为帕(Pa)；

$\overline{P}_4$——油箱回油口平均压力，单位为帕(Pa)。

23.3 履带式挖掘机行驶机构内阻力矩试验(以行驶马达输出力矩为代表)

23.3.1 试验条件

23.3.1.1 挖掘机状态按 4.3 的规定。

23.3.1.2 试验场地按 8.6.1 b)的规定。

23.3.2 仪器设备

压力表或压力传感器、温度计、测速计、动态应变仪、示波器等。

23.3.3 试验方法

试验按如下方法进行：

a) 发动机转速调至额定转速；

b) 分别将左、右履带悬空如图 13 所示；

c) 操纵换向阀使履带前后运动。

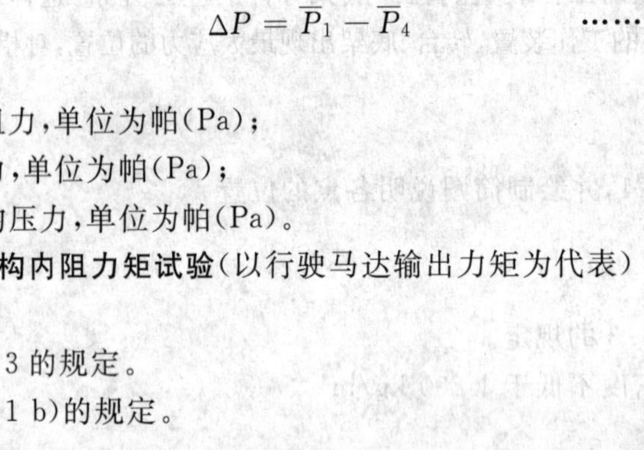

图 13

23.3.4 **试验结果**

将测量结果记入表 B.24，并按公式(16)～公式(18)计算马达的输出力矩，记入表 B.24：

$$M_{左(右)} = \frac{\Delta P_{左(右)} q}{2\pi} \quad \cdots\cdots (16)$$

$$\Delta P_{(左)} = \overline{P}_{12} - \overline{P}_{14} \quad \cdots\cdots (17)$$

式中：

$M_{左(右)}$——马达的输出力矩，单位为牛米(N·m)；

$\Delta P_{左}$——左行驶马达进出油口平均压力差，单位为帕(Pa)；

$\overline{P}_{12}$——左马达进油口平均压力，单位为帕(Pa)；

$\overline{P}_{14}$——左马达出油口平均压力，单位为帕(Pa)；

q——马达排量，单位为立方米每转(m^3/r)。

$$\Delta P_{(右)} = \overline{P}_{13} - \overline{P}_{15} \quad \cdots\cdots (18)$$

式中：

$\Delta P_{右}$——右行驶马达进出油口平均压力差，单位为帕(Pa)；

$\overline{P}_{13}$——右马达进油口平均压力，单位为帕(Pa)；

$\overline{P}_{15}$——右马达出油口平均压力，单位为帕(Pa)。

23.4 **履带式挖掘机直线行驶阻力矩及制动试验**(以马达输出力矩为代表)

23.4.1 **试验条件**

23.4.1.1 挖掘机状态按 4.3 的规定。

23.4.1.2 试验场地按 8.6.1 b)的规定。

23.4.2 **仪器设备**

压力传感器、温度计、流量计、测速仪、动态应变仪、示波器、标杆、计时器等。

23.4.3 **试验方法**

试验按如下方法进行：

a) 发动机的转速调至额定转速，工作装置处于行驶状态；

b) 挖掘机以最高及最低速度直线前进并进行制动。

23.4.4 **试验结果**

将测量结果记入表 B.25，并将示波图形分段，在分割处取值按公式(16)～公式(18)进行计算。

23.5 **履带式挖掘机转弯阻力矩试验**(以马达输出力矩为代表)

23.5.1 **试验条件**

23.5.1.1 挖掘机状态按 4.3 的规定。

23.5.1.2 试验场地按 8.2.2.1.2 的规定。

23.5.2 **仪器设备**

压力传感器、流量计、温度计、动态应变仪、示波器。

23.5.3 **试验方法**

试验按如下方法进行：

a) 发动机的转速调至额定转速，工作装置处于运行状态；

b) 分别驱动一条履带进行左、右转弯，测量马达进出口的压力；

c) 驱动两条履带(一条正转、一条反转)左转弯及右转弯。

23.5.4 **试验结果**

将测量结果记入表 B.26，并将示波图形分段，在分割处取值按公式(16)～公式(18)进行计算。

23.6 回转试验

23.6.1 试验条件

23.6.1.1 挖掘机状态按 9.1.1.1 的规定。

23.6.1.2 试验场地按 8.2.2.1.2 的规定。

23.6.2 仪器设备

温度计、压力传感器、流量计、动态应变仪、示波器、测速仪等。

23.6.3 试验方法

试验按如下方法进行：

a) 发动机转速调至额定转速；

b) 在铲斗空载及满载的情况下，操纵转台起动、制动(转台应分别进行左回转及右回转试验)。

23.6.4 试验结果

将测得的参数记入表 B.27，并按公式(19)、公式(20)进行计算，记入表 B.27：

$$M_b = \frac{\Delta P_m \cdot q}{2\pi} \qquad \cdots\cdots(19)$$

$$\Delta P_m = P_{16} - P_{17} \qquad \cdots\cdots(20)$$

式中：

M_b——马达回转阻力矩或制动力矩，单位为牛米(N·m)；

ΔP_m——马达进出油口压力差，单位为帕(Pa)；

P_{16}——马达 A 口平均压力，单位为帕(Pa)；

P_{17}——马达 B 口平均压力，单位为帕(Pa)。

23.7 液压油温升试验

23.7.1 试验条件

23.7.1.1 挖掘机状态按 4.3 的规定。

23.7.1.2 试验场地为土壤密度不低于 1 800 kg/m^3，具有一定高度和深度的工作面。

23.7.2 仪器设备

温度计、计时器、测速仪。

23.7.3 试验方法

试验按如下方法进行：

a) 发动机转速调至额定转速；

b) 油箱内装置温度计，测量油温；

c) 挖掘机应连续挖掘密度 1 800 kg/m^3～2 000 kg/m^3 的土壤，直至达到热平衡为止。

23.7.4 试验结果

将测得的数值记入表 B.28，根据表中数据绘制液压油热平衡图。

23.8 工作装置液压系统密封性试验

23.8.1 试验条件

23.8.1.1 挖掘机状态按 4.3 的规定。

23.8.1.2 试验场地按 5.1.1.2 的规定。

23.8.2 仪器设备

卷尺、直尺、温度计、标杆。

23.8.3 试验方法

试验按如下方法进行：

a) 铲斗装满物料(标准载荷)；

b) 反铲挖掘机动臂液压缸、铲斗液压缸全伸，斗杆液压缸全缩，见图 14；

c) 正铲挖掘机铲斗放平，工作装置提升到最高位置，见图 15；

d) 发动机熄火后进行测量。

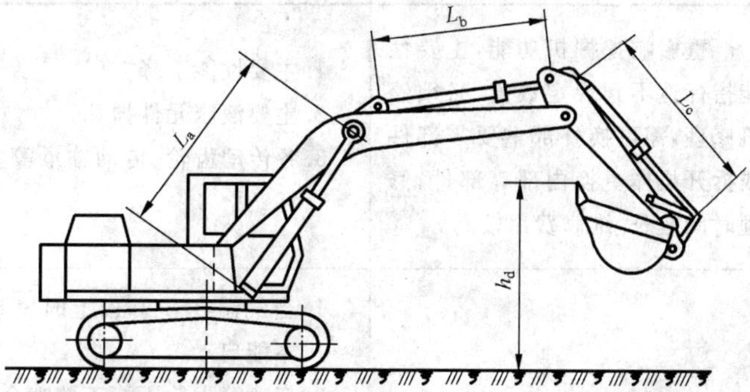

图 14

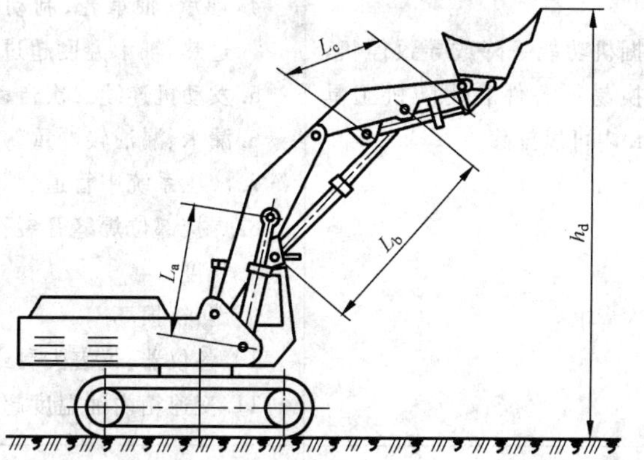

图 15

23.8.4 试验结果

将测量结果记入表 B.29。

24 工业性试验

24.1 试验目的

挖掘机工业试验的目的是在作业场地全面考核工作的可靠性、主要零件的耐磨性、性能指标的稳定性、操作的舒适性以及生产率和油耗等经济指标。

24.2 故障分类

故障的划分原则、判别准则和加权系数见表 1。

表 1 故障分类表

故障类别	故障名称	划分原则	判别准则	加权系数
0	致命故障	严重危及或导致人身伤亡，引起重要总成报废或主要部件严重损坏，造成严重经济损失	1. 发动机损坏 2. 车架、动臂、斗杆、转台断裂 3. 车轮脱落 4. 转向、换向机构失灵或损坏 5. 制动器、变速箱损坏 6. 重要构件断裂	—

表 1（续）

故障类别	故障名称	划分原则	判别准则	加权系数
1	严重故障	严重影响挖掘机功能，主要性能指标达不到规定数值，必须停机修理，需更换外部重要零部件或拆开机体更换内部零部件，修理时间较长，维修费用较高	1. 主要性能下降 2. 主要液压元件损坏 3. 各传动齿轮、传动轴承等主要零部件损坏	1.5
2	一般故障	挖掘机功能下降或导致停机，用更换易损备件和用随机工具在 2 h 内可以排除	1. 当气温在 5 ℃以上时发动机连续三次不能启动 2. 变速箱齿轮不能正常啮合 3. 变速箱、主要液压元件及万向节发生异常响声 4. 轴承、轴承壳、制动器壳体及其他机件过热，轴承温度超过 110 ℃ 5. 发动机连续二次自动熄火造成停机 6. 漏水、漏油较严重 7. 液压系统中管道、管接头损坏 8. 焊接部位焊缝开裂长度大于 5%的相对长度 9. 键、销损坏 10. 各仪器、仪表失灵或损坏 11. 变速箱内油温度超过 80 ℃	0.8
3	轻微故障	挖掘机的使用性能有轻微影响，用更换易损备件和用随机工具在 20 min 内能够排除	1. 渗水、渗油较严重 2. 转向灯、照明灯不亮 3. 焊接部位焊缝开裂长度小于 5%相对长度 4. 螺栓松动等轻微故障	0.1

24.3 试验条件

24.3.1 供工业性试验的挖掘机应从制造商当月(或当季)生产批量中，经制造商质量检验部门检验合格的产品中随机抽取一台。对于挖掘机的整机质量不大于 40 t 的样机应在不少于 5 台中随机抽取。若在用户中抽取样机时，抽样基数不限，挖掘机应处于正常工作状态。

24.3.2 试验场地应选择土壤密度为 1 500 kg/m³～1 800 kg/m³ 的土石方工地(可在实际工地或在专用的试验场)，并能满足样机使用要求和设计要求的各种负荷工况。

24.3.3 样机作业的工业性试验的累计时间，小型挖掘机应不少于 400 h，大于 6 t 液压挖掘机应不少于 800 h。

24.4 试验前的准备

24.4.1 样机的技术文件和履历(包括样机从试车、调整直至出厂的履历)应齐全。

24.4.2 样机各总成、部件、附件及随机工具应完整。登记样机的制造商、型号、编号、发动机编号和主要总成编号及出厂日期。

24.4.3 样机燃油箱的油标尺刻度应进行标定。

24.4.4 在试验期间，对样机计划保养和调整的日期(或作业时间)、项目和时间提出建议并记入表 B.30。

24.5 试验程序

24.5.1 磨合试验

24.5.1.1 检验样机各部位的技术状态应符合有关技术文件的规定。按样机使用说明书或制造商规定的磨合规范进行磨合。

24.5.1.2 样机磨合后，进行检验和调整。

24.5.2 性能初试

按GB/T 9139规定的型式检验项目，对样机的初期性能进行检验。性能检验项目的试验方法按本标准的规定。

24.5.3 工况及要求

24.5.3.1 在保证安全生产的前提下，样机应在全负荷状态下工作，当自由卸土作业工况时，样机的平均生产率应不低于其理论生产率的45%；当装车作业工况时，样机的平均生产率应不低于其理论生产率的40%。

24.5.3.2 试验期间，连续2 h以上的作业时间总计不得少于总试验时间的95%。

24.5.3.3 试验期间，应根据样机的使用说明书和表B.30的要求进行技术保养，并作好记录。

24.5.3.4 试验期间，应按表B.31和表B.32的规定进行测定并记录，必要时应附有简图或照片。样机发生故障后应及时分析、诊断和修复。

24.5.4 性能复试

累计试验800 h后，应按24.5.2进行性能复试。

24.6 试验结果

24.6.1 特征量的计算方法

24.6.1.1 平均故障间隔时间

试验期间，样机出现致命故障，则判为不合格品。对于没有出现致命故障的样机，平均故障间隔时间按公式(21)计算：

$$\mathrm{MTBF}=\frac{T_0}{\left(\sum_{i=1}^{3}R_ie_i\right)+1} \qquad (21)$$

式中：

MTBF——平均故障间隔时间，单位为小时(h)；

T_0——试验期间，样机作业时间的总和，单位为小时(h)；

R_i——试验期间，样机出现第 i 类故障次数的总和；

e_i——第 i 类故障的加权系数。

24.6.1.2 有效度

有效度按公式(22)计算：

$$K=\frac{T_0}{T_0+T_1+T_2}\times 100 \qquad (22)$$

式中：

K——有效度，(%)；

T_1——试验期间，排除故障时间(包括分析、诊断、修复、调试的时间)的总和，单位为小时(h)；

T_2——试验期间，维护保养时间(加水、加燃油除外)的总和，单位为小时(h)。

24.6.1.3 平均生产率

平均生产率按公式(23)计算：

$$Q_{均}=\frac{V}{T_0} \qquad (23)$$

式中：

$Q_{均}$——平均生产率，单位为立方米每小时（m^3/h）；

V——试验期间，样机完成土方量的总和，单位为立方米（m^3）。

24.6.1.4 **平均燃油消耗量**

平均燃油消耗量按公式（24）计算：

$$G_1 = \frac{1\ 000 G_0}{V} \quad \cdots\cdots\cdots\cdots (24)$$

式中：

G_1——平均燃油消耗量，单位为毫升每立方米（mL/m^3）；

G_0——试验期间，样机消耗燃油的总和，单位为升（L）。

24.6.2 **试验报告**

24.6.2.1 试验报告中应包括试验依据、试验目的、试验对象以及试验的参加人员和试验的起止日期。

24.6.2.2 试验报告中应包括试验场地、环境和工况情况、性能试验和工业性试验的结果以及试验中所用的仪器和设备。

附　录　A
（规范性附录）
液压挖掘机技术参数、调试、检测记录表

表 A.1　挖掘机技术参数表

样机型号____________制造商名称____________工作装置种类____________

项　目	内　容		单　位	数　值
发动机	型号		—	
	额定功率		kW	
	额定转速		r/min	
铲斗容量	正铲		m^3	
	反铲			
整机主要参数	质量		kg	
	长度		mm	
	宽度			
	高度			
	前桥载荷		N	
	后桥载荷			
	接地比压		Pa	
机体主要尺寸	转台宽度		mm	
	最大总高度			
	最大高度			
	离地间隙			
	回转半径			
	转台尾端长度			
	轮胎式	轮距		
		轮宽		
		支腿中心宽度		
	轴距			
	履带式	履带总长度		
		履带宽度		
		履带轨距		
作业参数	最大挖掘半径		mm	
	最大卸载高度时的半径			
	最大挖掘高度			
	最大挖掘深度			
	最大卸载高度			
	最大卸载半径			
	最大挖掘半径时的高度			
	停机面最大挖掘半径			

表 A.1(续)

项 目	内 容		单 位	数 值
性能参数	铲斗宽度		mm	
	爬坡能力		—	
	行驶速度		km/h	
	回转速度		r/min	
	最小转弯直径		mm	
	最大挖掘力		N	
	作业循环时间		s	
	最大转向角	左	(°)	
		右	(°)	
液压系统	泵的型号		—	
	泵的流量		L/min	
	最大工作压力		Pa	
	回转马达型号		—	
	行驶马达型号		—	
	主阀型号		—	

表 A.2 挖掘机调试记录

样机型号＿＿＿＿＿＿＿＿出厂编号＿＿＿＿＿＿＿＿发动机型号＿＿＿＿＿＿＿＿

序号	调试项目	日 期/ 年.月.日	时 间/ h	地 点	故障及排除方法	备 注
1						
2						
3						
4						
5						
6						
7						
8						
跑合运转	行驶					
	作业					
运转总时间						
注:在调试项目栏内填写制造、装配、试车、跑合运转和检修情况。						

表 A.3　试验前主要零件检测记录表

样机型号＿＿＿＿＿＿＿＿＿＿＿＿试验日期＿＿＿＿＿＿＿＿＿＿＿＿试验人员＿＿＿＿＿＿＿＿＿＿＿＿

出厂编号＿＿＿＿＿＿＿＿＿＿＿＿试验地点＿＿＿＿＿＿＿＿＿＿＿＿＿＿＿＿＿＿＿＿＿＿＿＿＿＿＿＿

部件名称	零件名称	测量部位	测量尺寸/mm				备　注
			1 次	2 次	3 次	平均	
工作装置							
转　台							
底　盘							
液压系统							
其　他							

附 录 B
（规范性附录）
液压挖掘机测试记录表

表 B.1 履带式挖掘机主机外形尺寸测定记录表

样机型号________ 试验日期________ 试验人员________

出厂编号________ 试验地点________

单位为毫米

项 目	测 定 值	备 注
最大长度		
最大宽度		
最大总高度		
最大高度		
装运高度		
离地间隙		
转台离地高度		
履带轨距		
转台宽度		
转台总宽度		
履带轴距(履带接地长度)		
回转中心至驱动轮中心的距离		
转台尾端长度		
履带总长度		
履带宽度		
履带高度		
回转半径		

表 B.2 轮胎式挖掘机主机外形尺寸测定记录表

样机型号________ 试验日期________ 试验人员________

出厂编号________ 试验地点________

单位为毫米

项 目	测 定 值	备 注
最大长度		
最大宽度		
最大总高度		
最大高度		
装运高度		
离地间隙		
转台离地高度		
轮距		
转台宽度		
转台总宽度		

表 B.2（续）

单位为毫米

项　　目	测　定　值	备　注
支腿中心宽度		
轴距		
回转中心至后轮中心的距离		
转台尾端长度		
回转半径		

表 B.3　正铲工作装置作业尺寸记录表

样机型号＿＿＿＿＿＿试验日期＿＿＿＿＿＿试验人员＿＿＿＿＿＿

出厂编号＿＿＿＿＿＿试验地点＿＿＿＿＿＿

参　数　名　称	单位	测　量　值	备　注
最大挖掘半径	mm		
停机面最大挖掘半径			
停机面最小挖掘半径			
最大卸载高度时的半径			
最大挖掘高度时的半径			
停机面水平最小半径			
最大挖掘深度			
最大挖掘高度			
最大挖掘半径时的高度			
最大卸载高度			
铲斗容量	m^3		

表 B.4　反铲工作装置作业尺寸记录表

样机型号＿＿＿＿＿＿试验日期＿＿＿＿＿＿试验人员＿＿＿＿＿＿

出厂编号＿＿＿＿＿＿试验地点＿＿＿＿＿＿

参　数　名　称	单位	测　量　值	备　注
最大挖掘半径	mm		
停机面最大挖掘半径			
停机面最小挖掘半径			
最大卸载高度时的半径			
最大挖掘高度时的半径			
停机面水平最小半径			
最大挖掘深度			
最大挖掘高度			
最大挖掘半径时的高度			
最大卸载高度			
铲斗容量	m^3		

表 B.5 液压缸移动速度测定记录表

样机型号________试验日期________试验人员________

出厂编号________试验地点________

油缸名称		移动距离/m	移动时间/s	移动速度/(m/s)	液压油温度/℃	发动机转速/(r/min)
动臂液压缸	伸出					
	收回					
斗杆液压缸	伸出					
	收回					
铲斗液压缸	伸出					
	收回					

表 B.6 质量测定记录表

样机型号________试验日期________试验人员________

出厂编号________试验地点________

单位为千克

测定项目	测定值	备注
整机质量		
机体质量		包括动臂铰轴
工作装置质量		
动臂质量		包括斗杆液压缸,斗杆铰轴等连接件
斗杆质量		包括铲斗液压缸,铲斗连杆摇臂等
铲斗质量		
动臂液压缸质量		

表 B.7 桥荷分配测量记录表

样机型号________试验日期________试验人员________

出厂编号________试验地点________

测定项目		试验次数	单位	测定值	备注
前桥	左轮载荷	1	kN		
		2			
		3			
		平均			
	右轮载荷	1			
		2			
		3			
		平均			
	前桥轴载荷	平均			
	桥荷比	平均	—		

表 B.7（续）

测定项目		试验次数	单位	测定值	备注
后桥	左轮载荷	1	kN		
		2			
		3			
		平均			
	右轮载荷	1			
		2			
		3			
		平均			
	后桥轴载荷	平均			
	桥荷比	平均	—		

表 B.8　履带接地比压测定记录表

样机型号________试验日期________试验人员________

出厂编号________试验地点________

测定项目			测定值	备注
整机质量　M		kg		
履带板宽　W_1		m		
履带轴距　L_2		m		
履带高　H_7		m		
接地比压　E_a		Pa		

表 B.9　轮胎比压测定记录表

样机型号________试验日期________试验人员________

出厂编号________试验地点________

轮胎压力(kPa)：　左______(前)______(后)______

　　　　　　　　右______(前)______(后)______

测量项目		空载荷				标准载荷			
		前轮		后轮		前轮		后轮	
		左	右	左	右	左	右	左	右
轮胎承受载荷	N								
轮胎接地面积	cm^2								
轮胎印痕面积	cm^2								
接地比压	kPa								
印痕比压	kPa								

表 B.10 支腿试验记录表

样机型号________试验日期________试验人员________
出厂编号________试验地点________

支腿名称	所需时间/s	备注
前左		
前右		
后左		
后右		

表 B.11 倾翻力矩测定记录表

样机型号________试验日期________试验人员________
出厂编号________试验地点________工作装置种类________

项目			F_t/kN	S/m	M_t/(kN·m)	备注
正铲	纵向	(1)				
		(2)				
	横向	(3)				
		(4)				
反铲	纵向	(1)				
		(2)				
	横向	(3)				
		(4)				

表 B.12 转弯直径试验记录表

样机型号________试验日期________出厂编号________
试验地点________路面状况________试验人员________

单位为毫米

行驶方向	回转方向	转弯直径		备注
		工作装置最外点	履带轮胎外侧轨迹中心	
前进	左转			
	右转			
后退	左转			
	右转			

表 B.13 爬坡能力试验记录表

样机型号＿＿＿＿样机形式＿＿＿＿试验日期＿＿＿＿
整机质量＿＿＿＿kg 气温＿＿＿＿℃ 风速＿＿＿＿m/s 出厂编号＿＿＿＿
轮胎气压＿＿＿＿试验地点＿＿＿＿试验人员＿＿＿＿

序号	倾斜角度/(°)	挡位	预测距离/m	测定距离/m	所需时间/s	平均速度/(km/h)	爬坡所需功率/kW	发动机转速/(r/min)	备注
1									
2									
3									
4									
5									
6									
注：利用提高车速法测定最大爬坡能力时，将提高的速度及最大爬坡值填入备注栏。									

表 B.14 行驶直线性能记录表

样机型号＿＿＿＿试验日期＿＿＿＿出厂编号＿＿＿＿试验人员＿＿＿＿
试验地点＿＿＿＿司　机＿＿＿＿
履带挠度＿＿＿＿mm　气温＿＿＿＿℃　湿度＿＿＿＿%

序　号	行驶方向	行驶速度/(km/h)	测定距离/m	跑偏量/m	备　注
1					
2					
3					
4					
5					

表 B.15 回转速度试验记录表

样机型号＿＿＿＿试验日期＿＿＿＿出厂编号＿＿＿＿试验人员＿＿＿＿
试验地点＿＿＿＿发动机转速＿＿＿＿r/min　液压油温度＿＿＿＿℃

铲斗载荷	工作装置位　置	转角/(°)	转向	回转时间/s				转　速/(r/min)	备　注
				1次	2次	3次	平均		
空　载	Ⅰ		左						
			右						
	Ⅱ		左						
			右						
满　载	Ⅰ		左						
			右						
	Ⅱ		左						
			右						

表 B.16 回转制动试验记录表

样机型号______________试验日期______________出厂编号______________试验人员______________

试验地点________________________发动机转速______________r/min 液压油温度______________℃

铲斗载荷	工作装置位置	转向	转角/(°)				制动时间/s				备注
			1次	2次	3次	平均	1次	2次	3次	平均	
空载	Ⅰ	左									
		右									
	Ⅱ	左									
		右									
满载	Ⅰ	左									
		右									
	Ⅱ	左									
		右									

表 B.17 回转力矩试验记录表

样机型号______________试验日期______________出厂编号______________试验人员______________

试验地点________________________发动机转速______________r/min 液压油温度______________℃

铲斗载荷	工作装置位置	转向	力臂/m	拉力/N				回转力矩/(N·m)	备注
				1次	2次	3次	平均		
空载	Ⅰ	左							
		右							
	Ⅱ	左							
		右							

表 B.18 回转摩擦阻力矩试验记录表

样机型号______________试验日期______________出厂编号______________试验人员______________

试验地点________________________发动机转速______________r/min 液压油温度______________℃

铲斗载荷	工作装置位置	转向	力臂/m	拉力/N				回转摩擦阻力矩/(N·m)	备注
				1次	2次	3次	平均		
空载	Ⅰ	左							
		右							
	Ⅱ	左							
		右							

表 B.19 振动试验数据表

样机型号__________试验日期__________出厂编号__________

试验人员__________试验地点__________气　温__________℃

挖掘机状态		振动加速度/(m/s²)		备　注
		司机坐垫上	司机室地板上	
发动机空载运转				
挖掘作业时				
行驶时(履带式)				水泥、沥青路面
				碎石土路面
行驶时(轮胎式)	低速挡			水泥、沥青路面
				碎石土路面
	高速挡			水泥、沥青路面
				碎石土路面

表 B.20 挖掘机作业汇总表

样机型号__________试验日期__________出厂编号__________

松散系数__________铲斗容量__________m³ 土壤含水率__________%

试验人员__________试验地点__________

序号	作业方式	测定值					平均循环时间/s					计算值			
		总时间/s	总耗油量/L	循环次数	总挖土量(松散的)		挖掘	回转	装载	回转	合计	耗油率/(L/h)	单位燃油挖土量/m³	每个循环挖土量/(m³/次)	实际平均生产率/(m³/h)
					kN	m³									
1															
2															
3															
4															
5															
6															

表 B.21 静态强度试验记录表

样机型号＿＿＿＿＿＿＿＿出厂编号＿＿＿＿＿＿＿＿试验日期＿＿＿＿＿＿＿＿

铲斗液压缸位移＿＿＿＿＿mm 斗杆液压缸位移＿＿＿＿＿mm 动臂液压缸位移＿＿＿＿＿mm

挖掘力＿＿＿＿＿kN 试验人员＿＿＿＿＿ 试验地点＿＿＿＿＿＿＿＿

名 称	测量点坐标位置/mm			测量点代号	各实测应力数值/Pa				备 注
	x	y	z		1次	2次	3次	平均	
动 臂				A					
				B					
				C					
斗 杆				D					
				E					
				F					
转 台				G					
				H					
				I					
底 架				J					
				K					

表 B.22 动态强度试验记录表

样机型号＿＿＿＿＿＿＿＿试验日期＿＿＿＿＿＿＿＿出厂编号＿＿＿＿＿＿＿＿

试验人员＿＿＿＿＿＿＿＿试验地点＿＿＿＿＿＿＿＿液压油温度＿＿＿＿＿℃

单位为兆帕

参数名称	测 量 数 值								
动臂液压缸大腔压力									
动臂液压缸小腔压力									
动臂液压缸位移/mm									
动臂(　)点应力									
动臂(　)点应力									
动臂(　)点应力									
…									
斗杆液压缸大腔压力									
斗杆液压缸小腔压力									
斗杆液压缸位移/mm									
斗杆(　)点应力									
斗杆(　)点应力									
斗杆(　)点应力									
…									

表 B.22（续） 单位为兆帕

参数名称	测量数值								
铲斗液压缸大腔压力									
铲斗液压缸小腔压力									
铲斗液压缸位移/mm									
斗杆（　）点应力									
斗杆（　）点应力									
斗杆（　）点应力									
…									
底架（　）点应力									
底架（　）点应力									
底架（　）点应力									
…									
注：括号中填写点的代号。									

表 B.23　液压系统空流阻力试验记录表

样机型号＿＿＿＿＿＿＿＿试验日期＿＿＿＿＿＿＿＿出厂编号＿＿＿＿＿＿＿＿

试验人员＿＿＿＿＿＿＿＿试验地点＿＿＿＿＿＿＿＿液压油温度＿＿＿＿＿＿℃

参数名称	测量次数	测量结果				备注
		泵Ⅰ（左）		泵Ⅱ（右）		
油泵出口压力/Pa	1	P_1		P_2		
	2	P_1		P_2		
	3	P_1		P_2		
	平均值					
油泵出口流量/（L/min）	1	Q_1		Q_2		
	2	Q_1		Q_2		
	3	Q_1		Q_2		
	平均值					
油箱回油口压力/Pa	1	P_4		P_4		
	2	P_4		P_4		
	3	P_4		P_4		
	平均值					
空流阻力/Pa	计算值					

表 B.24　履带式挖掘机行驶机构内阻力矩试验记录表

样机型号＿＿＿＿＿＿＿＿试验日期＿＿＿＿＿＿＿＿出厂编号＿＿＿＿＿＿＿＿

试验人员＿＿＿＿＿＿＿＿试验地点＿＿＿＿＿＿＿＿液压油温度＿＿＿＿＿＿＿＿℃

参数名称	测量次数	测量结果				备注
		左		右		
油泵出口压力/Pa	1	P_1		P_2		
	2	P_1		P_2		
	3	P_1		P_2		
	平均值					
油泵出口流量/(L/min)	1	Q_1		Q_2		
	2	Q_1		Q_2		
	3	Q_1		Q_2		
	平均值					
马达进口压力/Pa	1	P_{12}		P_{13}		
	2	P_{12}		P_{13}		
	3	P_{12}		P_{13}		
	平均值					
马达出口压力/Pa	1	P_{14}		P_{15}		
	2	P_{14}		P_{15}		
	3	P_{14}		P_{15}		
	平均值					
行驶机构内阻力矩/(N·m)	计算值					

表 B.25　履带式挖掘机直线行驶阻力矩试验记录表

样机型号＿＿＿＿＿＿＿＿试验日期＿＿＿＿＿＿＿＿出厂编号＿＿＿＿＿＿＿＿

试验人员＿＿＿＿＿＿＿＿发动机转速＿＿＿＿＿＿＿＿r/min　行驶速度＿＿＿＿＿＿＿＿km/h

试验地点＿＿＿＿＿＿＿＿＿＿＿＿＿＿＿＿＿＿＿＿＿＿＿＿

参数名称	测量次数	测量结果				备注
		左		右		
油泵出口压力/Pa	1	P_1		P_2		
	2	P_1		P_2		
	3	P_1		P_2		
	平均值					
油泵出口流量/(L/min)	1	Q_1		Q_2		
	2	Q_1		Q_2		
	3	Q_1		Q_2		
	平均值					

表 B.25（续）

参数名称	测量次数	测量结果				备注
		左		右		
马达进口压力/Pa	1	P_{12}		P_{13}		
	2	P_{12}		P_{13}		
	3	P_{12}		P_{13}		
	平均值					
马达出口压力/Pa	1	P_{14}		P_{15}		
	2	P_{14}		P_{15}		
	3	P_{14}		P_{15}		
	平均值					
直线运行阻力矩/(N·m)	计算值					

表 B.26 履带式挖掘机转弯阻力矩试验记录表

样机型号________出厂编号________试验日期________

试验人员________发动机转速________r/min 液压油温度________℃

试验地点________

参数名称	测量次数	测量结果				备注
		左		右		
油泵出口压力/Pa	1	P_1		P_2		
	2	P_1		P_2		
	3	P_1		P_2		
	平均值					
油泵出口流量/(L/min)	1	Q_1		Q_2		
	2	Q_1		Q_2		
	3	Q_1		Q_2		
	平均值					
马达进口压力/Pa	1	P_{12}		P_{13}		
	2	P_{12}		P_{13}		
	3	P_{12}		P_{13}		
	平均值					
马达出口压力/Pa	1	P_{14}		P_{15}		
	2	P_{14}		P_{15}		
	3	P_{14}		P_{15}		
	平均值					
转弯阻力矩/(N·m)	计算值					

表 B.27 回转试验记录表

样机型号__________ 出厂编号__________ 试验日期__________

试验人员__________ 发动机转速__________ r/min 液压油温度__________ ℃

试验地点__________

铲斗载荷	工作装置状况	回转状况	转向	测量参数					马达回转阻力矩/(N·m)	备注
				泵Ⅰ出口压力 P_1/Pa	泵Ⅰ出口流量 Q_1/Pa	泵Ⅱ出口压力 P_2/Pa	马达A口压力 P_{16}/Pa	马达B口压力 P_{17}/Pa		
空载	Ⅰ	起动	左							
			右							
	Ⅱ		左							
			右							
空载	Ⅰ	匀速回转	左							
			右							
	Ⅱ		左							
			右							
空载	Ⅰ	制动	左							
			右							
	Ⅱ		左							
			右							
满载	Ⅰ	起动	左							
			右							
	Ⅱ		左							
			右							
满载	Ⅰ	匀速回转	左							
			右							
	Ⅱ		左							
			右							
满载	Ⅰ	制动	左							
			右							
	Ⅱ		左							
			右							

表 B.28 液压油温升试验记录表

样机型号________________出厂编号________________试验日期________________

试验人员________________发动机转速__________r/min 试验地点________________

序号	时间/min	温度/℃		备注
		环境温度	液压油温度	
1	0			
2	10			
3	20			
4	30			
5	40			
6	50			
7	60			
8	80			
9	100			
10	120			
11	140			
12	160			
13	180			
14	200			
15	240			

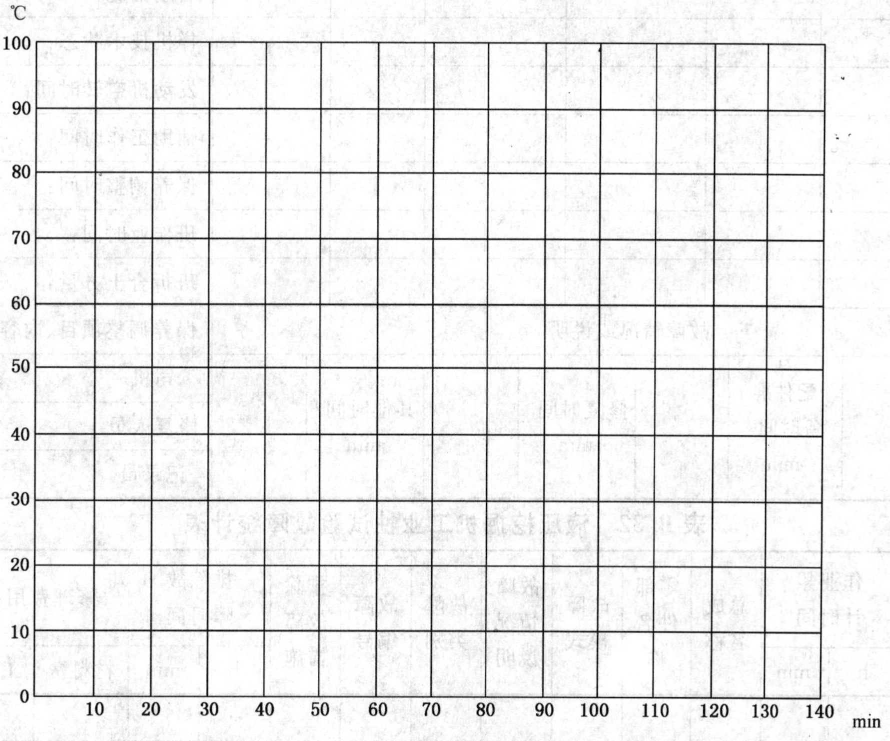

表 B.29 工作装置液压系统密封性试验记录表

样机型号______________试验日期______________出厂编号______________

试验人员______________液压油温度______________℃试验地点______________

时间/min	测量参数/mm				备注
	L_a	L_b	L_c	h_d	
0					
5					
10					
经过 10 min 参数的总变化量					

表 B.30 液压挖掘机计划保养和调整建议表

样机型号		编 号		填表人		填报日期	
计划保养和调整的日期(或作业时间)、项目和时间							
保养单位						负责人	
参试人员							

表 B.31 液压挖掘机工业性试验班次记录表

样机型号		编号		日期		班次		液压油温度/℃: 班前 班后
试验场地				天气		气温/℃		发动机机油温度/℃:班前 班后
作业统计	作业工况	土质情况	作业起止时间	挖掘深度/m	挖掘斗(车)数	折合土方量/m³		班燃油消耗(或加燃油)量: L
								班机油消耗(或加机油)量: L
								启动情况:
								样机技术状态:
								发动机空转时间: min
								辅助工作时间: min
								保养调整时间: min
								班作业时间: h min
								班折合土方量: m³
故障情况或说明								保养调整项目、内容
故障停机时间/min		配件准备时间/min		修复时间/min		其他时间/min		司机
								修复人员
								记录员

表 B.32 液压挖掘机工业性试验故障统计表

序号	故障出现日期	作业累计时间		总成名称	零部件名称	故障模式	故障情况说明	故障类别	故障编号	排除故障措施	排除故障时间		修理费用/元		故障责任单位
		h	min								h	min	材料费	工时费	

ICS 53.060
J 83

GB

中华人民共和国国家标准

GB/T 7593—2008/ISO 3287:1999
代替 GB/T 7593—1987

机动工业车辆 驾驶员控制装置及其他显示装置用符号

Powered industrial trucks—Symbols for operator controls and other displays

(ISO 3287:1999,IDT)

2008-07-09 发布 2009-02-01 实施

中华人民共和国国家质量监督检验检疫总局
中国国家标准化管理委员会 发布

前言

本标准等同采用 ISO 3287:1999《机动工业车辆　驾驶员控制装置和其他显示装置用符号》(英文版)。

本标准等同翻译 ISO 3287:1999。

为了便于使用,本标准做了下列编辑性修改:

——“本国际标准”一词改为“本标准”。

——删除了国际标准的前言。

——ISO 3287:1999 中引用的国际标准 ISO 3461-1:1988 和 ISO 4196,由于 ISO 3461-1:1988 已被 IEC 80416-1:2001 代替,ISO 4196 已被 ISO 80416-2:2001 代替,因此,在转化成我国标准时,用 IEC 80416-1:2001 代替原标准中的 ISO 3461-1:1988,用 ISO 80416-2 代替 ISO 4196。在第 2 章规范性引用文件和具体章条中均做了相应的修改。

——将原国际标准 4.3 中“见 ISO 3461-1:1988 中 10.3”改为“见 IEC 80416-1:2001 中第 8 章”。

——将参考文献中引用的 ISO 7000:1989 用最新版本 ISO 7000:2004 代替,将 IEC 417:1973 用 IEC 60417-DB 代替。

——删除了附录 A,增加了中文索引。

本标准代替 GB/T 7593—1987《机动工业车辆　控制符号》。

本标准与 GB/T 7593—1987 相比主要变化如下:

——增加了第 2 章“规范性引用文件”;

——增加了第 3 章“术语和定义”;

——增加了第 4 章“总则”;

——增加了第 5 章“颜色”;

——删除了原标准中第 3 章“货物搬运符号用法”、第 5 章“涉及动作的其他操纵控制符号用法”和第 7 章“仅用于表示信息或识别的符号用法”。

——将原标准按“货物搬运符号”、“涉及动作的其他操作控制符号”和“仅用于表示信息或识别的符号”三部分分类规定的控制符号改为本标准按“基本符号”、“制动系统符号”、“驾驶室符号”、“驾驶控制符号”、“发动机符号”、“电气系统符号”、“燃油符号”、“变速器符号”、“液压系统符号”、“照明符号”、“维护保养符号”、“载荷搬运控制符号”十二部分分类规定的操作控制符号和其他图示符号;

——本标准共规定符号 235 个,比原标准增加符号 162 个;

——删除了附录 A;

——增加了“中文索引”和“英文索引”。

本标准由中国机械工业联合会提出。

本标准由全国工业车辆标准化技术委员会(SAC/TC 332)归口。

本标准负责起草单位:北京起重运输机械研究所。

本标准参加起草单位:浙江诺力机械股份有限公司。

本标准主要起草人:赵春晖。

本标准所代替标准的历次版本发布情况为:

——GB/T 7593—1987。

机动工业车辆 驾驶员控制装置及其他显示装置用符号

1 范围

本标准规定了在机动工业车辆驾驶员控制装置及其他显示装置上使用的符号。

2 规范性引用文件

下列文件中的条款通过本标准的引用而成为本标准的条款。凡是注日期的引用文件，其随后所有的修改单(不包括勘误的内容)或修订版均不适用于本标准，然而，鼓励根据本标准达成协议的各方研究是否可使用这些文件的最新版本。凡是不注日期的引用文件，其最新版本适用于本标准。

IEC 80416-1:2001 设备用图形符号基本原则 第1部分:初始符号的建立

ISO 80416-2 设备用图形符号基本原则 第2部分:箭头的形式和使用

3 术语和定义

下列术语和定义适用于本标准。

3.1

符号 symbol

不依赖语言传递信息，视觉上能认知的图形。

注：图形可绘制，印制或通过其他方法制成。

4 总则

4.1 符号应如本标准下列各章条中所示。然而，对于用轮廓形式表示的符号，除个别另有说明者外，在实际使用时可加以填充，以提高其复制的清晰度和驾驶员视觉上的感知度。

4.2 由于某些复制和显示技术存在固有的局限性，可能需要增加线条的宽度或对符号作一些小的改动。只要该符号在基本图形元素方面没有变化，且驾驶员易于看清，这种改动是允许的。

4.3 为了改进图形符号的外观和提高其感知度，或者为了与采用该符号的设备在结构上相协调，可以对该符号的线条宽度作必要修改或对符号的边角进行修圆。只要该图形符号的实质性认知特性仍能保留，则图形设计者可以自由进行这样的改动。见 IEC 80461-1:2001 中第8章。

4.4 实际使用时，所有符号均应制成足够大的尺寸，使驾驶员易于识别。关于符号适合尺寸的指南见 IEC 80416-1。使用时，符号的朝向应如本标准所示，个别符号另有说明者除外。

4.5 多数符号均采用模块化方法构成，即将不同的符号和符号元素合理组合，构成新的符号。

4.6 如果符号表示一台机器或其零部件的侧视图，则假定机器在符号网格区内是从右向左运动的。如果符号表示一台机器或其零部件的俯视图，则假定机器在符号网格区内是从下向上运动的。

4.7 控制装置和显示装置上的符号相对于它们的衬底应具有良好的对比度。对于大多数控制装置来说，应优先采用深底色配浅色符号。对于显示装置，可采用深底色配浅色符号或浅底色配深色符号，看哪一个方案视觉效果更好。如果改变了一个符号图像的配色(例如，由白底黑图改为黑底白图或相反)，则所有的符号都应作同样的改变。

4.8 符号应位于所说明的控制装置或显示装置上或在其附近。一台控制装置需使用多个符号时，它们相对于该控制装置的位置分布应该是，当控制装置朝着符号所示的方向运动时，该符号所描述的功能便生效。

4.9 符号中使用的箭头应符合 ISO 80416-2 的要求。有关制定符号的一般原则应参考 IEC 80416-1 的要求。

4.10 本标准针对各个符号均列出了其 ISO/IEC 登记号。小于 5000 的登记号参见 ISO 7000;大于 5000 的登记号参见 IEC 60417-DB。

4.11 字母和数字可用作符号,但不列入 ISO 7000 中。本标准中标出的字体并非限制性的:可以用其他字体代替,但注意应确保清晰可读。

4.12 在本标准中符号被展示在 24 mm 见方的网格范围内(是 ISO 图形网格原尺寸的 32%)。网格记号"∟"限定了由 IEC 80416-1 规定的 75 mm 见方图形网格的 4 个角。角记号并非符号的一部分,但用于确保使所有符号展示的图形一致。

5 颜色

5.1 当用在带有灯光透射的显示装置上时,下列颜色具有所规定的含义:

- 红色:需要立即引起注意的故障、严重故障或危险作业状态;
- 黄色或琥珀色:超过正常作业极限或接近危险作业状态;
- 绿色:正常作业状态。

5.2 此外,某些颜色用于特定的功能:

- 蓝色:前照灯远光束显示;
- 红色:危险警告显示;
- 绿色:转向信号显示。

5.3 加热和/或冷却系统上的图形符号用颜色表示时,红色用于表示加热,蓝色用于表示冷却。

6 基本符号

序号	符号 形式/形状	符号说明/应用	ISO/IEC 登记号
6.1		发动机(往复式内燃发动机) Engine (RIC engine)	1156
6.2		变速器 Transmission	1166
6.3		液压系统 Hydraulic system	1409

序号	符号 形式/形状	符号说明/应用	ISO/IEC 登记号
6.4	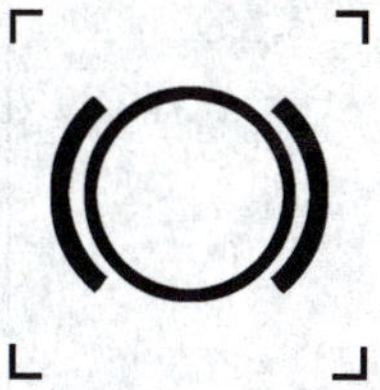	制动系统 Brake system	1399
6.5		油液 Oil	1056
6.6		水 Water	0536
6.7		液面指示器 Level indicator	0159 的应用
6.8		滤清器 Filter	1369
6.9		故障/失灵 Failure/malfunction	1603
6.10		温度 Temperature	0034

序号	符号 形式/形状	符号说明/应用	ISO/IEC 登记号
6.11		接通 On	5007
6.12	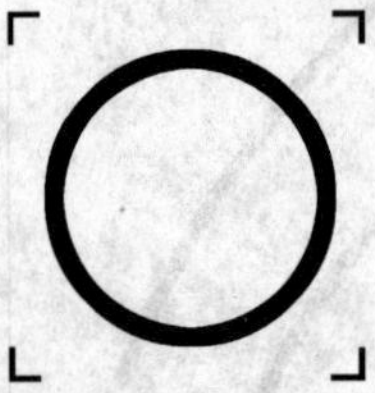	断开 Off	5008
6.13		重心 Centre of gravity	0627
6.14		接合 Engage	0022
6.15		脱开 Disengage	0023
6.16	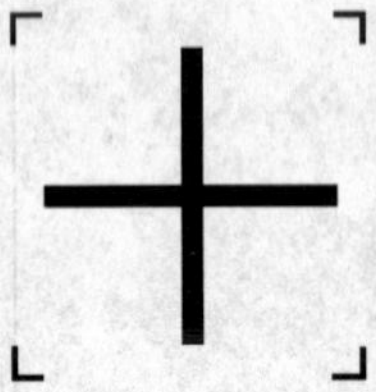	增大/正极 Increase/positive polarity	5005
6.17	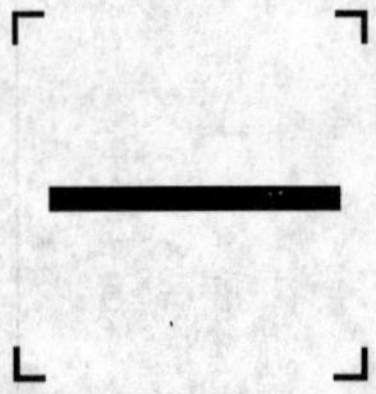	减小/负极 Decrease/negative polarity	5006

序号	符号 形式/形状	符号说明/应用	ISO/IEC 登记号
6.18		电能 Electric energy	0232
6.19	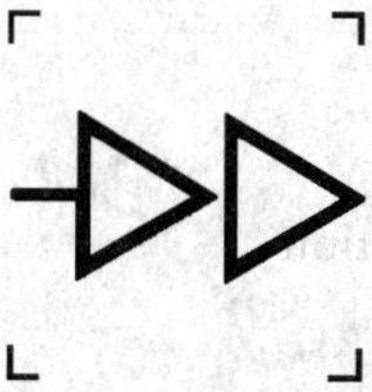	快速运行 Fast run	5108
6.20	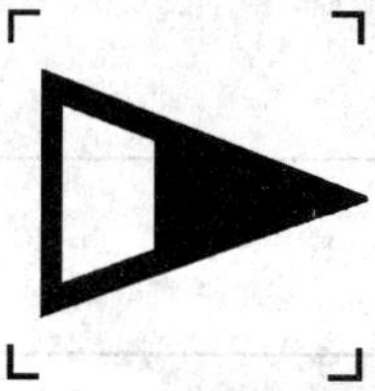	缓慢运行 Slow run	5124
6.21		快 Fast(application example)	应用举例
6.22		慢 Slow(application example)	应用举例
6.23		锁紧 Lock	1656
6.24	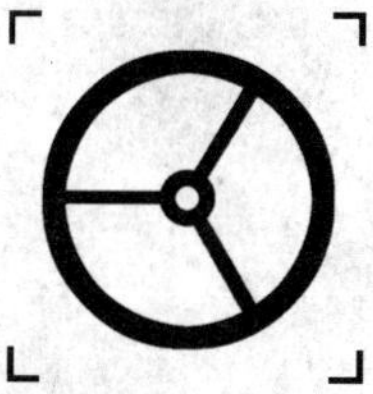	转向 Steering	0326

序号	符号 形式/形状	符号说明/应用	ISO/IEC 登记号
6.25		通风/换气风扇 Ventilating/air circulating fan	0089
6.26	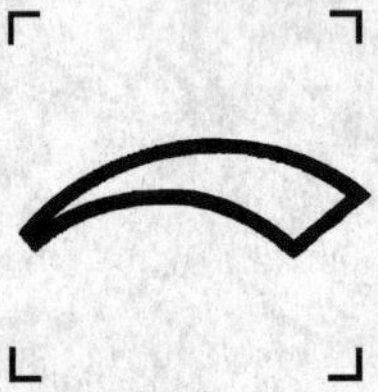	渐增变量——旋转 Progressively variable—Rotation	1364

7 制动系统符号

序号	符号 形式/形状	符号说明/应用	ISO/IEC 登记号
7.1		制动液 Brake fluid	1400
7.2		制动系统——压力 Brake system—Pressure	1402
7.3		制动系统——故障/失灵 Brake system—Failure/malfunction	0239
7.4		停车制动器 Parking brake	0238

序号	符号 形式/形状	符号说明/应用	ISO/IEC 登记号
7.5		制动衬垫磨损 Worn brake linings	1408
7.6		制动器——制动 Brake—On	0020
7.7		制动器——松开 Brake—Off	0021

8　驾驶室符号

序号	符号 形式/形状	符号说明/应用	ISO/IEC 登记号
8.1		驾驶室顶窗——除雾器/除霜器 Cab roof—Demister/defroster	2385
8.2	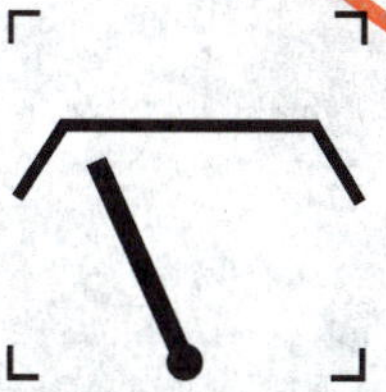	驾驶室顶窗——刮水器 Cab roof—Wiper	2387
8.3		驾驶室顶窗——清洗器 Cab roof—Washer	2386

序号	符号 形式/形状	符 号 说 明 / 应 用	ISO/IEC 登记号
8.4		驾驶室顶窗——清洗器和刮水器 Cab roof—Washer and wiper	2388
8.5		冷却/空调 Cooling/air conditioning	0027
8.6		升降式驾驶员位置——上升 Elevating operator position—Raise	2340
8.7		升降式驾驶员位置——下降 Elevating operator position—Lower	2339
8.8		座椅安全带——三点式 Seatbelt—Lap and shoulder belt	0249
8.9		座椅安全带——两点式 Seatbelt—Lap belt only	1702
8.10		室内加热器 Interior heating	0637

序号	符号 形式/形状	符号说明/应用	ISO/IEC 登记号
8.11	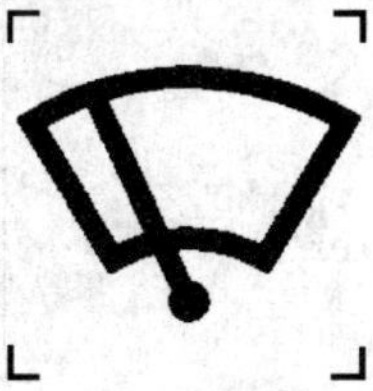	风挡刮水器 Windscreen/windshield wiper	0086
8.12		风挡清洗器 Windscreen/windshield washer	0088
8.13		风挡清洗器和刮水器 Windscreen/windshield washer and wiper	0087
8.14		风挡除雾器/除霜器 Windscreen/windshield demister/defroster	0635
8.15		后窗刮水器 Rear window wiper	0097
8.16		后窗清洗器 Rear window washer	0099
8.17		后窗清洗器和刮水器 Rear window washer and wiper	0098

序号	符号 形式/形状	符号说明/应用	ISO/IEC 登记号
8.18		后窗除雾器/除霜器 Rear window demister/defroster	0636
8.19	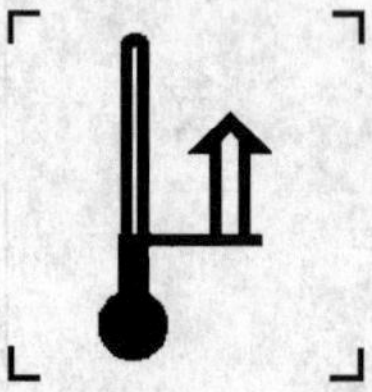	温度——升高 Temperature—Increasing	0035
8.20	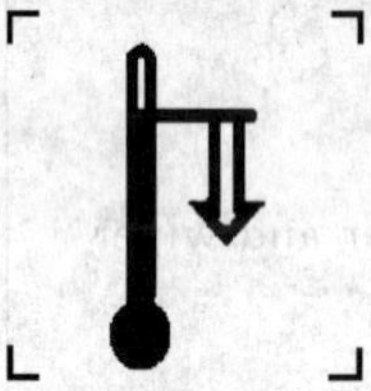	温度——降低 Temperature—Decreasing	0036
8.21	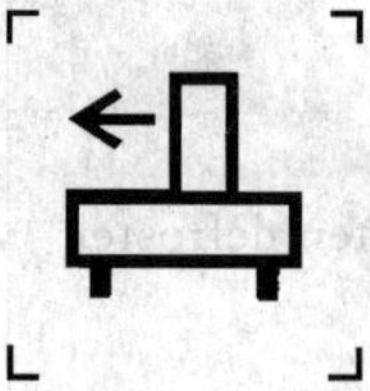	侧面叉车驾驶室——左向横移 Sideloader cab—Traverse left	2382
8.22		侧面叉车驾驶室——右向横移 Sideloader cab—Traverse right	2383
8.23		座椅调整——前后方向 Seat adjustment—Longitudinal	1428
8.24		座椅调整——高度方向 Seat height adjustment	1430

9 驾驶控制符号

序号	符号 形式/形状	符号说明/应用	ISO/IEC 登记号
9.1		两轮转向——前转向(机动工业车辆) 2-wheel steering—Front (Powered industrial trucks)	2391
9.2		两轮转向——后转向(机动工业车辆) 2-wheel steering—Rear (Powered industrial trucks)	2392
9.3		全(四)轮转向(机动工业车辆) All-(4)-wheel steering (Powered industrial trucks)	2393
9.4		蟹行转向(机动工业车辆) Crab steering (Powered industrial trucks)	2394
9.5	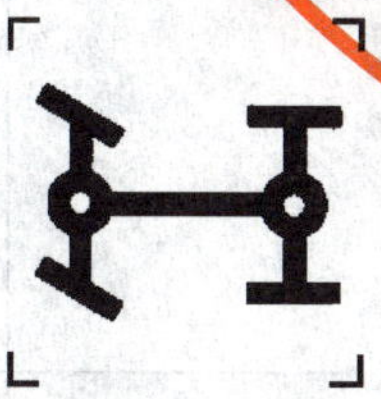	桥连接——全轮驱动[按需要添加"接通"与"断开"或"接合"与"脱开"符号] Axle connect—All wheel drive [Add symbol for "on" and "off" or "engage" and "disengage" as needed.]	1203
9.6		差速器锁[按需要添加"接通"与"断开"符号] Differential lock [Add symbols for "on" and "off" or "engage" and "disengage" as needed]	1662

序号	符号 形式/形状	符号说明/应用	ISO/IEC 登记号
9.7	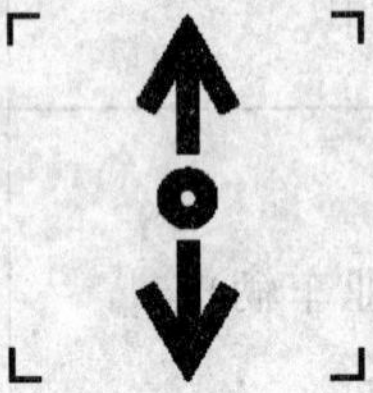	操作方向——前进/后退 Operating direction—Forward/reverse	1436
9.8		操作方向——多方向 Operating direction—Multiple direction	1703

10 发动机符号

序号	符号 形式/形状	符号说明/应用	ISO/IEC 登记号
10.1		发动机润滑油——压力 Engine lubricating oil—Pressure	1374
10.2		发动机润滑油——油位 Engine lubricating oil—Level	1373
10.3		发动机润滑油——滤清器 Engine lubricating oil—Filter	1376

序号	符号 形式/形状	符号说明/应用	ISO/IEC 登记号
10.4		发动机润滑油——温度 Engine lubricating oil—Temperature	1375
10.5		发动机冷却液——压力 Engine coolant—Pressure	1379
10.6		发动机冷却液——液位 Engine coolant—Level	1378
10.7		发动机冷却液——温度 Engine coolant—Temperature	1380
10.8	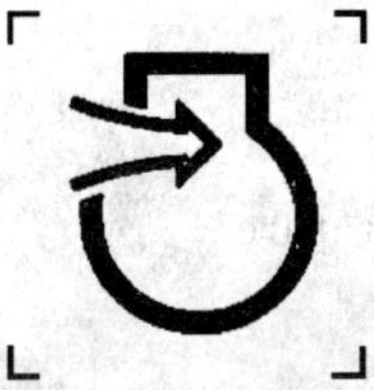	发动机燃气 Engine combustion air	1381
10.9		发动机燃气——压力 Engine combustion air—Pressure	1382
10.10		发动机燃气——滤清器 Engine combustion air—Filter	1170

序号	符号 形式/形状	符号说明/应用	ISO/IEC 登记号
10.11		发动机燃气——温度 Engine combustion air—Temperature	1383
10.12		发动机空气滤清器——压力 Engine air filter—Pressure	2395
10.13		发动机排气 Engine exhaust gas	1384
10.14		发动机排气——压力 Engine exhaust gas—Pressure	1385
10.15		发动机排气——温度 Engine exhaust gas—Temperature	1386
10.16		发动机——起动 Engine—Start	1387
10.17		发动机——停机 Engine—Stop	1388

序号	符号 形式/形状	符号说明/应用	ISO/IEC 登记号
10.18		发动机——故障/失灵 Engine—Failure/malfunction	1371
10.19		发动机——转速/频率 Engine—Rotational speed/frequency	1389
10.20		节气门(冷起动辅助装置) Choke (cold starting aid)	0243
10.21		电预热(低温起动辅助装置) Electrical preheat (low temperature start aid)	1704
10.22		喷气(低温起动辅助装置) Gas injection (low temperature start aid)	1547
10.23		发动机——水套加热器 Engine—Water jacket heater	2384

11 电气系统符号

序号	符号 形式/形状	符号说明/应用	ISO/IEC 登记号
11.1		蓄电池充电状态 Battery charging condition	0247
11.2	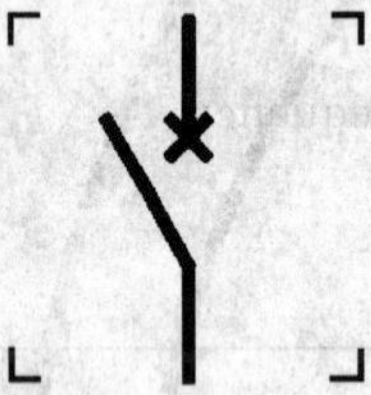	断路器 Circuit breaker	2400
11.3	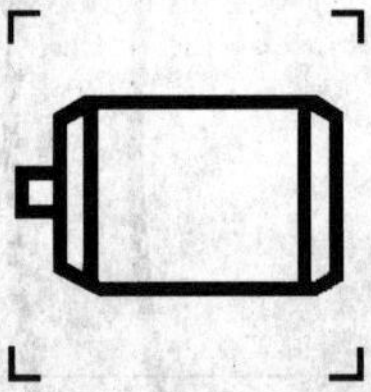	电动机 Electric motor	0011
11.4		蓄电池电源——断开 Battery power—Disconnect	2063
11.5		接通/断开 On/Off	5010
11.6		喇叭 Horn	0244

12 燃油符号

序号	符号 形式/形状	符号说明/应用	ISO/IEC 登记号
12.1		燃油——压力 Fuel—Pressure	1392
12.2	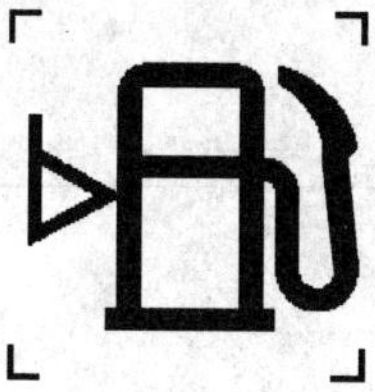	燃油——油位 Fuel—Level	1551
12.3		燃油——滤清器 Fuel—Filter	1393
12.4		燃油——温度 Fuel—Temperature	1394
12.5		燃油切断[不得用作发动机停止符号] Fuel shut-off [Not to used as engine stop symbol.]	1395
12.6		柴油(压缩点火) Diesel(compression-ignition) fuel	1541

序号	符号 形式/形状	符号说明/应用	ISO/IEC 登记号
12.7		汽油 Gasoline(petrol) fuel	0245
12.8		只能用无铅燃油 Unleadered fuel only	0237
12.9		液化石油气燃料 LPG fuel	2489

13 变速器符号

序号	符号 形式/形状	符号说明/应用	ISO/IEC 登记号
13.1		变速器油——压力 Transmission oil—Pressure	1167
13.2		变速器油——油位 Transmission oil—Level	1398
13.3		变速器油——滤清器 Transmission oil—Filter	1169

序号	符号 形式/形状	符号说明/应用	ISO/IEC 登记号
13.4		变速器油——温度 Transmission oil—Temperature	1168

14 液压系统符号

序号	符号 形式/形状	符号说明/应用	ISO/IEC 登记号
14.1		液压油——压力 Hydraulic oil—Pressure	1413
14.2		液压油——油位 Hydraulic oil—Level	1412
14.3		液压油——滤清器 Hydraulic oil—Filter	1415
14.4		液压油——温度 Hydraulic oil—Temperature	1414

15 照明符号

序号	符号 形式/形状	符号说明/应用	ISO/IEC 登记号
15.1		前照灯——远光束 Headlights—Main/high beam	0082
15.2		前照灯——近光束 Headlights—Dipped/low beam	0083
15.3		工作灯 Work light	1204
15.4	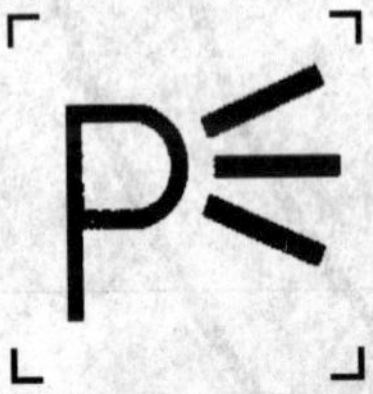	停车灯 Parking lights	0240
15.5		危险警示灯 Hazard warning lights	0085
15.6		标志灯(旋转巡逻灯) Beacon/identifying light (rotating patrol light)	1141

序号	符号 形式/形状	符号说明/应用	ISO/IEC 登记号
15.7		示廓灯 Clearance/position lights	0456
15.8	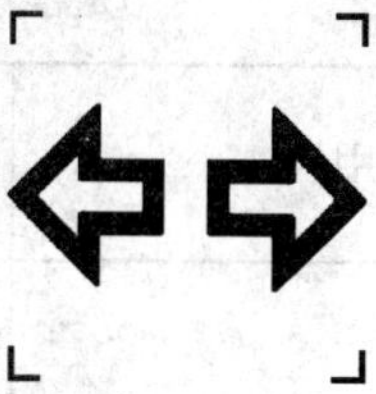	转向信号 Turn signals	0084
15.9		前雾灯[如前、后雾灯共用一个控制装置，则采用前雾灯符号] Front fog lights [If one control is used for both front and rear fog lights, the symbol designated front fog lights shall be used.]	0633
15.10		后雾灯[如前、后雾灯共用一个控制装置，则采用前雾灯符号] Rear fog lights [If one control is used for both front and rear fog lights, the symbol designated front fog lights shall be used.]	0634
15.11		聚光灯 Spotlight	1700
15.12		主照明开关 Master lighting switch	5012

序号	符号 形式/形状	符号说明/应用	ISO/IEC 登记号
15.13		室内照明 Interior lighting	1421

16　维护保养符号

序号	符号 形式/形状	符号说明/应用	ISO/IEC 登记号
16.1		查阅使用说明书 Consult instruction book	0790
16.2		阅读维护保养手册 Read maintenance manual	1659
16.3		小时计/运行小时数 Hourmeter/elapsed operating hours	1366
16.4		尽快保养发动机 Service engine soon	2399
16.5	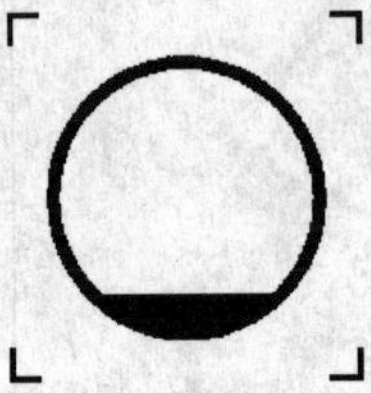	容器——空 Volume—Empty	1563

序号	符号 形式/形状	符号说明/应用	ISO/IEC 登记号
16.6		容器——半满 Volume—Half-full	1564
16.7		容器——满 Volume—Full	1565
16.8	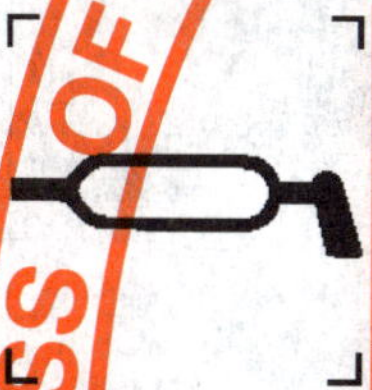	加注润滑脂 Grease lubrication point	0787
16.9		加注润滑油 Oil lubrication point	0391
16.10		起吊点 Lift point	1368
16.11		轮胎——压力 Tyre—Pressure	1435
16.12		栓系点 Tie down point	2069

17 载荷搬运控制符号

17.1 推料板符号

注：符号 17.1.7 和 17.1.8 是沿机器轴线向前看推料板时的视图；符号 17.1.9 和 17.1.10 是从机器上方看推料板时的视图。

序号	符号 形式/形状	符号说明/应用	ISO/IEC 登记号
17.1.1		推料板——上升 Blade—Raise	1452
17.1.2		推料板——下降 Blade—Lower	1453
17.1.3		推料板——固定 Blade—Hold	1454
17.1.4		推料板——浮动 Blade—Float	1455
17.1.5		推料板——前倾 Blade—Pitch forward	1461

序号	符号 形式/形状	符号说明/应用	ISO/IEC 登记号
17.1.6		推料板——后倾 Blade—Pitch rearward	1460
17.1.7		推料板——左端向下倾斜 Blade—Tilt left	1457
17.1.8		推料板——右端向下倾斜 Blade—Tilt right	1456
17.1.9		推料板——左斜 Blade—Angle left	1459
17.1.10		推料板——右斜 Blade—Angle right	1458

17.2 铲斗符号

序号	符号 形式/形状	符号说明/应用	ISO/IEC 登记号
17.2.1		铲斗——提升 Bucket—Raise	1438
17.2.2		铲斗——下降 Bucket—Lower	1439
17.2.3		铲斗——固定 Bucket—Hold	1440
17.2.4		铲斗——浮动 Bucket—Float	1441
17.2.5		铲斗——卸载 Bucket—Dump	1442
17.2.6		铲斗——转斗 Bucket—Rollback	1443

序号	符号 形式/形状	符号说明/应用	ISO/IEC 登记号
17.2.7		侧卸斗——卸载 Side-dump bucket—Dump	1449
17.2.8		侧卸斗——回位 Side-dump bucket—Return	1450
17.2.9		多用途铲斗——打开 Multi-purpose bucket—Open	1446
17.2.10		多用途铲斗——关闭 Multi-purpose bucket—Close	1447

17.3 稳定性控制符号

注：符号 17.3.1 至 17.3.4 是沿机器轴线向前看支腿时的视图。

序号	符号 形式/形状	符号说明/应用	ISO/IEC 登记号
17.3.1	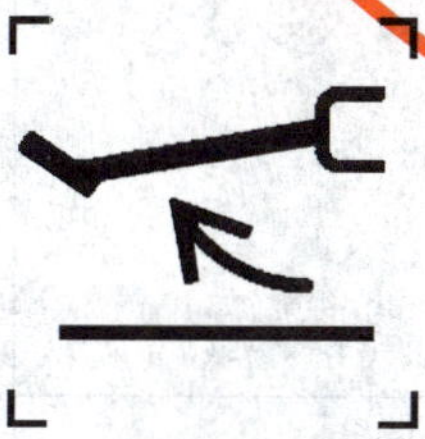	左稳定支腿——上升/收起 Left stabilizer—Up/raise	2073
17.3.2		左稳定支腿——下降/放下 Left stabilizer—Down/lower	2074

序号	符号 形式/形状	符号说明/应用	ISO/IEC 登记号
17.3.3		右稳定支腿——上升/收起 Right stabilizer—Up/raise	1292
17.3.4		右稳定支腿——下降/放下 Right stabilizer—Down/lower	1291
17.3.5	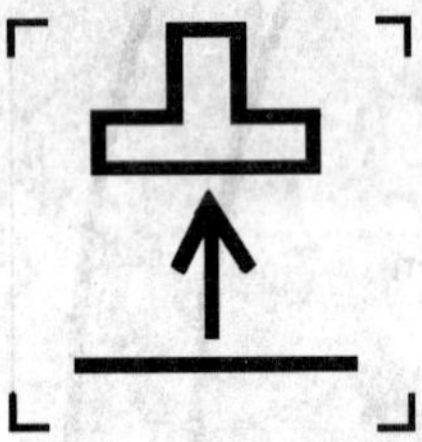	稳定器——上升 Stabilizers—Up	1294
17.3.6	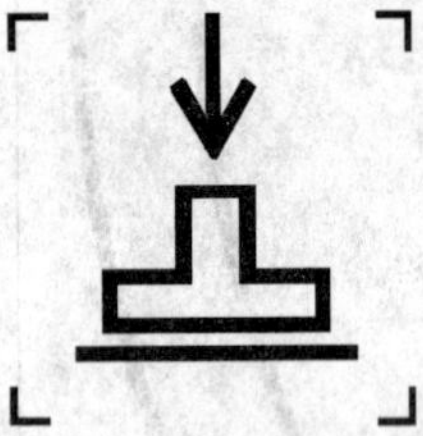	稳定器——下降 Stabilizers—Down	1293

17.4 反铲控制符号

序号	符号 形式/形状	符号说明/应用	ISO/IEC 登记号
17.4.1		反铲——提升 Backhoe—Raise	1470
17.4.2		反铲——下降 Backhoe—Down	1469

序号	符号 形式/形状	符号说明/应用	ISO/IEC 登记号
17.4.3	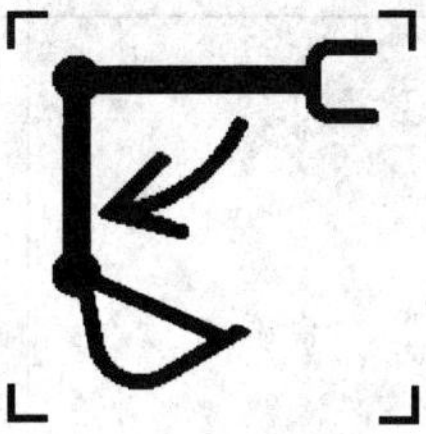	反铲——斗杆——外展 Backhoe—Arm—Out	1474
17.4.4		反铲——斗杆——返回 Backhoe—Arm—In	1473
17.4.5		反铲——铲斗——挖掘 Backhoe—Bucket—Dig	1478
17.4.6	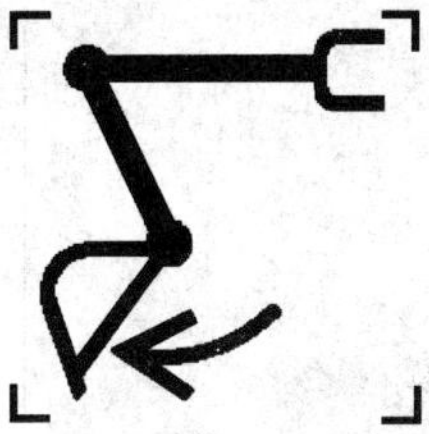	反铲——铲斗——卸载 Backhoe—Bucket—Dump	1477
17.4.7		反铲——左回转 Backhoe—Swing left	1480
17.4.8		反铲——右回转 Backhoe—Swing right	1479

17.5 其他载荷搬运控制符号

序号	符号 形式/形状	符号说明/应用	ISO/IEC 登记号
17.5.1		夹持器——夹紧 Clamp	0631
17.5.2		夹持器——放松 Clamp—Release	2338
17.5.3		货物稳定器——压紧 Load stabilizer—Clamp	1196
17.5.4		货物稳定器——放松 Load stabilizer—Release	1195
17.5.5		侧面提升集装箱搬运属具——横向伸出 Container handling sidelift attachment—Extent laterally	2359
17.5.6		侧面提升集装箱搬运属具——横向缩回 Container handling sidelift attachment—Retract laterally	2361

序号	符号 形式/形状	符号说明/应用	ISO/IEC 登记号
17.5.7	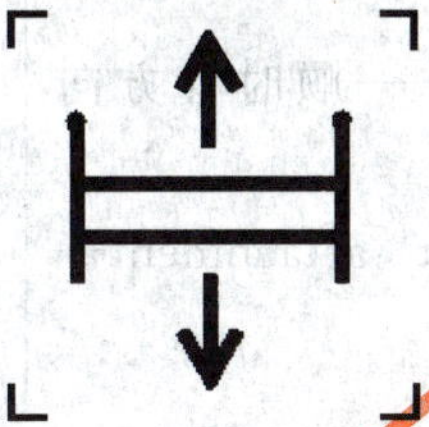	侧面提升集装箱搬运属具——垂直方向伸出 Container handling sidelift attachment—Extend vertically	2360
17.5.8		侧面提升集装箱搬运属具——垂直方向缩回 Container handling sidelift attachment—Retract vertically	2362
17.5.9		侧面提升集装箱搬运属具——顺时针方向旋转 Container handling sidelift attachment—Rotate clockwise	2363
17.5.10		侧面提升集装箱搬运属具——逆时针方向旋转 Container handling sidelift attachment—Rotate anticlockwise	2364
17.5.11		侧面提升集装箱搬运属具——向左侧移 Container handling sidelift attachment—Sideshift left	2365
17.5.12		侧面提升集装箱搬运属具——向右侧移 Container handling sidelift attachment—Sideshift right	2366

序号	符号 形式/形状	符号说明/应用	ISO/IEC 登记号
17.5.13		侧面提升集装箱搬运属具——顺时针方向回转 Container handling sidelift attachment—Slew clockwise	2368
17.5.14		侧面提升集装箱搬运属具——逆时针方向回转 Container handling sidelift attachment—Slew anticlockwise	2367
17.5.15		货叉——起升 Fork—Raise	1184
17.5.16		货叉——下降 Fork—Lower	1183
17.5.17		货叉——伸出 Fork arm reach—Extend	1187
17.5.18	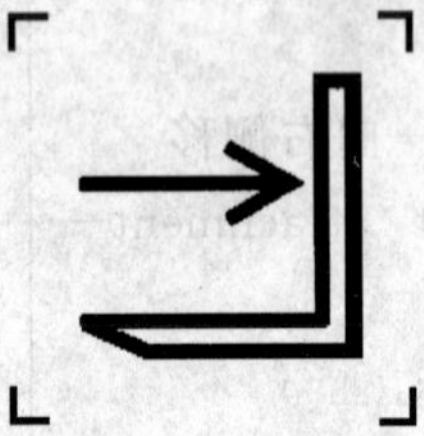	货叉——缩回 Fork arm reach—Retract	1188

序号	符号 形式/形状	符号说明/应用	ISO/IEC 登记号
17.5.19	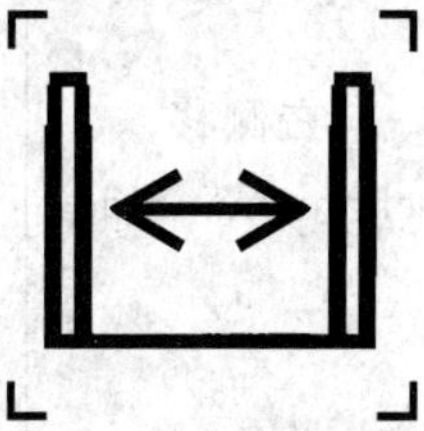	货叉间距——张开 Fork spread—Open	1191
17.5.20	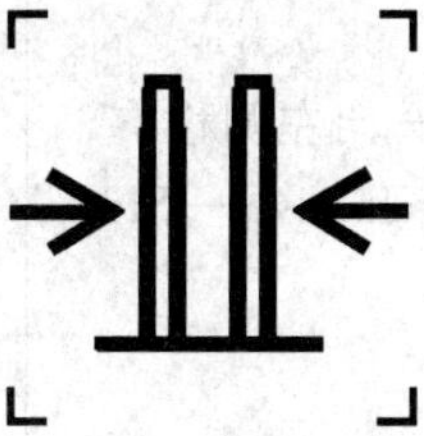	货叉间距——靠拢 Fork spread—Close	1192
17.5.21	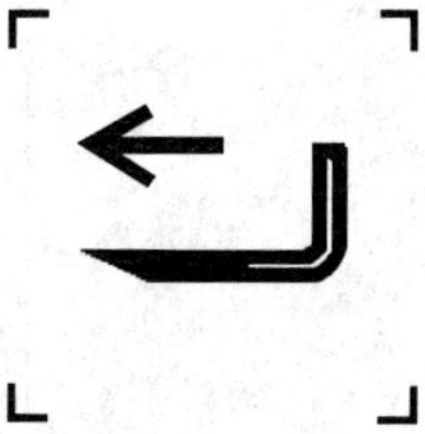	货叉叉套——伸出 Fork arm extension—Extend	2408
17.5.22	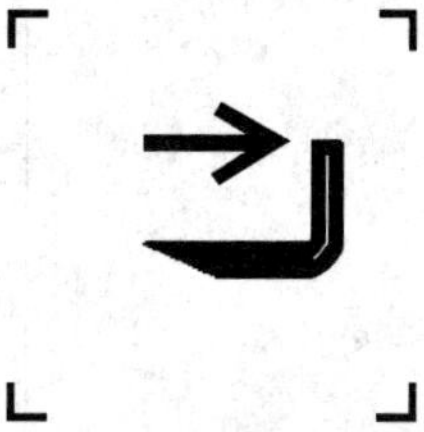	货叉叉套——缩回 Fork arm extension—Retract	2409
17.5.23	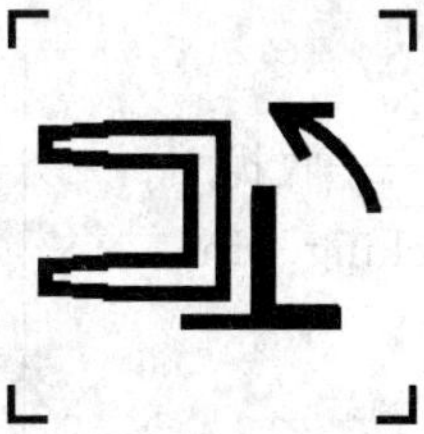	侧面堆垛式叉车——机构——左转 Lateral stacking truck—Mechanism—Rotate left	2343
17.5.24	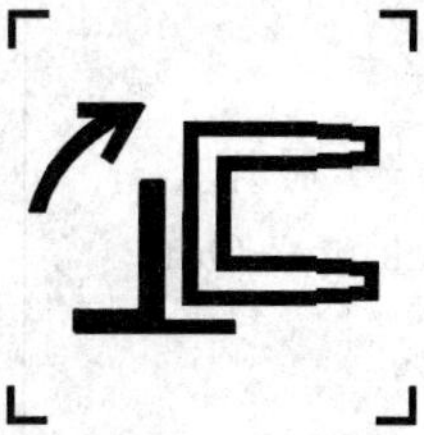	侧面堆垛式叉车——机构——右转 Lateral stacking truck—Mechanism—Rotate right	2344

序号	符号 形式/形状	符号说明/应用	ISO/IEC 登记号
17.5.25	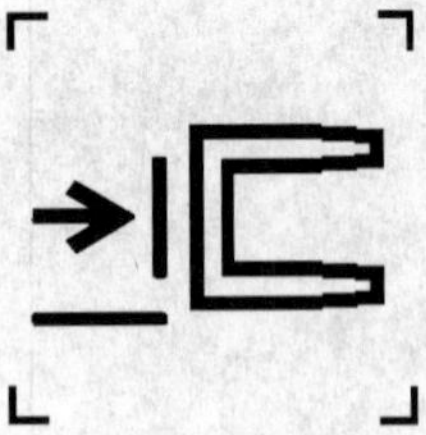	侧面堆垛式叉车——机构——向右侧移 Lateral stacking truck—Mechanism—Side-shift right	2342
17.5.26	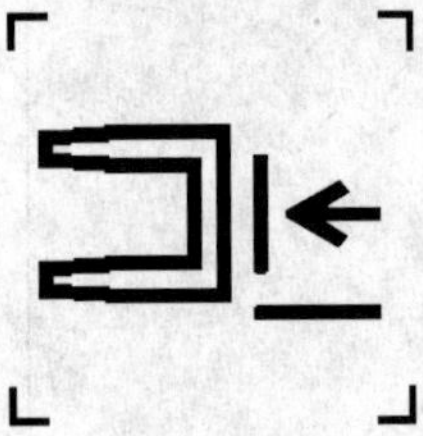	侧面堆垛式叉车——机构——向左侧移 Lateral stacking truck—Mechanism—Side-shift left	2341
17.5.27	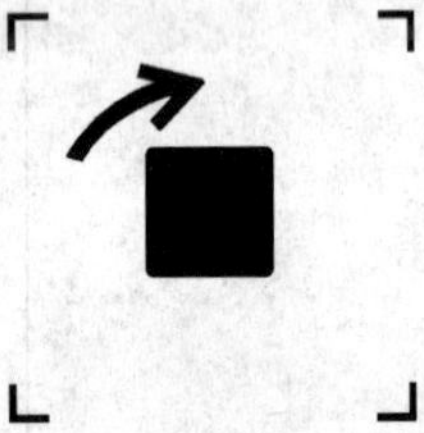	货物——顺时针方向旋转 Load—Rotate clockwise	2346
17.5.28	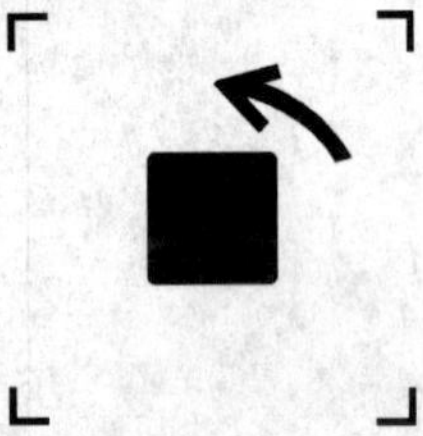	货物——逆时针方向旋转 Load—Rotate anticlockwise	2345
17.5.29		驮背运输吊臂——成垛堆码——收拢 Piggy back arms—Block-stacking—In	2351
17.5.30	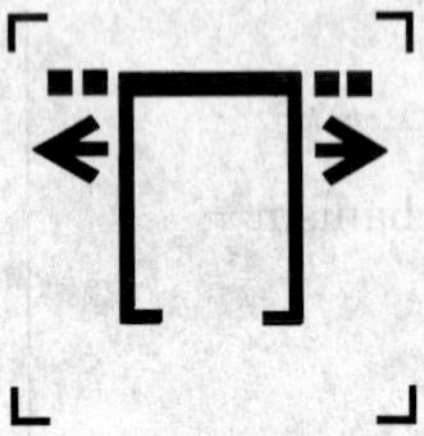	驮背运输吊臂——成垛堆码——展开 Piggy back arms—Block-stacking—Out	2352

序号	符号 形式/形状	符号说明/应用	ISO/IEC 登记号
17.5.31	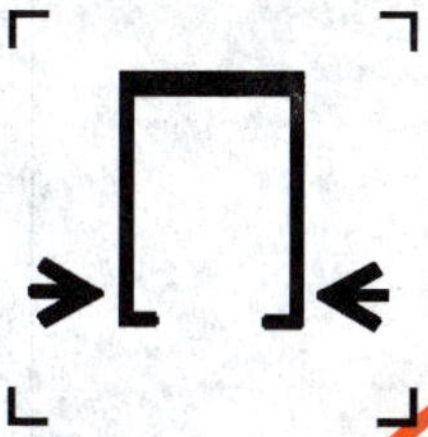	驮背运输吊臂——夹持 Piggy back arms—Clamp	2348
17.5.32		驮背运输吊臂——松开 Piggy back arms—Unclamp	2347
17.5.33		驮背运输吊臂——折起 Piggy back arms—Fold up	2349
17.5.34		驮背运输吊臂——放下 Piggy back arms—Fold down	2350
17.5.35		驮背运输旋转极限——超限 Piggy back rotation limit—Override	2353
17.5.36		推拉器——拉回 Push/pull attachment—Pull	2356

序号	符号 形式/形状	符号说明/应用	ISO/IEC 登记号
17.5.37		推拉器——推出 Push/pull attachment—Push	1197
17.5.38	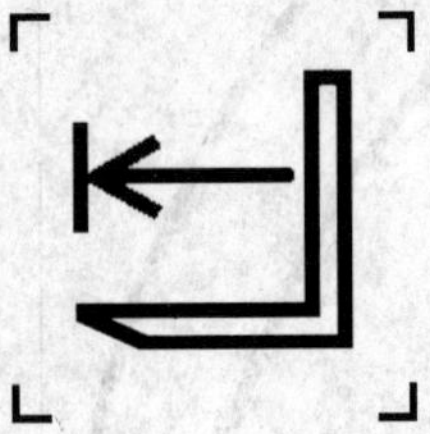	起重臂工作半径——有限伸出 Lift arm reach—Extend limited	2396
17.5.39	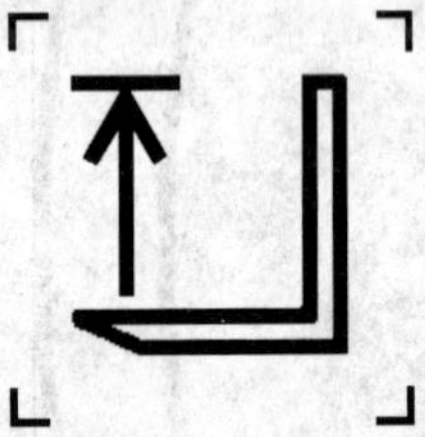	起重臂提升——有限运动 Lift arm lift—Limited movement	2397
17.5.40		侧面装载平台——向上侧倾(前倾) Sideloader platform—Tilt up(forward)	2354
17.5.41		侧面装载平台——向下侧倾(后倾) Sideloader platform—Tilt down(back)	2355
17.5.42	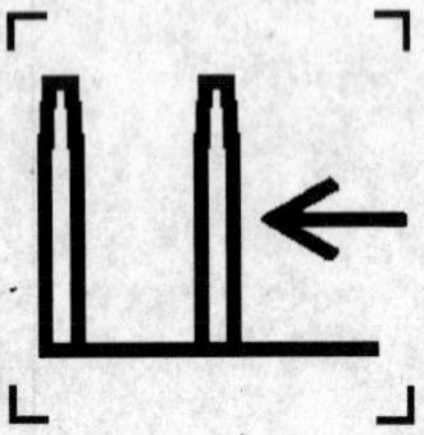	侧移——左移 Sideshift—Left	1189

序号	符号 形式/形状	符 号 说 明 / 应 用	ISO/IEC 登记号
17.5.43	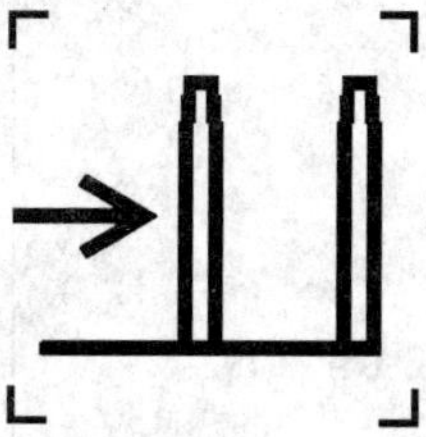	侧移——右移 Sideshift—Right	1190
17.5.44		侧移——对中 Sideshift—Centralize	2398
17.5.45	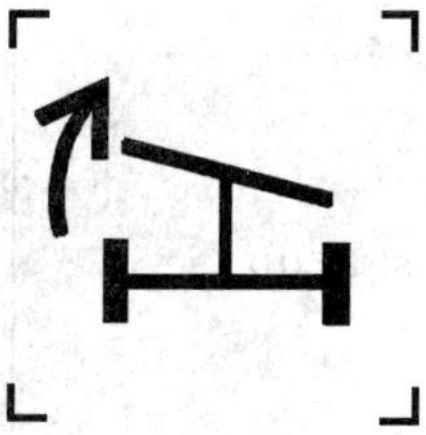	摇摆控制/校平——顺时针方向 Sway control/levelling—Clockwise	2390
17.5.46		摇摆控制/校平——逆时针方向 Sway control/levelling—Anticlockwise	2389
17.5.47		回转——顺时针方向 Swing—Clockwise	1194
17.5.48	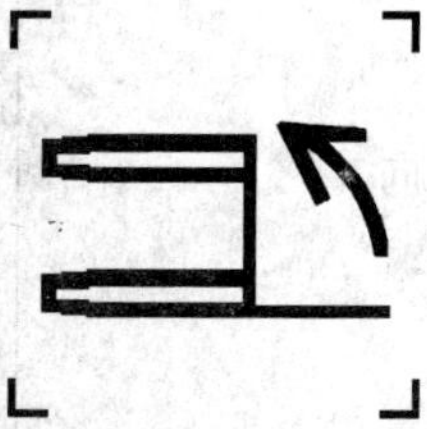	回转——逆时针方向 Swing—Anticlockwise	1193

序号	符号 形式/形状	符号说明/应用	ISO/IEC 登记号
17.5.49		倾斜——前倾 Tilt—Forward	1185
17.5.50		倾斜——后倾 Tilt—Rearward	1186
17.5.51	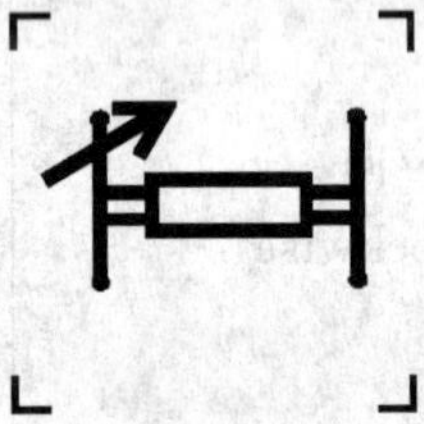	顶吊属具侧倾——左侧抬起 Toplift side tilt—Left-hand side up	2378
17.5.52		顶吊属具侧倾——右侧抬起 Toplift side tilt—Right-hand side up	2379
17.5.53	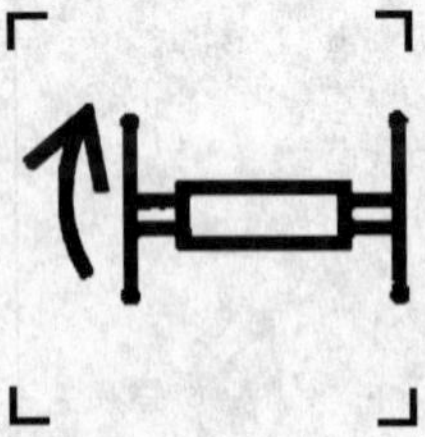	顶吊属具回转——顺时针方向 Toplift slew—Clockwise	2380
17.5.54	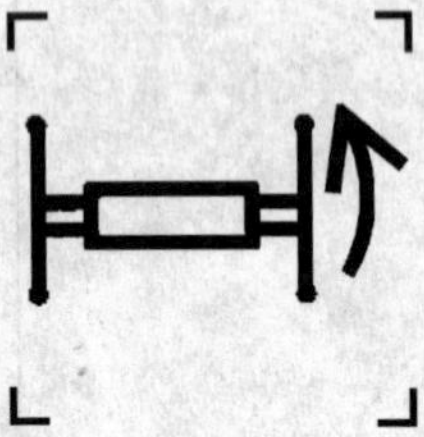	顶吊属具回转——逆时针方向 Toplift slew—Anticlockwise	2381

序号	符号 形式/形状	符号说明/应用	ISO/IEC 登记号
17.5.55	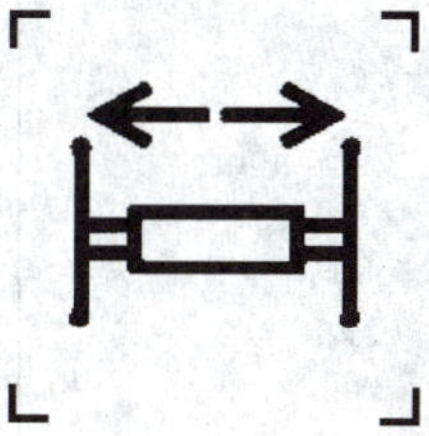	顶吊属具——横向展开 Toplift—Extend laterally	2372
17.5.56		顶吊属具——横向缩回 Toplift—Retract laterally	2375
17.5.57	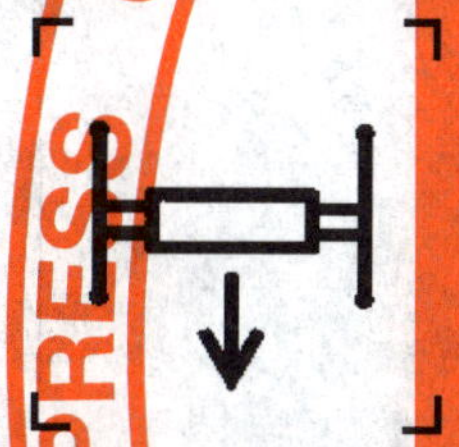	顶吊属具——后移 Toplift—Reach in	2374
17.5.58	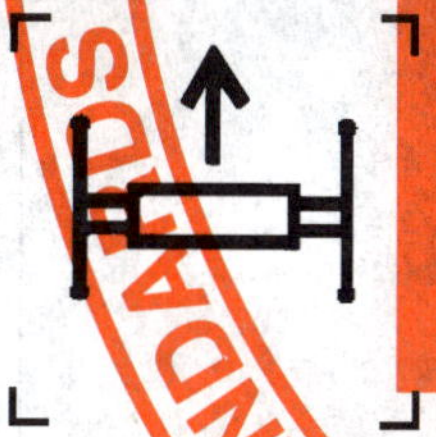	顶吊属具——前移 Toplift—Reach out	2373
17.5.59		顶吊属具——向左侧移 Toplift—Sideshift left	2376
17.5.60	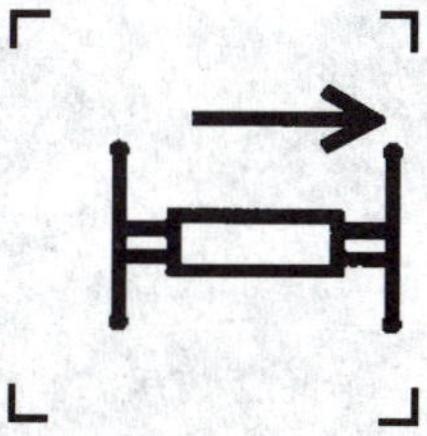	顶吊属具——向右侧移 Toplift—Sideshift right	2377

序号	符号 形式/形状	符号说明/应用	ISO/IEC 登记号
17.5.61		转锁——就位 Twistlocks—Located	2371
17.5.62	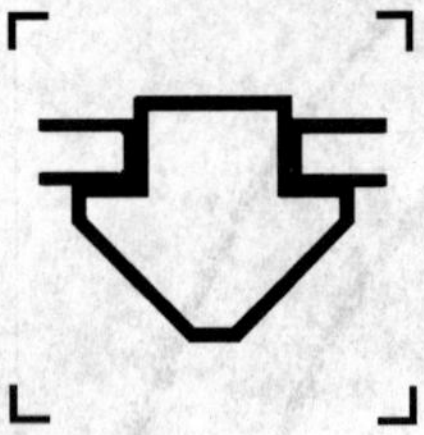	转锁——锁住 Twistlocks—Lock	2370
17.5.63		转锁——开锁 Twistlocks—Unlock	2369
17.5.64		翻倒装置——前缘向下 Upender—Rotate forward	2357
17.5.65		翻倒装置——前缘向上 Upender—Rotate backward	2358

中 文 索 引

B

变速器…… 6.2
变速器油——压力 …… 13.1
变速器油——油位 …… 13.2
变速器油——滤清器 …… 13.3
变速器油——温度 …… 13.4
标志灯(旋转巡逻灯) …… 15.6

C

侧面叉车驾驶室——左向横移 …… 8.21
侧面叉车驾驶室——右向横移 …… 8.22
差速器锁[按需要添加"接通"与"断开"符号]…… 9.6
操作方向——前进/后退 …… 9.7
操作方向——多方向…… 9.8
柴油(压缩点火) …… 12.6
查阅使用说明书 …… 16.1
铲斗——提升 …… 17.2.1
铲斗——下降 …… 17.2.2
铲斗——固定 …… 17.2.3
铲斗——浮动 …… 17.2.4
铲斗——卸载 …… 17.2.5
铲斗——转斗 …… 17.2.6
侧卸斗——卸载 …… 17.2.7
侧卸斗——回位 …… 17.2.8
侧面提升集装箱搬运属具——横向伸出 …… 17.5.5
侧面提升集装箱搬运属具——横向缩回 …… 17.5.6
侧面提升集装箱搬运属具——垂直方向伸出 …… 17.5.7
侧面提升集装箱搬运属具——垂直方向缩回 …… 17.5.7
侧面提升集装箱搬运属具——顺时针方向旋转 …… 17.5.9
侧面提升集装箱搬运属具——逆时针方向旋转…… 17.5.10
侧面提升集装箱搬运属具——向左侧移…… 17.5.11
侧面提升集装箱搬运属具——向右侧移…… 17.5.12
侧面提升集装箱搬运属具——顺时针方向回转…… 17.5.13
侧面提升集装箱搬运属具——逆时针方向回转…… 17.5.14
侧面堆垛式叉车——机构——左转…… 17.5.23
侧面堆垛式叉车——机构——右转…… 17.5.24
侧面堆垛式叉车——机构——向右侧移…… 17.5.25
侧面堆垛式叉车——机构——向左侧移…… 17.5.26
侧面装载平台——向上侧倾(前倾)…… 17.5.40

侧面装载平台——向下侧倾(后倾)…… 17.5.41
侧移——左移…… 17.5.42
侧移——右移…… 17.5.43
侧移——对中…… 17.5.44

D

断开 …… 6.12
电能 …… 6.18
电预热(低温起动辅助装置)…… 10.21
断路器 …… 11.2
电动机 …… 11.3
多用途铲斗——打开 …… 17.2.9
多用途铲斗——关闭…… 17.2.10
顶吊属具侧倾——左侧抬起…… 17.5.51
顶吊属具侧倾——右侧抬起…… 17.5.52
顶吊属具回转——顺时针方向…… 17.5.53
顶吊属具回转——逆时针方向…… 17.5.54
顶吊属具——横向展开…… 17.5.55
顶吊属具——横向缩回…… 17.5.56
顶吊属具——后移…… 17.5.57
顶吊属具——前移…… 17.5.58
顶吊属具——向左侧移…… 17.5.59
顶吊属具——向右侧移…… 17.5.60

F

发动机(往复式内燃发动机)…… 6.1
发动机润滑油——压力 …… 10.1
发动机润滑油——油位 …… 10.2
发动机润滑油——滤清器 …… 10.3
发动机润滑油——温度 …… 10.4
发动机冷却液——压力 …… 10.5
发动机冷却液——液位 …… 10.6
发动机冷却液——温度 …… 10.7
发动机燃气 …… 10.8
发动机燃气——压力 …… 10.9
发动机燃气——滤清器…… 10.10
发动机燃气——温度…… 10.11
发动机空气滤清器——压力…… 10.12
发动机排气…… 10.13
发动机排气——压力…… 10.14
发动机排气——温度…… 10.15
发动机——起动…… 10.16
发动机——停机…… 10.17

发动机——故障/失灵 ………… 10.18
发动机——转速/频率 ………… 10.19
发动机——水套加热器 ………… 10.23
反铲——提升 ………… 17.4.1
反铲——下降 ………… 17.4.2
反铲——斗杆——外展 ………… 17.4.3
反铲——斗杆——返回 ………… 17.4.4
反铲——铲斗——挖掘 ………… 17.4.5
反铲——铲斗——卸载 ………… 17.4.6
反铲——左回转 ………… 17.4.7
反铲——右回转 ………… 17.4.8
翻倒装置——前缘向下 ………… 17.5.64
翻倒装置——前缘向上 ………… 17.5.65
风挡刮水器 ………… 8.11
风挡清洗器 ………… 8.12
风挡清洗器和刮水器 ………… 8.13
风挡除雾器/除霜器 ………… 8.14

故障/失灵 ………… 6.9
工作灯 ………… 15.3

缓慢运行 ………… 6.20
后窗刮水器 ………… 8.15
后窗清洗器 ………… 8.16
后窗清洗器和刮水器 ………… 8.17
后窗除雾器/除霜器 ………… 8.18
后雾灯[如前、后雾灯共用一个控制装置，则采用前雾灯符号] ………… 15.10
货物稳定器——压紧 ………… 17.5.3
货物稳定器——放松 ………… 17.5.4
货叉——起升 ………… 17.5.15
货叉——下降 ………… 17.5.16
货叉——伸出 ………… 17.5.17
货叉——缩回 ………… 17.5.18
货叉间距——张开 ………… 17.5.19
货叉间距——靠拢 ………… 17.5.20
货叉叉套——伸出 ………… 17.5.21
货叉叉套——缩回 ………… 17.5.22
货物——顺时针方向旋转 ………… 17.5.27
货物——逆时针方向旋转 ………… 17.5.28
回转——顺时针方向 ………… 17.5.47
回转——逆时针方向 ………… 17.5.48

J

接通 …… 6.11
接合 …… 6.14
减小/负极 …… 6.17
渐增变量——旋转 …… 6.26
驾驶室顶窗——除雾器/除霜器 …… 8.1
驾驶室顶窗——刮水器 …… 8.2
驾驶室顶窗——清洗器 …… 8.3
驾驶室顶窗——清洗器和刮水器 …… 8.4
节气门(冷起动辅助装置) …… 10.20
接通/断开 …… 11.5
聚光灯 …… 15.11
尽快保养发动机 …… 16.4
加注润滑脂 …… 16.8
加注润滑油 …… 16.9
夹持器——夹紧 …… 17.5.1
夹持器——放松 …… 17.5.2

K

快速运行 …… 6.19
快 …… 6.21

L

滤清器 …… 6.8
冷却/空调 …… 8.5
两轮转向——前转向(机动工业车辆) …… 9.1
两轮转向——后转向(机动工业车辆) …… 9.2
喇叭 …… 11.6
轮胎——压力 …… 16.11

M

慢 …… 6.22

P

喷气(低温起动辅助装置) …… 10.22

Q

全(四)轮转向(机动工业车辆) …… 9.3
桥连接——全轮驱动[按需要添加“接通”与“断开”或“接合”与“脱开”符号] …… 9.5
汽油 …… 12.7
前照灯——远光束 …… 15.1
前照灯——近光束 …… 15.2

前雾灯[如前、后雾灯共用一个控制装置,则采用前雾灯符号] …… 15.9
起吊点 …… 16.10
起重臂工作半径——有限伸出 …… 17.5.38
起重臂提升——有限运动 …… 17.5.39
倾斜——前倾 …… 17.5.49
倾斜——后倾 …… 17.5.50

R

燃油——压力 …… 12.1
燃油——油位 …… 12.2
燃油——滤清器 …… 12.3
燃油——温度 …… 12.4
燃油切断[不得用作发动机停止符号] …… 12.5
容器——空 …… 16.5
容器——半满 …… 16.6
容器——满 …… 16.7

S

水 …… 6.6
锁紧 …… 6.23
升降式驾驶员位置——上升 …… 8.6
升降式驾驶员位置——下降 …… 8.7
室内加热器 …… 8.10
示廓灯 …… 15.7
室内照明 …… 15.13
栓系点 …… 16.12

T

脱开 …… 6.15
通风/换气风扇 …… 6.25
停车制动器 …… 7.4
停车灯 …… 15.4
推料板——上升 …… 17.1.1
推料板——下降 …… 17.1.2
推料板——固定 …… 17.1.3
推料板——浮动 …… 17.1.4
推料板——前倾 …… 17.1.5
推料板——后倾 …… 17.1.6
推料板——左端向下倾斜 …… 17.1.7
推料板——右端向下倾斜 …… 17.1.8
推料板——左斜 …… 17.1.9
推料板——右斜 …… 17.1.10
驮背运输吊臂——成垛堆码——收拢 …… 17.5.29

驮背运输吊臂——成垛堆码——展开……17.5.30
驮背运输吊臂——夹持……17.5.31
驮背运输吊臂——松开……17.5.32
驮背运输吊臂——折起……17.5.33
驮背运输吊臂——放下……17.5.34
驮背运输旋转极限——超限……17.5.35
推拉器——拉回……17.5.36
推拉器——推出……17.5.37

W

温度……6.10
温度——升高……8.19
温度——降低……8.20
危险警示灯……15.5
稳定器——上升……17.3.5
稳定器——下降……17.3.6

X

蟹行转向(机动工业车辆)……9.4
蓄电池充电状态……11.1
蓄电池电源——断开……11.4
小时计/运行小时数……16.3

Y

液压系统……6.3
油液……6.5
液面指示器……6.7
液化石油气燃料……12.9
液压油——压力……14.1
液压油——油位……14.2
液压油——滤清器……14.3
液压油——温度……14.4
阅读维护保养手册……16.2
右稳定支腿——上升/收起……17.3.3
右稳定支腿——下降/放下……17.3.4
摇摆控制/校平——顺时针方向……17.5.45
摇摆控制/校平——逆时针方向……17.5.46

Z

制动系统……6.4
重心……6.13
增大/正极……6.16
转向……6.24

制动液……………………………………………………………………………………………… 7.1
制动系统——压力……………………………………………………………………………… 7.2
制动系统——故障/失灵 ……………………………………………………………………… 7.3
制动衬垫磨损…………………………………………………………………………………… 7.5
制动器——制动………………………………………………………………………………… 7.6
制动器——松开………………………………………………………………………………… 7.7
座椅安全带——三点式………………………………………………………………………… 8.8
座椅安全带——两点式………………………………………………………………………… 8.9
座椅调整——前后方向 ……………………………………………………………………… 8.23
座椅调整——高度方向 ……………………………………………………………………… 8.24
只能用无铅燃油 ……………………………………………………………………………… 12.8
转向信号 ……………………………………………………………………………………… 15.8
主照明开关…………………………………………………………………………………… 15.12
左稳定支腿——上升/收起………………………………………………………………… 17.3.1
左稳定支腿——下降/放下………………………………………………………………… 17.3.2
转锁——就位………………………………………………………………………………… 17.5.61
转锁——锁住………………………………………………………………………………… 17.5.62
转锁——开锁………………………………………………………………………………… 17.5.63

英 文 索 引

A

2-wheel steering—Front …… 9.1
2-wheel steering—Rear …… 9.2
All-(4)-wheel steering …… 9.3
Axle connect—All wheel drive …… 9.5

B

Backhoe—Arm—In …… 17.4.4
Backhoe—Arm—Out …… 17.4.3
Backhoe—Bucket—Dig …… 17.4.5
Backhoe—Bucket—Dump …… 17.4.6
Backhoe—Down …… 17.4.2
Backhoe—Raise …… 17.4.1
Backhoe—Swing left …… 17.4.7
Backhoe—Swing right …… 17.4.8
Battery charging condition …… 11.1
Battery power—Disconnect …… 11.4
Beacon/identifying light(rotating patrol light) …… 15.6
Blade—Angle left …… 17.1.9
Blade—Angle right …… 17.1.10
Blade—Float …… 17.1.4
Blade—Hold …… 17.1.3
Blade—Lower …… 17.1.2
Blade—Pitch forward …… 17.1.5
Blade—Pitch rearward …… 17.1.6
Blade—Raise …… 17.1.1
Blade—Tilt left …… 17.1.7
Blade—Tilt right …… 17.1.8
Brake—Off …… 7.7
Brake—On …… 7.6
Brake fluid …… 7.1
Brake system …… 6.4
Brake system—Failure/malfunction …… 7.3
Brake system—Pressure …… 7.2
Bucket—Dump …… 17.2.5
Bucket—Float …… 17.2.4
Bucket—Hold …… 17.2.3
Bucket—Lower …… 17.2.2
Bucket—Raise …… 17.2.1

Bucket—Rollback 17.2.6

C

Cab roof—Demister/defroster 8.1
Cab roof—Washer 8.3
Cab roof—Washer and wiper 8.4
Cab roof—Wiper 8.2
Centre of gravity 6.13
Choke(cold starting aid) 10.20
Circuit breaker 11.2
Clamp 17.5.1
Clamp—Release 17.5.2
Clearance/position lights 15.7
Consult instruction book 16.1
Container handling sidelift attachment—Extend laterally 17.5.5
Container handling sidelift attachment—Extend vertically 17.5.7
Container handling sidelift attachment—Retract laterally 17.5.6
Container handling sidelift attachment—Retract vertically 17.5.8
Container handling sidelift attachment—Rotate anticlockwise 17.5.10
Container handling sidelift attachment—Rotate clockwise 17.5.9
Container handling sidelift attachment—Sideshift left 17.5.11
Container handling sidelift attachment—Sideshift right 17.5.12
Container handling sidelift attachment—Slew anticlockwise 17.5.14
Container handling sidelift attachment—Slew clockwise 17.5.13
Cooling/air conditioning 8.5
Crab steering(Powered industrial tracks) 9.4

D

Decrease/negative polarity 6.17
Diesel(compression-ignition)fuel 12.6
Differential lock 9.6
Disengage 6.15

E

Electric energy 6.18
Electric motor 11.3
Electrical preheat(low temperature start aid) 10.21
Elevating operator position—Lower 8.7
Elevating operator position—Raise 8.6
Engage 6.14
Engine(RIC engine) 6.1
Engine—Failure/malfunction 10.18
Engine—Rotational speed/frequency 10.19

Engine—Start ········ 10.16
Engine—Stop ········ 10.17
Engine air filter—Pressure ········ 10.12
Engine combustion air ········ 10.8
Engine combustion air—Filter ········ 10.10
Engine combustion air—Pressure ········ 10.9
Engine combustion air—Temperature ········ 10.11
Engine coolant—Level ········ 10.6
Engine coolant—Pressure ········ 10.5
Engine coolant—Temperature ········ 10.7
Engine exhaust gas—Pressure ········ 10.14
Engine exhaust gas—Temperature ········ 10.15
Engine exhaust gas ········ 10.13
Engine lubricating oil—Filter ········ 10.3
Engine lubricating oil—Level ········ 10.2
Engine lubricating oil—Pressure ········ 10.1
Engine lubricating oil—Temperature ········ 10.4
Engine—Water jacket heater ········ 10.23

F

Failure/malfunction ········ 6.9
Fast(application example) ········ 6.21
Fast run ········ 6.19
Filter ········ 6.8
Fork—Lower ········ 17.5.16
Fork—Raise ········ 17.5.15
Fork arm reach—Extend ········ 17.5.17
Fork arm extension—Extend ········ 17.5.21
Fork arm reach—Retract ········ 17.5.18
Fork arm extension—Retract ········ 17.5.22
Fork spread—Close ········ 17.5.20
Fork spread—Open ········ 17.5.19
Front fog lights ········ 15.9
Fuel—Filter ········ 12.3
Fuel—Level ········ 12.2
Fuel—Pressure ········ 12.1
Fuel shut-off ········ 12.5
Fuel—Temperature ········ 12.4

G

Gas injection(low temperature start aid) ········ 10.22
Gasoline(petrol)fuel ········ 12.7
Grease lubrication point ········ 16.8

H

Hazard warning lights …… 15.5
Headlights—Dipped/low beam …… 15.2
Headlights—Main/high beam …… 15.1
Horn …… 11.6
Hourmeter/elapsed operating hours …… 16.3
Hydraulic system …… 6.3
Hydraulic oil—Filter …… 14.3
Hydraulic oil—Level …… 14.2
Hydraulic oil—Pressure …… 14.1
Hydraulic oil—Temperature …… 14.4

I

Increase/positive polarity …… 6.16
Interior heating …… 8.10
Interior lighting …… 15.13

L

Lateral stacking truck—Mechanism—Rotate left …… 17.5.23
Lateral stacking truck—Mechanism—Rotate right …… 17.5.24
Lateral stacking truck—Mechanism—Sideshift right …… 17.5.25
Lateral stacking truck—Mechanism—Sideshift left …… 17.5.26
Left stabilizer—Down/lower …… 17.3.2
Left stabilizer—Up/raise …… 17.3.1
Level indicator …… 6.7
Lift arm lift—Limited movement …… 17.5.39
Lift arm reach—Extend limited …… 17.5.38
Lift point …… 16.10
Load—Rotate anticlockwise …… 17.5.28
Load—Rotate clockwise …… 17.5.27
Load stabilizer—Clamp …… 17.5.3
Load stabilizer—Release …… 17.5.4
Lock …… 6.23
LPG fuel …… 12.9

M

Master lighting switch …… 15.12
Multi-purpose bucket—Close …… 17.2.10
Multi-purpose bucket—Open …… 17.2.9

O

Off …… 6.12

Oil ·· 6.5
Oil lubrication point ·· 16.9
On ·· 6.11
On/Off ·· 11.5
Operating direction—Forward/reverse ·· 9.7
Operating direction—Multiple direction ·· 9.8

P

Parking brake ·· 7.4
Parking lights ·· 15.4
Piggy back arms—Block-stacking—Out ·· 17.5.30
Piggy back arms—Block-stacking—In ·· 17.5.29
Piggy back arms—Clamp ·· 17.5.31
Piggy back arms—Fold down ·· 17.5.34
Piggy back arms—Fold up ·· 17.5.33
Piggy back arms—Unclamp ·· 17.5.32
Piggy back rotation limit—Override ·· 17.5.35
Progressively variable—Rotation ·· 6.26
Push/pull attachment—Pull ·· 17.5.36
Push/pull attachment—Push ·· 17.5.37

R

Read maintenance manual ·· 16.2
Rear fog lights ·· 15.10
Rear window demister/defroster ·· 8.18
Rear window washer ·· 8.16
Rear window washer and wiper ·· 8.17
Rear window wiper ·· 8.15
Right stabilizer—Down/lower ·· 17.3.4
Right stabilizer—Up/raise ·· 17.3.3

S

Seat height adjustment ·· 8.24
Seat adjustment—Longitudinal ·· 8.23
Seatbelt—Lap and shoulder belt ·· 8.8
Seatbelt—Lap belt only ·· 8.9
Service engine soon ·· 16.4
Side-dump bucket—Dump ·· 17.2.7
Side-dump bucket—Return ·· 17.2.8
Sideloader cab—Traverse left ·· 8.21
Sideloader cab—Traverse right ·· 8.22
Sideloader platform—Tilt down(back) ·· 17.5.41
Sideloader platform—Tilt up(forward) ·· 17.5.40

Sideshift—Centralize ······ 17.5.44
Sideshift—Left ······ 17.5.42
Sideshift—Right ······ 17.5.43
Slow application example ······ 6.22
Slow run ······ 6.20
Spotlight ······ 15.11
Stabilizers—Down ······ 17.3.6
Stabilizers—Up ······ 17.3.5
Steering ······ 6.24
Sway control/levelling—Anticlockwise ······ 17.5.46
Sway control/levelling—Clockwise ······ 17.5.45
Swing—Anticlockwise ······ 17.5.48
Swing—Clockwise ······ 17.5.47

T

Temperature ······ 6.10
Temperature—Decreasing ······ 8.20
Temperature—Increasing ······ 8.19
Tie down point ······ 16.12
Tilt—Forward ······ 17.5.49
Tilt—Rearward ······ 17.5.50
Toplift—Extend laterally ······ 17.5.55
Toplift—Reach in ······ 17.5.57
Toplift—Reach out ······ 17.5.58
Toplift—Retract laterally ······ 17.5.56
Toplift—Sideshift left ······ 17.5.59
Toplift—Sideshift right ······ 17.5.60
Toplift side tilt—Left-hand side up ······ 17.5.51
Toplift side tilt—Right-hand side up ······ 17.5.52
Toplift slew—Anticlockwise ······ 17.5.54
Toplift slew—Clockwise ······ 17.5.53
Transmission ······ 6.2
Transmission oil—Filter ······ 13.3
Transmission oil—Level ······ 13.2
Transmission oil—Temperature ······ 13.4
Transmission oil—Pressure ······ 13.1
Turn signals ······ 15.8
Twistlocks—Lock ······ 17.5.62
Twistlocks—Located ······ 17.5.61
Twistlocks—Unlock ······ 17.5.63
Tyre—Pressure ······ 16.11

U

Unleadered fuel only ······ 12.8

Upender—Rotate backward ………… 17.5.65
Upender—Rotate forward ………… 17.5.64

V

Ventilating/air circulating fan ………… 6.25
Volume—Empty ………… 16.5
Volume—Full ………… 16.7
Volume—Hall-full ………… 16.6

W

Water ………… 6.6
Windscreen/windshield demister/defroster ………… 8.14
Windscreen/windshield washer ………… 8.12
Windscreen/windshield washer and wiper ………… 8.13
Windscreen/windshield wiper ………… 8.11
Work light ………… 15.3
Worn brake linings ………… 7.5

参 考 文 献

[1] ISO 7000:2004 设备用图形符号 索引和对照表.

[2] IEC 60417-DB 设备用图形符号 包括 IEC 60417 中出版的所有图形符号的在线数据库.

ICS 75.100
E 38

中华人民共和国国家标准

GB/T 7595—2008
代替 GB/T 7595—2000

运行中变压器油质量

Quality of transformer oils in service

2008-09-24 发布　　　　2009-08-01 实施

中华人民共和国国家质量监督检验检疫总局
中国国家标准化管理委员会　发布

前 言

本标准代替 GB/T 7595—2000《运行中变压器油的质量标准》。

本标准与 GB/T 7595—2000 相比,主要修改内容为:

——在范围中增加了发电机用油可参考使用要求,扩大了标准的适用范围。明确了不适用于在电缆或电容器中用作浸渍剂的矿物油;

——对原标准的规范性引用文件进行了删减和增加;

——增加了第 3 章术语定义章节;

——规定了样品采集方法按照 GB/T 7597—2007 执行条款;

——修改了运行中变压器油质量标准;

——增加了析气性和带电倾向质量指标;

——增加了析气性和带电倾向检验方法要求;

——取消了原标准中对新超高压变压器油验收要求的条款;

——修改了原标准中对新断路器油验收要求的条款;

——修改了运行中断路器油质量标准;

——修改了原标准中设备电压等级;

——保留了原标准 11 项质量要求;

——删除原标准中油中溶解气体组分含量的要求,明确按照 GB/T 17623 和 GB/T 7252 要求执行;

——删除原标准中变压器油的产品牌号;

——增加了资料性附录 A 最低冷态投运温度(LCSET)下变压器油的最大黏度、最高倾点与原标准牌号的对应关系;

——保留了原标准中的附录 B 不同电极形状及操作方法对击穿电压测定值的影响;

——保留了原标准中的附录 C 运行中变压器油的防劣化措施;

——参考了 GB 2536《变压器油》强制性国家标准的修订稿(2007 征求意见稿)和 IEC 60296:2003《电工流体　变压器和开关用的未使用过的矿物绝缘油》。

本标准的附录 A、附录 B、附录 C 为资料性附录。

本标准由中国电力企业联合会提出并归口。

本标准起草单位:西安热工研究院有限公司。

本标准主要起草人:孟玉婵、刘永洛。

本标准所代替标准的历次版本发布情况为:

——GB/T 7595—1987、GB/T 7595—2000。

运行中变压器油质量

1 范围

本标准规定了运行中变压器油和断路器油应达到的质量、检验周期。

本标准适用于充入电气设备的矿物变压器油和断路器油在运行中的质量监督，发电机用油可参考使用。本标准不适用于在电缆或电容器中用作浸渍剂的矿物油。

2 规范性引用文件

下列文件中的条款通过本标准的引用而成为本标准的条款。凡是注日期的引用文件，其随后所有的修改单(不包括勘误的内容)或修订版均不适用于本标准，然而，鼓励根据本标准达成协议的各方研究是否可使用这些文件的最新版本。凡是不注日期的引用文件，其最新版本适用于本标准。

GB/T 261 闪点的测定 宾斯基-马丁闭口杯法(GB/T 261—2008,ISO 2719:2002,MOD)

GB/T 262 石油产品苯胺点测定法(GB/T 262—1988,neq ISO 2977:1974)

GB/T 264 石油产品酸值测定法(GB/T 264—1983,neq ASTM D974)

GB/T 265 石油产品运动粘度测定法和动力粘度计法

GB/T 507 绝缘油击穿电压测定法(GB/T 507—2002,eqv IEC 156:1995)

GB/T 511 石油产品和添加剂机械杂质测定法(重量法)(GB/T 511—1988,neq ГОСТ 6370:1959)

GB 2536 变压器油(GB 2536—1990,neq IEC 60296:1982)

GB/T 5654 液体绝缘材料 相对电容率、介质损耗因数和直流电阻率的测量(GB/T 5654—2007,IEC 60247:2004,IDT)

GB/T 6541 石油产品对水界面张力测定法(圆环法)

GB/T 7252 变压器油中溶解气体分析与判断导则(GB/T 7252—2001,neq IEC 60599:1999)

GB/T 7597 电力用油(变压器油、汽轮机油)取样方法

GB/T 7598 运行中变压器油、汽轮机油水溶性酸测定法(比色法)

GB/T 7600 运行中变压器油水分含量测定法(库仑法)

GB/T 7601 运行中变压器油水分测定法(气相色谱法)

GB/T 7602 运行中汽轮机油、变压器油 T501 抗氧化剂含量测定法(分光光度法)

GB/T 14542 运行变压器油维护管理导则

GB/T 17623 绝缘油中溶解气体组分含量的气相色谱测定法(GB/T 17623—1998,neq IEC 567:1992)

GB 50150 电气装置安装工程电气设备交接试验标准

DL/T 419 电力用油名词术语

DL/T 421 绝缘油体积电阻率测定法

DL/T 423 绝缘油中含气量的测定 真空压差法

DL/T 429.6 电力系统油质试验方法 运行油开口杯老化测定法

DL/T 429.7 电力系统油质试验方法 油泥析出测定法

DL/T 429.9 电力系统油质试验方法 绝缘油介电强度测定法

DL/T 432　电力用油中颗粒污染度测量方法

DL/T 450　绝缘油中含气量的测定方法(二氧化碳洗脱法)

DL/T 596—1996　电力设备预防性试验规程

DL/T 703　绝缘油中含气量的气相色谱测定法

DL/T 929　变压器油族组成的红外光谱测定法

DL/T 984—2005　油浸式变压器绝缘老化判断导则

DL/T 1094　电力变压器用绝缘油的选用指南

DL/T 1095　变压器油带电度现场测试导则

SH 0351—1992　断路器油

SH/T 0804　腐蚀性硫测定方法(银片法)

ASTM D1275　电气绝缘油中腐蚀性硫的标准试验方法(B法)

IEC 60296:2003　电工流体　变压器和开关用的未使用过的矿物绝缘油

3　术语和定义

下列术语和定义适用于本标准,相关术语和定义采用 DL/T 419 电力用油名词术语。

3.1

最低冷态投运温度　lowest cold start energizing temperature

最低冷态投运温度是区分绝缘油类别的重要标志之一。应根据变压器使用环境温度的不同,选择不同的 LCSET 值(见附录 A),(并规定绝缘油的 LCSET 在 0 ℃～－30 ℃时的低温黏度应不大于 1 800 mm^2/s,在－40℃时的低温黏度应不大于 2 500 mm^2/s,GB/T 265)以免影响油泵、有载调压开关的启动。

3.2

带电倾向(油流带静电趋势或称带电度)　electrostatic charging tendency(ECT)

表征变压器油在一定外界条件下流过固体绝缘表面时产生电荷的能力。它被定义为单位体积的变压器油所产生电荷的总数,可用 $\mu C/m^3$ 或 pC/mL 表示。

4　技术要求

4.1　变压器用油的选用应按 DL/T 1094 电力变压器用绝缘油的选用指南进行。

4.2　油样的采集,应按 GB/T 7597 的规定进行。

4.3　新变压器油、低温开关油的验收按 GB 2536 的规定进行、断路器油的验收按 SH 0351—1992 的规定进行。新油组成不明的按照 DL/T 929 变压器油族组成的红外光谱测定法确定组成。

4.4　运行中变压器油质量标准,见表 1。

表 1　运行中变压器油质量标准

序号	项　目	设备电压等级 kV	质量指标		检验方法
			投入运行前的油	运行油	
1	外状		透明、无杂质或悬浮物		外观目视加标准号
2	水溶性酸(pH 值)		>5.4	≥4.2	GB/T 7598
3	酸值/(mgKOH/g)		≤0.03	≤0.1	GB/T 264
4	闪点(闭口)/℃		≥135		GB/T 261

表 1（续）

序号	项　目	设备电压等级 kV	质量指标		检验方法
			投入运行前的油	运行油	
5	水分[a]/(mg/L)	330～1 000 220 ≤110 及以下	≤10 ≤15 ≤20	≤15 ≤25 ≤35	GB/T 7600 或 GB/T 7601
6	界面张力(25℃)/(mN/m)		≥35	≥19	GB/T 6541
7	介质损耗因数/(90℃)	500～1 000 ≤330	≤0.005 ≤0.010	≤0.020 ≤0.040	GB/T 5654
8	击穿电压[b]/kV	750～1 000[b] 500 330 66～220 35 及以下	≥70 ≥60 ≥50 ≥40 ≥35	≥60 ≥50 ≥45 ≥35 ≥30	DL/T 429.9[c]
9	体积电阻率(90 ℃)/Ω·m	500～1 000 ≤330	≥6×10¹⁰	≥1×10¹⁰ ≥5×10⁹	GB/T 5654 或 DL/T 421
10	油中含气量/% (体积分数)	750～1 000 330～500 (电抗器)	<1	≤2 ≤3 ≤5	DL/T 423 或 DL/T 450、 DL/T 703
11	油泥与沉淀物/% (质量分数)	<0.02(以下可忽略不计)			GB/T 511
12	析气性	≥500	报告		IEC 60628(A) GB/T 11142
13	带电倾向		报告		DL/T 1095
14	腐蚀性硫		非腐蚀性		DIN 51353 或 SH/T 0804、 ASTM D1275B
15	油中颗粒度	≥500	报告		DL/T 432

注：由供需双方协商确定是否采用该方法进行检测。

a 取样油温为 40 ℃～60 ℃。

b 750 kV～1 000 kV 设备运行经验不足，本标准参考西北电网 750 kV 设备运行规程提出此值，供参考，以积累经验。

c DL/T 429.9 方法是采用平板电极；GB/T 507 是采用圆球、球盖形两种形状电极。三种电极所测的击穿电压值不同其影响情况，见附录 B(资料附录)。其质量指标为平板电极测定值。

4.5　运行中断路器油质量标准，见表 2。

表 2　运行中断路器油质量

序　号	项　目	质量指标	检验方法
1	外状	透明、无游离水分、无杂质或悬浮物	外观目视
2	水溶性酸(pH 值)	≥4.2	GB/T 7598
3	击穿电压/kV	110 kV 以上，投运前或大修后≥40 运行中≥35 110 kV 及以下，投运前或大修后≥35 运行中≥30 必要时	GB/T 507 或 DL/T 429.9

5 检验周期和检验项目

5.1 检验周期和检验项目见表 3。

5.2 运行中变压器油的维护管理按照 GB/T 14542 执行。

5.3 运行中变压器油的防劣化措施见附录 C。

5.4 油中溶解气体的分析和故障诊断按照 GB/T 17623 和 GB/T 7252 执行。

表 3 运行中变压器油、断路器油检验周期和检验项目

设备名称	设备规范	检验周期	检验项目
变压器、电抗器，所、厂用变压器	330 kV～1 000 kV	设备投运前或大修后 每年至少一次 必要时	1～10 1、5、7、8、10、 2、3、4、6、9、11、12、13、14、15
	66 kV～220 kV、8 MVA 及以上	设备投运前或大修后 每年至少一次 必要时	1～9 1、5、7、8、 3、6、7、11、13、14 或自行规定
	<35 kV	设备投运前或大修后 三年至少一次	自行规定
互感器、套管		设备投运前或大修后 1 年～3 年 必要时	自行规定
断路器		设备投运前或大修后	1～3
	>110 kV ≤110 kV 油量 60 kg 以下	每年至少一次 三年至少一次 三年一次，或换油	3 3 3

注 1：变压器、电抗器、厂用变压器、互感器、套管等油中的“检验项目”栏内的 1、2、3、……为表 1 的项目序号。

注 2：断路器油“检验项目”栏内的 1、2、3、……为表 2 的项目序号。

注 3：对不易取样或补充油的全密封式套管、互感器设备，根据具体情况自行规定。

附　录　A
（资料性附录）
最低冷态投运温度(LCSET)下变压器油的最大黏度、最高倾点与原标准牌号的对应关系

A.1　最低冷态投运温度(LCSET)下变压器油的最大黏度、最高倾点与原标准牌号的对应关系见表A.1。

表A.1　最低冷态投运温度(LCSET)下变压器油的最大黏度、最高倾点与原标准牌号的对应关系

最低冷态投运温度(LCSET)/℃	最大黏度/(mm^2/s)	最高倾点/℃	原标准牌号
0	1 800	−10	10#
−10	1 800	−20	25#
−20	1 800	−30	—
−30	1 800	−40	45#
−40	2 500	−50	—

附 录 B
（资料性附录）
不同电极形状及操作方法对击穿电压测定值的影响

B.1 油样的选择

为使比较试验所用的油样具有一定代表性，选择了四种不同击穿电压等级的样品油即：

a） 1号样品油击穿电压值为50 kV～60 kV之间；

b） 2号样品油击穿电压值为40 kV～50 kV之间；

c） 3号样品油击穿电压值为30 kV～50 kV之间；

d） 4号样品油击穿电压值为20 kV～30 kV之间。

B.2 不同电极形状及操作试验结果

不同电极形状及操作试验结果见表B.1。

表B.1 不同电极形状及操作方法试验结果

油样编号	电极形状	按升压速度统计平均				按间隔时间统计平均			
		3 kV/s		2 kV/s		5 min		3 min	
		击穿电压 kV	偏差平均值 kV	击穿电压 kV	偏差平均值 kV	击穿电压 kV	偏差平均值 kV	击穿电压 kV	偏差平均值 kV
1号	平板	54.8	3.2	50.9	3.5	52.2	3.7	53.5	3.0
	球形	59.7	1.1	58.7	3.2	58.9	2.3	59.5	1.9
	球盖形	56.4	4.2	55.5	5.8	55.4	5.1	56.5	5.0
	平均值	57.0	2.8	55.0	4.2	55.5	3.7	56.5	3.3
2号	平板	46.8	6.5	43.5	4.7	44.6	5.2	45.7	5.9
	球形	52.4	4.9	50.8	6.5	51.9	5.0	51.3	6.4
	球盖形	46.7	7.9	44.4	10.1	44.1	10.9	47.0	7.0
	平均值	48.6	6.4	46.2	7.1	46.9	7.0	48.0	6.4
3号	平板	31.6	4.5	35.4	4.5	33.8	4.4	33.2	4.7
	球形	38.2	5.4	40.4	6.5	37.8	5.9	40.8	5.4
	球盖形	36.7	7.6	37.9	7.1	36.1	7.2	38.6	7.5
	平均值	35.5	5.8	37.9	6.0	35.9	5.8	37.5	6.0
4号	平板	28.1	3.6	31.7	3.8	29.3	3.9	30.5	3.4
	球形	29.8	2.4	34.7	6.0	31.5	3.6	33.0	4.8
	球盖形	27.8	1.8	27.7	2.6	27.0	2.2	28.5	2.2
	平均值	28.6	2.6	31.4	4.1	29.3	3.2	30.7	3.6

B.3 试验结果说明

从表B.1试验结果可以得出：

a） 使用三种不同结构形状电极测得击穿电压不论对哪种油样，都以球形电极的击穿电压值为最高，球盖形次之，平板形相对较低(4号油样测定结果有异常)。

b) 如以平板电极测得值为准，则球形电极大致偏高6 kV，球盖形电极大致偏高3 kV左右。当击穿电压值在30 kV以下时，上述差别有缩减的趋势。

c) 不同升压速度(3 kV/s和2 kV/s)对击穿电压影响不大，其平均差值一般在±(2～3)kV左右，小于各组测得值的标准偏差平均值。

d) 不同间隔时间的影响更小，间隔时间3 min的平均值仅较间隔时间5 min的高1 kV～2 kV左右。经验说明对纯净的油，间隔时间应短一些，而对杂质和水分含量较多的油，则间隔时间应长一点，这样就会使击穿电压值较高，分散性较好。但间隔时间过长，会影响试验结果，一般以3 min～5 min较好。

附 录 C
（资料性附录）
运行中变压器油的防劣化措施

C.1 添加2,6-二叔丁基对甲酚（简称T501）抗氧化剂

新油、再生油中T501含量应不低于0.3%～0.5%，运行中油应不低于0.15%，当含量低于此规定值时，应进行补加。补加时油的pH值不应低于5.0。

C.2 安装热虹吸器（净油器）

其吸附剂的用量应为油量的0.5%～1.5%。

C.3 安装隔膜密封装置

ICS 75.100
E 38

中华人民共和国国家标准

GB/T 7596—2008
代替 GB/T 7596—2000

电厂运行中汽轮机油质量

In-service quality criteria of turbine oils used in power plants

2008-09-24 发布　　　　2009-08-01 实施

中华人民共和国国家质量监督检验检疫总局
中国国家标准化管理委员会　发布

前　言

本标准代替 GB/T 7596—2000《电厂用运行中汽轮机油质量标准》。

本标准与 GB/T 7596—2000 的主要技术差异为：

——对引用标准版本作了更新修订；

——在技术要求中增加了运行中燃气轮机油的质量标准，去掉了原技术要求中对常规检验项目、周期及补油的规定，明确提出采用 GB/T 14541 规定；

——对质量标准中关于设备容量规范作了修订；

——对黏度、闪点、洁净度、破乳化度、起泡沫性试验、空气释放值等指标作了修订。

本标准的附录 A 为资料性附录。

本标准由中国电力企业联合会提出并归口。

本标准起草单位：西安热工研究院有限公司。

本标准主要起草人：刘永洛、孟玉婵。

本标准所代替标准的历次版本发布情况为：

——GB/T 7596—1987、GB/T 7596—2000。

电厂运行中汽轮机油质量

1 范围

本标准规定了电厂运行中汽轮机(包括水轮机、调相机和燃气轮机)所用的矿物汽轮机油(以下简称汽轮机油)在运行中应达到的质量标准。

本标准适用于发电机组运行过程中汽轮机油(包括水轮机、调相机和燃气轮机用油)的质量监督。

2 规范性引用文件

下列文件中的条款通过本标准的引用而成为本标准的条款。凡是注日期的引用文件,其随后所有的修改单(不包括勘误的内容)或修订版均不适用于本标准,然而,鼓励根据本标准达成协议的各方研究是否可使用这些文件的最新版本。凡是不注日期的引用文件,其最新版本适用于本标准。

GB/T 264 石油产品 酸值测定法(GB/T 264—1983,neq ASTM D974)

GB/T 265 石油产品运动粘度测定法和动力粘度计算法

GB/T 267 石油产品闪点与燃点测定法(开口杯法)(GB/T 267—1988,neq ГОСТ 4333:1948)

GB/T 511 石油产品和添加剂机械杂质测定法(重量法)

GB/T 3536 石油产品闪点与燃点测定法(克利夫兰开口杯法)

GB/T 7600 运行中变压器油水分含量测定法(库仑法)

GB/T 7601 运行中变压器油水分测定法(气相色谱法)

GB/T 7602 运行中汽轮机油、变压器油 T501 抗氧剂含量测定法(分光光度法)

GB/T 7605 运行中汽轮机油破乳化度测定法

GB 11120 L-TSA 汽轮机油(GB 11120—1989,neq ISO 8068:1987)

GB/T 11143 加抑制剂矿物油在水存在下防锈性能试验法(GB/T 11143—2008,ASTM D665-03,MOD)

GB/T 12579 润滑油泡沫特性测定法(GB/T 12579—2002,eqv ISO 6247:1998)

GB/T 14541 电厂用运行矿物汽轮机油维护管理导则

DL/T 432 电力用油中颗粒污染度测量方法

SH/T 0308 润滑油空气释放值测定法

SH/T 0193 润滑油氧化安定性测定法(旋转氧弹法)

3 技术要求

3.1 新汽轮机油的验收应按照 GB 11120 进行。

3.2 运行中汽轮机油和燃气轮机油的质量应符合表 1 及表 2 的规定。

3.3 运行中汽轮机油和燃气轮机油的常规检验周期和检验项目按照 GB/T 14541 的规定执行。

3.4 机组运行中补油按 GB/T 14541 的规定执行。

3.5 运行中汽轮机油防劣措施参见附录 A。

表 1 运行中汽轮机油质量

序号	项目		设备规范	质量指标	检验方法
1	外状			透明	DL/T 429.1
2	运动黏度(40 ℃)/(mm^2/s)	32[a]		28.8～35.2	GB/T 265
		46[a]		41.4～50.6	
3	闪点(开口杯)/℃			≥180，且比前次测定值不低 10 ℃	GB/T 267 GB/T 3536
4	机械杂质		200 MW 以下	无	GB/T 511
5	洁净度[b](NAS 1638)，级		200 MW 及以上	≤8	DL/T 432
6	酸值/mgKOH/g	未加防锈剂		≤0.2	GB/T 264
		加防锈剂		≤0.3	
7	液相锈蚀			无锈	GB/T 11143
8	破乳化度(54 ℃)/min			≤30	GB/T 7605
9	水分/(mg/L)			≤100	GB/T 7600 或 GB/T 7601
10	起泡沫试验/mL	24 ℃		500/10	GB/T 12579
		93.5 ℃		50/10	
		后 24 ℃		500/10	
11	空气释放值(50 ℃)/min			≤10	SH/T 0308
12	旋转氧弹值/min			报告	SH/T 0193

[a] 32、46 为汽轮机油的黏度等级。

[b] 对于润滑系统和调速系统共用一个油箱，也用矿物汽轮机油的设备，此时油中洁净度指标应参考设备制造厂提出的控制指标执行。

表 2 运行中燃气轮机油质量

序号	项目		质量指标	检验方法
1	外观		清洁透明	DL/T 429.1
2	颜色		无异常变化	DL/T 429.2
3	运动黏度(40 ℃)/(mm^2/s)	32[a]	28.8～35.2	GB/T 265
		46[a]	41.4～50.6	
4	酸值		≤0.4	GB/T 264
5	洁净度(NAS 1638)，级		≤8	DL/T 432
6	旋转氧弹值		不比新油低 75%	SH/T 0193
7	T501 含量		不比新油低 25%	GB/T 7602

[a] 32、46 为汽轮机油的黏度等级。

附 录 A
（资料性附录）
运行中汽轮机油的防劣化措施

A.1 添加2,6-二叔丁基对甲酚(T501)抗氧化剂

A.1.1 对于添加T501抗氧剂的新油、再生油，其中T501含量应不低于0.3%～0.5%；运行中汽轮机油应不低于0.15%。

A.1.2 添加T501时，一般用待补加抗氧剂的油将T501抗氧剂配成5%～10%的母液通过滤油机加入油中。

A.1.3 当运行油中T501含量低于0.15%时，应进行补加；补加时油的pH值不应低于5.0。

A.2 添加"746"防锈剂

A.2.1 漏气、漏水的机组，应添加"746"防锈剂，其添加量为油量的0.02%～0.03%。

A.2.2 添加746时，一般用待补加防锈剂的油将T501抗氧剂配成5%～10%的母液通过滤油机加入油中。

A.3 当设备用油采用进口油时，添加剂的补充(添加的量及类型)应与供油商协商确定。

A.4 安装连续再生装置

应选择合适的油在线再生净化装置，能及时除去运行汽轮机油中的劣化产物及颗粒杂质。但在线再生有可能吸附油中的防锈成分或抗氧化成分，再生后应根据液相锈蚀试验及开口杯老化试验结果，确定油中是否需要补加"746"或"T501"抗氧剂。

ICS 75.100
E 38

中华人民共和国国家标准

GB/T 7598—2008
代替 GB/T 7598—1987

运行中变压器油水溶性酸测定法

Determination of water-soluble acid in transformer oils in service

2008-09-24 发布　　2009-08-01 实施

中华人民共和国国家质量监督检验检疫总局
中国国家标准化管理委员会　发布

前 言

本标准代替 GB/T 7598—1987《运行中变压器油、汽轮机油水溶性酸测定法(比色法)》。

本标准与 GB/T 7598—1987 的主要技术差异为:

——将本标准的名称修订为《运行中变压器油水溶性酸测定法》。

——修改了本标准的适用范围。

——对原标准中的 pH 标准缓冲溶液、pH 标准比色溶液和指示剂增加了有效使用期。

——对原标准中的指示剂做了修订。

——对原标准增加了 pH 标准比色溶液的配制步骤。

——对原标准中的比色步骤做修订。

——对比色法的精密度进行了修订。

——将原标准内容进行了适当的重新编排。

——在附录中增加了酸度计法和该方法的精密度。

本标准附录 A、附录 B 为资料性附录。

本标准由中国电力企业联合会提出并归口。

本标准起草单位:西安热工研究院有限公司。

本标准主要起草人:冯丽萍、肖秀媛、孟玉婵。

本标准所代替标准历次版本发布情况为:

——GB/T 7598—1987。

运行中变压器油水溶性酸测定法

1 范围

本标准规定了运行中变压器油的水溶性酸的测定方法。

本方法适用于运行中变压器油,其他矿物油的水溶性酸的测定可参照执行。

2 规范性引用文件

下列文件中的条款通过本标准的引用而成为本标准的条款。凡是注日期的引用文件,其随后所有的修改单(不包括勘误的内容)或修订版均不适用于本标准,然而,鼓励根据本标准达成协议的各方研究是否可使用这些文件的最新版本。凡是不注日期的引用文件,其最新版本适用于本标准。

GB/T 601 化学试剂 标准滴定溶液的制备

3 方法概要

在试验条件下,试验油样与等体积蒸馏水混合后,取其水抽出液部分,通过比色,测定油中水溶性酸。结果用 pH 值表示。同理,可采用酸度计法,参见附录 A;海利奇比色,参见附录 B。

4 试剂和材料

4.1 除盐水或二次蒸馏水,煮沸后,pH 为 6.0~7.0,电导率小于 3 μs/cm(25 ℃)。

4.2 邻苯二甲酸氢钾:基准试剂。

4.3 磷酸二氢钾:基准试剂。

4.4 氢氧化钠:分析纯。

4.5 盐酸:分析纯,相对密度为 1.19。

4.6 无水磷酸氢二钠:优级纯。

4.7 pH 指示剂:溴甲酚绿、溴甲酚紫。其配制方法及变色范围见表 1。

表 1 指示剂的配制

指示剂名称	变色范围	配 制 方 法
溴甲酚绿	3.8~5.4 黄~蓝	将 0.1 g 溴甲酚绿与 7.5 mL0.02 mol/L 氢氧化钠一起研匀,用除盐水稀释至 250 mL,再用 0.1 mol/L 氢氧化钠或盐酸调整 pH 值为 4.5~5.4
溴甲酚紫	5.2~6.8 黄~紫	将 0.1 g 溴甲酚紫溶于 9.25 mL0.02 mol/L 氢氧化钠中,用除盐水稀释至 250 mL。再用 0.1 mol/L 氢氧化钠或盐酸调整 pH 值为 6.0

4.8 比色管:具塞,直径为 15 mm,容量 10 mL。

4.9 锥形瓶:250 mL。

4.10 分液漏斗:250 mL。

4.11 量筒:50 mL。

4.12 温度计:0 ℃~100 ℃。

4.13 水浴。

4.14 比色盒:参见图 1。

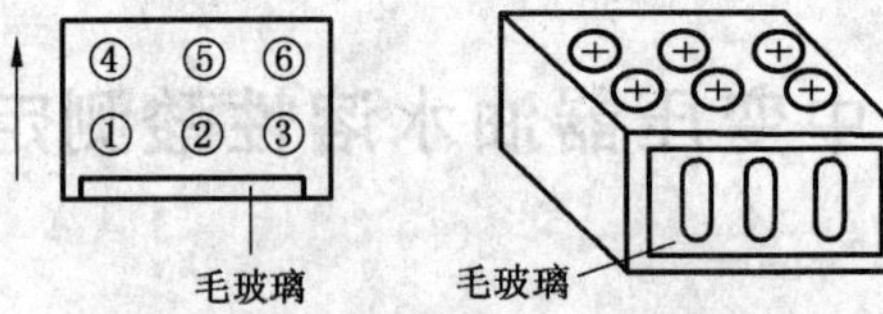

图1 比色盒示意图

5 准备工作

5.1 配制缓冲溶液

5.1.1 0.2 mol/L 邻苯二甲酸氢钾溶液

准确称取预先在100 ℃～110 ℃干燥过的邻苯二甲酸氢钾(4.2)40.846 g,溶于适量水(4.1)中,移入1 000 mL容量瓶,再稀释至刻度,并摇匀。

5.1.2 0.2 mol/L 磷酸二氢钾溶液

准确称取预先在100 ℃～110 ℃干燥过的磷酸二氢钾(4.3)7.218 g,溶于适量水(4.1)中,移入1 000 mL容量瓶,再稀释至刻度,并摇匀。pH为3.8～7.0,间隔为0.2。

5.1.3 0.1 mol/L 盐酸溶液

量取17 mL浓盐酸(4.5)注入1 000 mL容量瓶,用水(4.1)稀释至刻度(此溶液浓度约为0.2 mol/L),再用依据GB/T 601制备的标准碱溶液进行标定,配制成0.1 mol/L的盐酸溶液。

5.1.4 0.1 mol/L 氢氧化钠溶液

迅速称取8 g氢氧化钠(4.4)放入小烧杯中,加入50 mL～60 mL蒸馏水(4.1)使其溶解,移入1 000 mL容量瓶,再加2 mL～3 mL10%的氯化钡溶液以沉淀碳酸盐,稀释至刻度,静置澄清。取上层清液(此溶液浓度约为0.2 mol/L),用GB/T 601制备的标准酸溶液进行标定,配制成0.1 mol/L氢氧化钠溶液。

5.1.5 pH标准缓冲溶液

按表2的要求配制pH标准缓冲溶液。

表2 pH标准缓冲溶液的配制

pH	0.1 mol/L 盐酸/mL	0.2 mol/L 苯二甲酸氢钾/mL	0.1 mol/L 氢氧化钠/mL	0.2 mol/L 磷酸二甲氢钾/mL	稀释至体积/mL
3.6	6.3	25			100
3.8	2.9	25			100
4.0	0.1	25			100
4.2		25	3.0		100
4.4		25	6.6		100
4.6		25	11.1		100
4.8		25	16.5		100
5.0		25	22.6		100
5.2		25	28.8		100
5.4		25	3.1		100
5.6		25	38.8		100
5.8		25	42.3		100

表 2（续）

pH	0.1 mol/L 盐酸/mL	0.2 mol/L 苯二甲酸氢钾/mL	0.1 mol/L 氢氧化钠/mL	0.2 mol/L 磷酸二甲氢钾/mL	稀释至体积/mL
6.0			5.6	25	100
6.2			8.1	25	100
6.4			11.6	25	100
6.6			16.4	25	100
6.8			22.4	25	100
7.0			29.1	25	100

5.2 配制 pH 标准比色液

5.2.1 pH 为 3.6～pH5.4 标准比色液的配制：按表 2 分别取 pH3.6～pH5.4 标准缓冲溶液 10 mL 于10 mL具塞比色管中，各加入 0.25 mL 溴甲酚绿指示剂，并摇匀备用。

5.2.2 pH 为 5.6～pH7.0 标准比色液的配制：按表 2 分别取 pH5.6～pH7.0 标准缓冲溶液 10 mL 于 10 mL 具塞比色管中，各加入 0.25 mL 溴甲酚紫指示剂，并摇匀备用。

注：pH 标准比色液的有效期为 3 个月，每次配置时，必须采用新配制的 pH 标准缓冲溶液和新配制的指示剂。

6 试验步骤

6.1 量取 50 mL 油样于 250 mL 锥形瓶内，加入刚煮沸过的蒸馏水 50 mL，加热，在 70 ℃～80 ℃下摇动 5 min。

6.2 将锥形瓶中的液体倒入分液漏斗内，待分层并冷至室温后，取 10 mL 水抽出液加入具塞比色管，同时加入 0.25 mL 溴甲酚紫指示剂(4.7)，当呈现浅紫色或紫色时，放入比色盒与 pH 标准比色液(5.2.2)进行比色，记录其 pH 值；当呈现黄色时另取 10 mL 水抽出液加入比色管，同时加入 0.25 mL 溴甲酚绿指示剂(4.7)，放入比色盒与 pH 标准比色液(5.2.1)进行比色，记录其 pH 值。

7 精密度

7.1 重复性

同一操作者用相同仪器对同一样品在相同条件下重复测定的两个结果之差不超过 0.1 pH。

7.2 再现性

不同实验室、不同操作者按本方法对同一样品测定的两个结果之差不应超过 0.8 pH。

附 录 A
（资料性附录）
水溶性酸测定法（酸度计法）

A.1 仪器

实验室用 pH 计，pH 电极、饱和或 3 mol/L 的氯化钾甘汞电极；烧杯：50 mL；锥形瓶：250 mL；分液漏斗：250 mL；量筒：50 mL；温度计：0 ℃～100 ℃；水浴。

A.2 准备工作

A.2.1 pH＝4.0 的标准缓冲溶液的配制

准确称取预先在 100 ℃～110 ℃干燥过的邻苯二甲酸氢钾 10.21 g 溶解于少量的水（4.1）中，并准确稀释至 1 L，摇匀。

A.2.2 pH＝6.86 的标准缓冲溶液的配制

准确称取预先在 100 ℃～110 ℃干燥过的磷酸二氢钾 3.390 g 以及无水磷酸氢二钠 3.55 g，溶解于少量的水（4.1）中，并准确稀释至 1 L，摇匀。

注：标准缓冲溶液也可用相应的商品 pH 标准物质直接配制。

A.3 试验步骤

A.3.1 仪器校正

仪器开启稳定 30 min 后，按仪器说明书的规定进行调零、温度补偿以及满刻度校正。

A.3.2 pH 定位

在 pH 定位前先用水（4.1）冲洗电极及测试烧杯 2 次以上，然后用干净滤纸将电极底部残留的水滴轻轻吸干。将 pH＝6.86 的标准缓冲溶液倒入测试杯内，浸入电极，进行定位，重复 1～2 次，直至误差在允许范围内。

A.3.3 复定位

复定位就是将上述定位后的 pH 计对另一 pH 值的标准缓冲溶液进行测定，如所测结果与复定位缓冲溶液的 pH 相差±0.05 pH 以内时，即可认为仪器和电极均属正常。本方法中采用 pH＝4.0 的标准缓冲溶液进行复定位。

A.3.4 试样准备

量取 50 mL 试样于 250 mL 锥形瓶内，加入刚煮沸过的蒸馏水 50 mL，加热（禁止明火）至 70 ℃～80 ℃，并在此温度下摇动 5 min。

A.3.5 测试

将锥形瓶中的液体倒入分液漏斗内，待分层并冷却至室温，下层为待测的水溶液。将复定位后的电极和测试烧杯反复用水（4.1）冲洗 2 次以上，再用待测的下层水溶液冲洗 2 次以上，然后取适量待测水溶液于测试烧杯中，立即将电极浸入测试烧杯中水溶液内进行测试，读取仪表指示的 pH 值，并记录。

测试完毕后，应将电极用水（4.1）反复冲洗干净，最后将 pH 电极浸泡在蒸馏水中备用。

A.4 精密度

A.4.1 重复性

同一操作者用相同仪器对同一样品在相同条件下重复测定的两个结果之差不超过 0.31。

A.4.2 再现性

不同实验室、不同操作者按本方法对同一样品测定的两个结果之差不应超过 1.22。

A.5 报告

取重复测定两个结果的算术平均值作为测定结果。

附 录 B
（资料性附录）
水溶性酸测定法（海立奇比色计法）

B.1 仪器

B.1.1 海立奇比色计：见图 B.1。

图 B.1 海立奇比色计

B.1.2 比色盘

pH3.8～pH5.4（溴甲酚绿），pH6.0～pH7.6（溴百里香酚蓝），间隔为 0.2。

B.1.3 比色管：容量 8 mL。

B.1.4 温度计：0 ℃～100 ℃。

B.1.5 水浴。

B.2 试剂

B.2.1 pH 指示剂

指示剂的配制方法及变色范围见表 B.1。指示剂应存放在严密的棕色试剂瓶内，保存于阴暗处。

表 B.1 指示剂的配制

指示剂名称	变色范围	配置方法
溴甲酚绿	3.8～5.4 黄～蓝	称取 0.1 g 溴甲酚绿与 7.5 mL 0.02 mol/L 氢氧化钠一起研匀，用除盐水稀释至 250 mL。再调整 pH 值为 5.4
溴百里香酚蓝 (BTB)	6.0～7.6 黄～蓝	将 0.1 g 溴百里香酚蓝与 8.0 mL 0.02 mol/L 氢氧化钠一起研匀，用除盐水稀释至 250 mL。再调整 pH 值为 7.0

B.2.2 试验用水

除盐水或二次蒸馏水，煮沸后 pH 为 6.0～7.0，电导率小于 3 μs/cm(25 ℃)。

B.3 试验步骤

B.3.1 量取 50 mL 试油于 250 mL 锥形瓶内，加入等体积刚煮沸的水(B2.2)，加热（禁用明火）至 70 ℃～80 ℃，并在此温度下，摇动 5 min。

B.3.2 将锥形瓶中的液体倒入分液漏斗内，待分层并冷至室温后，取 5 mL 水抽出液，加入比色管里，同时加入 0.3 mL 溴甲酚绿指示剂,摇匀后放入海立奇比色计的比色槽里与比色盘进行比色,记录其 pH 值。

注:当试油的 pH 值大于 5.4,可用溴百里香酚蓝。

B.4 精密度

B.4.1 两次平行试验结果的 pH 差值不超过±0.1。

B.4.2 取两次平行试验结果的平均值为测定值。

ICS 75.100
E 38

中华人民共和国国家标准

GB/T 7601—2008
代替 GB/T 7601—1987

运行中变压器油、汽轮机油水分测定法（气相色谱法）

Determination of water content for transformer and turbine oils in service by gas chromatographic method

2008-09-24 发布　　2009-08-01 实施

中华人民共和国国家质量监督检验检疫总局
中国国家标准化管理委员会　发布

前　言

本标准代替 GB/T 7601—1987《运行变压器油水分测定法(气相色谱法)》。

本标准与 GB/T 7601—1987 比较,有以下主要变化:

——将适用范围由变压器油扩展到汽轮机油、密封油;

——保留了原方法原理;

——规定了气相色谱仪需专用或具有汽液分离和收集残油的功能;

——推荐了常用色谱气路流程和固定相及色谱操作参考条件;

——推荐了分析用标准油样,去掉了原标准推荐的用饱和正庚烷作标准工作曲线和换算结果的步骤;

——规定了操作步骤;

——给出了结果计算方法;

——提出了方法的精密度。

本标准由中国电力企业联合会提出并归口。

本标准起草单位:西安热工研究院有限公司、东莞电力局、广东电力试验研究所。

本标准主要起草人:孟玉婵、尹沃强、刘湘平、邝红英、高明振。

本标准委托西安热工研究院有限公司负责解释。

本标准所代替标准的历次版本发布情况为:

——GB/T 7601—1987。

运行中变压器油、汽轮机油水分测定法
（气相色谱法）

1 范围

本标准规定了变压器油、汽轮机油和氢冷发电机组用密封油中水分含量的气相色谱测定法。

本标准适用于变压器油、汽轮机油和氢冷发电机组用密封油中水分的测定。

其他油中水分含量的测定也可参照本标准。

2 规范性引用文件

下列文件中的条款通过本标准的引用而成为本标准的条款。凡是注日期的引用文件，其随后所有的修改单（不包括勘误的内容）或修订版均不适用于本标准，然而，鼓励根据本标准达成协议的各方研究是否可使用这些文件的最新版本。凡是不注日期的引用文件，其最新版本适用于本标准。

GB/T 7597　电力用油

GB/T 17623　绝缘油中溶解气体组分含量的气相色谱测定法（GB/T 17623—1998 IEC 567:1992，NEQ）

3 方法概要

本方法首先按 GB/T 7597 的规定采集被测油样，然后用专用气相色谱仪汽化、分离、检测，通过记录仪或色谱数据处理机与标准油样比较进行结果计算，结果以 mg/L 表示。

4 仪器设备、材料

4.1 气相色谱仪

4.1.1 进样器，具有进样汽化、分离和收集残油的功能。

4.1.2 检测器，热导检测器（TCD），最小检测浓度：小于 0.5 mg/L。

4.1.3 色谱柱

4.1.3.1 内抛光不锈钢柱：内径 3 mm，长 1 m。

4.1.3.2 固定相：高分子多孔微球 GDX—103 或 GDX—105（60 目～80 目）。

4.1.3.3 分离度：与油中水峰相邻峰的分离度 R 大于 1。

4.1.4 流程

常用色谱流程见图 1。

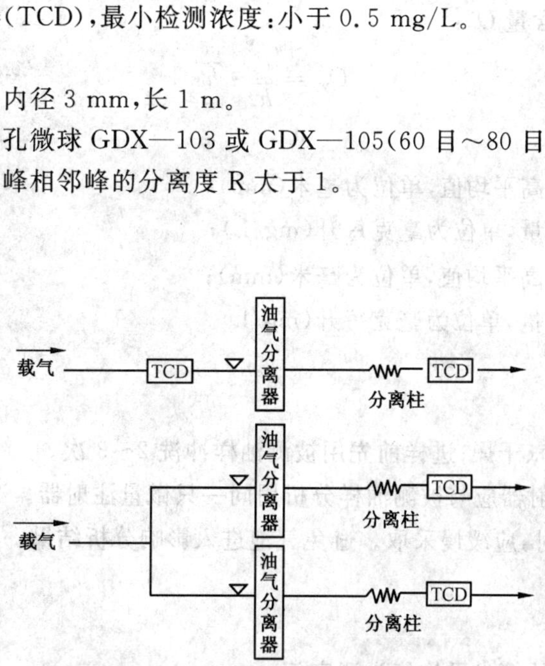

图 1　常用色谱流程示意

4.2 标准油：标油中水分的含量在 25 mg/L～50 mg/L。

在注有 40 mL 无水油和分散剂混合油液的 100 mL 玻璃注射器中，准确加入 1.0 μL～2.0 μL 纯水，密封放置，每天摇动 3 次～5 次，使水均匀溶于混合油液中，一周后准确测量其含水量，作为标准值。

4.3 玻璃注射器

4.3.1 玻璃注射器：50 mL 或 100 mL 气密性好的医用或专用玻璃注射器(A)。气密性检查采用 GB/T 17623中规定进行。

4.3.2 进样注射器：20 μL 微量注射器(B)。

4.4 气体：高纯氮气(或氩气)：纯度不小于 99.99%。

5 分析步骤

5.1 准备

检查气相色谱仪，使之处于稳定备用状态。

5.2 样品采集

用 50 mL 或 100 mL 经检验密封性合格的玻璃注射器，按照 GB/T 7597 进行样品采集，也可使用专用的密封采样器。

5.3 样品分析

5.3.1 仪器的标定

用 20 μL 微量注射器(B)，准确抽取已知水分含量标准油 10 μL，在气相色谱仪稳定的情况下进样，从得到的色谱图上量取水峰的峰高 h_s(或峰面积 A_s)，也可用数据处理机记录。至少重复操作两次，取其平均值$\overline{h_s}$(或$\overline{A_s}$)。

5.3.2 样品分析

用 20 μL 微量注射器(B)，从装有被测油样注射器(A)中准确抽取 10 μL，同 5.3.1 步骤进样、分析，得到水峰的峰高 h_0(或峰面积 A_0)，至少重复操作两次，取其平均值$\overline{h_0}$(或$\overline{A_0}$)。

5.4 结果计算

用式(1)计算油中水分含量 O_w：

$$O_w = \frac{c_s}{\overline{h_s}} \cdot \overline{h_0} \qquad \cdots\cdots(1)$$

式中：

$\overline{h_s}$——标油中水分的峰高平均值，单位为毫米(mm)；

c_s——标油中水分的含量，单位为毫克每升(mg/L)；

$\overline{h_0}$——油样中水分的峰高平均值，单位为毫米(mm)；

O_w——油样中水分的含量，单位为毫克每升(mg/L)。

6 试验注意事项

6.1 微量注射器(B)应洁净、干燥；进样前先用被测油样冲洗 2～3 次。

6.2 注标准油样用微量注射器应与被测油样分析用同一只微量注射器。

6.3 由注射器(A)中取样时，应缓慢采取。避免气泡进入影响分析结果。

7 精密度

7.1 取两次平行试验结果的算术平均值为测定值。

7.2 两次平行试验结果的差值不超过下列数值。

试油含水范围/(mg/L)	允许差/(mg/L)
10 以下	2
11～20	3
21～40	4
大于 40	10%

ICS 75.100
E 38

中华人民共和国国家标准

GB/T 7602.1—2008
代替 GB/T 7602—1987

变压器油、汽轮机油中 T501 抗氧化剂含量测定法 第1部分:分光光度法

Determination of T501 oxidation inhibitor content in transformer oil or turbine oil— Part 1: spectrophotometric method

2008-09-24 发布　　2009-08-01 实施

中华人民共和国国家质量监督检验检疫总局
中国国家标准化管理委员会　发布

前　言

GB/T 7602《变压器油、汽轮机油中 T501 抗氧化剂含量测定法》分为 3 部分：

第 1 部分：分光光度法；

第 2 部分：液相色谱法；

第 3 部分：红外光谱法。

本部分为 GB/T 7602 的第 1 部分。

本部分参考了 IEC 60666 的有关内容。

本部分代替 GB/T 7602—1987《运行中汽轮机油、变压器油 T501 抗氧化剂含量测定法(分光光度法)》。

本部分与 GB/T 7602—1987 相比，主要技术内容修改为：

——在样品脱色处理的操作步骤中，扩展了脱色吸附剂的选择范围；

——给出了基础油的制备过程中，考察油中 T501 是否已脱干净的依据；

——规定了油样按 GB/T 7597 规定的方法采集；

——保留了原方法的测量原理和操作步骤；

——测定吸光度时，规定了以纯水作参比。

本部分由中国电力企业联合会提出并归口。

本部分起草单位：西安热工研究院有限公司、南方电网广州供电局。

本部分主要起草人：孟玉婵、刘志一、杨红燕、饶锐、黄晓辉。

本部分所代替标准的历次版本发布情况为：

——GB/T 7602—1987。

变压器油、汽轮机油中 T501 抗氧化剂含量测定法 第1部分:分光光度法

1 范围

本部分规定了变压器油、汽轮机油中添加的 T501(2,6-二叔丁基对甲酚)抗氧化剂含量的分光光度测定方法。

本部分适用于变压器油、汽轮机油中 T501 抗氧化剂含量的测定。

其他油中 T501 抗氧化剂含量的测定也可参照本部分。

2 规范性引用文件

下列文件中的条款通过 GB/T 7602 的本部分的引用而成为本部分的条款。凡是注日期的引用文件,其随后所有的修改单(不包括勘误的内容)或修订版均不适用于本部分,然而,鼓励根据本部分达成协议的各方研究是否可使用这些文件的最新版本。凡是不注日期的引用文件,其最新版本适用于本部分。

GB/T 7597 电力用油(变压器油、汽轮机油)取样方法

3 方法概要

本方法是以石油醚、乙醇作溶剂,磷钼酸作显色剂,根据 T501 抗氧化剂与磷钼酸形成的钼蓝络合物在分光光度计 700 nm 处的吸光度,利用该吸光度值与 T501 含量成正比的关系,确定变压器油、汽轮机油中 T501 抗氧化剂的含量。最小检测量 0.05%。

4 仪器设备

4.1 分光光度计:波长范围包括 700 nm 波长的分光光度计,波长精度±3 nm。

4.2 分析天平:精度 0.000 1 g。

4.3 移液管:2 mL、10 mL。

4.4 锥形烧瓶:150 mL。

4.5 分液漏斗:125 mL、200 mL。

4.6 容量瓶:100 mL。

4.7 量筒:10 mL、50 mL。

4.8 烧杯:50 mL。

4.9 酸式滴定管:50 mL。

4.10 水浴:温度高于 90 ℃。

4.11 搅拌器。

5 试剂、材料

5.1 无水乙醇:分析纯。

5.2 氢氧化钾:分析纯,配成 0.1 mol/L 的无水乙醇溶液。

5.3 磷钼酸:分析纯,配成 5%无水乙醇溶液,过滤于棕色瓶中,放到暗处保存。

5.4 硫酸：密度 1.84 g/cm^3，98%，分析纯。

5.5 35%氢氧化钾甲醇溶液：取氢氧化钾 35 g(称准至 0.1 g)，溶于 25 mL 蒸馏水中，再用甲醇稀释至 100 mL。

5.6 甲醇：分析纯。

5.7 2,6-二叔丁基对甲酚：化学纯。

5.8 干燥白土：细度小于 200 目的白土约 500 g，在 120 ℃下烘干 1 h，保存于干燥器内。

5.9 脱色吸附剂：具有脱色效果且对 T501 没有吸附作用的吸附剂。

5.10 石油醚：分析纯，沸点范围 30 ℃～60 ℃或 60 ℃～90 ℃。

5.11 脱脂棉。

6 准备工作

6.1 基础油的制备

6.1.1 取变压器油或汽轮机油 1 kg，加 100 g 浓硫酸，边加边搅拌 20 min，然后加入 10 g～20 g 干燥白土，继续搅拌 10 min，沉淀后倾出澄清油。酸、白土处理应进行两次。将第二次处理后的澄清油加热至 70 ℃～80 ℃，再加入 100 g～150 g 的干燥白土，搅拌 20 min，沉淀后倾出澄清油。如此再重复处理一次，沉淀后过滤。

6.1.2 检查基础油中是否含有 T501

如果两次加热加白土处理所得澄清油按照 7.1.2、7.1.3 进行测试，若吸光度值一样，则认为 T501 已脱干净。所得澄清油即为基础油。否则，再进行酸白土处理，直至将 T501 脱干净为止。

6.2 标准油的配制

称取 T501 抗氧化剂 1 g(称准至 0.000 1 g)，溶于 199 g 基础油中，此油 T501 含量为 0.50%。再分别称取此油 4.0 g，8.0 g，12.0 g，16.0g，溶于 16.0 g，12.0 g，8.0 g，4.0 g 基础油中，按顺序 T501 含量为 0.1%，0.2%，0.3%，0.4%。

注：溶解 T501 抗氧化剂的温度不高于 70 ℃，并避光保存于棕色瓶中。标准油可以使用 3 个月。

6.3 油样(运行汽轮机油)的脱色处理

按 GB/T 7597 规定的方法采集 10 mL 运行汽轮机油样，注入 125 mL 分液漏斗中，加入 50 mL 石油醚，摇匀后加入 10 mL 35%氢氧化钾甲醇溶液，剧烈摇动 5 min 后放出处理液，重复处理直至放出液为无色。然后以 20 mL 1∶49 硫酸中和被处理油样，用蒸馏水洗至中性后，将油滤入 50 mL 烧杯中，于通风厨内在水浴上加热蒸发掉石油醚，即得被测油样。

6.4 油样(运行变压器油)的脱色处理

称取 0.2 g(称准至 0.01 g)干燥的脱色吸附剂装于 50 mL 酸式滴定管中(装前用少量脱脂棉塞于滴定管的锥形部位，以防吸附剂流失)，厚度要均匀。然后用 50 mL 量筒量取 10 mL 按照 GB/T 7597 规定的方法采集的运行变压器油样，以石油醚稀释到 50 mL，一次倒入装有吸附剂的滴定管中，缓慢过滤。滤液盛于 50 mL 烧杯中，于通风橱内在水浴上加热，将石油醚全部蒸掉，即得被测油样。

7 试验步骤

7.1 标准曲线的绘制

7.1.1 标准油的称量：称取含 T501 0.10%、0.20%、0.30%、0.40%、0.50%的标准油各 0.4 g(准确至 0.000 1 g)，分别置于 150 mL 锥形烧瓶中。

7.1.2 络合物的萃取：向盛有标准油样的锥形烧瓶中依次加入石油醚 10 mL，无水乙醇 10 mL，0.1 mol/L氢氧化钾乙醇溶液 6.5 mL、5%磷钼酸乙醇溶液 2 mL。每加一种试剂后均需充分摇匀。5 min后在各锥形烧瓶中加入约 50 mL 沸腾蒸馏水，充分摇荡，使钼蓝络合物完全溶解于水，并移入分液漏斗内(如有不溶物，应再加适量沸腾蒸馏水使其全部溶解)，静置分层，收取下层水溶液。将水溶液仍注入原锥形烧瓶中，加热微沸至完全透明。冷却至室温后，移入 100 mL 容量瓶中，用蒸馏水稀释至刻度。

7.1.3 测定吸光度：将以上得到的水溶液注入 2 cm 比色皿中，在分光光度计 700 nm 波长处进行测定，以纯水作参比，读取吸光度值 A。

7.1.4 绘制标准曲线：将标准油样测得的吸光度值 A 与对应的 T501 抗氧化剂毫克数绘成标准曲线。

7.2 油样的测定

7.2.1 在 150 mL 锥形烧瓶中，称取油样 0.4 g(准确至 0.000 1 g)，油样中 T501 与磷钼酸所形成的络合物的萃取按 7.1.2 的操作步骤。

7.2.2 按 7.1.3 的操作步骤测得油样的吸光度值 A，在标准曲线图上查得 T501 抗氧化剂含量的毫克数。

8 结果计算

T501 抗氧化剂含量按下式计算：

$$X = \frac{a}{m \times 1\,000} \times 100$$

式中：

X——抗氧化剂含量，%；

a——标准曲线图上查得的 T501 抗氧化剂含量，单位为毫克(mg)；

m——油样的质量，单位为克(g)。

9 精密度

9.1 重复性 r 0.05%。

9.2 再现性 R 0.15%。

ICS 75.100;29.040.10
E 38

中华人民共和国国家标准

GB/T 7602.2—2008

变压器油、汽轮机油中T501抗氧化剂含量测定法 第2部分：液相色谱法

Determination of T501 oxidation inhibitor content in transformer oil or turbine oil—Part 2: Liquid chromatography

2008-12-30 发布 2009-10-01 实施

中华人民共和国国家质量监督检验检疫总局
中国国家标准化管理委员会 发布

前言

GB/T 7602《变压器油、汽轮机油中 T501 抗氧化剂含量测定法》分为 3 部分：

第 1 部分：分光光度法；

第 2 部分：液相色谱法；

第 3 部分：红外光谱法。

本部分为 GB/T 7602 的第 2 部分。

本部分由中国电力企业联合会提出并归口。

本部分起草单位：西安热工研究院有限公司、福建省电力试验研究院。

本部分主要起草人：孟玉婵、郑东升、杨红燕、连鸿松。

变压器油、汽轮机油中
T501抗氧化剂含量测定法
第2部分:液相色谱法

1 范围

本部分规定了变压器油、汽轮机油中添加的T501抗氧剂(2,6-二叔丁基对甲酚)含量的液相色谱测定方法。

本部分适用于变压器油、汽轮机油中T501抗氧剂含量的测定,其他油品中T501含量的测定也可参照本方法进行。

2 规范性引用文件

下列文件中的条款通过本部分的引用而成为本部分的条款。凡是注日期的引用文件,其随后所有的修改单(不包括勘误的内容)或修订版均不适用于本标准,然而,鼓励根据本标准达成协议的各方研究是否可使用这些文件的最新版本。凡是不注日期的引用文件,其最新版本适用于本标准。

GB/T 7597 电力用油(变压器油、汽轮机油)取样方法

GB/T 17623 绝缘油中溶解气体组分含量的气相色谱测定法

3 方法概要

本方法以甲醇为萃取剂,富集油中的T501,用高效液相色谱仪分析溶解在萃取液中的T501含量,从而实现对油中T501的定量测定。

本方法的检测下限为0.005%。

4 仪器设备

4.1 高效液相色谱仪应符合下列条件:

a) 双泵或单泵系统;

b) C18液相色谱柱,柱长150 mm;

c) 能检测紫外线(UV)光谱的UV检测器;

d) 数据采集系统,宜使用色谱数据工作站或色谱数据处理机;

e) 超声波发生器或在线脱气装置,用于去除流动相中的气泡。

4.2 机械振荡器:往复振荡频率270次/min~280次/min,振幅35 mm;可采用GB/T 17623方法中脱气用的振荡仪。

4.3 试验室用的高速离心机:0 r/min~4 000 r/min。

4.4 分析天平:精度为0.000 1 g。

4.5 5 mL玻璃注射器。

4.6 10 μL微量注射器。

4.7 10 mL具塞比色管。

4.8 1.00 mL移液管。

4.9 搅拌器。

5 试剂

5.1 纯水。

5.2 T501抗氧化剂(2,6-二叔丁基对甲酚),化学纯。

5.3 甲醇,分析纯。

5.4 硫酸,98%,化学纯。

5.5 干燥白土:粒度小于200目,约500 g活性白土在120 ℃下烘于1 h后,保存在干燥器内备用。

6 准备工作

6.1 基础油的制备

6.1.1 取变压器油或汽轮机油1 kg,加100 g浓硫酸,边加边搅拌20 min,然后加入10 g～20 g干燥白土,继续搅拌10 min,沉淀后倾出澄清油。酸、白土处理应进行两次。将第二次处理后的澄清油加热至70 ℃～80 ℃,再加入100 g～150 g的干燥白土,搅拌20 min,沉淀后倾出澄清油。如此再重复处理一次,沉淀后过滤。如果两次加热加白土处理所得澄清油按6.1.2方法检查,不含T501即认为已制得基础油。否则,再进行酸、白土处理,直至将T501脱干净为止。

6.1.2 基础油中T501含量的检查

a) 配制T501含量为0.20%的甲醇溶液,按7.2.1进行分析,得到T501峰的保留时间;

b) 取待检查的油样按7.1和7.2.1的步骤进行萃取和分析,检查得到的色谱图,若在T501峰的保留时间处没有出峰,则认为该油样不含T501。

6.2 含0.300%T501的标准油的配制

准确称取T501抗氧化剂0.3 g(准确至0.1 mg),加热至不高于70 ℃的条件下,溶于99.70 g基础油中制成含0.300%T501的标准油。此油避光保存于棕色瓶中,可以使用三个月。

注:应选用与被测油样同品种的基础油来配制标准油样。

6.3 仪器的准备

6.3.1 按照液相色谱仪的使用说明,调节液相色谱仪,建立下列工作状况:

a) 流动相:甲醇:水=82:18～87:13(体积比);

b) 流量:0.5 mL/min～1.0 mL/min;

c) 柱温:40 ℃;

d) 进样量:10 μL。

6.3.2 UV检测器选择275 nm波长进行检测。

6.4 仪器的标定

当液相色谱仪和检测器进入工作状况后,称取9.0 g(准确至0.000 1 g)含0.300%T501的标准油(w_s),按7.1步骤进行萃取,用25 μL微量注射器准确吸取甲醇萃取液25 μL进样分析,得到T501在检测器的响应值R_s(峰面积或峰高)。至少重复操作两次,取平均值$\overline{R_s}$。

7 油样分析步骤

7.1 油样的萃取

油样按GB/T 7597规定的方法采集。称取9.0 g±0.2 g(准确至0.000 1 g)的被测油样于10 mL具塞比色管中,用移液管移取1.00 mL甲醇加到比色管中,塞紧管塞,用力摇动使之混匀,水平放在振荡器上,常温振荡15 min。将比色管置于高速离心机内旋转(宜选用转速2 000 r/min)10 min,使油与甲醇分层。上层的甲醇萃取液作为分析用样。

7.2 萃取液的分析

7.2.1 用25 μL微量注射器准确吸取萃取液25 μL进样分析,得到样品中T501在检测器的响应值R_t

（峰面积或峰高），此操作至少重复两次，取平均值$\overline{R_t}$。典型的色谱图见图 1。

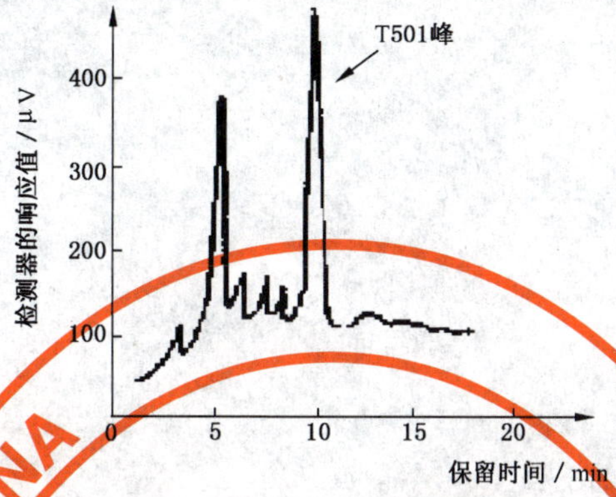

图 1　萃取液分析的液相色谱图

7.2.2　当一个油样分析完成后，将流动相改为纯甲醇，并加大流速冲洗，直至色谱柱中不含残留物，然后再进行下一个油样的分析。

8　计算结果

按下式计算油中 T501 的含量：

$$w_t = \frac{w_s \times m_s}{\overline{R_s} \times m_t} \times \overline{R_t}$$

式中：

w_t——被测油样中 T501 的含量，%；

w_s——标准油样中 T501 的含量，%；

$\overline{R_s}$——检测器对标准油样中 T501 色谱峰的响应值；

$\overline{R_t}$——检测器对被测油样中 T501 色谱峰的响应值；

m_s——标准油样质量，g；

m_t——被测油样质量，g。

9　精密度

9.1　取两次平行测定结果的算术平均值作为测定值。

9.2　重复性 r 为 0.030%。

9.3　再现性 R 为 0.056%。

ICS 75.100;29.040.10
E 38

中华人民共和国国家标准

GB/T 7602.3—2008

变压器油、汽轮机油中 T501 抗氧化剂含量测定法 第3部分:红外光谱法

Determination of T501 oxidation inhibitor content in transformer oil or turbine oil—Part 3: Infrared spectroscopy method

2008-12-30 发布 2009-10-01 实施

中华人民共和国国家质量监督检验检疫总局
中国国家标准化管理委员会 发布

前 言

GB/T 7602《变压器油、汽轮机油中 T501 抗氧化剂含量测定法》分为 3 部分：

第 1 部分：分光光度法；

第 2 部分：液相色谱法；

第 3 部分：红外光谱法。

本部分为 GB/T 7602 的第 3 部分。

本部分制定时参照了 ASTM D2668 的内容。

本部分由中国电力企业联合会提出并归口。

本部分起草单位：西安热工研究院有限公司、南方电网广州供电局。

本部分主要起草人：孟玉婵、杨红燕、陈智湘、刘志一、黄晓辉。

变压器油、汽轮机油中 T501 抗氧化剂含量测定法 第 3 部分：红外光谱法

1 范围

本部分规定了测定变压器油和汽轮机油中 T501(2,6-二叔丁基对甲酚)抗氧化剂含量的红外光谱方法。

本部分适用于未使用或已用过的变压器油和汽轮机油中 T501 抗氧化剂含量的测定。

2 规范性引用文件

下列文件中的条款通过本部分的引用而成为本部分的条款。凡是注日期的引用文件，其随后所有的修改单(不包括勘误的内容)或修订版均不适用于本标准，然而，鼓励根据本标准达成协议的各方研究是否可使用这些文件的最新版本。凡是不注日期的引用文件，其最新版本适用于本标准。

GB/T 7597 电力用油(变压器油、汽轮机油)取样方法

3 方法概要

本部分是利用变压器油和汽轮机油中由于添加了 T501 抗氧化剂后在 3 650 cm^{-1}(2.74 μm) 波数处出现酚羟基伸缩振动吸收峰，该吸收峰的吸光度与 T501 浓度成正比关系，通过绘制标准曲线，从而求出其在油样中的质量百分含量。

最小检测限：0.005%。

4 仪器设备

4.1 红外分光光度计。

4.2 分析天平：精度 0.000 1 g。

4.3 液体吸收池：在 3 800 cm^{-1}～3 500 cm^{-1} 范围内透明、具有无选择性吸收的任何材料的池窗(常用池窗有 KBr，NaCl)、光程长 0.3 mm～1.0 mm(也可根据不同的仪器状况，选择合适程长)的吸收池。

4.4 吸耳球。

4.5 玻璃注射器：1 mL～2 mL。

4.6 搅拌器。

5 试剂、材料

5.1 四氯化碳：化学纯。

5.2 2,6-二叔丁基对甲酚：化学纯。

5.3 浓硫酸：密度 1.84 g/cm^3，98%，分析纯。

5.4 干燥白土：粒度小于 200 目的白土约 500 g，在 120 ℃下烘干 1 h，保存于干燥器内。

6 准备工作

6.1 油样的采集

油样采集按照 GB/T 7597 进行。

6.2 基础油的制备

取变压器油或汽轮机油 1 kg，加 100 g 浓硫酸，边加边搅拌 20 min，然后加入 10 g～20 g 干燥白土，继续搅拌 10 min，沉淀后倾出澄清油。酸、白土处理应进行两次。将第二次处理后的澄清油加热至 70 ℃～80 ℃，再加入 100 g～150 g 的干燥白土，搅拌 20 min，沉淀后倾出澄清油。如此再重复处理一次，沉淀后过滤，待用。

6.3 检查基础油中是否含 T501 抗氧化剂

将两次加热加白土处理所得澄清油缓慢注满液体吸收池，按 7.1.2 进行测试，若在 3 650 cm^{-1} 处没有吸收峰，则认为 T501 已脱干净，所得油为基础油。否则，再进行酸、白土处理，直至将 T501 脱干净为止。

6.4 标准油的配制

称取 T501 抗氧化剂 1.0 g(称准至 0.000 1 g)，加热至不高于 70 ℃条件下，溶于 199.0 g 基础油中，制成含 0.50％T501 的标准油。此油避光保存于棕色瓶中，可以使用三个月。再称取此油 4.0 g、8.0 g、12.0 g、16.0 g，分别溶于 16.0 g、12.0 g、8.0 g、4.0 g 基础油中，得到 T501 含量分别为 0.1％、0.2％、0.3％、0.4％的标准油。

7 试验步骤

7.1 标准曲线的绘制

7.1.1 用 1 mL～2 mL 的玻璃注射器，抽取标准油样，缓慢地注满液体吸收池。

7.1.2 将注满标准油的液体吸收池放在红外分光光度计的吸收池架上，记录 3 800 cm^{-1}～3 500 cm^{-1} 段的红外光谱图(见图 1)，重复扫描三次。若三次扫描示值计算得到的吸光度 A 的最高值和最低值之差大于 0.010 时，则需重新测定，否则取三次测定结果的算术平均值作为测定结果。

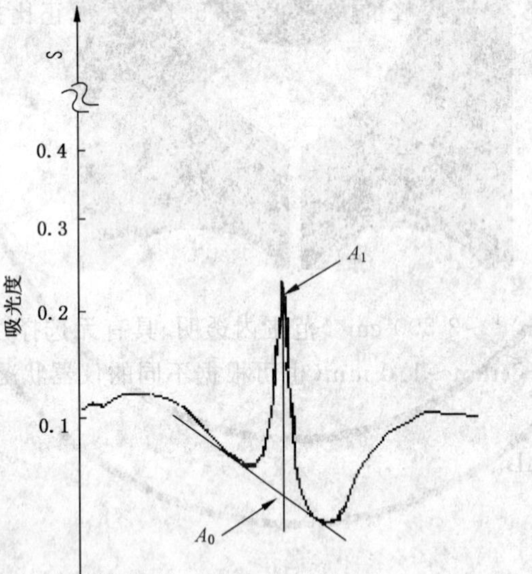

图 1 测定变压器油、汽轮机油中 T501 抗氧化剂含量的红外光谱图例

7.1.3 记录完谱图后，将液体吸收池从吸收池架上取下，用吸耳球将吸收池中的油样吹出，并用四氯化碳溶剂将吸收池清洗干净。

7.1.4 按 7.1.2 的操作步骤分别测定含有 0.1％、0.2％、0.3％、0.4％、0.5％T501 的标准油的红外光谱谱图。

7.1.5 吸光度谱图：读取在 3 650 cm^{-1} 处吸收峰的最大吸光度值 A_1(精确到 0.001)，并以该谱图上相邻两峰谷的公切线作为该吸收峰的基线，过 A_1 点且垂直于吸收线作一直线，与基线相交的点即为 A_0。

$$A = A_1 - A_0$$

式中：

A——含有 T501 的油样的吸光度；

A_1——含有 T501 的油样的吸光度示值；

A_0——含有 T501 的油样基线的吸光度示值。

7.1.6 取两次平行试验结果的吸光度的算术平均值作为标准油样的 A 值。

7.1.7 用 A 值对 T501 重量百分含量绘制标准曲线，见图 2。

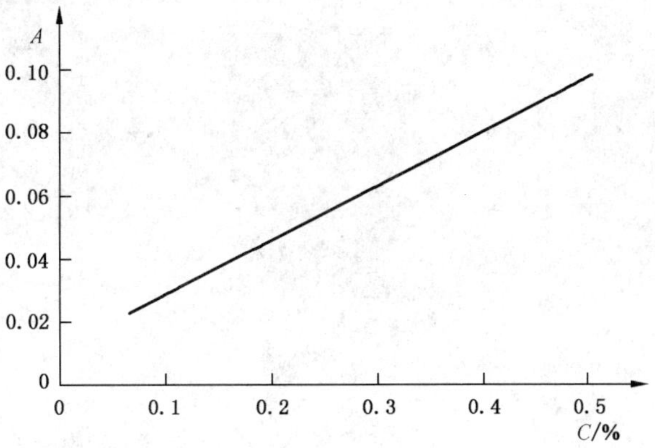

图 2 测定变压器油、汽轮机油中 T501 含量的标准曲线示例

7.2 油样的测定

7.2.1 用 1 mL～2 mL 玻璃注射器抽取油样，缓慢地注入与绘制标准曲线所用的同一个液体吸收池中。

7.2.2 在与绘制标准曲线完全相同的仪器条件下，按 7.1.2 测定油样的吸光度，并按 7.1.6 计算出油样的吸光度值。重复两次。

7.2.3 用求出的 A 值在标准曲线上查得 T501 的重量百分含量。

8 精密度

8.1 重复性：同一试验室，两次平行试验结果的差值不应大于 0.03%。

再现性：不同试验室，两次平行试验结果的差值不应大于 0.04%。

8.2 取两次平行试验结果的算术平均值为测定值。

ICS 75.100
E 34

GB

中华人民共和国国家标准

GB/T 7605—2008
代替 GB/T 7605—1987

运行中汽轮机油破乳化度测定法

Determination of clemulsibility characteristics of turbine oils in service

2008-09-24 发布　　　　2009-08-01 实施

中华人民共和国国家质量监督检验检疫总局
中国国家标准化管理委员会　发布

前言

本标准代替 GB/T 7605—1987《运行中汽轮机油破乳化度测定法》。

本标准与 GB/T 7605—1987 相比主要变化如下：

——将原标准内容进行了适当的重新编排；

——对试验用水做了明确规定；

——原标准中清洗量筒时依次使用铬酸洗液、清水、蒸馏水，本次修订改为铬酸洗液、自来水、蒸馏水，这样更易于在实际操作中实现；

——原标准 GB/T 7605—1987《运行中汽轮机油破乳化度测定法》中没有规定试验时间，本次修订规定了试验时间；

——增加了一些特殊的试验现象的判定。

本标准由中国电力企业联合会提出并归口。

本标准负责起草单位：西安热工研究院有限公司。

本标准主要起草人：肖秀媛、冯丽萍、孟玉婵。

本标准所代替标准的历次版本发布情况为：

——GB/T 7605—1987。

运行中汽轮机油破乳化度测定法

1 范围

本标准规定了运行中汽轮机油破乳化度的测定方法。

本标准适用于运行中汽轮机油，新油可参照执行。

2 规范性引用文件

下列文件中的条款通过本标准的引用而成为本标准的条款。凡是注日期的引用文件，其随后所有的修改单(不包括勘误的内容)或修订版均不适用于本标准，然而，鼓励根据本标准达成协议的各方研究是否可使用这些文件的最新版本。凡是不注日期的引用文件，其最新版本适用于本标准。

GB/T 6682　分析实验室用水规格和试验方法(GB/T 6682—2008,ISO 3696:1997,MOD)

3 方法概要

在量筒中装入 40 mL 油样和 40 mL 蒸馏水，并在 54 ℃±1 ℃下搅拌 5 min 形成乳化液，测定乳化液分离(即乳化层的体积不大于 3 mL 时)所需要的时间。静止 30 min 后，如果乳化液没有完全分离，或乳化层没有减少为 3 mL 或更少，则记录此时油层、水层和乳化层的体积。

4 试剂与材料

4.1　石油醚：分析纯，60 ℃～90 ℃。

4.2　蒸馏水：符合 GB/T 6682 二级水规格。

4.3　铬酸洗液。

4.4　脱脂棉；竹镊子；包有耐油橡胶的玻璃棒。

5 仪器

5.1 抗乳化仪

5.1.1 搅拌桨

由不锈钢制成的叶片和连杆组成。结构参见图 1。

单位为毫米

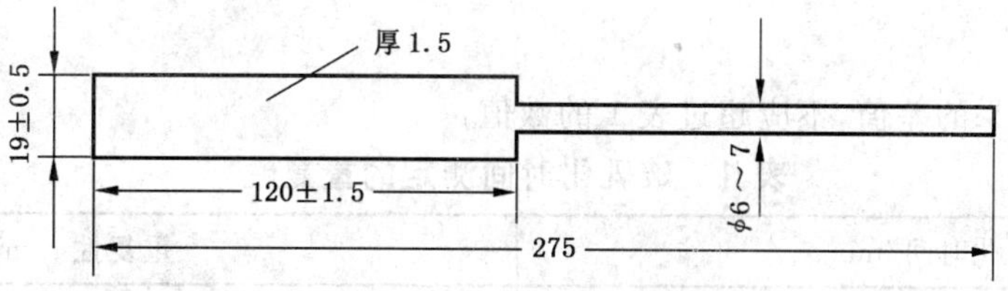

图 1　搅拌桨示意图

5.1.2 搅拌电动机

转速 1 500 r/min±50 r/min。

5.1.3 水浴缸

用耐热玻璃制成，底部有固定量筒的支撑板，上部有固定量筒的夹具，以便当量筒内液体被搅拌时，叶片的纵向轴与量筒的中心垂直线相对应，并且能紧紧固定住量筒。允许在其中插入至少两个试验量筒，并且装水水面能浸到量筒的 85 mL 刻度处。

5.1.4 控温器

控温范围室温～100 ℃,控温精度±1 ℃。

5.1.5 量筒

用耐热玻璃制做,容积 100 mL(在 5 mL～100 mL 范围内,分度为 1.0 mL),内径 28 mm±1.0 mm。

5.1.6 秒表

6 准备工作

6.1 用洗涤剂洗净量筒上的油污后,再用铬酸洗液浸泡,自来水冲洗,最后用蒸馏水洗净(至器壁不挂水珠)。

6.2 用竹镊子夹着蘸有石油醚的脱脂棉将搅拌桨擦净,风干。

7 试验步骤

7.1 将抗乳化仪的水浴加热升温,并使之恒定在 54 ℃±1 ℃。

7.2 向洁净的量筒内缓慢倒入 40 mL 蒸馏水,然后再缓慢倒入 40 mL 油样至刻度为 80 mL 处,并将其置于已恒温至 54 ℃±1 ℃的水浴中。把搅拌桨垂直放入量筒内,并使桨端恰在量筒的 5 mL 刻度处。

7.3 量筒恒温 20 min,即启动搅拌电动机,搅拌 5 min,立即停止搅拌,同时开启秒表,迅速提起搅拌桨,并用包有耐油橡胶的玻璃棒将附着在桨上的乳化液刮回量筒中。

7.4 观察油、水分离情况,可能会出现几种现象:

a) 当油、水分界面的乳化层体积减至不大于 3 mL 时,即认为油、水分离,停止秒表计时即为该油样的破乳化时间;

注 1:乳化层或量筒壁上可存有个别乳化泡。

注 2:水层中或油层中可有透明大泡或者水层、油层不透明。

注 3:乳化层界面不整齐,应以平均值计。

b) 如果计时超过 30 min,油、水分界面间的乳化层体积依然大于 3 mL 时,则停止试验,该油的破乳化时间记为大于 30 min,然后分别记录此时油层、水层和乳化层的体积;

c) 没有明显的乳化层,只有完全分离的上下两层,则从停止搅拌到上层体积达到 43 mL 时所需的时间即为该油样的破乳化时间,上层认定为油层;

d) 没有明显的乳化层,只有完全分离的上下两层,从停止搅拌开始,计时超过 30 min,上层体积依然大于 43 mL,则停止试验,该油的破乳化时间记为大于 30 min,上层认定为乳化层,然后分别记录此时水层和乳化层的体积。

8 精密度

8.1 两次平行测定结果的差值,不应超过表 1 的数值:

表 1 破乳化时间测定的重复性

破乳化时间/min	重复性 r/min
0～10	1.5
11～30	3.0

8.2 取两次平行测定结果的算术平均值作为试验结果。

ICS 67.060
X 04

中华人民共和国国家标准

GB/T 7628—2008
代替 GB/T 7628—1987

谷物中维生素 B_1 测定

Determination of vitamin B_1 in cereals

2008-05-27 发布　　2008-10-01 实施

中华人民共和国国家质量监督检验检疫总局
中国国家标准化管理委员会　发布

前　言

本标准参考了 AACC Method 86-80《Thiamine—Thiochrome Method》(2000 年英文版)。

本标准是对 GB/T 7628—1987《谷物维生素 B_1 测定方法》的修订。

本标准与 GB/T 7628—1987 的主要差异如下：

——规定了实验用水应符合 GB/T 6682 中三级水的规格；

——规定了扦样、分样方法；

——盐酸水解改为硫酸水解；

——增加了硅酸盐离子交换树脂的使用；

——将正丁醇溶剂改为异丁醇溶剂；

——提取液色泽浅、无干扰物质时，不需进行提纯步骤；

——取消以干基计算测定结果的要求；

——增加了未通过提纯的试样中维生素 B_1 含量的计算公式；

——增加了谷物中维生素 B_1 低含量时的测定重复性的要求。

本标准由国家粮食局提出。

本标准由全国粮油标准化技术委员会归口。

本标准起草单位：国家粮食局武汉粮油饲料质量监督检验中心。

本标准主要起草人：杨林、刘小敏、屈利文、何一帆、钱昉。

本标准所代替标准的历次版本发布情况为：

——GB/T 7628—1987。

谷物中维生素 B_1 测定

1 范围

本标准规定了用荧光分光光度计测定谷物中维生素 B_1 的原理、试剂和材料、仪器设备、试样制备、分析步骤、结果计算及重复性。

本标准适用于谷物中维生素 B_1 的测定。

本标准检出限为 0.05 μg。

2 规范性引用文件

下列文件中的条款通过本标准的引用而成为本标准的条款。凡是注日期的引用文件，其随后所有的修改单(不包括勘误的内容)或修订版均不适用于本标准，然而，鼓励根据本标准达成协议的各方研究是否可使用这些文件的最新版本。凡是不注日期的引用文件，其最新版本适用于本标准。

GB 5491 粮食、油料检验 扦样、分样法

GB/T 6682 分析实验室用水规格和试验方法(GB/T 6682—1992，neq ISO 3696:1987)

3 原理

试样经稀硫酸、淀粉酶分解后，溶液中维生素 B_1(硫胺素，$C_{12}H_{17}ON_4SCl$)在碱性条件下被铁氰化钾氧化生成硫色素，即荧光色素。硫色素在异丁醇中的荧光强度与试样中维生素 B_1 的含量成正比，依此测定维生素 B_1 含量。

4 试剂和材料

除另有规定外，所用试剂均为分析纯，实验用水应符合 GB/T 6682 中三级水的规格。

4.1 盐酸

4.2 乙酸钠溶液 $c(CH_3COONa)=2.5$ mol/L

取 205 g 无水乙酸钠或 340 g 水合乙酸钠($CH_3COONa \cdot 3H_2O$)溶于水中，稀释至 1 000 mL。

4.3 乙酸溶液 $c(CH_3COOH)=3\%$(体积分数)

取 30 mL 冰乙酸用水稀释至 1 000 mL。

4.4 氯化钾溶液 $c(KCl)=0.25$ g/mL

称取 250 g 氯化钾溶解于水中，稀释至 1 000 mL。

4.5 硝酸银溶液 $c(AgNO_3)=0.01$ g/mL

称取 1 g 硝酸银溶解于水中，稀释至 100 mL。

4.6 淀粉酶悬浮液 $c=0.06$ g/mL

取 6 g 淀粉酶制剂(takadiastase)，其活性为 1:250 或相当活性的其他磷酸酯酶，用 2.5 mol/L 乙酸钠溶液(4.2)制成悬浮液，稀释至 100 mL，当日制备当日使用。

4.7 硅酸盐离子交换剂

4.7.1 活性沸石

将沸石按规定筛层进行筛选，称取通过上层筛(孔径 ϕ0.297 mm，50 目)、留存在下层筛(孔径 ϕ0.177 mm，80 目)上的沸石 100 g 于布氏漏斗中，用 3% 的热乙酸(4.3，约 50℃)溶液洗涤 15 min，应使乙酸与沸石保持接触 10 min～15 min，用真空泵减压抽滤乙酸；再用 0.25 g/mL 的热氯化钾溶液(4.4，约 50℃)250 mL 进行洗涤；最后用热水(约 50℃)洗涤，直至洗出液用硝酸银(4.5)检查时不出现

氯离子。在室温或低于100℃烘箱中将沸石干燥后，在干燥器中冷却至室温，储存于磨口瓶中备用。

4.7.2 硅酸盐离子交换树脂，Bio-Rex70（H型）

将硅酸盐离子交换树脂按规定筛层进行筛选，称取通过上层筛（孔径 ϕ0.297 mm，50目）、留存在下层筛（孔径 ϕ0.149 mm，100目）上的硅酸盐离子交换树脂50 g，加入300 mL盐酸（4.1），振摇10 min～15 min，将酸倒出，再加300 mL水，振摇1 min，将水倒出。重复数次，直至树脂的pH为4.5～7.0，抽滤或离心除去多余的水分，冷藏储存（4℃）。当时使用，可以不除去多余的水分。

4.8 氢氧化钠溶液 $c(NaOH)=0.15$ g/mL

将15 g氢氧化钠溶于水中，冷却，稀释至100 mL。

4.9 铁氰化钾溶液 $c[K_3Fe(CN)_6]=0.01$ g/mL

将1 g铁氰化钾溶于水中，稀释至100 mL，贮存在具塞棕色瓶中，置于阴凉处保存。

4.10 碱性铁氰化钾

取0.01 g/mL铁氰化钾溶液（4.9）3 mL，用0.15 g/mL氢氧化钠溶液（4.8）稀释定容至100 mL，现配现用。也可以按每3 mL氢氧化钠溶液（4.8）加入1滴铁氰化钾溶液（4.9）混合配制。

4.11 异丁醇 $[(CH_3)_2CHCH_2OH]$

空白荧光值应低于硫胺素标准工作溶液（Ⅲ）（4.12.3）的荧光值的1%。否则，应将异丁醇在全玻璃仪器上蒸馏，或加入活性炭振摇除去荧光杂质。

4.12 硫胺素溶液

4.12.1 硫胺素标准储备溶液（Ⅰ）$c(C_{12}H_{17}ON_4SCl)=100$ μg/mL

将硫胺素盐酸盐放在装有五氧化二磷的干燥器中至少24 h，然后，精确称取100 mg溶于25%乙醇（4.14）中，并用25%乙醇稀释定容至1 000 mL。储存于棕色瓶中冷藏（4℃），可保存数月。

4.12.2 硫胺素标准溶液（Ⅱ）$c(C_{12}H_{17}ON_4SCl)=5$ μg/mL

准确量取5 mL硫胺素标准储备溶液（Ⅰ）（4.12.1），用25%乙醇（4.14）稀释，定容至100 mL。

4.12.3 硫胺素标准工作溶液（Ⅲ）$c(C_{12}H_{17}ON_4SCl)=0.2$ μg/mL

准确量取4 mL硫胺素标准溶液（Ⅱ）（4.12.2），用0.1 mol/L硫酸（4.15）稀释定容至100 mL，现配现用。

4.13 硫酸奎宁溶液

4.13.1 硫酸奎宁储备液

精确称取100 mg硫酸奎宁，溶于0.1 mol/L硫酸（4.15）中，用0.1 mol/L硫酸稀释至1 000 mL，储存于棕色瓶中冷藏保存。若溶液混浊则不可使用。

4.13.2 硫酸奎宁工作液

准确量取3 mL硫酸奎宁储备液（4.13.1），用0.1 mol/L硫酸（4.15）稀释至1 000 mL，储存于棕色瓶中冷藏保存。

4.14 乙醇溶液25%（体积分数）

将25 mL无水乙醇加入到水中，稀释定容至100 mL，摇匀。

4.15 硫酸溶液 $c(1/2H_2SO_4)=0.1$ mol/L

将2.8 mL浓硫酸加入到水中，稀释定容至1 000 mL。

5 仪器设备

5.1 荧光分光光度计。

5.2 电热恒温水浴：100℃。

5.3 实验室用真空泵。

5.4 电热恒温箱：37℃～40℃。

5.5 吸附分离柱（见图1）：容器全长约235 mm；上端储液槽（外径×长度）30 mm×70 mm，容量为50 mL；中部吸附管（外径×长度）8 mm×130 mm；下端为35 mm的毛细管，其孔径在液体通过时的流量应控制在不大于1 mL/min。

5.6 反应管(见图2):25 mL具塞刻度玻璃试管。

单位为毫米

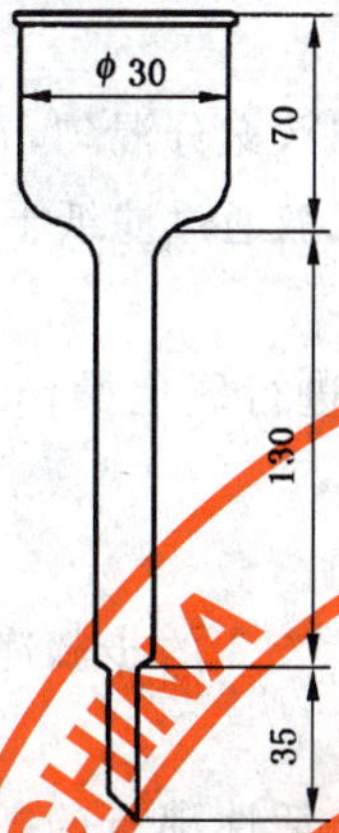

图 1

单位为毫米

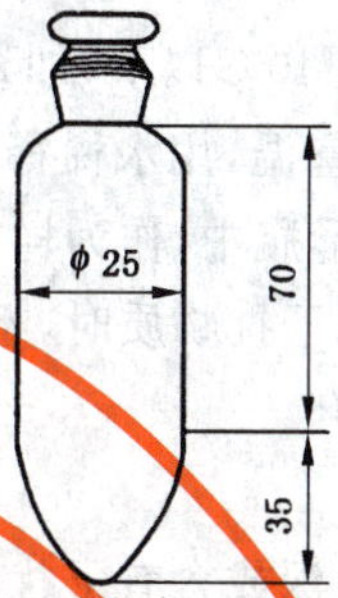

图 2

5.7 分析天平2台:感量0.1 g,感量0.1 mg。

5.8 实验磨。

5.9 容量瓶:100 mL。

5.10 移液管:2 mL,5 mL,15 mL,25 mL。

5.11 注射器:20 mL。

5.12 金属丝编织网试验筛:孔径φ0.84 mm~φ0.149 mm(20目~100目)。

5.13 离心机:转速≥1 800 r/min。

5.14 干燥器。

6 试样制备

6.1 按GB 5491进行扦样、分样。

6.2 粒状样品:用实验磨粉碎,通过孔径φ0.84 mm(20目)筛,再用混样器或其他适当方法充分混匀。

6.3 粉状样品:称取200 g~300 g,通过孔径φ0.84 mm(20目)筛,再用混样器或其他适当方法充分混匀;如有较大颗粒或块状样品,用实验磨粉碎,并通过孔径φ0.84 mm筛(20目),再用混样器或其他适当方法充分混匀。

7 分析步骤

7.1 称样

根据试样中硫胺素含量,按表1的推荐称样量精确称取试样,置于100 mL容量瓶中。

表 1 试样量及样液体积

试样中硫胺素含量(X)/(mg/kg)	试样量(m)/g	加入到离子交换柱的样液体积(V_1)/mL	收集洗脱液体积(V_2)/mL
0~1.1	4	20	15
1.3~3.8	3	20	15
4.0~6.6	2	20	15
6.8~13.2	1	20	15
13.4~22.0	1	10	15
22.2~44.0	1	5	15
44以上	1	2	25
硫胺素标准工作液	—	25	25

7.2 提取

加入 0.1 mol/L 硫酸(4.15)50 mL 到容量瓶(7.1)中,在 100℃电热恒温水浴中加热 10 min,并不时摇动容量瓶,以防结块。

7.3 酶解

冷却容量瓶(7.2)至 40℃以下,加入 5 mL 淀粉酶悬浮液(4.6),充分混匀,在 37℃~40℃温度环境中至少放置 4 h,冷却至室温,用水稀释定容至 100 mL,摇匀,将试液通过滤纸干过滤,弃去最初的 5 mL 滤液后再收集滤液于锥形瓶中,作为样品提取液。

如提取液色泽浅、无干扰物质时,不需进行提纯步骤,按 7.6 进行氧化操作。测定结果按第 8 章的式(1)计算。

7.4 净化

7.4.1 当提取液色泽很深或含有干扰物质时,按 7.4.2、7.4.3、7.4.4 的步骤净化,测定结果按第 8 章的式(2)计算。

7.4.2 取适量玻璃棉置于吸附分离柱吸附管底部,然后将 0.5 g 活性沸石(4.7.1)或制备好的硅酸盐离子交换树脂(4.7.2)放入吸附管,在使用前用沸水充分洗涤吸附分离柱。

7.4.3 准确移取适量体积[见表 1(V_1)] 的样液,加入到已处理好的吸附分离柱中(吸附剂应保持被沸水完全浸泡),用 5 mL 热水(约 50℃)洗涤吸附分离柱,连续操作三次,弃去洗出液,以确保硫胺素在柱上分配完全。

7.4.4 取适量煮沸的 0.25 g/mL 氯化钾溶液(4.4),分三次连续加入吸附分离柱,用 25 mL 具塞刻度玻璃试管收集洗脱液,收集的洗脱液体积[见表 1(V_2)]。冷却后用水稀释定容至 25 mL,充分混匀。

7.5 外标溶液

准确吸取 25 mL 硫胺素标准工作液(Ⅲ)(4.12.3),重复 7.1~7.3 操作,作为外标溶液。

7.6 氧化

分别准确移取 5 mL 样液(7.3)或洗脱液(7.4.3)于两只具塞离心试管中,编为 1 号试管和 2 号试管。

在 1 号具塞离心试管中,加入 3 mL 碱性铁氰化钾溶液(4.10),在 2 号具塞离心试管中加入 3 mL 0.15 g/mL 氢氧化钠溶液(4.8),振摇约 30 s;再分别准确加入 15 mL 异丁醇(4.11),剧烈振摇 1 min。

将 1 号、2 号具塞离心试管置于离心机中以 1 800 r/ min 的速度离心 1 min 后,用注射器吸去水层,在异丁醇层中加入 1 mL 无水乙醇,混匀。

7.7 测定

7.7.1 调整荧光分光光度计

用硫酸奎宁工作液(4.13.2)调整荧光分光光度计,使其处于正常工作状态。

7.7.2 测定样液的荧光强度

将 10 mL 异丁醇层倒入比色杯中,于激发波长 365 nm、发射波长 435 nm 处测定硫胺素的荧光值,分别记录 1 号试管试液的荧光值 R_x 和 2 号试管试液空白的荧光值 R_{xb}。

同时分别准确吸取 5 mL 外标溶液(7.5)置入另两只具塞离心试管中,编为 3 号和 4 号(作为标准空白),按 7.6 操作后,测定 3 号试管的硫胺素标准工作溶液(Ⅲ)(4.12.3) 的荧光值 R_s 和 4 号试管的硫胺素标准工作溶液空白的荧光值 R_{sb}。

8 结果计算

未经过提纯的试样中维生素 B_1 含量(X_1)按式(1)计算,经过提纯的试样中维生素 B_1 含量(X_2)按式(2)计算:

$$X_1 = \frac{(R_x - R_{xb}) \times V \times c}{(R_s - R_{sb}) \times m} \qquad \cdots\cdots(1)$$

$$X_2=\frac{(R_x-R_{xb})\times V\times V_2\times c}{(R_s-R_{sb})\times V_1\times m\times X_0}\qquad\cdots\cdots(2)$$

式中：

X_1——未经过提纯的试样中维生素 B_1 含量，单位为毫克每千克(mg/kg)；

X_2——经过提纯的试样中维生素 B_1 含量，单位为毫克每千克(mg/kg)；

R_x——1 号管试液的荧光值；

R_{xb}——2 号管试液空白的荧光值；

R_s——3 号管硫胺素标准工作溶液的荧光值；

R_{sb}——4 号管硫胺素标准工作溶液空白的荧光值；

V_1——分取过离子交换柱样液的体积，单位为毫升(mL)；

V_2——收集洗脱液体积，单位为毫升(mL)；

m——试样质量，单位为克(g)；

V——酶解提取液的体积，单位为毫升(mL)；

c——硫胺素标准工作溶液的浓度，单位为微克每毫升(μg/mL)；

X_0——参与反应样品溶液体积与参与反应标准溶液体积的比值(通常 5/5=1)。

每个试样进行平行试验，以算术平均值为测定结果。计算结果保留 3 位有效数字。

9 重复性

同一分析者对同一试样在同样条件下同时进行两次测定：当维生素 B_1 含量 $X<5.0$ mg/kg 时，其获得的两次独立测定结果的相对偏差应≤15％；当维生素 B_1 含量 $X\geqslant5.0$ mg/kg 时，其获得的两次独立测定结果的相对偏差应≤10％；当维生素 B_1 含量 $X\geqslant50.0$ mg/kg 时，其获得的两次独立测定结果的相对偏差应≤5％。

ICS 67.060
X 04

GB

中华人民共和国国家标准

GB/T 7629—2008
代替 GB/T 7629—1987

谷物中维生素 B_2 测定

Determination of vitamin B_2 in cereals

2008-05-27 发布　　2008-10-01 实施

中华人民共和国国家质量监督检验检疫总局
中国国家标准化管理委员会　发布

前 言

本标准参考了AACC Method 86-70《Riboflavin—Fluorometric Method》(2000年英文版)。

本标准是对GB/T 7629—1987《谷物维生素 B_2 测定方法》的修订。

本标准与GB/T 7629—1987在技术上的主要差异如下：

——规定了扦样、分样法；

——盐酸提取改为硫酸提取；

——增加了对高空白试样氧化条件的规定；

——取消了按干基计算测定结果的要求；

——增加了谷物中维生素 B_2 低含量时测定重复性的要求。

本标准由国家粮食局提出。

本标准由全国粮油标准化技术委员会归口。

本标准起草单位：国家粮食局武汉粮油饲料质量监督检验中心。

本标准主要起草人：杨林、屈利文、刘小敏、钱昉、何一帆。

本标准所代替标准的历次版本发布情况为：

——GB/T 7629—1987。

谷物中维生素 B_2 测定

1 范围

本标准规定了用荧光分光光度法测定谷物中维生素 B_2 的原理、试剂和材料、仪器设备、试样制备、分析步骤、结果计算及重复性。

本标准适用于谷物中维生素 B_2 的测定。

本标准检出限为 0.06 μg。

2 规范性引用文件

下列文件中的条款通过本标准的引用而成为本标准的条款。凡是注日期的引用文件，其随后所有的修改单(不包括勘误的内容)或修订版均不适用于本标准，然而，鼓励根据本标准达成协议的各方研究是否可使用这些文件的最新版本。凡是不注日期的引用文件，其最新版本适用于本标准。

GB 5491 粮食、油料检验 扦样、分样法

GB/T 6682 分析实验室用水规格和试验方法(GB/T 6682—1992，neq ISO 3696:1987)

3 原理

维生素 B_2(核黄素)在 445 nm 光激发下产生荧光，在一定浓度范围内其荧光强度与维生素 B_2 浓度成正比。用硫酸提取试样中的维生素 B_2，用连二亚硫酸钠还原维生素 B_2 生成无荧光物质。根据还原前后荧光强度之差与内标维生素 B_2 标准溶液荧光强度的比值，计算样品中维生素 B_2 的含量。

4 试剂和材料

除非另有规定，所用试剂均为分析纯，实验用水应符合 GB/T 6682 中三级水的规格。

4.1 硫酸溶液 $c(1/2H_2SO_4)=0.1$ mol/L

量取 2.8 mL 浓硫酸加入水中，稀释至 1 000 mL。

4.2 乙酸钠溶液 $c(CH_3COONa)=2.5$ mol/L

称取 340 g 水合乙酸钠($CH_3COONa \cdot 3H_2O$)溶解于水中，稀释至 1 000 mL。

4.3 高锰酸钾溶液 $c(KMnO_4)=0.04$ g/mL

称取 4 g 高锰酸钾($KMnO_4$)溶解于水中，稀释至 100 mL，使用当日配制，贮存于棕色试剂瓶中。

4.4 过氧化氢溶液 $c(H_2O_2)=100$ mL/L

量取 10 mL 过氧化氢(H_2O_2，30%)用水稀释至 100 mL，现用现配。

4.5 维生素 B_2 标准溶液

4.5.1 维生素 B_2 储备溶液(Ⅰ)$c=25$ μg/mL

将维生素 B_2 置于装有五氧化二磷干燥剂的干燥器内放置 24 h。准确称取 50 mg 维生素 B_2 于装有 1 500 mL 水和 2.4 mL 冰乙酸的 2 000 mL 烧瓶中，加热充分溶解，冷却，转移至容量瓶中，用水定容至 2 000 mL，充分混匀后再转入棕色瓶中，滴加甲苯覆盖，贮存于冰箱(4℃)中。

4.5.2 维生素 B_2 标准储备溶液(Ⅱ)$c=10$ μg/mL

准确吸取 20 mL 维生素 B_2 储备溶液(Ⅰ)(4.5.1) 用水稀释定容至 50 mL；冷藏于冰箱(4℃)中。

4.5.3 维生素 B_2 标准工作溶液(Ⅲ)$c=1$ μg/mL

准确吸取 10 mL 维生素 B_2 标准储备溶液(Ⅱ)(4.5.2) 用水稀释定容至 100 mL，现配现用，避光保存。

4.6 连二亚硫酸钠($Na_2S_2O_4$)

4.7 荧光素标准溶液

4.7.1 荧光素储备溶液 $c=(C_{20}H_{12}O_5)$50 μg/mL

准确称取荧光素($C_{20}H_{12}O_5$)50 mg,用水充分溶解,定容至 1 000 mL,移入棕色瓶内,冷藏于冰箱(4℃)中。

4.7.2 荧光素标准工作溶液 $c=(C_{20}H_{12}O_5)$0.05 μg/mL

准确吸取荧光素储备溶液(4.7.1)1 mL,用水定容至 1 000 mL,移入棕色瓶内,冷藏于冰箱(4℃)中。

5 仪器设备

5.1 分析天平:感量 0.1 mg。

5.2 高压灭菌锅或电热恒温水浴:100℃。

5.3 15 mL 具塞玻璃刻度试管。

5.4 容量瓶:100 mL,1 000 mL,2 000 mL。

5.5 移液管:0.5 mL,1 mL,5 mL,10 mL。

5.6 金属丝编织网试验筛:孔径 φ0.84 mm(20 目)。

5.7 干燥器:装有五氧化二磷干燥剂。

5.8 实验磨。

5.9 荧光分光光度计。

6 试样制备

6.1 按 GB 5491 进行扦样、分样。

6.2 用实验磨粉碎粒状谷物样品(如小麦、大米、玉米渣、玉米片、膨化谷物等),通过孔径 φ0.84 mm(20 目)筛,混匀,装入磨口瓶中备用。

7 分析步骤

7.1 称样

按表 1 推荐量称取试样 m(精确至 0.000 1 g),置于 100 mL 容量瓶中。

表 1 称取试样推荐量

维生素 B_2 含量/(mg/kg)	称样量/g
0.0～1.6	5
1.6～4.0	4
4.0～8.0	2

7.2 制备样液

在装有试样的容量瓶中加入 0.1 mol/L 硫酸(4.1)75 mL,混匀。置于高压灭菌锅中,在 1.03×10^5 Pa(相当于 1.02 atm)的压力下加热 30 min,或浸入沸水浴加热 30 min,每 5 min 摇动一次,防止结块。冷却至室温,加入 2.5 mol/L 乙酸钠溶液(4.2)5 mL,混匀,用水定容至 100 mL,即为试样初始体积 V,此时溶液的 pH 约为 4.5;用中速干滤纸过滤,弃去最初的 10 mL～15 mL 滤液,收集滤液于 100 mL 锥形瓶中。

7.3 杂质的氧化

取 15 mL 具塞玻璃刻度试管 2 支,分别标记为 A 和 B,在 A 和 B 试管中,按表 2 排列顺序和剂量,分别依次加入试样溶液(7.2)、维生素 B_2 标准工作溶液(Ⅲ)(4.5.3)、水、高锰酸钾溶液(4.3)。每次加入高锰酸钾溶液(4.3)后,应旋摇混匀,充分氧化,氧化时间参照表 2。然后,再分别加入过氧化氢溶液(4.4),摇荡试管,至试管中产生的气泡逸尽。以上操作应避免直射光。

表 2 试剂量及氧化时间

具塞玻璃刻度试管中依次加入的溶液	低空白试样状态时		高空白试样状态时	
	管 A	管 B	管 A	管 B
试样溶液/mL	10.00	10.00	10.00	10.00
维生素 B_2 标准工作溶液(4.5.3)/mL	1.00	—	1.00	—
水/mL	1.00	2.00	—	1.00
高锰酸钾溶液(4.3)/mL	0.50	0.50	1.00	1.00
氧化时间/min	2	2	4	4
过氧化氢(4.4)/mL	0.50	0.50	1.00	1.00

7.4 测定

用标准玻璃片或荧光素标准工作溶液(4.7.2)调节荧光分光光度计,使其处于正常工作状态。调整激发波长为 445 nm,发射波长为 530 nm,分别测定管 A、管 B 的荧光强度 A、B。样液在仪器中受激发光照射时间应不超过 10 s。

向 B 管内的溶液加入 20 mg 连二亚硫酸钠(4.6),振摇溶解,测定其荧光强度 C。若溶液浑浊不能读数,应重新进行操作。

8 结果计算

试样中维生素 B_2 含量按式(1)计算:

$$X=\frac{(B-C)\times m_0\times V\times 1\ 000}{(A-B)\times m\times V_1\times 1\ 000} \quad \cdots\cdots(1)$$

式中:

X——试样中维生素 B_2 含量,单位为毫克每千克(mg/kg);

A——加维生素 B_2 标准工作液的试样溶液荧光强度;

B——加水的试样溶液荧光强度;

C——加入连二亚硫酸钠之后试样溶液的荧光强度;

m_0——样品溶液加入的标准维生素 B_2 的量,单位为微克(μg);

V——样品溶液的初始体积,单位为毫升(mL);

V_1——测定时量取的试样溶液体积(10 mL),单位为毫升(mL);

m——试样质量,单位为克(g)。

每个样品进行平行试验,以算术平均值为测定结果。计算结果保留 3 位有效数字。

9 重复性

同一分析者对同一试样在同样条件下同时进行两次测定:当维生素 B_2 含量 $X<5.0$ mg/kg 时,其获得的两次独立测定结果的相对偏差应≤15%;当维生素 B_2 含量 $X\geq5.0$ mg/kg 时,其获得的两次独立测定结果的相对偏差应≤10%;当维生素 B_2 含量 $X\geq50.0$ mg/kg 时,其获得的两次独立测定结果的相对偏差应≤5%。

ICS 75.100
E 34

中华人民共和国国家标准

GB/T 7631.1—2008/ISO 6743-99:2002
代替 GB/T 7631.1—1987

润滑剂、工业用油和有关产品(L类)的分类　第1部分:总分组

Lubricants, industrial oils and related products(class L)—Classification—Part 1: General

(ISO 6743-99:2002, Lubricants, industrial oils and related products(class L)—Classification—Part 99: General, IDT)

2008-06-23 发布　　2008-12-01 实施

中华人民共和国国家质量监督检验检疫总局
中国国家标准化管理委员会　发布

前 言

GB/T 7631 润滑剂、工业用油和有关产品(L类)的分类,目前分为以下几个部分:

——第1部分:总分组;

——第2部分:H组(液压系统);

——第4部分:F组(主轴、轴承和有关离合器);

——第5部分:M组(金属加工);

——第6部分:R组(暂时保护防腐蚀);

——第7部分:C组(齿轮);

——第8部分:X组(润滑脂);

——第9部分:D组(压缩机);

——第10部分:T组(汽轮机);

——第11部分:G组(导轨);

——第12部分:Q组(热传导液);

——第13部分:A组(全损耗系统);

——第14部分:U组(热处理);

——第15部分:N组(绝缘液体);

——第16部分:P组(气动工具);

——第17部分:E组(内燃机油)。

本部分为 GB/T 7631 的第1部分。

本部分等同采用 ISO 6743-99:2002《润滑剂、工业用油和有关产品(L类)的分类　第99部分:总分组》(英文版)。

本部分代替 GB/T 7631.1—1987《润滑剂和有关产品(L类)的分类　第1部分:总分组》。

本部分与 GB/T 7631.1—1987 相比,主要变化如下:

——标准名称修改为“润滑剂、工业用油和有关产品(L类)的分类　第1部分:总分组”;

——删去S类“特殊润滑剂应用场合”。

本部分的附录A为资料性附录。

本部分由全国石油产品和润滑剂标准化技术委员会(SAC/TC 280)提出。

本部分由中国石油化工集团公司归口。

本部分起草单位:中国石油化工股份有限公司石油化工科学研究院。

本部分主要起草人:梁红。

本部分1987年首次发布,本次为第一次修订。

ISO 前言

ISO(国际标准化组织)是由各国标准化团体(ISO 成员)组成的世界性联合会。制定国际标准工作通常由 ISO 的技术委员会承担。对技术委员会已确立的课题,每个感兴趣的成员都有在该委员会表达意见的权利。与 ISO 保持联系的各国际组织,政府机关和非政府机关也可以参加委员会的有关工作。在电工技术标准化工作的所有方面,ISO 和国际电工委员会(IEC)保持密切的合作关系。

国际标准根据 ISO/IEC 第 3 部分指出的准则制定草案。

技术委员会采纳的国际标准化草案提交各成员投票表决时,至少取得 75%参加表决成员同意后,才能作为国际标准发布。

值得注意的是:ISO 6743 本部分的一些内容可能是专利权的对象,ISO 将不承担识别任何或所有这类专利权的责任。

国际标准 ISO 6743-99 由 ISO/TC 28 SC 4 石油产品和润滑剂分技术委员会负责制定。

本标准废止并代替 ISO 6743-0:1981,是对 ISO 6743-0:1981 进行了技术修订后首次发布。

在润滑剂、工业用油和有关产品(L 类)的分类的总标题下,ISO 6743 由下列几部分组成:

——第 1 部分:A 组(全损耗系统);

——第 2 部分:F 组(主轴,轴承和有关离合器);

——第 3 部分:D 组(压缩机);

——第 4 部分:H 组(液压系统);

——第 5 部分:T 组(汽轮机);

——第 6 部分:C 组(齿轮);

——第 7 部分:M 组(金属加工);

——第 8 部分:R 组(暂时保护防腐蚀);

——第 9 部分:X 组(润滑脂);

——第 10 部分:Y 组(其他);

——第 11 部分:P 组(气动工具);

——第 12 部分:Q 组(热传导液);

——第 13 部分:G 组(导轨);

——第 14 部分:U 组(热处理);

——第 15 部分:E 组(内燃机油);

——第 99 部分:总分组。

润滑剂、工业用油和有关产品(L类)的分类　第1部分:总分组

1　范围

本部分规定了润滑剂、工业用油和有关产品(L类)的分类原则,属于GB 7631系列标准的第一部分,本类产品的类别名称用英文字母"L"为字头表示。

在此分类中,根据尽可能包括润滑剂、工业用油和有关产品的所有应用场合这一原则将产品分为18个组。每一个组的详细分类由GB/T 7631的其他部分给出。

本分类仅适用于新产品。

2　规范性引用文件

下列文件中的条款通过本部分的引用而成为本部分的条款。凡是注日期的引用文件,其随后所有的修改单(不包括勘误的内容)或修订版均不适用于本部分,然而,鼓励根据本部分达成协议的各方研究是否可使用这些文件的最新版本。凡是不注日期的引用文件,其最新版本适用于本部分。

GB/T 3141　工业液体润滑剂　ISO黏度分类

GB/T 7631.2　润滑剂、工业用油和相关产品(L类)的分类　第2部分:H组(液压系统)

GB/T 7631.4　润滑剂和有关产品(L类)的分类　第4部分:F组(主轴、轴承和有关离合器)

GB/T 7631.5　润滑剂和有关产品(L类)的分类　第5部分:M组(金属加工)

GB/T 7631.6　润滑剂和有关产品(L类)的分类　第6部分:R组(暂时保护防腐蚀)

GB/T 7631.7　润滑剂和有关产品(L类)的分类　第7部分:C组(齿轮)

GB/T 7631.8　润滑剂和有关产品(L类)的分类　第8部分:X组(润滑脂)

GB/T 7631.9　润滑剂和有关产品(L类)的分类　第9部分:D组(压缩机)

GB/T 7631.10　润滑剂和有关产品(L类)的分类　第10部分:T组(汽轮机)

GB/T 7631.11　润滑剂和有关产品(L类)的分类　第11部分:G组(导轨)

GB/T 7631.12　润滑剂和有关产品(L类)的分类　第12部分:Q组(热传导液)

GB/T 7631.13　润滑剂和有关产品(L类)的分类　第13部分:A组(全损耗系统)

GB/T 7631.14　润滑剂和有关产品(L类)的分类　第14部分:U组(热处理)

GB/T 7631.15　润滑剂和有关产品(L类)的分类　第15部分:N组(绝缘液体)

GB/T 7631.16　润滑剂和有关产品(L类)的分类　第16部分:P组(气动工具)

GB/T 7631.17　润滑剂、工业用油和相关产品(L类)的分类　第17部分:E组(内燃机油)

3　所用符号的说明

3.1　各组的详细分类是根据该组主要应用场合所要求产品的种类而确定的。下表列出了L类细分的18个分组的情况。

3.2　每种产品用由一组字母组成的符号来表示。

注:这组符号的第一字母表示产品所属组别,其后面的字母单独存在时无意义。

每个产品完整的名称还要附加GB/T 3141规定的黏度等级或NLGI润滑脂的稠度等级(参见附录A)。

3.3　在本分类体系中,产品以统一的方式命名,例如,一个特定的产品可以按下面完整的形式命名,即:

ISO-L-AN32，或用其简式，即：L-AN32。其中数值为 GB/T 3141 规定的黏度等级。

4 润滑剂、工业用油和相关产品(L 类)的分类(根据应用场合划分)

润滑剂、工业用油和相关产品(L 类)的分类见表 1。

表 1 润滑剂、工业用油和相关产品(L 类)的分类

组别	应用场合	已制定的国家标准编号
A	全损耗系统 Total loss systems	GB/T 7631.13
B	脱模 Mould release	—
C	齿轮 Gears	GB/T 7631.7
D	压缩机(包括冷冻机和真空泵) Compressors(including refrigeration and vacuum pumps)	GB/T 7631.9
E	内燃机油 Internal combustion engine oil	GB/T 7631.17
F	主轴、轴承和离合器 Spindle bearings，bearings and associated clutches	GB/T 7631.4
G	导轨 Slideways	GB/T 7631.11
H	液压系统 Hydraulic systems	GB/T 7631.2
M	金属加工 Metalworking	GB/T 7631.5
N	电器绝缘 Electrical insulation	GB/T 7631.15
P	气动工具 Pneumatic tools	GB/T 7631.16
Q	热传导液 Heat transfer fluid	GB/T 7631.12
R	暂时保护防腐蚀 Temporary protection against corrosion	GB/T 7631.6
T	汽轮机 Turbines	GB/T 7631.10
U	热处理 Heat treatment	GB/T 7631.14
X	用润滑脂的场合 Grease	GB/T 7631.8
Y	其他应用场合 Miscellaneous	—
Z	蒸汽气缸 Cylinders of steam machines	—

附 录 A
（资料性附录）
润滑脂稠度等级

表 A.1 润滑脂稠度等级

稠度等级	工作锥入度(60次)/(0.1 mm)
000	445～475
00	400～430
0	355～385
1	310～340
2	265～295
3	220～250
4	175～205
5	130～160
6	85～115

ICS 13.220.50
C 82

中华人民共和国国家标准

GB/T 7633—2008
代替 GB/T 7633—1987

门和卷帘的耐火试验方法

Fire resistance tests—Door and shutter assemblies

(ISO 3008:2007,MOD)

2008-10-08 发布　　2009-05-01 实施

中华人民共和国国家质量监督检验检疫总局
中国国家标准化管理委员会　发布

前　言

本标准修改采用ISO 3008:2007《耐火试验　门和卷帘总成》(英文版)。

本标准根据ISO 3008:2007重新起草。为了方便比较,在资料性附录A中列出了本标准章条编号与ISO 3008:2007章条编号对照一览表。

考虑到我国国情,本标准在采用ISO 3008:2007时进行了修改。有关技术性差异已编入正文中并在它们所涉及条款的页边空白处用垂直单线标识。在资料性附录B中给出了这些技术性差异及原因的一览表以供参考。

为便于使用,对于ISO 3008:2007本标准还做了下列编辑性修改:

——“本国际标准”一词改为“本标准”;

——用小数点“.”代替作为小数点的逗号“,”;

——删除ISO 3008:2007的前言和引言。

本标准代替GB/T 7633—1987《门和卷帘的耐火试验方法》。

本标准与GB/T 7633—1987比较主要变化如下:

——增加了“注意”的内容,提示本标准的使用者应注意的事宜(本版“范围”前);

——增加了“范围”一章,进一步明确了标准的适用对象(本版第1章);

——增加了“规范性引用文件”(本版第2章);

——增加了“术语与定义”(本版第3章);

——修改了试验设备的要求(1987版第1章;本版第4章);

——修改了试验条件(1987版第2章、第3章;本版第5章);

——修改了试件要求,并对相关条款重新进行了编排(1987版第4章;本版第6章);

——增加了“试件设计”(见6.3);

——增加了“核查”(见6.5);

——修改了试件安装要求,并单独编为一章(1987版的4.4;本版第7章);

——将养护要求改为调整,并单独编为一章(1987版的4.5;本版第8章);

——增加了“测量仪表的应用”(对1987版第6章进行了修改,编为本版第9章);

——修改了试验程序(1987版第5章;本版第10章);

——修改了判定条件(1987版第7章;本版第11章);

——修改了试验报告内容要求(1987版第8章;本版第12章);

——增加了“试验结果的直接应用范围”(见第13章);

——增加了资料性附录“本标准章条编号与ISO 3008:2007章条编号对照表”(参见附录A);

——增加了资料性附录“本标准与ISO 3008:2007技术性差异及原因”(参见附录B);

——增加了规范性附录“支承结构的养护要求”(见附录C);

——增加了资料性附录“利用表面温度和斯蒂芬-玻尔兹曼定律评估辐射热通量”(参见附录D)。

本标准的附录C为规范性附录,附录A、附录B、附录D为资料性附录。

本标准由中华人民共和国公安部提出。

本标准由全国消防标准化技术委员会第八分技术委员会(SAC/TC 113/SC 8)归口。

本标准负责起草单位：公安部天津消防研究所。

本标准参加起草单位：深圳鹏基龙电安防股份有限公司。

本标准主要起草人：张湘会、白淑英、赵华利、韩伟平、曹文红、黄伟、钱涛、解凤兰、刘晓慧、俞祚福。

本标准所代替标准的历次版本发布情况为：

——GB/T 7633—1987。

门和卷帘的耐火试验方法

注意:组织和参加本项试验的所有人员应注意,耐火试验可能存在危险。因为在耐火试验过程中有可能产生有毒和/或有害的烟尘和烟气;另外,在试件安装、试验过程和试验后残余物的清理过程中,也可能出现机械危害和操作危险。所以,应对所有潜在的危险及对健康的危害进行评估,并作出安全预告。对相关人员进行必要的培训,以确保试验室工作人员按照安全规程操作。

1 范围

本标准规定了安装在垂直分隔构件开口处的门和卷帘总成的耐火试验方法。如:

——铰链门、枢轴门;

——水平滑动门、垂直滑动门,包括链接滑动门和分段门;

——卷帘门;

——其他滑动、折叠门;

——翻板门;

——可在墙中移动的板。

本标准规定的试验方法也可通过类推法用于测定非承重水平门和卷帘的耐火性能,第13章中给出的直接应用范围不适用于水平门。

本标准不包括机械适应性方面的要求,例如震动试验或耐久试验,它们包含在相关产品标准中。

2 规范性引用文件

下列文件中的条款通过本标准的引用而成为本标准的条款。凡是注日期的引用文件,其随后所有的修改单(不包括勘误的内容)或修订版均不适用于本标准。然而,鼓励根据本标准达成协议的各方研究是否可使用这些文件的最新版本。凡是不注日期的引用文件,其最新版本适用于本标准。

GB/T 5907 消防基本术语 第一部分[1)]

GB/T 9978.1 建筑构件耐火试验方法 第1部分:通用要求(GB/T 9978.1—2008,ISO 834-1:1999,MOD)

3 术语与定义

GB/T 5907、GB/T 9978.1 确立的以及下列术语和定义适用于本标准。

3.1

门总成 door assembly (doorset)

门总成是指整套门,由门框、枢轴/铰链门扇或滑动/分段门扇、侧板、采光板/横楣板、金属附件以及密封件组成。

3.2

卷帘总成 shutter assembly

卷帘总成是指整套卷帘,由卷动、折叠或滑动的帘面、导轨、卷轴、机械传动装置和箱体组成。

---

1) 该标准将在整合修订 GB/T 5907—1986、GB/T 14107—1993 和 GB/T 16283—1996 的基础上,以《消防词汇》为总标题,分为5个部分。其中,第2部分为 GB/T 5907.2《消防词汇 第2部分:火灾安全词汇》,将修改采用ISO 13943:2000。

3.3

门五金　door hardware

门总成中使用的金属零部件。如:铰链(合页)、把手、锁、紧急推杠、铭牌、许可证牌、踢脚板、滑动传动装置、关闭装置等。

3.4

单向开启　single action

门扇向一个方向开启。

3.5

双向开启　double action

门扇向两个方向开启。

3.6

标准支承结构　standard supporting construction

用于封闭试验炉并支承门或卷帘总成的一种结构。

3.7

辅助支承结构　associated supporting construction

安装门或卷帘总成的特定结构。它用于封闭试验炉并提供与实际使用中相同的约束力及热量传递。

3.8

试件　test specimen

安装在标准或辅助支承结构上用来试验的门或卷帘总成。

3.9

试验结构　test construction

试件和支承结构总成。

3.10

横楣　transom

横跨门扇上部,从一个边框延伸到另一个边框的构件,使门扇上部形成可镶嵌横楣板的开口。

3.11

横楣板　transom panel

门扇上方装在上框、两边框和横楣间的固定板。

3.12

平齐板　flush over panel

在没有横楣的门扇上方,镶嵌在上框、两边框间的固定面板,厚度和外观与门扇相同。

3.13

侧板　side panel

镶嵌在门扇侧面的固定板。

3.14

主门扇　primary leaf

在装有多个门扇的门总成中最大的门扇,或装有把手在平时使用时首先开启的门扇。

注:在装有多个门扇的门总成中,如果每一个门扇的尺寸相同,而且门扇都没有安装把手(或其他诸如推闩等五金件),则此类门总成不存在有主门扇。

3.15

门(卷帘)结构对称　symmetrical structure of the door(shutter)

以门框(导轨)正反两面之间的中心面作为门(卷帘)总成的正中矢面,门(卷帘)总成构造各部分的大小、形状和排列在正中矢面两侧具有一一对应关系。

注：当防火卷帘为双轨双帘时，正中矢面是指两帘面所用导轨之间的中心面。

4 试验设备

4.1 试验设备应符合 GB/T 9978.1 的规定。耐火试验使用的试验炉应与试件方向相适应，垂直试件应使用墙炉，水平试件应使用梁板炉。

4.2 试件背火面热通量测量仪表(热流计)应符合 9.3.2 的规定。

5 试验条件

试验炉内的温度和压力条件应符合 GB/T 9978.1 的规定。

6 试件

6.1 试件尺寸

如果不受试验炉开口尺寸的限制，试件及其所有零部件应以全尺寸(实际尺寸)进行试验。不能以全尺寸试验的门或卷帘总成，应选择可能试验的最大尺寸，全尺寸试件的耐火性能由扩展应用分析得到。支承结构的最小受火区域应满足 7.3.1 的规定。

6.2 试件数量

对于每种规定的辅助结构或支承结构(见 7.3.1)及其约束条件(见 7.3.4)，门(卷帘)总成应至少进行 1 次耐火试验。

如果门(卷帘)结构对称，则可用 1 个试件任取其中一面进行耐火试验。如果门(卷帘)结构不对称，则试件数量的确定应符合下述规定：

a) 当要求门(卷帘)的每一面都具有耐火性能，且无法确定薄弱面，则应选取至少 2 个相同的试件，分别对每一面进行耐火试验；

b) 当要求门(卷帘)的每一面都具有耐火性能，且能确定薄弱面，则应选取 1 个试件，仅对该薄弱面进行耐火试验；

c) 当只要求门(卷帘)的某一特定面具有耐火性能，则应选取 1 个试件，仅对该面进行耐火试验。此试验结果仅限于应用在实际状态下特定面受火的情况。

试件数量的确定，应在试验报告中给出具体说明。

6.3 试件设计

6.3.1 为了使试验结果得到最大范围的直接应用，在试件设计和支承结构选择时，应考虑 7.3 的要求。

6.3.2 门或卷帘包含的侧板、横楣板或平齐板无论是否镶嵌玻璃，都应作为试件的一部分。侧板应装在门锁一侧。

6.3.3 试件应能代表预计在实际中使用的门或卷帘总成，包括组成试件重要部分的表面装饰(面漆)和配件，因为这些可能在试验中影响门或卷帘总成的性能。

6.3.4 委托者应当向试验室提供包括公差在内的设计间隙。

6.4 制作

试件应按 GB/T 9978.1 规定的方法进行制作。试件所用的材料、制作工艺、拼接与安装方法应能代表实际使用中的情况。为了试验能够进行而对安装形式做的修改应对试件无重大影响，并应在试验报告中对修改作详细说明。

6.5 核查

6.5.1 委托者应提供足够详细的试件说明，以便试验室能够在试验前对试件进行详细地检查，确定与委托者提供信息的一致性。GB/T 9978.1 提供了有关试件核查确认的详细指南。

试验前委托者应将试件的所有结构细节、图纸、主要零部件的制造厂/供应商一览表及其试验方案提供给试验室。为了利于试验室核查试件与委托者提供信息的一致性，只要可能，任何不一致的部分在试验之前应被拆解。

6.5.2 如果对试件结构的检查可能使试件产生不可修复的破坏，或不可能在耐火试验后对结构进行检查，试验室应选择下列方法之一进行一致性核查：

——试验室可在生产线上对提交检验的门或卷帘总成进行检查。

——委托者应根据试验室的要求，提供附加的试件或试件的一部分，如不可能检查的部分(例如一个门扇)；试验室可任意选其中一个试件用于耐火试验，而另一个试件用于结构核查。

7 试件的安装

7.1 总则

7.1.1 试件的安装应能反映实际使用情况。试件应包括所有的门五金和其他可能影响其性能的部件。

7.1.2 试件应安装在预计使用的支承结构中。试件与支承结构之间的连接方法，包括连接用附件和材料应与实际使用的相同，并作为试件的组成部分。

7.1.3 试件以及7.3.1要求的支承结构的最小区域应受火。

7.2 支承结构

支承结构的耐火性能应不低于试件的耐火性能，其耐火性能不应在试件试验时确定。

7.3 试验结构

7.3.1 辅助结构和支承结构

试件与框架间的空间应采用以下任一种结构填实：

a) 辅助结构，或

b) 支承结构。

安装在支承结构上的试件的两侧及其上方应有宽200 mm的最小区域暴露在试验炉中。若试件之间以及试件与试验炉边缘之间有200 mm的最小间隔，支承结构上可安装一个以上的试件。

7.3.2 辅助结构

如果试件在实际使用时通常安装在特定的、专用的结构中，则应安装在辅助结构中试验。

7.3.3 支承结构

7.3.3.1 如果试件不是安装在特定的结构上，试件与框架间应填充刚性标准支承结构(高密度或低密度)或柔性标准支承结构。

高密度刚性标准支承结构。如砌块墙、砖墙或素混凝土墙，密度应在800 kg/m^3～1 600 kg/m^3 之间，墙体厚度不应小于150 mm。

低密度刚性标准支承结构。如加气混凝土砌块墙，密度应在450 kg/m^3～850 kg/m^3 之间，墙体厚度不应小于70 mm。

柔性标准支承结构，如轻质石膏板钢龙骨隔墙，其结构如下：

a) 零部件

1) 沿顶/沿地龙骨：钢质轧制U型龙骨，高65 mm～77 mm，材料厚1.5 mm。

2) 龙骨：钢质轧制C型龙骨，高65 mm～77 mm，材料厚1.5 mm。

3) 面板：纸面防火石膏板，龙骨架每侧石膏板的层数和板厚如下：

——试件耐火时间≤30 min时，每侧一层15 mm板或两层9.5 mm板；

——30 min＜试件耐火时间≤60 min时，每侧两层12 mm板；

——60 min＜试件耐火时间≤90 min时，每侧三层12 mm板；

——90 min＜试件耐火时间≤120 min时，每侧三层12 mm板(增强型)。

4) 固定件：自攻螺钉，其使用要求如下：

——第一层9.5 mm板，固定件为15 mm～25 mm的螺钉；

——第二层 9.5 mm 板,固定件为 25 mm～36 mm 的螺钉;
——第一层 15 mm 板,固定件为 20 mm～30 mm 的螺钉;
——第二层 12 mm 板,固定件为 31 mm～41 mm 的螺钉;
——第三层 12 mm 板,固定件为 45 mm～55 mm 的螺钉。

5) 连接处填充物:嵌缝石膏。

6) 隔热材料:无。

b) 结构

1) 固定件中心距:沿顶/沿地龙骨(轨道)固定件中心距≤600 mm。

2) 龙骨中心距:400 mm～625 mm(由试件开口的尺寸和位置决定)。试件之间以及试件与炉边 200 mm 的区域内不应设计龙骨。

3) 龙骨固定:插接连接,考虑龙骨膨胀,龙骨连接处允许的最大间隙为 10 mm。

4) 石膏板固定件中心距:龙骨架两侧石膏板固定件的中心距为 300 mm。

5) 垂直接缝的位置:在多层结构中,各层石膏板接缝应该错开。

6) 水平接缝的位置:同一层石膏板的水平接缝应是一致的(在同一高度上)。在多层结构中,各层石膏板接缝应该错开。

注:如果使用在柔性标准支承结构中的石膏板不够高(例如 3 m),在板上部有水平接缝。水平连接处需要背板以防止结构过早破坏。一般方法是在外层板的背面连接位置处安装一个宽 100 mm、厚 0.5 mm 的固定钢带,用螺钉穿过外层板固定钢带,螺钉间距为 300 mm。对于各层板,固定带只能在外层板后面。

7.3.3.2 标准支承结构的选择应能反映试件的实际使用情况。第 13 章内容给出了试件安装在选定标准支承结构上进行耐火试验的结果在其他条件下的应用指南。

7.3.3.3 图 1～图 8 表示试件在不同支承结构上的安装情况。

7.3.4 支承结构的约束

7.3.4.1 对于柔性标准支承结构和辅助支承结构,隔墙或墙的砌筑应使结构垂直竖边能够变形。即结构与框架相连的端部为自由边。

7.3.4.2 对于刚性标准支承结构,隔墙或墙的砌筑应使结构不能沿垂直边缘自由变形。即它应像实际使用时那样被固定在试验框架内。

7.3.4.3 如果试件安装在地板上使用,则试验时在试件每侧(向火面和背火面)至少应有 200 mm 宽的不燃刚性材料用来模拟开口底部地板的连续性。当试件的底部与试验炉底部在同一水平面上(同高)时,炉底可视为地板的一部分。如果门总成包含地坎,应将它安装在地板内或地板上部。如果试件不是安装在地板上使用,则只要在开口四周有框架,就可以在没有连续部件的情况下,把它简单地装入墙体内进行试验。

如果试件与不燃性地板结合在一起进行耐火试验,此种条件下得到的试验结果不能代表试件安装在木质或地毯等可燃性地板上使用时的耐火性能。

7.4 间隙

7.4.1 调整门或卷帘总成的间隙达到委托者的设计要求。

7.4.2 为了使试验结果能够得到最广泛应用,间隙应在委托者提供的设计间隙的中间值和最大值之间。例如:某一门或卷帘的间隙设计为 3 mm 到 8 mm,试验时的间隙应调节在 5.5 mm 与 8 mm 之间。间隙的测量示例见图 9～图 12。

8 试件养护

8.1 含水率(湿度)

试件应按 GB/T 9978.1 的规定进行养护,支承结构的养护要求见附录 C。

8.2 机械性能调节

如果某些产品标准要求在耐火试验前对试件进行机械性能试验，应参照相应的产品标准要求进行。

9 测量仪表的应用

9.1 温度测量

9.1.1 炉内热电偶

炉内热电偶应使用GB/T 9978.1规定的热电偶。它们应均匀地分布在距试验结构最近表面100 mm的垂直平面内，见图13。试验结构向火面每1.5 m^2 至少布置一支热电偶，总数不应少于4支。

9.1.2 背火面热电偶

9.1.2.1 总则

9.1.2.1.1 门和卷帘总成或它们的任何部分不要求按隔热性标准评价时，不应测量背火面温度。

9.1.2.1.2 要求按隔热性标准评价的部分，应使用GB/T 9978.1规定的热电偶测量背火面温度。背火面热电偶的布置见图14～图27。

9.1.2.1.3 支承结构上不应布置热电偶。

9.1.2.1.4 五金件50 mm范围内不应布置热电偶。

9.1.2.2 平均温度

9.1.2.2.1 试件背火面布置5支热电偶：一支置于门扇或帘面的中心，另4支各置于四分之一试件门扇中心(单扇或多扇)。在距任何接头、加强筋或贯通连接件小于50 mm的位置不应布置热电偶，也不应在距门扇或帘面边缘小于100 mm的位置布置热电偶。

9.1.2.2.2 试件如有不同的隔热区域，且每种隔热区域的总面积不小于0.1 m^2，则应将热电偶均匀地布置在这些隔热区域的表面上，每平方米或每个分散区域布置一支热电偶，每种相同隔热区域至少要布置2支热电偶。不同隔热区域的平均温度应单独计算。如果试件上不同隔热区域的总面积小于0.1 m^2，不测定这些区域背火面的平均温度。

9.1.2.3 最高温度

9.1.2.3.1 应由9.1.2.2、9.1.2.3.2、9.1.2.3.3、9.1.2.3.4、9.1.2.3.5、9.1.2.3.6规定的热电偶和移动热电偶确定试件(不包括门框或导轨)的最高温度。

9.1.2.3.2 测量门扇、侧板、横楣板或平齐板上不同隔热区域的最高温度时，其热电偶的布置要求与9.1.2.2.2相同。

9.1.2.3.3 应在门扇或卷帘的下述位置布置热电偶：

a) 高度的中点，距下述竖边100 mm处；

b) 宽度的中点，在下述横边往里100 mm处；

c) 距下述竖边100 mm，横边以下100 mm处：

   1) 净开口的内边：铰链门或枢轴门向炉内开启，卷帘或推拉门安装在支承结构的向火面一侧；

   2) 门扇的可视边：铰链门或枢轴门向炉外开启，卷帘或推拉门安装在支承结构的背火面一侧。

如果门扇或帘面宽度较窄，b)和c)规定的热电偶距离小于500 mm，可不布置b)规定的热电偶。

如果多扇折叠卷帘每个扇宽度小于200 mm，测定背火面的最高温度时可将整个帘面作为一扇。

随门扇宽度减小而减少热电偶布置要求的示例见图21。

热电偶应布置在门扇或帘面上温度预计高于平均温度的位置。热电偶的布置应符合9.1.2.3.4、9.1.2.3.5、9.1.2.3.6的要求。见图14～图20和图22～图27。

9.1.2.3.4 其他区域的温度。用于确定侧板、横楣板、平齐板和门扇范围内有不同隔热效果的面板上的最高温度的热电偶，其布置要求与门扇相同。但是，如果有一个以上同一隔热类型区域，则应当把它们作为一个大区域(就像确定它们的平均温升一样)。在这种情况下,热电偶应布置在远离门扇的框架的一侧,见图 26 和图 27。

9.1.2.3.5 门扇上方的平齐板或横楣板上热电偶布置如下所述:

a) 宽度一半,距水平边缘 100 mm;

b) 垂直边缘向里 100 mm,距水平边缘 100 mm。

见图 23 和图 24。

图 22 是根据面板尺寸和热电偶之间的距离,在面板上布置热电偶的示例。

9.1.2.3.6 随门扇宽度减小而减少热电偶的布置的规则也适用于横楣板、侧板和平齐板。

9.1.2.4 **门框温度**

测量门框温度的热电偶应布置在下述位置:

a) 每个边框高度的一半处。

b) 上框宽度的一半;试件有多个门扇时,应在主门扇一侧并距门扇中缝 100 mm 处;如果设有横楣且其宽度不小于 30 mm,应在横楣上布置热电偶,布置方法同上框。

c) 上框距门扇开口角部 50 mm 处;如果设有横楣且其宽度不小于 30 mm,应在横楣上布置热电偶,布置方法同上框。

上述热电偶应尽可能靠近试件与支承结构的连接处布置。例如:可以使热电偶的中心距连接处 15 mm。无论怎样布置,热电偶距门框内边缘的距离都不应大于 100 mm,见图 16。

对于单扇门,如果洞口宽度较窄,b)和 c)规定的热电偶的距离少于 550 mm,则可不布置 b)规定的热电偶,见图 21。

9.2 **压力测量**

9.2.1 炉内压力应采用 GB/T 9978.1 规定的"T"形或管形压力传感器进行测量。

9.2.2 测量仪表的准确度为±2.0 Pa。

9.2.3 炉内压力应每间隔 1 min 记录一次,记录设备准确度为 1 s。

9.2.4 压力传感器不应置于受到火焰冲击的地方或烟气排放的路径上,其在炉内和穿过炉墙到达炉外时均应在同一水平面上,即炉内和炉外的压力是相对于同一高度的压力。使用"T"形压力传感器时,"T"的支路应水平。

9.2.5 最少应使用 3 个压力传感器。一个置于理论地面 100 mm 范围内,一个置于门或卷帘高度三分之二处 100 mm 范围内,一个置于门或卷帘顶部 100 mm 范围内。

9.3 **热通量测量**

9.3.1 **总则**

本条描述了热通量的测量方法。由热辐射造成的危害通过测量总热通量来进行评价,由于试验中的对流热可以忽略不计,测得的热通量可以认为就是辐射热,但是本标准中仍以热通量表示。测量仪器的接收面应平行于试件背火面,距试件背火面的距离为 1.0 m。

当试件背火面温度低于 300 ℃时,不必要测量热通量。

9.3.2 **仪表**

试件背火面热通量的测量仪表应满足下列规定:

a) 接收面:接收面不应被视窗等遮挡,它接收对流及辐射;

b) 量程:0 kW/m^2~50 kW/m^2;

c) 准确度:量程最大值的±5%;

d) 时间常数(达到目标值 64%的时间):<10 s;

e) 视角:180°±5°。

9.3.3 程序

9.3.3.1 通常位置

热通量测量仪表(简称"热流计")距试件背火面的距离为 1.0 m。

试验开始时,每台热流计的接收面都应平行于试件背火面(±5°),接收面朝向试件背火面。在热流计测量范围之内,除了试件不应有其他辐射源。热流计不应被遮挡或隐蔽。

9.3.3.2 特殊位置

测量位置如下:

a) 朝向试件几何中心,是测量平均热通量的位置。

b) 试件最大热通量可能出现的位置通常由理论推导或根据试件的几何形状计算得到。如果试件是中心对称结构并且是匀质辐射体,则最大热通量的测量位置同 a)。如果试件具有不同的隔热区域,预测出现最大热通量的区域比较困难,应遵循以下方法测量最大热通量:

1) 对试件背火面温度超过 300 ℃和面积不小于 0.1 m^2 的区域做标记,热流计置于被标记的每个区域的中心位置;

2) 试件的相邻两部分或多部分具有相同的结构并且具有相同的高度或宽度,分隔间距小于 0.1 m,可视为连接在一起的一个辐射面;

3) 如果预计试件中低于 300 ℃的面积小于整个面积的 10%,则将试件作为一个辐射面。

9.3.4 测量

按 9.3.3 规定的程序进行测量,应记录测量的整个过程,间隔不应超过 1 min。

注:附录 D 提供了利用斯蒂芬-玻尔兹曼定律评估试件表面产生辐射能的另一种方法。

9.4 变形

应提供适当的测量仪表,测量在试验过程中试验结构的显著变形(大于 3 mm)。建议把门扇或帘面相对于门框或导轨的变形看作是可能出现的显著变形区域。

变形的测量虽然没有判定标准,但测量变形是强制性要求。因为试件的部件之间、试件与支承结构之间以及支承结构本身相对变形的资料对确定试验结果的应用范围是重要的。图 28~图 31 表示用于测量变形的位置。

10 试验程序

10.1 耐火试验前检查

10.1.1 间隙的测量

10.1.1.1 耐火试验前应当测量门或卷帘总成的可动部件和固定部件(例如:门扇和门框)之间的间隙。为了使间隙测量充分准确,至少应当沿门扇的两竖边、顶部和底部各进行 3 次测量,测量位置间隔应不大于 750 mm,各次测量值偏差相互之间不应大于 0.5 mm。不能直接测量的间隙,应进行间接测量。图 9~图 12 表示的是门扇、门框间及门扇与门扇间间隙测量的示例。

10.1.1.2 由试验室测量的间隙如果不在 7.4 规定的范围内,则试验结果直接应用将受到限制。

10.1.2 保持力的测量

10.1.2.1 当闭门装置通过保持试件关闭状态而对试件的耐火性能有利时,应对门扇保持力进行测量;安装闭门装置而需借助机械力开启门扇的所有门总成应当测量保持力。

10.1.2.2 每个门扇都应按 10.1.2.3 给出的方法测量保持力。对于双向开启的门,应对每一个打开的方向测量力矩;对于折叠门应在打开方向测量力。

10.1.2.3 保持力的测量方法:使试件处于关闭状态,将测力计安装在门把手上,慢慢地拉动测力计使门扇开启 100 mm,记录测力计的最大读数。对铰链门和枢轴门还应测量出门把手至铰链或枢轴的垂直距离,并计算出力矩。

10.1.3 最终调整

耐火试验前应使门或卷帘总成开启 300 mm,然后使之回到关闭位置。这个过程应当通过闭门装置来完成。如果总成没有闭门装置或者闭门装置无法安装在试验炉上使用,应当手动关闭,但不应锁闭试件。正常使用中只能锁闭才能使门保持在关闭位置的情况(例如:没有门闩或关闭装置使门保持在关闭位置)除外。不要把钥匙留在锁孔内。

应在正常(大气)压力条件下对安装在试验炉上的试件进行最终调整。

10.2 耐火试验

试验条件以及试验过程中测量耐火隔热性和耐火完整性所使用的设备应符合 GB/T 9978.1 的规定。

耐火完整性的测量按 GB/T 9978.1 的规定进行。在测量试件的耐火完整性时不应在地坎间隙处使用 6 mm 的测量探棒。

在测量试件的耐火隔热性时不应在不允许固定热电偶的地方使用移动热电偶。

热通量的测量按 9.3 的规定进行,并应记录每个测量位置处热通量达到 5 kW/m^2、10 kW/m^2、15 kW/m^2、20 kW/m^2 和 25 kW/m^2 的时间。

11 判定条件

11.1 耐火完整性

失去耐火完整性的判定条件应符合 GB/T 9978.1 的规定。

11.2 耐火隔热性

11.2.1 总则

对于包含不同隔热区域的试件,应按失去耐火隔热性判定条件对每个区域单独进行判定。任何一个区域失去耐火隔热性即判定试件失去耐火隔热性。

11.2.2 平均温升

试件背火面平均温升超过试件表面初始平均温度 140 ℃,则判定试件失去耐火隔热性。平均温度应从 9.1.2.2 规定的热电偶记录的温度中得到。

11.2.3 最高温升

11.2.3.1 试件背火面(除门框外或导轨)最高温升超过试件表面初始平均温度 180 ℃,则判定试件失去耐火隔热性。最高温度应从 9.1.2.3 和 10.2 规定的热电偶记录的温度中得到。

11.2.3.2 门和卷帘(隔热)门框或导轨上的最高温升超过其表面初始平均温度 360 ℃,则判定试件失去耐火隔热性。最高温度应从 9.1.2.4 规定的热电偶记录的温度中得到。

12 试验报告

除 GB/T 9978.1 的规定外,试验报告中还应包括以下内容:

a) 试验按 GB/T 7633 进行;
b) 按 6.2 的要求确定试件数量的有关情况说明;
c) 按 6.5 的要求对试件核查的细节;
d) 如果需要应说明试验选择的标准支承结构;
e) 如果需要应对辅助支承结构进行说明,并应按检查试件结构细节的同样方法,检查辅助支承结构的结构细节,并给出同样充分的说明;
f) 支承结构按附录 C 的要求进行养护的情况;
g) 按 10.1.1 的要求测得的间隙;
h) 按 10.1.2 的要求测得的保持力;
i) 对试件进行机械调整的有关资料;

j) 试验结果的表述为耐火试验经历的时间，以 min 计，即从耐火试验开始到试件失去耐火完整性或/和耐火隔热性的时间段；

k) 每个测量位置处热通量达到 5 kW/m²、10 kW/m²、15 kW/m²、20 kW/m² 和 25 kW/m² 的时间；

l) 试验过程中试验结构的显著变形。

13 试验结果的直接应用范围

13.1 总则

13.1.1 试验结果的直接应用范围，只限于经过成功的耐火试验以后对于试件允许的变化。委托者可以自动引用这些变化，不需要另外评估、计算或证明。

13.1.2 在产品尺寸有扩展要求时，为了在相同比例下，模拟部件之间的相互作用，从而最大限度地应用试验结果，试件上某些部件的尺寸可能小于预定要使用的尺寸。

13.1.3 除非在下文中另有规定，门或卷帘总成的结构应当和试验的结构相同。门扇的数量和开启方式(例如：滑动、旋转、单向动作或双向动作)不应被改变。

13.1.4 在预料漆层不影响耐火试验时，允许用替代漆，并用在毛面的试件——门扇或门框上。当漆层有助于门的耐火试验时(例如：膨胀漆)，则不允许变更。

13.1.5 可以把 1.5 mm 的装饰板或木质胶合板粘贴在满足隔热标准的铰链门表面(但非边缘)上；超过 1.5 mm 的装饰板或胶合板，应作为试件的一部分进行试验。对于所有带装饰板的产品，只有当装饰板或胶合板的类型、材质、厚度与试件相似时，才能允许其他变化(例如：颜色、图案、制造厂)。

13.2 木结构

13.2.1 门扇的厚度不应减小，但可以增加。也可以增大门扇厚度和/或密度，只要总的重量增加不大于 25%。

13.2.2 对于木质纤维板制品(例如：刨花板、大芯板等)，其成分(例如树脂类型)不应被改变，要与试验用的相同。其密度也不应减小，但可以增大。

13.2.3 木质门框(包括槽口)的横截面尺寸和/或密度，不应减小但可以增大。

13.3 钢结构

13.3.1 为了适应支承结构厚度的增加，可以增加门框的尺寸。材料的厚度最大可以增加 25%。

13.3.2 对于非隔热门，加强件的数量及面板固定件的数量和尺寸，可以随尺寸的增加成比例地增加，但不应减小。

13.4 镶玻璃结构

13.4.1 玻璃类型和其边缘固定方法，包括周边每米固定件数量和尺寸应与试验时相同而不应被改变。

13.4.2 包括在木质或钢质结构试件中的玻璃窗数量和每个窗格中玻璃尺寸，可以减小但不能增大。

13.4.3 玻璃窗边缘和门扇周边的距离，及玻璃窗之间的距离，不应比试件中的相应距离小。只有在不涉及内部结构变化的情况下，门扇上玻璃的位置才能变更。

注：应注意玻璃位置的变化可能使玻璃靠近热流计，从而使测得的热通量增加。

13.5 固定件/五金件

13.5.1 防火门与支承结构间的固定件可以增加，但不应减少；固定件间距可以减小，但不应增大。

13.5.2 允许更换五金件，前提是可替换的五金件在其他相似结构的门中已被使用过。

13.5.3 锁、碰锁和铰链等限制活动的部件能增加，但不能减少。

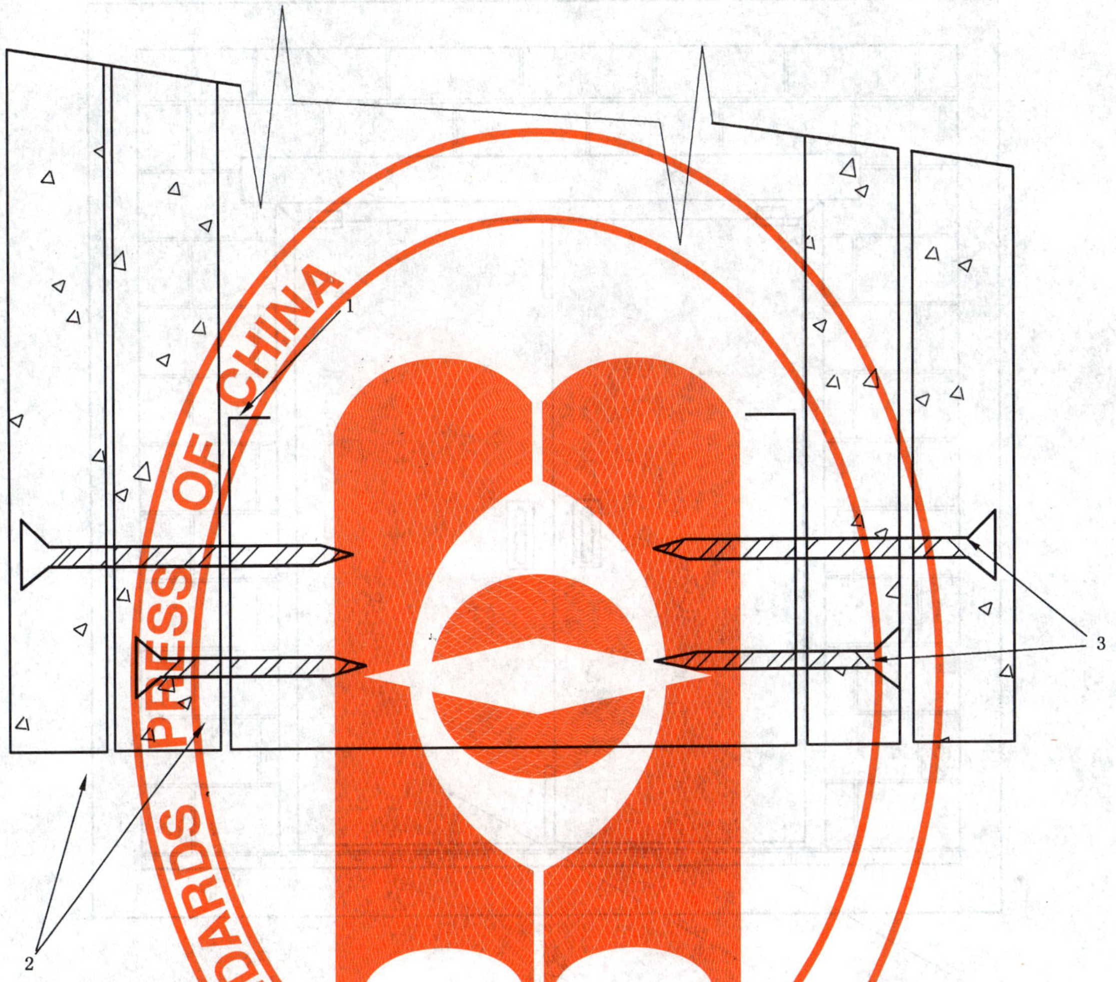

1——"C"形垂直钢质龙骨；

2——12 mm 石膏板；

3——螺钉，固定间距为 300 mm。

图 1 柔性标准支承结构水平剖面示例

1——标准支承结构(砖墙);

2——门总成(试件);

3——试验框架。

注:1+2 构成试验结构。

图 2 刚性支承结构中门总成安装示例

1——柔性标准支承结构或辅助支承结构;
2——门总成(试件);
3——试验框架;
4——自由边隔热层。
注:1+2 构成试验结构。

图 3 柔性标准支承结构或辅助支承结构中门总成安装示例

单位为毫米

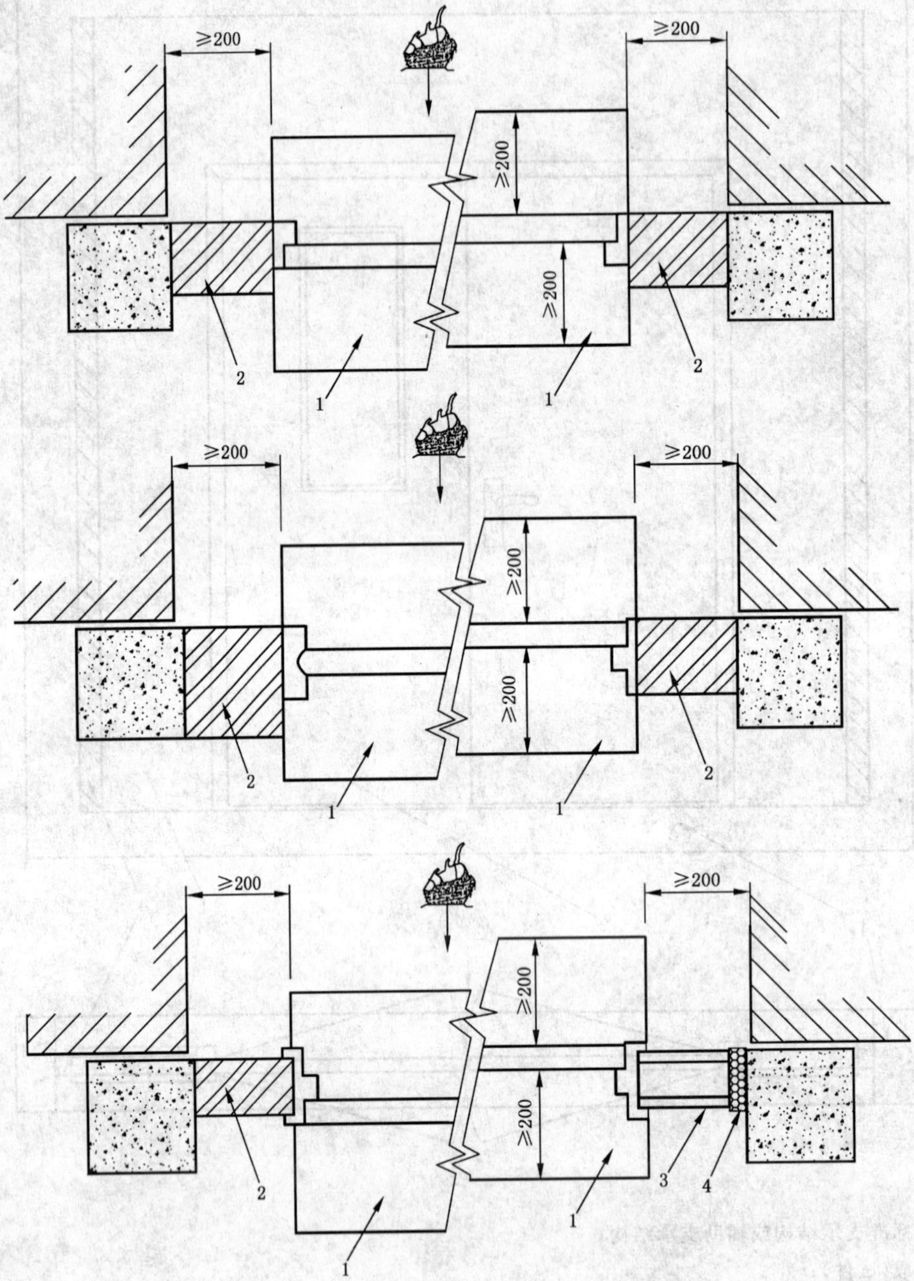

1——地板；

2——标准支承结构；

3——辅助支承结构；

4——自由边隔热层。

图 4 铰链门总成安装示例 水平剖面

单位为毫米

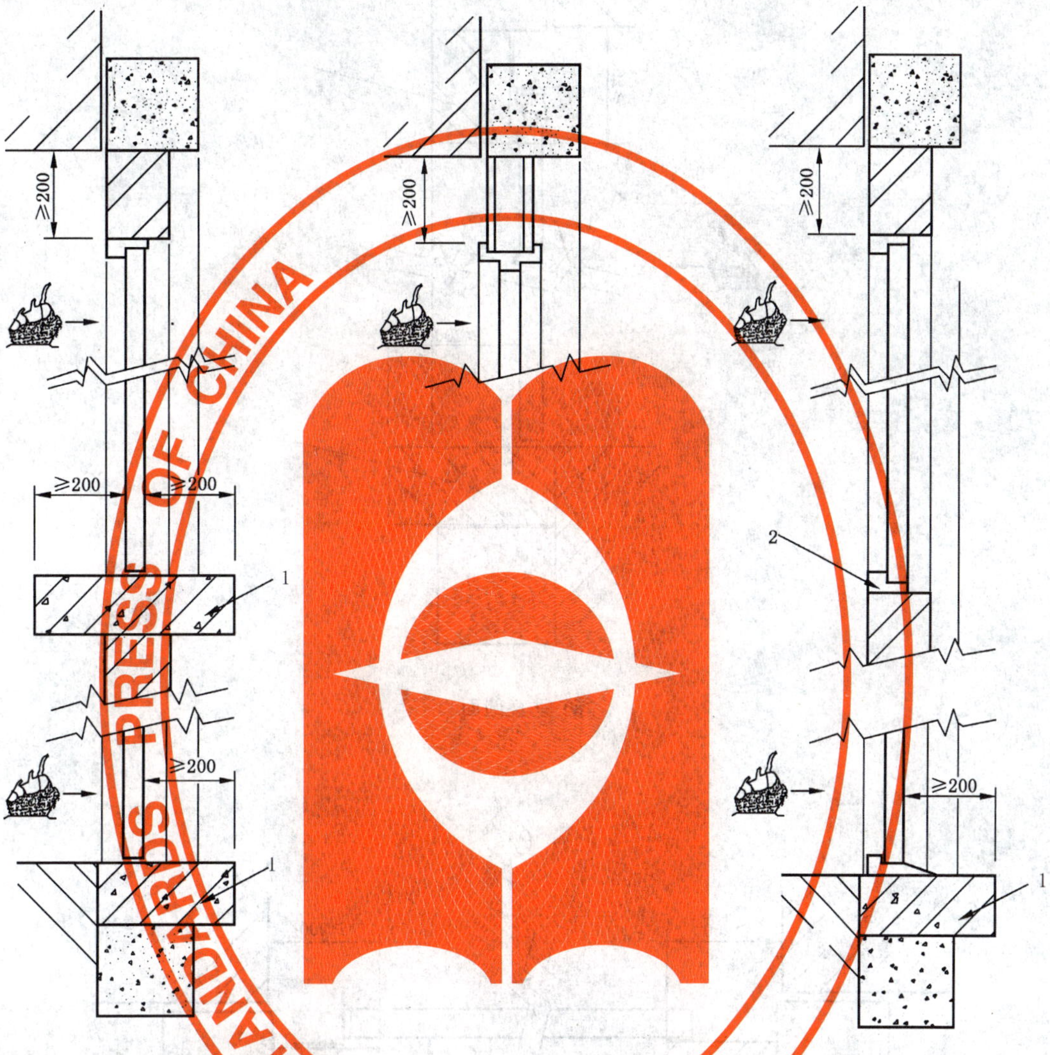

1——地板,刚性不燃材料;
2——地坎。

图5 铰链门安装示例 垂直剖面

单位为毫米

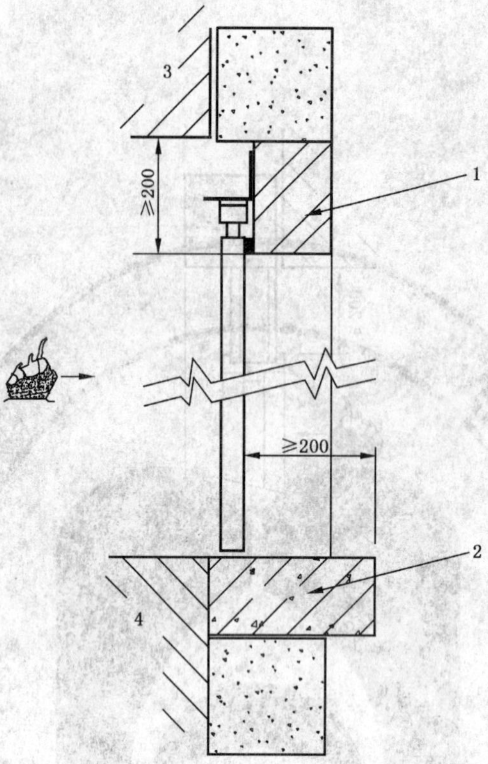

a）垂直剖面

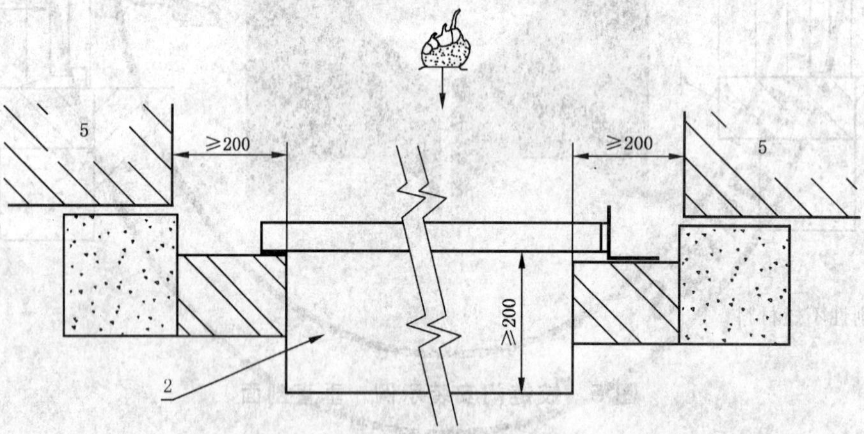

b）水平剖面

1——支承结构；

2——地板，刚性不燃材料；

3——炉顶；

4——炉底；

5——炉侧壁。

图 6 滑动门安装示例

单位为毫米

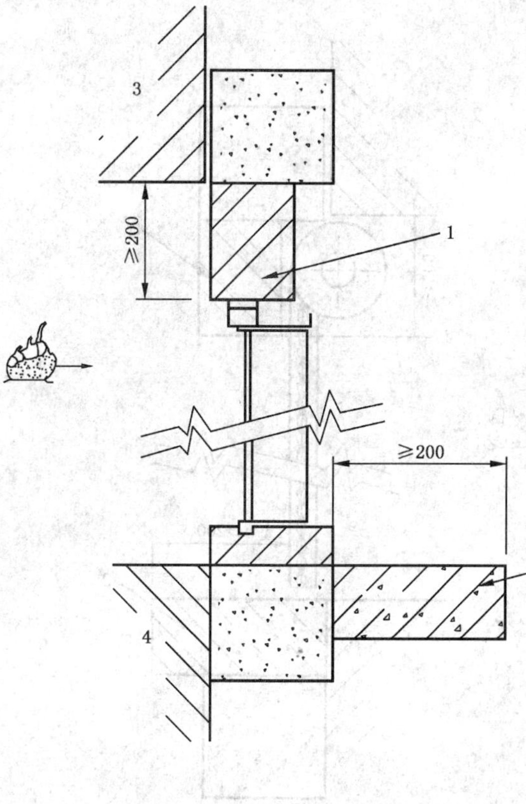

a）垂直剖面

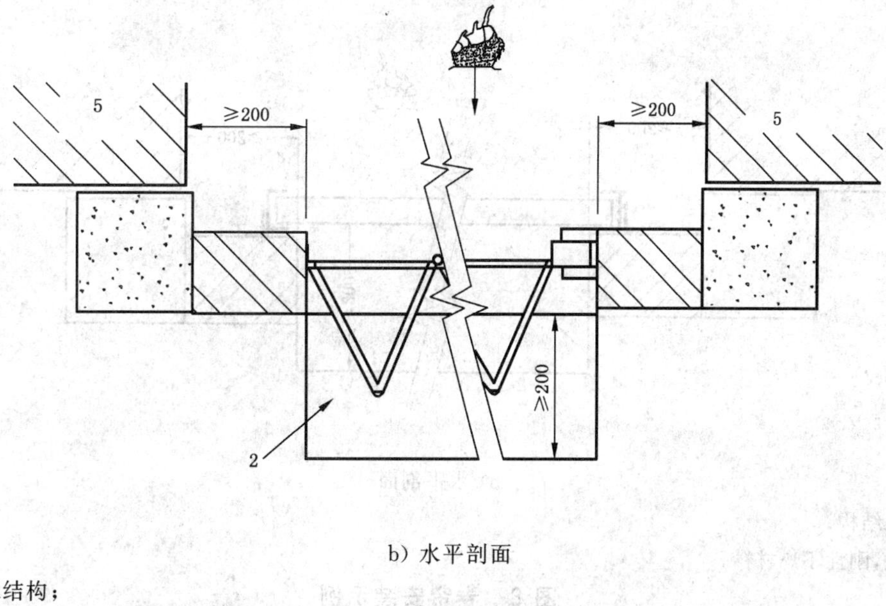

b）水平剖面

1——支承结构；

2——地板，刚性不燃材料；

3——炉顶；

4——炉底；

5——炉侧壁。

图7　折叠门安装示例

单位为毫米

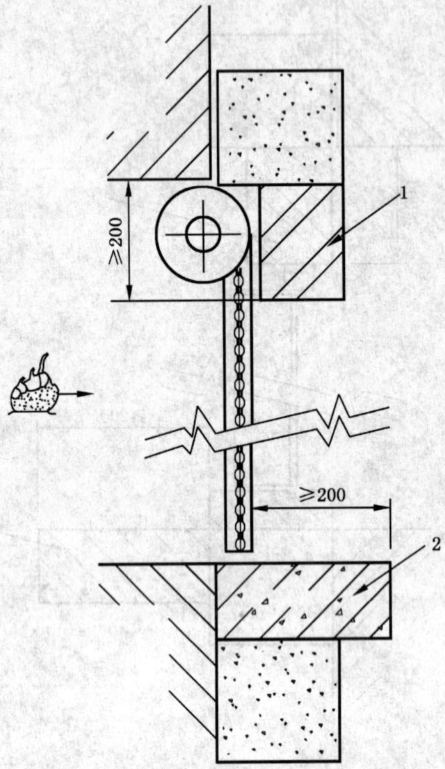

a）垂直剖面

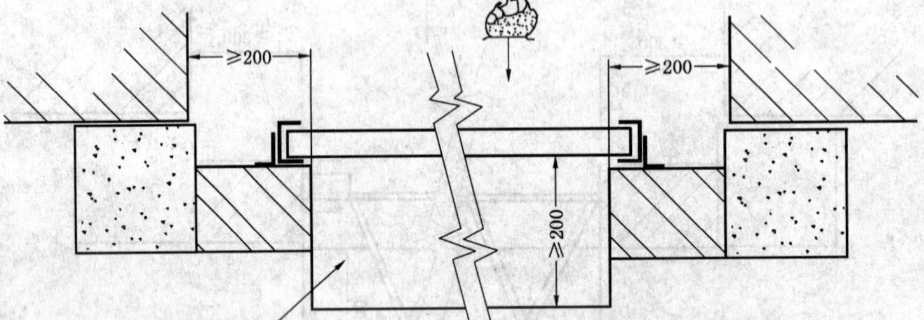

b）水平剖面

1——支承结构；

2——地板，刚性不燃材料。

图 8　卷帘安装示例

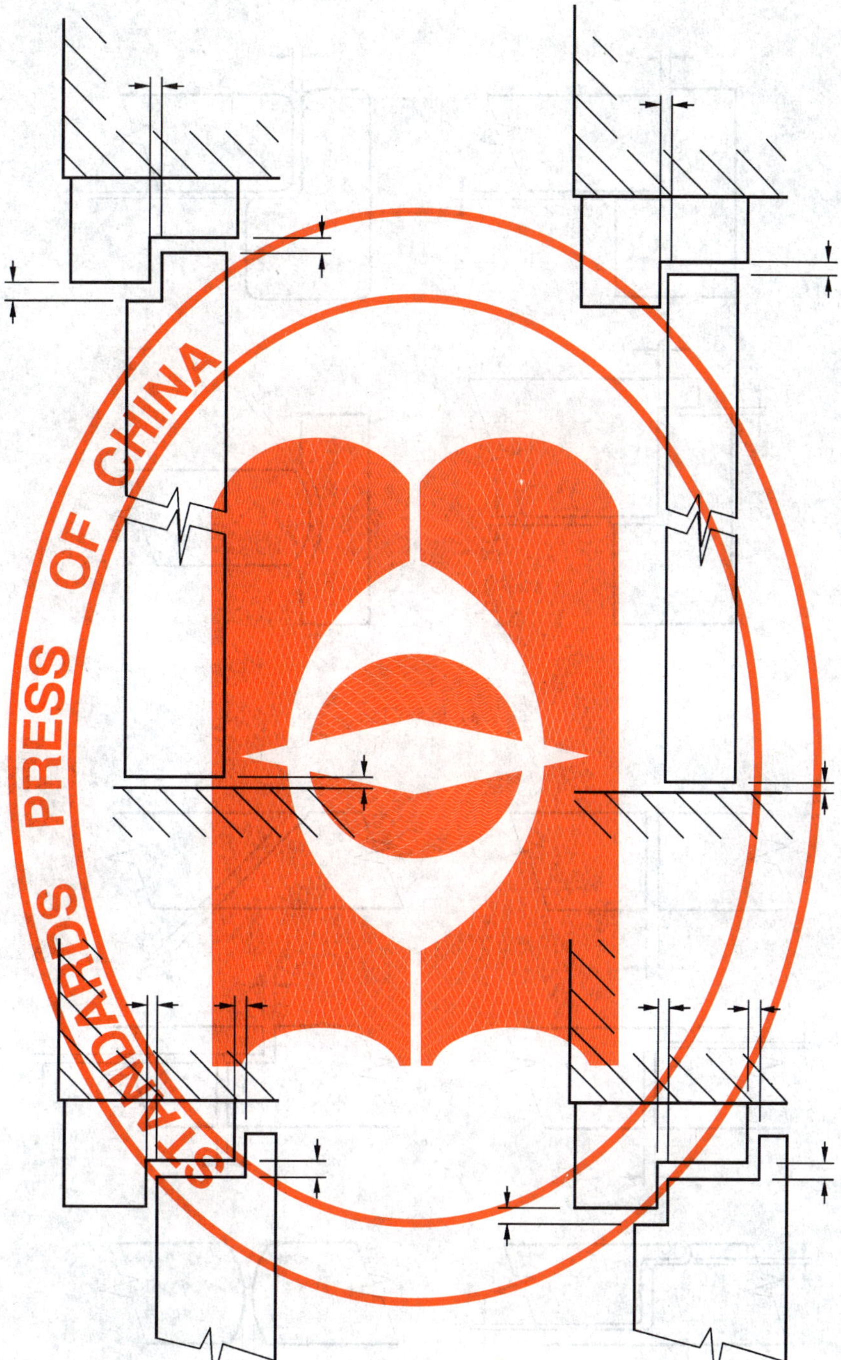

图 9 铰链门、枢轴门间隙测量示例 垂直剖面

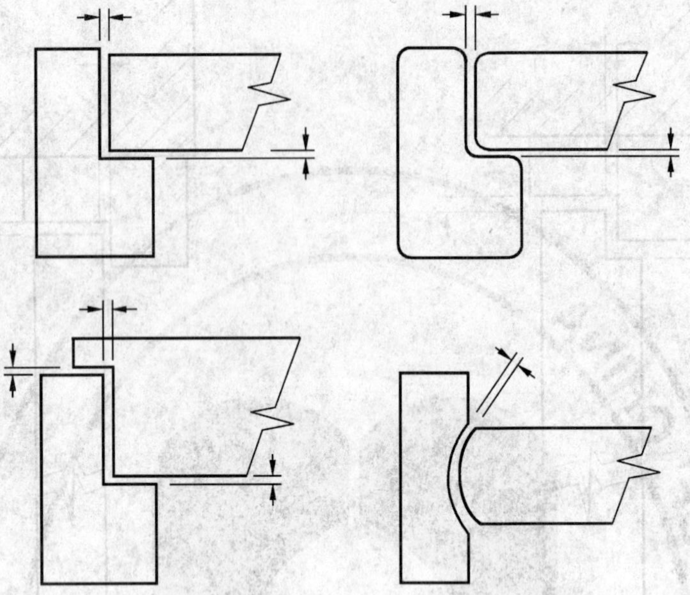

a）单扇门

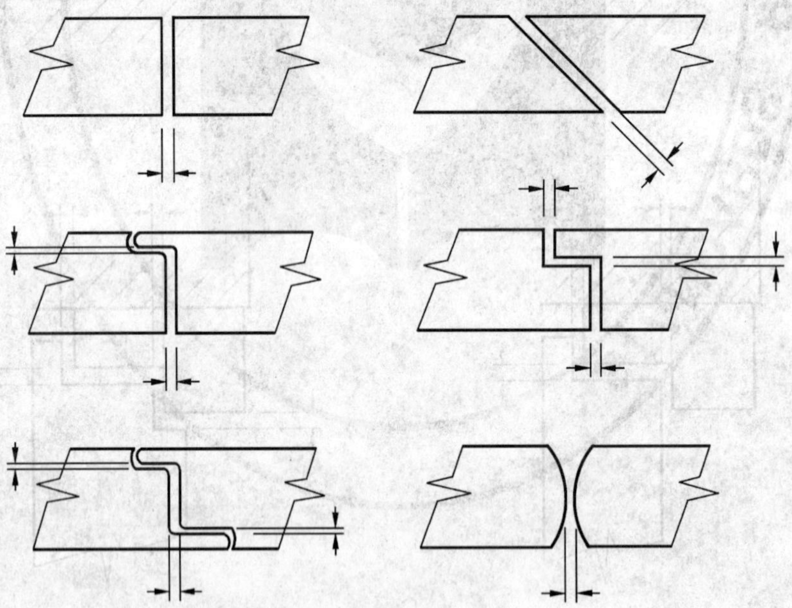

b）双扇门中缝

图 10 铰链门、枢轴门间隙测量示例 水平剖面

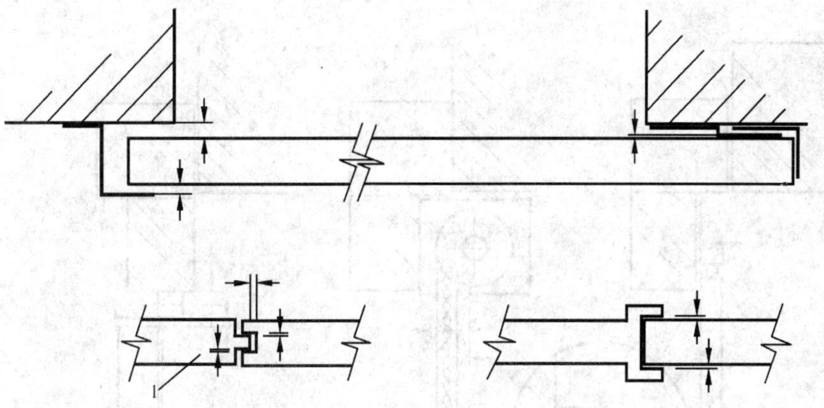

a）滑动门

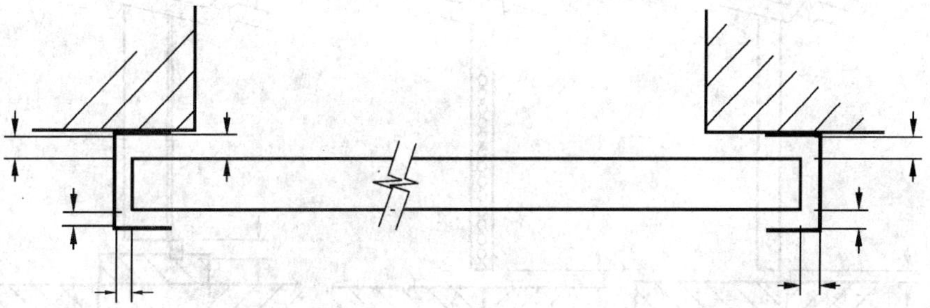

b）卷帘

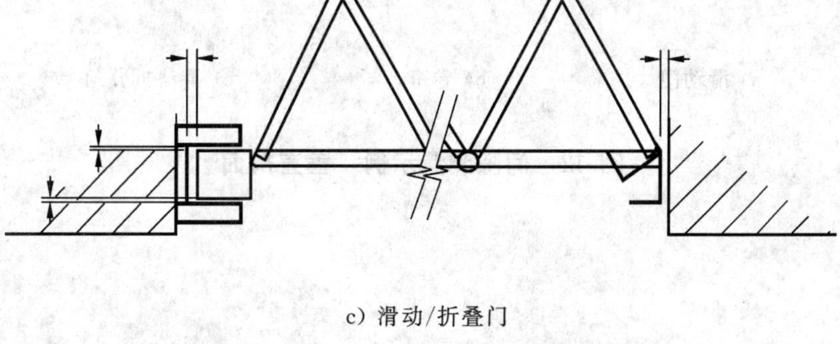

c）滑动/折叠门

1——两扇的连接处。

图 11　间隙测量示例　水平剖面

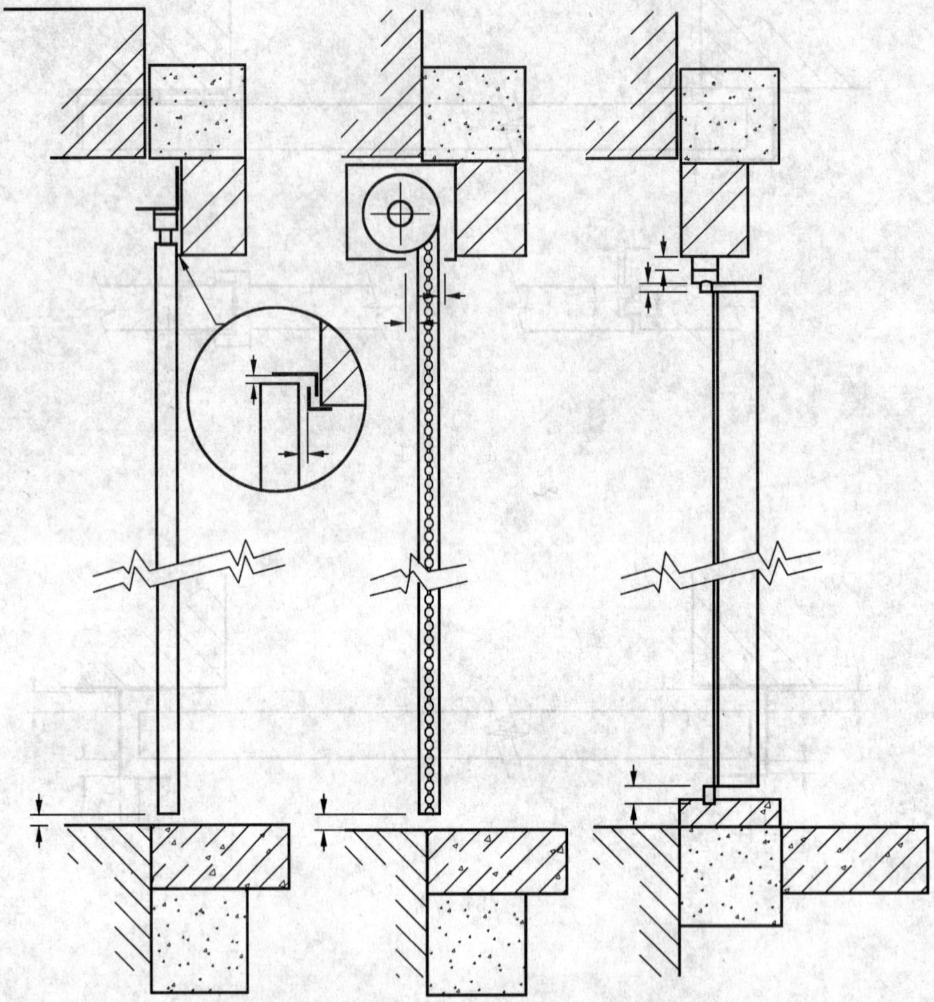

a) 滑动门　　b) 卷帘　　c) 滑动折叠门

图 12　间隙测量示例　垂直剖面

单位为毫米

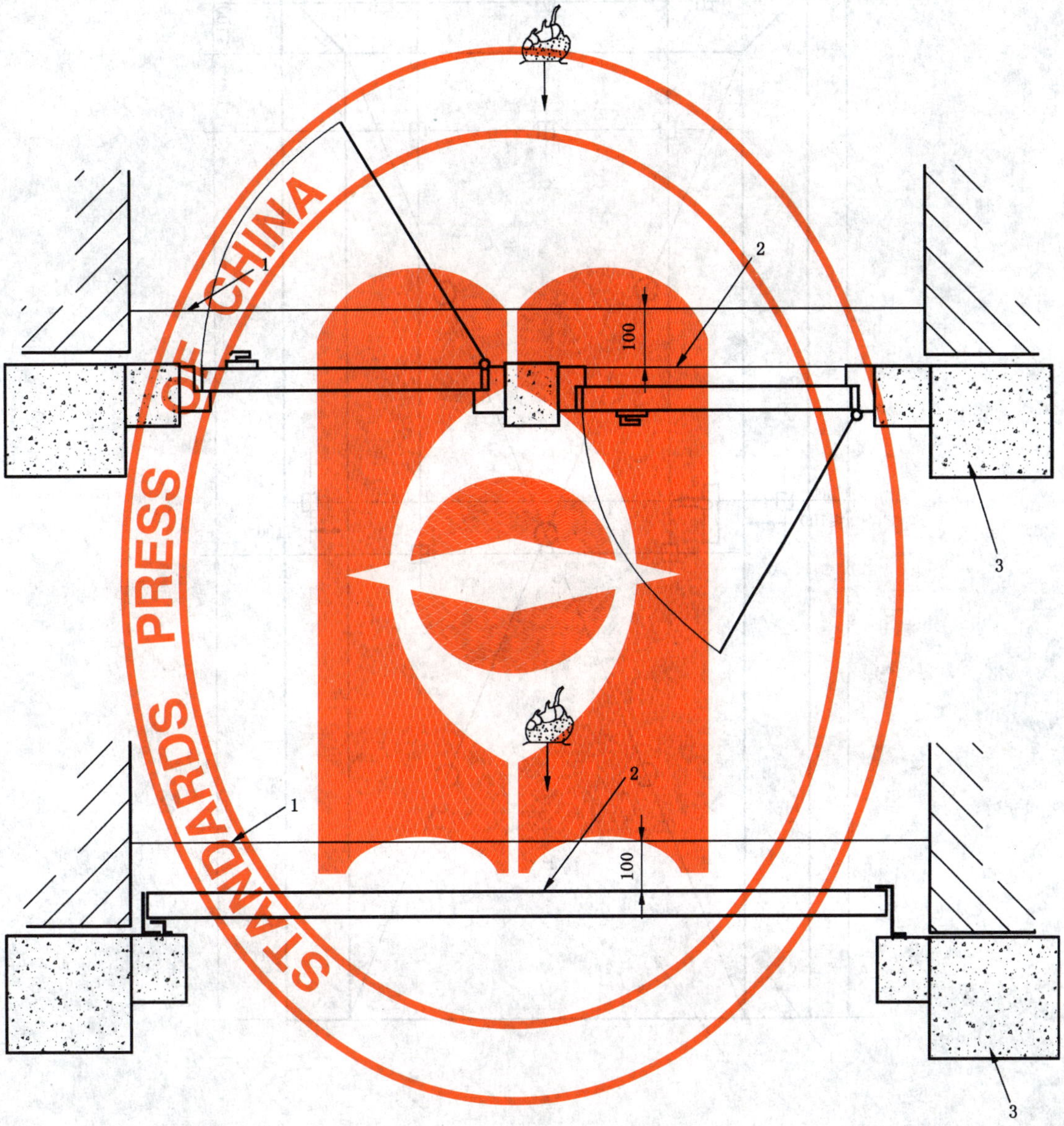

1——炉内热电偶分布的垂直平面；
2——试验结构的最近表面；
3——试验框架。

图 13 炉内热电偶的位置 水平剖面

单位为毫米

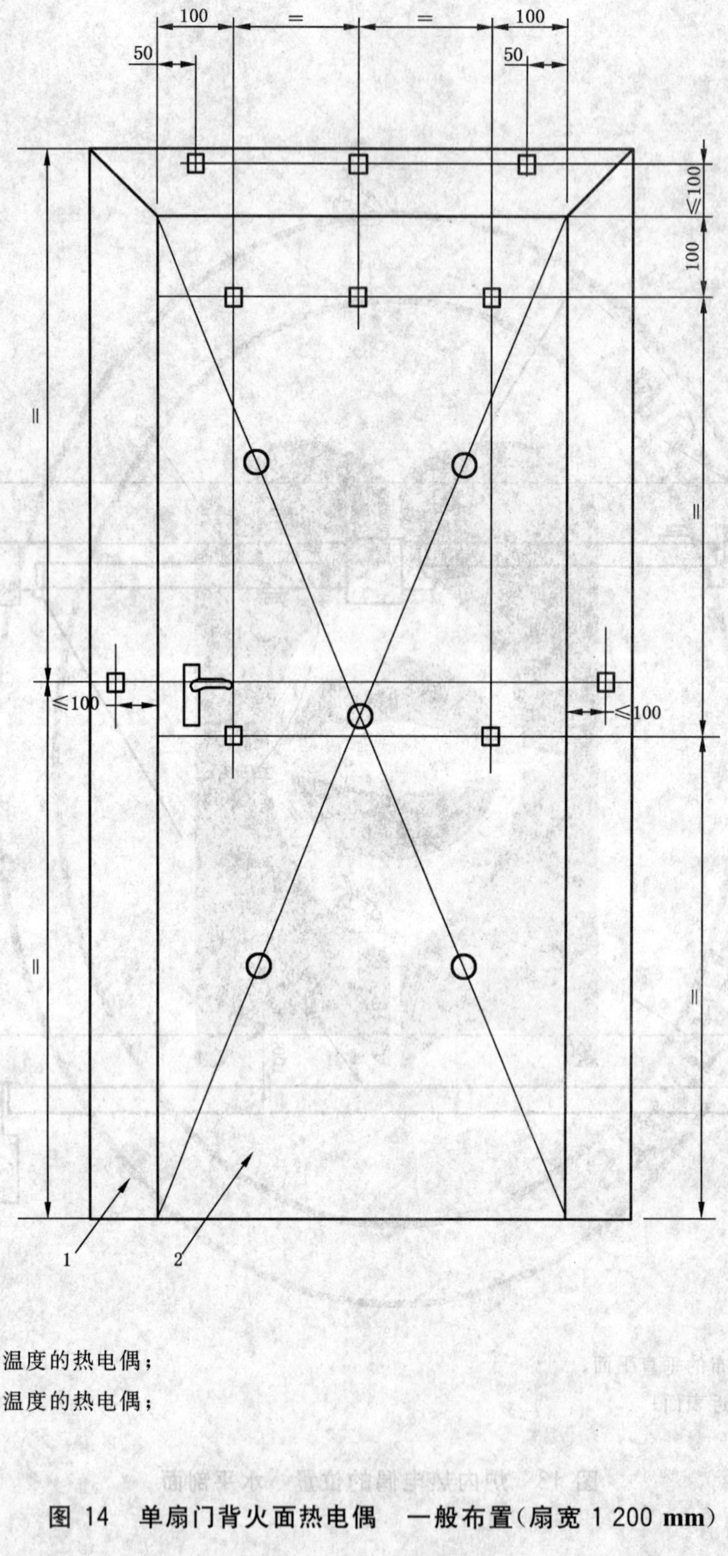

○——测量平均温度的热电偶；

□——测量最高温度的热电偶；

1——门框；

2——门扇。

图 14　单扇门背火面热电偶　一般布置(扇宽 1 200 mm)

单位为毫米

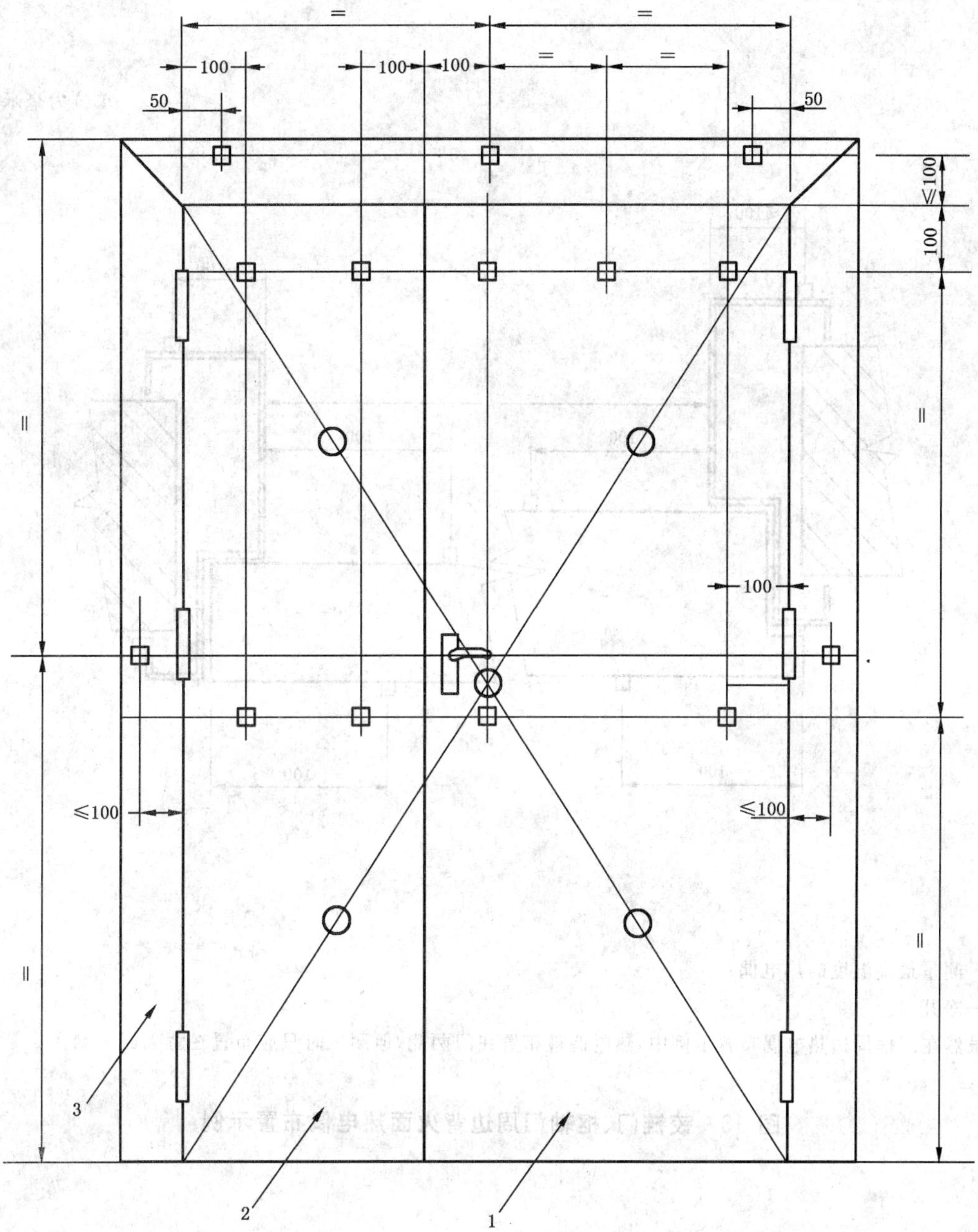

○——测量平均温度的热电偶；

□——测量最高温度的热电偶；

1——主门扇；

2——副门扇；

3——门框。

图 15 双扇门背火面热电偶 一般布置(主门扇宽 1 200 mm,副门扇宽<1 200 mm)

单位为毫米

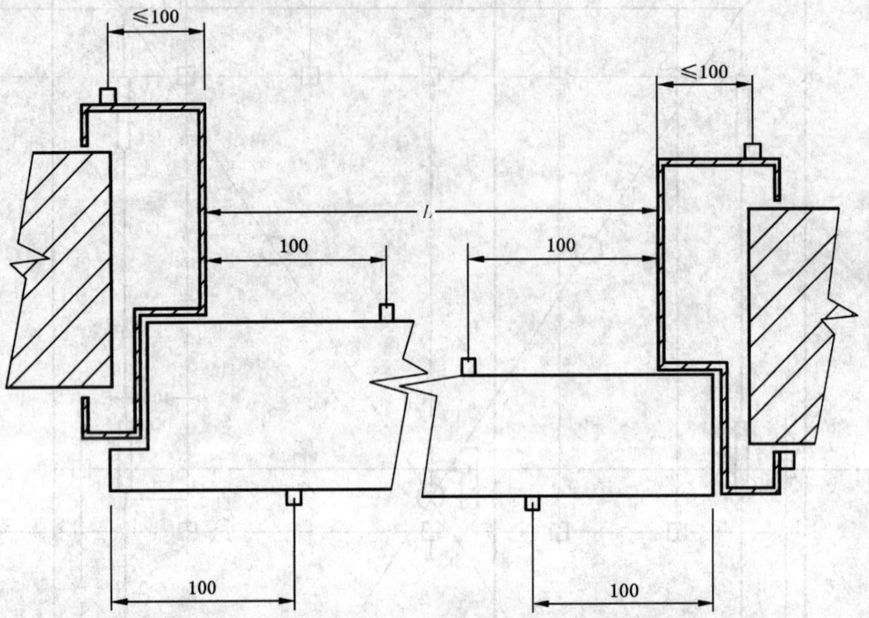

□——测量最高温度的热电偶；

L——净开口。

注：虽然在门框周边热电偶布置示例中，热电偶被布置在门两侧，但测试时只应布置在背火面一侧。

图 16　铰链门、枢轴门周边背火面热电偶布置示例

单位为毫米

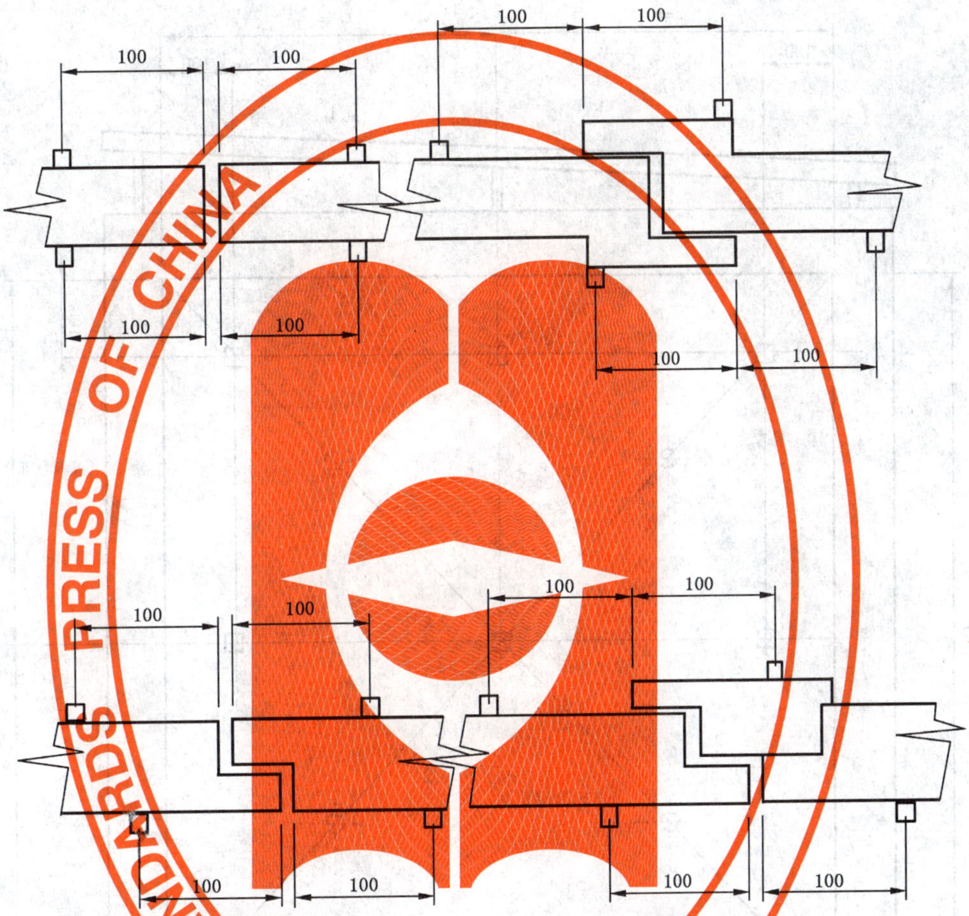

□——测量最高温度的热电偶。

注：虽然在门框周边热电偶布置示例中，热电偶被布置在门两侧，但测试时只应布置在背火面一侧。

图17　铰链、枢轴双扇门中缝背火面热电偶布置示例

单位为毫米

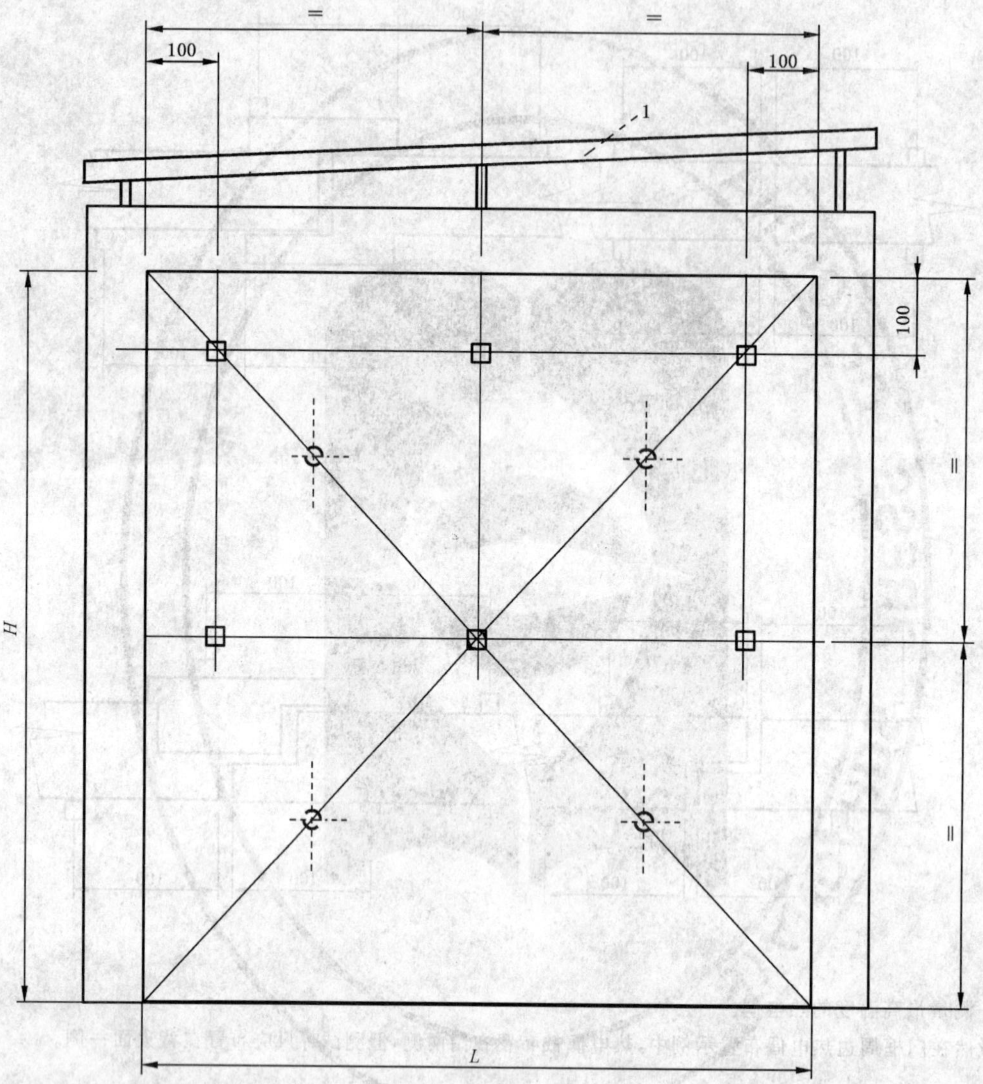

○——测量平均温度的热电偶；

□——测量最高温度的热电偶；

1——轨道；

$L \times H$——净开口。

图 18　单扇滑动门背火面热电偶布置示例

单位为毫米

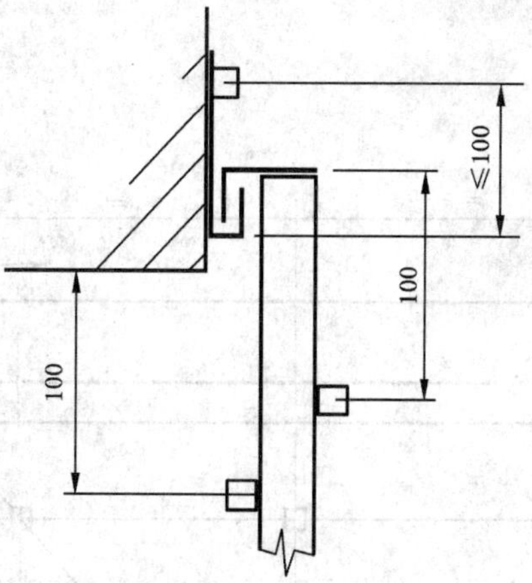

a) 垂直剖面

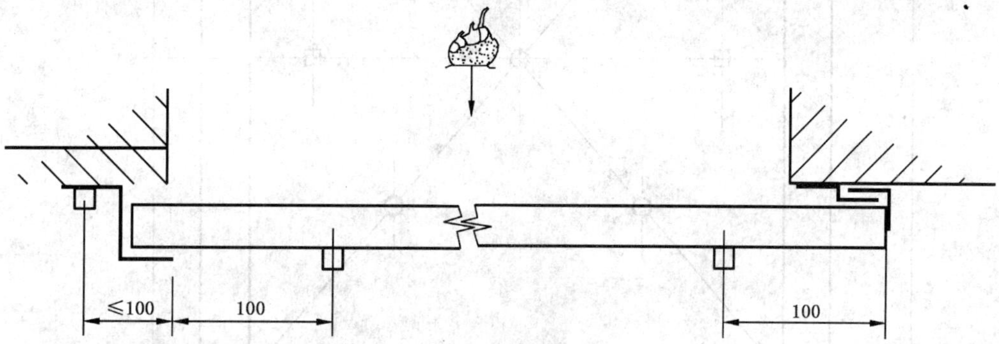

b) 水平剖面

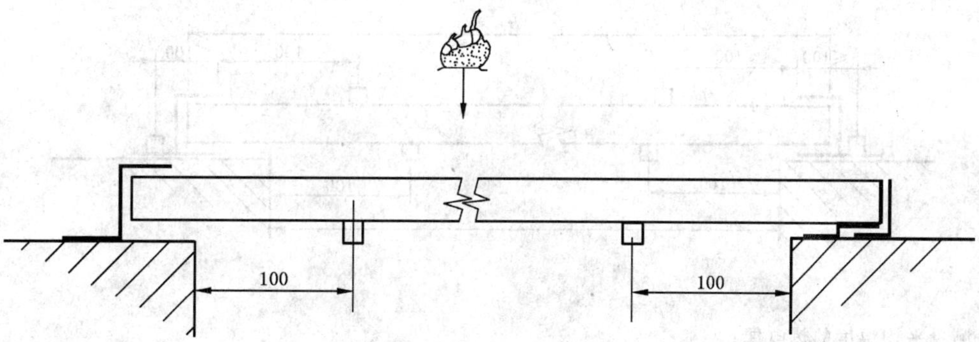

c) 水平剖面

□——测量最高温度的热电偶。

注：虽然在门框周边热电偶布置示例中，热电偶被布置在门两侧，但测试时只应布置在背火面一侧。

图 19　单扇滑动门背火面热电偶布置示例

单位为毫米

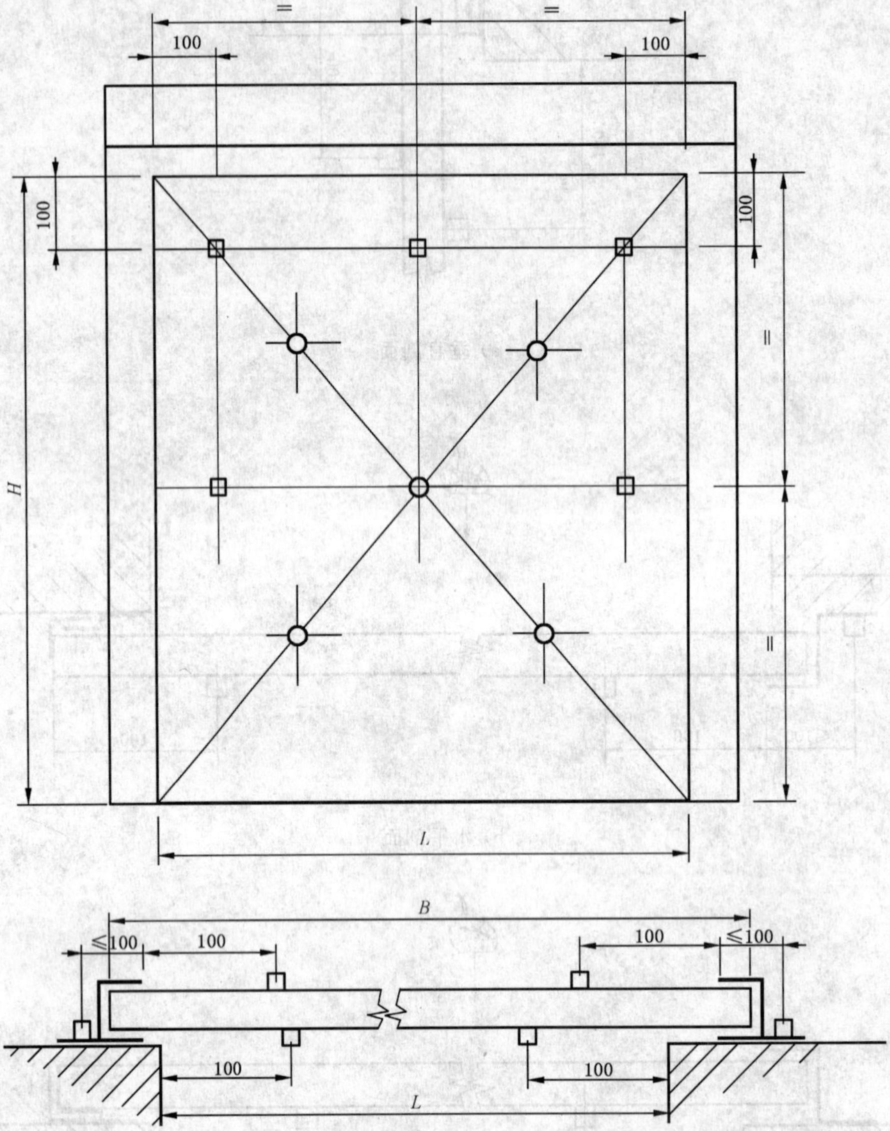

○——测量平均温度的热电偶；

□——测量最高温度的热电偶；

$L\times H$——净开口。

B——卷帘帘面宽度。

注：虽然在门框周边热电偶示例中，热电偶被布置在门两侧，但测试时只应布置在背火面一侧。

图 20　卷帘背火面热电偶布置示例　一般布置

单位为毫米

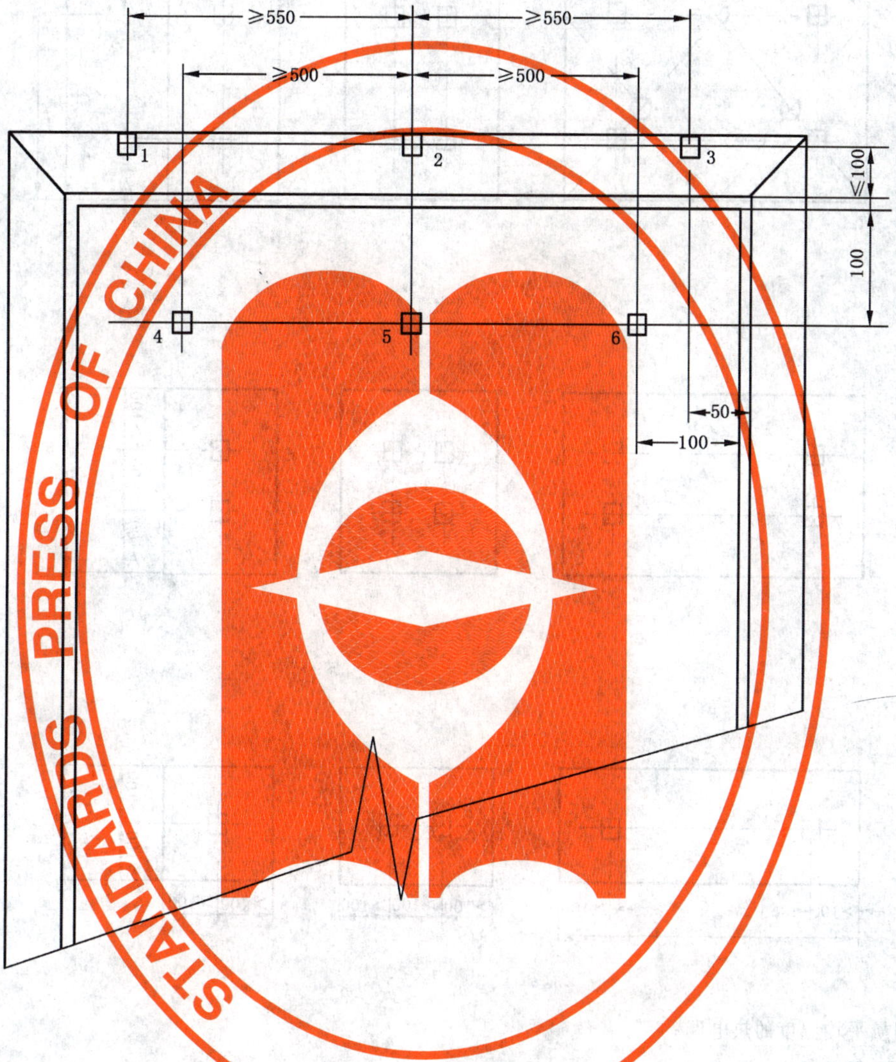

□——测量最高温度的热电偶。

注：无论门扇多宽，均应布置1＃、3＃、4＃、6＃热电偶，若门扇宽度小于1 200 mm，则不需要布置2＃和5＃热电偶。

图21 随扇宽度减小而减少背火面热电偶数量

单位为毫米

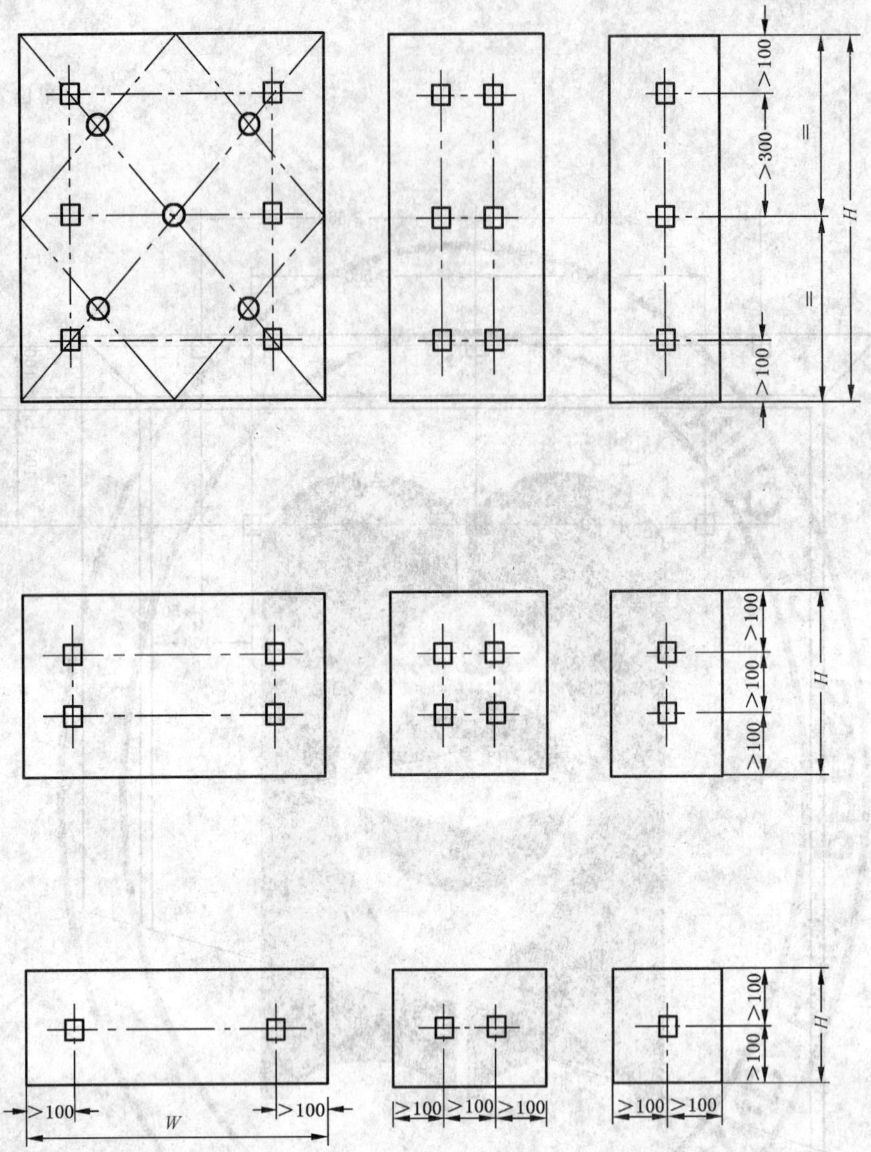

○——测量平均温度的热电偶；

□——测量最高温度的热电偶；

W——板宽度；

H——板高度。

图 22　分散区域(例如侧板，平齐板或横楣板)
热电偶的布置示例(假定试件每种类型的区域只有一个)

单位为毫米

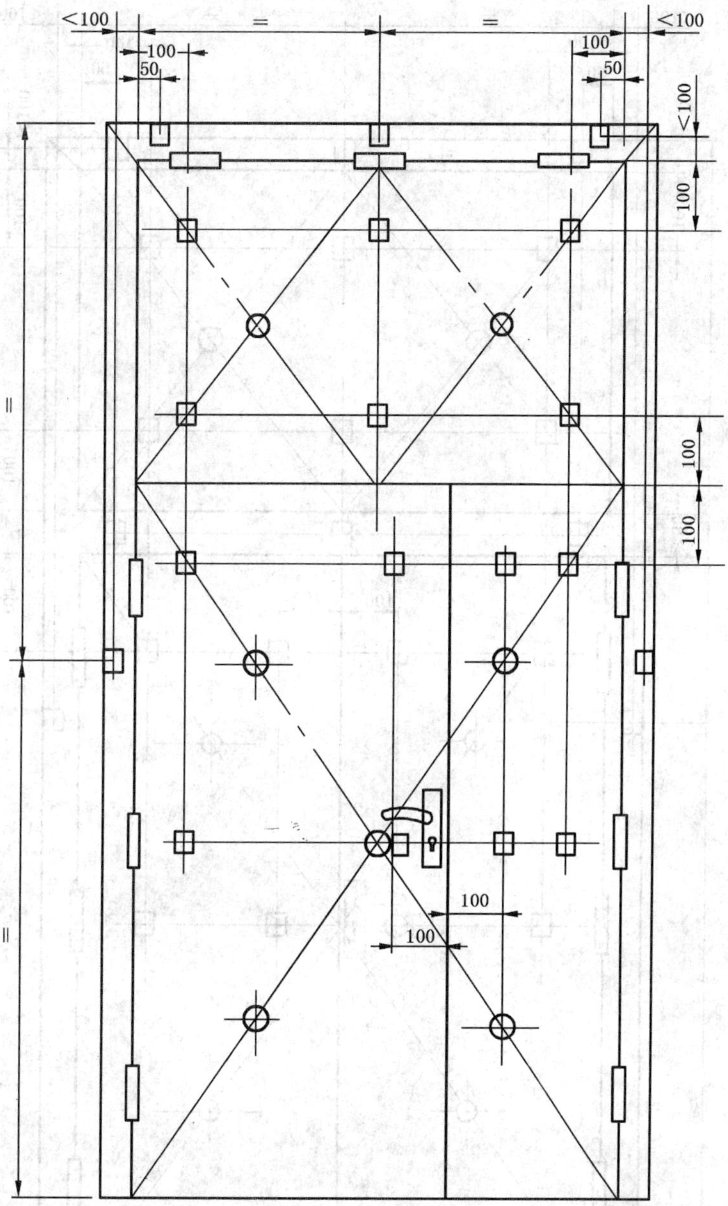

○——测量平均温度的热电偶；

□——测量最高温度的热电偶。

图 23 带铰链平齐板的双扇门背火面上的热电偶布置示例

（最大门扇宽度<1 200 mm）

单位为毫米

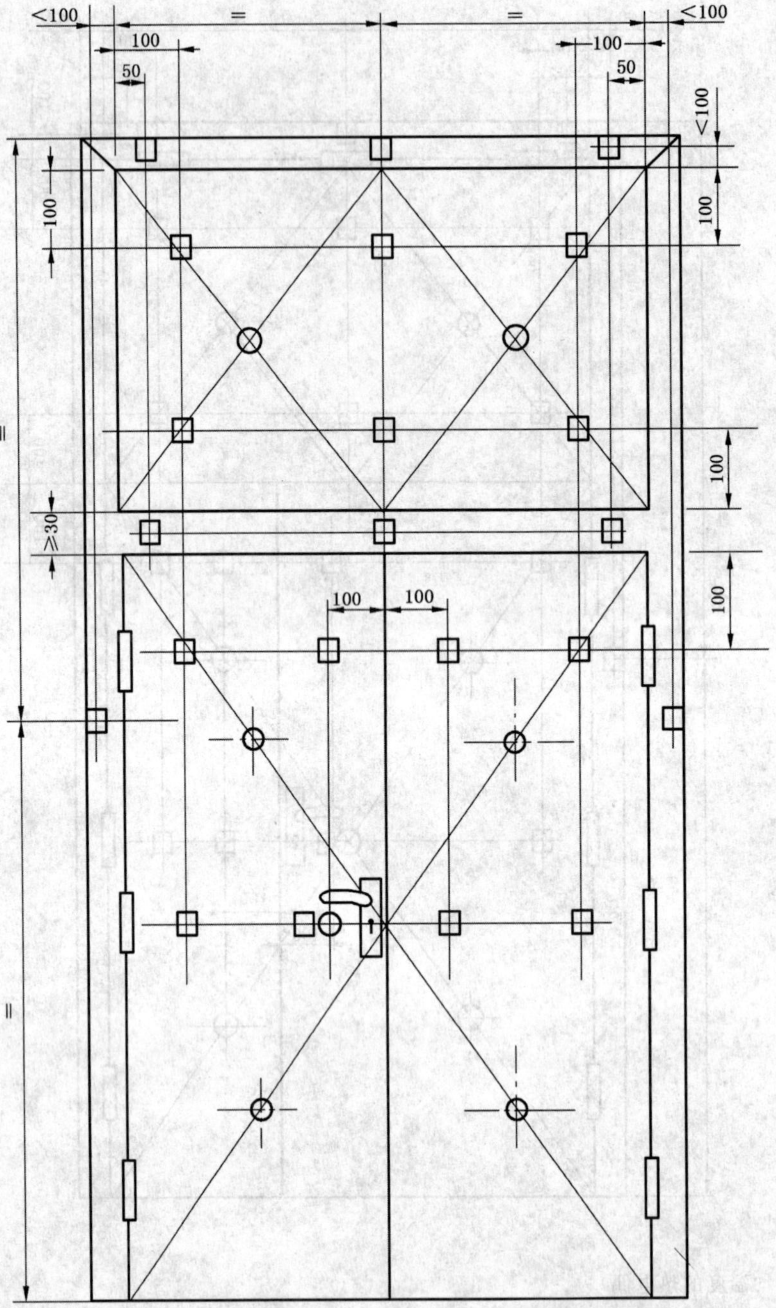

○——测量平均温度的热电偶；

□——测量最高温度的热电偶。

图 24　带横楣板的双扇门背火面热电偶布置示例

（最大门扇宽度＜1 200 mm）

单位为毫米

□——测量最高温度的热电偶；

1——适合布置热电偶的横楣宽度；

2——横楣板；

3——门扇。

注：虽然在门框周边热电偶布置示例中，热电偶被布置在门两侧，但测试时只应布置在背火面一侧。

图 25 带横楣板的双扇门背火面热电偶布置示例（最大门扇宽度＜1 200 mm）

单位为毫米

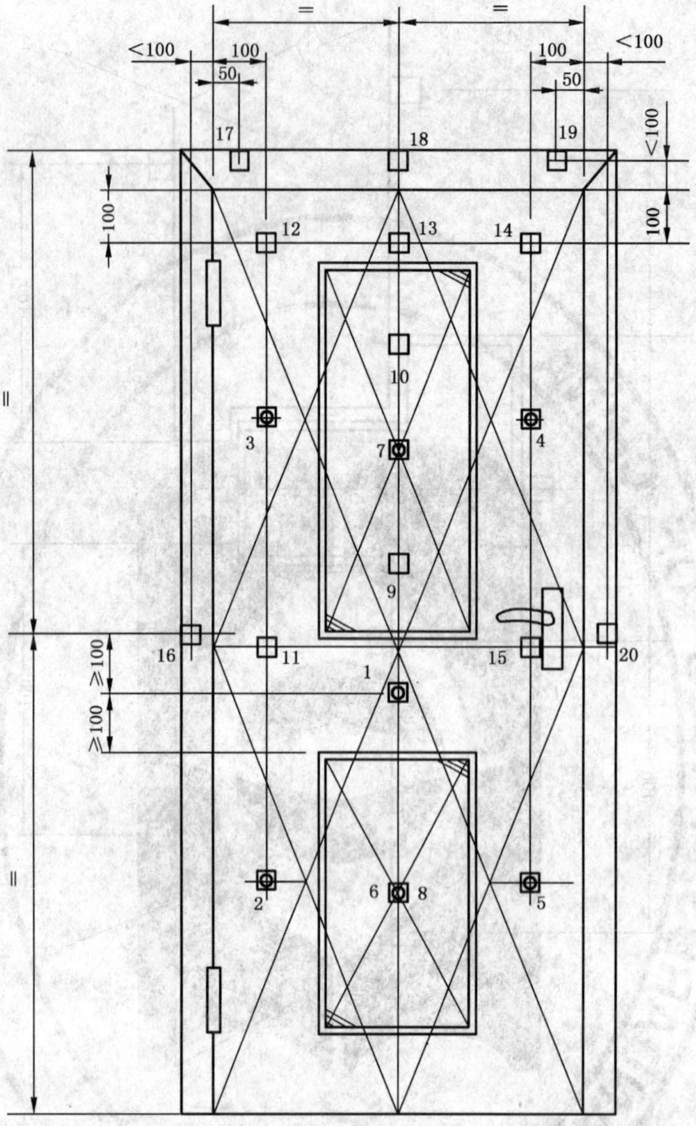

◎——1＃至 8＃热电偶测量平均温度和最高温度；

□——9＃至 20＃热电偶测量最高温度。

注 1：玻璃区的平均温度：6＃和 7＃热电偶测量温度的平均值。

注 2：玻璃区的最高温度：6＃至 10＃热电偶测量温度的最大值。

注 3：门扇(非玻璃区)的平均温度：1＃至 5＃热电偶测量温度的平均值。

注 4：门扇最高温度：1＃至 5＃和 11＃至 15＃热电偶测量温度中的最大值。

注 5：门框最高温度：16＃至 20＃热电偶测量温度的最大值。

图 26　镶玻璃的铰链门背火面热电偶布置示例(门扇宽度＞1 200 mm)

单位为毫米

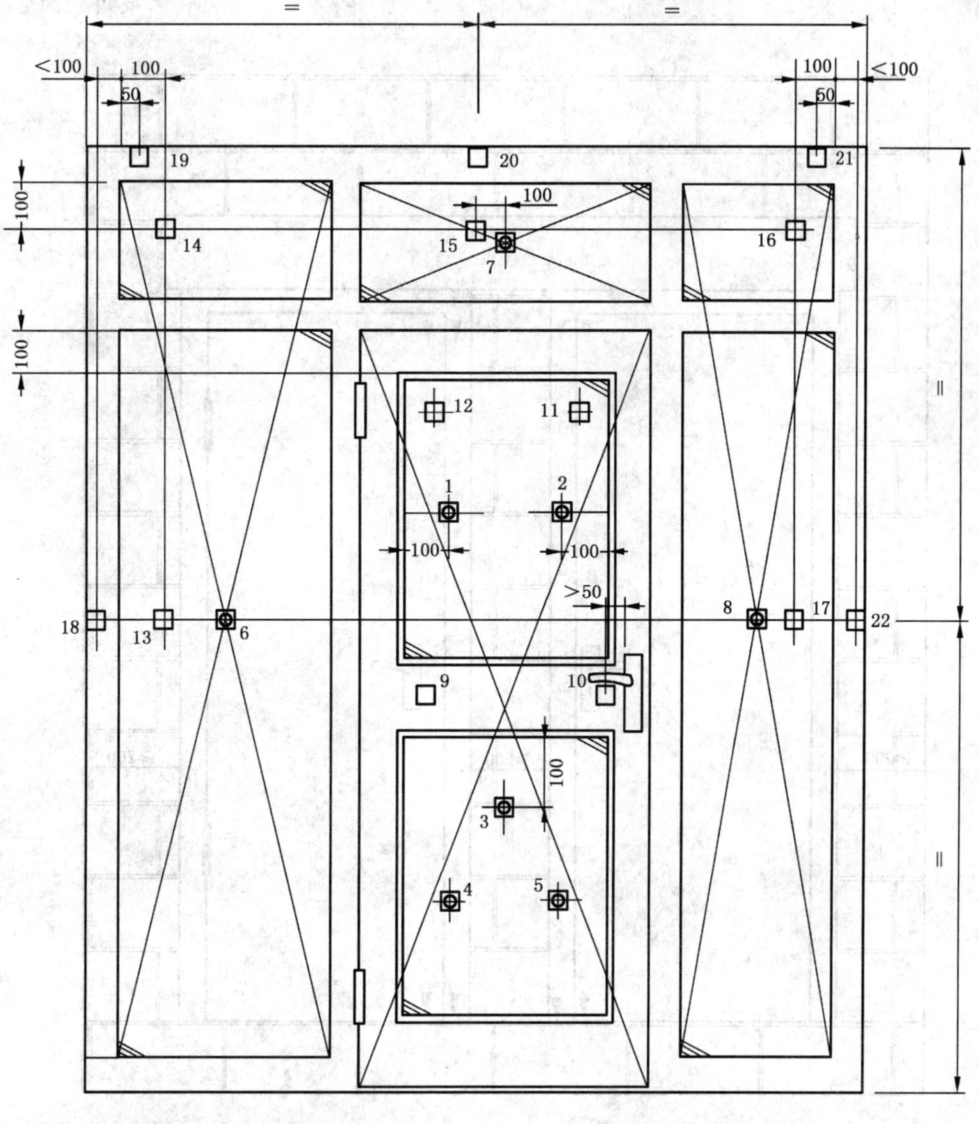

◎——1＃至 8＃热电偶测量平均温度和最高温度；

□——9＃至 20＃热电偶测量最高温度。

注 1：门扇的平均温度：1＃至 5＃热电偶测量温度的平均值。

注 2：门扇的最高温度：1＃至 5＃和 9＃至 12＃热电偶测量温度的最大值。

注 3：侧板/横楣板的平均温度：6＃至 8＃热电偶测量温度的平均值。

注 4：侧板/横楣板的最高温度：6＃至 8＃和 13＃至 17＃热电偶测量温度中的最大值。

注 5：门框最高温度：18＃至 22＃热电偶测量温度的最大值。

图 27　带多个侧板/横楣板的门总成背火面热电偶的布置示例

单位为毫米

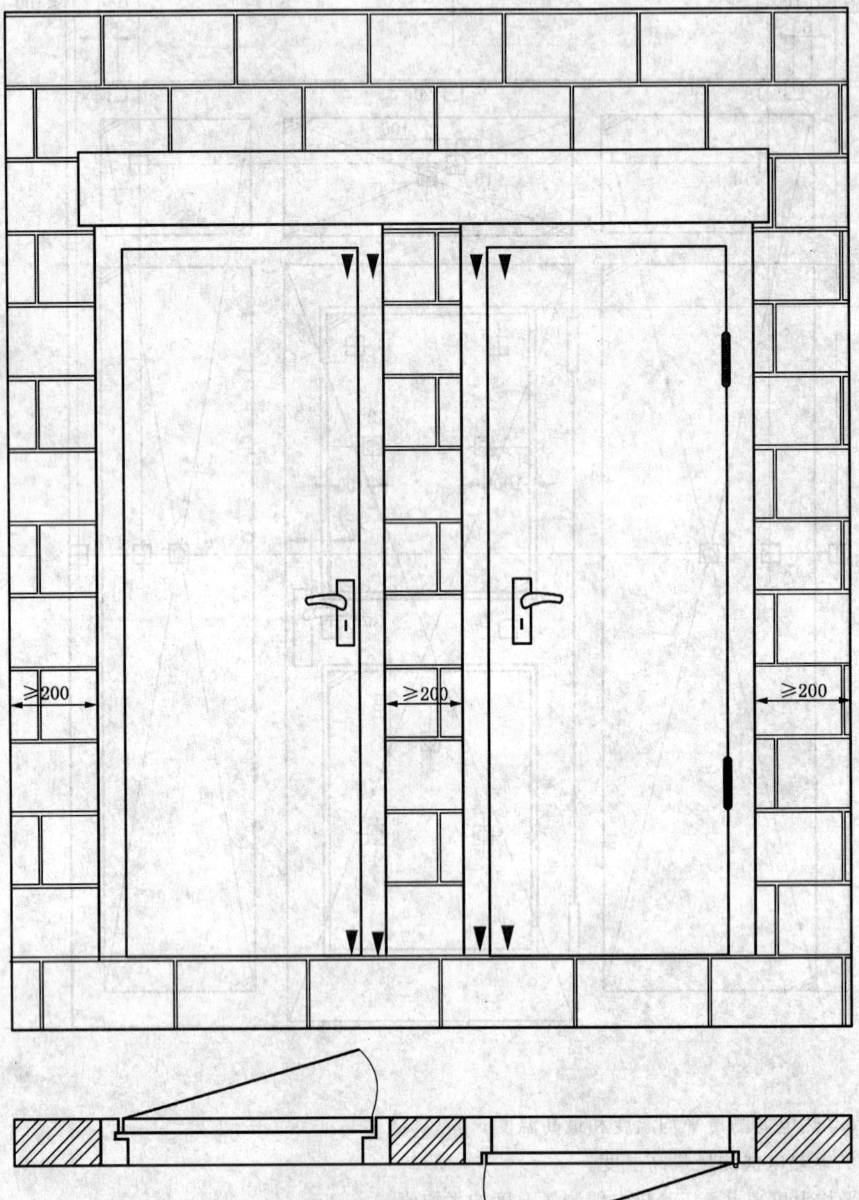

▼——测量变形的建议位置。

图 28 单扇门测量变形的建议位置

▼——测量变形的建议位置。

图 29 双扇门测量变形的建议位置

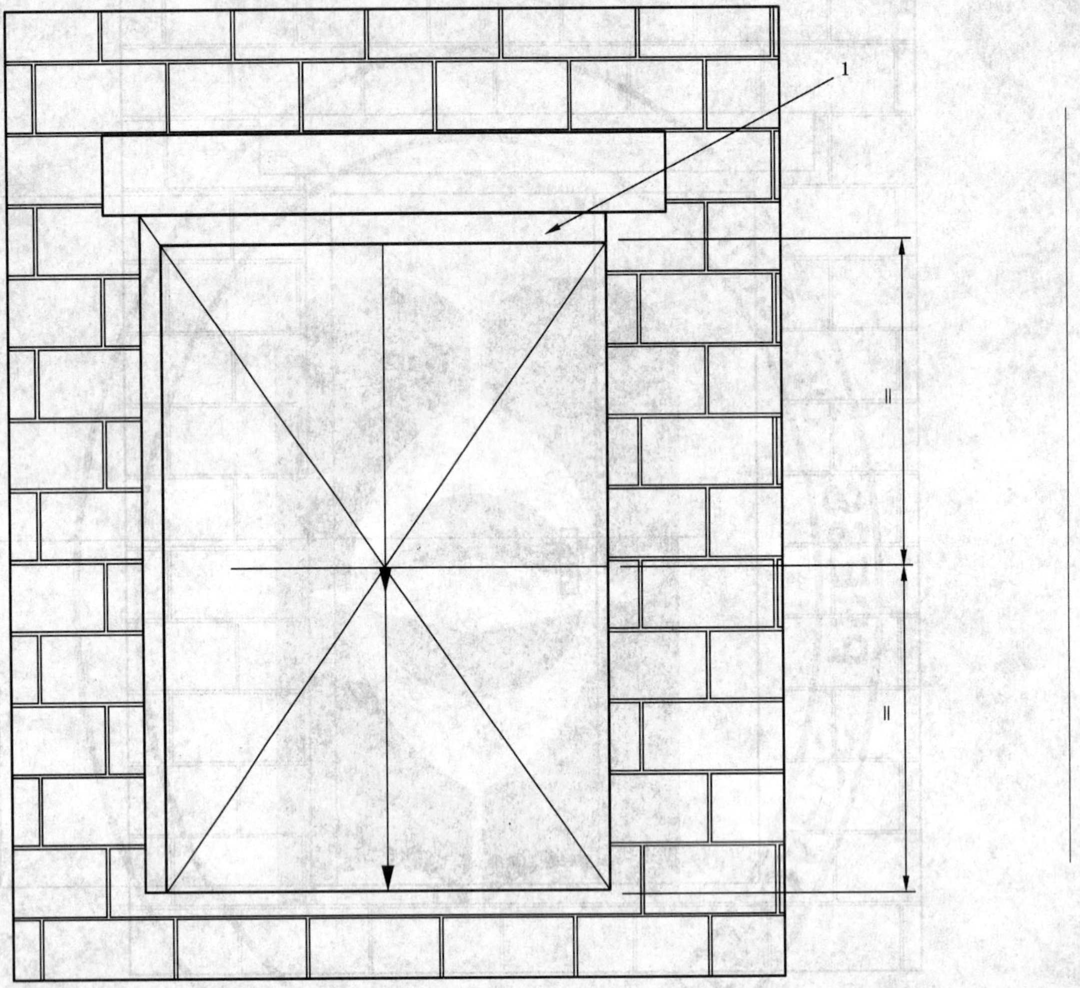

▼——测量变形的建议位置；

1——导轨。

图 30 滑动/折叠门测量变形的建议位置

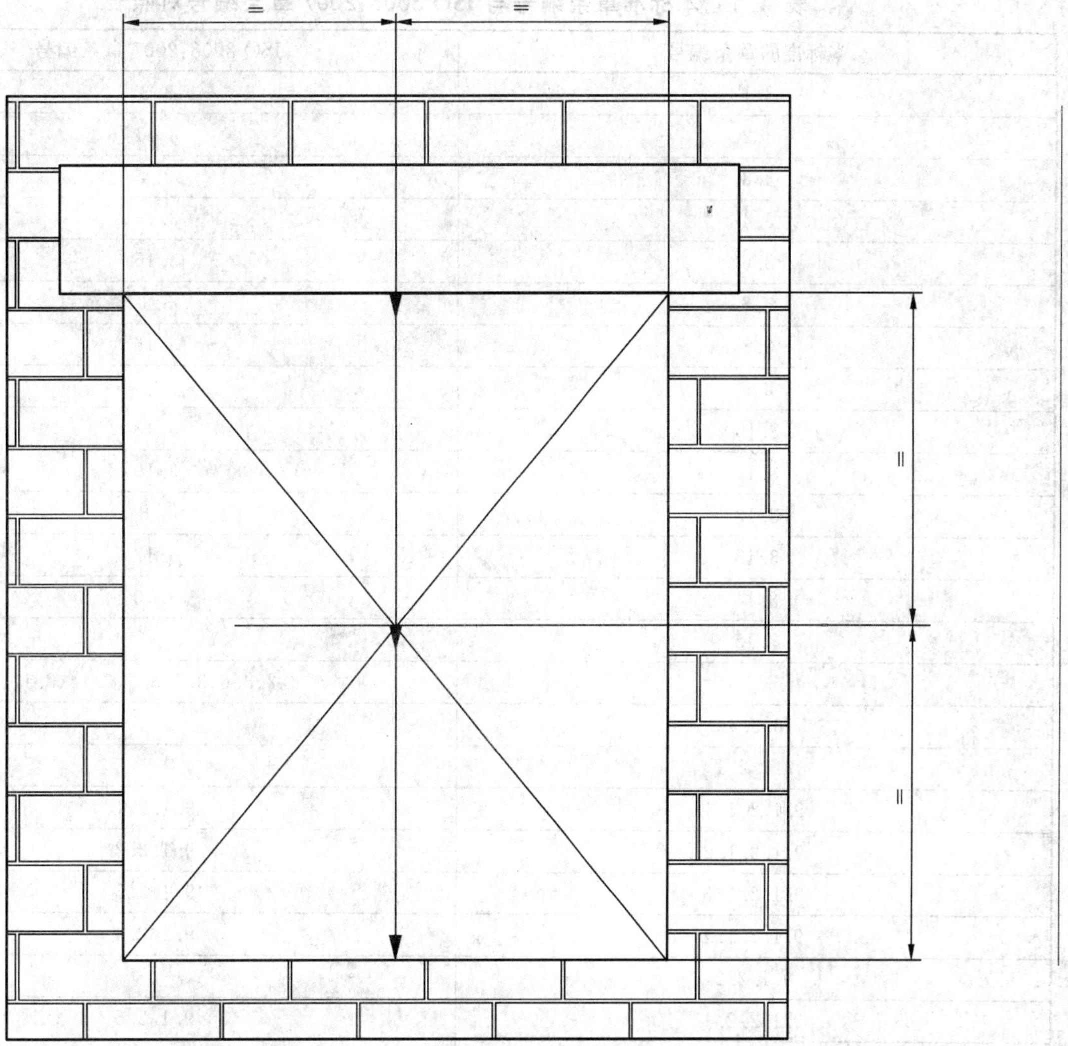

▼——测量变形的建议位置。

图 31　卷帘测量变形的建议位置

附　录　A
（资料性附录）
本标准章条编号与 ISO 3008:2007 章条编号对照

表 A.1　本标准章条编号与 ISO 3008:2007 章条编号对照表

本标准的章条编号	ISO 3008:2007 章条编号
3.1	3.3
3.2	3.11
3.3	3.4
3.4	3.13
3.6	3.15
3.7	3.1
3.8	3.16
3.9	—
3.10	3.18
3.11	3.19
3.12	3.8
3.13	3.12
3.14	3.10
3.15	—
—	3.2、3.6、3.7、3.9、3.14、3.17
6.3.4	—
9.1.2.1	—
9.1.2.1.1	9.1.2.1
9.1.2.1.2	9.1.2.2
9.1.2.1.3	9.1.2.3
9.1.2.1.4	9.1.2.4
9.1.2.2	—
9.1.2.2.1	9.1.2.5
9.1.2.2.2	9.1.2.6、9.1.2.7
9.1.2.3	9.2
9.1.2.3.1	9.2.1
9.1.2.3.2	9.2.2
9.1.2.3.3	9.2.3
9.1.2.3.4	9.2.4
9.1.2.3.5	9.2.5
9.1.2.3.6	9.2.6
9.1.2.4	9.3
9.2	9.4
9.2.1	9.4.1
9.2.2	9.4.2

表 A.1(续)

本标准的章条编号	ISO 3008:2007 章条编号
9.2.3	9.4.3
9.2.4	9.4.4
9.2.5	9.4.5
9.3	9.5
9.3.1	9.5.1
9.3.2	9.5.2
9.3.3	9.5.3
9.3.3.1	9.5.3.1
9.3.3.2	9.5.3.2
9.3.4	9.5.4
9.4	9.6
10.1.3	10.1.3、10.1.3.1、10.1.3.2、10.1.3.3
10.2	10.2、10.3、10.4、10.5
11.2.1	11.2 a)
11.2.2	11.2 c)
11.2.3	11.2 b)
12 b)	—
12 c)	12 b)
12 d)	12 c)
12 e)	12 d)
12 f)	12 e)
12 g)	12 f)
12 h)	12 g)
12 i)	12 h)
12 j)	12 i)
12 k)	—
12 l)	—
附录 A(资料性附录)	—
附录 B(资料性附录)	—
附录 C(规范性附录)	附录 A(规范性附录)
附录 D(资料性附录)	附录 B(资料性附录)

注:表中的章条以外的本标准其他章条编号与 ISO 3008:2007(E)其他章条编号均相同且内容相对应。

附 录 B
（资料性附录）
本标准与 ISO 3008:2007 技术性差异及原因

表 B.1 本标准与 ISO 3008:2007 技术性差异及原因

本标准的章条编号	技术性差异	原因
2	引用 GB/T 9978.1 代替 ISO 834-1:1999，引用 GB/T 5907代替 ISO 13943，删除引用 ISO 834-8	为了便于标准使用。因为GB/T 9978.1、GB/T 5907 分别是对应 ISO 834-1 和 ISO 13943的国家现行标准，标准条文中不再引用 ISO 834-8 的相关内容
3	删除了 ISO 标准中有关“地坎”、“防烟密封”、“防火密封”、“间隙”、“地板”等 5 条术语和定义。 增加“门(卷帘)结构对称”的术语和定义	“地坎”、“防烟密封”、“防火密封”、“间隙”、“地板”是常用词。 便于理解标准内容
6.3.4	比 ISO 标准增加 6.3.4 内容	便于标准使用
7.3.3.1	删除 ISO 标准原文 7.3.3.1 中“刚性标准支承结构和柔性标准支承结构见 ISO 834-8”的内容，直接给出了刚性标准支承结构和柔性标准支承结构的详细要求内容(该内容与 ISO 3009:2003 和 GB/T 12513:2006 的有关内容相一致)	目前版本的 ISO 834-8 中没有刚性标准支承结构和柔性标准支承结构的细节内容，所以为了便于使用，本标准参照ISO 3009:2003 和 GB/T 12513:2006 的有关内容，直接给出了刚性标准支承结构和柔性标准支承结构的详细要求
9.1.1	ISO 标准原文“炉内板式热电偶要求见 ISO 834-1。”修改为“炉内热电偶要求见 GB/T 9978.1。”	与 GB/T 9978.1 标准内容协调一致
9.1.2.4	ISO 标准原文 9.3 中要求横楣的宽度大于 30 mm 时布置热电偶，本标准修改为横楣的宽度不小于 30 mm时布置热电偶	ISO 标准的图 25 中标注横楣布置热电偶的宽度要求为≥30 mm，我们认为这是合理的，所以更正了相应的标准文字内容
9.4	按照我国的试验经验，修改了 ISO 原文中关于变形测量位置和时间的表述内容	便于标准使用
10.1.2.3	ISO 标准原文 10.1.2.3 保持力的测量方法“使试件处于关闭状态，将测力计安装在门把手上，慢慢地拉动测力计使门扇开启 100 mm，记录测力计的最大读数。”修改为“使试件处于关闭状态，将测力计安装在门把手上，慢慢地拉动测力计使门扇开启 100 mm，记录测力计的最大读数。对铰链门和枢轴门还应测量出门把手至铰链或枢轴的垂直距离，并计算出力矩。”	对于铰链门和枢轴门所谓的保持力应是力矩，ISO 3008:2007 的 10.1.2.3 中测量的只是力
12 b)、12 k)、12 l)	比 ISO 标准第 12 章内容增加的列项内容	增加试验报告的信息内容，便于试验结果的应用
图 25	ISO 标准图 25 中标注的净开口为横楣的宽度尺寸修改为标注为门扇和横楣板的净开口尺寸	更正 ISO 3008:2007 的标注错误

表 B.1（续）

本标准的章条编号	技术性差异	原　因
图 26	ISO 标准图 26 中 17＃、19＃热电偶位置标注为距门框外边缘 50 mm，修改为 17＃、19＃热电偶位置标注为距门扇开口 50 mm。 ISO 标准图 26 注“4. 门扇最高温度为 1＃至 5＃热电偶和 11＃至 20＃热电偶测得温度的最高值”，修改为注“4. 门扇最高温度：1＃至 5＃热电偶和 11＃至 15＃热电偶测量温度的最大值”；增加注“5. 门框最高温度：16＃至 20＃热电偶测量温度的最大值。”	更正 ISO 3008:2007 图 26 中热电偶布置的标注位置和热电偶布置的注释内容与标准条款内容要求不一致的错误
图 27	ISO 标准图 27 注“4. 侧板/横楣板最高温度为 6＃至 8＃热电偶和 13＃至 22＃热电偶测得温度的最高值”，修改为注“4. 侧板/横楣板最高温度：6＃至 8＃热电偶和 13＃至 17＃热电偶测量温度的最大值”；增加注“5. 门框最高温度：18＃至 22＃热电偶测量温度的最大值。”	更正 ISO 3008:2007 图 27 中热电偶布置的注释内容与标准条款内容要求不一致的错误
图 28～图 31	修改了 ISO 标准图 28～图 31 中标注的试件可能产生最大变形的建议测量位置	根据多年的检测经验，本标准保留了试件最有可能出现最大变形的测量位置
附录 C	修改 ISO 标准附录 A 中有关支承结构养护要求应符合 ISO 834-1:1999 要求的有关内容	ISO 834-1:1999 中并没有有关支承结构养护要求的内容，本标准只保留了可行的内容

附 录 C
（规范性附录）
支承结构的养护要求

C.1 总则

应对支承结构进行全面养护，使它的强度和湿度（含水率）与实际使用的条件相当。要使砖石或混凝土支承结构满足这样的要求，可能需要几个月的养护时间，这是不切实际的。

本附录规定了对支承结构的养护要求。鉴于养护（含水率、强度）情况对试验结构耐火性能（完整性和隔热性）的影响，下述要求既考虑了对支承结构进行充分的养护，又考虑了试验室操作的可行性。

这些要求适用于标准支承结构和辅助支承结构。

C.2 要求

C.2.1 混凝土或砖石支承结构

采用水基砂浆的混凝土或砖石支承结构，耐火试验之前应养护 28 天。

在砌筑墙体时若使用了在短时间内固化的特殊粘结剂，应有足够时间使特殊粘结剂固化，或者养护 24 小时，取时间较长者。

C.2.2 轻质石膏板隔墙

轻质石膏板隔墙面板接缝处填充材料（嵌缝石膏）的养护时间为 24 小时。

C.2.3 吸湿性密封材料

用于密封支承结构和门总成间隙（间隙宽度≤10 mm）的吸湿性材料，在耐火试验之前应养护 7 天。

用于密封支承结构和门总成间隙（间隙宽度＞10 mm）的吸湿性材料，在耐火试验之前应养护 28 天。

附 录 D
(资料性附录)
利用表面温度和斯蒂芬-玻尔兹曼定律评估辐射热通量

D.1 引言

从一个表面到另一个表面的辐射能与辐射表面的发射率[2]、接收表面的发射率、辐射体的面积、方位(角因数)及辐射表面与接收表面绝对温度的4次幂之差成正比。总辐射能 Q_{rad}(单位为瓦)由斯蒂芬-玻尔兹曼定律给出的数学关系见方程(D.1):

$$Q_{rad} = A\varepsilon_1\varepsilon_2 f\sigma(T_2^4 - T_1^4) \qquad \cdots\cdots(D.1)$$

式中:

A——辐射面积,单位为平方米(m^2);

ε_1——接收表面的发射率;

ε_2——辐射表面的发射率;

f——角因数;

σ——斯蒂芬-玻尔兹曼常数:5.67×10^{-8} W/($m^2\cdot K^4$);

T_1——接收表面的温度,单位为华氏度(K);

T_2——辐射表面的温度,单位为华氏度(K)。

热流计和光学仪器/红外高温计的设计、应用和校准运用了这一原理。这里,如果已知表面的发射率,通过准确地测量辐射体的表面温度,就能容易并准确地确定辐射能。

D.2 应用

D.2.1 总则

9.3规定了使用辐射计测量辐射能的方法。方法中规定了辐射计的安放位置,其目的就是为了测量试件表面到"黑体"的总辐射能,"黑体"的角因数为1。因此,为了利用公式(D.1)等效地评估辐射能,合适的方法是假设角因数为1、接收表面的发射率为1、接收表面的温度等于试验室环境温度。如果试验室空间足够大,上述假设对计算结果的影响很小。如果在受热试件附近存在一个接收表面(例如试验室的一个墙面),那么,应将这个接收表面的实际发射率和实测温度带入上述公式中计算辐射能。

D.2.2 试件温度的测量

应在多个位置上测量试件的表面温度,并将其平均值作为试件表面的计算温度。通常热电偶应放置在试件的贯通热桥上以及各非匀质结构的表面上。固定热电偶的方法对准确地测量试件表面温度是重要的。应避免使用隔热垫。对金属材料,推荐使用铜焊或定位焊的方法固定热电偶,或采用铆钉/螺钉将热电偶固定到金属件结合处。对其他材料,热电偶应浅浅地嵌入材料的表面并用高温胶固定。在测量位置热电偶的导线与试件表面应至少有100 mm接触以避免热量流失,提高测量温度的准确性。

D.2.3 试件的发射率

大多数材料的发射率可以从参考手册中获得。大多数建筑材料的发射率在0.85～0.90之间。但是,玻璃和抛光金属这类材料的发射率变化很大。在试件的发射率不能确定的情况下,建议用发射仪测定发射率。然而,应注意某些材料在受热期间由于表面氧化或其他原因,其发射率可能变化很大。

D.3 计算示例

试件表面温度=540 K

2) 发射率:在同一温度下,一表面发射的辐射量与一黑体发射的辐射量的比值。

房间温度＝293 K

试件发射率＝0.90

试件面积＝2.5 m^2

$Q_{rad}=2.5\times0.90\times1\times5.67\times10^{-8}(540^4-293^4)=9\ 907$ W

或 3.96 kW/m^2

注意：如果面积是单位 1，并且结果除以 1 000，那么由计算得出的辐射能单位为 kW/m^2。

参 考 文 献

[1] GB/T 12513—2006,镶玻璃构件耐火试验方法[S].

[2] GB/T 14107—1993,消防基本术语 第二部分[S].

[3] GB/T 16283—1996,固定式灭火系统基本术语[S].

[4] ISO 834-8:2002,Fire-resistance tests—Elements of building construction—Part 8:Specific requirements for non-loadbearing vertical separating elements[S].

[5] ISO 3009:2003,Fire-resistance tests—Elements of building construction—Glazed elements [S].

[6] ISO 13943:2000,Fire safety—Vocabulary[S].

ICS 29.060.10
K 12

中华人民共和国国家标准

GB/T 7672.1—2008/IEC 60317-0-4:2006
代替 GB/T 7672.1—1987

玻璃丝包绕组线 第1部分:玻璃丝包铜扁绕组线 一般规定

Glass-fiber wound winding wires—
Part 1: Glass-fiber wound rectangular copper wire—General requirements

(IEC 60317-0-4:2006, Specifications for particular types of winding wires—Part 0-4: General requirements—Glass-fibre wound resin or varnish impregnated, bare or enamelled rectangular copper wire, IDT)

2008-06-30 发布　　2009-05-01 实施

中华人民共和国国家质量监督检验检疫总局
中国国家标准化管理委员会　发布

前　言

GB/T 7672《玻璃丝包绕组线》分为 15 个部分：

——第 1 部分：玻璃丝包铜扁绕组线　一般规定；

——第 2 部分：130 级浸漆玻璃丝包铜扁线和玻璃丝包漆包铜扁线；

——第 3 部分：155 级浸漆玻璃丝包铜扁线和玻璃丝包漆包铜扁线；

——第 4 部分：180 级浸漆玻璃丝包铜扁线和玻璃丝包漆包铜扁线；

——第 5 部分：200 级浸漆玻璃丝包铜扁线和玻璃丝包漆包铜扁线；

——第 6 部分：玻璃丝包薄膜绕包铜扁线；

——第 7 部分：玻璃丝包云母绕包铜扁线（在考虑中）；

——第 8 部分：玻璃丝包薄膜绕包烧结铜扁线（在考虑中）；

——第 9 部分：聚酯纤维和玻璃丝绕包铜扁线和漆包铜扁线（在考虑中）；

——第 12 部分：自粘性玻璃丝包铜扁绕组线（在考虑中）；

——第 21 部分：玻璃丝包铜圆绕组线　一般规定；

——第 22 部分：155 级浸漆玻璃丝包铜圆线和玻璃丝包漆包铜圆线；

——第 23 部分：180 级浸漆玻璃丝包铜圆线和玻璃丝包漆包铜圆线；

——第 24 部分：200 级浸漆玻璃丝包铜圆线和玻璃丝包漆包铜圆线；

——第 25 部分：玻璃丝包薄膜绕包铜圆线（在考虑中）。

本部分为 GB/T 7672 的第 1 部分。

本部分等同采用 IEC 60317-0-4:2006《特种绕组线标准　第 0-4 部分：玻璃丝包、树脂或漆粘结裸或漆包铜扁线　一般规定》第 2.2 版（英文版）。

为便于使用，本部分做了下列编辑性修改：

——删除了 IEC 60317-0-4:2006 的引言和前言；

——第 2 章采用了适用于我国标准的引用语，删除了 IEC 60317-0-4:2006 的引用语；

——增加资料性附录 C，列出了 IEC 60317-0-4:2006 的产品型号表示方法和与此相适应的国内产品型号的表示方法，并对产品标记除产品型号外增加了导体尺寸和具体产品标准编号等，与 GB/T 7672.1—1987 相一致；

——用小数点“.”代替作为小数点的逗号“,”；

——增加资料性附录 D“试验项目类别”。

本部分在等同采用 IEC 60317-0-4:2006 时修正了原文中几处编辑性错误。这些修正如下：

——IEC 60317-0-4:2006 中表 4 内的绝缘类型代号与相关的产品标准的修订相一致，而其表 7 及表 B.1 中的绝缘类型代号有误，应将表 7 中的 Grade G1 改为 GL1，Grade G2 改为 GL2，Grade 2G1 改为 Grade 2GL1，Grade 2G2 改为 Grade 2GL2，同时也应将表 B.1 中的 Grade 2G1 改为 Grade 2GL1，Grade 2G2 改为 Grade 2GL2，本部分已作了相应修正。

本部分代替 GB/T 7672.1—1987《玻璃丝包绕组线　第 1 部分：一般规定》。

本部分与 GB/T 7672.1—1987 相比，主要变化如下：

——产品范围：本部分删除了 GB/T 7672.1—1987 中有关圆线和铝扁线的内容；

——产品分类：GB/T 7672.1—1987 按产品结构进行分类，本部分按热级进行分类。

本部分的附录 A、附录 B、附录 C 和附录 D 为资料性附录。

本部分由中国电器工业协会提出。

本部分由全国电线电缆标准化技术委员会归口。

本部分主要起草单位：上海电缆研究所。

本部分参加起草单位：上海申茂电磁线厂、常熟豪威福集团有限公司、无锡市锡洲电磁线有限公司、四川金瑞电工有限责任公司、上海裕生特种线材有限公司。

本部分主要起草人：张敬平、毛伟杰、宋安、顾新梅、徐进法、俞安琼、邵武军。

本部分所代替标准的历次版本发布情况为：

——GB/T 7672.1—1987；

——GB 1342—1977。

玻璃丝包绕组线
第1部分:玻璃丝包铜扁绕组线
一般规定

1 范围

GB/T 7672的本部分规定了浸漆玻璃丝包铜扁线或浸漆玻璃丝包漆包铜扁线的一般要求。

导体标称尺寸范围见相关的产品标准(产品型号和标记参见附录C)。

当引用第2章提及的GB/T 7672.3、GB/T 7672.4和GB/T 7672.5中某一个标准的玻璃丝包线时,应给出下述内容:

——GB编号和/或IEC编号;

——导体标称尺寸(宽边尺寸×窄边尺寸),mm;

——漆膜和丝包层的厚度等级。

示例:GB/T 7672.4—2008　1.00×4.00　Grade 2 GL1或IEC 60317-31 4.00×1.00 Grade 2 GL1

2 规范性引用文件

下列文件中的条款通过GB/T 7672的本部分的引用而成为本部分的条款。凡是注日期的引用文件,其随后所有的修改单(不包括勘误的内容)或修订版均不适用于本部分,然而,鼓励根据本部分达成协议的各方研究是否可使用这些文件的最新版本。凡是不注日期的引用文件,其最新版本适用于本部分。

GB/T 321—2005　优先数和优先数系(ISO 3:1973,IDT)

GB/T 4074.1　绕组线试验方法　第1部分:一般规定(GB/T 4074.1—2008,IEC 60851-1:1996,IDT)

GB/T 4074.2　绕组线试验方法　第2部分:尺寸测量(GB/T 4074.2—2008,IEC 60851-2:1997,IDT)

GB/T 4074.3　绕组线试验方法　第3部分:机械性能(GB/T 4074.3—2008,IEC 60851-3:1997,IDT)

GB/T 4074.4　绕组线试验方法　第4部分:化学性能(GB/T 4074.4—2008,IEC 60851-4:2005,IDT)

GB/T 4074.5　绕组线试验方法　第5部分:电性能(GB/T 4074.5—2008,IEC 60851-5:2004,IDT)

GB/T 4074.6　绕组线试验方法　第6部分:热性能(GB/T 4074.6—2008,IEC 60851-6:1996,IDT)

GB/T 7672.3　玻璃丝包绕组线　第3部分:155级浸漆玻璃丝包铜扁线和玻璃丝包漆包铜扁线(GB/T 7672.3—2008,IEC 60317-32:1990,IDT)

GB/T 7672.4　玻璃丝包绕组线　第4部分:180级浸漆玻璃丝包铜扁线和玻璃丝包漆包铜扁线(GB/T 7672.4—2008,IEC 60317-31:1990,IDT)

GB/T 7672.5 玻璃丝包绕组线 第5部分:200级浸漆玻璃丝包铜扁线和玻璃丝包漆包铜扁线(GB/T 7672.5—2008,IEC 60317-33:1990,IDT)

3 定义、试验方法总则和外观

3.1 定义

3.1.1

漆膜 coating

用适当的方法涂敷在导体或线上,然后烘焙和/或固化的材料。

3.1.2

导体 conductor

除去绝缘后的裸金属线。

3.1.3

包覆层 covering

通过绕、包或编织在裸或绝缘导体上的材料。

3.1.4

开裂 crack

绝缘上的裂口,在规定放大倍数下可看到导体。

3.1.5

漆包线 enamelled wire

包覆已固化绝缘漆膜的线。

3.1.6

级 grade

线的绝缘厚度范围。

3.1.7

绝缘 insulation

导体上能耐受电压的涂敷层或包覆层。

3.1.8

导体标称尺寸 nominal conductor dimension

按照本部分规定的导体尺寸。

3.1.9

正常视力 normal vision

20/20视力,若必要,用矫正镜片。

3.1.10

绕组线 winding wire

能绕制线圈并提供磁场的线。

3.1.11

线 wire

涂敷或包覆绝缘的导体。

3.2 试验方法总则

本部分采用的全部试验方法见GB/T 4074。

本部分使用的条文号与 GB/T 4074 中相应的试验条文号一致。

若 GB/T 4074 标准与本部分有矛盾,以本部分为准。

对未规定导体标称尺寸范围的试验项目(试验项目类别参见附录 D),该试验适用于产品标准包括的全部导体标称尺寸。

除非另有规定,所有试验应在温度为 15 ℃～35 ℃,相对湿度为 45%～75%的条件下进行。测量前,试样应在上述条件下放置足够长时间,使试样达到稳定状态。

试验用线从包装上取下时,不应承受张力或不必要的弯曲。每次试验前宜去掉足够长的线,以保证试样不夹带损坏的线段。

3.3 外观

用正常视力检查时,绕于线盘上的玻璃丝包铜扁绕组线产品,其玻璃丝绕包层应平滑、连续、没有物理损伤和杂质。

注:产品的物理损伤包括裂纹、断丝等类似的现象。

4 尺寸

4.1 导体尺寸

本部分推荐的矩形截面绕组线导体的宽边和窄边尺寸根据 GB/T 321—2005 的 R20 和 R40 数系选取。

宽边和窄边的优先尺寸均按 R20 和 R40 数系进行组合。

中间尺寸是宽边和窄边尺寸中的一个用 R20 数系而另一个用 R40 数系的组合。

本部分包括:

——宽边尺寸:从 2.00 mm 到及包括 16.00 mm;

——窄边尺寸:从 0.80 mm 到及包括 5.60 mm[1]。

宽边尺寸和窄边尺寸的比值应大于或等于 1.4∶1,但应不超过 8∶1。

尺寸的实际值规定见表 1[2]。

优先尺寸的标称截面积规定见表 1,中间尺寸的标称截面积规定见附录 A。

---

1) 由于技术原因可能需要窄边尺寸 5.60 mm 到及包括 10 mm,宽边尺寸 16 mm 到及包括 25 mm 的附加尺寸,应使用 R40 数系。宽边尺寸和窄边尺寸的比值应在规定范围内。附加尺寸不允许用 R40 和 R40 的组合。

2) R20 系列尺寸以加粗字体印刷。

表 1　优先尺寸标称截面积

单位为平方毫米

宽边标称尺寸	窄边标称尺寸																																		
mm	0.80	0.85	0.90	0.95	1.00	1.06	1.12	1.18	1.25	1.32	1.40	1.50	1.60	1.70	1.80	1.90	2.00	2.12	2.24	2.36	2.50	2.65	2.80	3.00	3.15	3.35	3.55	3.75	4.00	4.25	4.50	4.75	5.00	5.30	5.60
	圆角半径=(1/2)窄边标称尺寸					圆角半径=0.5 mm								圆角半径=0.65 mm						圆角半径=0.8 mm								圆角半径=1.0 mm							
2.00	1.463		1.626		1.785		2.025		2.285		2.585																								
2.12		—		—		—		—		—		—																							
2.24	1.655		1.842		2.025		2.294		2.585		2.921		3.369																						
2.36		—		—		—		—		—		—		—																					
2.50	1.863		2.076		2.285		2.585		2.910		3.285		3.785		4.137																				
2.65		—		—		—		—		—		—		—		—																			
2.80	2.103		2.346		2.585		2.921		3.285		3.705		4.265		4.677		5.237																		
3.00		—		—		—		—		—		—		—		—		—																	
3.15	2.383		2.661		2.935		3.313		3.723		4.195		4.825		5.307		5.937		6.693																
3.35		—		—		—		—		—		—		—		—		—		—															
3.55	2.703		3.021		3.335		3.761		4.223		4.755		5.465		6.027		6.737		7.589		8.326														
3.75		—		—		—		—		—		—		—		—		—		—		—													
4.00	3.063		3.426		3.785		4.265		4.785		5.385		6.185		6.837		7.637		8.597		9.451		10.65												
4.25		—		—		—		—		—		—		—		—		—		—		—		—											
4.50	3.463		3.876		4.285		4.825		5.410		6.085		6.985		7.737		8.637		9.717		10.70		12.05		13.63										
4.75		—		—		—		—		—		—		—		—		—		—		—		—		—									
5.00	3.863		4.326		4.785		5.385		6.035		6.785		7.785		8.637		9.637		10.84	—	11.95		13.45		15.20		17.20								
5.30		—		—		—		—		—		—		—		—		—				—		—		—		—							
5.60	4.343		4.866		5.385		6.057		6.785		7.625		8.745		9.717		10.84		12.18	—	13.45		15.13		17.09		19.33		21.54						
6.00		—		—		—		—		—		—		—		—		—				—		—		—		—		—					
6.30	4.903		5.496		6.085		6.841		7.660		8.605		9.865		10.98		12.24		13.75	—	15.20		17.09		19.30		21.82		24.34		27.49				
6.70		—		—		—		—		—		—		—		—		—				—		—		—		—		—		—			
7.10			6.216		6.885		7.737		8.660		9.725		11.15		12.42		13.84		15.54	—	17.20		19.33		21.82		24.66		27.54		31.09		34.64		
7.50				—		—		—		—		—		—		—		—				—		—		—		—		—		—		—	
8.00					7.785		8.745		9.785		10.99		12.59		14.04		15.64		17.56	—	19.45		21.85		24.65		27.85		31.14		35.14		39.14		43.94
8.50						—		—		—		—		—		—		—				—		—		—		—		—		—		—	
9.00							9.865		11.04		12.39		14.19		15.84		17.64		19.80	—	21.95		24.65		27.80		31.40		35.14		39.64		44.14		49.54
9.50								—		—		—		—		—		—				—		—		—		—		—		—		—	
10.0									12.29		13.79		15.79		17.64		19.64		22.04	—	24.45		27.45		30.95		34.95		39.14		44.14		49.14		55.14
10.6										—		—		—		—		—				—		—		—		—		—		—		—	
11.2											15.47		17.71		19.80		22.04		24.73	—	27.45		30.81		34.73		39.21		43.94		49.54		55.14		61.86
11.8												—		—		—		—				—		—		—		—		—		—		—	
12.5													19.79		22.14		24.64		27.64	—	30.70		34.45		38.83		43.83		49.14		55.39		61.64		69.14
13.2														—		—		—				—		—		—		—		—		—		—	
14.0															24.84		27.64		31.00	—	34.45		38.65		43.55		49.15		55.14		62.14		69.14		77.54
15.0																—		—				—		—		—		—		—		—		—	
16.0																	31.64		35.48	—	39.45		44.25		49.85		56.25		63.14		71.14		79.14		88.74

宽窄尺寸比小于 1.4 的规格为不推荐规格

宽窄尺寸比大于 8 的规格为不推荐规格

0.95 ——R40 系列

1.00 ——R20 系列

1.785 ——R20×R20 优先规格的标称截面积，mm^2

（空白格）——R20×R40 或 R40×R20 中间规格的标称截面积，mm^2，（见附录 A）

— ——R40×R40 的不推荐规格

4.2 导体尺寸公差

导体尺寸和标称尺寸之差应不大于表2规定的公差。

表2 导体公差

导体宽边和窄边的标称尺寸/mm		公差/mm
>	≤	
—	3.15	±0.030
3.15	6.30	±0.050
6.30	12.50	±0.070
12.50	16.00	±0.100

4.3 圆角

圆弧与导体扁平表面的连接应平滑，并且扁线应无锐边、毛边和突棱。导体圆角半径应符合表3的规定。规定的半径应保持在±25%范围内。

表3 圆角半径

导体宽边和窄边的标称尺寸/mm		圆角半径/mm
>	≤	
—	1.00	0.5×标称窄边尺寸
1.00	1.60	0.50*
1.60	2.24	0.65**
2.24	3.55	0.80
3.55	5.60	1.00

注：如供需双方协商同意，宽边尺寸大于4.80 mm的铜扁线圆角半径可以是：

* 为0.5×标称窄边尺寸；

** 为0.80 mm。

4.4 绝缘厚度

宽边绝缘厚度和窄边绝缘厚度应符合表4的规定。

表4 绝缘厚度

导体宽边标称尺寸/mm		绝缘厚度/mm											
		玻璃丝包裸导体						璃璃丝包2级漆膜厚度漆包线					
		单玻璃丝包 GL1			双玻璃丝包 GL2			单玻璃丝包 Grade 2GL1			双玻璃丝包 Grade 2GL2		
>	≤	最小	标称	最大	最小	标称	最大	最小	标称	最大	最小	标称	最大
—	3.15	0.10	0.14	0.18	0.21	0.27	0.33	0.23	0.29	0.35	0.35	0.42	0.49
3.15	6.30	0.12	0.16	0.20	0.23	0.30	0.37	0.25	0.31	0.37	0.38	0.45	0.52
6.30	12.50	0.14	0.19	0.24	0.27	0.35	0.43	0.27	0.34	0.41	0.43	0.50	0.57
12.50	16.00	0.17	0.23	0.29	0.31	0.39	0.47	0.30	0.38	0.46	0.46	0.54	0.62

注1：如果绕包线外形尺寸不超过裸导体最大窄边尺寸与最大2级漆膜厚度及玻璃丝绕包层厚度之和，则玻璃丝绕包层最大厚度可以超过规定值。

注2：玻璃丝绕包层宽边绝缘厚度应等于或小于表4规定的最大绝缘厚度。注1适用于宽边绝缘厚度，也适用于窄边绝缘厚度。

4.5 外形尺寸

4.5.1 标称外形尺寸

标称外形尺寸应以裸导体的标称尺寸与标称绝缘厚度的和计算。

4.5.2 最小外形尺寸

最小外形尺寸应以裸导体的最小尺寸与最小绝缘厚度的和计算，另参见4.5.3的注。

4.5.3 最大外形尺寸

最大外形尺寸应以裸导体最大尺寸与最大绝缘厚度的和计算。

注：当供需双方同意时，可以采用附录B的特定公差。

5 电阻

玻璃丝包铜扁绕组线电阻应用20 ℃时的直流电阻表示。采用的测量方法准确度应为0.5%。

电阻最大值应不大于按最小导体截面积和电阻系数为1/58 $\Omega \cdot mm^2 \cdot m^{-1}$计算出来的值，其中最小导体截面积按最小窄边尺寸和最小宽边尺寸以及最大圆角半径计算。

应测量一次。

6 伸长率

断裂伸长率应符合表5规定。

表5 伸长率

导体窄边标称尺寸/mm		最小伸长率/%
>	≤	
—	2.50	30
2.50	5.60	32

7 回弹性

玻璃丝包铜扁绕组线最大回弹角应不超过5.5°。

8 柔韧性和附着性

8.1 圆棒卷绕试验

玻璃丝包铜扁绕组线在直径如表6规定的圆棒上分别进行宽边弯曲和窄边弯曲后，绕包层应无开裂。

表6 圆棒卷绕

玻璃丝包铜扁绕组线弯曲		圆棒直径
宽边	≤8 mm	10×宽边尺寸
	>8 mm	15×宽边尺寸
窄边	全部尺寸	10×窄边尺寸

无开裂或裂口的试样应符合第13章的要求。

8.2 附着性试验

8.2.1 玻璃丝包扁线

试样拉伸10%后，玻璃丝绕包层应不失去附着性。

8.2.2 玻璃丝包漆包扁线

试样拉伸10%后，玻璃丝绕包层和漆膜都应不失去附着性。

9 热冲击

不适用。

10 软化击穿

不适用。

11 耐刮试验

不适用。

12 耐溶剂试验

不适用。

13 击穿电压

玻璃丝包铜扁绕组线应符合表 7 规定。

表 7 击穿电压

绝缘类型		最小击穿电压(均方根值)/V
裸导体和	单玻璃丝包 GL1	350
	双玻璃丝包 GL2	560
2 级漆膜厚度漆包线和	单玻璃丝包 Grade 2GL1	1 500
	双玻璃丝包 Grade2 GL2	2 000

14 绝缘连续性

不适用。

15 温度指数

温度指数取决于使用的浸渍漆的种类。试验方法应由供需双方协商确定。最大使用温度应根据经验而定。

16 耐冷冻剂

不适用。

17 直焊性

不适用。

18 热粘合或溶剂粘合

不适用。

19 介质损耗因数

不适用。

20 耐变压器油

不适用。

21 失重

不适用。

23 针孔试验

不适用。

30 包装

产品包装类别可能影响产品的某种性能，例如回弹性。因此包装类别，例如交货盘类型，应由供需双方协商确定。

产品应整齐而紧密地绕在线轴上或装在容器内。除非供需双方协商同意，线轴和容器内不应有一个以上线段。如果多于一个线段，则应由供需双方确定在包装上使用标签和/或标识以表明各线段长度。

如果产品成圈交货，成圈的尺寸和最大重量应由供需双方协商确定，其附加保护装置也应由供需双方协商确定。

由供需双方协商确定的标签应附在每一包装上，并应包括下列内容：

a) 制造商的名称和/或商标；

b) 玻璃丝包铜扁绕组线和绝缘的类型，如商标和/或国家标准编号(IEC 产品标准编号)；

c) 玻璃丝包铜扁绕组线的净重；

d) 玻璃丝包铜扁绕组线的标称尺寸和绝缘厚度等级；

e) 生产日期。

附 录 A
（资料性附录）
优先尺寸和中间尺寸的标称截面积

表 A.1 标称截面积

宽边标称尺寸/mm	窄边标称尺寸/mm	圆角半径/mm	标称截面积/mm^2	宽边标称尺寸/mm	窄边标称尺寸/mm	圆角半径/mm	标称截面积/mm^2
2.00	0.80	*	1.463	2.36	1.25	0.5	2.735
	0.85	*	1.545		1.40	0.5	3.089
	0.90	*	1.626		1.60	0.5	3.561
	0.95	*	1.706	2.50	0.80	*	1.863
	1.00	*	1.785		0.85	*	1.970
	1.06	0.5	1.905		0.90	*	2.076
	1.12	0.5	2.025		0.95	*	2.181
	1.18	0.5	2.145		1.00	*	2.285
	1.25	0.5	2.285		1.06	0.5	2.435
	1.32	0.5	2.425		1.12	0.5	2.585
	1.40	0.5	2.585		1.18	0.5	2.736
2.12	0.80	*	1.559		1.25	0.5	2.910
	0.90	*	1.734		1.32	0.5	3.085
	1.00	*	1.905		1.40	0.5	3.285
	1.12	0.5	2.160		1.50	0.5	3.535
	1.25	0.5	2.435		1.60	0.5	3.785
	1.40	0.5	2.753		1.70	0.65	3.887
2.24	0.80	*	1.655		1.80	0.65	4.137
	0.85	*	1.749	2.65	0.80	*	1.983
	0.90	*	1.842		0.90	*	2.211
	0.95	*	1.934		1.00	*	2.435
	1.00	*	2.025		1.12	0.5	2.753
	1.06	0.5	2.160		1.25	0.5	3.098
	1.12	0.5	2.294		1.40	0.5	3.495
	1.18	0.5	2.429		1.60	0.5	4.025
	1.25	0.5	2.585		1.80	0.65	4.407
	1.32	0.5	2.742	2.80	0.80	*	2.103
	1.40	0.5	2.921		0.85	*	2.225
	1.50	0.5	3.145		0.90	*	2.346
	1.60	0.5	3.369		0.95	*	2.466
2.36	0.80	*	1.751		1.00	*	2.585
	0.90	*	1.950		1.06	0.5	2.753
	1.00	*	2.145		1.12	0.5	2.921
	1.12	0.5	2.429		1.18	0.5	3.089

表 A.1（续）

宽边标称尺寸/mm	窄边标称尺寸/mm	圆角半径/mm	标称截面积/mm^2	宽边标称尺寸/mm	窄边标称尺寸/mm	圆角半径/mm	标称截面积/mm^2
2.80	1.25	0.5	3.285	3.35	0.90	*	2.841
	1.32	0.5	3.481		1.00	*	3.135
	1.40	0.5	3.705		1.12	0.5	3.537
	1.50	0.5	3.985		1.25	0.5	3.973
	1.60	0.5	4.265		1.40	0.5	4.475
	1.70	0.65	4.397		1.60	0.5	5.145
	1.80	0.65	4.677		1.80	0.65	5.667
	1.90	0.65	4.957		2.00	0.65	6.337
	2.00	0.65	5.237		2.24	0.65	7.141
3.00	0.80	*	2.263	3.55	0.80	*	2.703
	0.90	*	2.526		0.85	*	2.862
	1.00	*	2.785		0.90	*	3.021
	1.12	0.5	3.145		0.95	*	3.179
	1.25	0.5	3.535		1.00	*	3.335
	1.40	0.5	3.985		1.06	0.5	3.548
	1.60	0.5	4.585		1.12	0.5	3.761
	1.80	0.65	5.037		1.18	0.5	3.974
	2.00	0.65	5.637		1.25	0.5	4.223
3.15	0.80	*	2.383		1.32	0.5	4.471
	0.85	*	2.522		1.40	0.5	4.755
	0.90	*	2.661		1.50	0.5	5.110
	0.95	*	2.799		1.60	0.5	5.465
	1.00	*	2.935		1.70	0.65	5.672
	1.06	0.5	3.124		1.80	0.65	6.027
	1.12	0.5	3.313		1.90	0.65	6.382
	1.18	0.5	3.502		2.00	0.65	6.737
	1.25	0.5	3.723		2.12	0.65	7.163
	1.32	0.5	3.943		2.24	0.65	7.589
	1.40	0.5	4.195		2.36	0.8	7.829
	1.50	0.5	4.510		2.50	0.8	8.326
	1.60	0.5	4.825	3.75	0.80	*	2.863
	1.70	0.65	4.992		0.90	*	3.201
	1.80	0.65	5.307		1.00	*	3.535
	1.90	0.65	5.622		1.12	0.5	3.985
	2.00	0.65	5.937		1.25	0.5	4.473
	2.12	0.65	6.315		1.40	0.5	5.035
	2.24	0.65	6.693		1.60	0.5	5.785
3.35	0.80	*	2.543		1.80	0.65	6.387

表 A.1（续）

宽边标称尺寸/mm	窄边标称尺寸/mm	圆角半径/mm	标称截面积/mm²	宽边标称尺寸/mm	窄边标称尺寸/mm	圆角半径/mm	标称截面积/mm²
3.75	2.00	0.65	7.137	4.50	0.90	*	3.876
	2.24	0.65	8.037		0.95	*	4.081
	2.50	0.8	8.826		1.00	*	4.285
4.00	0.80	*	3.063		1.06	0.5	4.555
	0.85	*	3.245		1.12	0.5	4.825
	0.90	*	3.426		1.18	0.5	5.095
	0.95	*	3.606		1.25	0.5	5.410
	1.00	*	3.785		1.32	0.5	5.725
	1.06	0.5	4.025		1.40	0.5	6.085
	1.12	0.5	4.265		1.50	0.5	6.535
	1.18	0.5	4.505		1.60	0.5	6.985
	1.25	0.5	4.785		1.70	0.65	7.287
	1.32	0.5	5.065		1.80	0.65	7.737
	1.40	0.5	5.385		1.90	0.65	8.187
	1.50	0.5	5.785		2.00	0.65	8.637
	1.60	0.5	6.185		2.12	0.65	9.177
	1.70	0.65	6.437		2.24	0.65	9.717
	1.80	0.65	6.837		2.36	0.8	10.07
	1.90	0.65	7.237		2.50	0.8	10.70
	2.00	0.65	7.637		2.65	0.8	11.38
	2.12	0.65	8.117		2.80	0.8	12.05
	2.24	0.65	8.597		3.00	0.8	12.95
	2.36	0.8	8.891		3.15	0.8	13.63
	2.50	0.8	9.451	4.75	0.80	*	3.663
	2.65	0.8	10.05		0.90	*	4.101
	2.80	0.8	10.65		1.00	*	4.535
4.25	0.80	*	3.263		1.12	0.5	5.105
	0.90	*	3.651		1.25	0.5	5.723
	1.00	*	4.035		1.40	0.5	6.435
	1.12	0.5	4.545		1.60	0.5	7.385
	1.25	0.5	5.098		1.80	0.65	8.188
	1.40	0.5	5.735		2.00	0.65	9.137
	1.60	0.5	6.585		2.24	0.65	10.28
	1.80	0.65	7.287		2.50	0.8	11.33
	2.00	0.65	8.137		2.80	0.8	12.75
	2.24	0.65	9.157		3.15	0.8	14.41
	2.50	0.8	10.08	5.00	0.80	*	3.863
	2.80	0.8	11.35		0.85	*	4.095
4.50	0.80	*	3.463		0.90	*	4.326
	0.85	*	3.670		0.95	*	4.556

表 A.1（续）

宽边标称尺寸/mm	窄边标称尺寸/mm	圆角半径/mm	标称截面积/mm²	宽边标称尺寸/mm	窄边标称尺寸/mm	圆角半径/mm	标称截面积/mm²
5.00	1.00	*	4.785	5.60	0.90	*	4.866
	1.06	0.5	5.085		0.95	*	5.126
	1.12	0.5	5.385		1.00	*	5.385
	1.18	0.5	5.685		1.06	0.5	5.721
	1.25	0.5	6.035		1.12	0.5	6.057
	1.32	0.5	6.385		1.18	0.5	6.393
	1.40	0.5	6.785		1.25	0.5	6.785
	1.50	0.5	7.285		1.32	0.5	7.177
	1.60	0.5	7.785		1.40	0.5	7.625
	1.70	0.65	8.137		1.50	0.5	8.185
	1.80	0.65	8.637		1.60	0.5	8.745
	1.90	0.65	9.137		1.70	0.65	9.157
	2.00	0.65	9.637		1.80	0.65	9.717
	2.12	0.65	10.24		1.90	0.65	10.28
	2.24	0.65	10.84		2.00	0.65	10.84
	2.36	0.8	11.25		2.12	0.65	11.51
	2.50	0.8	11.95		2.24	0.65	12.18
	2.65	0.8	12.70		2.36	0.8	12.67
	2.80	0.8	13.45		2.50	0.8	13.45
	3.00	0.8	14.45		2.65	0.8	14.29
	3.15	0.8	15.20		2.80	0.8	15.13
	3.35	0.8	16.20		3.00	0.8	16.25
	3.55	0.8	17.20		3.15	0.8	17.09
5.30	0.80	*	4.103		3.35	0.8	18.21
	0.90	*	4.596		3.55	0.8	19.33
	1.00	*	5.085		3.75	1.0	20.14
	1.12	0.5	5.721		4.00	1.0	21.54
	1.25	0.5	6.410	6.00	0.80	*	4.663
	1.40	0.5	7.205		0.90	*	5.226
	1.60	0.5	8.265		1.00	*	5.785
	1.80	0.65	9.177		1.12	0.5	6.505
	2.00	0.65	10.24		1.25	0.5	7.285
	2.24	0.65	11.51		1.40	0.5	8.185
	2.50	0.8	12.70		1.60	0.5	9.385
	2.80	0.8	14.29		1.80	0.65	10.44
	3.15	0.8	16.15		2.00	0.65	11.64
	3.55	0.8	18.27		2.24	0.65	13.08
5.60	0.80	*	4.343		2.50	0.8	14.45
	0.85	*	4.605		2.80	0.8	16.25

表 A.1（续）

宽边标称尺寸/mm	窄边标称尺寸/mm	圆角半径/mm	标称截面积/mm^2	宽边标称尺寸/mm	窄边标称尺寸/mm	圆角半径/mm	标称截面积/mm^2
6.00	3.15	0.8	18.35	6.70	1.80	0.65	11.70
	3.55	0.8	20.75		2.00	0.65	13.04
	4.00	1.0	23.14		2.24	0.65	14.65
6.30	0.80	*	4.903		2.50	0.8	16.20
	0.85	*	5.200		2.80	0.8	18.21
	0.90	*	5.496		3.15	0.8	20.56
	0.95	*	5.791		3.55	0.8	23.24
	1.00	*	6.085		4.00	1.0	25.94
	1.06	0.5	6.463		4.50	1.0	29.29
	1.12	0.5	6.841	7.10	0.90	*	6.216
	1.18	0.5	7.219		0.95	*	6.551
	1.25	0.5	7.660		1.00	*	6.885
	1.32	0.5	8.101		1.06	0.5	7.311
	1.40	0.5	8.605		1.12	0.5	7.737
	1.50	0.5	9.235		1.18	0.5	8.163
	1.60	0.5	9.865		1.25	0.5	8.660
	1.70	0.65	10.35		1.32	0.5	9.157
	1.80	0.65	10.98		1.40	0.5	9.725
	1.90	0.65	11.61		1.50	0.5	10.44
	2.00	0.65	12.24		1.60	0.5	11.15
	2.12	0.65	12.99		1.70	0.65	11.71
	2.24	0.65	13.75		1.80	0.65	12.42
	2.36	0.8	14.32		1.90	0.65	13.13
	2.50	0.8	15.20		2.00	0.65	13.84
	2.65	0.8	16.15		2.12	0.65	14.69
	2.80	0.8	17.09		2.24	0.65	15.54
	3.00	0.8	18.35		2.36	0.8	16.21
	3.15	0.8	19.30		2.50	0.8	17.20
	3.35	0.8	20.56		2.65	0.8	18.27
	3.55	0.8	21.82		2.80	0.8	19.33
	3.75	1.0	22.77		3.00	0.8	20.75
	4.00	1.0	24.34		3.15	0.8	21.82
	4.25	1.0	25.92		3.35	0.8	23.24
	4.50	1.0	27.49		3.55	0.8	24.66
6.70	0.90	*	5.856		3.75	1.0	25.77
	1.00	*	6.485		4.00	1.0	27.54
	1.12	0.5	7.289		4.25	1.0	29.32
	1.25	0.5	8.160		4.50	1.0	31.09
	1.40	0.5	9.165		4.75	1.0	32.87
	1.60	0.5	10.51		5.00	1.0	34.64

表 A.1（续）

宽边标称尺寸/mm	窄边标称尺寸/mm	圆角半径/mm	标称截面积/mm²	宽边标称尺寸/mm	窄边标称尺寸/mm	圆角半径/mm	标称截面积/mm²
7.50	1.00	*	7.285	8.00	4.25	1.0	33.14
	1.12	0.5	8.185		4.50	1.0	35.14
	1.25	0.5	9.160		4.75	1.0	37.14
	1.40	0.5	10.29		5.00	1.0	39.14
	1.60	0.5	11.79		5.30	1.0	41.54
	1.80	0.65	13.14		5.60	1.0	43.94
	2.00	0.65	14.64	8.50	1.12	0.5	9.305
	2.24	0.65	16.44		1.25	0.5	10.41
	2.50	0.8	18.20		1.40	0.5	11.69
	2.80	0.8	20.45		1.60	0.5	13.39
	3.15	0.8	23.08		1.80	0.65	14.94
	3.55	0.8	26.08		2.00	0.65	16.64
	4.00	1.0	29.14		2.24	0.65	18.68
	4.50	1.0	32.89		2.50	0.8	20.70
	5.00	1.0	36.64		2.80	0.8	23.25
8.00	1.00	*	7.785		3.15	0.8	26.23
	1.06	0.5	8.265		3.55	0.8	29.63
	1.12	0.5	8.745		4.00	1.0	33.14
	1.18	0.5	9.225		4.50	1.0	37.39
	1.25	0.5	9.785		5.00	1.0	41.64
	1.32	0.5	10.35		5.60	1.0	46.74
	1.40	0.5	10.99	9.00	1.12	0.5	9.865
	1.50	0.5	11.79		1.18	0.5	10.41
	1.60	0.5	12.59		1.25	0.5	11.04
	1.70	0.65	13.24		1.32	0.5	11.67
	1.80	0.65	14.04		1.40	0.5	12.39
	1.90	0.65	14.84		1.50	0.5	13.29
	2.00	0.65	15.64		1.60	0.5	14.19
	2.12	0.65	16.60		1.70	0.65	14.94
	2.24	0.65	17.56		1.80	0.65	15.84
	2.36	0.8	18.33		1.90	0.85	16.74
	2.50	0.8	19.45		2.00	0.65	17.64
	2.65	0.8	20.65		2.12	0.65	18.72
	2.80	0.8	21.85		2.24	0.65	19.80
	3.00	0.8	23.45		2.36	0.8	20.69
	3.15	0.8	24.65		2.50	0.8	21.95
	3.35	0.8	26.25		2.65	0.8	23.30
	3.55	0.8	27.85		2.80	0.8	24.65
	3.75	1.0	29.14		3.00	0.8	26.45
	4.00	1.0	31.14		3.15	0.8	27.80

表 A.1（续）

宽边标称尺寸/mm	窄边标称尺寸/mm	圆角半径/mm	标称截面积/mm²	宽边标称尺寸/mm	窄边标称尺寸/mm	圆角半径/mm	标称截面积/mm²
9.00	3.35	0.8	29.60	10.00	3.15	0.8	30.95
	3.55	0.8	31.40		3.35	0.8	32.95
	3.75	1.0	32.89		3.55	0.8	34.95
	4.00	1.0	35.14		3.75	1.0	36.64
	4.25	1.0	37.39		4.00	1.0	39.14
	4.50	1.0	39.64		4.25	1.0	41.64
	4.75	1.0	41.89		4.50	1.0	44.14
	5.00	1.0	44.14		4.75	1.0	46.64
	5.30	1.0	46.84		5.00	1.0	49.14
	5.60	1.0	49.54		5.30	1.0	52.14
9.50	1.25	0.5	11.66		5.60	1.0	55.14
	1.40	0.5	13.09	10.60	1.40	0.5	14.63
	1.60	0.5	14.99		1.60	0.5	16.75
	1.80	0.65	16.74		1.80	0.65	18.72
	2.00	0.65	18.64		2.00	0.65	20.84
	2.24	0.65	20.92		2.24	0.65	23.38
	2.50	0.8	23.20		2.50	0.8	25.95
	2.80	0.8	26.05		2.80	0.8	29.13
	3.15	0.8	29.38		3.15	0.8	32.84
	3.55	0.8	33.18		3.55	0.8	37.08
	4.00	1.0	37.14		4.00	1.0	41.54
	4.50	1.0	41.89		4.50	1.0	46.84
	5.00	1.0	46.64		5.00	1.0	52.14
	5.60	1.0	52.34		5.60	1.0	58.50
10.00	1.25	0.5	12.29	11.20	1.40	0.5	15.47
	1.32	0.5	12.99		1.50	0.5	16.59
	1.40	0.5	13.79		1.60	0.5	17.71
	1.50	0.5	14.79		1.70	0.65	18.68
	1.60	0.5	15.79		1.80	0.65	19.80
	1.70	0.65	16.64		1.90	0.65	20.92
	1.80	0.65	17.64		2.00	0.65	22.04
	1.90	0.65	18.64		2.12	0.65	23.38
	2.00	0.65	19.64		2.24	0.65	24.73
	2.12	0.65	20.84		2.36	0.8	25.88
	2.24	0.65	22.04		2.50	0.8	27.45
	2.36	0.8	23.05		2.65	0.8	29.13
	2.50	0.8	24.45		2.80	0.8	30.81
	2.65	0.8	25.95		3.00	0.8	33.05
	2.80	0.8	27.45		3.15	0.8	34.73
	3.00	0.8	29.45		3.35	0.8	36.97

表 A.1(续)

宽边标称尺寸/mm	窄边标称尺寸/mm	圆角半径/mm	标称截面积/mm^2	宽边标称尺寸/mm	窄边标称尺寸/mm	圆角半径/mm	标称截面积/mm^2
11.20	3.55	0.8	39.21	12.50	4.75	1.0	58.52
	3.75	1.0	41.14		5.00	1.0	61.64
	4.00	1.0	43.94		5.30	1.0	65.39
	4.25	1.0	46.74		5.60	1.0	69.14
	4.50	1.0	49.54	13.20	1.80	0.65	23.40
	4.75	1.0	52.34		2.00	0.65	26.04
	5.00	1.0	55.14		2.24	0.65	29.21
	5.30	1.0	58.50		2.50	0.8	32.45
	5.60	1.0	61.86		2.80	0.8	36.41
11.80	1.60	0.5	18.67		3.15	0.8	41.03
	1.80	0.65	20.88		3.55	0.8	46.31
	2.00	0.65	23.24		4.00	1.0	51.94
	2.24	0.65	26.07		4.50	1.0	58.54
	2.50	0.8	28.95		5.00	1.0	65.14
	2.80	0.8	32.49		5.60	1.0	73.06
	3.15	0.8	36.62	14.00	1.80	0.65	24.84
	3.55	0.8	41.34		1.90	0.65	26.24
	4.00	1.0	46.34		2.00	0.65	27.64
	4.50	1.0	52.24		2.12	0.65	29.32
	5.00	1.0	58.14		2.24	0.65	31.00
	5.60	1.0	65.22		2.36	0.8	32.49
12.50	1.60	0.5	19.79		2.50	0.8	34.45
	1.70	0.65	20.89		2.65	0.8	36.55
	1.80	0.65	22.14		2.80	0.8	38.65
	1.90	0.65	23.39		3.00	0.8	41.45
	2.00	0.65	24.64		3.15	0.8	43.55
	2.12	0.65	26.14		3.35	0.8	46.35
	2.24	0.65	27.64		3.55	0.8	49.15
	2.36	0.8	28.95		3.75	1.0	51.64
	2.50	0.8	30.70		4.00	1.0	55.14
	2.65	0.8	32.58		4.25	1.0	58.64
	2.80	0.8	34.45		4.50	1.0	62.14
	3.00	0.8	36.95		4.75	1.0	65.64
	3.15	0.8	38.83		5.00	1.0	69.14
	3.35	0.8	41.33		5.30	1.0	73.34
	3.55	0.8	43.83		5.60	1.0	77.54
	3.75	1.0	46.02	15.00	2.00	0.65	29.64
	4.00	1.0	49.14		2.24	0.65	33.24
	4.25	1.0	52.27		2.50	0.8	36.95
	4.50	1.0	55.39		2.80	0.8	41.45

表 A.1（续）

宽边标称尺寸/mm	窄边标称尺寸/mm	圆角半径/mm	标称截面积/mm^2	宽边标称尺寸/mm	窄边标称尺寸/mm	圆角半径/mm	标称截面积/mm^2
15.00	3.15	0.8	46.70	16.00	3.00	0.8	47.45
	3.55	0.8	52.70		3.15	0.8	49.85
	4.00	1.0	59.14		3.35	0.8	53.05
	4.50	1.0	66.64		3.55	0.8	56.25
	5.00	1.0	74.14		3.75	1.0	59.14
	5.60	1.0	83.14		4.00	1.0	63.14
16.00	2.00	0.65	31.64		4.25	1.0	67.14
	2.12	0.65	33.56		4.50	1.0	71.14
	2.24	0.65	35.48		4.75	1.0	75.14
	2.36	0.8	37.21		5.00	1.0	79.14
	2.50	0.8	39.45		5.30	1.0	83.94
	2.65	0.8	41.85		5.60	1.0	88.74
	2.80	0.8	44.25				

* 0.5×窄边标称尺寸。

附 录 B
（资料性附录）
特 定 公 差

表 B.1 标称外形尺寸公差

导体宽边或窄边的标称尺寸/mm		玻璃丝包2级漆膜厚度漆包线标称外形尺寸公差/mm ±			
		单玻璃丝包 Grade 2 GL1		双玻璃丝包 Grade 2 GL2	
>	≤	宽边	窄边	宽边	窄边
—	3.15	0.030	0.020	0.045	0.030
3.15	6.30	0.045	0.030	0.060	0.040
6.30	12.50	0.060	0.040	0.075	0.050
12.50	16.00	0.075	0.050	0.090	0.060

附 录 C
（资料性附录）
产品型号和标记

C.1 代号

系列代号 …………………………………………………………………………… GL

玻璃丝包层或聚酯纤维和玻璃丝绕包层代号
浸漆单玻璃丝包层 ……………………………………………………………… 省略
浸漆双玻璃丝包层 ……………………………………………………………… E
聚酯纤维和玻璃丝绕包一层 …………………………………………………… D
聚酯纤维和玻璃丝绕包二层 …………………………………………………… DE

薄膜或带绕包层代号
薄膜绕包层代号 ………………………………………………………………… M
薄膜烧结绕包层代号 …………………………………………………………… Y
云母绕包层代号 ………………………………………………………………… F
其他材料的绕包层 ……………………………………………………………… 考虑中

裸导体或漆包线代号
裸导体 …………………………………………………………………………… 省略
漆包线 …………………………………………………………………………… Q

导体材料特征代号
铜 ………………………………………………………………………………… 省略

导体形状代号
扁线 ……………………………………………………………………………… B

自粘层代号
自粘层 …………………………………………………………………………… N

C.2 产品型号和标记

C.2.1 产品型号

产品型号的组成和排列顺序如下：

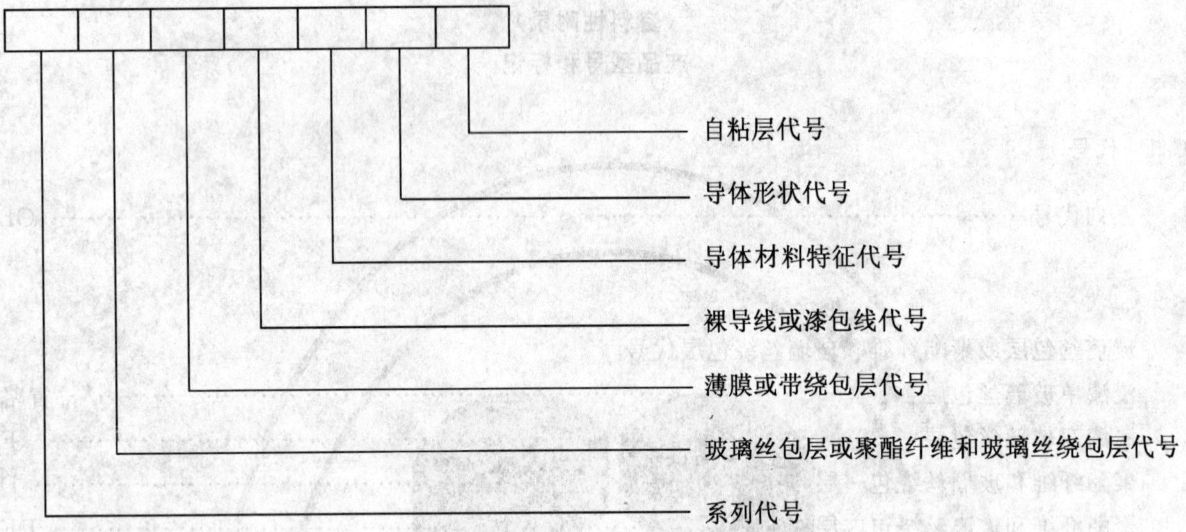

C.2.2　产品标记

C.2.2.1　对于浸漆玻璃丝包铜扁线和玻璃丝包漆包铜扁线，产品标记由产品型号、导体尺寸和产品标准编号组成。

C.2.2.2　对于玻璃丝包薄膜或带绕包铜扁线，产品标记由产品型号、温度指数、绝缘标称厚度、导体尺寸和产品标准编号组成。

C.2.2.3　产品标记的示例如下：

a)　温度指数为155双玻璃丝包漆包铜扁线，窄边标称尺寸为2.00 mm，宽边标称尺寸为5.00 mm，表示为：IEC 60317-32 5.00×2.00 Grade2 GL2 或 GLEQB 2.00×5.00 GB/T 7672.3—2008；

b)　温度指数为180单玻璃丝包铜扁线，窄边标称尺寸为2.00 mm，宽边标称尺寸为5.00 mm，表示为：IEC 60317-31 5.00×2.00 GL1 或 GLB 2.00×5.00 GB/T 7672.4—2008；

c)　温度指数为130双玻璃丝包漆包铜扁线，窄边标称尺寸为2.00 mm，宽边标称尺寸为5.00 mm，表示为：GLEQB 2.00×5.00 GB/T 7672.2—2008；

d)　温度指数为130双玻璃丝包铜扁线，窄边标称尺寸为2.00 mm，宽边标称尺寸为5.00 mm，表示为：GLEB 2.00×5.00 GB/T 7672.2—2008；

e)　温度指数为155双玻璃丝包薄膜绕包铜扁线，绝缘标称厚度为0.50 mm，窄边标称尺寸为2.00 mm，宽边标称尺寸为5.00 mm，表示为：GLEMB-155/0.50，2.00×5.00 GB/T 7672.6—2008。

C.2.3　产品标记对照表

产品标记对照表见表C.1。

表C.1　玻璃丝包铜扁绕组线产品标记对照表

序号	名称	IEC产品标记	国内产品标记
1	130级浸漆玻璃丝包铜扁线和玻璃丝包漆包铜扁线		GLEB 2.00×5.00 GB/T 7672.2—2008 GLQB 2.00×5.00 GB/T 7672.2—2008 GLEQ 2.00×5.00 GB/T 7672.2—2008

表 C.1(续)

序号	名称	IEC 产品标记	国内产品标记
2	155 级浸漆玻璃丝包铜扁线和玻璃丝包漆包铜扁线	IEC 60317-32 5.00×2.00 GL1 IEC 60317-32 5.00×2.00 GL2 IEC 60317-32 5.00×2.00 Grade2GL1 IEC 60317-32 5.00×2.00 Grade2GL2	GLB 2.00×5.00 GB/T 7672.3—2008 GLEB 2.00×5.00 GB/T 7672.3—2008 GLQB 2.00×5.00 GB/T 7672.3—2008 GLEQB 2.00×5.00 GB/T 7672.3—2008
3	180 级浸漆玻璃丝包铜扁线和玻璃丝包漆包铜扁线	IEC 60317-31 5.00×2.00 GL1 IEC 60317-31 5.00×2.00 GL2 IEC 60317-31 5.00×2.00 Grade 2GL1 IEC 60317-31 5.00×2.00 Grade 2GL2	GLB 2.00×5.00 GB/T 7672.4—2008 GLEB 2.00×5.00 GB/T 7672.4—2008 GLQB 2.00×5.00 GB/T 7672.4—2008 GLEQB 2.00×5.00 GB/T 7672.4—2008
4	200 级浸漆玻璃丝包铜扁线和玻璃丝包漆包铜扁线	IEC 60317-33 5.00×2.00 GL1 IEC 60317-33 5.00×2.00 GL2 IEC 60317-33 5.00×2.00 Grade 2GL1 IEC 60317-33 5.00×2.00 Grade 2GL2	GLB 2.00×5.00 GB/T 7672.5—2008 GLEB 2.00×5.00 GB/T 7672.5—2008 GLQB 2.00×5.00 GB/T 7672.5—2008 GLEQB 2.00×5.00 GB/T 7672.5—2008
5	玻璃丝包薄膜绕包铜扁线		GLMB-130/0.50 2.00×5.00 GB/T 7672.6—2008 GLEMB-130/0.50 2.00×5.00 GB/T 7672.6—2008 GLMB-155/0.50 2.00×5.00 GB/T 7672.6—2008 GLEMB-155/0.50 2.00×5.00 GB/T 7672.6—2008 GLMB-180/0.50 2.00×5.00 GB/T 7672.6—2008 GLEMB-180/0.50 2.00×5.00 GB/T 7672.6—2008 GLMB-200/0.50 2.00×5.00 GB/T 7672.6—2008 GLEMB-200/0.50 2.00×5.00 GB/T 7672.6—2008

C.2.4 国内型号新老对照表

国内型号新老对照表见表 C.2。

表 C.2 国内型号新老对照表

GB/T 7672—2008 用型号	GB/T 7672—1987 用型号
GLB GLEB GLQB GLEQB	— SBEB SBQB SBEQB
GLMB GLEMB	SBMB SBEMB

附 录 D
（资料性附录）
试验项目类别

GB/T 7672.1—2008 采用试验项目类别为型式试验(T)、抽样试验(S)和例行试验(R)，其定义参见 GB/T 4074.1 的规定，详见表 D.1。

表 D.1 试验项目类别

序 号	项 目 名 称	试验类型
1	外观	T,R
2 2.1 2.2 2.3	尺寸 导体尺寸 绝缘层厚度 外形尺寸	T,S
3	电阻	T,S
4	伸长率	T,S
5	回弹性	T,S
6 6.1 6.2	柔韧性和附着性 圆棒卷绕 附着性	T,S
7	击穿电压	T,S
8	包装	T,R

ICS 29.060.10
K 12

中华人民共和国国家标准

GB/T 7672.2—2008
代替 GB/T 7672.4—1987,GB/T 7672.5—1987

玻璃丝包绕组线 第2部分:130级浸漆玻璃丝包铜扁线和玻璃丝包漆包铜扁线

Glass-fiber wound winding wires—Part 2: Glass-fiber wound resin or varnish impregnated, bare or enamelled rectangular copper wire, temperature index 130

2008-06-30 发布　　2009-05-01 实施

中华人民共和国国家质量监督检验检疫总局
中国国家标准化管理委员会　发布

前　言

GB/T 7672《玻璃丝包绕组线》分为15个部分：

——第1部分：玻璃丝包铜扁绕组线　一般规定；
——第2部分：130级浸漆玻璃丝包铜扁线和玻璃丝包漆包铜扁线；
——第3部分：155级浸漆玻璃丝包铜扁线和玻璃丝包漆包铜扁线；
——第4部分：180级浸漆玻璃丝包铜扁线和玻璃丝包漆包铜扁线；
——第5部分：200级浸漆玻璃丝包铜扁线和玻璃丝包漆包铜扁线；
——第6部分：玻璃丝包薄膜绕包铜扁线；
——第7部分：玻璃丝包云母绕包铜扁线(在考虑中)；
——第8部分：玻璃丝包薄膜绕包烧结铜扁线(在考虑中)；
——第9部分：聚酯纤维和玻璃丝绕包铜扁线和漆包铜扁线(在考虑中)；
——第12部分：自粘性玻璃丝包铜扁绕组线(在考虑中)；
——第21部分：玻璃丝包铜圆绕组线　一般规定；
——第22部分：155级浸漆玻璃丝包铜圆线和玻璃丝包漆包铜圆线；
——第23部分：180级浸漆玻璃丝包铜圆线和玻璃丝包漆包铜圆线；
——第24部分：200级浸漆玻璃丝包铜圆线和玻璃丝包漆包铜圆线；
——第25部分：玻璃丝包薄膜绕包铜圆线(在考虑中)。

本部分为GB/T 7672的第2部分。

本部分代替GB/T 7672.4—1987《玻璃丝包绕组线　第4部分：双玻璃丝包扁线》和GB/T 7672.5—1987《玻璃丝包绕组线　第5部分：玻璃丝包漆包扁线》。

本部分与GB/T 7672.4—1987和GB/T 7672.5—1987相比，主要变化如下：

——产品范围：本部分删除了GB/T 7672.4—1987和GB/T 7672.5—1987中有关铝扁玻璃丝包绕组线、温度指数为155级和180级的玻璃丝包铜扁绕组线的内容；
——产品分类：GB/T 7672.4—1987和GB/T 7672.5—1987按产品结构进行分类，本部分按热级进行分类。

本部分由中国电器工业协会提出。

本部分由全国电线电缆标准化技术委员会归口。

本部分主要起草单位：上海电缆研究所。

本部分参加起草单位：江阴市华源科技有限公司、江阴市新艺铜业有限公司、山东万达电磁线厂、无锡环宇电磁线有限公司、江苏迅达电磁线有限公司、四川金瑞电工有限责任公司。

本部分主要起草人：康振良、张志新、巴玉国、戴涛、周志云、俞安琼、毛伟杰。

本部分所代替标准的历次版本发布情况为：

——GB/T 7672.4—1987，GB/T 7672.5—1987；
——GB 1342—1977。

玻璃丝包绕组线
第2部分:130级浸漆玻璃丝包铜扁线和玻璃丝包漆包铜扁线

1 范围

GB/T 7672的本部分规定了温度指数130,浸漆玻璃丝包铜扁线和浸漆玻璃丝包2级漆膜厚度漆包铜扁线的要求。其中浸渍漆,例如可为聚酯树脂漆。

注:对于此类绕组线,热冲击试验不适用,热冲击温度未加规定,因此,无法规定基于温度指数和热冲击温度要求的等级。

漆包线应基于下述标准,并应由供需双方协商确定:

——GB/T 7095.7 漆包扁绕组线 第7部分:130级聚酯漆包铜扁线。

所使用的漆包线,其最低热级应为130。

浸漆玻璃丝包线的温度指数取决于使用的浸渍漆种类。浸渍玻璃丝的浸渍漆具有最低130的温度指数。

绕包层厚度分为三种:

——GL2:在裸导体上绕包双玻璃丝;

——Grade 2 GL1:在2级漆膜厚度漆包线上绕包单玻璃丝;

——Grade 2 GL2:在2级漆膜厚度漆包线上绕包双玻璃丝。

玻璃丝包层可为:

a) 单玻璃丝包;

b) 双玻璃丝包,两层玻璃丝绕包方向相反。

本部分规定的导体标称尺寸范围为:

——宽边尺寸:最小2.00 mm,最大16.00 mm;

——窄边尺寸:最小0.80 mm,最大5.60 mm。

宽边尺寸和窄边尺寸的组合以及宽边尺寸和窄边尺寸的比值见GB/T 7672.1—2008的规定。

2 规范性引用文件

下列文件中的条款通过GB/T 7672的本部分的引用而成为本部分的条款。凡是注日期的引用文件,其随后所有的修改单(不包括勘误的内容)或修订版均不适用于本部分,然而,鼓励根据本部分达成协议的各方研究是否可使用这些文件的最新版本。凡是不注日期的引用文件,其最新版本适用于本部分。

GB/T 7095.7 漆包扁绕组线 第7部分:130级聚酯漆包铜扁线

GB/T 7672.1—2008 玻璃丝包绕组线 第1部分:玻璃丝包铜扁绕组线 一般规定(IEC 60317-0-4:2006,IDT)

3 定义、试验方法总则和外观

3.1 概述

定义和试验方法总则见GB/T 7672.1—2008中第3章。

若GB/T 7672.1—2008与本部分有矛盾,以本部分为准。

3.2 外观

见 GB/T 7672.1—2008 中 3.3。

4 尺寸

见 GB/T 7672.1—2008 中第 4 章。

5 电阻

见 GB/T 7672.1—2008 中第 5 章。

6 伸长率

见 GB/T 7672.1—2008 中第 6 章。

7 回弹性

见 GB/T 7672.1—2008 中第 7 章。

8 柔韧性和附着力

见 GB/T 7672.1—2008 中第 8 章。

9 热冲击

不适用。

10 软化击穿

不适用。

11 耐刮试验

不适用。

12 耐溶剂

不适用。

13 击穿电压

见 GB/T 7672.1—2008 中第 13 章。

14 绝缘连续性

不适用。

15 温度指数

见 GB/T 7672.1—2008 中第 15 章。

16 耐冷冻剂

不适用。

17 直焊性

不适用。

18 热粘合或溶剂粘合

不适用。

19 介质损耗因数

不适用。

20 耐变压器油

不适用。

21 失重

不适用。

23 针孔试验

不适用。

30 包装

见 GB/T 7672.1—2008 中第 30 章。

ICS 29.060.10
K 12

中华人民共和国国家标准

GB/T 7672.3—2008/IEC 60317-32:1990
代替 GB/T 7672.4—1987,GB/T 7672.5—1987

玻璃丝包绕组线 第3部分:155级浸漆玻璃丝包铜扁线和玻璃丝包漆包铜扁线

Glass-fiber wound winding wires—
Part 3: Glass-fiber wound resin or varnish impregnated ,bare or enamelled rectangular copper wire, temperature index 155

(IEC 60317-32:1990,Specifications for particular types of winding wires—Part 32: Glass-fiber wound resin or varnish impregnated,bare or enamelled rectangular copper wire, temperature index 155,IDT)

2008-06-30 发布　　　　2009-05-01 实施

中华人民共和国国家质量监督检验检疫总局
中国国家标准化管理委员会　发布

前　言

GB/T 7672《玻璃丝包绕组线》分为 15 个部分：

——第 1 部分：玻璃丝包铜扁绕组线　一般规定；

——第 2 部分：130 级浸漆玻璃丝包铜扁线和玻璃丝包漆包铜扁线；

——第 3 部分：155 级浸漆玻璃丝包铜扁线和玻璃丝包漆包铜扁线；

——第 4 部分：180 级浸漆玻璃丝包铜扁线和玻璃丝包漆包铜扁线；

——第 5 部分：200 级浸漆玻璃丝包铜扁线和玻璃丝包漆包铜扁线；

——第 6 部分：玻璃丝包薄膜绕包铜扁线；

——第 7 部分：玻璃丝包云母绕包铜扁线(在考虑中)；

——第 8 部分：玻璃丝包薄膜绕包烧结铜扁线(在考虑中)；

——第 9 部分：聚酯纤维和玻璃丝绕包铜扁线和漆包铜扁线(在考虑中)；

——第 12 部分：自粘性玻璃丝包铜扁绕组线(在考虑中)；

——第 21 部分：玻璃丝包铜圆绕组线　一般规定；

——第 22 部分：155 级浸漆玻璃丝包铜圆线和玻璃丝包漆包铜圆线；

——第 23 部分：180 级浸漆玻璃丝包铜圆线和玻璃丝包漆包铜圆线；

——第 24 部分：200 级浸漆玻璃丝包铜圆线和玻璃丝包漆包铜圆线；

——第 25 部分：玻璃丝包薄膜绕包铜圆线(在考虑中)。

本部分为 GB/T 7672 的第 3 部分。

本部分等同采用 IEC 60317-32:1990《特种绕组线标准　第 32 部分：温度指数 155 玻璃丝包、树脂或漆粘结裸或漆包铜扁线》第 1 版及第 1 号修改单(1997)和第 2 号修改单(2005)。

为便于使用，本部分做了下列编辑性修改：

——删除了 IEC 60317-32:1990 的引言和前言；

——第 2 章采用了适用于我国标准的引用语，删除了 IEC 60317-32:1990 的引用语。

对于 IEC 60317-32:1990 的第 1 号修改单(1997)和第 2 号修改单(2005)，其内容已纳入正文中，并在它们所涉及的条款的页边空白处用垂直双线标识。

本部分代替 GB/T 7672.4—1987《玻璃丝包绕组线　第 4 部分：双玻璃丝包扁线》和 GB/T 7672.5—1987《玻璃丝包绕组线　第 5 部分：玻璃丝包漆包扁线》。

本部分与 GB/T 7672.4—1987 和 GB/T 7672.5—1987 相比，主要变化如下：

——产品范围：本部分删除了 GB/T 7672.4—1987 和 GB/T 7672.5—1987 中有关铝扁玻璃丝包绕组线、温度指数为 130 级和 180 级的玻璃丝包铜扁绕组线的内容；

——产品分类：GB/T 7672.4—1987 和 GB/T 7672.5—1987 按产品结构进行分类，本部分按热级进行分类。

本部分由中国电器工业协会提出。

本部分由全国电线电缆标准化技术委员会归口。

本部分主要起草单位：上海电缆研究所。

本部分参加起草单位：辽宁东港电磁线有限公司、江苏迅达电磁线有限公司、四川金瑞电工有限责任公司、江阴市新艺铜业有限公司、顺特电气有限公司番禺分公司、无锡市锡洲电磁线有限公司。

本部分主要起草人：毋德书、俞安琼、张志新、周志云、王娟、徐进法、毛伟杰。

本部分所代替标准的历次版本发布情况为：

——GB/T 7672.4—1987，GB/T 7672.5—1987；

——GB 1342—1977。

玻璃丝包绕组线 第3部分:155级浸漆玻璃丝包铜扁线和玻璃丝包漆包铜扁线

1 范围

GB/T 7672的本部分规定了温度指数155,浸漆玻璃丝包铜扁线和浸漆玻璃丝包2级漆膜厚度漆包铜扁线的要求。其中浸渍漆,例如可为聚酯或聚酯亚胺树脂漆。

注:对于此类绕组线,热冲击试验不适用,热冲击温度未加规定,因此无法规定基于温度指数和热冲击温度要求的等级。

漆包线应基于下列之一的标准,并应由供需双方协商确定:

——GB/T 7095.3 漆包扁绕组线 第3部分:155级聚酯漆包铜扁线;

——GB/T 7095.4 漆包扁绕组线 第4部分:180级聚酯亚胺漆包铜扁线;

——GB/T 7095.6 漆包扁绕组线 第6部分:200级聚酯或聚酯亚胺/聚酰胺酰亚胺复合漆包铜扁线。

所使用的漆包线,其最低热级应为130。

浸漆玻璃丝包线的温度指数取决于使用的浸渍漆种类。浸渍玻璃丝的浸渍漆宜具有最低155的温度指数。

绕包层厚度分为四种:

——GL1:在裸导体上绕包单玻璃丝;

——GL2:在裸导体上绕包双玻璃丝;

——Grade 2 GL1:在2级漆膜厚度漆包线上绕包单玻璃丝;

——Grade 2 GL2:在2级漆膜厚度漆包线上绕包双玻璃丝。

玻璃丝包层可为:

a) 单玻璃丝包;

b) 双玻璃丝包,两层玻璃丝绕包方向相反。

本部分规定的导体标称尺寸范围为:

——宽边尺寸:最小2.00 mm,最大16.00 mm;

——窄边尺寸:最小0.80 mm,最大5.60 mm。

宽边尺寸和窄边尺寸的组合以及宽边尺寸和窄边尺寸的比值见GB/T 7672.1—2008的规定。

2 规范性引用文件

下列文件中的条款通过GB/T 7672的本部分的引用而成为本部分的条款。凡是注日期的引用文件,其随后所有的修改单(不包括勘误的内容)或修订版均不适用于本部分,然而,鼓励根据本部分达成协议的各方研究是否可使用这些文件的最新版本。凡是不注日期的引用文件,其最新版本适用于本部分。

GB/T 7095.3 漆包扁绕组线 第3部分:155级聚酯漆包铜扁线(GB/T 7095.3—2008,IEC 60317-16:1990,IDT)

GB/T 7095.4 漆包扁绕组线 第4部分:180级聚酯亚胺漆包铜扁线(GB/T 7095.4—2008,IEC 60317-28:1990,IDT)

GB/T 7095.6 漆包扁绕组线 第6部分:200级聚酯或聚酯亚胺/聚酰胺酰亚胺复合漆包铜扁线(GB/T 7095.6—2008, IEC 60317-29:1990,IDT)

GB/T 7672.1—2008 玻璃丝包绕组线 第1部分:玻璃丝包铜扁绕组线 一般规定(IEC 60317-0-4:2006,IDT)

3 定义、试验方法总则和外观

3.1 概述

定义和试验方法总则见 GB/T 7672.1—2008 中第3章。

若 GB/T 7672.1—2008 与本部分有矛盾,以本部分为准。

3.2 外观

见 GB/T 7672.1—2008 中 3.3。

4 尺寸

见 GB/T 7672.1—2008 中第4章。

5 电阻

见 GB/T 7672.1—2008 中第5章。

6 伸长率

见 GB/T 7672.1—2008 中第6章。

7 回弹性

见 GB/T 7672.1—2008 中第7章。

8 柔韧性和附着力

见 GB/T 7672.1—2008 中第8章。

9 热冲击

不适用。

10 软化击穿

不适用。

11 耐刮试验

不适用。

12 耐溶剂

不适用。

13 击穿电压

见 GB/T 7672.1—2008 中第13章。

14 绝缘连续性

不适用。

15 温度指数

见 GB/T 7672.1—2008 中第 15 章。

16 耐冷冻剂

不适用。

17 直焊性

不适用。

18 热粘合或溶剂粘合

不适用。

19 介质损耗因数

不适用。

20 耐变压器油

不适用。

21 失重

不适用。

23 针孔试验

不适用。

30 包装

见 GB/T 7672.1—2008 中第 30 章。

ICS 29.060.10
K 12

中华人民共和国国家标准

GB/T 7672.4—2008/IEC 60317-31:1990
代替 GB/T 7672.4—1987,GB/T 7672.5—1987

玻璃丝包绕组线 第4部分:180级浸漆玻璃丝包铜扁线和玻璃丝包漆包铜扁线

**Glass-fiber wound winding wires—
Part 4:Glass-fiber wound resin or varnish impregnated,bare or enamelled rectangular copper wire, temperature index 180**

(IEC 60317-31:1990,Specifications for particular types of winding wires—
Part 31:Glass-fiber wound resin or varnish impregnated,
bare or enamelled rectangular copper wire,temperature index 180,IDT)

2008-06-30 发布　　2009-05-01 实施

中华人民共和国国家质量监督检验检疫总局
中国国家标准化管理委员会　发布

前　言

GB/T 7672《玻璃丝包绕组线》分为15个部分：

——第1部分：玻璃丝包铜扁绕组线　一般规定；

——第2部分：130级浸漆玻璃丝包铜扁线和玻璃丝包漆包铜扁线；

——第3部分：155级浸漆玻璃丝包铜扁线和玻璃丝包漆包铜扁线；

——第4部分：180级浸漆玻璃丝包铜扁线和玻璃丝包漆包铜扁线；

——第5部分：200级浸漆玻璃丝包铜扁线和玻璃丝包漆包铜扁线；

——第6部分：玻璃丝包薄膜绕包铜扁线；

——第7部分：玻璃丝包云母绕包铜扁线(在考虑中)；

——第8部分：玻璃丝包薄膜绕包烧结铜扁线(在考虑中)；

——第9部分：聚酯纤维和玻璃丝绕包铜扁线和漆包铜扁线(在考虑中)；

——第12部分：自粘性玻璃丝包铜扁绕组线(在考虑中)；

——第21部分：玻璃丝包铜圆绕组线　一般规定；

——第22部分：155级浸漆玻璃丝包铜圆线和玻璃丝包漆包铜圆线；

——第23部分：180级浸漆玻璃丝包铜圆线和玻璃丝包漆包铜圆线；

——第24部分：200级浸漆玻璃丝包铜圆线和玻璃丝包漆包铜圆线；

——第25部分：玻璃丝包薄膜绕包铜圆线(在考虑中)。

本部分为GB/T 7672的第4部分。

本部分等同采用IEC 60317-31:1990《特种绕组线标准　第31部分：温度指数180玻璃丝包、树脂或漆粘结裸或漆包铜扁线》第1版及第1号修改单(1997)和第2号修改单(2005)。

为便于使用，本部分做了下列编辑性修改：

——删除了IEC 60317-31:1990的引言和前言；

——第2章采用了适用于我国标准的引用语，删除了IEC 60317-31:1990的引用语。

对于IEC 60317-31:1990的第1号修改单(1997)和第2号修改单(2005)，其内容已纳入正文中，并在它们所涉及的条款的页边空白处用垂直双线标识。

本部分代替GB/T 7672.4—1987《玻璃丝包绕组线　第4部分：双玻璃丝包扁线》和GB/T 7672.5—1987《玻璃丝包绕组线　第5部分：玻璃丝包漆包扁线》。

本部分与GB/T 7672.4—1987和GB/T 7672.5—1987相比，主要变化如下：

——产品范围：本部分删除了GB/T 7672.4—1987和GB/T 7672.5—1987中有关铝扁玻璃丝包绕组线、温度指数为130级和155级的玻璃丝包铜扁绕组线的内容；

——产品分类：GB/T 7672.4—1987和GB/T 7672.5—1987按产品结构进行分类，本部分按热级进行分类。

本部分由中国电器工业协会提出。

本部分由全国电线电缆标准化技术委员会归口。

本部分主要起草单位：上海电缆研究所。

本部分参加起草单位：顺特电气有限公司番禺分公司、山东万达电磁线厂、上海裕生特种线材有限公司、江苏迅达电磁线有限公司、江阴市华源科技有限公司、辽宁东港电磁线有限公司。

本部分主要起草人：王娟、巴玉国、邵武军、周志云、康振良、毋德书、张敬平。

本部分所代替标准的历次版本发布情况为：

——GB/T 7672.4—1987，GB/T 7672.5—1987；

——GB 1342—1977。

玻璃丝包绕组线
第4部分:180级浸漆玻璃丝包铜扁线和玻璃丝包漆包铜扁线

1 范围

GB/T 7672的本部分规定了温度指数180,浸漆玻璃丝包铜扁线和浸漆玻璃丝包2级漆膜厚度漆包铜扁线的要求。

注:对于此类绕组线,热冲击试验不适用,热冲击温度未加规定,因此无法规定基于温度指数和热冲击温度要求的等级。

漆包线应基于下列之一的标准,并应由供需双方协商确定:

——GB/T 7095.3 漆包扁绕组线 第3部分:155级聚酯漆包铜扁线;

——GB/T 7095.4 漆包扁绕组线 第4部分:180级聚酯亚胺漆包铜扁线;

——GB/T 7095.6 漆包扁绕组线 第6部分:200级聚酯或聚酯亚胺/聚酰胺酰亚胺复合漆包铜扁线;

——IEC 60317-30 特种绕组线标准 第30部分:220级聚酰亚胺漆包铜扁线。

所使用的漆包线,其最低热级应为155。

浸漆玻璃丝包线的温度指数取决于使用的浸渍漆种类。浸渍玻璃丝的浸渍漆宜具有最低180的温度指数。

绕包层厚度分为四种:

——GL1:在裸导体上绕包单玻璃丝;

——GL2:在裸导体上绕包双玻璃丝;

——Grade 2 GL1:在2级漆膜厚度漆包线上绕包单玻璃丝;

——Grade 2 GL2:在2级漆膜厚度漆包线上绕包双玻璃丝。

玻璃丝包层可为:

a) 单玻璃丝包;

b) 双玻璃丝包,两层玻璃丝绕包方向相反。

本部分规定的导体标称尺寸范围为:

——宽边尺寸:最小2.00 mm,最大16.00 mm;

——窄边尺寸:最小0.80 mm,最大5.60 mm。

宽边尺寸和窄边尺寸的组合以及宽边尺寸和窄边尺寸的比值见GB/T 7672.1—2008的规定。

2 规范性引用文件

下列文件中的条款通过GB/T 7672的本部分的引用而成为本部分的条款。凡是注日期的引用文件,其随后所有的修改单(不包括勘误的内容)或修订版均不适用于本部分,然而,鼓励根据本部分达成协议的各方研究是否可使用这些文件的最新版本。凡是不注日期的引用文件,其最新版本适用于本部分。

GB/T 7095.3 漆包扁绕组线 第3部分:155级聚酯漆包铜扁线(GB/T 7095.3—2008,IEC 60317-16:1990,IDT)

GB/T 7095.4 漆包扁绕组线 第4部分:180级聚酯亚胺漆包铜扁线(GB/T 7095.4—2008,

IEC 60317-28:1990,IDT)

GB/T 7095.6　漆包扁绕组线　第6部分:200级聚酯或聚酯亚胺/聚酰胺酰亚胺复合漆包铜扁线(GB/T 7095.6—2008,IEC 60317-29:1990,IDT)

GB/T 7672.1—2008　玻璃丝包绕组线　第1部分:玻璃丝包铜扁绕组线　一般规定(IEC 60317-0-4:2006,IDT)

IEC 60317-30　特种绕组线标准　第30部分:220级聚酰亚胺漆包铜扁线

3　定义、试验方法总则和外观

3.1　概述

定义和试验方法总则见GB/T 7672.1—2008中第3章。

若GB/T 7672.1—2008与本部分有矛盾,以本部分为准。

3.2　外观

见GB/T 7672.1—2008中3.3。

4　尺寸

见GB/T 7672.1—2008中第4章。

5　电阻

见GB/T 7672.1—2008中第5章。

6　伸长率

见GB/T 7672.1—2008中第6章。

7　回弹性

见GB/T 7672.1—2008中第7章。

8　柔韧性和附着力

见GB/T 7672.1—2008中第8章。

9　热冲击

不适用。

10　软化击穿

不适用。

11　耐刮试验

不适用。

12　耐溶剂

不适用。

13　击穿电压

见GB/T 7672.1—2008中第13章。

14 绝缘连续性

不适用。

15 温度指数

见 GB/T 7672.1—2008 中第 15 章。

16 耐冷冻剂

不适用。

17 直焊性

不适用。

18 热粘合或溶剂粘合

不适用。

19 介质损耗因数

不适用。

20 耐变压器油

不适用。

21 失重

不适用。

23 针孔试验

不适用。

30 包装

见 GB/T 7672.1—2008 中第 30 章。

ICS 29.060.10
K 12

中华人民共和国国家标准

GB/T 7672.5—2008/IEC 60317-33:1990

玻璃丝包绕组线 第5部分:200级浸漆玻璃丝包铜扁线和玻璃丝包漆包铜扁线

Glass-fiber wound winding wires—
Part 5:Glass-fiber wound resin or varnish impregnated,bare or enamelled rectangular copper wire,temperature index 200

(IEC 60317-33:1990,Specifications for particular types of winding wires—
Part 33:Glass-fiber wound resin or varnish impregnated,
bare or enamelled rectangular copper wire,temperature index 200,IDT)

2008-06-30 发布　　　　2009-05-01 实施

中华人民共和国国家质量监督检验检疫总局
中国国家标准化管理委员会　发布

前　言

GB/T 7672《玻璃丝包绕组线》分为15个部分:

——第1部分:玻璃丝包铜扁绕组线　一般规定;

——第2部分:130级浸漆玻璃丝包铜扁线和玻璃丝包漆包铜扁线;

——第3部分:155级浸漆玻璃丝包铜扁线和玻璃丝包漆包铜扁线;

——第4部分:180级浸漆玻璃丝包铜扁线和玻璃丝包漆包铜扁线;

——第5部分:200级浸漆玻璃丝包铜扁线和玻璃丝包漆包铜扁线;

——第6部分:玻璃丝包薄膜绕包铜扁线;

——第7部分:玻璃丝包云母绕包铜扁线(在考虑中);

——第8部分:玻璃丝包薄膜绕包烧结铜扁线(在考虑中);

——第9部分:聚酯纤维和玻璃丝绕包铜扁线和漆包铜扁线(在考虑中);

——第12部分:自粘性玻璃丝包铜扁绕组线(在考虑中);

——第21部分:玻璃丝包铜圆绕组线　一般规定;

——第22部分:155级浸漆玻璃丝包铜圆线和玻璃丝包漆包铜圆线;

——第23部分:180级浸漆玻璃丝包铜圆线和玻璃丝包漆包铜圆线;

——第24部分:200级浸漆玻璃丝包铜圆线和玻璃丝包漆包铜圆线;

——第25部分:玻璃丝包薄膜绕包铜圆线(在考虑中)。

本部分为GB/T 7672的第5部分。

本部分等同采用IEC 60317-33:1990《特种绕组线标准　第33部分:温度指数200玻璃丝包、树脂或漆粘结裸或漆包铜扁线》第1版及第1号修改单(1997)和第2号修改单(2005)。

为便于使用,本部分做了下列编辑性修改:

——删除了IEC 60317-33:1990的引言和前言;

——第2章采用了适用于我国标准的引用语,删除了IEC 60317-33:1990的引用语。

对于IEC 60317-33:1990的第1号修改单(1997)和第2号修改单(2005),其内容已纳入正文中,并在它们所涉及的条款的页边空白处用垂直双线标识。

本部分由中国电器工业协会提出。

本部分由全国电线电缆标准化技术委员会归口。

本部分主要起草单位:上海电缆研究所。

本部分参加起草单位:无锡市锡洲电磁线有限公司、无锡环宇电磁线有限公司、上海裕生特种线材有限公司、江阴市新艺铜业有限公司、辽宁东港电磁线有限公司、江阴市华源科技有限公司。

本部分主要起草人:徐进法、邵武军、戴涛、张志新、毋德书、康振良、张敬平。

本部分为首次发布。

玻璃丝包绕组线 第5部分:200级浸漆玻璃丝包铜扁线和玻璃丝包漆包铜扁线

1 范围

GB/T 7672的本部分规定了温度指数200,浸漆玻璃丝包铜扁线和浸漆玻璃丝包2级漆膜厚度漆包铜扁线的要求。其中浸渍漆,例如可为聚酯亚胺或硅树脂漆。

注:对于此类绕组线,热冲击试验不适用,热冲击温度未加规定,因此无法规定基于温度指数和热冲击温度要求的等级。

漆包线基于下列之一的标准,并应由供需双方协商确定:

——GB/T 7095.4 漆包扁绕组线 第4部分:180级聚酯亚胺漆包铜扁线;

——GB/T 7095.6 漆包扁绕组线 第6部分:200级聚酯或聚酯亚胺/聚酰胺酰亚胺复合漆包铜扁线;

——IEC 60317-30 特种绕组线标准 第30部分:220级聚酰亚胺漆包铜扁线。

所使用的漆包线,其最低热级应为180。

浸漆玻璃丝包线温度指数取决于使用的浸渍漆种类。浸渍玻璃丝的浸渍漆宜具有最低200的温度指数。

绕包层厚度分为四种:

——GL1:在裸导体上绕包单玻璃丝;

——GL2:在裸导体上绕包双玻璃丝;

——Grade 2 GL1:在2级漆膜厚度漆包线上绕包单玻璃丝;

——Grade 2 GL2:在2级漆膜厚度漆包线上绕包双玻璃丝。

玻璃丝包层可为:

a) 单玻璃丝包;

b) 双玻璃丝包,两层玻璃丝绕包方向相反。

本部分规定的导体标称尺寸范围为:

——宽边尺寸:最小2.00 mm,最大16.00 mm;

——窄边尺寸:最小0.80 mm,最大5.60 mm。

宽边尺寸和窄边尺寸的组合以及宽边尺寸和窄边尺寸的比值见GB/T 7672.1—2008的规定。

2 规范性引用文件

下列文件中的条款通过GB/T 7672的本部分的引用而成为本部分的条款。凡是注日期的引用文件,其随后所有的修改单(不包括勘误的内容)或修订版均不适用于本部分,然而,鼓励根据本部分达成协议的各方研究是否可使用这些文件的最新版本。凡是不注日期的引用文件,其最新版本适用于本部分。

GB/T 7095.4 漆包扁绕组线 第4部分:180级聚酯亚胺漆包铜扁线(GB/T 7095.4—2008,IEC 60317-28:1990,IDT)

GB/T 7095.6 漆包扁绕组线 第6部分:200级聚酯或聚酯亚胺/聚酰胺酰亚胺复合漆包铜扁线(GB/T 7095.6—2008,IEC 60317-29:1990,IDT)

GB/T 7672.1—2008 玻璃丝包绕组线 第1部分：玻璃丝包铜扁绕组线 一般规定(IEC 60317-0-4:2006,IDT)

IEC 60317-30 特种绕组线标准 第30部分：220级聚酰亚胺漆包铜扁线

3 定义、试验方法总则和外观

3.1 概述

定义和试验方法总则见GB/T 7672.1—2008中第3章。

若GB/T 7672.1—2008与本部分有矛盾，以本部分为准。

3.2 外观

见GB/T 7672.1—2008中3.3。

4 尺寸

见GB/T 7672.1—2008中第4章。

5 电阻

见GB/T 7672.1—2008中第5章。

6 伸长率

见GB/T 7672.1—2008中第6章。

7 回弹性

见GB/T 7672.1—2008中第7章。

8 柔韧性和附着力

见GB/T 7672.1—2008中第8章，试样应拉伸5%。

9 热冲击

不适用。

10 软化击穿

不适用。

11 耐刮试验

不适用。

12 耐溶剂

不适用。

13 击穿电压

见GB/T 7672.1—2008中第13章。

14 绝缘连续性

不适用。

15 温度指数

见 GB/T 7672.1—2008 中第 15 章。

16 耐冷冻剂

不适用。

17 直焊性

不适用。

18 热粘合或溶剂粘合

不适用。

19 介质损耗因数

不适用。

20 耐变压器油

不适用。

21 失重

不适用。

23 针孔试验

不适用。

30 包装

见 GB/T 7672.1—2008 中第 30 章。

ICS 29.060.10
K 12

中华人民共和国国家标准

GB/T 7672.6—2008
代替 GB/T 7672.6—1987

玻璃丝包绕组线
第6部分：玻璃丝包薄膜绕包铜扁线

**Glass-fiber wound winding wires—
Part 6: Glass-fiber and film wound rectangular copper wire**

2008-06-30 发布 2009-05-01 实施

中华人民共和国国家质量监督检验检疫总局
中国国家标准化管理委员会 发布

前　言

GB/T 7672《玻璃丝包绕组线》分为15个部分：

——第1部分：玻璃丝包铜扁绕组线　一般规定；
——第2部分：130级浸漆玻璃丝包铜扁线和玻璃丝包漆包铜扁线；
——第3部分：155级浸漆玻璃丝包铜扁线和玻璃丝包漆包铜扁线；
——第4部分：180级浸漆玻璃丝包铜扁线和玻璃丝包漆包铜扁线；
——第5部分：200级浸漆玻璃丝包铜扁线和玻璃丝包漆包铜扁线；
——第6部分：玻璃丝包薄膜绕包铜扁线；
——第7部分：玻璃丝包云母绕包铜扁线(在考虑中)；
——第8部分：玻璃丝包薄膜绕包烧结铜扁线(在考虑中)；
——第9部分：聚酯纤维和玻璃丝绕包铜扁线和漆包铜扁线(在考虑中)；
——第12部分：自粘性玻璃丝包铜扁绕组线(在考虑中)；
——第21部分：玻璃丝包铜圆绕组线　一般规定；
——第22部分：155级浸漆玻璃丝包铜圆线和玻璃丝包漆包铜圆线；
——第23部分：180级浸漆玻璃丝包铜圆线和玻璃丝包漆包铜圆线；
——第24部分：200级浸漆玻璃丝包铜圆线和玻璃丝包漆包铜圆线；
——第25部分：玻璃丝包薄膜绕包铜圆线(在考虑中)。

本部分为GB/T 7672的第6部分。

本部分代替GB/T 7672.6—1987《玻璃丝包绕组线　第6部分：玻璃丝包薄膜绕包扁线》。

本部分与GB/T 7672.6—1987相比，主要变化如下：

——增加了温度指数为200的新产品；
——本部分表2第2列的绝缘标称厚度在保留GB/T 7672.6—1987中表2规定的0.40 mm、0.50 mm和0.60 mm等基础上，另外增加了0.20 mm、0.30 mm、0.70 mm、0.80 mm和0.90 mm等五个尺寸；
——本部分第8章增加了对产品回弹性的考核，规定产品的最大回弹角不超过5.5°；
——本部分第14章规定通过击穿电压试验的试样数为五个，GB/T 7672.6—1987中第4.3条规定通过击穿电压试验的试样数为四个；本部分表4内对绝缘标称厚度为0.50 mm和0.60 mm时产品的耐电压水平统一为5 000 V，而GB/T 7672.6—1987中表4内绝缘标称厚度为0.50 mm，耐电压水平为4 500 V，绝缘标称厚度为0.60 mm，耐电压水平为5 500 V。另外本部分表4中还增加了绝缘标称厚度为0.20 mm、0.30 mm、0.70 mm、0.80 mm、0.90 mm时产品耐电压性能要求。

本部分由中国电器工业协会提出。

本部分由全国电线电缆标准化技术委员会归口。

本部分主要起草单位：上海电缆研究所。

本部分参加起草单位：上海申茂电磁线厂、常熟豪威福集团有限公司、顺特电气有限公司番禺分公司、无锡环宇电磁线有限公司、山东万达电磁线厂。

本部分主要起草人：张敬平、宋安、毛伟杰、顾新梅、王娟、巴玉国、戴涛。

本部分所代替标准的历次版本发布情况为：

——GB/T 7672.6—1987；
——GB 1342—1977。

玻璃丝包绕组线
第6部分:玻璃丝包薄膜绕包铜扁线

1 范围

GB/T 7672的本部分规定了浸漆玻璃丝包、薄膜绕包铜扁线的要求。浸漆玻璃丝包、薄膜烧结绕包铜扁线不包括在本部分的范围内。

——宽边尺寸:最小2.00 mm,最大16.00 mm;

——窄边尺寸:最小0.80 mm,最大5.60 mm。

宽边尺寸和窄边尺寸的组合以及比值见GB/T 7672.1—2008的规定。

2 规范性引用文件

下列文件中的条款通过GB/T 7672的本部分的引用而成为本部分的条款。凡是注日期的引用文件,其随后所有的修改单(不包括勘误的内容)或修订版均不适用于本部分,然而,鼓励根据本部分达成协议的各方研究是否可使用这些文件的最新版本。凡是不注日期的引用文件,其最新版本适用于本部分。

GB/T 4074.1 绕组线试验方法 第1部分:一般规定(GB/T 4074.1—2008,IEC 60851-1:1996,IDT)

GB/T 4074.2 绕组线试验方法 第2部分:尺寸测量(GB/T 4074.2—2008,IEC 60851-2:1997,IDT)

GB/T 4074.3 绕组线试验方法 第3部分:机械性能(GB/T 4074.3—2008,IEC 60851-3:1997,IDT)

GB/T 4074.5—2008 绕组线试验方法 第5部分:电性能(IEC 60851-5:2004,IDT)

GB/T 7672.1—2008 玻璃丝包绕组线 第1部分:玻璃丝包铜扁绕组线 一般规定(IEC 60317-0-4:2006,IDT)

GB/T 7672.2 玻璃丝包绕组线 第2部分:130级浸漆玻璃丝包铜扁线和玻璃丝包漆包铜扁线

GB/T 7672.3 玻璃丝包绕组线 第3部分:155级浸漆玻璃丝包铜扁线和玻璃丝包漆包铜扁线(GB/T 7672.3—2008,IEC 60317-32:1990,IDT)

GB/T 7672.4 玻璃丝包绕组线 第4部分:180级浸漆玻璃丝包铜扁线和玻璃丝包漆包铜扁线(GB/T 7672.4—2008 ,IEC 60317-31:1990,IDT)

GB/T 7672.5 玻璃丝包绕组线 第5部分:200级浸漆玻璃丝包铜扁线和玻璃丝包漆包铜扁线(GB/T 7672.5—2008,IEC 60317-33:1990,IDT)

3 定义、试验方法总则和外观

3.1 概述

除GB/T 7672的本部分规定的定义外,其他的定义见GB/T 7672.1—2008中3.1。

试验方法总则见GB/T 7672.1—2008中3.2。

若GB/T 7672.1—2008与本部分有矛盾,以本部分为准。

3.2 定义

薄膜 film

最大厚度可任意限定的薄型塑料制品,厚度比其长度和宽度小得多,一般成卷供应。

注:最大极限厚度通常为几百微米。

3.3 外观

见 GB/T 7672.1—2008 中 3.3。

4 产品型号

玻璃丝包薄膜绕包铜扁线的型号-温度指数见表 1。

表 1 玻璃丝包薄膜绕包铜扁线的型号-温度指数

型　号	名　称
GLMB-130	温度指数 130 单玻璃丝包薄膜绕包铜扁线
GLEMB-130	温度指数 130 双玻璃丝包薄膜绕包铜扁线
GLMB-155	温度指数 155 单玻璃丝包薄膜绕包铜扁线
GLEMB-155	温度指数 155 双玻璃丝包薄膜绕包铜扁线
GLMB-180	温度指数 180 单玻璃丝包薄膜绕包铜扁线
GLEMB-180	温度指数 180 双玻璃丝包薄膜绕包铜扁线
GLMB-200	温度指数 200 单玻璃丝包薄膜绕包铜扁线
GLEMB-200	温度指数 200 双玻璃丝包薄膜绕包铜扁线

5 结构和尺寸

5.1 导体

导体的尺寸见 GB/T 7672.1—2008 中 4.1、4.2 和 4.3。

5.2 薄膜绕包

薄膜应紧密地、均匀平整地绕包在铜导体上，薄膜不应缺层、不应有起皱和开裂等缺陷。

薄膜应采用重叠绕包，重叠宽度应不少于带宽的三分之一，薄膜厚度、绕包层数及其他重叠宽度由供需双方协商确定。

5.3 浸漆玻璃丝包

浸漆玻璃丝包层的结构和厚度宜符合 GB/T 7672.2、GB/T 7672.3、GB/T 7672.4、GB/T 7672.5 的相关规定或由供需双方协商确定。

5.4 绝缘厚度

绝缘厚度应符合表 2 的规定或由供需双方协商确定，窄边上的绝缘厚度不作考核。

表 2 绝缘厚度

名称	绝缘标称厚度/ mm	偏差/ %
玻璃丝包薄膜绕包铜扁线	0.20	±15
	0.30 0.40 0.50 0.60 0.70 0.80 0.90	−15

注：绝缘厚度为浸漆玻璃丝包层厚度和薄膜绕包层厚度的总和。

因接丝、修补所造成的绝缘粗大部分最大厚度应不超过绝缘厚度规定值的一倍，长度应不超过150 mm。

5.5 外形尺寸

5.5.1 标称外形尺寸

标称外形尺寸应以裸导体的标称尺寸与标称绝缘厚度的和计算。

5.5.2 最小外形尺寸

最小外形尺寸应以裸导体的最小尺寸与最小绝缘厚度的和计算。

5.5.3 最大外形尺寸

最大外形尺寸应以裸导体最大尺寸与最大绝缘厚度的和计算。

6 电阻

玻璃丝包薄膜绕包铜扁线电阻应用 20 ℃时的直流电阻表示。采用的测量方法精确度应为 0.5%。

电阻最大值应不大于按最小导体截面积和电阻系数为 1/58 $\Omega \cdot mm^2 \cdot m^{-1}$ 计算出来的值，其中最小导体截面积按最小窄边尺寸和最小宽边尺寸以及最大圆角半径计算。

应测量一次。

7 伸长率

断裂伸长率应符合 GB/T 7672.1—2008 中第 6 章的规定。

8 回弹性

玻璃丝包薄膜绕包铜扁线最大回弹角应不超过 5.5°。

9 柔韧性和附着性

9.1 圆棒卷绕试验

玻璃丝包薄膜绕包铜扁线在直径如表 3 规定的圆棒上分别进行宽边弯曲和窄边弯曲后，绝缘层应无开裂至裸露薄膜。

单玻璃丝包薄膜绕包铜扁线不作考核。

表 3 圆棒卷绕

玻璃丝包薄膜绕包铜扁线弯曲		圆棒直径
宽边	≤8 mm	10×宽边尺寸
	>8 mm	15×宽边尺寸
窄边	全部尺寸	10×窄边尺寸

无开裂和无裂口的试样应符合第 14 章要求。

9.2 附着性试验

不适用。

10 热冲击

不适用。

11 软化击穿

不适用。

12 耐刮试验

不适用。

13 耐溶剂试验

不适用。

14 击穿电压

试样按表 3 规定的圆棒弯曲后进行击穿电压试验，五个试样的击穿电压值应符合表 4 规定。

表 4 击穿电压

绝缘标称厚度/ mm	最小击穿电压(均方根值)/ V
0.20 0.30 0.40	2 500
0.50 0.60	5 000
0.70 0.80 0.90	6 000

15 绝缘连续性

不适用。

16 温度指数

温度指数取决于使用的浸渍漆和薄膜种类。试验方法由供需双方协商确定。最大使用温度应根据经验而定。

17 耐冷冻剂

不适用。

18 直焊性

不适用。

19 热粘合或溶剂粘合

不适用。

20 介质损耗因数

不适用。

21 耐变压器油

不适用。

22 失重

不适用。

23 针孔试验

不适用。

24 检验规则

24.1 产品应由制造厂的技术检查部门检验合格后方能出厂，出厂产品应附有产品合格证。

24.2 产品应分别按表5规定的试验项目进行验收，型式试验(T)、例行试验(R)和抽样试验(S)的定义见GB/T 4074.1的规定。

24.3 抽样试验项目第一次试验结果不合格时，应加倍抽样就不合格项目进行第二次试验，仍不合格时应100%取样试验，每批产品的抽样数量由供需双方协议确定。

25 包装

包装类别可能影响玻璃丝包薄膜绕包铜扁线的某种性能，例如回弹性。因此包装类别，例如交货盘类型，应由供需双方协商确定。

玻璃丝包薄膜绕包铜扁线应整齐而紧密地绕在线轴上或装在容器内。除非供需双方协商同意，线轴和容器内不应有一个以上线段。如果多于一个线段，则应由供需双方确定在包装上使用标签和/或标识以表明各线段长度。

如果玻璃丝包薄膜绕包铜扁线成圈交货，成圈的尺寸和最大重量应由供需双方协商确定，其附加保护装置也应由供需双方协商确定。

由供需双方协商确定的标签应系在每一包装上，并应包括下列内容：

a) 制造商的名称和/或商标；

b) 玻璃丝包薄膜绕包铜扁线和绝缘的类型，如商标和/或产品标准；

c) 玻璃丝包薄膜绕包铜扁线的净重；

d) 玻璃丝包薄膜绕包铜扁线的标称尺寸和绝缘厚度等级；

e) 生产日期。

表5 玻璃丝包薄膜绕包铜扁线的试验项目和试验方法

序号	项目名称	技术要求	试验类别	试验方法
1	外观	应符合本部分3.3的规定	T、R	正常视力
2	尺寸		T、S	GB/T 4074.2 正常视力
2.1	导体尺寸和圆角半径	应符合本部分5.1的规定		
2.2	绝缘厚度	应符合本部分5.4的规定		
2.3	最大外形尺寸	应符合本部分5.5.3的规定		
3	电阻	应符合本部分第6章的规定	T、S	GB/T 4074.5
4	伸长率	应符合本部分第7章的规定	T、S	GB/T 4074.3
5	回弹性	应符合本部分第8章的规定	T、S	GB/T 4074.3
6	柔韧性和附着性		T、S	GB/T 4074.3
6.1	圆棒卷绕试验	应符合本部分9.1的规定		
7	击穿电压	应符合本部分第14章的规定	T、S	GB/T 4074.5—2008中4.7
8	包装	应符合本部分第25章的规定	T、R	1 mm精度卷尺，正常视力

ICS 29.060.10
K 12

中华人民共和国国家标准

GB/T 7672.21—2008/IEC 60317-0-6:2007
代替 GB/T 7672.1—1987

玻璃丝包绕组线 第21部分:玻璃丝包铜圆绕组线 一般规定

**Glass-fiber wound winding wires—
Part 21:Glass-fiber wound round copper wire—General requirements**

(IEC 60317-0-6:2007,Specifications for particular types of winding wires—
Part 0-6:General requirements—Glass-fibre wound resin or varnish impregnated,
bare or enamelled round copper wire,IDT)

2008-06-30 发布　　2009-05-01 实施

中华人民共和国国家质量监督检验检疫总局
中国国家标准化管理委员会　发布

前　言

GB/T 7672《玻璃丝包绕组线》分为15个部分：
——第1部分：玻璃丝包铜扁绕组线　一般规定；
——第2部分：130级浸漆玻璃丝包铜扁线和玻璃丝包漆包铜扁线；
——第3部分：155级浸漆玻璃丝包铜扁线和玻璃丝包漆包铜扁线；
——第4部分：180级浸漆玻璃丝包铜扁线和玻璃丝包漆包铜扁线；
——第5部分：200级浸漆玻璃丝包铜扁线和玻璃丝包漆包铜扁线；
——第6部分：玻璃丝包薄膜绕包铜扁线；
——第7部分：玻璃丝包云母绕包铜扁线(在考虑中)；
——第8部分：玻璃丝包薄膜绕包烧结铜扁线(在考虑中)；
——第9部分：聚酯纤维和玻璃丝绕包铜扁线和漆包铜扁线(在考虑中)；
——第12部分：自粘性玻璃丝包铜扁绕组线(在考虑中)；
——第21部分：玻璃丝包铜圆绕组线　一般规定；
——第22部分：155级浸漆玻璃丝包铜圆线和玻璃丝包漆包铜圆线；
——第23部分：180级浸漆玻璃丝包铜圆线和玻璃丝包漆包铜圆线；
——第24部分：200级浸漆玻璃丝包铜圆线和玻璃丝包漆包铜圆线；
——第25部分：玻璃丝包薄膜绕包铜圆线(在考虑中)。

本部分是GB/T 7672的第21部分。

本部分等同采用IEC 60317-0-6:2007《特种绕组线标准　第0-6部分：玻璃丝包、树脂或漆粘结裸或漆包铜圆线　一般规定》第1.1版(英文版)。

为便于使用，本部分做了下列编辑性修改：
——删除了IEC 60317-0-6:2007的引言和前言；
——用小数点“.”代替作为小数点的逗号“,”；
——将表1注3中的Grade 1G1改为Grade 1 GL1，Grade 2 G1改为Grade 2 GL1；将表2注3中的G2改为GL2，Grade 1G2改为Grade 1 GL2，Grade 2 G2改为Grade 2 GL2；
——增加资料性附录D，列出了IEC 60317-0-6:2007的产品型号表示方法和与此相对应的国内产品型号的表示方法，并对产品标记除产品型号外增加了导体尺寸、温度指数和具体产品标准编号等；
——增加资料性附录E“试验项目类别”。

本部分代替GB/T 7672.1—1987《玻璃丝包绕组线　第1部分：一般规定》。

本部分与GB/T 7672.1—1987相比，主要变化如下：
——产品范围：本部分删除了GB/T 7672.1—1987中有关扁线和铝圆线的内容；
——产品分类：GB/T 7672.1—1987按产品结构进行分类，本部分按热级进行分类。

本部分的附录A、附录B、附录C、附录D和附录E为资料性附录。

本部分由中国电器工业协会提出。

本部分由全国电线电缆标准化技术委员会归口。

本部分主要起草单位：上海电缆研究所。

本部分参加起草单位：上海申茂电磁线厂、上海裕生特种线材有限公司、无锡市锡洲电磁线有限公司、四川金瑞电工有限责任公司。

本部分主要起草人：张敬平、毛伟杰、刘明福、徐进法、俞安琼、邵武军、王新营。

本部分所代替标准的历次版本发布情况为：

——GB/T 7672.1—1987；

——GB 1342—1977。

玻璃丝包绕组线
第21部分:玻璃丝包铜圆绕组线
一般规定

1 范围

GB/T 7672的本部分规定了浸漆玻璃丝包铜圆线和浸漆玻璃丝包漆包铜圆线的一般要求。

导体的标称直径见相应的产品标准(产品型号和标记参见附录D)。

当引用GB/T 7672.22、GB/T 7672.23和GB/T 7672.24中某一个标准的玻璃丝包铜圆绕组线时,应给出下述内容:

——GB编号和/或IEC编号;

——导体标称直径,mm;

——漆膜和丝包层的厚度等级。

玻璃丝包圆线的绝缘层按厚度分为:

——GL1:在裸导体上绕包单玻璃丝层;

——GL2:在裸导体上绕包双玻璃丝层;

——Grade 1 GL1:在1级漆膜厚度漆包线上绕包单玻璃丝层;

——Grade 1 GL2:在1级漆膜厚度漆包线上绕包双玻璃丝层;

——Grade 2 GL1:在2级漆膜厚度漆包线上绕包单玻璃丝层;

——Grade 2 GL2:在2级漆膜厚度漆包线上绕包双玻璃丝层。

2 规范性引用文件

下列文件中的条款通过GB/T 7672的本部分的引用而成为本部分的条款。凡是注日期的引用文件,其随后所有的修改单(不包括勘误的内容)或修订版均不适用于本部分,然而,鼓励根据本部分达成协议的各方研究是否可使用这些文件的最新版本。凡是不注日期的引用文件,其最新版本适用于本部分。

GB/T 321—2005 优先数和优先数系(ISO 3:1973,IDT)

GB/T 4074.1 绕组线试验方法 第1部分:一般规定(GB/T 4074.1—2008,IEC 60851-1:1996,IDT)

GB/T 4074.2 绕组线试验方法 第2部分:尺寸测量(GB/T 4074.2—2008,IEC 60851-2:1997,IDT)

GB/T 4074.3 绕组线试验方法 第3部分:机械性能(GB/T 4074.3—2008,IEC 60851-3:1997,IDT)

GB/T 4074.4 绕组线试验方法 第4部分:化学性能(GB/T 4074.4—2008,IEC 60851-4:2005,IDT)

GB/T 4074.5—2008 绕组线试验方法 第5部分:电性能(IEC 60851-5:2004,IDT)

GB/T 4074.6 绕组线试验方法 第6部分:热性能(GB/T 4074.6—2008,IEC 60851-6:1996,IDT)

3 定义、试验方法总则和外观

3.1 定义

下列定义适用于 GB/T 7672 的本部分。

3.1.1

漆膜 coating

用适当的方法涂敷在导体或线上,然后烘焙和/或固化的材料。

3.1.2

导体 conductor

除去绝缘后的裸金属线。

3.1.3

包覆层 covering

通过绕、包或编织在裸或绝缘导体上的材料。

3.1.4

开裂 crack

绝缘上的裂口,在规定放大倍数下可看到导体。

3.1.5

漆包线 enamelled wire

包覆已固化绝缘漆膜的线。

3.1.6

级 grade

线的绝缘厚度范围。

3.1.7

绝缘 insulation

导体上能耐受电压的涂敷层或包覆层。

3.1.8

导体标称尺寸 nominal conductor dimension

按照本部分规定的导体尺寸。

3.1.9

绕组线 winding wire

能绕制线圈并提供磁场的线。

3.1.10

线 wire

涂敷或包覆绝缘的导体。

3.1.11

正常视力 normal vision

20/20 视力,若必要,用矫正视力。

3.2 试验方法总则

本部分采用的全部试验方法见 GB/T 4074。

本部分使用的条文号与 GB/T 4074 中相应的试验条文号一致。

若 GB/T 4074 标准与本部分有矛盾,以本部分为准。

对未规定导体标称直径范围的试验项目(试验项目类别参见附录 E),该试验适用于产品标准包括的全部导体标称直径。

除非另有规定，所有试验应在温度为 15 ℃～35 ℃，相对湿度为 45%～75%的条件下进行。测量前，试样应在上述条件下放置足够长时间，使试样达到稳定状态。

试验用线从包装上取下时，不应承受张力或不必要的弯曲。每次试验前宜去掉足够长的线，以保证试样不夹带损坏的线段。

3.3 外观

用正常视力检查时，绕于线盘上的玻璃丝包铜圆绕组线产品，其玻璃丝绕包层应连续、没有气泡和杂质。

4 尺寸

4.1 导体直径

导体标称直径的优先尺寸系列应符合 GB/T 321—2005 的 R20 数系。实际尺寸和公差见表 1 和表 2。

由于技术原因，用户可以选择导体标称直径的中间尺寸，其中间尺寸应符合 GB/T 321—2005 的 R40 数系。实际尺寸和公差见附录 A。

导体直径与标称直径之差应在表 1 和表 2 规定的范围内。

表 1 单玻璃丝包 1 级或 2 级漆膜厚度漆包圆线尺寸

导体标称直径/mm	导体直径公差/mm ±	单玻璃丝包层最小绝缘厚度/mm	单玻璃丝包最大外径/mm	
			Grade 1 GL1	Grade 2 GL1
0.500	0.005	0.064	0.665	0.685
0.560	0.006	0.102	0.776	0.795
0.630	0.006	0.102	0.839	0.864
0.710	0.007	0.102	0.922	0.949
0.800	0.008	0.102	1.020	1.047
0.900	0.009	0.102	1.125	1.155
1.000	0.010	0.102	1.230	1.260
1.120	0.011	0.102	1.352	1.385
1.250	0.013	0.102	1.485	1.518
1.400	0.014	0.102	1.640	1.676
1.600	0.016	0.102	1.841	1.880
1.800	0.018	0.102		2.085
2.000	0.020	0.102		2.285
2.240	0.022	0.102		2.535
2.500	0.025	0.102		2.800
2.800	0.028	0.114		3.130
3.150	0.032	0.114		3.492
3.550	0.036	0.114		3.896
4.000	0.040	0.114		4.353
4.500	0.045	0.114		4.861
5.000	0.050	0.114		5.370

注 1：对导体标称直径的中间尺寸，应取相邻的较大导体标称直径的最小绝缘厚度。

注 2：R40 数系的导体标称直径中间尺寸见附录 A。

注 3：Grade 1 GL1 是单玻璃丝绕包于 1 级漆膜厚度的漆包线上。Grade2 GL1 是单玻璃丝绕包于 2 级漆膜厚度的漆包线上。

表 2 双玻璃丝包裸圆线、双玻璃丝包 1 级或 2 级漆膜厚度漆包圆线尺寸

导体标称直径/mm	导体直径公差/mm ±	双玻璃丝包层最小绝缘厚度/mm	双玻璃丝包最大外径/mm		
			GL2	Grade 1 GL2	Grade 2 GL2
0.500	0.005	0.115	0.670	0.723	0.745
0.560	0.006	0.150	0.802	0.853	0.877
0.630	0.006	0.150	0.873	0.925	0.951
0.710	0.007	0.150	0.958	1.010	1.037
0.800	0.008	0.150	1.048	1.103	1.132
0.900	0.009	0.150	1.149	1.208	1.240
1.000	0.010	0.150	1.249	1.311	1.348
1.120	0.011	0.150	1.370	1.434	1.467
1.250	0.013	0.150	1.511	1.576	1.610
1.400	0.014	0.150	1.662	1.730	1.764
1.600	0.016	0.150	1.867	1.937	1.973
1.800	0.018	0.150	2.068		2.177
2.000	0.020	0.150	2.269		2.381
2.240	0.022	0.150	2.516		2.632
2.500	0.025	0.150	2.782		2.900
2.800	0.028	0.180	3.123		3.246
3.150	0.032	0.180	3.481		3.606
3.550	0.036	0.180	3.883		4.012
4.000	0.040	0.180	4.335		4.483
4.500	0.045	0.180	4.843		4.980
5.000	0.050	0.180	5.345		5.486

注 1：对导体标称直径的中间尺寸，应取相邻的较大导体标称直径的最小绝缘厚度。

注 2：R40 数系的导体标称直径中间尺寸见附录 A。

注 3：GL2 是双玻璃丝包裸导线。Grade 1 GL2 是双玻璃丝绕包于 1 级漆膜厚度的漆包线上。Grade 2 GL2 是双玻璃丝绕包于 2 级漆膜厚度的漆包线上。

4.2 导体不圆度

任一处最小和最大直径之差应不大于表 1 或表 2 中第 2 列规定值。

4.3 玻璃丝包层的最小绝缘厚度

玻璃丝包层的最小绝缘厚度应不小于表 1 或表 2 中的规定值。

4.4 最大外径

最大外径应不超过表 1 或表 2 中的规定值。

5 电阻

未规定电阻的最小和最大值。

电阻标称值见附录 B。

6 伸长率

最小伸长率应不小于表 3 中的规定值。

表 3 伸长率

导体标称直径/mm		玻璃丝包铜圆绕组线伸长率/%
>	≤	
—	0.630	—
0.630	1.250	15
1.250	2.800	20
2.800	5.000	30

7 回弹性

7.1 导体标称直径为 1.600 mm 及以下时，未规定要求。

7.2 导体标称直径大于 1.600 mm 时，玻璃丝包铜圆绕组线最大回弹角应不超过：

——玻璃丝包裸铜线，5°；

——玻璃丝包漆包线，5.5°。

8 柔韧性和附着力

在 10 倍于导体标称直径的圆棒上弯曲后，玻璃丝包层应不开裂而露出裸铜线或漆包线。

9 热冲击

不适用。

10 软化击穿

不适用。

11 耐刮试验

不适用。

12 耐溶剂试验

不适用。

13 击穿电压

13.1 玻璃丝包铜圆线

试验方法见 GB/T 4074.5—2008 中 4.6。

玻璃丝包铜圆线的击穿电压应符合表 4 的规定。

表 4 击穿电压

导体标称直径/mm		圆棒直径/mm	最小击穿电压/V	
>	≤		GL1 单玻璃丝包	GL2 双玻璃丝包
—	0.500	25	—	200
0.500	2.500	25	—	260
2.500	5.000	50	—	300

13.2 玻璃丝包漆包铜圆线

试验方法见 GB/T 4074.5—2008 中 4.6。

玻璃丝包漆包铜圆线的击穿电压应符合表 5 的规定。

表 5 击穿电压

导体标称直径/mm		圆棒直径/mm	最小击穿电压/V			
>	≤		Grade 1 GL1 单玻璃丝包	Grade 1 GL2 双玻璃丝包	Grade 2 GL1 单玻璃丝包	Grade 2 GL2 双玻璃丝包
0.500	1.000	25	750	1 000	1 000	1 200
1.120	2.500	25	1 000	1 200	1 260	1 500
2.500	—	50	1 200	1 500	1 600	1 800

14 绝缘连续性

不适用。

15 温度指数

温度指数取决于使用的浸渍漆的种类。试验方法应由供需双方协商确定。最大使用温度应根据经验而定。

16 耐冷冻剂

不适用。

17 直焊性

不适用。

18 热粘合或溶剂粘合

不适用。

19 介质损耗因数

不适用。

20 耐水解和耐变压器油

不适用。

21 失重

不适用。

23 针孔试验

不适用。

30 包装

产品包装类别可能影响产品的某种性能，例如回弹性。因此包装类别，例如交货盘类型，应由供需双方协商确定。

产品应整齐而紧密地绕在线轴上或装在容器内。除非供需双方协商同意，线轴和容器内不应有一个以上线段。如果多于一个线段，则应由供需双方确定在包装上使用标签和/或标识以表明各线段长度。

如果产品成圈交货，成圈的尺寸和最大重量应由供需双方协商确定，其附加保护装置也应由供需双方协商确定。

标签应附在每一包装上，并应包括下列内容：

a) 制造商的名称和/或商标；

b) 玻璃丝包铜圆绕组线和绝缘的类型；

c) 玻璃丝包铜圆绕组线的净重；

d) 玻璃丝包铜圆绕组线的标称尺寸和绝缘厚度等级；

e) 生产日期；

f) IEC 或 GB/T 7672 的相应产品标准编号。

附 录 A
(资料性附录)
导体标称直径中间尺寸(R40 数系)

本附录列出了导体标称直径的中间尺寸,仅由于技术原因,用户可以从中选择导体标称直径的中间尺寸。

表 A.1 单玻璃丝包 1 级或 2 级漆膜厚度漆包圆线尺寸(R40 数系)

导体标称直径/ mm	导体直径公差/ mm ±	单玻璃丝包层最小绝缘厚度/ mm	单玻璃丝包最大外径/ mm	
			Grade 1 GL1	Grade 2 GL1
0.530	0.006	0.102	0.746	0.765
0.600	0.006	0.102	0.809	0.834
0.670	0.007	0.102	0.882	0.909
0.750	0.008	0.102	0.970	0.997
0.850	0.009	0.102	1.075	1.105
0.950	0.010	0.102	1.170	1.210
1.060	0.011	0.102	1.290	1.325
1.180	0.012	0.102	1.412	1.448
1.320	0.013	0.102	1.560	1.596
1.500	0.015	0.102	1.741	1.780
1.700	0.017	0.102		1.985
1.900	0.019	0.102		2.185
2.120	0.021	0.102		2.415
2.360	0.024	0.102		2.660
2.650	0.027	0.114		2.990
3.000	0.030	0.114		3.342
3.350	0.034	0.114		3.696
3.750	0.038	0.114		4.103
4.250	0.043	0.114		4.611
4.750	0.048	0.114		5.120

表 A.2 双玻璃丝包裸圆线、双玻璃丝包 1 级或 2 级漆膜厚度漆包圆线尺寸(R40 数系)

导体标称直径/ mm	导体直径公差/ mm ±	双玻璃丝包层最小绝缘厚度/ mm	双玻璃丝包最大外径/ mm		
			GL2	Grade 1 GL2	Grade 2 GL2
0.530	0.006	0.150	0.772	0.823	0.847
0.600	0.006	0.150	0.843	0.895	0.921
0.670	0.007	0.150	0.918	0.970	0.997
0.750	0.008	0.150	0.998	1.053	1.082
0.850	0.009	0.150	1.099	1.158	1.190
0.950	0.010	0.150	1.199	1.261	1.298
1.060	0.011	0.150	1.310	1.374	1.407
1.180	0.012	0.150	1.441	1.506	1.540
1.320	0.013	0.150	1.582	1.650	1.684
1.500	0.015	0.150	1.767	1.837	1.873
1.700	0.017	0.150	1.968		2.077
1.900	0.019	0.150	2.169		2.281
2.120	0.021	0.150	2.396		2.512
2.360	0.024	0.150	2.642		2.760
2.650	0.027	0.180	2.973		3.096
3.000	0.030	0.180	3.331		3.456
3.350	0.034	0.180	3.665		3.800
3.750	0.038	0.180	4.085		4.233
4.250	0.043	0.180	4.593		4.730
4.750	0.048	0.180	5.095		5.236

附 录 B
（资料性附录）
电 阻

电阻标称值仅供参考，它们是根据导体标称直径和标称电阻率 1/58.5 Ω·mm²·m⁻¹计算出来的。

表 B.1 电阻

导体标称直径/ mm	标称电阻/ Ω/m
0.500	0.087 06
0.560	0.069 40
0.630	0.054 84
0.710	0.043 18
0.800	0.034 01
0.900	0.026 87
1.000	0.021 76
1.120	0.017 35
1.250	0.013 93
1.400	0.011 10
1.600	0.008 502
1.800	0.006 718
2.000	0.005 441
2.240	0.004 338
2.500	0.003 482
2.800	0.002 776
3.150	0.002 193
3.550	0.001 727
4.000	0.001 360
4.500	0.001 075
5.000	0.000 870 6

附 录 C
（资料性附录）
高温失效试验

未规定试验要求。

试验方法见 GB/T 4074.6—2008 中的附录 A。

附　录　D
（资料性附录）
产品型号和标记

D.1　代号

系列代号……………………………………………………GL

玻璃丝包层或聚酯纤维和玻璃丝绕包层代号
浸漆单玻璃丝包层…………………………………………省略
浸漆双玻璃丝包层…………………………………………E
聚酯纤维和玻璃丝绕包一层………………………………D
聚酯纤维和玻璃丝绕包二层………………………………DE

薄膜绕包层代号
薄膜绕包层代号……………………………………………M

裸导体或漆包线代号
裸导体………………………………………………………省略
1级漆膜厚度漆包线…………………………………………Q1
2级漆膜厚度漆包线…………………………………………Q2

导体材料特征代号
铜……………………………………………………………省略

导体形状代号
圆线…………………………………………………………省略

D.2　产品型号和标记

D.2.1　产品型号

产品型号的组成和排列顺序如下：

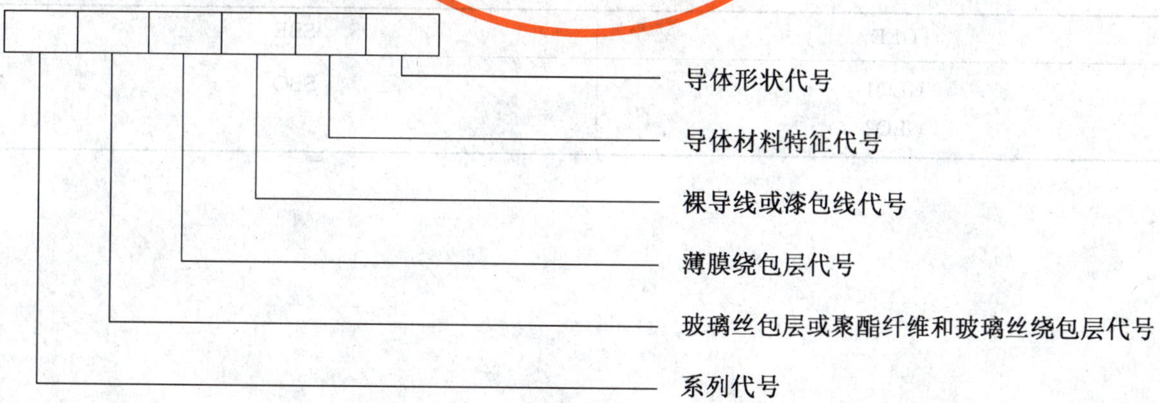

D.2.2 产品标记

D.2.2.1 对于浸漆玻璃丝包铜圆线和玻璃丝包漆包铜圆线，产品标记由产品型号、导体标称直径和产品标准编号组成。

D.2.2.2 对于玻璃丝包薄膜绕包铜圆线，产品标记由产品型号、温度指数、绝缘厚度、导体标称直径和产品标准编号组成。

D.2.2.3 例如：温度指数为155双玻璃丝包2级漆膜厚度漆包铜圆线，导体标称直径1.000 mm，表示为：

GLEQ2 1.000 GB/T 7672.22—2008 或 IEC 60317-48 1.000 Grade 2 GL2

D.2.3 产品标记对照表

产品标记对照表见表D.1。

表 D.1 玻璃丝包铜圆绕组线产品标记对照表

序号	名 称	IEC 产品标记	国内产品标记
1	155级浸漆玻璃丝包铜圆线和玻璃丝包漆包铜圆线	IEC 60317-48 1.000 GL2 IEC 60317-48 1.000 Grade 1 GL1 IEC 60317-48 1.000 Grade 2 GL1 IEC 60317-48 1.000 Grade 1 GL2 IEC 60317-48 1.000 Grade 2 GL2	GLE 1.000 GB/T 7672.22—2008 GLQ1 1.000 GB/T 7672.22—2008 GLQ2 1.000 GB/T 7672.22—2008 GLEQ1 1.000 GB/T 7672.22—2008 GLEQ2 1.000 GB/T 7672.22—2008
2	180级浸漆玻璃丝包铜圆线和玻璃丝包漆包铜圆线	IEC 60317-49 1.000 GL2 IEC 60317-49 1.000 Grade 1 GL1 IEC 60317-49 1.000 Grade 2 GL1 IEC 60317-49 1.000 Grade 1 GL2 IEC 60317-49 1.000 Grade 2 GL2	GLE 1.000 GB/T 7672.23—2008 GLQ1 1.000 GB/T 7672.23—2008 GLQ2 1.000 GB/T 7672.23—2008 GLEQ1 1.000 GB/T 7672.23—2008 GLEQ2 1.000 GB/T 7672.23—2008
3	200级浸漆玻璃丝包铜圆线和玻璃丝包漆包铜圆线	IEC 60317-50 1.000 GL2 IEC 60317-50 1.000 Grade 1 GL1 IEC 60317-50 1.000 Grade 2 GL1 IEC 60317-50 1.000 Grade 1 GL2 IEC 60317-50 1.000 Grade 2 GL2	GLE 1.000 GB/T 7672.24—2008 GLQ1 1.000 GB/T 7672.24—2008 GLQ2 1.000 GB/T 7672.24—2008 GLEQ1 1.000 GB/T 7672.24—2008 GLEQ2 1.000 GB/T 7672.24—2008

D.2.4 国内型号新老对照表

国内型号新老对照表见表D.2。

表 D.2 玻璃丝包铜圆绕组线国内型号新老对照表

GB/T 7672—2008 用型号	GB/T 7672—1987 用型号
GLE	SBE
GLQ1 GLQ2	SBQ

附　录　E
（资料性附录）
试验项目类别

GB/T 7672.21 采用试验项目类别为型式试验(T)、抽样试验(S)和例行试验(R),其定义参见 GB/T 4074.1的规定,详见表 E.1。

表 E.1　试验项目类别

序号	项　目　名　称	试验类型
1	外观	T,R
2	尺寸	T,S
2.1	导体直径	
2.2	绝缘层厚度	
2.3	最大外径	
3	电阻	T,S
4	伸长率	T,S
5	回弹性	T,S
6	柔韧性和附着性	T,S
7	击穿电压	T,S
8	包装	T,R

ICS 29.060.10
K 12

中华人民共和国国家标准

GB/T 7672.22—2008/IEC 60317-48:1999
代替 GB/T 7672.2—1987,GB/T 7672.3—1987

玻璃丝包绕组线 第 22 部分:155 级浸漆玻璃丝包铜圆线和玻璃丝包漆包铜圆线

Glass-fiber wound winding wires—
Part 22: Glass-fiber wound resin or varnish impregnated, bare or enamelled round copper wire, temperature index 155

(IEC 60317-48:1999, Specifications for particular types of winding wires—
Part 48: Glass-fiber wound resin or varnish impregnated, bare or
enamelled round copper wire, temperature index 155, IDT)

2008-06-30 发布　　　　2009-05-01 实施

中华人民共和国国家质量监督检验检疫总局
中国国家标准化管理委员会　发布

前　言

GB/T 7672《玻璃丝包绕组线》分为 15 个部分：

——第 1 部分：玻璃丝包铜扁绕组线　一般规定；

——第 2 部分：130 级浸漆玻璃丝包铜扁线和玻璃丝包漆包铜扁线；

——第 3 部分：155 级浸漆玻璃丝包铜扁线和玻璃丝包漆包铜扁线；

——第 4 部分：180 级浸漆玻璃丝包铜扁线和玻璃丝包漆包铜扁线；

——第 5 部分：200 级浸漆玻璃丝包铜扁线和玻璃丝包漆包铜扁线；

——第 6 部分：玻璃丝包薄膜绕包铜扁线；

——第 7 部分：玻璃丝包云母绕包铜扁线(在考虑中)；

——第 8 部分：玻璃丝包薄膜绕包烧结铜扁线(在考虑中)；

——第 9 部分：聚酯纤维和玻璃丝绕包铜扁线和漆包铜扁线(在考虑中)；

——第 12 部分：自粘性玻璃丝包铜扁绕组线(在考虑中)；

——第 21 部分：玻璃丝包铜圆绕组线　一般规定；

——第 22 部分：155 级浸漆玻璃丝包铜圆线和玻璃丝包漆包铜圆线；

——第 23 部分：180 级浸漆玻璃丝包铜圆线和玻璃丝包漆包铜圆线；

——第 24 部分：200 级浸漆玻璃丝包铜圆线和玻璃丝包漆包铜圆线；

——第 25 部分：玻璃丝包薄膜绕包铜圆线(在考虑中)。

本部分是 GB/T 7672 的第 22 部分。

本部分等同采用 IEC 60317-48:1999《特种绕组线标准　第 48 部分：温度指数 155 玻璃丝包、树脂或漆粘结裸或漆包铜圆线》第 1 版(英文版)。

为便于使用，本部分做了下列编辑性修改：

——删除了 IEC 60317-48:1999 的前言和引言；

——按照 IEC 60317-0-6:2007《特种绕组线标准　第 0-6 部分：玻璃丝包、树脂或漆粘结裸或漆包铜圆线　一般规定》标准规定，将 IEC 60317-48:1999 第 1 章中的 G2 改为 GL2，Grade 1G1 和 Grade 1G2 改为 Grade 1 GL1 和 Grade 1 GL2，Grade 2 G1 和 Grade 2 G2 改为 Grade 2 GL1 和 Grade 2 GL2。

本部分代替 GB/T 7672.2—1987《玻璃丝包绕组线　第 2 部分：双玻璃丝包圆线》和 GB/T 7672.3—1987《玻璃丝包绕组线　第 3 部分：单玻璃丝包漆包圆线》。

本部分与 GB/T 7672.2—1987 和 GB/T 7672.3—1987 相比，主要变化如下：

——产品范围：本部分删除了 GB/T 7672.2—1987 中导体为铝的玻璃丝包绕组线的内容，删除了 GB/T 7672.2—1987 中温度指数为 130 级和 180 级、导体为铜的玻璃丝包绕组线的内容，删除了 GB/T 7672.3—1987 中温度指数为 130 级和 180 级玻璃丝包绕组线的内容；

——产品分类：GB/T 7672.2—1987 和 GB/T 7672.3—1987 按产品结构进行分类，本部分按热级进行分类。

本部分由中国电器工业协会提出。

本部分由全国电线电缆标准化技术委员会归口。

本部分主要起草单位：上海电缆研究所。

本部分参加起草单位：上海裕生特种线材有限公司、无锡市锡洲电磁线有限公司、四川金瑞电工有限责任公司、上海申茂电磁线厂。

本部分主要起草人：邵武军、徐进法、俞安琼、刘明福、王新营、毛伟杰、张敬平。

本部分所代替标准的历次版本发布情况为：

——GB/T 7672.2—1987，GB/T 7672.3—1987；

——GB 1342—1977。

玻璃丝包绕组线
第22部分:155级浸漆玻璃丝包铜圆线和玻璃丝包漆包铜圆线

1 范围

GB/T 7672的本部分规定了温度指数155、浸漆玻璃丝包铜圆线和浸漆玻璃丝包、1级或2级漆膜厚度漆包铜圆线的要求。浸渍漆,例如可为聚酯或聚酯亚胺树脂漆。

注:对于此类绕组线,热冲击试验不适用,热冲击温度无法确定。因此无法规定基于温度指数和热冲击温度要求的等级。

漆包线应基于下列之一的标准:GB/T 6109.2—2008、GB/T 6109.5—2008 或 GB/T 6109.20—2008,并应由供需双方协商确定。

玻璃丝包铜圆绕组线的温度指数取决于使用的浸渍漆种类。浸渍玻璃丝的浸渍漆宜具有最低155温度指数。

玻璃丝包层可为:

a) 单玻璃丝包;

b) 双玻璃丝包,两层玻璃丝绕包方向相反。

本部分的导体标称直径范围如下:

——在裸导体上绕包双玻璃丝(GL2):从0.500 mm到及包括5.000 mm;

——在1级漆膜厚度漆包线上绕包玻璃丝(Grade1 GL1 和 Grade1 GL2):从0.500 mm到及包括1.600 mm;

——在2级漆膜厚度漆包线上绕包玻璃丝(Grade2 GL1 和 Grade2 GL2):从0.500 mm到及包括5.000 mm。

导体标称直径见GB/T 7672.21—2008中第4章的规定。

2 规范性引用文件

下列文件中的条款通过GB/T 7672的本部分的引用而成为本部分的条款。凡是注日期的引用文件,其随后所有的修改单(不包括勘误的内容)或修订版均不适用于本部分,然而,鼓励根据本部分达成协议的各方研究是否可使用这些文件的最新版本。凡是不注日期的引用文件,其最新版本适用于本部分。

GB/T 6109.2—2008　漆包圆绕组线　第2部分:155级聚酯漆包铜圆线(IEC 60317-3:2004, IDT)

GB/T 6109.5—2008　漆包圆绕组线　第5部分:180级聚酯亚胺漆包铜圆线(IEC 60317-8:1997, IDT)

GB/T 6109.20—2008　漆包圆绕组线　第20部分:200级聚酰胺酰亚胺复合聚酯或聚酯亚胺漆包铜圆线(IEC 60317-13:1997, IDT)

GB/T 7672.21—2008　玻璃丝包绕组线　第21部分:玻璃丝包铜圆绕组线　一般规定(IEC 60317-0-6:2007, IDT)

3 定义和试验方法总则

定义和试验方法总则见GB/T 7672.21—2008中第3章。

若 GB/T 7672.21—2008 与本部分有矛盾，以本部分为准。

4 尺寸

见 GB/T 7672.21—2008 中第 4 章。

5 电阻

见 GB/T 7672.21—2008 中第 5 章。

6 伸长率

见 GB/T 7672.21—2008 中第 6 章。

7 回弹性

见 GB/T 7672.21—2008 中第 7 章。

8 柔韧性和附着力

见 GB/T 7672.21—2008 中第 8 章。

9 热冲击

不适用。

10 软化击穿

不适用。

11 耐刮试验

不适用。

12 耐溶剂

不适用。

13 击穿电压

见 GB/T 7672.21—2008 中第 13 章。

14 绝缘连续性

不适用。

15 温度指数

见 GB/T 7672.21—2008 中第 15 章。

16 耐冷冻剂

不适用。

17 直焊性

不适用。

18 热粘合或溶剂粘合

不适用。

19 介质损耗因数

不适用。

20 耐水解和变压器油

不适用。

21 失重

不适用。

30 包装

见 GB/T 7672.21—2008 中第 30 章。

ICS 29.060.10
K 12

中华人民共和国国家标准

GB/T 7672.23—2008/IEC 60317-49:1999

玻璃丝包绕组线 第23部分:180级浸漆玻璃丝包铜圆线和玻璃丝包漆包铜圆线

Glass-fiber wound winding wires—
Part 23: Glass-fiber wound resin or varnish impregnated, bare or enamelled round copper wire, temperature index 180

(IEC 60317-49:1999, Specifications for particular types of winding wires—Part 49: Glass-fiber wound resin or varnish impregnated, bare or enamelled round copper wire, temperature index 180, IDT)

2008-06-30 发布 2009-05-01 实施

中华人民共和国国家质量监督检验检疫总局
中国国家标准化管理委员会 发布

前　言

GB/T 7672《玻璃丝包绕组线》分为15个部分：

——第1部分：玻璃丝包铜扁绕组线　一般规定；
——第2部分：130级浸漆玻璃丝包铜扁线和玻璃丝包漆包铜扁线；
——第3部分：155级浸漆玻璃丝包铜扁线和玻璃丝包漆包铜扁线；
——第4部分：180级浸漆玻璃丝包铜扁线和玻璃丝包漆包铜扁线；
——第5部分：200级浸漆玻璃丝包铜扁线和玻璃丝包漆包铜扁线；
——第6部分：玻璃丝包薄膜绕包铜扁线；
——第7部分：玻璃丝包云母绕包铜扁线（在考虑中）；
——第8部分：玻璃丝包薄膜绕包烧结铜扁线（在考虑中）；
——第9部分：聚酯纤维和玻璃丝绕包铜扁线和漆包铜扁线（在考虑中）；
——第12部分：自粘性玻璃丝包铜扁绕组线（在考虑中）；
——第21部分：玻璃丝包铜圆绕组线　一般规定；
——第22部分：155级浸漆玻璃丝包铜圆线和玻璃丝包漆包铜圆线；
——第23部分：180级浸漆玻璃丝包铜圆线和玻璃丝包漆包铜圆线；
——第24部分：200级浸漆玻璃丝包铜圆线和玻璃丝包漆包铜圆线；
——第25部分：玻璃丝包薄膜绕包铜圆线（在考虑中）。

本部分是GB/T 7672的第23部分。

本部分等同采用IEC 60317-49:1999《特种绕组线标准　第49部分：温度指数180玻璃丝包、树脂或漆粘结裸或漆包铜圆线》第1版（英文版）。

为便于使用，本部分做了下列编辑性修改：

——删除了IEC 60317-49:1999前言和引言；
——第2章采用了适用于我国标准的引用语，删除了IEC 60317-49:1999的引用语；
——按照IEC 60317-0-6:2007《特种绕组线标准　第0-6部分：玻璃丝包、树脂或漆粘结裸或漆包铜圆线　一般规定》标准规定，将IEC 60317-49:1999第1章中的G2改为GL2，Grade 1G1和Grade 1G2改为Grade 1 GL1和Grade 1 GL2，Grade 2 G1和Grade 2 G2改为Grade 2 GL1和Grade 2 GL2。

本部分由中国电器工业协会提出。

本部分由全国电线电缆标准化技术委员会归口。

本部分主要起草单位：上海电缆研究所。

本部分参加起草单位：四川金瑞电工有限责任公司、上海裕生特种线材有限公司、无锡市锡洲电磁线有限公司、上海申茂电磁线厂。

本部分主要起草人：俞安琼、徐进法、邵武军、刘明福、张敬平、毛伟杰、王新营。

本部分为首次发布。

玻璃丝包绕组线
第23部分:180级浸漆玻璃丝包铜圆线和玻璃丝包漆包铜圆线

1 范围

GB/T 7672的本部分规定了温度指数180、浸漆玻璃丝包铜圆线和浸漆玻璃丝包、1级或2级漆膜厚度漆包铜圆线的要求。其中浸渍漆,例如可为聚酯或聚酯亚胺树脂漆。

注:对于此类绕组线,热冲击试验不适用,热冲击温度无法确定。因此,无法规定基于温度指数和热冲击温度要求的等级。

漆包线宜基于下列之一的标准:GB/T 6109.5—2008、GB/T 6109.20—2008或GB/T 6109.22—2008,并宜由供需双方协商确定。

玻璃丝包铜圆绕组线的温度指数取决于使用的浸渍漆种类。浸渍玻璃丝的浸渍漆宜具有最低180温度指数。

玻璃丝包层可为:

a) 单玻璃丝包;

b) 双玻璃丝包,两层玻璃丝绕包方向相反。

本部分的导体标称直径范围如下:

——在裸导体上绕包双玻璃丝(GL2):从0.500 mm到及包括5.000 mm;

——在1级漆膜厚度漆包线上绕包玻璃丝(Grade 1 GL1和Grade 1 GL2):从0.500 mm到及包括1.600 mm;

——在2级漆膜厚度漆包线上绕包玻璃丝(Grade 2 GL1和Grade 2 GL2):从0.500 mm到及包括5.000 mm。

标称导体直径见GB/T 7672.21—2008中第4章的规定。

2 规范性引用文件

下列文件中的条款通过GB/T 7672的本部分的引用而成为本部分的条款。凡是注日期的引用文件,其随后所有的修改单(不包括勘误的内容)或修订版均不适用于本部分,然而,鼓励根据本部分达成协议的各方研究是否可使用这些文件的最新版本。凡是不注日期的引用文件,其最新版本适用于本部分。

GB/T 6109.5—2008 漆包圆绕组线 第5部分:180级聚酯亚胺漆包铜圆线(IEC 60317-8:1997,IDT)

GB/T 6109.20—2008 漆包圆绕组线 第20部分:200级聚酰胺酰亚胺复合聚酯或聚酯亚胺漆包铜圆线(IEC 60317-13:1997,IDT)

GB/T 6109.22—2008 漆包圆绕组线 第22部分:240级芳族聚酰亚胺漆包铜圆线(IEC 60317-46:1997,IDT)

GB/T 7672.21—2008 玻璃丝包绕组线 第21部分:玻璃丝包铜圆绕组线 一般规定(IEC 60317-0-6:2007,IDT)

3 定义和试验方法总则

定义和试验方法总则见GB/T 7672.21—2008中第3章。

若 GB/T 7672.21—2008 与本部分有矛盾，以本部分为准。

4 尺寸

见 GB/T 7672.21—2008 中第 4 章。

5 电阻

见 GB/T 7672.21—2008 中第 5 章。

6 伸长率

见 GB/T 7672.21—2008 中第 6 章。

7 回弹性

见 GB/T 7672.21—2008 中第 7 章。

8 柔韧性和附着力

见 GB/T 7672.21—2008 中第 8 章。

9 热冲击

不适用。

10 软化击穿

不适用。

11 耐刮试验

不适用。

12 耐溶剂

不适用。

13 击穿电压

见 GB/T 7672.21—2008 中第 13 章。

14 绝缘连续性

不适用。

15 温度指数

见 GB/T 7672.21—2008 中第 15 章。

16 耐冷冻剂

不适用。

17 直焊性

不适用。

18 热粘合或溶剂粘合

不适用。

19 介质损耗因数

不适用。

20 耐水解和变压器油

不适用。

21 失重

不适用。

30 包装

见 GB/T 7672.21—2008 中第 30 章。

ICS 29.060.10
K 12

中华人民共和国国家标准

GB/T 7672.24—2008/IEC 60317-50:1999

玻璃丝包绕组线
第24部分:200级浸漆玻璃丝包铜圆线和玻璃丝包漆包铜圆线

Glass-fiber wound winding wires—
Part 24: Glass-fiber wound resin or varnish impregnated, bare or enamelled round copper wire, temperature index 200

(IEC 60317-50:1999, Specifications for particular types of winding wires—Part 50: Glass-fiber wound resin or varnish impregnated, bare or enamelled round copper wire, temperature index 200, IDT)

2008-06-30 发布　　　　2009-05-01 实施

中华人民共和国国家质量监督检验检疫总局
中国国家标准化管理委员会　发布

前 言

GB/T 7672《玻璃丝包绕组线》分为15个部分:

——第1部分:玻璃丝包铜扁绕组线 一般规定;

——第2部分:130级浸漆玻璃丝包铜扁线和玻璃丝包漆包铜扁线;

——第3部分:155级浸漆玻璃丝包铜扁线和玻璃丝包漆包铜扁线;

——第4部分:180级浸漆玻璃丝包铜扁线和玻璃丝包漆包铜扁线;

——第5部分:200级浸漆玻璃丝包铜扁线和玻璃丝包漆包铜扁线;

——第6部分:玻璃丝包薄膜绕包铜扁线;

——第7部分:玻璃丝包云母绕包铜扁线(在考虑中);

——第8部分:玻璃丝包薄膜绕包烧结铜扁线(在考虑中);

——第9部分:聚酯纤维和玻璃丝绕包铜扁线和漆包铜扁线(在考虑中);

——第12部分:自粘性玻璃丝包铜扁绕组线(在考虑中);

——第21部分:玻璃丝包铜圆绕组线 一般规定;

——第22部分:155级浸漆玻璃丝包铜圆线和玻璃丝包漆包铜圆线;

——第23部分:180级浸漆玻璃丝包铜圆线和玻璃丝包漆包铜圆线;

——第24部分:200级浸漆玻璃丝包铜圆线和玻璃丝包漆包铜圆线;

——第25部分:玻璃丝包薄膜绕包铜圆线(在考虑中)。

本部分是GB/T 7672的第24部分。

本部分等同采用IEC 60317-50:1999《特种绕组线标准 第50部分:温度指数200玻璃丝包、树脂或漆粘结裸或漆包铜圆线》第1版(英文版)。

为便于使用,本部分做了下列编辑性修改:

——删除了IEC 60317-50:1999的前言和引言;

——按照IEC 60317-0-6:2007《特种绕组线标准 第0-6部分:玻璃丝包、树脂或漆粘结裸或漆包铜圆线 一般规定》标准规定,将IEC 60317-50:1999第1章中的G2改为GL2,Grade 1G1和Grade 1G2改为Grade 1 GL1和Grade 1 GL2,Grade 2 G1和Grade 2 G2改为Grade 2 GL1和Grade 2 GL2。

本部分由中国电器工业协会提出。

本部分由全国电线电缆标准化技术委员会归口。

本部分主要起草单位:上海电缆研究所。

本部分参加起草单位:无锡市锡洲电磁线有限公司、上海申茂电磁线厂、上海裕生特种线材有限公司、四川金瑞电工有限责任公司。

本部分主要起草人:宋安、徐进法、俞安琼、邵武军、王新营、毛伟杰、张敬平。

本部分为首次发布。

玻璃丝包绕组线
第24部分:200级浸漆玻璃丝包铜圆线和玻璃丝包漆包铜圆线

1 范围

GB/T 7672的本部分规定了温度指数200、浸漆玻璃丝包铜圆线和浸漆玻璃丝包、1级或2级漆膜厚度漆包铜圆线的要求。其中浸渍漆,例如可为聚酯亚胺或硅树脂漆。

注:对于此类绕组线,热冲击试验不适用,热冲击温度无法确定。因此,无法规定基于温度指数和热冲击温度要求的等级。

漆包线宜基于下列之一的标准:GB/T 6109.20—2008或GB/T 6109.22—2008,并宜由供需双方协商确定。

玻璃丝包铜圆绕组线的温度指数取决于使用的浸渍漆种类。浸渍玻璃丝的浸渍漆宜具有最低200温度指数。

玻璃丝包层可为:

a) 单玻璃丝包;

b) 双玻璃丝包,两层玻璃丝绕包方向相反。

本部分的导体标称直径范围如下:

——在裸导体上绕包双玻璃丝(GL2):从0.500 mm到及包括5.000 mm;

——在1级漆膜厚度漆包线上绕包玻璃丝(Grade 1 GL1和Grade 1 GL2):从0.500 mm到及包括1.600 mm;

——在2级漆膜厚度漆包线上绕包玻璃丝(Grade 2 GL1和Grade 2 GL2):从0.500 mm到及包括5.000 mm。

标称导体直径见GB/T 7672.21—2008中第4章的规定。

2 规范性引用文件

下列文件中的条款通过GB/T 7672的本部分的引用而成为本部分的条款。凡是注日期的引用文件,其随后所有的修改单(不包括勘误的内容)或修订版均不适用于本部分,然而,鼓励根据本部分达成协议的各方研究是否可使用这些文件的最新版本。凡是不注日期的引用文件,其最新版本适用于本部分。

GB/T 6109.20—2008 漆包圆绕组线 第20部分:200级聚酰胺酰亚胺复合聚酯或聚酯亚胺漆包铜圆线(IEC 60317-13:1997,IDT)

GB/T 6109.22—2008 漆包圆绕组线 第22部分:240级芳族聚酰亚胺漆包铜圆线(IEC 60317-46:1997,IDT)

GB/T 7672.21—2008 玻璃丝包绕组线 第21部分:玻璃丝包铜圆绕组线 一般规定(IEC 60317-0-6:2007,IDT)

3 定义和试验方法总则

定义和试验方法总则见GB/T 7672.21—2008中第3章。

若GB/T 7672.21—2008与本部分有矛盾,以本部分为准。

4 尺寸

见 GB/T 7672.21—2008 中第 4 章。

5 电阻

见 GB/T 7672.21—2008 中第 5 章。

6 伸长率

见 GB/T 7672.21—2008 中第 6 章。但用硅树脂浸渍的玻璃丝包铜圆绕组线，其最小伸长率应不小于表 1 中的规定值。

表 1 浸渍硅树脂的玻璃丝包铜圆绕组线伸长率

导体标称直径/mm		伸长率/%
>	≤	
0.50	1.250	10
1.250	2.800	15
2.800	5.000	20

7 回弹性

见 GB/T 7672.21—2008 中第 7 章。

8 柔韧性和附着力

见 GB/T 7672.21—2008 中第 8 章。

9 热冲击

不适用。

10 软化击穿

不适用。

11 耐刮试验

不适用。

12 耐溶剂

不适用。

13 击穿电压

见 GB/T 7672.21—2008 中第 13 章。

14 绝缘连续性

不适用。

15 温度指数

见 GB/T 7672.21—2008 中第 15 章。

16 耐冷冻剂

不适用。

17 直焊性

不适用。

18 热粘合或溶剂粘合

不适用。

19 介质损耗因数

不适用。

20 耐水解和变压器油

不适用。

21 失重

不适用。

30 包装

见 GB/T 7672.21—2008 中第 30 章。

ICS 29.060.10
K 12

中华人民共和国国家标准

GB/T 7673.1—2008
代替 GB/T 7673.1—1987

纸包绕组线
第1部分：一般规定

Paper covered wires—
Part 1: General requirements

2008-03-24 发布

2008-10-01 实施

中华人民共和国国家质量监督检验检疫总局
中国国家标准化管理委员会 发布

前　言

GB/T 7673《纸包绕组线》共分为五个部分：

——第1部分：一般规定；

——第2部分：纸包圆线；

——第3部分：纸包铜扁线；

——第4部分：纸绝缘组合导线；

——第5部分：纸绝缘多股绞合导线。

本部分为GB/T 7673的第1部分。

本部分代替GB/T 7673.1—1987《纸包绕组线　第1部分：一般规定》。

本部分与GB/T 7673.1—1987相比主要变化如下：

——增加了组合导线、多股绞合导线新品种(1987年版的第1章；本版的第1章)；

——根据新品种需要补充部分定义、代号和型号(1987年版的第3章、第4章；本版的第3章)；

——扩大了绝缘纸的品种规格(1987年版的6.5；本版的4.2)；

——修改了部分绕包方式的规定(1987年版的第9章；本版的4.4)；

——增加半硬铜导体及其考核方法即规定非比例延伸强度$R_{P0.2}$的规定；

——增加软铜绞线的规定(本版的4.1.3)；

——增加导体焊接的技术要求(1987年版的9.2；本版的4.5)；

——每盘线的包装原则上取消2个及以上线段，所以取消了最小线段重量的规定(1987年版的第15章；本版的第10章)。

本部分的附录A为规范性附录。

本部分由中国电器工业协会提出。

本部分由全国电线电缆标准化技术委员会(SAC/TC 213)归口。

本部分负责起草单位：上海电缆研究所。

本部分参加起草单位：上海杨行铜材有限公司、上海顺潮工业有限公司、保定天威电力线材有限公司、四川金瑞电工有限公司、沈阳市宏远电磁线有限公司、无锡环宇电磁线有限公司、无锡市锡洲电磁线厂、昆明铜业电工器材有限公司、辽宁东港电磁线有限公司、保定天威和兴电力配件有限公司。

本部分主要起草人：陈惠民、任勇、刘顺荣、郎沪湧、高索霞、张恒光。

本部分所代替标准的历次版本发布情况为：

——GB/T 7673.1—1987。

纸包绕组线
第1部分：一般规定

1 范围

GB/T 7673 的本部分规定了纸包绕组线（包括纸包圆线、纸包铜扁线、纸绝缘组合导线、纸绝缘多股绞合导线）的型号、产品品种结构、技术要求、验收规则和包装标志。

本部分应与 GB/T 7673 后续各部分产品标准一起使用。

纸包绕组线适用于各种变压器、电抗器及其他类似电器设备绕组和引线。

2 规范性引用文件

下列文件中的条款通过 GB/T 7673 的本部分的引用而成为本部分的条款。凡是注日期的引用文件，其随后所有的修改单（不包括勘误的内容）或修订版均不适用于本部分，然而，鼓励根据本部分达成协议的各方研究是否可使用这些文件的最新版本。凡是不注日期的引用文件，其最新版本适用于本部分。

GB/T 228 金属材料 室温拉伸试验方法（GB/T 228—2002，eqv ISO 6892：1998）

GB/T 3953 电工圆铜线

GB/T 3955 电工圆铝线

GB/T 4074（所有部分） 绕组线试验方法（idt IEC 60851）

GB/T 5584 电工用铜、铝和合金扁线

GB/T 6109.1 漆包圆绕组线 第1部分：一般规定（GB/T 6109.1—1990，eqv IEC 60317：1985）

GB/T 7095.1 漆包扁绕组线 第1部分：一般规定（GB/T 7095.1—1995，eqv IEC 60317-0-2：1990）

GB/T 7673.2—2008 纸包绕组线 第2部分：纸包圆线

GB/T 7673.3—2008 纸包绕组线 第3部分：纸包铜扁线（IEC 60317-27：1998，MOD）

GB/T 7673.4—2008 纸包绕组线 第4部分：纸绝缘组合导线

GB/T 7673.5—2008 纸包绕组线 第5部分：纸绝缘多股绞合导线

GB 7969 电力电缆纸

GB/T 12970 电工软铜绞线

QB/T 2692 110 kV～330 kV 高压电缆纸

QB/T 3521 500 kV 变压器匝间绝缘纸

3 定义、代号、产品表示方法、试验方法总则和外观

3.1 定义

除 GB/T 4074.1 及 GB/T 6109.1 规定的定义以外，本部分采用以下定义。

3.1.1

热级 class

用温度指数和热冲温度来表示的漆包线的热性能。

3.1.2

导体 conductor

除去绝缘后的裸金属线。

3.1.3

绕包层　covering

被缠绕、包覆或编织在裸或绝缘导体上的材料。

3.1.4

绝缘　insulation

导体上的漆层或绕包层，具有耐电压的特定功能。

3.1.5

导体标称尺寸　nominal conductor dimension

符合 GB/T 7095 规定的导体规格标称值。

3.1.6

绕组线　winding wire

用于绕组以实现电磁能转换的线。

3.1.7

线　wire

涂覆或包覆绝缘的导体。

3.1.8

重叠绕包　overlapping

同一绕包层的相邻纸带边缘相互搭压的绕包形式。

3.1.9

重叠宽度　width of overlapping

重叠绕包时纸带边缘搭压部分的宽度。

3.1.10

自锁式绕包　interlocked lapping

相互搭盖(40～60)%的二层纸带作同方向半叠包的一种绕包形式。

3.1.11

间隙绕包　open lapping

同一绕包层的相邻纸带边缘不互相搭压而留有一定间隙的绕包形式。

3.1.12

间隙宽度　width of open lapping

间隙绕包时同一绕包层的相邻纸带边缘之间的距离。

3.1.13

间隙重叠　coincidence of butt gaps

间隙绕包时绕包层间隙的重合。

3.1.14

半硬铜线　controlled proof-stress copper conductor

规定非比例延伸强度 $R_{P0.2}$ 在(100～260)N/mm^2 之间的铜导体。

3.1.15

规定非比例延伸强度 R_P　proof strength，non-proportional extension

非比例延伸率等于规定的引伸机标距百分率时的应力。使用的符号应附以下脚注说明所规定的百分率，例如 $R_{P0.2}$，表示规定非比例延伸率为 0.2%时的应力。

3.1.16

绕包节距　pitch

绕包纸带形成一个完整螺旋的纵向长度。

3.1.17

***f* 值　*f* value**

按 GB/T 4074.2 中的规定方法在圆导体每个截面上测得直径的最大实测值与最小实测值之差。

3.2　代号

3.2.1　系列品种代号

纸包圆线 …………………………………………………………………………………… Z

纸包扁线 …………………………………………………………………………………… ZB

纸绝缘组合导线 …………………………………………………………………………… ZZ

纸绝缘多股绞合导线 ……………………………………………………………………… ZJ

3.2.2　绝缘纸带代号

各种电缆纸 …………………………………………………………………………… Z(省略)

高伸率纤维纸或皱纹纸 ……………………………………………………………………… D

芳香族聚酰胺纸 ……………………………………………………………………………… X

各种匝间绝缘高密度纸 ……………………………………………………………………… M

注：结构性配纸，如最内或最外层配高伸率纤维纸或有色纸带等均不列入代号，由供需双方协商决定。

3.2.3　导体代号

软铜导体 ……………………………………………………………………………… T（省略）

半硬铜导体 ………………………………………………………………………… C_1、C_2、C_3

铝导体 ………………………………………………………………………………………… L

软铜绞线种类………………………………………………………………………………… Ⅰ、Ⅱ

3.3　产品型号

产品型号按如下表示：

3.4　产品表示方法

纸包圆、扁线用产品型号、标称绝缘厚度、导体规格及标准号表示。

组合导线用产品型号、标称绝缘厚度、导体规格、扁线组合根数、外形尺寸及标准号表示。

多股绞合导线用产品型号、标称绝缘厚度、绞合线芯种类和标称截面积及标准号表示。

示例 1：匝间绝缘高密度纸包铜圆线、绝缘厚度 0.45 mm、导体标称直径 1.50 mm，表示为：

ZM-0.45-1.50　GB/T 7673.2—2008

示例 2：电缆纸包半硬铜扁线(C_2 级)、绝缘厚度 0.60 mm、导体标称尺寸 2.24×10.00 mm，表示为：

ZBC_2-0.60-2.24×10.00　GB/T 7673.3—2008

注：也可按 GB/T 7673.3 规定方法表示。

示例 3：高伸率纤维纸绝缘组合半硬铜导线(C_2 级)、绝缘厚度 1.50 mm、4 根绝缘厚度为 0.45 mm、导体标称尺寸 2.24×10.00 mm 的纸包铜扁线、组合线最大外形尺寸为 $H_{max}\times W_{max}$，表示为：

$ZZDC_2$-1.50-(0.45+2.24×10.00/4)/$H_{max}\times W_{max}$　GB/T 7673.4—2008

示例 4：电缆纸绝缘多股绞合导线、绝缘纸厚度 3 mm、标称截面为 150 mm^2 的Ⅱ种软铜绞线，表示为：

ZJⅡ-3-150　GB/T 7673.5—2008

3.5　试验方法总则

本部分采用 GB/T 4074(所有部分)规定的试验方法和 GB/T 228 规定的规定非比例延伸强度

$R_{P0.2}$试验方法。

如果试验方法标准与本部分有矛盾，以本部分为准。

除非另有规定，所有试验应在温度为(15～35)℃、相对湿度为(45～75)%环境下进行。测量前试样应在上述条件下预处理足够时间，使试样达到稳定状态。

被试试样从包装上取下时，应不承受张力或不必要的弯曲。每次试验前，应除去足够长度的纸包线以保证试样不夹带任何损坏的纸包线。

3.6 外观

导体表面应无金属粉末及其他杂质。绝缘纸带应连续、紧密适度、均匀、平整地绕包在线芯上，纸带应不缺层断层，绕包过程中不应有起皱和开裂等缺陷，各层纸带应不存在金属末、油污、粉尘及其他异物。

4 材料、绝缘、绕包、焊接和尺寸

4.1 导体

4.1.1 软铜圆线应符合 GB/T 3953 TR 型电工软圆铜线的规定。

4.1.2 软铜扁线应符合 GB/T 5584 TBR 型电工软扁铜线的规定。

4.1.3 软铜绞线应符合 GB/T 12970 TJR1 型电工软铜绞线的规定。其中单线标准直径为 0.45 mm 的 TJR1 绞线本部分称为Ⅱ种、其余 TJR1 绞线本部分均称为Ⅰ种。

4.1.4 半硬铜线主要性能指标见附录 A。

4.1.5 铝导体应符合 GB/T 3955 的要求。

4.2 绝缘纸

4.2.1 除皱纹纸外的绝缘纸厚度应在(0.025～0.160)mm 范围内。

4.2.2 电力电缆纸应符合 GB 7969 规定。

4.2.3 (110～330)kV 高压电缆用纸应符合 QB/T 2692 规定；500 kV 变压器匝间绝缘纸应符合 QB/T 3521 规定。

4.2.4 其他绝缘纸和耐热性绝缘纸技术要求由供需双方协商规定。

4.3 绝缘厚度和最大外形尺寸

各品种纸绝缘层厚度及偏差由产品标准规定。最大外形尺寸是纸绝缘最大允许厚度和导体(或线芯)最大尺寸之和。当产品最大外形尺寸不超过允许值时，其纸绝缘层厚度允许超过规定值。

4.4 绕包

4.4.1 纸绝缘层

纸带应紧密适度、均匀、平整地绕包在线芯上，纸带不应缺层、有污染和伤痕、不应有起皱和开裂等缺陷。纸绝缘层应由二层及以上纸带绕包而成。

4.4.2 绕包方式

a) 3 层及以下绝缘纸采用同方向重叠绕包，纸带重叠宽度应不小于 2 mm，绕包重叠处应均匀错开，也可根据用户要求采用反方向绕包；

b) 超过 3 层绝缘纸，根据用户要求，中间可用部分或全部间隙绕包代替重叠绕包。间隙绕包时的间隙宽度应不大于 2 mm，绕包间隙处应均匀错开，间隙重叠次数(4～6)层不大于 1 次；(7～16)层不大于 2 次；17 层以上不大于 3 次；

c) 间隙绕包时，纸层数不超过 8 层时应采用同方向绕包，超过 8 层时应改变绕包方向，此时应注意避免绕包间隙连续重叠；

d) 纸绝缘多股绞合导线绕包方式由产品标准另作规定；

e) 允许纸带接头或修补，各接头处应错开。

纸带的结构组成及绕包方式一般由制造厂确定。用户对纸的品种、绕包层数、每层纸的厚度、绕包方式等提出其他要求时，可由供需双方协商确定绝缘层厚度偏差及最大外形尺寸。

4.5 焊接

纸包线导体允许焊接，焊接点应牢固可靠。

焊接处应经过修理，修理后的尺寸，圆线应不大于最大直径，扁线 a 边应不大于标称尺寸 +0.3 mm，焊接点处应涂覆合适的绝缘胶，并采用与产品性能相适应的绝缘带重叠绕包一层后，用粘合剂粘住，其重叠宽度为(40～55)%。若供需双方协商同意，也可以采用对接焊。焊接处应采用对性能无影响的方式作明显标记，若用户要求焊接点裸露或需要无焊接点的产品，应在订货时由供需双方约定。

绞合线芯中的股线允许整股焊接，但任何两个接头间距离，应不小于 1 m，且应不影响线芯的外径和柔软性。

4.6 尺寸

导体尺寸和成品外型尺寸见 GB/T 7673.2～7673.5 的相应规定。

5 电阻

5.1 圆线

铜圆线电阻应符合 GB/T 7673.2 的规定。

铝圆线尚在考虑中。

5.2 扁线

铜扁线电阻应符合 GB/T 7095.1 的规定。

5.3 绞合铜线

绞合铜线电阻应符合 GB/T 12970 的规定。

6 伸长率

伸长率应符合 GB/T 7673.2～7673.5 的相应规定。

7 回弹性

回弹性应符合 GB/T 7673.2～7673.5 的相应规定。

8 柔韧性和附着性

柔韧性和附着性应符合 GB/T 7673.2～7673.5 的相应规定。

9 检验规则

9.1 产品应由制造厂的技术检查部门检验合格后方能出厂，出厂产品应附有产品合格证。

9.2 产品应分别按 GB/T 7673.2～7673.5 规定的试验项目进行验收，型式试验(T)、例行试验(R)和抽样试验(S)的定义见 GB/T 4074.1 的规定。

9.3 抽样试验项目第一次试验结果不合格时，应加倍抽样就不合格项目进行第二次试验，仍不合格时应 100%试验，每批的产品的抽样数量由供需双方协议确定。

10 包装

包装种类可能影响纸包线的性能，例如柔韧性和附着性、回弹性等。因此包装的种类(例如交货线盘类型)应由供需双方协商确定。

纸包线应均匀紧密地卷绕在交货线盘上。

每盘纸包线交货质(重)量或交货长度及偏差应由供需双方约定。

线盘侧板边缘与纸包线最外层之间应留有适当的空间(如 25 mm)以确保产品运输安全。线与线、线与线盘之间是否需衬保护纸应由供需双方协商规定。除非供需双方协商同意,交货线盘中不应有1个以上线段的纸包线。当多于1个线段时,应在标签上标出线段数及每一线段的长度。

标签应挂在由供需双方协商同意的每个包装单位上,并且应包括下列内容:

a) 制造厂名和(或)商标;

b) 纸包线种类、产品名称;

c) 纸包线型号、规格、标称绝缘厚度、标准编号;

d) 纸包线净重或长度;

e) 制造日期。

附　录　A
（规范性附录）
半硬铜导体的性能指标

半硬铜导体的性能指标应符合表 A.1 的规定。

表 A.1　半硬铜导体的性能指标

型号	规定非比例延伸强度 $R_{P0.2}$/(N/mm²)	最小伸长率/%	20℃时最大电阻率/(Ω·mm²/m)
C_1	$100<R_{P0.2}\leqslant 180$	20	1/58.0
C_2	$180<R_{P0.2}\leqslant 200$	20	1/57.5
	$200<R_{P0.2}\leqslant 220$	15	1/57.5
C_3	$220<R_{P0.2}\leqslant 260$	15	1/57.0

ICS 29.060.10
K 12

中华人民共和国国家标准

GB/T 7673.2—2008
代替 GB/T 7673.2—1987

纸包绕组线 第2部分：纸包圆线

Paper covered wires—Part 2: Paper covered round wire

2008-03-24 发布 2008-10-01 实施

中华人民共和国国家质量监督检验检疫总局
中国国家标准化管理委员会 发布

前　言

GB/T 7673《纸包绕组线》共分为五个部分：

——第1部分：一般规定；

——第2部分：纸包圆线；

——第3部分：纸包铜扁线；

——第4部分：纸绝缘组合导线；

——第5部分：纸绝缘多股绞合导线。

本部分为GB/T 7673的第2部分。

本部分代替GB/T 7673.2—1987《纸包绕组线　第2部分：纸包圆线》。

本部分与GB/T 7673.2—1987相比主要变化如下：

——增加了表1圆导体尺寸、偏差(本版的4.1)；

——调整纸绝缘厚度和偏差(本版的4.2)；

——增加半硬铜导体的规定非比例延伸强度$R_{p0.2}$、延伸率和电阻率的规定(本版的4.1)；

——针对变压器绕组线圈受力情况与电机不同，调整延伸率指标(本版的第6章)；

——每盘线的包装原则上取消了2个及以上线段，所以取消了最小线段重量的规定(1987年版的第15章；本版的第10章)。

本部分由中国电器工业协会提出。

本部分由全国电线电缆标准化技术委员会(SAC/TC 213)归口。

本部分负责起草单位：上海电缆研究所。

本部分参加起草单位：辽宁东港电磁线有限公司、昆明铜业电工器材有限公司、保定天威和兴电力配件有限公司、上海顺潮工业有限公司。

本部分主要起草人：毋德书、鄢明、孙振福、郎沪湧、任勇。

本部分所代替标准的历次版本发布情况为：

——GB/T 7673.2—1987。

纸包绕组线
第2部分:纸包圆线

1 范围

GB/T 7673的本部分规定了铜芯及铝芯纸包圆线的要求。适用于油浸变压器及其他电器绕组用线。

本部分应与GB/T 7673.1一起使用。

本部分规定的导体标称直径范围为:(1.000～5.000) mm。

2 规范性引用文件

下列文件中的条款通过GB/T 7673的本部分的引用而成为本部分的条款。凡是注日期的引用文件,其随后所有的修改单(不包括勘误的内容)或修订版均不适用于本部分,然而,鼓励根据本部分达成协议的各方研究是否可使用这些文件的最新版本。凡是不注日期的引用文件,其最新版本适用于本部分。

GB/T 228 金属材料 室温拉伸试验方法(eqv ISO 6892—1998)

GB/T 4074.2 绕组线试验方法 第2部分:尺寸测量(GB/T 4074.2—1999,idt IEC 60851-2:1996)

GB/T 4074.3 绕组线试验方法 第3部分:机械性能(GB/T 4074.3—1999,idt IEC 60851-3:1996)

GB/T 4074.5 绕组线试验方法 第5部分:电性能(GB/T 4074.5—1999,idt IEC 60851-5:1996)

GB/T 7673.1—2008 纸包绕组线 第1部分:一般规定

3 定义、代号、产品表示方法、试验方法总则和外观

定义、代号、产品表示方法、试验方法总则和外观应符合GB/T 7673.1—2008中第3章的规定。

4 材料、绝缘、绕包、焊接和尺寸

4.1 导体材料应符合GB/T 7673.1—2008中4.1的规定,圆导体的标称直径、偏差应符合表1的规定,f值与偏差绝对值相同。当用户需要半硬铜线时,伸长率、电阻率、规定非比例延伸强度$R_{p0.2}$,见GB/T 7673.1—2008附录A规定。

表1

导体直径/mm			f值/mm	20℃时铜导体电阻/(Ω/m)		导体直径/mm			f值/mm	20℃时铜导体电阻/(Ω/m)	
标称值	最小值	最大值		最小值	最大值	标称值	最小值	最大值		最小值	最大值
1.000	0.990	1.010	0.010	0.021 16	0.022 40	2.360	2.336	2.384	0.024	0.003 797	0.004 023
1.060	1.049	1.071	0.011	0.018 81	0.019 95	2.500	2.475	2.525	0.025	0.003 385	0.003 584
1.120	1.109	1.131	0.011	0.016 87	0.017 85	2.650	2.623	2.677	0.027	0.003 014	0.003 190
1.180	1.168	1.192	0.012	0.015 19	0.016 09	2.800	2.772	2.828	0.028	0.002 698	0.002 857
1.250	1.237	1.263	0.013	0.013 53	0.014 35	3.000	2.970	3.030	0.030	0.002 351	0.002 488
1.320	1.307	1.333	0.013	0.012 14	0.012 85	3.150	3.118	3.182	0.032	0.002 131	0.002 258
1.400	1.386	1.414	0.014	0.010 79	0.011 43	3.350	3.316	3.384	0.034	0.001 885	0.001 996
1.500	1.485	1.515	0.015	0.009 402	0.009 955	3.550	3.514	3.586	0.036	0.001 678	0.001 778
1.600	1.584	1.616	0.016	0.008 237	0.008 749	3.750	3.712	3.788	0.038	0.001 504	0.001 593
1.700	1.683	1.717	0.017	0.007 320	0.007 750	4.000	3.960	4.040	0.040	0.001 322	0.001 400
1.800	1.782	1.818	0.018	0.006 529	0.006 913	4.250	4.207	4.293	0.043	0.001 171	0.001 240
1.900	1.881	1.919	0.019	0.005 860	0.006 204	4.500	4.455	4.545	0.045	0.001 045	0.001 106
2.000	1.980	2.020	0.020	0.005 289	0.005 600	4.750	4.702	4.798	0.048	0.000 937 5	0.000 992 8
1.120	2.099	2.141	0.021	0.004 708	0.004 983	5.000	4.950	5.050	0.050	0.000 846 2	0.000 895 8
2.240	2.218	2.262	0.022	0.004 218	0.004 462						

4.2 纸包圆线的绝缘厚度应符合表 2 规定，也可由供需双方协商规定其他绝缘厚度。

纸包圆线最大外径为最大导体尺寸和 2 倍绝缘厚度最大值之和，当最大外径在规定值范围内，允许纸绝缘厚度超过表 2 规定。纸带绕包见 GB/T 7673.1—2008 中 4.4 的规定。

表 2

单位为毫米

导体标称直径	1.000≤d≤5.000						
标称绝缘厚度	0.30	0.45	0.60	0.80	1.20	1.80	4.25
偏　差	±0.05	±0.05	±0.08	±0.10	±0.12	±0.15	±0.30
注：介于两种规格之间的厚度，取大规格对应的偏差。							

4.3 绕包和绕包方式应符合 GB/T 7673.1—2008 中 4.4 的规定。

4.4 线芯焊接应符合 GB/T 7673.1—2008 中 4.5 的规定。

5 电阻

铜线芯电阻应符合本部分表 1 的规定；铝线芯电阻尚在考虑中。

6 伸长率

纸包圆线的伸长率应符合表 3 规定或由供需双方协商规定。

表 3

导体种类	标称直径/mm	最小伸长率/%
铜导体	1.000≤d≤5.000	25
铝导体	1.000≤d≤5.000	15

7 回弹性

纸包圆线的回弹性尚在考虑中。

8 柔韧性和附着性

纸包圆线按表 4 规定试棒直径卷绕，绝缘层应不开裂、露缝。

表 4

单位为毫米

纸绝缘厚度　δ	试棒直径
0.30≤δ≤0.80	100
0.80<δ≤4.25	150

9 检验规则

应符合 GB/T 7673.1—2008 第 9 章的规定。产品应按表 5 的规定试验。

表 5

序号	项目名称	技术要求	试验类型	试验方法
1	尺寸		T、S	GB/T 4074.2
1.1	导体、导体尺寸	符合本部分第 4 章表 1 的规定	T、S	
1.2	绝缘厚度	符合本部分 4.2 表 2 的规定	T、S	
1.3	外径	符合本部分 4.2 的规定	T、S	

表 5（续）

序号	项目名称	技术要求	试验类型	试验方法
2	绕包和绕包方式	符合 GB/T 7673.1—2008 中 4.4 的规定	T、S	精度为 0.5 mm 钢尺和正常视力检查
3	焊接	符合 GB/T 7673.1—2008 中 4.5 的规定	T、S	正常视力检查
4	电阻	符合本部分第 5 章的规定	T、S	GB/T 4074.5
5	伸长率	符合本部分第 6 章表 3 的规定	T、S	GB/T 4074.3
6	$R_{P0.2}$	符合本部分 4.1 的规定	T、S	GB/T 228
7	回弹性	符合本部分第 7 章的规定	T、S	GB/T 4074.3
8	柔韧性和附着性	符合本部分第 8 章的规定	T、S	GB/T 4074.3
9	包装	符合本部分第 10 章的规定	R	正常视力、称重

10 包装

应符合 GB/T 7673.1—2008 第 10 章的规定。

ICS 29.060.10
K 12

中华人民共和国国家标准

GB/T 7673.3—2008
代替 GB/T 7673.3—1987

纸包绕组线 第3部分:纸包铜扁线

Paper covered wires—Part 3:Paper covered rectangular copper wire

(IEC 60317-27:1998,Specifications for particular types of winding wires—Part 27:Paper type covered rectangular copper wire,MOD)

2008-03-24 发布 2008-10-01 实施

中华人民共和国国家质量监督检验检疫总局
中国国家标准化管理委员会 发布

前　言

GB/T 7673《纸包绕组线》共分为五个部分：

——第 1 部分：一般规定；

——第 2 部分：纸包圆线；

——第 3 部分：纸包铜扁线；

——第 4 部分：纸绝缘组合导线；

——第 5 部分：纸绝缘多股绞合导线。

本部分为 GB/T 7673 的第 3 部分。

本部分修改采用 IEC 60317-27：1998《特种绕组线产品标准　第 27 部分：纸包铜扁线》及其第 1 号修改单（英文版）。

本部分根据 IEC 60317-27：1998 重新起草。在附录 A 中列出了本部分章条编号与 IEC 60317-27：1998 章条编号的对照一览表。

考虑到我国国情，本部分对部分内容作了一些修改，有关技术性差异已编入正文中并在它们所涉及的条款的页边空白处用垂直单线标识，并在附录 B 中给出了这些技术性差异及原因的一览表以供参考。

本部分还做了下列编辑性修改：

——“本标准”一词改为“本部分”；

——删除了 IEC 60317-27：1998 的前言；

——删除了 IEC 60317-27：1998 中规定为“不适用”的技术要求的章；

——由于我国产品表示方法已实施多年，所以本部分规定除根据需要采用 IEC 60317-27 规定的产品表示方法外，也可采用 GB/T 7673.1 规定的产品表示方法；

——在 GB/T 7673.1 中，“定义、试验方法总则”的内容与 IEC 60317-27 原文中第 3 章内容完全一致，并增加了对外观要求的规定（IEC 60317 其他部分均有对于绕组线产品外观要求的规定）本部分第 3 章直接引用 GB/T 7673.1 第 3 章的相同条文；

——为使用方便，增加了规定规格尺寸的表 1、表 2、表 3；

——通过验证规定了回弹性的考核指标（IEC 60317-27 还在考虑之中）；

——增加验收规则，与 GB/T 7673 的其他部分一致。

本部分代替 GB/T 7673.3—1987《纸包绕组线　第 3 部分：纸包扁绕组线》。

本部分与 GB/T 7673.3—1987 相比主要变化如下：

——根据 IEC 60317-27：1998 补充部分定义（本版的 3.1）；

——取消了纸包铝扁线的规定，与 IEC 60317-27 一致（1987 年版的第 3 章）；

——由于绝缘纸的层数和厚度存在差异，取消了统一的弯曲倍径的规定，改为弯曲性能要求在订货时由供需双方协商规定（1987 年版的第 5 章，本版的第 8 章）；

——绝缘厚度改为由供需双方协商规定（1987 年版的第 5 章，本版的 4.4）；

——较大幅度缩减了绝缘厚度的偏差（1987 年版的第 5 章，本版的 4.4）。

本部分的附录 A、附录 B 为资料性附录。

本部分由中国电器工业协会提出。

本部分由全国电线电缆标准化技术委员会（SAC/TC 213）归口。

本部分负责起草单位：上海电缆研究所。

本部分参加起草单位：沈阳市宏远电磁线有限公司、四川金瑞电工有限公司、无锡市锡洲电磁线厂、昆明铜业电工器材有限公司、无锡环宇电磁线有限公司、辽宁东港电磁线有限公司、保定天威电力线材有限公司、上海杨行铜材有限公司。

本部分主要起草人：杨绪清、俞安琼、徐进法、鄢明、毋德书、任勇。

本部分所代替标准的历次版本发布情况为：

——GB/T 7673.3—1987。

纸包绕组线
第3部分:纸包铜扁线

1 范围

GB/T 7673 的本部分规定了纸包铜扁线的要求,绝缘层为两层或两层以上绕包的绝缘纸,适用于变压器等电器的绕组。

本部分规定的导体标称尺寸范围:

宽边 b:($2.00 \leqslant b \leqslant 16.00$)mm

窄边 a:($0.80 \leqslant a \leqslant 5.60$)mm

本部分所用绝缘纸带应符合 IEC 60554-1 规定,厚度范围为(0.025~0.125)mm。

本部分绕组线的表示方法,应给出下述内容:(或按 GB/T 7673.1—2008 中 3.4 表示)

——IEC 60317-27;

——导体标称尺寸,mm;

——纸绝缘标称厚度,mm。

示例:IEC 60317-27　4.00×1.00+0.20 或 ZB-0.20-1.00×4.00　GB/T 7673.3—2008

2 规范性引用文件

下列文件中的条款通过 GB/T 7673 的本部分的引用而成为本部分的条款。凡是注日期的引用文件,其随后所有的修改单(不包括勘误的内容)或修订版均不适用于本部分,然而,鼓励根据本部分达成协议的各方研究是否可使用这些文件的最新版本。凡是不注日期的引用文件,其最新版本适用于本部分。

GB/T 228　金属材料　室温拉伸试验方法(GB/T 228—2002,eqv ISO 6892:1998)

GB/T 4074.2　绕组线试验方法　第2部分:尺寸测量(GB/T 4074.2—1999,idt IEC 60851-2:1996)

GB/T 4074.3　绕组线试验方法　第3部分:机械性能(GB/T 4074.3—1999,idt IEC 60851-3:1996)

GB/T 4074.5　绕组线试验方法　第5部分:电性能(GB/T 4074.5—1999,idt IEC 60851-5:1996)

GB/T 7095.1　漆包扁绕组线　第1部分:一般规定(GB/T 7095.1—1995,eqv IEC 60317-0-2:1990)

GB/T 7673.1—2008　纸包绕组线　第1部分:一般规定

IEC 60554-1　电工用纤维纸　第1部分:定义及一般规定

3 定义、试验方法总则和外观

3.1 定义

详见 GB/T 7673.1—2008 中 3.1 的规定。

3.2 试验方法总则

试验方法总则见 GB/T 7673.1—2008 中 3.5 的规定。

3.3 外观

见 GB/T 7673.1—2008 中 3.6 的规定。

4 尺寸

4.1 导体尺寸

导体标称尺寸应符合 GB/T 7095.1 的规定,见表 1。

表 1

mm²

宽边标称尺寸 b \ 窄边标称尺寸 a (mm)	0.80	0.85	0.90	0.95	1.00	1.06	1.12	1.18	1.25	1.32	1.40	1.50	1.60	1.70	1.80	1.90	2.00	2.12	2.24	2.36	2.50	2.65	2.80	3.00	3.15	3.35	3.55	3.75	4.00	4.25	4.50	4.75	5.50	5.30	5.60
	$r=(1/2)a$					$r=0.5$ mm								$r=0.65$ mm						$r=0.8$ mm								$r=1.0$ mm							
2.00	1.463		1.626		1.785		2.025		2.285		2.585																								
2.12		—		—		—		—		—		—																							
2.24	1.655		1.842		2.025		2.294		2.585		2.921		3.369																						
2.36		—		—		—		—		—		—		—																					
2.50	1.863		2.076		2.285		2.535		2.910		3.285		3.785		4.137																				
2.65		—		—		—		—		—		—		—		—																			
2.80	2.103		2.346		2.585		2.921		3.285		3.705		4.265		4.677		5.237																		
3.00		—		—		—		—		—		—		—		—		—																	
3.15	2.383		2.661		2.935		3.313		3.723		4.195		4.825		5.307		5.937		6.693																
3.35		—		—		—		—		—		—		—		—		—		—															
3.55	2.703		3.021		3.335		3.761		4.223		4.755		5.485		6.027		6.737		7.589		8.326														
3.75		—		—		—		—		—		—		—		—		—		—		—													
4.00	3.063		3.426		3.785		4.265		4.785		5.385		6.185		6.837		7.637		8.597		9.451		10.65												
4.25		—		—		—		—		—		—		—		—		—		—		—		—											
4.50	3.463		3.876		4.285		4.825		5.410		6.085		6.985		7.737		8.637		9.717		10.70		12.05		13.63										
4.75		—		—		—		—		—		—		—		—		—		—		—		—		—									
5.00	3.863		4.326		4.785		5.385		6.035		6.785		7.785		8.637		9.637		10.84	—	11.95		13.45		15.20		17.20								
5.30		—		—		—		—		—		—		—		—		—				—		—		—		—							
5.60	4.343		4.866		5.385		6.057		6.785		7.625		8.745		9.717		10.84		12.18	—	13.45		15.13		17.09		19.33		21.54						
6.00		—		—		—		—		—		—		—		—		—				—		—		—		—		—					
6.30	4.903		5.496		6.085		6.841		7.660		8.605		9.865		10.98		12.24		13.75	—	15.20		17.09		19.30		21.82		24.34		27.49				
6.70		—		—		—		—		—		—		—		—		—				—		—		—		—		—		—			
7.10			6.216		6.885		7.737		8.660		9.725		11.15		12.42		13.84		15.54	—	17.20		19.33		21.82		24.66		27.54		31.09		34.64		
7.50				—		—		—		—		—		—		—		—				—		—		—		—		—		—		—	
8.00					7.785		8.745		9.785		10.99		12.59		14.04		15.64		17.56	—	19.45		21.85		24.65		27.85		31.14		35.14		39.14		43.94
8.50						—		—		—		—		—		—		—				—		—		—		—		—		—		—	
9.00							9.865		11.04		12.39		14.19		15.84		17.64		19.80	—	21.95		24.65		27.80		31.40		35.14		39.64		44.14		49.54
9.50								—		—		—		—		—		—				—		—		—		—		—		—		—	
10.0									12.29		13.79		15.79		17.64		19.64		22.04	—	24.45		27.45		30.95		34.95	—	39.14		44.14		49.14		55.14
10.6										—		—		—		—		—				—		—		—		—		—		—		—	
11.2											15.47		17.71		19.80		22.04		24.73	—	27.45		30.81		34.73		39.21		43.94		49.54		55.14		61.86
11.8												—		—		—		—				—		—		—		—		—		—		—	
12.5													19.79		22.14		24.64		27.64	—	30.70		34.45		38.83		43.83		49.14		55.39		61.54		69.14
13.2														—		—		—				—		—		—		—		—		—		—	
14.0															24.48		27.64		31. 0	—	34.45		38.65		43.55		49.15		55.14		62.14		69.14		77.54
15.0																—		—				—		—		—		—		—		—		—	
16.0																	31.64		35.48	—	39.45		44.25		49.85		56.25		63.14		71.14		79.14		88.74

宽窄比$b/a<1.4$的规格为不推荐规格

宽窄比$b/a>8$的规格为不推荐规格

0.95 —— $R40$系列

1.00 —— $R20$系列

1.785 —— $a\times b$为$R20\times R20$优先规格的标称截面，mm²

（空框）—— $a\times b$为$R20\times R40$或$R40\times R20$中间规格的标称截面，mm²

— —— $a\times b$为$R40\times R40$的不推荐规格

4.2 导体尺寸公差

导体尺寸公差应符合 GB/T 7095.1 规定，见表 2

表 2 单位为毫米

标称尺寸 a 或 b	偏 差
$a(b) \leqslant 3.15$	±0.030
$3.15 < a(b) \leqslant 6.30$	±0.050
$6.30 < b \leqslant 12.50$	±0.070
$12.50 < b \leqslant 16.00$	±0.100

4.3 导体圆角半径

导体圆角半径应符合 GB/T 7095.1 规定，见表 3。

表 3

标称尺寸 a/mm	圆角半径 r	
	标称值/mm	偏差/%
$a \leqslant 1.00$	$(1/2)a$	—
$1.00 < a \leqslant 1.60$	0.50[a]	±25
$1.60 < a \leqslant 2.24$	0.65[b]	±25
$2.24 < a \leqslant 3.55$	0.80	±25
$a > 3.55$	1.00	±25

[a] 当 $b > 4.75$ mm 时，圆角半径可为 $(1/2)a$ mm。

[b] 当 $b > 4.75$ mm 时，圆角半径可为 0.80 mm。

4.4 纸绝缘厚度

纸绝缘厚度及纸带宽度应符合供需双方协商的规定，且负公差应不超过表 4 中规定值。

表 4

纸绝缘厚度/mm		偏差/%
大于	小于或等于	
—	0.50	$^{0}_{-10}$
0.50	1.25	$^{0}_{-7.5}$
1.25	—	$^{0}_{-5}$

注：若最大外形尺寸没超过导体最大尺寸加上本规定的最大绝缘厚度，允许绝缘厚度超过规定值。

4.5 最大外形尺寸

最大外形尺寸应不超过 4.2 规定的导体最大尺寸与 2 倍于 4.4 规定的绝缘厚度最大值之和。

注：纸包线的结构，如绝缘纸的层数、绕包方式、绝缘纸的厚度由供需双方协商规定。

导体表面应无铜粉及其他杂质，每层的绝缘纸应连续、牢固及无皱纹，除绝缘纸端部外应无结点及粘合材料。

5 电阻

见 GB/T 7673.1—2008 的 5.2。

6 伸长率

见 GB/T 7095.1。

注：半硬铜导体的规定非比例延伸强度 $R_{P0.2}$、伸长率及电阻率，见 GB/T 7673.1 附录 A。

7 回弹性

导体的回弹角应不大于5°。

注：半硬铜导体不考核。

8 柔韧性及附着性

由于绝缘纸的层数和厚度存在差异，弯曲性能要求在订货时由供需双方协商规定。

9 验收规则

见GB/T 7673.1—2008第9章，产品应按表5的规定试验。

表5

序号	项目名称	技术要求	试验类型	试验方法
1	尺寸		T、S	GB/T 4074.2
1.1	导体、导体尺寸	符合本部分4.1中表1、表2、和表3的规定		
1.2	绝缘厚度	符合本部分4.4中表4的规定		
1.3	纸包线外形尺寸	符合本部分4.5的规定		
2	绕包和绕包方式	符合GB/T 7673.1—2008中4.4的规定	T、S	精度为0.5 mm钢尺和正常视力检查
3	焊接	符合GB/T 7673.1—2008中4.5的规定	T、S	正常视力检查
4	电阻	符合GB/T 7673.1—2008中5.2的规定	T、S	GB/T 4074.5
5	伸长率	符合本部分第6章的规定	T、S	GB/T 4074.3
6	$R_{P0.2}$	符合本部分第6章的规定	T、S	GB/T 228
7	回弹性	符合本部分第7章的规定	T、S	GB/T 4074.3
8	柔韧性和附着性	符合本部分第8章的规定	T、S	GB/T 4074.3
9	包装	符合本部分第10章的规定	R	正常视力、称重
10	外观	符合GB/T 7673.1—2008中3.6的规定	R	正常视力

10 包装

见GB/T 7673.1—2008第10章。

附 录 A
（资料性附录）
本部分章条编号与 IEC 60317-27：1998 章条编号对照

表 A.1 给出了本部分与 IEC 60317-27《特种绕组线标准　第 27 部分：纸包铜扁线》的章条编号对照。

表 A.1

本部分的章条编号	对应的 IEC 60317-27 的章条编号
1	1
2	2
3	3
3.1	3.1
3.2	3.2
3.3	—
4	4
4.1	4.1
4.2	4.2
4.3	4.3
4.4	4.4
4.5	4.5
5	5
6	6
7	7
8	8
	9～22
9	—
10	—
—	30
—	附录 A
附录 A(章条编号对照表)	—
—	附录 B
附录 B(技术差异对照表)	—

附 录 B
（资料性附录）
本部分与 IEC 60317-27:1998 的技术性差异及其原因

表 B.1 给出了本部分与 IEC 60317-27:1998 的技术性差异及其原因。

表 B.1

本部分的章条编号	技术性差异	原因
1	除采用 IEC 60317-27 规定的产品表示方法外，还增加 GB/T 7673.1 规定采用的表示方法。	由于国内产品型号和表示方法与其他绕组线一起已长期使用至今，采用 2 种表示方式以适应国内外市场需要。
1	IEC 60317-27 中规定纸带为同向绕包、适用于油浸式变压器等，本部分删除“同向”和“油浸式”的规定。	两层及以上的纸带除同向绕包外，现在也有反向绕包的要求；干式变压器也开始采用耐高温纸绝缘扁绕组线。
2	1. 修改引用标准： GB/T 7095.1 代替 IEC 60317-0-2 GB/T 4074 代替 IEC 60851 2. 增加引用 GB/T 7673.1	1. 它们是与国际标准等效、等同的国家标准。 2. 本标准是由分别对 4 个品种产品作出规定、包括 5 个部分的分部结构标准，作为第 3 部分的本部分需要引用第 1 部分《一般规定》。
3	1. 删除本章叙述的内容，直接引用 GB/T 7673.1第 3 章的相应内容。 2. 增加对产品外观要求的规定。	1. 与本部分标准其他部分协调一致，避免重复。 2. IEC 60317 的其他部分和本标准的其他部分均已规定此项要求。
4.1、4.2、4.3	分别增加规格尺寸的表 1、导体公差的表 2 和圆角半径的表 3。	使用方便、直观。
5	引用本标准第 1 部分的 5.2，代替引用 IEC 60317-0-2。	本标准第 1 部分 5.2 规定的内容系引用等效采用 IEC 60317-0-2 的 GB/T 7095.1。
6	1. 引用 GB/T 7095.1 的第 10 章代替引用 IEC 60317-0-2。 2. 修改“注”的内容。	1. GB/T 7095.1 等效采用 IEC 60317-0-2。 2. 有关半硬铜导体的规定非比例延伸强度、延伸率、导电率已在 GB/T 7673.1 附录 A 中作了更为详细的规定。
7	增加回弹性考核指标的规定。	IEC 60317-27 尚在考虑，国内已能达到这一指标。
9	增加第 9 章验收规则，删除不作性能考核的 IEC 60317-0-2 中第 9 章至第 22 章编号。	适合国情，便于操作。删除不用章节，简化标准文本。
10	1. 把第 30 章改为第 10 章。 2. 删除本章叙述的内容，直接引用 GB/T 7673.1第 10 章的相应内容。	1. 按 GB/T 1.1 规定，使“章”的编号连续。 2. 与本部分标准其他部分协调一致，避免重复。
附录 A	1. 删除 IEC 60317-27 的附录 A。 2. 增加本部分章条编号与 IEC 60317-27 章条编号对照的新“附录 A”。	1. 本部分试验方法中引用的国家标准 GB/T 228已全部包含该附录内容。 2. 根据 GB/T 20000.2—2001 关于修改采用国际标准的国家标准编写要求所作增加。
附录 B	1. 删除 IEC 60317-27 的附录 B。 2. 增加说明本部分与 IEC 60317-27 技术性差异及其原因一览表的新“附录 B”。	1. 本部分未出现 IEC 60317-27 附录 B 所列参考文献。 2. 根据 GB/T 20000.2—2001 关于修改采用国际标准的国家标准编写要求所作增加。

ICS 29.060.10
K 12

中华人民共和国国家标准

GB/T 7673.4—2008

纸包绕组线 第4部分:纸绝缘组合导线

Paper covered wires—
Part 4:Paper covered combined conductors

2008-03-24 发布 2008-10-01 实施

中华人民共和国国家质量监督检验检疫总局
中国国家标准化管理委员会 发布

前　言

GB/T 7673《纸包绕组线》共分为五个部分：

——第1部分：一般规定；

——第2部分：纸包圆线；

——第3部分：纸包铜扁线；

——第4部分：纸绝缘组合导线；

——第5部分：纸绝缘多股绞合导线。

本部分为GB/T 7673的第4部分。

本部分由中国电器工业协会提出。

本部分由全国电线电缆标准化技术委员会(SAC/TC 213)归口。

本部分负责起草单位：上海电缆研究所。

本部分参加起草单位：保定天威电力线材有限公司、无锡环宇电磁线有限公司、无锡市锡洲电磁线厂、四川金瑞电工有限公司、上海杨行铜材有限公司、沈阳市宏远电磁线有限公司、昆明铜业电工器材有限公司、辽宁东港电磁线有限公司。

本部分主要起草人：高索霞、张恒光、徐进法、俞安琼、刘顺荣、杨绪清、陈惠民。

纸包绕组线
第 4 部分:纸绝缘组合导线

1 范围

GB/T 7673 的本部分规定了纸绝缘组合导线(简称组合导线)的技术要求,组合导线的线芯是 2 根及以上的扁绕组线(如纸包铜扁线),组成宽面或窄面重叠的排列,其绝缘层是由 3 层及以上的绝缘纸带作重叠或间隙绕包而成。适用于变压器的绕组。本部分应与 GB/T 7673.1 一起使用。

本部分规定的扁线导体标称尺寸范围:

窄边 a:(0.80≤a≤5.60) mm (优先选用 R20 系列)

宽边 b:(2.00≤b≤16.00) mm (优先选用 R20 系列)

超过此范围的由供需双方协商规定。

组合根数 n:(2~12)根。

2 规范性引用文件

下列文件中的条款通过 GB/T 7673 的本部分的引用而成为本部分的条款。凡是注日期的引用文件,其随后所有的修改单(不包括勘误的内容)或修订版均不适用于本部分,然而,鼓励根据本部分达成协议的各方研究是否可使用这些文件的最新版本。凡是不注日期的引用文件,其最新版本适用于本部分。

GB/T 228 金属材料 室温拉伸试验方法(GB/T 228—2002,eqv ISO 6892:1998)

GB/T 3048.8 电线电缆电性能试验方法 第 8 部分:交流电压试验

GB/T 4074.2 绕组线试验方法 第 2 部分:尺寸测量(GB/T 4074.2—1999,idt IEC 60851-2:1996)

GB/T 4074.3 绕组线试验方法 第 3 部分:机械性能(GB/T 4074.3—1999,idt IEC 60851-3:1996)

GB/T 4074.5 绕组线试验方法 第 5 部分:电性能(GB/T 4074.5—1999,idt IEC 60851-5:1996)

GB/T 7673.1—2008 纸包绕组线 第 1 部分:一般规定

GB/T 7673.3—2008 纸包绕组线 第 3 部分:纸包铜扁线(IEC 60317-27:1998,MOD)

3 定义、代号、产品表示方法、试验方法总则和外观

3.1 定义

本部分采用 GB/T 7673.1—2008 中 3.1 的定义。

3.2 代号

应符合 GB/T 7673.1—2008 中 3.2 的规定。

3.3 型号

应符合 GB/T 7673.1—2008 中 3.3 的规定。

其中:

ZZ …………………………………………………… 电力电缆纸绝缘组合导线

ZZD …………………………………………………… 高伸率纤维纸绝缘组合导线

ZZM …………………………………………………… 匝间绝缘高密度纸绝缘组合导线

3.4 表示方法

表示顺序:产品型号—外层绝缘标称厚度—(扁绕组线标称绝缘厚度+扁绕组线导体规格窄边×宽

边/扁绕组线根数)/$H_{max}\times W_{max}$　GB/T 7673.4—2008

3.5　试验方法总则

应符合 GB/T 7673.1—2008 中 3.5 的规定。

3.6　外观

应符合 GB/T 7673.1—2008 中 3.6 的规定。

4　材料、绝缘、绕包、焊接和尺寸

4.1　扁绕组线

本部分使用的纸包铜扁线应符合 GB/T 7673.3—2008 的规定。其他扁绕组线由供需双方协商规定。

4.2　绝缘

组合导线的绝缘纸应符合 GB/T 7673.1—2008 中 4.2 的规定。

4.3　尺寸

4.3.1　组合导线纸绝缘层厚度及偏差

组合导线外层纸绝缘层厚度及偏差应符合表 1 的规定。当最大外形尺寸在规定值范围内，允许绝缘厚度超差。

表 1　　单位为毫米

组合导线标称绝缘厚度　Δ	偏　差
$\Delta\leqslant0.60$	±0.06
$0.60<\Delta\leqslant0.90$	±0.08
$0.90<\Delta\leqslant1.50$	±0.10
$\Delta>1.50$	±0.12

4.3.2　组合导线尺寸

尺寸符号如图 1 所示：

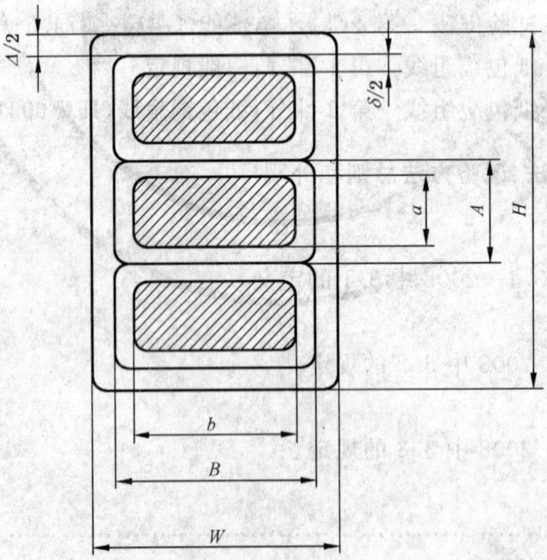

图 1

其中：

H——组合导线高度，单位为毫米(mm)；

W——组合导线宽度,单位为毫米(mm);

A——扁绕组线窄边尺寸,单位为毫米(mm);

B——扁绕组线宽边尺寸,单位为毫米(mm);

a——扁绕组线导体窄边标称尺寸,单位为毫米(mm);

b——扁绕组线导体宽边标称尺寸,单位为毫米(mm);

δ——扁绕组线绝缘层(两侧)标称厚度,单位为毫米(mm);

Δ——组合导线纸绝缘层(两侧)标称厚度,单位为毫米(mm)。

最大外形尺寸计算公式:

$$H_{max} = (a + \varepsilon + \delta + k_1) \times n + \Delta + k_2 \quad \cdots\cdots (1)$$

$$W_{max} = (b + \varepsilon + \delta + k_1) \times n_1 + \Delta + k_2 \quad \cdots\cdots (2)$$

式中:

n——组合导线线芯根数,2～12;

n_1——组合导线排列列数,1～2;

ε——扁绕组线导体尺寸最大允许偏差,单位为毫米(mm);

k_1——扁绕组线绝缘层(两侧)最大厚度偏差,单位为毫米(mm);

k_2——组合导线纸绝缘层(两侧)最大厚度偏差,单位为毫米(mm)。

当最大外形尺寸在规定值范围内,允许绝缘厚度超过表1规定。

4.4 绕包方式

应符合 GB/T 7673.1—2008 中 4.4 的规定。

4.5 焊接

应符合 GB/T 7673.1—2008 中 4.5 的规定。

5 电阻和通路试验

组合导线的导体电阻应符合 GB/T 7673.1—2008 中 5.2 的规定,半硬铜导体的电阻率应符合 GB/T 7673.1—2008 附录 A 的规定。

组合导线中的扁线不允许断路,扁绕组线绝缘层之间不允许有短路点。

断路试验方法:用万用表依次测试组合导线中的单根扁绕组线两端,直至全部测试完毕,应无断路发生。

短路试验方法:在组合导线中的扁绕组线相邻导体之间用 36V 交流电按 GB/T 3048.8 进行 1 min 耐电压试验,应不发生击穿。

6 伸长率

组合导线中的扁绕组线伸长率应符合相应产品标准的规定,半硬铜导体的伸长率和规定非比例延伸强度 $R_{P0.2}$ 应符合 GB/T 7673.1—2008 附录 A 的规定。

7 回弹性

不适用。

8 柔韧性和附着性

不适用。

9 检验规则

应符合 GB/T 7673.1—2008 第 9 章的规定,产品按表 2 规定进行检验。

表 2

序号	项目名称	技术要求	试验类别	试验方法
1	尺寸		T、S	GB/T 4074.2
1.1	扁绕组线导体尺寸	符合本部分 4.1 的规定	T、S	
1.2	扁绕组线绝缘厚度	符合本部分 4.1 的规定	T、S	
1.3	组合导线绝缘厚度和外形尺寸	符合本部分 4.3 的规定	T、S	
1.4	扁绕组线根数	符合本部分 4.3 的规定	T、S	正常视力
2	绕包		T、S	
2.1	绕包层外观质量	符合 GB/T 7673.1—2008 中 4.4 的规定	T、S	正常视力 精度 0.1 mm 卡尺
2.2	绕包方式、方向	符合 GB/T 7673.1—2008 中 4.4 的规定	T、S	
3	焊接	符合 GB/T 7673.1—2008 中 4.5 的规定	T、S	正常视力
4	导体电阻	符合本部分第 5 章的规定	T、S	GB/T 4074.5
5	断路和短路试验	符合本部分第 5 章的规定	T、R	本部分第 5 章
6	伸长率	符合本部分第 6 章的规定	T、S	GB/T 4074.3
7	规定非比例延伸强度 $R_{P0.2}$	符合本部分第 6 章的规定	T、S	GB/T 228
8	交货长度和包装	符合本部分第 10 章的规定	T、R	计米器和正常视力

10 包装

应符合 GB/T 7673.1—2008 第 10 章的规定。

ICS 29.060.10
K 12

中华人民共和国国家标准

GB/T 7673.5—2008

纸包绕组线
第5部分:纸绝缘多股绞合导线

Paper covered wires—
Part 5: Paper covered stranded conductors

2008-03-24 发布　　　　2008-10-01 实施

中华人民共和国国家质量监督检验检疫总局
中国国家标准化管理委员会　发布

前　言

GB/T 7673《纸包绕组线》共分为五个部分：

——第1部分：一般规定；

——第2部分：纸包圆线；

——第3部分：纸包铜扁线；

——第4部分：纸绝缘组合导线；

——第5部分：纸绝缘多股绞合导线。

本部分为GB/T 7673的第5部分。

本部分由中国电器工业协会提出。

本部分由全国电线电缆标准化技术委员会(SAC/TC 213)归口。

本部分负责起草单位：上海电缆研究所。

本部分参加起草单位：上海顺潮工业有限公司、保定天威和兴电力配件有限公司、昆明铜业电工器材有限公司。

本部分主要起草人：郎沪湧、孙振福、鄢明、陈惠民、任勇。

纸包绕组线
第5部分：纸绝缘多股绞合导线

1 范围

GB/T 7673的本部分规定了纸绝缘多股绞合导线(简称绞合导线)的技术要求，绞合导线的线芯是符合GB/T 12970的电工软铜绞线。绝缘层是由3层及以上的绝缘纸带作重叠或间隙绕包而成。

本部分规定的纸绝缘多股绞合导线适用于变压器或高压电气设备的引线。

本部分应与GB/T 7673.1一起使用。

本部分适用的线芯标称截面范围为：(10～500)mm^2。

2 规范性引用文件

下列文件中的条款通过GB/T 7673的本部分的引用而成为本部分的条款。凡是注日期的引用文件，其随后所有的修改单(不包括勘误的内容)或修订版均不适用于本部分，然而，鼓励根据本部分达成协议的各方研究是否可使用这些文件的最新版本。凡是不注日期的引用文件，其最新版本适用于本部分。

GB/T 3048.4 电线电缆电性能试验方法 第4部分：导体直流电阻试验

GB/T 4074.2 绕组线试验方法 第2部分：尺寸测量(GB/T 4074.2—1999，idt IEC 60851-2:1996)

GB/T 4074.3 绕组线试验方法 第3部分：机械性能(GB/T 4074.3—1999，idt IEC 60851-3:1996)

GB/T 7673.1—2008 纸包绕组线 第1部分：一般规定

GB/T 12970.1 电工软铜绞线 第1部分：一般规定

GB/T 12970.2 电工软铜绞线 第2部分：软铜绞线

3 定义、代号、产品表示方法、试验方法总则和外观

3.1 定义

本部分采用GB/T 7673.1—2008中3.1的定义。

3.2 代号

应符合GB/T 7673.1—2008中3.2的规定。

3.3 型号

应符合GB/T 7673.1—2008中3.3的规定。

其中：

ZJ …………………………………………………… 电力电缆纸绝缘多股绞合导线

ZJD …………………………………………………… 皱纹纸绝缘多股绞合导线

ZJM …………………………………………………… 高密度纸绝缘多股绞合导线

3.4 表示方法

表示顺序：产品型号＋线芯代号－绝缘标称厚度－线芯标称截面 GB/T 7673.5—2008

3.5 试验方法总则

应符合GB/T 7673.1—2008中3.5的规定。

3.6 外观

应符合 GB/T 7673.1—2008 中 3.6 的规定。

4 材料、绝缘、绕包、焊接和尺寸

4.1 材料

4.1.1 绞合线芯

绞合线芯性能应符合 GB/T 12970.1 和 GB/T 12970.2 的规定。结构尺寸应符合表 1、表 2 的规定。

4.1.2 绝缘纸

a) 电力电缆纸应符合 GB/T 7673.1—2008 中 4.2.2 的规定；

b) 高密度绝缘纸应符合 GB/T 7673.1—2008 中 4.2.4 的规定；

c) 皱纹纸或其他绝缘纸品种、技术要求由供需双方协商规定。

4.2 绝缘厚度

应符合表 1 和表 2 的规定。纸层数由供需双方协商决定。

4.3 纸绝缘多股绞合导线外径尺寸

应符合表 1 和表 2 的规定。若需要其他结构、绝缘厚度、尺寸时可由供需双方协商规定。

表 1

标称截面/mm²	绞线线芯结构 股数×根数/单线标称直径	线芯标称外径/mm	绝缘标称厚度/mm	外径尺寸 D/mm	计算质(重)量(参考值)/(kg/km)		
					ZJⅠ	ZJMⅠ	ZJDⅠ
10	12×7/0.39	4.86	1	6.9±0.3	110	112	102
			2	8.9±0.4	132	137	116
			3	10.9±0.5	162	170	133
			4	12.9±0.6	195	207	153
			5	14.9±0.7	234	250	176
			6	16.9±0.8	280	302	204
16	12×7/0.49	6.17	2	10.2±0.4	194	200	174
			3	12.2±0.5	227	237	194
			4	14.2±0.6	264	278	216
			5	16.2±0.7	306	325	241
			6	18.2±0.8	357	381	271
			8	22.2±1.0	469	507	338
25	19×7/0.49	7.35	2	11.4±0.4	289	295	266
			3	13.4±0.5	325	335	288
			4	15.4±0.6	365	380	311
			5	17.4±0.7	411	431	339
			6	19.4±0.8	464	491	371
			8	23.4±1.0	584	624	442
			10	27.4±1.2	728	785	529
35	19×7/0.58	8.70	2	12.7±0.4	386	394	361
			3	14.7±0.5	426	438	384
			4	16.7±0.6	470	487	411
			5	18.7±0.7	519	542	440
			6	20.7±0.8	577	606	474
			8	24.7±1.0	703	747	550
			10	28.7±1.2	855	917	641

表 1(续)

标称截面/mm²	绞线线芯结构股数×根数/单线标称直径	线芯标称外径/mm	绝缘标称厚度/mm	外径尺寸 D/mm	计算质(重)量(参考值)/(kg/km)		
					ZJⅠ	ZJMⅠ	ZJDⅠ
50	19×7/0.68	10.20	2	14.2±0.4	516	524	489
			3	16.2±0.5	558	572	516
			4	18.2±0.6	606	625	546
			5	20.2±0.7	659	684	572
			6	22.2±0.8	721	753	619
			8	26.2±1.0	856	903	704
			10	30.2±1.2	1 016	1 082	805
70	27×7/0.68	12.53	2	16.5±0.5	720	731	686
			3	18.5±0.6	771	788	718
			4	20.5±0.7	825	848	753
			5	22.5±0.8	885	914	790
			6	24.5±0.9	953	991	834
			8	28.5±1.1	1 100	1 155	927
			10	32.5±1.3	1 274	1 348	1 036
80	37×7/0.62	13.02	2	17±0.5	806	817	773
			3	19±0.6	859	875	806
			4	21±0.7	914	937	841
			5	23±0.8	975	1 005	880
			6	25±0.9	1 045	1 083	924
			8	29±1.1	1 195	1 250	1 019
			10	33±1.3	1 371	1 446	1 130
95	37×7/0.68	14.28	2	18.3±0.5	961	972	924
			3	20.3±0.6	1 017	1 035	960
			4	22.3±0.7	1 076	1 101	997
			5	24.3±0.8	1 141	1 173	1 038
			6	26.3±0.9	1 214	1 255	1 084
			8	30.3±1.1	1 371	1 430	1 183
			10	34.3±1.3	1 555	1 634	1 300
100	37×7/0.70	14.70	2	18.7±0.6	1 014	1 026	977
			3	20.7±0.7	1 072	1 090	1 013
			4	22.7±0.8	1 132	1 157	1 051
			5	24.7±0.9	1 197	1 230	1 092
			6	26.7±1.0	1 272	1 314	1 140
			8	30.7±1.2	1 431	1 491	1 240
			10	34.7±1.4	1 617	1 698	1 358
120	27×12/0.68	17.39	2	21.4±0.6	1 216	1 233	1 165
			3	23.4±0.7	1 281	1 305	1 206
			4	25.4±0.8	1 349	1 380	1 249
			5	27.4±0.9	1 422	1 462	1 295
			6	29.4±1.0	1 504	1 554	1 347
			8	33.4±1.2	1 678	1 747	1 457
			10	37.4±1.4	1 879	1 971	1 584

表 1(续)

标称截面/mm²	绞线线芯结构股数×根数/单线标称直径	线芯标称外径/mm	绝缘标称厚度/mm	外径尺寸 D/mm	计算质(重)量(参考值)/(kg/km)		
					ZJⅠ	ZJMⅠ	ZJDⅠ
125	27×12/0.70	17.90	2	21.9±0.6	1 284	1 301	1 232
			3	23.9±0.7	1 351	1 375	1 274
			4	25.9±0.8	1 419	1 451	1 317
			5	27.9±0.9	1 494	1 534	1 364
			6	29.9±1.0	1 578	1 628	1 417
			8	33.9±1.2	1 754	1 825	1 529
			10	37.9±1.4	1 958	2 052	1 657
150	14×19/0.85	18.76	2	22.8±0.6	1 529	1 545	1 478
			3	24.8±0.7	1 598	1 622	1 521
			4	26.8±0.8	1 669	1 702	1 566
			5	28.8±0.9	1 746	1 787	1 615
			6	30.8±1.0	1 833	1 884	1 670
			8	34.8±1.2	2 014	2 086	1 784
			10	38.8±1.4	2 223	2 319	1 916
160	27×12/0.80	20.20	2	24.2±0.6	1 650	1 669	1 591
			3	26.2±0.7	1 723	1 750	1 637
			4	28.2±0.8	1 798	1 834	1 685
			5	30.2±0.9	1 879	1 924	1 736
			6	32.2±1.0	1 970	2 025	1 793
			8	36.2±1.2	2 159	2 236	1 913
			10	40.2±1.4	2 375	2 477	2 050
185	27×12/0.85	21.74	2	25.7±0.6	1 868	1 888	1 803
			3	27.7±0.7	1 945	1 974	1 852
			4	29.7±0.8	2 024	2 063	1 902
			5	31.7±0.9	2 109	2 157	1 955
			6	33.7±1.0	2 204	2 263	2 015
			8	37.7±1.2	2 401	2 483	2 140
			10	41.7±1.4	2 626	2 734	2 282
200	37×12/0.75	21.80	2	25.8±0.6	1 974	1 994	1 912
			3	27.8±0.7	2 052	2 080	1 961
			4	29.8±0.8	2 131	2 169	2 011
			5	31.8±0.9	2 216	2 264	2 065
			6	33.8±1.0	2 311	2 370	2 125
			8	37.8±1.2	2 509	2 590	2 250
			10	41.8±1.4	2 735	2 842	2 393
250 (240)	37×12/0.85	24.72	2	28.7±0.7	2 508	2 530	2 438
			3	30.7±0.8	2 594	2 626	2 493
			4	32.7±0.9	2 682	2 723	2 548
			5	34.7±1.0	2 774	2 827	2 607
			6	36.7±1.1	2 878	2 942	2 672
			8	40.7±1.3	3 092	3 181	2 807
			10	44.7±1.5	3 333	3 450	2 960

表 1(续)

标称截面/ mm²	绞线线芯结构 股数×根数/单线 标称直径	线芯标 称外径/ mm	绝缘标 称厚度/ mm	外径尺寸 D/ mm	计算质(重)量(参考值)/(kg/km)		
					ZJⅠ	ZJMⅠ	ZJDⅠ
300	27×19/0.85	26.15	2	30.2±0.7	2 897	2 921	2 822
			3	32.2±0.8	2 988	3 022	2 879
			4	34.2±0.9	3 079	3 124	2 937
			5	36.2±1.0	3 176	3 232	2 999
			6	38.2±1.1	3 284	3 352	3 067
			8	42.2±1.3	3 506	3 599	3 207
			10	46.2±1.5	3 756	3 878	3 365
315	37×19/0.75	26.25	2	30.3±0.7	3 076	3 097	3 007
			3	32.3±0.8	3 166	3 198	3 064
			4	34.3±0.9	3 258	3 301	3 122
			5	36.3±1.0	3 356	3 409	3 184
			6	38.3±1.1	3 464	3 530	3 252
			8	42.3±1.3	3 686	3 778	3 393
			10	46.3±1.5	3 937	4 057	3 551
400	37×19/0.85	29.75	2	33.8±0.7	3 925	3 950	3 846
			3	35.8±0.8	4 026	4 062	3 910
			4	37.8±0.9	4 127	4 175	3 974
			5	39.8±1.0	4 234	4 294	4 041
			6	41.8±1.1	4 352	4 426	4 116
			8	45.8±1.3	4 594	4 695	4 269
			10	49.8±1.5	4 864	4 997	4 440
500	37×19/0.95	33.25	2	37.3±0.8	4 898	4 926	4 810
			3	39.3±0.9	5 009	5 049	4 880
			4	41.3±1.0	5 120	5 173	4 950
			5	43.3±1.1	5 236	5 303	5 024
			6	45.3±1.2	5 364	5 445	5 105
			8	49.3±1.3	5 625	5 736	5 270
			10	53.3±1.5	5 915	6 059	5 453

表 2

标称截面/ mm²	绞线线芯结构 股数×根数/单 线标称直径	线芯标 称外径/ mm	绝缘标 称厚度/ mm	外径尺寸 D/ mm	20℃直流电 阻不大于/ (Ω/km)	计算质(重)量(参考值)/ (kg/km)		
						ZJⅡ	ZJMⅡ	ZJDⅡ
14	7×13/0.45	5.6	1	7.6±0.3	1.27	154	156	145
			2	9.6±0.4		178	183	159
			3	11.6±0.5		209	218	178
			4	13.6±0.6		244	257	199
			5	15.6±0.7		285	302	223
			6	17.6±0.8		333	357	252
20	7×18/0.45	6.6	2	10.6±0.4	0.921	234	240	213
			3	12.6±0.5		268	278	233
			4	14.6±0.6		306	320	256
			5	16.6±0.7		349	368	282
			6	18.6±0.8		401	426	313
			8	22.6±1.0		515	554	382

表 2(续)

标称截面/mm²	绞线线芯结构股数×根数/单线标称直径	线芯标称外径/mm	绝缘标称厚度/mm	外径尺寸 D/mm	20℃直流电阻不大于/(Ω/km)	计算质(重)量(参考值)/(kg/km)		
						ZJⅡ	ZJMⅡ	ZJDⅡ
22	7×20/0.45	6.9	2	10.9±0.4	0.828	257	263	235
			3	12.9±0.5		291	302	256
			4	14.9±0.6		330	345	279
			5	16.9±0.7		374	394	305
			6	18.9±0.8		427	453	337
			8	22.9±1.0		543	582	406
			10	26.9±1.2		685	741	491
30	19×10/0.45	8.1	2	12.1±0.4	0.610	337	344	312
			3	14.1±0.5		375	387	335
			4	16.1±0.6		417	434	360
			5	18.1±0.7		465	487	388
			6	20.1±0.8		521	549	422
			8	24.1±1.0		644	686	495
			10	28.1±1.2		792	852	584
38	19×13/0.45	9.5	2	13.5±0.4	0.470	429	437	400
			3	15.5±0.5		471	484	425
			4	17.5±0.6		517	535	453
			5	19.5±0.7		568	593	483
			6	21.5±0.8		628	659	519
			8	25.5±1.0		759	805	597
			10	29.5±1.2		915	980	691
50	19×17/0.45	10.3	2	14.3±0.4	0.359	541	549	514
			3	16.3±0.5		586	599	542
			4	18.3±0.6		634	653	572
			5	20.3±0.7		687	713	606
			6	22.3±0.8		749	782	646
			8	26.3±1.0		884	932	731
			10	30.3±1.2		1 045	1 112	833
60	19×20/0.45	11.5	2	15.5±0.5	0.305	633	642	602
			3	17.5±0.6		681	696	633
			4	19.5±0.7		732	753	665
			5	21.5±0.8		789	816	701
			6	23.5±0.9		855	890	743
			8	27.5±1.1		996	1 047	832
			10	31.5±1.3		1 164	1 235	938
80	19×27/0.45	13.5	2	17.5±0.5	0.226	845	856	808
			3	19.5±0.6		898	916	842
			4	21.5±0.7		955	979	878
			5	23.5±0.8		1 018	1 049	918
			6	25.5±0.9		1 089	1 128	963
			8	29.5±1.1		1 241	1 298	1 059
			10	33.5±1.3		1 420	1 498	1 172

表 2(续)

标称截面/mm²	绞线线芯结构股数×根数/单线标称直径	线芯标称外径/mm	绝缘标称厚度/mm	外径尺寸 D/mm	20℃直流电阻不大于/(Ω/km)	计算质(重)量(参考值)/(kg/km)		
						ZJⅡ	ZJMⅡ	ZJDⅡ
95	19×32/0.45	14.3	2	18.3±0.6	0.191	989	1 001	951
			3	20.3±0.7		1 045	1 063	986
			4	22.3±0.8		1 104	1 129	1 023
			5	24.3±0.9		1 168	1 201	1 064
			6	26.3±1.0		1 242	1 283	1 111
			8	30.3±1.2		1 399	1 458	1 210
			10	34.3±1.4		1 582	1 663	1 326
100	19×34/0.45	14.8	2	18.8±0.6	0.180	1 041	1 053	1 004
			3	20.8±0.7		1 099	1 117	1 040
			4	22.8±0.8		1 159	1 184	1 078
			5	24.8±0.9		1 225	1 258	1 120
			6	26.8±1.0		1 300	1 341	1 168
			8	30.8±1.2		1 459	1 519	1 268
			10	34.8±1.4		1 646	1 727	1 386
150	27×34/0.45	18.5	2	22.5±0.6	0.126	1 479	1 494	1 429
			3	24.5±0.7		1 547	1 570	1 472
			4	26.5±0.8		1 617	1 649	1 516
			5	28.5±0.9		1 693	1 734	1 564
			6	30.5±1.0		1 779	1 829	1 619
			8	34.5±1.2		1 959	2 030	1 732
			10	38.5±1.4		2 166	2 260	1 863
185	27×43/0.45	20.7	2	24.7±0.6	0.099 9	1 849	1 867	1 794
			3	26.7±0.7		1 924	1 950	1 841
			4	28.7±0.8		2 000	2 035	1 899
			5	30.7±0.9		2 082	2 126	1 941
			6	32.7±1.0		2 174	2 229	1 999
			8	36.7±1.2		2 366	2 443	2 121
			10	40.7±1.4		2 586	2 687	2 259
200	37×34/0.45	21.1	2	25.1±0.7	0.092 2	1 991	2 008	1 936
			3	27.1±0.8		2 067	2 093	1 984
			4	29.1±0.9		2 144	2 179	2 033
			5	31.1±1.0		2 228	2 272	2 085
			6	33.1±1.1		2 321	2 376	2 144
			8	37.1±1.3		2 515	2 592	2 267
			10	41.1±1.5		2 736	2 839	2 407
250	37×42/0.45	23.5	2	27.5±0.7	0.074 6	2 446	2 464	2 387
			3	29.5±0.8		2 528	2 556	2 439
			4	31.5±0.9		2 612	2 650	2 492
			5	33.5±1.0		2 702	2 750	2 549
			6	35.5±1.1		2 802	2 861	2 612
			8	39.5±1.3		3 009	3 092	2 743
			10	43.5±1.5		3 244	3 354	2 892

表 2(续)

标称截面/mm²	绞线线芯结构股数×根数/单线标称直径	线芯标称外径/mm	绝缘标称厚度/mm	外径尺寸 D/mm	20℃直流电阻不大于/(Ω/km)	计算质(重)量(参考值)/(kg/km)		
						ZJⅡ	ZJMⅡ	ZJDⅡ
325	37×55/0.45	26.9	2	30.9±0.7	0.057 0	3 200	3 220	3 136
			3	32.9±0.8		3 292	3 323	3 194
			4	34.9±0.9		3 386	3 427	3 253
			5	36.9±1.0		3 484	3 537	3 316
			6	38.9±1.1		3 594	3 660	3 385
			8	42.9±1.3		3 820	3 911	3 528
			10	46.9±1.5		4 074	4 195	3 689
400	61×42/0.45	30.2	2	34.2±0.7	0.045 3	4 000	4 021	3 930
			3	36.2±0.8		4 101	4 135	3 994
			4	38.2±0.9		4 204	4 249	4 059
			5	40.2±1.0		4 312	4 369	4 127
			6	42.2±1.1		4 431	4 502	4 203
			8	46.2±1.3		4 675	4 774	4 357
			10	50.2±1.5		4 947	5 078	4 529
500	61×52/0.45	33.7	2	37.7±0.8	0.036 6	4 970	4 997	4 886
			3	39.7±0.9		5 082	5 121	4 957
			4	41.7±1.0		5 194	5 246	5 028
			5	43.7±1.1		5 312	5 377	5 102
			6	45.7±1.2		5 441	5 521	5 184
			8	49.7±1.3		5 704	5 814	5 350
			10	53.7±1.5		5 996	6 140	5 535

4.4 绕包方式

a) 对于 ZJ、ZJM 型绞合导线除最内和最外层应重叠绕包外其余各层应采用间隙绕包，其中重叠宽度：最内层为(1～3)mm、最外层为(3～6)mm，间隙宽度为(0.5～2)mm。

b) ZJD 型绞合导线标称截面积在 50 mm² 以下规格应全部采用重叠绕包，重叠宽度为纸带宽度的(40～50)%。标称截面积在 50 mm² 及以上规格，除最内层和最外两层应重叠绕包外，其余纸层可采用间隙绕包，重叠宽度：最内层为(1～3)mm、最外两层或两层以上为纸带宽度的(40～50)%，间隙宽度为(0.5～2)mm；标称截面积在 50 mm² 及以上规格，也可按照客户要求全部采用重叠绕包，重叠宽度为纸带宽度的(40～50)%。

c) 有关纸带绕包质量应符合 GB/T 7673.1—2008 中 4.4 的规定，但间隙重叠数不作规定。纸层数、绕包方向、节距可由供需双方协商规定。

4.5 焊接

应符合 GB/T 7673.1—2008 中 4.5 的规定。

5 电阻

型号 ZJⅠ、ZJMⅠ及 ZJDⅠ应符合 GB/T 12970.2 的规定；型号 ZJⅡ、ZJMⅡ及 ZJDⅡ应符合表 2 规定。

6 伸长率

不适用。

7 回弹性

不适用。

8 柔韧性和附着性

纸绝缘多股绞合导线在规定外径倍率的圆棒上弯曲180°后绝缘层应不开裂或无局部突起。规定的外径倍率如下：

ZJ、ZJM：　(10～11)倍；

ZJD：　(6～7)倍。

9 检验规则

应符合GB/T 7673.1—2008第9章的规定，产品按表3规定进行检验。

表3

序号	项目名称	技术要求	试验类别	试验方法
1	绞合线芯结构尺寸	应符合本部分4.1.1的规定	T、S	GB/T 4074.2 正常视力
2	导线外形尺寸	应符合本部分4.3的规定	T、S	GB/T 4074.2 正常视力
3	纸层数、绝缘厚度	应符合本部分4.2的规定	T、S	
4	绕包			正常视力 0.1 mm精度卡尺
4.1	绕包层外观质量	应符合本部分4.4的规定	T、S	
4.2	绕包方式	应符合本部分4.4的规定	T、S	
5	电阻	应符合本部分第5章的规定	T、S	GB/T 3048.4
6	柔韧性和附着性	应符合本部分第8章的规定	T、S	GB/T 4074.3
7	焊接	应符合GB/T 7673.1—2008中4.5的规定	T、S	正常视力，1 mm精度卷尺
8	交货长度	应符合本部分第10章的规定	R	计米器，正常视力
9	包装	应符合本部分第10章的规定	R	1 mm精度卷尺，正常视力

10 包装

应符合GB/T 7673.1—2008中第10章的规定。

ICS 29.130.10
K 43

中华人民共和国国家标准

GB 7674—2008
代替 GB 7674—1997

额定电压 72.5 kV 及以上气体绝缘金属封闭开关设备

Gas-insulated metal-enclosed switchgear for rated voltages of 72.5 kV and above

(IEC 62271-203:2003 High-voltage switchgear and controlgear—Part 203:Gas-insulated metal-enclosed switchgear for rated voltages above 52 kV,MOD)

2008-09-19 发布　　2009-06-01 实施

中华人民共和国国家质量监督检验检疫总局
中国国家标准化管理委员会　发布

前言

本标准的全部技术内容为强制性。

本标准是修改采用IEC 62271-203:2003(原IEC 60517的第3版)《高压开关设备和控制设备　第203部分:额定电压52 kV以上的气体绝缘金属封闭开关设备》。

本标准与IEC 62271-203:2003的主要差别是:

——适用范围。根据我国电网的实际情况,去掉了IEC 62271-203:2003中额定频率60 Hz的有关内容;根据我国中高压的划分习惯,适用的额定电压由"52 kV以上"改为"72.5 kV及以上"。

——额定电压。去掉了与我国电网无关的额定电压数值,按照GB/T 11022(或GB 156)中所列的电压给出;并根据最新的研究成果及我国电网可能的发展态势,给出了额定电压为1 100 kV的相关参数。

本标准代替GB 7674—1997《72.5 kV及以上的气体绝缘金属封闭开关设备》。

本标准与GB 7674—1997的主要差别有:

——额定电压增加800 kV、1 100 kV两挡及相应的参数;

——绝缘水平的数值普遍有所提高,尤其是针对额定电压363 kV及以上的电压等级;

——增加防腐蚀的相关要求和试验;

——增加了接地回路电气连续性的具体要求。

本标准中各章、条的编排顺序与IEC 62271-203:2003一致,大部分条文的内容与IEC 62271-203:2003相同,不同之处在前述的主要差别中已给予了说明。

本标准与GB/T 11022—1999《高压开关设备和控制设备标准的共同技术要求》一起使用,除非本标准中另有规定,本标准参照GB/T 11022。为了简化相关要求的重复表述,本标准的章条号与GB/T 11022相同。对这些章条内容的补充在同一引用标题下给出,而附加的条款从101开始编号。

本标准的附录A、附录B和附录C是规范性附录,附录D和附录E是资料性附录。

本标准由中国电器工业协会提出。

本标准由全国高压开关设备标准化技术委员会(SAC/TC 65)归口。

本标准由全国高压开关设备标准化技术委员会负责解释。

本标准负责起草单位:西安高压电器研究所。

本标准参加起草单位:中国电力科学研究院高压开关研究所、西安西开高压电气股份有限公司、河南平高电气股份有限公司、新东北电气(沈阳)高压开关有限公司、天水长城开关厂、机械工业高压电器产品质量检验中心(沈阳)、重庆泰高博森电气有限公司、上海华通开关厂有限公司、华东电网有限公司、北京北开电器股份有限公司、上海西门子高压开关有限公司、广州白云电器设备股份有限公司、正泰电气股份有限公司、浙江昌泰电力开关有限公司、泰开电气集团有限公司、江苏省如高高压电器有限公司、金华电力开关有限公司、长江委设计院。

本标准主要起草人:田恩文、李鹏、严玉林。

本标准参加起草人:崔景春、杨大锟、赵伯楠、刘兆林、王建西、阎关星、任海泉、赵羲英、张文兵、洪深、马平、吴鸿雁、熊寿春、孙永恒、张铎、张姝、马增锐、赵鸿飞、田可新、孔祥军、沈威、邹景行、施文耀、虞宇飞、何志猛、杨英杰、冯四喜、李建华、赵文强、马力、侯平印、杨成懋、石凤翔、叶树新、曹文斌、范彧、楼丹、刘志民、钱卫、王根政、孙荣春、李小松、吴忠。

本标准所替代标准的历次版本发布情况:

——GB 7674—1987;

——GB 7674—1997。

额定电压72.5 kV及以上气体绝缘金属封闭开关设备

1 概述

1.1 范围

本标准规定了交流额定电压72.5 kV及以上额定频率50 Hz的户内和户外安装的气体绝缘金属封闭开关设备，其绝缘的获得至少部分通过绝缘气体而不是处于大气压力下的空气。

为了便于本标准的使用，术语“GIS”和“开关设备”均用于表述“气体绝缘金属封闭开关设备”。

本标准涵盖的气体绝缘金属封闭开关设备由可以直接连接在一起的独立元件构成，且这些元件只能按这种方式运行。

根据需要，本标准对适用于构成GIS的各个独立元件的相关标准进行了完善和补充。

1.2 规范性引用文件

下列文件中的条款通过本标准的引用而成为本标准的条款。凡是注日期的引用文件，其随后所有的修改单(不包括勘误的内容)或修订版均不适用于本标准，然而，鼓励根据本标准达成协议的各方研究是否可使用这些文件的最新版本。凡是不注日期的引用文件，其最新版本适用于本部分。

GB/T 11022的1.2适用，并作如下补充：

GB 1207—2006　电磁式电压互感器(IEC 60044-2:2003,MOD)

GB 1208—2006　电流互感器(IEC 60044-1:2003)

GB 1984—2003　高压交流断路器(IEC 62271-100:2001,MOD)

GB 1985—2004　高压交流隔离开关和接地开关(IEC 62271-102:2002,MOD)

GB/T 2423.17—2008　电工电子产品环境试验　第2部分:试验方法　试验Ka:盐雾(IEC 60068-2-11:1981,IDT)

GB/T 4109—2008　交流电压高于1 000 V的绝缘套管(IEC 60137 Ed.6.0,MOD)

GB/T 7354—2003　局部放电测量(IEC 60270:2000,IDT)

GB/T 8905—1996　六氟化硫电器设备中气体管理和检测导则(neq IEC 60480:1974)

GB/T 9326(全部)　交流500 kV及以下纸或聚丙烯复合纸绝缘金属套充油电缆及附件(IEC 60141-1,MOD)

GB/T 11017.1—2002　额定电压110 kV交联聚乙烯绝缘电力电缆及其附件　第1部分:试验方法和要求(eqv IEC 60840:1999)

GB/T 11023—1989　高压开关设备六氟化硫气体密封试验方法

GB/T 12022—2006　工业六氟化硫(IEC 60376:1971,IEC 60376A:1973,IEC 60376B:1974,MOD)

GB/T 13540—1992　高压开关设备抗地震性能试验

GB/T 22381　额定电压72.5 kV及以上气体绝缘金属封闭开关设备与充流体及挤包绝缘电力电缆的连接　充流体及干式电缆终端(GB/T 22381—2008,IEC/TS 60859,MOD)

GB/T 22382　额定电压72.5 kV及以上气体绝缘金属封闭开关设备与电力变压器之间的直接连接(GB/T 22382—2008,IEC/TR 61639,MOD)

ISO 3231　油漆和釉子　包含二氧化硫的湿大气耐受能力的确定

IEC 60815　绝缘子在污秽条件下的选用导则

IEC 61462　复合绝缘子　用于户外和户内电气设备中的盆式绝缘子　定义、试验方法、验收判据及推荐的设计

IEC 61672-1　电声学　声级计　第1部分：技术要求

IEC 61672-2　电声学　声级计　第2部分：模型评估试验

IEC 62067　额定电压 150 kV(U_m=170 kV)到 500 kV(U_m=550 kV)干式绝缘电力电缆及其附件试验方法和要求

IEC 62155　额定电压大于 1 000 V 电气设备用盆式压制或非压制瓷和玻璃绝缘子

注：本标准中还引用其他标准作为资料。它们在参考文献中列出。

2　正常和特殊使用条件

GB/T 11022—1999 的第 2 章适用，并作如下补充：

在任何海拔处内绝缘的介电特性和海平面处相同。因此，对于内绝缘，关于海拔没有特别的要求。

GIS 的某些部件如压力释放装置和压力及密度监测装置可能会受到海拔的影响。如果需要，制造厂应采取适当的措施。

2.1　正常使用条件

GB/T 11022—1999 的 2.1 适用，具体见表 101。

2.2　特殊使用条件

GB/T 11022—1999 的 2.2 适用，具体见表 101。

在表中使用大于号(>)的场合，则具体数值应由用户按照 GB/T 11022 的规定来确定。

表 101　GIS 使用条件的参照表

项　目	正常		特殊	
	户内	户外	户内	户外
周围空气温度： 最低(℃) 最高(℃)	 −5、−15 或 −25 +40	 −10、−25、−30 或 −40 +40	 −25 +50	 −50* +50
阳光辐射(W/m²)	不适用	1 000	不适用	>1 000
海拔(m)	1 000	1 000	>1 000	>1 000
污秽等级[a]	不适用	Ⅱ、Ⅲ	Ⅱ、Ⅲ或Ⅳ	Ⅲ或Ⅳ
覆冰(mm)	不适用	10 或 20	不适用	>20
风速(m/s)	不适用	34	不适用	>34
湿度(%)(日平均值)(户外的条件按 GB/T 11022 考虑)	95	100	98	100
凝露或凝结	偶尔	存在	存在	存在
震动等级	不适用	不适用	GB/T 13540	GB/T 13540
二次系统中感应的电磁干扰(kV)	1.6	1.6	>1.6	>1.6

注：用户的技术规范可以采用上述正常和特殊使用条件的任意组合。

a　污秽等级Ⅱ、Ⅲ和Ⅳ符合 IEC 60815 的表 1。

*　应考虑低温对气体压力的影响。

3 术语和定义

为了便于本标准的使用，GB/T 11022 中给出的定义以及下述定义适用。

3.101

金属封闭开关设备和控制设备　metal-enclosed switchgear and controlgear

除了外部连接外，具有完整并接地的金属外壳的成套开关设备和控制设备。

[GB/T 2900.20—1994，定义 3.5]

3.102

气体绝缘金属封闭开关设备　gas-insulated metal-enclosed switchgear

绝缘的获得至少部分通过绝缘气体而不是处于大气压力下空气的金属封闭开关设备。

注 1：本术语通常适用于高压开关设备和控制设备。

[GB/T 2900.20—1994，定义 3.12]

注 2：三极封闭气体绝缘开关设备适用于三极封闭在一个公共外壳内的开关设备。

注 3：单极封闭气体绝缘开关设备适用于每极封闭在一个独立外壳内的开关设备。

3.103

气体绝缘开关设备的外壳　gas-insulated switchgear enclosure

气体绝缘金属封闭开关设备的部件，它保持处于规定条件下的绝缘气体以安全地维持要求的绝缘水平，保护设备免受外部影响并对人员提供安全防护。

注：外壳可以是三极或单极的外壳。

3.104

可移开的连接　removable link

导体的部件，为了把 GIS 的两部分相互隔离并可以容易地移开。

3.105

隔室　compartment

气体绝缘金属封闭开关设备的一部分，除了相互连接和控制需要打开外全部封闭。

注：隔室可以根据其内部的主要元件命名，例如，断路器隔室、母线隔室。

3.106

元件　component

实现特定功能的气体绝缘金属封闭开关设备主回路和接地回路的主要部件（例如断路器、隔离开关、负荷开关、互感器、套管、母线等）。

3.107

支持绝缘子　support insulator

支撑一极或多极导体的内部绝缘子。

3.108

隔板　partition

把一个隔室和其他隔室分开的支持绝缘子。

3.109

套管　bushing

在外壳端头处可以承载一极或多极导体并与其绝缘的结构件，包括连接的方式（例如，空气套管）。

3.110

主回路　main circuit

用于输送电能的回路中所包含的气体绝缘金属封闭开关设备的所有导电部件。

[改写 GB/T 2900.20—1994，定义 2.24]

3.111

辅助回路　auxiliary circuit

用于控制、测量、信号和调节的回路(不同于主回路)中所包含的气体绝缘金属封闭开关设备的所有导电部件。

注:气体绝缘金属封闭开关设备的辅助回路包括开关装置的控制和辅助回路。

3.112

外壳的设计温度

在规定的最严酷使用条件下外壳所能达到的最高温度。

3.113

外壳的设计压力　design temperature of enclosures

用于确定外壳设计的相对压力。

注1:它至少应等于在规定的最严酷使用条件下绝缘气体所能达到的最高温度时外壳内部的最高压力。

注2:确定设计压力时不考虑开断操作(例如,断路器)过程中或随后出现的瞬态压力。

3.114

隔板的设计压力　design pressure of partitions

隔板两边的相对压力。

3.115

压力释放装置的动作压力　operating pressure of pressure relief device

为压力释放装置所选择的释放压力的相对压力值。

3.116

外壳和隔板的例行试验压力　routine test pressure of enclosures and partitions

所有的隔板和外壳制造后都应承受的相对压力。

3.117

外壳和隔板的型式试验压力　type test pressure of enclosures and partitions

所有的隔板和外壳在型式试验中应承受的相对压力。

3.118

破裂　fragmentation

由于压力升高导致外壳损坏并伴有固体材料抛出。

注:术语“外壳没有破裂”应按如下解释:

——隔室没有爆破;

——没有固体部件从隔室中飞出。

例外情况有:

——压力释放装置的部件,如果它们是直接射出的;

——外壳烧穿时产生的灼热粒子和熔化材料。

3.119

破坏性放电　disruptive discharge

在电压作用下与绝缘失效有关的现象。此时,受试绝缘完全被放电所桥接,使电极间的电压降低到零或接近于零。

注1:本术语适用于固体、液体和气体介质以及它们的组合体中的放电。

注2:固体介质中的破坏性放电导致绝缘强度永久性丧失(非自恢复绝缘);而在液体或气体介质中,绝缘强度的丧失可能仅是暂时的(自恢复绝缘)。

3.120

使用周期　service period

直到要求维修的时间,包括打开充气隔室。

3.121

运输单元 transport unit

无须拆卸即可装运的气体绝缘金属封闭开关设备的部件。

4 额定值

GIS 的额定值由下述参数组成：

a) 额定电压(U_r)；

b) 额定绝缘水平；

c) 额定频率(f_r)；

d) 额定电流(I_r)(主回路的)；

e) 额定短时耐受电流(I_k)(主回路和接地回路的)；

f) 额定峰值耐受电流(I_p)(主回路和接地回路的)；

g) 额定短路持续时间(t_k)；

h) 构成气体绝缘金属封闭开关设备一部分的元件，包括它们的操动机构和辅助设备的额定值。

4.1 设备的额定电压(U_r)

GB/T 11022—1999 的 4.1 适用，并作如下补充：

注：构成 GIS 一部分的元件可以按照各自的标准具有独立的额定电压值。

4.2 额定绝缘水平

GB/T 11022—1999 的 4.2 和表 1 及表 2 适用。对于 GIS，下面的表 102 和表 103 是优先选用值。

GIS 包含的元件可能具有限定的绝缘水平。尽管通过选择适当的绝缘水平可大幅避免内部故障，但是，还应考虑限制外部过电压的措施(例如，避雷器)。

注 1：根据 CIGRE 的研究，标准的试验耐受电压之间的特征比值，对于 SF_6 气体绝缘，$U_d/U_p=0.45$，$U_s/U_p=0.75$。表 103 中给出的 U_d 值就是根据该系数计算的。

注 2：关于套管的外露部件(如果有)，见 GB/T 4109。

注 3：波形为标准的雷电冲击电压和操作冲击电压波形，设备耐受其他类型冲击的能力的研究结果尚未确定。

注 4：对于特定额定电压的设备选择替代的绝缘水平时应基于绝缘配合研究，并考虑到由于开合自发引起的瞬态过电压。

表 102 额定电压范围Ⅰ的优先选用额定绝缘水平

设备的额定电压 U_r/kV(有效值)	额定短时工频耐受电压 U_d/kV(有效值)		额定雷电冲击耐受电压 U_p/kV(峰值)	
	极对地、开关装置断口间及极间	隔离断口间	极对地、开关装置断口间及极间	隔离断口间
(1)	(2)	(3)	(4)	(5)
72.5	140	160	325	325+60
	160	160+42	350	350+60
126	230	265	550	630
		230+73		550+103
252	460	530	1 050	1 200
		460+145		1 050+206

注：栏(2)中的值适用于：

——对于型式试验，极对地和极间；

——对于出厂试验，极对地、极间和开关装置断口间。

栏(3)、栏(4)和栏(5)中的值仅适用于型式试验。

表 103 额定电压范围Ⅱ的优先选用额定绝缘水平

设备的额定电压 U_r/kV(有效值)	额定短时工频耐受电压 U_d/kV(有效值)		额定操作冲击耐受电压 U_s/kV(峰值)			额定雷电冲击耐受电压 U_p/kV(峰值)	
	极对地和极间(注 3)	开关装置断口间和/或隔离断口间(注 3)	极对地和开关装置断口间	极间(注 3 和注 4)	隔离断口间(注 1、注 2 和注 3)	极对地和极间	开关装置断口间和/或隔离断口间(注 3)
(1)	(2)	(3)	(4)	(5)	(6)	(7)	(8)
363	520	675	950	1 425	800(+295)	1 175	1 175(+205)
550	710	925	1 175	1 760	900(+450)	1 550	1 550(+315)
800	960	1 270	1 425	2 420	1 100(+650)	2 100	2 100(+455)
		960+455	1 550		1 300(+650)		
1 100	1 100	1 100+635	1 800	2 700	1 675+(900)	2 400	2 400+(900)

注 1：栏(6)的值也适用于某些断路器，见 GB 1984。

注 2：栏(6)中括号内的数值是施加在对侧端子上工频电压的峰值 $U_r\sqrt{2}/\sqrt{3}$(联合电压)。栏(8)中括号内的数值是施加在对侧端子上工频电压的峰值 $0.7U_r\sqrt{2}/\sqrt{3}$(联合电压)；对于额定电压 1 100 kV，该栏还采用了 $U_r\sqrt{2}/\sqrt{3}$。见 GB/T 11022—1999 的附录 D。

注 3：栏(2)中的值适用于：

——对于型式试验，极对地和极间；

——对于出厂试验，极对地、极间和开关装置断口间。

栏(3)、栏(4)、栏(5)、栏(6)、栏(7)和栏(8)中的值仅适用于型式试验。

注 4：这些数值是用 GB 311.1 的表 2 中规定的乘数导出的。

4.3 额定频率(f_r)

GB/T 11022—1999 的 4.3 适用。

4.4 额定电流和温升

4.4.1 额定电流(I_r)

GB/T 11022—1999 的 4.4.1 适用，并作如下补充：

GIS 的某些主回路(例如，母线、馈电回路等)可能具有不同的额定电流值。

4.4.2 温升

GB/T 11022—1999 的 4.4.2 适用，并作如下补充：

GIS 中包含的元件的温升没有被 GB/T 11022 所涵盖时，不应超过相应元件标准中的温升限值。

注：如果操作人员不可触及的外壳的部分温升等于或高于 65 K，应采取措施来保证不会引起周围绝缘材料的损坏。

4.5 额定短时耐受电流(I_k)

GB/T 11022—1999 的 4.5 适用。

4.6 额定峰值耐受电流(I_p)

GB/T 11022—1999 的 4.6 适用，并作如下补充：

注：原则上，主回路的额定短时耐受电流和额定峰值耐受电流不能超过其串联的元件中的最薄弱元件相应的额定值。

4.7 额定短路持续时间(t_k)

GB/T 11022—1999 的 4.7 适用。

4.8 合分闸装置以及辅助和控制回路的额定电源电压(U_a)

GB/T 11022—1999 的 4.8 适用。

4.9 合分闸装置以及辅助和控制回路的额定电源频率

GB/T 11022—1999 的 4.9 适用,并作如下补充:

操动机构和辅助回路的额定电源频率是用来确定运行条件和这些装置和回路温升的频率。

4.10 绝缘和/或操作用压缩气源的额定压力

GB/T 11022—1999 的 4.10 不适用。

5 设计与结构

GIS 应设计成能够安全地正常运行、检查和维护,连接电缆的接地、电缆故障的定位、连接电缆或其他电器的电压试验以及危险静电电荷的消除,包括安装和扩建后相序的检查。

设备的设计应使得协议允许的基础移动以及机械和热的效应不会损害设备规定的性能。

可能需要更换的相同额定值和结构的所有元件应具有互换性。

除了本标准修改过的外,外壳内包含的各种元件应满足各自的标准。

5.1 开关设备和控制设备中液体的要求

GB/T 11022—1999 的 5.1 不适用。

5.2 开关设备和控制设备中气体的要求

GB/T 11022—1999 的 5.2 适用,并作如下补充:

对于 GIS,可以使用符合 GB 12022 新的 SF_6 和符合 GB/T 8905—1996 的用过的 SF_6。

注 1:运行中 SF_6 的检查参考 GB/T 8905—1996。

注 2:SF_6 的处理参考 IEC 61634。

注 3:使用过的 SF_6 的数值正在考虑中。

5.3 开关设备和控制设备的接地

GB/T 11022—1999 的 5.3 适用,并作如下补充:

5.3.101 主回路的接地

为了保证维护工作的安全性,需要触及或可能触及的主回路的所有部件应能够接地。

可以通过下述方法实施接地:

a) 如果连接的回路有带电的可能性,采用关合能力等于额定峰值耐受电流的接地开关;

b) 如果能够肯定连接的回路不带电,采用没有关合能力或关合能力小于额定峰值耐受电流的接地开关。

此外,外壳打开后,在对回路元件维修期间,事先通过接地开关接地之处外,应有可能与可移开的接地装置连接。

5.3.102 外壳的接地

外壳应和地连接。所有不属于主回路和辅助回路的金属部件都应接地。对于外壳、框架等的相互连接,允许采用螺栓或焊接紧固的方式来保证电气连续性)。

考虑到它们需要承载的电流引起的热的和电气负荷,应保证接地回路的电气连续性。

如果采用单极封闭的开关设备,由于感应电流,应装设一个闭环回路,即三极外壳之间的相互连接。每一个闭环回路应尽可能直接地通过能够承载短路电流的导体后和总的接地网相连。

注:闭环回路用来避免外壳中的感应电流流入接地回路和接地网。它们通常根据额定电流选择尺寸并位于每一段的末尾。

5.4 辅助和控制设备

GB/T 11022—1999 的 5.4 适用。

5.5 动力操作

GB/T 11022—1999 的 5.5 适用。

5.6 储能操作

GB/T 11022—1999 的 5.6 适用。

5.7 不依赖人力的操作

GB/T 11022—1999 的 5.7 不适用。

5.8 脱扣器操作

GB/T 11022—1999 的 5.8 适用。

5.9 低压力和高压力闭锁和监控装置

GB/T 11022—1999 的 5.9 适用，并作如下补充：

对于 GIS，仅气体密度是至关重要的。

每个隔室的气体密度或温度补偿的气体压力应连续监测。监控装置对压力或密度至少应提供两段报警水平(报警和最低功能压力或密度)。

注 1：如果相邻隔室间的额定充入压力不同，可以采用带有第三段过压力值的报警指示装置。

注 2：应考虑到监控装置的偏差，以及监控装置和受监控的气体体积之间因温度可能存在的差异。

高压设备运行期间，应能够对气体监控装置进行检查。

注 3：气体监控装置的检查可能引发错误的报警，继而可能引发或阻止开关设备的动作。

5.10 铭牌

GB/T 11022—1999 的 5.10 适用，并作如下补充：

如果制造厂和用户间达成协议，GIS 及其所有的操动装置以及主要元件均应装有铭牌。铭牌应耐久并清晰易读。

如果 GIS 的公共信息已在一个铭牌上标明，元件独立的铭牌可以简化。

制造厂应给出有关 GIS 设施中包含的 SF_6 气体总量方面的信息。

5.11 联锁装置

GB/T 11022—1999 的 5.11 适用，并作如下补充：

对于用作隔离断口和接地的主回路中安装的电器，下述规定是强制的：

——在维护期间用于保证隔离断口的主回路中的电器，应提供联锁装置以防止合闸；

——接地开关应提供联锁装置以避免分闸。

接地开关应和相应的隔离开关联锁。

负荷开关以及隔离开关应和相应的断路器联锁，以防止相应的断路器未分闸的情况下负荷开关或隔离开关的分闸或合闸。但是，在多母线的变电站，运行中的母线应可以进行转换开合操作。

5.12 位置指示

GB/T 11022—1999 的 5.12 适用，并作如下补充：

GB 1985—2004 的 5.104.3.1 适用。

5.13 外壳的防护等级

GB/T 11022—1999 的 5.13 适用。

5.14 爬电距离

GB/T 11022—1999 的 5.14 适用。

5.15 气体和真空的密封性

GB/T 11022—1999 的 5.15 适用，并作如下补充：

泄漏损耗和处理损耗应分开考虑。

注 1：目标是为了使得总的损耗(泄漏和处理)尽可能低。应达到在最短运行寿命为 25 年期间所有气体隔室的损耗平均值小于 15%。

注 2：运行中异常泄漏的原因应仔细研究并采取纠正行为。

5.15.1 气体的可控压力系统

GB/T 11022—1999 的 5.15.1 不适用。

5.15.2 气体的封闭压力系统

GB/T 11022—1999 的 5.15.2 适用。

5.15.3 密封压力系统

GB/T 11022—1999 的 5.15.3 适用。

5.15.101 泄漏

GIS 应为封闭压力系统或密封压力系统。

如果是封闭压力系统，在设备运行寿命期间，从 GIS 任一单个隔室泄漏到大气和隔室间的漏气率不应超过每年 0.5%。

注：可以使用 GB/T 11022—1999 的附录 E 规定的程序。

5.15.102 气体处理

GIS 应设计成在运行寿命期间气体处理的损耗最小化。制造厂应规定使气体处理损耗最小化的试验和维护程序并标明每一个程序相关的气体损耗。

制造厂应根据 GB/T 8905 和 IEC 61634 推荐 SF_6 处理的程序。

5.16 液体的密封性

GB/T 11022—1999 的 5.16 不适用。

5.17 易燃性

GB/T 11022—1999 的 5.17 适用。

5.18 电磁兼容性(EMC)

GB/T 11022—1999 的 5.18 适用。

5.101 压力配合

由于不同的使用条件，GIS 内部的压力可以不同于额定充入压力。由于温度和隔室间的泄漏导致的压力升高会产生附加的机械应力。因泄漏导致的压力降低会降低绝缘性能。图 101 给出了各种压力水平和它们之间的关系。

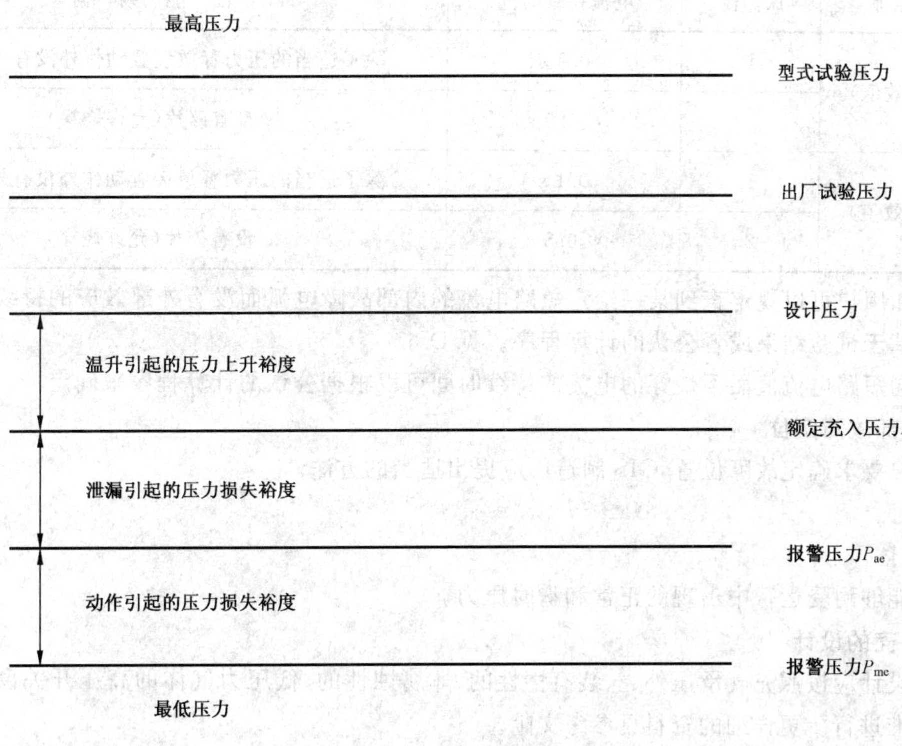

图 101 压力配合

制造厂有责任选择绝缘和操作的最低功能压力 P_{me}。为了使再充气前达到足够的时间，额定充入压力 P_{re}与报警压力 P_{ae}和漏气率有关。

报警压力 P_{ae}和最低功能压力 P_{me}之间的时间应允许足够的反应时间来动作。应考虑到气体监控装置的偏差。

在使用状态下，机械应力与气体温度决定的内部压力相关。因此，设计压力对应于在气体能够达到的最高温度时的额定充入压力。

考虑到材料和制造工艺因素，例行试验压力和型式试验压力基于设计压力。

5.102 内部故障

5.102.1 概述

按照本标准制造的 GIS 导致内部故障电弧发生的概率很低。这主要是因为采用了绝缘气体而不是大气压力下的空气，且不会因污染、湿度或害虫而变化。

布置应使得内部电弧故障对开关设备连续运行能力的影响最小。电弧的影响应限制到已发生电弧的隔室，或者，限制到故障段的其他隔室，如果本段内隔室间采用了压力释放装置，故障隔室或故障段隔离后，剩余设备应能恢复正常操作运行。

5.102.2 电弧的外部效应

内部电弧的效应是

——气体压力升高(见 D.1)；

——外壳烧穿的可能。

为了对人员提供高等级的防护，电弧的外部效应应限制(通过适当的保护装置)到外壳出现孔洞或裂缝而没有碎片。

电弧的持续时间与第一段(主保护)和第二段(后备保护)保护确定的保护系统的性能有关。

表 104 给出了根据保护系统性能确定的电弧持续时间的性能判据。

表 104 性能判据

额定短路电流	保护段	电流持续时间	性能判据
<40 kA(有效值)	1	0.2 s	除了适当的压力释放装置动作外没有外部效应
	2	≤0.5 s	没有碎片(允许烧穿)
≥40 kA(有效值)	1	0.1 s	除了适当的压力释放装置动作外没有外部效应
	2	≤0.3 s	没有碎片(允许烧穿)

制造厂和用户可以规定直到某一给定短路电流的内部故障电弧而没有外部效应的持续时间。该时间的确定应基于试验结果或者公认的计算程序。见 D.1。

对于不同短路电流值而不烧穿的电流的持续时间可以根据公认的计算程序来确定。

5.102.3 内部故障定位

如果用户要求确定故障位置，GIS 制造厂应提出适当的方法。

5.103 外壳

5.103.1 概述

外壳应能够耐受运行中出现的正常和瞬时压力。

5.103.2 外壳的设计

外壳的设计应按照充气承压外壳、装有惰性的、非腐蚀性的、低压力气体的高压开关设备和控制设备已有的标准进行。更详细的资料见参考文献。

计算焊接或铸造外壳厚度和结构的方法应基于 3.113 中定义的设计压力。

注：设计外壳时还应考虑下述因素：

——正常充气过程中可能出现的真空；

——外壳或隔板两侧可能出现的全部的压力差；

——在相邻隔室具有不同压力的情况下，如果没有监测到过压力，隔室之间出现意外泄漏事件时出现的压力；

——出现内部故障的可能性(见5.102)。

确定设计压力时，气体温度应取外壳温度上限和主回路流过额定电流时主回路导体温度的平均值，否则，可根据已有的温升试验记录确定设计压力。

对于外壳及其部件的强度不能完全通过计算确定，应进行验证试验(见6.103)来证明其满足该要求。

外壳结构中使用的材料应是熟知的、基于计算和/或验证试验证明具有最低物理特性。制造厂应基于材料供应商的检验证书，或制造厂进行的试验，或者两者，对材料的选择和其最低物理特性的维护负责。

5.104 隔板

5.104.1 隔板的设计

由于运行中大多数隔板两侧具有相同的压力或很小的压力差，显著的压力取决于维护程序。这种情况出现在隔板一侧承受正常压力而另一侧正在进行维护处于大气压力。但是，还有一种设计，隔板一侧承受压力，另一侧长期处于大气压力。在这两种情况下，隔板承压侧需要考虑的压力是在阳光辐射效应下的最高周围空气温度(如果适用)和额定连续电流(如果适用)时的压力。两种情况导出的压力就是隔板的设计压力。如果需要，制造厂也可以规定，隔板承压侧的压力低于维护期间规定的压力和控制的压力。在此情况下，该压力就是设计压力。

设计隔板时，如果适用，应考虑下述因素：

——正常运行期间隔板两侧的全部压力差；

——作为充气过程的一部分，隔板一侧的充气隔室处于真空状态而另一侧处于正常运行压力；

——设备和相关回路在电气试验期间，隔板一侧受控的压力增加而另一侧处于正常运行压力；

——对于非对称的隔板，就隔板的压力而言，是指最坏的压力方向；

——叠加的负荷和震动；

——靠近承压隔板进行维护的可能性。

5.104.2 隔板

GIS应按照既满足正常运行条件又可以达到限制内部电弧效应的目的(见5.102.1)来划分隔室。

为此，要求隔板能够保证当相邻隔室因泄漏或维护时处于降低的压力的状况下而不会显著改变一个隔室的绝缘特性。它们通常是绝缘材料的且本身不需要对人员提供电气安全，对此情况，其他方法如通过隔离断口来分离和将设备接地可能是必要的；但是，它们应在相邻隔室仍然存在正常气体压力的情况下提供机械安全。

应考虑隔板的数量、不同充气隔室的尺寸以及用户的运行和维护方案可能对 SF_6 的处理损耗和设备停运时间的影响。

将一个充有绝缘气体的隔室和一个相邻的充有液体的隔室分开的隔板，不应出现任何影响两种介质绝缘特性的泄漏。

图102给出了相邻隔室不同类型的外壳和隔板的布置示例。

5.105 压力释放

符合本条款的压力释放装置的布置应使得在承压的气体或蒸汽逸出的情况下对在气体绝缘变电站内正在履行其正常运行职责的人员的危险最小。

注：术语“压力释放装置”包括用开启和关闭压力表征的压力释放阀；以及不能再关闭的压力释放装置，例如膜片和爆破盘。

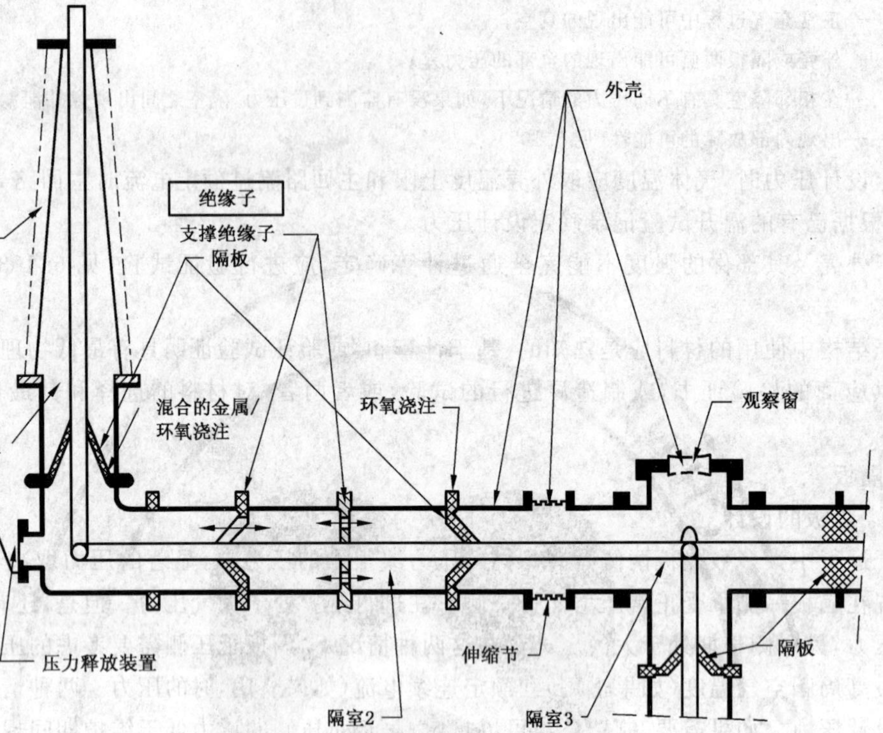

图 102　外壳和充气隔室布置示例

5.105.1　最高充入压力的限制

对于充气隔室，应在充气管道上安装压力释放阀以防止在外壳充气期间气体压力上升到高于设计压力的10%以上。

压力释放阀打开后，在压力降至设计压力的75%以前应能重新闭合。

选择充入压力时应考虑到充气时的气体温度。

5.105.2　内部故障情况下的压力升高限制

内部故障电弧后，由于损坏的外壳需要更换，压力释放装置仅需要与限制电弧外部效应相一致(见5.102.2)。

在内部故障情况下，压力释放装置防止产生的过压力。由于安全原因以及为了限制对GIS的不良后果，除了过压力能够自身限制到不超过型式试验压力的大容积隔室以外，推荐每个隔室都装设压力释放装置。计算方法见附录D。

压力释放装置应装设导流板来控制逸出的方向，使得在正常运行时可触及的位置工作的运行人员没有危险。

为了避免正常运行条件下的压力释放动作，在设计压力和压力释放装置的动作压力之间应有足够的差值。而且，确定压力释放装置的动作压力时应考虑到运行期间出现的瞬时压力(如果适用，如断路器)。

注：在内部故障导致外壳变形的情况下，应检查相邻隔室的外壳是否变形。

5.106　噪声

操作期间，开关设备发出的噪声水平不应超过规定的数值。验证程序应根据用户和制造厂之间的协议(见IEC 61672-1和IEC 61672-2)。

5.107　界面

为了方便GIS的试验，下述每种元件在设计过程中可以包括隔离设施。这种隔离的方式优先于拆卸的方式。对于空气套管，优先解开空气侧的高压连接。

隔离设施应设计成能够耐受下述元件的试验电压。

5.107.1 **电缆连接**

GIS中那些仍然和电缆连接的部件应能耐受和设备相同额定电压的相关电缆标准规定的电缆试验电压(对于充油和充气电缆,见GB 9326;对于挤包电缆,见GB/T 11017.1和IEC 62067)。

如果不接受对GIS施加直流电缆试验电压,则对电缆试验应制定特殊的措施(例如,隔离设施和/或提高绝缘气体密度)。

通常在电缆绝缘试验期间,除非已经采取了特别措施来防止电缆中出现的破坏性放电影响GIS的带电部件,否则,GIS的相邻部件应不带电并接地。

应在电缆连接的外壳或GIS自身的外壳上提供电缆直流和/或交流电压试验适用的套管的位置(见GB/T 22381)。

5.107.2 **和变压器的直接连接**

见GB/T 22382。

5.107.3 **套管**

见GB/T 4109(户外油浸式套管,定义见3.13)、IEC 60815、IEC 62155和IEC 61462。

5.107.4 **未来扩建的界面**

如果计划扩建,用户应在技术规范中规定和考虑未来扩建所有可能的位置。

如果在今后用户要求和另一种GIS产品扩建的情况下,制造厂应以图样的形式提供足够的资料以便使得能够进行今后阶段的界面设计。保证设计细节的保密性的程序应在用户和制造厂之间达成协议。

界面应仅涉及到母线或母线管,且不应直接和"主动的"装置相连,如断路器或者隔离开关。如果计划扩建,推荐对界面关联的设施在扩建部分的安装和试验时应限制对已有的GIS部分进行重复试验,并允许和已有GIS的连接而不需进一步的绝缘试验(见C.3)。该设施应设计成能够耐受隔离断口的额定绝缘水平。

用户对已有的GIS的试验负责。

5.108 **腐蚀**

在其运行期间,应采取措施防止对设备的腐蚀。外壳的所有螺栓和螺钉部件都应易于拆卸。特别是,因为可能导致丧失密封性,接触的不同材料间的电镀腐蚀应予以考虑。考虑到螺栓和螺钉的腐蚀应保证接地回路的电气连续性。

5.109 **伸缩节**

伸缩节(如果有)主要用于装配调整、吸收基础间的相对位移或热胀冷缩的伸缩量等。制造厂应根据使用的目的、允许的位移量和位移方向等选定伸缩节的结构。

在GIS分开的基础间允许的相对位移(不均匀下沉)应由制造厂和用户商定。

5.110 **观察窗**

观察窗(如果有)至少应达到对外壳规定的防护等级。

观察窗应该使用机械强度与外壳相近的透明板遮盖(应保证气体不泄漏)。同时,应有足够的电气间隙或静电屏蔽等措施(例如,在观察窗的内侧加一个适当的接地金属编织网),防止形成危险的静电电荷。

主回路带电部分与观察窗的可触及表面之间的绝缘,应能耐受GB/T 11022—1999中4.2规定的对地和极间的试验电压。

6 型式试验

6.1 概述

GB/T 11022—1999的6.1适用,并作如下补充:

对于型式试验,可以采用符合 GB 12022 的新的 SF_6 或者符合 GB/T 8905 的使用过的 SF_6。见 5.2。

6.1.1 试验的分组

GB/T 11022—1999 的 6.1.1 适用,并作如下补充:

作为一个总的原则,除非本标准中规定有特定的试验要求和条件,对 GIS 元件的试验应按它们相关的标准进行。对于此类情况,本标准中给出的条件应予以考虑。

除非规定了特定的试验说明,型式试验应在完整的功能单元(单极或三极)上进行。如果这样不可行,型式试验可在有代表性的总装或分装上进行。

由于元件的类型、额定值以及可能的组合多样性,对 GIS 的所有布置进行型式试验是不现实的。任何特定布置的性能可以根据有代表性的总装或分装获得的试验结果核实。用户应检查试验过的分装能够代表用户的布置。

下述表 105 中列出了型式试验和验证试验。如 GB/T 11022 中提出的那样,某些试验可以分组。表 105 中还给出了一种可能的分组示例。

表 105 型式试验分组示例

组别	强制的型式试验项目	条款号
1	a) 验证设备绝缘水平的试验以及辅助回路的绝缘试验	6.2
—	b) 验证无线电干扰电压(RIV)水平的试验(如果适用)	6.3
2	c) 验证设备所有部件温升的试验以及主回路电阻测量	6.4 和 6.5
3	d) 验证主回路和接地回路承载额定峰值耐受电流和额定短时耐受电流能力的试验	6.6
3	e) 验证所包含的开关装置开断关合能力的试验	6.101
4	f) 验证所包含的开关装置机械操作和行程—时间特性测量	6.102
4	g) 验证外壳强度的试验	6.103
4	h) 外壳防护等级的验证	6.7
4	i) 气体密封性试验和气体状态测量	6.8
5	j) 电磁兼容性试验(EMC)	6.9
5	k) 辅助和控制回路的附加试验	6.10
4	l) 隔板的试验	6.104
4	m) 验证在极限温度下机械操作的试验	6.102.2
—	n) 验证热循环下性能的试验以及绝缘子的气体密封性试验	6.106
—	o) 接地连接的腐蚀试验(如果适用)	6.107
组别	如果用户要求(可以使用附加的试品)的型式试验项目	条款号
—	p) 评估内部故障电弧效应的试验*	6.105

* 可以使用附加的试品。

6.1.2 确认试品的资料

GB/T 11022—1999 的 6.1.2 适用。

6.1.3 型式试验报告中包含的资料

GB/T 11022—1999 的 6.1.3 适用。

6.2 绝缘试验

GB/T 11022—1999 的 6.2 适用,并作如下补充:

GB/T 11022—1999 的附录 F 不适用。

根据 6.2.9 所述的试验程序,按型式试验进行的绝缘试验后应紧接着进行局部放电测量。

6.2.1 **试验期间的周围空气条件**

GB/T 11022—1999 的 6.2.1 适用，并作如下补充：

对于 GIS 的绝缘试验，不需要施加大气校正系数。

6.2.2 **湿试验程序**

GB/T 11022—1999 的 6.2.2 不适用，但应注意以下几点：

——湿试验仅适用于户外套管；

——试验电压和试验程序应按 GB/T 4109 中的规定。

6.2.3 **绝缘试验期间开关设备和控制设备的状态**

GB/T 11022—1999 的 6.2.3 适用。

6.2.4 **通过试验的判据**

GB/T 11022—1999 的 6.2.4 适用，并作如下补充：

b) 冲击电压试验

如果满足下述条件，试品就通过了冲击电压试验：

——对每一极性的每一个 15 次冲击破坏性放电的次数不应超过两次；

——非自恢复绝缘上不应出现破坏性放电。

这通过 15 次冲击系列中最后一次破坏性放电后不出现破坏性放电的至少五次冲击来验证。

如果该冲击是 15 次冲击系列外的五次冲击中的一次，则应施加附加的冲击。

为了排除运行中内部故障的所有可能的原因，检查绝缘强度对 GIS 特别重要。因此，如果在型式试验系列中出现任何破坏性放电，极力推荐采用所有可能的手段去发现闪络的位置并分析闪络的原因。应声明该绝缘失效的原因在制造过程中能够避免。

6.2.5 **试验电压的施加和试验条件**

GB/T 11022—1999 的 6.2.5 适用，并作如下补充：

试验电压在 6.2.6 和 6.2.7 中规定。

如果每极独立地封闭在金属外壳（单极设计）内，仅需要进行对地试验，不需要进行极间试验。用于外部连接的套管应按相关的标准进行试验。

如果有观察窗，绝缘试验时应用接地的金属箔覆盖在观察窗可触及的一侧。

冲击电压试验期间，电流互感器二次侧应短路并接地。

应该注意到开关装置处于分闸位置时可能导致较不利的电场条件的可能性。对于这种情况，试验应在分闸位置重复进行。如果处于分闸位置的隔离开关的触头间插有接地的金属屏，则该触头间隙不是隔离断口。

如果电压互感器和/或避雷器是 GIS 不可分割的一部分并具有降低的绝缘水平，在绝缘试验期间它们可以用能够再现高压连接电场结构的替代品代替。试验期间过电压保护装置应予以隔离或移开。如果采用了该程序，电压互感器和/或避雷器应按相关的标准单独试验。

附录 A 中详细规定了特殊要求。

6.2.5.1 **一般情况**

GB/T 11022—1999 的 6.2.5.1 适用。

6.2.5.2 **特殊情况**

GB/T 11022—1999 的 6.2.5.2 适用，并作如下补充：

如果分开的开关装置间或隔离断口间的试验电压高于极对地耐受水平，但是却等于极间的耐受水平，试验电压应按照 GB/T 11022—1999 的 6.2.5.2 施加。

对于 $U_r \leqslant 252$ kV 的开关设备和控制设备，隔离断口间的试验可以将试验电压施加在隔离断口的一侧，另一侧接地，或者按照 GB/T 11022—1999 的 6.2.5.2。

如果极间的耐受水平高于极对地的耐受水平，试验电压应按附录 A 施加。

6.2.6 $U_r \leqslant 252$ kV 的开关设备和控制设备的试验

额定耐受电压应为表 102 中规定的那些数值。

6.2.6.1 工频电压试验

GB/T 11022—1999 的 6.2.6.1 适用，并作如下补充：

GIS 的主回路应仅在干状态下进行工频电压试验。

6.2.6.2 雷电冲击电压试验

GB/T 11022—1999 的 6.2.6.2 适用，并作如下补充：

如果采用了 GB/T 11022—1999 的 6.2.5.2 中规定的替代方法，试验电压是表 102 栏(5)中的规定值。

6.2.7 $U_r > 252$ kV 的开关设备和控制设备的试验

额定耐受电压应为表 103 中规定的那些数值。

6.2.7.1 工频电压试验

GB/T 11022—1999 的 6.2.7.1 适用。

6.2.7.2 操作冲击电压试验

GB/T 11022—1999 的 6.2.7.2 适用，并作如下补充：

GIS 的主回路应仅在干状态下进行操作冲击电压试验。

对于三极设计，极间的操作冲击试验应采用特殊的试验要求。特殊的试验要求在附录 A 中详细规定。

6.2.7.3 雷电冲击电压试验

GB/T 11022—1999 的 6.2.7.3 适用。

6.2.8 人工污秽试验

GB/T 11022—1999 的 6.2.8 仅适用于户外套管。

6.2.9 局部放电试验

应进行局部放电试验，测量方法应按照 GB/T 7354。

局部放电的测量应在绝缘型式试验后进行。

试验可以在用于进行全部绝缘型式试验的设备的总装或分装上进行。

注：工频电压试验和局部放电试验可以同时进行。

6.2.9.101 试验程序

外施工频电压升高到预加值，该预加值等于工频耐受电压并保持在该值 1 min。在这个期间出现的局部放电应不予考虑。然后，电压降到表 106 中的规定值，这些规定值取决于进行局部放电测量的设备结构和系统的中性点接地方式。

应记录熄灭电压。

表 106 测量局部放电量的试验电压

	中性点直接接地的系统		中性点非直接接地的系统	
	预加电压 $U_{pre\text{-}stress}$ (1 min)	PD 测量的试验电压 $U_{pd\text{-}test}$ (>1 min)	预加电压 $U_{pre\text{-}stress}$ (1 min)	PD 测量的试验电压 $U_{pd\text{-}test}$ (>1 min)
单极外壳设计 (极对地电压)	$U_{pre\text{-}stress}=U_d$	$U_{pd\text{-}test}=1.2U_r/\sqrt{3}$	$U_{pre\text{-}stress}=U_d$	$U_{pd\text{-}test}=1.2U_r$
三极外壳设计	$U_{pre\text{-}stress}=U_d$	$U_{pd\text{-}test,ph\text{-}ea}=1.2U_r/\sqrt{3}$ $U_{pd\text{-}test,ph\text{-}ph}=1.2U_r$	$U_{pre\text{-}stress}=U_d$	$U_{pd\text{-}test,ph\text{-}ea}=1.2U_r$

表 106（续）

	中性点直接接地的系统		中性点非直接接地的系统	
	预加电压 $U_{pre\text{-}stress}$ (1 min)	PD 测量的试验电压 $U_{pd\text{-}test}$ (>1 min)	预加电压 $U_{pre\text{-}stress}$ (1 min)	PD 测量的试验电压 $U_{pd\text{-}test}$ (>1 min)
U_r——设备的额定电压； U_d——表 102 和表 103 中规定的工频耐受试验电压； $U_{pre\text{-}stress}$——预加电压； $U_{pd\text{-}test}$——PD 测量的试验电压； $U_{pd\text{-}test,ph\text{-}ea}$——PD 测量的试验电压，极对地； $U_{pd\text{-}test,ph\text{-}ph}$——PD 测量的试验电压，极间。				

此外，所有的元件应按各自相关的标准进行试验。

6.2.9.102　最大允许局部放电量

在表 106 规定的试验电压下最大允许局部放电量不应超过 5 pC。

上述规定值适用于独立的元件以及包含这些元件的分装。但是，某些设备，例如液体、浸入或固体绝缘的电压互感器，按照它们相关的标准具有可接受的局部放电量高于 5 pC。如果局部放电量不超过 10 pC，所有包含允许局部放电量高于 5 pC 的元件的分装应认为是可接受的。这样的元件应单独试验且不应放在进行试验的分装内。

6.2.10　辅助和控制回路的绝缘试验

GB/T 11022—1999 的 6.2.10 适用，并作如下补充：

电流互感器的二次侧应短路并与地隔离。电压互感器的二次侧应予以断开。

6.2.11　作为状态检查的电压试验

GB/T 11022—1999 的 6.2.11 适用，并作如下补充：

对于三极外壳设计，该试验应在打开的开关装置断口间、隔离断口间、极对地和极间进行。

试验电压应为表 102 和表 103 的栏(2)和栏(3)规定值的 80%。

6.3　无线电干扰电压(r.i.v.)试验

GB/T 11022—1999 的 6.3 适用，并作如下补充：

本试验仅适用于套管。

6.4　回路电阻测量

6.4.1　主回路

GB/T 11022—1999 的 6.4.1 适用，并作如下补充：

回路电阻测量适用于温升试验和短路试验前后的所有 GIS 元件。

测量所用的电流应等于或高于直流 100 A 以获取足够的准确度。

6.4.2　辅助回路

GB/T 11022—1999 的 6.4.2 适用。

6.5　温升试验

6.5.1　受试开关设备和控制设备的状态

GB/T 11022—1999 的 6.5.1 适用。

6.5.2　设备的布置

GB/T 11022—1999 的 6.5.2 适用，并作如下补充：

除了每极独立封闭在一个金属外壳内的情况外，试验应按额定相数进行，额定电流从母线的一端流向出线端。

如果允许并进行单相试验，流过外壳的电流应为额定电流。

如果对独立的分装进行试验，相邻的分装应承载能够产生相应于额定条件的功率损耗的电流。如果试验不能在实际条件下进行，允许使用加热器或绝热的方式模拟等效条件。

6.5.3 温度和温升的测量

GB/T 11022—1999 的 6.5.3 适用。

6.5.4 周围空气温度

GB/T 11022—1999 的 6.5.4 适用。

6.5.5 辅助和控制设备的温升试验

GB/T 11022—1999 的 6.5.5 适用。

6.5.6 温升试验的解释

GB/T 11022—1999 的 6.5.6 适用，并作如下补充：

对于户外应用，制造厂应证明设备在第 2 章中选择的使用条件下的温升不会超过可接受的限值。

注：应考虑到阳光辐射的效应。

6.6 短时耐受电流和峰值耐受电流试验

GB/T 11022—1999 的 6.6 适用。

6.6.1 开关设备和试验回路的布置

GB/T 11022—1999 的 6.6.1 不适用。

具有三极外壳的 GIS 应进行三相试验。具有单极外壳的 GIS 应进行单相试验且外壳中应有全部的返回电流。

试验应在有代表性的装配上进行，该装配应包括所有的连接方式，螺栓的、焊接的、插入的或者其他连接段以验证连接在一起的 GIS 元件的完整性。设计的所有元件和分装的样品都应进行试验。试验应在能够提供最严酷条件的结构上进行。

6.6.2 试验电流和持续时间

GB/T 11022—1999 的 6.6.2 适用。

6.6.3 试验期间开关设备和控制设备的性能

GB/T 11022—1999 的 6.6.3 适用。

6.6.4 试验后开关设备和控制设备的状态

GB/T 11022—1999 的 6.6.4 适用。

6.6.101 主回路试验

试验后，主回路电阻的测量结果不应超过试验前主回路电阻测量的 20%。外壳内的元件和导体不应出现影响正常运行的变形或损坏。

除了电压互感器隔室中包含的部件外，应认为到电压互感器的短的连接是主回路的一部分。

6.6.102 接地回路试验

制造厂应通过试验或计算来证明接地回路耐受接地系统的额定短时耐受电流和峰值耐受电流的能力。

如果用户要求验证试验，工厂装配的接地回路，包括接地导体、接地连接和接地装置应一起安装在 GIS 中进行试验，并带有所有可能影响性能或改变短路电流的相关元件。

试验后，外壳内的元件和导体不应出现影响主回路正常运行的变形或损坏。接地导体、接地连接和接地装置的某些变形或劣化是允许的，但是，必须保证接地回路的连续性。

6.7 防护的验证

GB/T 11022—1999 的 6.7 适用。

6.7.1 IP 代码的验证

GB/T 11022—1999 的 6.7.1 适用。

6.7.2 机械撞击试验

GB/T 11022—1999 的 6.7.2 适用。

6.8 气体密封性试验和气体状态测量

GB/T 11022—1999 的 6.8 适用，并作如下补充：

气体密封性试验应和 6.102 和 6.106 的试验一起进行，包含 GIS 特征密封件的所有类型的隔室，作为型式试验来证明泄漏率满足 5.15.101 的要求，且不会受机械和极限温度试验的影响而变化。

6.8.1 气体的可控压力系统

GB/T 11022—1999 的 6.8.1 不适用。

6.8.2 气体的封闭压力系统

GB/T 11022—1999 的 6.8.2 适用。

6.8.3 气体的密封压力系统

GB/T 11022—1999 的 6.8.3 适用。

6.8.4 气体状态测量

应测量充气隔室中的气体状态，并应符合制造厂的技术要求。

6.9 电磁兼容性试验(EMC)

GB/T 11022—1999 的 6.9 适用。

6.10 辅助和控制回路的附加试验

GB/T 11022—1999 的 6.10 适用。

6.101 关合和开断能力的验证

构成 GIS 主回路一部分的开关装置，应在正常的安装和使用条件下，即它们应和在 GIS 中正常安装的一样带有所有相关的、其布置可能影响性能的元件，例如，连接、支撑件等按照相关标准进行试验来验证它们的额定短路关合和开断能力。

注：在确定哪些相关元件可能影响性能时，应特别注意短路所引起的机械力，以及破坏性放电的可能性等。已经知道，在某些情况下，此类影响不应被忽略。

6.102 机械和环境试验

GIS 中的开关装置应按照它们相关的标准进行机械操作和环境试验，试验应在装有所有可能影响性能的相关元件包括辅助装置的有代表性的总装上进行。所有设备应能耐受开关装置操作引起的应力。

6.102.1 周围温度下的机械操作试验

机械操作试验前后，应按 6.8 进行气体密封性测量，以证明因机械操作型式试验造成的影响没有改变泄漏率。

作为对 GB 1985—2004 的附录 E 的补充，所有装有联锁的开关装置应进行 50 次操作循环来检查相关联锁的动作。每次操作前，联锁应设定在防止开关装置动作的位置，然后对每一台开关装置进行一次试操作。这些试验期间，仅允许使用正常的操作力且不应对开关装置和联锁进行调整。

6.102.2 开关装置的行程—时间特性测量

应测量开关装置的行程—时间特性曲线，并符合开关装置的技术要求。

6.102.3 高低温试验

应该按照相关的标准进行在最高和最低温度下的操作试验，并作如下补充：

试验循环后，应注意到下述几点：

——外壳中气体的压力；

——24 小时内气体的泄漏。

6.103 外壳的验证试验

如果外壳或其部件的强度没有经过计算，则应进行验证试验。它们应在内部元件装入之前，试验条件基于设计压力的独立的外壳上进行。

根据所采用材料的适用性，验证试验可以是型式试验的压力试验或者非破坏性压力试验。更进一步的资料见参考文献。

6.103.1 型式试验的压力试验

在型式试验的压力试验情况下，压力上升速度不应超过 400 kPa/min。

型式试验的压力试验要求应至少如下：

铸铝和铝合金外壳：

——型式试验压力＝[3.5/0.7]×设计压力

注：数值 0.7 是考虑了涵盖铸造可能存在的分散性。如果经过专门的材料试验证明，允许将该系数提高到 1.0。

焊接的铝外壳和焊接的钢外壳：

——型式试验压力＝[2.3/ν]×(σ_t/σ_a)×设计压力

式中：

ν——焊接效应系数(10%焊接段经过超声波或射线检查时为 1；目测检查时为 0.75)；

σ_t——试验温度时的允许设计应力；

σ_a——设计温度时的允许设计应力。

这些系数基于所用材料验证过的最低性能。

考虑到制造的方法，可以要求附加的系数。

经过这些压力后仍然保持完好的所有外壳都不能使用。

6.103.2 非破坏性压力试验

在采用应变指示技术的非破坏性压力试验的情况下，应该采用下述程序：

试验前，能够指示 5×10^{-5} mm/mm 应变的应变仪的传感元件应该附着在外壳的表面，传感元件的数量、位置以及方向的选择应使得在对外壳完整性重要的所有点上的能够确定主要的应变和应力。

水压应以大约 10%的步长逐步施加至对应于预期的设计压力(见 7.101)的标准试验压力或外壳的任何部分出现明显变形为止。

如果达到任一点，则压力不应进一步升高。

在压力上升期间应读取应变的数值，并在卸载期间重新读取。

如果没有证据表明外壳变形，可以不考虑相关的地方法规中的要求。

如果应变/压力关系曲线是非线性的，可以重复施加压力不应超过五次。直到相应于连续两个循环的加载和卸载曲线本质上一致。如果不能获得一致，应从最后卸载期间获得的相应于应变/压力关系曲线的线性部分的压力范围内选取设计压力和试验压力。

如果在应变/应力关系曲线的线性部分内达到了标准的试验压力，则应认为可以确认预期的设计压力。

如果相应于应变/压力关系的线性部分最终的试验压力或者压力范围低于标准的试验压力，则设计压力应根据下述公式计算：

$$p=\frac{1}{1.1k}\left(p_y\frac{\sigma_a}{\sigma_t}\right)$$

式中：

p——设计压力；

p_y——存在明显变形时的压力或者在最终卸载阶段相应于应变/压力关系线性部分的外壳最大应变部分的压力范围；

k——标准的试验压力系数(见 7.101)；

σ_t——试验温度时许用设计应力；

σ_a——设计温度时许用设计应力。

可以采用非破坏性压力试验的替代程序。

6.104　隔板的压力试验

本试验的目的是为了验证在运行条件下承受压力的隔板的安全裕度。

绝缘子应和维护条件一样安装。压力应以不超过400 kPa/min的速度上升直到出现破裂。

型式试验压力应大于三倍的设计压力。

6.105　内部故障电弧条件下的试验

如果用户要求,制造厂应该验证符合5.103.2性能的证据。证据可以由试验或基于类似布置上进行试验的结果计算组成或者两者的组合。

如果要求此类试验,程序应按照附录B中规定的方法。

燃弧期间施加的短路电流应相应于额定短时耐受电流,或者在中性点绝缘系统中开关设备的某些应用中,它可以是在此系统中出现的接地故障电流。

对于安装在中性点绝缘或谐振接地系统且装有限制内部接地故障持续时间的保护的单相GIS,该试验没有必要。

应进行两项评估。第一项评估是关于在第一段保护(主保护)动作期间设备的性能,第二项评估是关于故障被第二段保护(后备保护)动作排除时的情况。

为了同时验证两项评估,试验的持续时间应至少等于保护的第二段动作的延时。第二段保护动作的最长整定时间在表104中规定。只要它不短于用户规定的第二段保护的动作时间,可以使用更短的试验持续时间。

如果满足表104中规定的性能判据,则认为开关设备是充分的。

6.106　绝缘子试验

绝缘子(隔板和支持绝缘子)的试验应按下述进行:

6.106.1　热性能

每一个绝缘子设计的热性能应该通过五个绝缘子每个进行十个热循环来验证。温度值应按表101选取。

热循环如下:

a)　最低周围空气温度(例如－40 ℃)4 h;

b)　室温2 h;

c)　按照GB/T 11022—1999的表3规定的极限温度(例如＋105 ℃)4 h;

d)　室温2 h。

给出的热循环时间是最短时间,在没有达到最终的稳定温度的情况下应予以延长。

试验程序结束后,所有的绝缘子应恢复其设计性能。最低要求是应该能耐受出厂试验。

6.106.2　隔板的密封性试验

过压力耐受试验应按下述规定进行:

设计压力应施加在隔板一侧,同时相邻隔室处于真空状态来验证隔板的密封性。在24 h期间在处于真空状态时的隔室测量漏气率。

试验结束后,不应观察到隔板有损坏。气体密封性试验应按6.8进行。漏气率不应超过5.15中描述的规定值。

6.107　接地连接的腐蚀性试验

对于户外设施,或者用户的要求,应按照本条款进行腐蚀验证试验。

用户应该验证试验过的分装,包括GB/T 11022—1999的5.18中规定的实现电气连续性和外壳接地的装置、附件(压力监控装置、压力释放装置)以及二次系统是否能够代表用户布置。

6.107.1　试验程序

试验过的分装应按照GB/T 2423.17—1993经过环境试验Ka(盐雾)。试验的持续时间为168 h。

此外，对于油漆的表面，耐受包含二氧化硫的潮湿大气应按照 ISO 3231 进行试验。

6.107.2 通过试验的判据

试验前后按照 6.4.1 测量的外壳的接地电阻变化不应超过 20%。

试验后，总装的拆卸不应受到影响。如果有，腐蚀的程度应在试验报告中指明。如果是油漆的表面，不应观察到劣化的迹象。

7 出厂试验

对于出厂试验，可以使用符合 GB 12022 的未用过的 SF_6 或者符合 GB/T 8905 的用过的 SF_6。见 5.2。

出厂试验应在完整的开关设备上进行。根据试验的性质，某些试验可以在元件、运输单元上进行。出厂试验保证产品与进行过型式试验的设备一致。

应进行下述出厂试验：

a) 主回路的绝缘试验；

b) 辅助和控制回路的试验；

c) 主回路电阻的测量；

d) 密封性试验和气体状态检查；

e) 设计和外观检查；

f) 外壳的压力试验；

g) 机械操作试验和开关装置的行程—时间特性测量；

h) 控制机构中辅助回路、设备和联锁的试验；

i) 隔板的压力试验。

7.1 主回路的绝缘试验

7.1.1 主回路的工频电压试验

GB/T 11022—1999 的 7.1 适用，并作如下补充：

GIS 的工频电压试验应按照 6.2.6.1 或 6.2.7.1 的要求在对地、极间（如果适用）以及分开的开关装置断口间进行。分开的开关装置断口间的电压试验可以在开关装置的一侧进行。出厂试验的耐受电压应是表 102 和表 103 的栏(2)中规定的那些数值。

试验应在绝缘用的最低功能压力下进行。

7.1.2 局部放电测量

进行局部放电测量来探测可能存在的材料缺陷和制造缺陷。

局部放电测量应按照 6.2.9 进行。

局部放电测量应在机械出厂试验后和绝缘试验一起进行。

试验应对变电站的所有元件实施。可以对完整的设施、如果适用，或者对运输单元或者对独立的元件进行。对于不包含固体绝缘的简单元件可以免除该试验。

7.2 辅助和控制回路的试验

GB/T 11022—1999 的 7.2 适用。

7.3 主回路电阻的测量

GB/T 11022—1999 的 7.3 适用，并作如下补充：

总的测量可以在工厂的分装或运输单元上实施。总的测量应该以这样的方式进行：使得现场安装后、设施维护或维修期间的测量能够进行对比。

7.4 密封性试验和气体状态检查

GB/T 11022—1999 的 7.4 适用，并作如下补充：

可以采用检漏装置进行泄漏探测。检漏装置的灵敏度至少应为 10^{-2} Pa·cm³/s。如果检漏装置探测到了泄漏，则该泄漏应采用 GB/T 11023 中规定的包扎法进行定量测量。

应测量充气隔室中的气体状态，并应符合制造厂的技术要求。

7.5 设计和外观检查

GB/T 11022—1999 的 7.5 适用。

7.101 外壳的压力试验

加工完成后外壳应进行压力试验。

标准的试验压力应是 k 倍的设计压力，这里系数 k 等于

——1.3，对于焊接的铝外壳和焊接的钢外壳；

——2，对于铸造的铝外壳和铝合金外壳。

试验压力至少应维持 1 min。

试验期间不应出现破裂或永久变形。

7.102 机械操作试验

进行操作试验是为了保证开关装置满足规定的操作条件且机械联锁工作正常。

GIS 的开关装置应该按照它们相关的标准进行机械出厂试验。机械出厂试验可在运输单元完成总装前或后进行。

此外，装有机械联锁的所有开关装置应进行五次操作循环以检查相应联锁的动作。每次操作前，应按 6.102 的规定对每个开关装置进行一次试操作。

这些试验期间，主回路中应无电压或电流，尤其应该验证开关装置在它们操动机构的电源电压和压力规定的限值范围内能够正确地合闸和分闸。

应测量开关装置的行程—时间特性曲线，并符合开关装置的技术要求。

7.103 控制机构中辅助回路、设备和联锁的试验

所有的辅助设备或者通过功能操作或者通过接线连续性验证进行试验。继电器或传感器的整定应予以检查。

电气的、气动的以及其他联锁与具有预期的动作顺序的控制装置一起在预定的使用和操作条件下且采用最不利的辅助电源限值连续进行五次试验。试验期间不允许调整。

如果辅助装置动作正确，并在试验后处于良好的工作状态且开关装置的操作力在试验前后基本相同，则认为试验是满意的。

7.104 隔板的压力试验

每个隔板应承受两倍设计压力的压力试验 1 min。

对于压力试验，隔板应和使用中完全相同的方式固定。

隔板不应表现出任何过应力或泄漏的迹象。

8 开关设备和控制设备选用导则

见列于参考文献[1]。

9 随询问单、标书和订单提供的资料

本章的目的是规定能够使用户对 GIS 进行适当的询问和能够使供应方给出标书所需的充分的资料。

此外，它能够使用户对不同的供应方提供的资料进行比较和评估。

注：供应方可以是制造厂或者合同方。

附录 E 用表格的形式规定了用户和供应方之间需要交换的技术资料。

9.101 询问单和订单的资料

作为对附录 E 给出的技术资料的补充，下述细节也应由用户提供：

a) 所有设备和使用的电源的范围。这可能包括培训、技术和方案研究及与供应方的合作要求；

b）特殊的联锁要求；

c）可能影响标书或订单的每个条件，例如，特殊的安装或固定条件，外部高压连接线的位置或者压力容器的规程均应给出说明。

9.102　标书的资料

作为对附录E给出的技术资料的补充，下述细节也应由供应方提供：

a）结构特征：

1）外部连接的布置，如果有要求时，包括未来扩建的措施；

2）用户需要采用的运输方法；

3）用户需要采用的安装方法。

b）关于运行和维护的资料。

c）作为对型式试验报告清单（见E.4）的补充，可能要求报告的首页包含结果。如有特殊要求，制造厂应提供完整的型式试验报告。

10　运输、储存、安装、运行和维护

GB/T 11022—1999的第10章适用。

10.1　运输、储存和安装的条件

GB/T 11022—1999的10.1适用。

10.2　安装

GB/T 11022—1999的10.2适用。

10.2.101　现场安装后的试验

安装后，在投运前，为了检查正确动作和设备绝缘的完整性应对GIS进行试验。

这些试验和验证包括：	条款号
a）主回路的绝缘试验	10.2.101.1
b）辅助回路的绝缘试验	10.2.101.2
c）主回路电阻的测量	10.2.101.3
d）气体密封性试验	10.2.101.4
e）检查和验证	10.2.101.5
f）气体质量验证	10.2.101.6

为了保证最小的干扰，以及降低湿气和灰尘进入外壳而妨碍开关设备正确动作的风险，气体绝缘金属封闭开关设备在运行期间不规定或推荐关于外壳的定期检查或压力试验。无论如何，应参考制造厂的说明书。

制造厂和用户应就现场的交接试验计划达成协议。

10.2.101.1　主回路的绝缘试验

10.2.101.1.1　概述

由于主回路的绝缘试验对GIS非常重要，为了消除可能在未来导致内部故障的潜在原因（错误的紧固、处理、运输、储存和安装期间的损坏、外部物体的进入等），应检查绝缘的完好性。

由于不同的目的，这些试验不应取代型式试验和在工厂对运输单元进行的出厂试验。它们是对绝缘出厂试验的补充，目的是为了检查完整设施的绝缘完好性且探测上述的异常情况。如果是新安装的GIS，绝缘试验通常应在GIS完全安装并充有额定充入密度气体的所有现场试验后进行。也推荐在隔室经过维护或调节的主要拆卸后进行此类绝缘试验。应通过为了获取投运前设备的电气状态而逐步升高的电压来区别这些试验。

此类现场试验的实施并不总是可行的且可以接受与标准试验的偏差。这些试验的目的是送电前的最终检查。选择的试验程序不会伤及GIS的健全部件是至关重要的。

对每个独立的情况选择适当的试验方法时，站在可行性和经济性的立场，可能需要一份特殊的协议，例如可能需要考虑试验设备的电源功率、尺寸和重量要求。

现场绝缘试验的详细要求应在制造厂和用户之间达成协议。

10.2.101.1.2 试验程序

GIS应安装完好并充有额定充入压力的气体。

由于某些元件具有较高的充电电流，或者对电压的限制，试验时，某些部件可以隔离，例如：

——高压电缆和架空线路；

——电力变压器和某些电压互感器；

——避雷器和火花保护间隙。

注1：在确定哪些部件可以隔离时，应注意到试验完成后的重新连接可能会引入故障。

注2：如果能防止电压互感器饱和，试验时电压互感器可以保持连接，例如采用设计用于试验电压的互感器，或者进行工频试验的频率不会出现饱和。

GIS每一个新安装的部件都应进行现场绝缘试验。

通常，在扩展的情况下，除非采取了特别措施防止扩建部分的破坏性放电影响已有GIS的带电部件，GIS相邻的已有部分在绝缘试验期间应停电并接地。

主要部件修理或维护后或扩建部分安装后可能需要施加试验电压。为了试验所有涉及到的部分，试验电压可能需要施加在已有的部分。在这些情况下，应该采用和新安装的GIS相同的程序。

10.2.101.1.3 绝缘试验程序

可以选择下述试验程序之一：

程序A(推荐对于126 kV及以下)

按表107栏(2)规定的数值进行工频电压试验并持续1 min。

程序B(推荐对于252 kV及以上)

——按表107栏(2)规定的数值进行工频电压试验并持续1 min，并

——按照表106进行局部放电测量，但是预加电压$U_{pre\text{-}stress}=U_{ds}$[表107的栏(2)]。

由于该测量有助于确定经过一段时间运行后设备是否需要维护，推荐在$U_r/\sqrt{3}$时测量局部放电。

关于局部放电测量的实际应用，见附录C。

程序C(推荐对于252 kV及以上，程序B的替代)

——按表107栏(2)规定的数值进行工频电压试验并持续1 min，并

——按照表107栏(3)规定的数值对每一极性进行三次雷电冲击电压试验。

10.2.101.1.4 试验电压

考虑到：

——运输单元已经过出厂试验；

——完整设施的破坏性放电的概率高于单个功能单元；

——正确安装的设备中的破坏性放电应予以避免。

现场绝缘试验的试验电压应如表107所示。

表107 现场试验电压

设备的额定电压U_r/kV(有效值)	现场短时工频耐受电压U_{ds}/kV(有效值)	现场雷电冲击耐受电压U_{ps}/kV(峰值)
(1)	(2)(见注1)	(3)
72.5	120	260
126	200	460

表 107（续）

设备的额定电压 U_r/ kV(有效值)	现场短时工频耐受电压 U_{ds}/ kV(有效值)	现场雷电冲击耐受电压 U_{ps}/ kV(峰值)
(1)	(2)(见注 1)	(3)
252	380	840
363	425	940
550	560	1 240
800	760	1 680
1 100	880	1 920

注 1：栏(2)中的数值仅适用于 SF_6 绝缘或者 SF_6 是混合气体的主要部分。对于其他绝缘见 GB/T 11022—1999 的表 1 和表 2，对栏(2)中的数值施加系数 0.8。

注 2：现场试验电压是根据下面公式计算的：

U_{ds}(现场试验值)$=U_p\times0.45\times0.8$(栏 2)

U_{ps}(现场试验值)$=U_p\times0.8$(栏 3)

所有的数值圆整到下一个模为 5 kV 的更高值。

注 3：如果规定了不同于表 102 和表 103 中优选值的其他绝缘水平(例如 GB/T 11022—1999 的表 1 和表 2 中的较低的绝缘水平)，现场试验电压应按注 2 计算。

在某些情况下，由于技术和实际方面的原因，现场绝缘试验可以用降低的电压进行。C.3 中给出了详细情况。

10.2.101.1.5 **电压波形**

为了选择适当的电压波形，应考虑到 GB/T 16927.1。但是，类似的波形也是允许的。不存在满足所有要求的理想波形。允许的偏差如下所示。关于试验电压的产生的资料在 C.1 中给出。

a) 工频电压试验

工频电压试验对探测污秽(例如自由移动的导电粒子)特别敏感，并且在大多数情况下足以探测异常的电场结构。

现有的经验是试验频率从 10 Hz 到 300 Hz。

b) 冲击电压试验

1) 雷电冲击电压试验对于探测异常的电场结构(例如损坏的电极)特别敏感。

根据已有的经验，雷电冲击电压的波前时间延长至 8 μs 是可以接受的。如果采用振荡雷电冲击电压，波前时间可以延长至约 15 μs。

注：应考虑到大型设施中陡波前的反射。

2) 利用相对简单的试验设备进行的操作冲击电压试验，特别对于较高的 U_r 可以用来探测是否存在污秽以及异常的电场结构。

根据现有的经验，间歇性或者振荡波形且到达峰值的时间在 150 μs 到 10 ms 范围的操作冲击是合适的。

c) 直流电压试验

不推荐直流电压试验。现有的电缆试验要求不适用于 GIS(见 5.107.1)。

10.2.101.1.6 **电压的施加**

试验电压源可以和被试相导体的任何方便的点相连。

由于至少下述一个原因，通过打开断路器和/或隔离开关可以方便地将整个 GIS 分成几段：

——限制试验电压源的容性负载；

——便于确定破坏性放电的位置；

——如果出现破坏性放电，限制放电能量。

在这种情况下被断路器或隔离开关与受试段隔开的非受试段应接地。除非出厂试验后拆开，打开的开关装置断口间不需要进行现场绝缘试验。

对于三极封闭的 GIS，规定的试验电压应施加在每极导体和外壳间，一次一极，其他极的导体应与接地的外壳相连。极导体之间的绝缘不应耐受其他单独的现场绝缘试验。

10.2.101.1.7 试验的评估

如果每段均耐受了规定的试验电压而没有出现破坏性放电，则认为开关设备通过了试验。

在现场绝缘试验期间出现了破坏性放电，试验应重复进行。

重复性试验的导则在 C.6 中给出。如果采用程序 B 且按照符合 GB/T 7354 的传统方法测量局部放电，最大允许的局部放电量为 10 pC。

注 1：在现场可能很难拥有 5 pC 以下的背景噪音。需要特别关照试验回路以获得良好的测量。如果噪音高于 5 pC，试验对探测主要的缺陷仍然有效，但是，不适合于探测固定的导电粒子，因为该类缺陷会引起非常低水平的局部放电且完全被噪音所笼罩。在此情况下，如果探测到没有高于背景噪音的破坏性放电，试验是可以接受的。

注 2：如果采用了 VHF/UHF 或者声学法测量局部放电，校准是不可能的。替代的，可按 C.7.5 进行灵敏度检查。

10.2.101.2 辅助回路的绝缘试验

GB/T 11022—1999 的 7.2 适用，并作如下补充：

绝缘试验应对新的接线实施。如果接线已经取掉或者回路中包含有电子装置，这些回路不必进行试验。

10.2.101.3 主回路电阻测量

在尽可能与运输单元进行的那些出厂试验类似的条件下，对完整的设施进行总体测量。

考虑到两种试验布置的差异(装置、触头和连接的数量，导体长度等)，测得的电阻不应超过运输单元上进行的出厂试验的最大允许值(见 7.3)。

10.2.101.4 气体密封性试验

GB/T 11022—1999 的 7.4 也适用于现场的气体密封性试验。

应对现场进行装配的所有连接进行定性的气体密封性试验。可以使用泄漏探测器。

10.2.101.5 检查和验证

应进行以下验证：

a) 按照制造厂的图样和说明书装配的符合性；

b) 所有管道连接的密封以及螺栓和连接的紧密性；

c) 按照图样接线的符合性；

d) 电气的、气动的以及其他联锁的正常功能；

e) 包括加热和照明在内的控制、测量、保护和调节设备的正常功能。

应按照相关的标准进行机械操作检查和试验。如果没有规定验证，制造厂应在交接试验计划中规定。

10.2.101.6 气体质量验证

为了获得可靠的测量结果，水分含量应在最终充入气体至少五天后进行检查。SF_6 水分含量不应超过 GB/T 11022—1999 的 5.2 中确定的限值。

运行期间气体状态的检查，见 GB/T 8905。

对于处理规定，见 IEC 61634。

注：注意在抽样和/或检查(例如，通过收集袋或安装在用于确定水分含量的检查装置输出阀上的收集器)期间应使得释放到大气中的气体最少。

10.3 运行

GB/T 11022—1999 的 10.3 适用。

10.4 维护

GB/T 11022—1999 的 10.4 适用。

11 安全性

GB/T 11022—1999 的第 11 章适用。

12 环境方面

制造厂应规定关于设备在使用寿命期间运行与环境方面关系的信息。GB/T 11022—1999 的 10.4.1a)的项 2)适用。

制造厂应给出设备的不同元件在拆卸和寿命终了有关程序的说明(成分、重量、毒性等)。GB/T 11022—1999 的 10.4.1a)的项 10)适用。

附 录 A
（规范性附录）
范围Ⅱ三极封闭的GIS的绝缘试验的试验程序

A.1 三极在一个GIS外壳内的绝缘试验程序

如果要求的极对地和极间的绝缘水平不同，按照GB/T 11022的试验要求应重新予以考虑。这仅适用于范围Ⅱ的操作冲击试验。

A.2 试验要求的施加

为了完全满足所进行的试验，表A.101列出了与外壳、打开的开关装置和相间有关的试验条件。表A.101中的符号与GB/T 11022—1999(图2)相同。

优选的方法是采用联合电压试验。要求的电压水平可以通过与同一个电压控制器连接的相位相反的两个电源提供。

表A.101 252 kV以上的操作冲击试验条件

试验条件	开关装置	操作冲击	工频交流电压	地连接到
极间试验		极间 U_s(表103的栏5)的主要部分施加于	达到极间 U_s(表103的栏5)的补充部分施加于	
1	合闸	Aa	BbCc	F
2	合闸	Bb	AaCc	F
3	合闸	Cc	AaBb	F
4	分闸	A	BC	abcF
5	分闸	B	AC	abcF
6	分闸	C	AB	abcF
7	分闸	a	bc	ABCF
8	分闸	b	ac	ABCF
9	分闸	c	ab	ABCF
注：如果两个边极相对于外壳和中间极是对称的，试验条件3、6和9可以免去。				

对于开合功能和隔离功能，在分闸状态应采用表103中相应的数值。

附　录　B
（规范性附录）
内部故障电弧条件下气体绝缘金属封闭开关设备的试验方法

B.1　简介

由于内部故障在GIS内出现电弧伴随着各种各样的物理现象。例如，因外壳内电弧的发展产生的能量会引起内部过压力和局部过热，导致开关设备机械的和热的应力。而且，所涉及到的材料可产生可能释放到大气中的热分解物。

本附录考虑了作用在外壳上的内部过压力以及电弧或其弧根对外壳的热效应。没有包括可能造成危险的所有效应，例如毒性气体。

B.2　短路电流电弧试验

B.2.1　试验布置

选择受试产品时，应当参考GIS的设计文件。应该选择在电弧情况下耐受压力和温升可能最差的隔室。

在任何情况下，应关注以下几点：

a)　需要进行的每一试验均应在事先没有承受过电弧试验的试品上进行。进行过电弧试验的试品应恢复到使再进行电弧试验的条件既不加重也不减轻。

b)　试品应完全装配和布置以包括所有的保护装置，例如制造厂为了限制电弧效应提供的压力释放装置和短路装置等。

如果具有相同的容积和外部材料且在电弧耐受方面和原件具有相同的反应，则允许使用“制造模型”。

c)　试品应充有额定充入密度的正常绝缘气体。

B.2.2　施加的电流和电压

单极外壳应进行单相试验，三极共外壳应进行三相试验。

B.2.2.1　电压

如果满足下述条件，试验可以在外施电压小于试品的额定电压的情况下进行：

a)　实际的电弧电流是正弦的；

b)　电弧不应过早熄灭。

B.2.2.2　电流

a)　交流分量

试验开始的交流分量应在+10%允差内。如果平均的交流分量不小于规定的短路电流，在第一段保护时间内，允差应为±10%；在第二段保护时间内，电流不应降到规定值的80%以下。

注：如果试验站做不到这一点，试验持续时间可以延长不超过适当调节的需要评估的时间的20%。

b)　直流分量

选择的关合瞬间应保证电弧电流的第一个半波的峰值至少为规定的交流分量有效值的1.7倍。对于三相试验，该要求至少在一相上实现。

B.2.2.3　频率

对于额定频率为50 Hz或60 Hz，试验开始时的频率应在48 Hz和62 Hz之间。

B.2.2.4　试验的持续时间

由保护装置确定的预期持续时间的基础上选择的电流持续时间应能涵盖第二段保护。见表104。

B.2.3 试验程序

B.2.3.1 试验连接

选择的电流馈入点应是最可能导致最严酷条件的点。

应注意保证连接不会使试验条件更轻松。通常，外壳应在试品的馈电侧的同一侧接地。

B.2.3.2 电弧的引燃

电弧应通过适当直径的金属线引燃。

电弧引燃点的选择是在外壳内最可能建立起额定应力的点。通常，这可以通过电弧在远离电流馈入点以及如果装有的话，在远离压力释放装置的隔板附近引燃来获得。

注：电弧不应通过在固体绝缘上打孔来引燃。

B.2.3.3 试验性能的测量和记录

下述参数应予以描绘和记录：

——电流及其持续时间；

——电弧电压；

——试品的一点或多点上、以及每个隔室中的压力，如果试品包括多个隔室；以及，如果适用，

——压力释放(或者通过压力释放装置的动作或者外壳烧穿)的瞬间。

应通过适当的方法，例如摄像机，发光体探测器观察和记录如压力释放、外壳烧穿等现象及外部效应。

B.2.4 试验的评估

试验期间，如果在5.102.2规定的时间内没有出现适当的压力释放装置动作以外的外部效应，且如果逸出的压力气体或蒸汽朝向使得正在履行其正常运行职责的运行人员危害最小，就认为开关设备通过了试验。

按照表104，在第二段保护内没有产生碎片。

B.2.5 试验报告

试验报告中应给出下列信息：

——试品的额定值和描述，外壳和导体的材料以及说明主要尺寸和压力释放装置布置的图样；

——试验连接的布置，电弧的引燃点以及压力测量传感器的位置；

——从示波图上导出的电流、电压、能量、压力和时间；

——试验结果和观察的准确描述；

——其他相关注解；

——试验前后状态的照片。

B.2.6 试验结果的扩展

为了把试验结果扩展到类似设计但不同尺寸及形状和/或其他试验参数的其他外壳，计算方法可以在用户和制造厂之间达成协议。

B.3 计算和独立试验的组合验证

制造厂有责任证明试验结果对其他电流和外壳的其他尺寸延伸的有效性。制造厂应该提供计算所需的所有资料。

附 录 C
（规范性附录）
有关现场试验技术的和实际要考虑的事项

C.1 试验电压发生器

GIS设施的负载电容相对较高。这意味着：

——工频电压试验，尤其对较高的U_r，需要高的无功功率；

——由于冲击发生器低的电压利用率，用标准的双指数波形的冲击电压试验可能是低效率的。

可以采用下述电压发生设备：

a） 工频电压源

工频电压可以通过下述方法产生：

1） 试验变压器；

2） 具有恒定频率的可变化谐振电抗器；

3） 具有变频的、恒定的谐振电抗器；

4） 从试验后无须拆除的电力变压器或电压互感器低压侧励磁。

注：尤其在采用电压互感器时，应考虑电压源的热应力。

b） 冲击电压源

对于大型设备，而且尤其是高电压的设备，双指数波的冲击电压发生器是笨重的。利用冲击电压发生器和连接到受试开关设备的高压线圈组成阻尼的串联谐振回路可以产生振荡的冲击。振荡操作冲击可以通过电容器向电力变压器、电压互感器或试验变压器的低压侧放电获得。

C.2 放电定位

放电引起的不同现象可能有助于放电定位。可用来一试的几种方法如下：

——光发射的探测；

——可听噪声和振动的测量；

——放电后的电磁瞬态的记录和评估；

——气体分解物的探测。

C.3 特殊试验程序

通常，推荐所有的试验都应在规定的试验电压和额定充入密度下进行。但是，在某些情况下，还需要建立特殊的试验程序，它不是通用的，但是，由于技术和/或实际方面的原因还是值得提及。

对于扩建（见5.107.4），用户应对已有GIS中的所有闪络负责，扩建设备的制造厂对扩建设备中的所有闪络负责。

C.3.1 降低电压下的试验

C.3.1.1 不拆卸运输单元的简化方法

按照一些国家的实践，气体绝缘金属封闭开关设备或者至少一个间隔或GIS的等效部分可以在工厂完全装配，并在其全部额定耐受电压下试验。如果试验过的单元不拆卸运输或者拆卸仅限于非常简单的连接，根据制造厂和用户之间的协议，现场试验可以降低到：

对于中性点接地系统，交流电压试验的电压为$1.1\times U_r/\sqrt{3}$；对于中性点绝缘或谐振接地系统为$1.9\times U_r/\sqrt{3}$；电压施加时间为10 min。

C.3.1.2 实际需要的偏差

在某些情况下,由于技术和实际方面的原因,根据用户和制造厂之间的协议,交流电压试验可以用降低的电压和延长的持续时间来进行。

C.3.1.3 运行电压的施加

在某些情况下,在现场进行绝缘试验是不可行的。在这种情况下,应对装卸、运输、储存采取特别的措施,尤其应注意现场的工作间。受试的GIS的运行电压应通过尽可能大的阻抗施加以减小可能出现的破坏性放电造成的损坏。试验持续时间至少应为30 min。

C.3.2 降低气体密度下的试验

降低气体密度下的试验通常是不可取的。

C.4 局部放电测量

局部放电测量有助于探测现场试验期间的某类故障,也有助于确定经过一段时间运行后设备是否需要维护。因此,它是现场进行的绝缘试验的一个有用的补充,但是,由于环境的干扰通常难以实施。

如果该试验是可行的且经过协商,则应尽可能按照10.2.101.1.5中给出的要求实施。

C.5 电气调整

术语“电气调整”意思为交流电压或者分步或者连续的逐步施加。它可以由制造厂作为现场充气过程的一部分实施,以便把可能存在的粒子移向低电场强度的区域,此处它们是无害的。

除非试验电压提高到规定值,电气调整不是要求且不能替代交流电压试验。然而,破坏性放电应向用户报告,因为它可能导致绝缘弱化。

C.6 重复性试验

C.6.1 概述

现场绝缘试验期间的破坏性放电后补充的程序取决于下述因素:

——如果能够确定,破坏性放电的类型(自恢复或非自恢复绝缘的击穿);

——放电期间释放的电弧能量的大小;

——固体绝缘的材料和形状;

——设施的重要性。

考虑到这些和其他相关的因素应允许在制造厂和用户之间确定一个程序并达成协议。下面给出的推荐程序仅应作为导则对待。根据所涉及的因素的重要性,偏差是可以接受的。

C.6.2 推荐的程序

C.6.2.1 程序a)

如果沿着固体绝缘的表面出现破坏性放电,推荐在可行的场合应打开隔室并仔细检查损伤的绝缘。在采取任何补救行为之后,隔室应该再次承受规定的绝缘试验。

C.6.2.2 程序b)

气体中的破坏性放电可能由于污染或表面有可以被放电期间的电弧烧掉的缺陷。因此,可以接受在规定的试验电压下重复试验。现场试验开始前,另一个试验电压可在用户和制造厂之间达成协议。

注1:假定制造厂能够使用户确信由于放电中电弧能量的消散而认为气体绝缘是自恢复绝缘。

注2:现场绝缘试验期间出现破坏性放电的情况下,试验段的其他部件可能出现二次放电。

如果重复性试验失败,应再次执行程序a)。

C.7 局部放电探测方法

C.7.1 概述

对于现场的局部放电探测,除了符合GB/T 7354的传统方法以外,电气的VHF/UHF和声学法可以用于 GIS。这两种方法比传统的测量对噪音缺乏敏感性,而且可用于局部放电的在线监测。但是,对于这两种新方法,灵敏度取决于缺陷(信号源)和传感器之间的距离。对于采用 VHF/UHF 和声学法的适当程序可以获得。它们保证缺陷引起的几个 pC 的明显放电可以通过此类设备发现。提出的灵敏度验证易于在现场实施。两种另外的方法的优点是能够探测到缺陷的位置。方法和结果的解释仅供具有经验的人员使用。这些方法仍处于研究中且尚未标准化。

C.7.2 符合 GB/T 7354 的传统方法

来自无线发射机以及其他信号源的电磁干扰被敞开于空气中的套管捕捉,并导致 PD 测量的灵敏度在 10 pC 数量级。对于噪音反射,模拟和数字滤波法可以获得。然而,此类滤波工具的使用要求经过培训的人员且仅限于本程序。在实际的现场条件下,很难达到小于 5 pC 的噪音水平。因此,具有屏蔽的耦合电容器的全部封闭的试验回路直接和 GIS 连接是优选的。在这种情况下,对于具有电缆终端的 GIS 以及通过打开的隔离开关与敞开空气中的套管隔离的 GIS 段,可以获得小于 5 pC 的灵敏度。

C.7.3 VHF/UHF 法

在 GIS 缺陷处的放电电流的上升时间可小于 100 ps。这些缺陷引起的电磁瞬态包含频率达到 2 GHz 以上。产生的信号在 GIS 内以光速作为 TEM-、TE-和 TM-波的形式传播。在布置内的大量不连续点出现反射。由于金属导体有限的电导率以及介质表面的损耗,传播的信号是衰减的。结果是每个隔室内电磁波的复杂的谐振模式。

在 VHF/UHF 范围(例如,100 MHz～2 GHz)的局部放电信号可通过通常和电容耦合器类似设计的耦合器在时域或频域探测到。由于 VHF/UHF 信号衰减的结果,很多耦合器必须装在 GIS 内。两个相邻的耦合器之间的最大距离大约几十米。VHF/UHF 信号最好取自内部耦合器,但是,如果不可获得,在观察窗或衬套上使用外部耦合器有时也是可行的。

由于谐振模式的复杂性,探测到的 PD 信号的幅值主要取决于缺陷和耦合器的位置,很小程度地取决于它们的方向。因此,VHF/UHF 法不能予以校准,正如在 GB/T 7354 的测量回路所示的例子。取而代之,可以进行 C.7.5 中的灵敏度检查。

VHF/UHF 测量装置的信噪比和最终的灵敏度可以通过采用合适的耦合器、放大器和滤波器来改善。已经证明 VHF/UHF 法在探测缺陷方面和传统方法至少一样灵敏,且主要是因为低的外部噪音水平。实验室和现场试验表明可以探测到小的关键性缺陷以及甚至非关键性缺陷。

缺陷的准确位置可以采用宽带示波器测量信号到达相邻耦合器的时间间隔来获得。

C.7.4 声学法

声学信号(机械波)从 GIS 中的缺陷发射有两个主要机理:运动粒子碰撞外壳时激发的机械波;固定缺陷上的放电在气体中产生压力波,然后传到外壳。由此产生的信号取决于信号源及传播路径。由于外壳通常由铝或钢制造,信号的衰减非常小。但是,当信号跨越法兰从一个部分传向另一部分时,就会有能量损耗。声学信号可以通过外部安装的传感器捕捉。通常,可使用加速度传感器或声音发射传感器,试验程序包括所有法兰之间的测量。

缺陷的位置可以通过找寻具有最高幅值的声音信号或测量两个传感器的传播时间来发现。通过分析声信号的形态可能把不同的缺陷分开。

来自弹跳粒子的信号是宽带(即大于 1 MHz)且具有与固定缺陷处的预击穿发出的信号相比具有较高的幅值。由于粒子从发源点移开,粒子型信号将被空间衰减。通常,对于此类缺陷,声信号的两个重要参数为:幅值和飞行时间(这是粒子的两个连续碰撞之间的时间)。这些参数不仅对缺陷类型识别重要,而且还对风险评估重要。

来自靠近电源的凸出物的预击穿信号的频带非常宽,但是,由于气体起到了低通滤波器的作用,信号从源头向外壳传播使得高频被抑制。通常,从预击穿源探测到的信号限制到频率范围小于 100 kHz。发现在同一段内的信号水平相当稳定,且经过一个法兰降低约 8 dB。

弹跳粒子产生的在 5 pC 范围的明显放电可以探测到具有高的信噪比。电晕放电的探测极限是在

2 pC 范围。因为声信号在 GIS 内传播而被吸收和抑制，灵敏度随着距离而降低。但是，在明显的局部放电水平和声信号水平之间没有建立起直接的对应关系。声信号测量不受变电站内电磁干扰的影响。如果传感器置于缺陷附近，弹跳粒子的声信号灵敏度通常远远高于任何其他诊断方法的灵敏度。因此，对于探测此类缺陷的位置，声学法是一个好方法。

C.7.5 声学法和 VHF/UHF 法的灵敏度验证

对于声学法和 VHF/UHF 法，探测的局部放电灵敏度验证采用了相同技术原理。首先，确定人工声或电气脉冲，它发出的信号类似于实际缺陷引起的、符合 GB/T 7354 的明显电荷（例如 5 pC 或更高）的确定水平。其次，该人工信号在交接试验或运行期间注入到 GIS 来验证对 GIS 和相关的测量设备的探测灵敏度。如果在相邻的传感器测到了刺激性的信号，则这些传感器间的灵敏度对于 GIS 段的验证成功。

附 录 D
（资料性附录）
内部故障相关的计算

D.1 内部故障引起的压力升高的计算

充有 SF_6 气体的封闭隔室中因内部故障造成的压力升高可按式(D.1)计算：

$$\Delta p = C_{equipment} \times \frac{I_{arc} \times t_{arc}}{V_{compartment}} \quad \cdots\cdots (D.1)$$

式中：

Δp——压力升高(MPa)；

I_{arc}——故障电弧电流(kA,有效值)；

$V_{compartment}$——隔室的容积(L)；

t_{arc}——电弧持续时间(s)；

$C_{equipment}$——设备系数。

设备系数 C 的数值应该由制造厂通过类似设备的试验来验证。

公式 D.1 可以用来验证没有压力释放装置的充气隔室中在内部故障情况下外壳的压力不超过型式试验的压力。这是通过最大电弧电流和电弧持续时间(基于保护系统的性能)引起的不超过外壳的型式试验压力的压力升高来验证的。

附　录　E
（资料性附录）
询问单、标书和订单需给出的资料

E.1　简介

附录E以表格的形式确定了用户和供应方需要交换的技术资料。

注：“供应方的信息”意味着仅供应方需要提供这些资料。

E.2　正常和特殊使用条件

见第2章。

		用户的要求(见表101)	供应方的提议
运行条件	户内或户外		
周围空气温度： 最低 最高	 ℃ ℃		
太阳辐射	W/m^2		
海拔	m		
污秽	级		
覆冰	mm		
风	m/s		
湿度	%		
凝露或凝结			
震动	级		
二次系统中感应的电磁干扰	kV		

E.3　额定值

见第4章。

		用户的要求	供应方的提议
系统标称电压	kV		
系统的额定电压	kV		
设备的额定电压(U_r)	kV		
极对地和极间的额定绝缘水平 额定短时工频耐受电压(U_d)	kV		
额定操作冲击耐受电压(U_s) 极对地 极间 额定雷电冲击耐受电压(U_p)	kV kV kV kV		

		用户的要求	供应方的提议
额定频率(f_r)	Hz		
额定电流(I_r)	A	根据单个线路	
额定短时耐受电流(I_k)	kA		
额定峰值耐受电流(I_p)	kA		
额定短路持续时间(t_k)	s		
合分闸装置以及辅助和控制回路的额定电源电压(U_a)	V		
合分闸装置以及辅助和控制回路的额定电源频率	Hz	DC 或 50	
中性点接地	直接或非直接		

E.4 设计与结构

见第 5 章。

		用户的要求	供应方的提议
极数			
单极或三极设计			
最大 SF_6 泄漏率	%/年		
额定充入压力 p_r 断路器 其他隔室	 MPa MPa	 供应方的信息 供应方的信息	
报警压力 p_a 断路器 其他隔室	 MPa MPa	 供应方的信息 供应方的信息	
最低功能压力 p_m 断路器 其他隔室	 MPa MPa	 供应方的信息 供应方的信息	
外壳设计压力 断路器 其他隔室	 MPa MPa	 供应方的信息 供应方的信息	
外壳的型式试验压力 断路器 其他隔室	 MPa MPa	 供应方的信息 供应方的信息	
外壳的出厂试验压力 断路器 其他隔室	 MPa MPa	 供应方的信息 供应方的信息	
压力释放装置的动作压力 断路器 其他隔室	 MPa MPa	 供应方的信息 供应方的信息	

		用户的要求	供应方的提议
内部故障的短路电流	kA		
在充入压力下整个 GIS 的 SF_6 气体质量	kg	供应方的信息	
在充入压力下最大隔室的 SF_6 气体质量	kg	供应方的信息	
最大允许气体露点	℃	供应方的信息	
气体隔室的数量		供应方的信息	
最长运输段的长度	m		
现场安装期间需要搬运的设备的最重部件的质量	kg		

E.5 母线管

		用户的要求	供应方的提议
电感	H/m	供应方的信息	
电容	pF/m	供应方的信息	
在频率 f_r 时外壳的电阻	Ω/m	供应方的信息	
在频率 f_r 时导体的电阻	Ω/m	供应方的信息	
波阻抗	Ω	供应方的信息	

E.6 断路器

GB 1984—2003 的第 9 章适用。

E.7 隔离开关和接地开关

GB 1985—2004 的第 9 章适用。

E.8 套管

GB/T 4109—1999 适用，并作如下补充：

户外油浸式套管(见 GB/T 4109—1999 的 3.15)		用户的要求	供应方的提议
内部绝缘类型		气体绝缘或树脂浸渍纸质	
外绝缘类型		瓷的或复合的	
标称爬电比距	mm/kV		
绝缘子伞裙形状		普通的或变化的	
额定短时工频耐受电压(U_d)	kV	如 GIS 或者特殊的	
额定操作冲击耐受电压(U_s)	kV	如 GIS 或者特殊的	
额定雷电冲击耐受电压(U_p)	kV	如 GIS 或者特殊的	
悬臂试验负载	N		
悬臂运行负载	N		
线路端子类型		根据图样	

E.9 电缆连接

GB/T 22381—2008 的第7章(IEC 60859 的第9章)适用,并作如下补充:

		用户的要求	供应方的提议
电缆类型		充流体的或干式	

E.10 变压器连接

GB/T 22382—2008 的第7章(IEC 61639 的第9章)适用,并作如下补充:

		用户的要求	供应方的提议
变压器箱体和GIS外壳间的绝缘连接		是或否	

E.11 电流互感器

GB 1208—2006 的10.2适用,并作如下补充:

		用户的要求	供应方的提议
电流互感器的位置		根据单个线路	
线圈的数量和类型		根据单个线路	

E.12 电压互感器

GB/T 1207—2006 的11.1适用,并作如下补充:

		用户的要求	供应方的提议
电压互感器的位置		根据单个线路	
二次线圈的数量和类型		根据单个线路	
现场试验电压	kV/Hz	供应方的信息	

E.13 询问单和标书的资料

GB/T 11022—1999 的10.2适用,并作如下补充:

		用户的要求	供应方的提议
单线图			
变电站布置的总的布置图			
基础载荷		供应方的信息	
气体原理图		供应方的信息	
型式试验报告清单		供应方的信息	
推荐的备品备件清单		供应方的信息	

参 考 文 献

[1] CIGRE 125:1998,User guide for the application of gas-insulated switchgear (GIS) for rated voltages of 72.5 kV and above

[2] EN 50052:1986,Cast Aluminium Alloy Enclosures For Gas-Filled High-Voltage Switchgear And Controlgear

[3] EN 50064:1990,Wrought Aluminium And Aluminium Alloy Enclosures For Gas-Filled High-Voltage Switchgear And Controlgear

[4] EN 50068:1991,Wrought Steel Enclosures For Gas-Filled High-Voltage Switchgear And Controlgear

[5] EN 50069:1991,Welded Composite Enclosures Of Cast And Wrought Aluminium Alloys For Gas-Filled High-Voltage Switchgear And Controlgear

[6] EN 50089:1992,Cast Resin Partitions For Metal-Enclosed Gas-Filled High-Voltage Switchgear And Controlgear

[7] EN 61264:1998,Ceramic Pressurized Hollow Insulators For High-voltage Switchgear And Controlgear

[8] IEEE 1416:1998,IEEE Recommended Practice for the interface of New Gas-indulated Equipment in Existing Gas Insulated Substantions

[9] IEEE C37.24:1986,IEEE Guide For Evaluating The Effect Of Solar Radiation On Outdoor Metal-Enclosed Switchgear

[10] IEEE C37.122.1:1993,IEEE Guide For Gas-Insulated Substations

[11] RGE:04/82,Electrical faults mastery in high voltage SF_6 insulated substations,by Gilles Bernard,EDF,France. Published in Générale de L'Electricité RGE 4/82,April 1982.